"十二五"职业教育国家规划教材
经全国职业教育教材审定委员会审定

土木工程力学

第3版

主　编　吴明军　王长连
副主编　薛正庭　秦定龙
参　编　叶建海　吴世平　任荣培
主　审　李章政

机械工业出版社

本书是“十二五”职业教育国家规划教材，经全国职业教育教材审定委员会审定。本书初版于2003年，经过十几年来的不断修订、完善，逐步形成了具有自己风格和特色的教材体系，得到了广大高职高专师生的喜爱。第3版基本上保持和发扬了前两版的风格和特点，且根据目前教改要求和教学实际重新进行了组合。为了增加教材的知识性、趣味性，本书以二维码形式新增加一些小知识、小实验、小故事、小贴士及知识链接等内容，是一本结构新颖、内容精练、实用性较强的高职高专教材。

全书分为四篇，共二十章。其主要内容有：静力学基础，杆件内力、强度与稳定性计算，静定结构的几何组成、内力与位移计算，超静定结构的内力分析等。

本书可作为建筑工程、道路工程、市政工程、水利工程、铁路工程等专业的高职高专教材，亦可用于应用型本科或对力学要求不高的一般本科专业，对于中专师生及工程技术人员也有一定的参考价值。

图书在版编目(CIP)数据

土木工程力学/吴明军，王长连主编. —3版. —北京：机械工业出版社，2018. 3

“十二五”职业教育国家规划教材　普通高等教育“十一五”国家级规划教材

ISBN 978-7-111-59984-5

Ⅰ. ①土…　Ⅱ. ①吴…　②王…　Ⅲ. ①土木工程—工程力学—高等职业教育—教材　Ⅳ. ①TU311

中国版本图书馆CIP数据核字(2018)第104850号

机械工业出版社(北京市百万庄大街22号　邮政编码100037)
策划编辑：李　莉　　责任编辑：李　莉　覃密道
责任校对：樊钟英　　封面设计：路恩中
责任印制：常天培
北京铭成印刷有限公司印刷
2018年9月第3版第1次印刷
184mm×260mm · 22. 25印张 · 543千字
标准书号：ISBN 978-7-111-59984-5
定价：50. 00元

凡购本书，如有缺页、倒页、脱页，由本社发行部调换

电话服务	网络服务
服务咨询热线：010-88379833	机 工 官 网：www.cmpbook.com
读者购书热线：010-88379649	机 工 官 博：weibo.com/cmp1952
	教育服务网：www.cmpedu.com
封面无防伪标均为盗版	金 书 网：www.golden-book.com

第3版前言

本书初版于2003年，经过十几年来的不断使用、修改、完善，逐步形成了具有自己风格和特色的教材体系，得到广大师生的好评，在“十一五”期间，被评为普通高等教育“十一五”国家级规划教材，在“十二五”期间，被评为“十二五”职业教育国家规划教材。

第3版基本上保持和发扬了前两版的风格和特点，坚持了以下原则：

1. 将静力学、材料力学和结构力学中的基本内容，按照相似相近内容集于一处的原则，编成前后连贯而又不重复的新教材体系。

2. 在保证基本概念、基本理论和基本方法的基础上，涵盖高职高专传统内容，面向工程应用适当扩展，尽量在书中引用一些新知识、新实例。

3. 采用由浅入深，易教易学的授课原则，尽量精选教学内容。

第2版前言

另外，根据目前教改的要求，结合编者多年的教学经验，在结构和内容上又作了如下调整：

1. 对各章节的顺序和所涵盖的内容进行了合理的调整，使之更能满足后续专业课的需要和土木工程力学本身的系统性。

2. 将原第五、六章并成一章；考虑塑性变形在实际工程结构中普遍存在，构件的弹塑性设计早已开始，增加了“梁和刚架塑性分析基础”一章。

3. 根据教学要求，将平面图形的几何性质从正文中分离出来，集中在附录A中，这样使授课更加灵活多样。

第1版前言

4. 更换了部分例题、习题与思考题，以适合情境教学和自学的需要。

5. 为了增加教材的知识性、趣味性，通过二维码形式新增加了一些小知识、小实验、小故事、小贴士及知识链接等内容。

本书为高职高专多学时力学教材，它主要满足高职高专建筑工程技术专业、道路桥梁工程技术专业和市政工程等土木建筑工程技术专业的教学需要，亦可用于应用型本科或对力学要求不高的一般本科专业，对于中专及工程技术人员也有一定的参考价值。

本版由吴明军、王长连教授任主编，由王长连统一进行编写、修订。由四川大学博士李章政教授主审，他认真阅读了全文，对本次修订表示肯定、欣赏。

本教材虽经三次修订，但限于我们的水平和条件，仍然可能存在不足和错误，敬请广大读者批评指正，以便使本书不断提高和完善。

编　者

目　录

第三篇　静定结构的几何组成、内力与位移计算

第四篇 超静定结构的内力分析

绪　论

一、土木工程力学研究的对象和任务

在人类社会发展的进程中，人们大都有这样的理念，即无论对生产工具、生活工具，还是制造的工程机械、建造的土木结构等，都要求它们经久耐用、使用方便、造价低廉。所谓经久耐用、使用方便，是指使用的时间长久，使用顺手且不易损坏；造价低廉是指所用的材料节省，易于建造，生产成本低等。要达到这种要求就需要涉及多方面的科学知识和技能，土木工程力学就是其中最主要的理论基础知识之一。

土木工程力学研究的内容相当广泛，研究的对象也相当复杂。在实际的力学问题中，常常需要抓住一些带有本质性的主要因素，略去一些次要因素，从而抽象成力学模型(即结构计算简图)作为研究对象。如当物体的运动范围比它本身的尺寸大得多时，可以把物体看做只有一定质量而无形状、大小的质点；当物体在力的作用下产生变形时，如果这种变形在所研究的问题中可以不考虑或暂时不考虑，则可以把它看做不发生变形的刚体；当物体的变形不能忽略时，就要将物体看做变形固体，简称变形体。再者，任何物体都可以看做是由若干质点组成的，这种质点的集合称为质点系。因此，抽象来说，土木工程力学研究的对象为质点、刚体、质点系和变形固体。具体来说，土木工程力学研究的对象为土木工程结构与构件。所谓土木工程结构是指建筑物能承受荷载、维持平衡，并起骨架作用的整体或部分，简称结构。如图绪-1a 所示的主、次梁体系，图绪-1b 所示肋拱式输水渡槽都称为土木工程结构。所谓构件是指构成结构的零部件，亦称杆件，如图绪-1a 所示主、次梁体系中的主梁、次梁、柱及图绪-1b 所示肋拱式输水渡槽中的肋拱、刚架和渡槽等皆为构件。

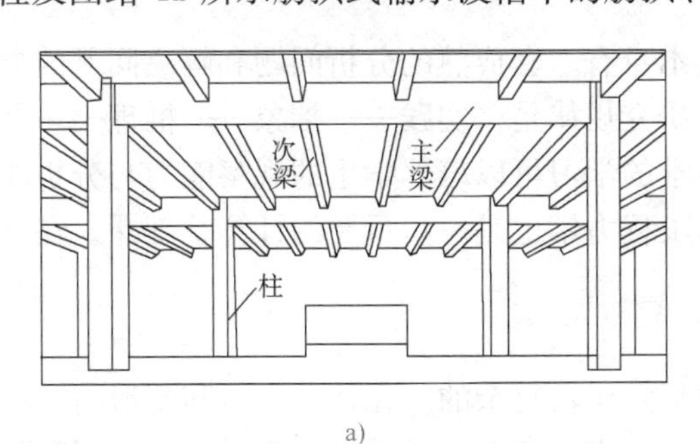

a)

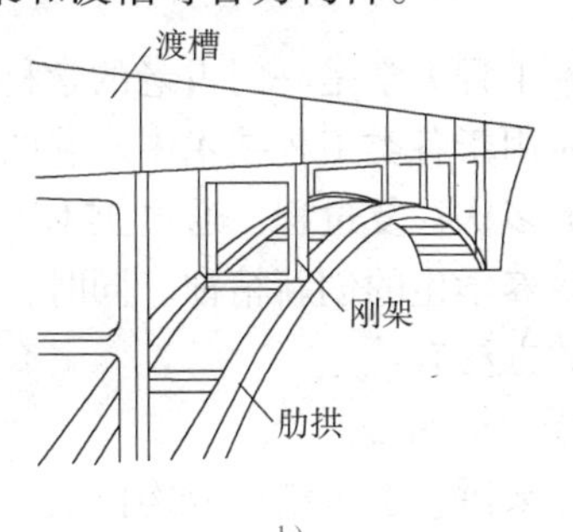

b)

图　绪-1

一幢建筑物建造的过程包括：立项、勘察、设计、施工、验收等。其中建筑物的设计包括工艺设计、建筑设计、结构设计、设备设计等几个方面；结构设计包括方案确定、结构计算、构造处理等几个部分；结构计算又包括荷载计算、内力与变形计算、截面计算等几项工作。图绪-2 形象地说明了各项工作之间的关系。

从图绪-2 可以明显地看出，土木工程力学的任务在于完成结构计算中的荷载计算、内

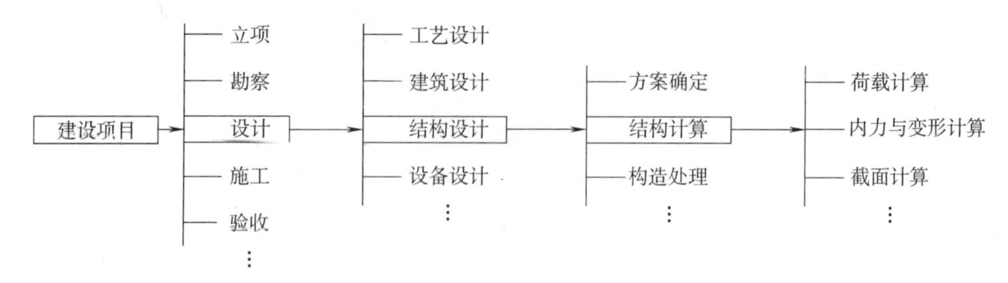

图 绪-2

力与变形计算和截面计算等工作。

另外，在施工或使用期间，无论是土木结构还是构件，都要受到风、雪、人群、家具、设备和自重等荷载作用，以及温度变化、基础不均匀沉降等因素的影响。因此，结构或构件都必须具有抵抗外部作用的能力。根据工程要求，构件首先不能发生破坏，因此在设计土木构件时，必须保证它具有足够的抵抗破坏的能力，即具有足够的强度。在有些情况下，还要求构件在荷载等因素作用下不能产生较大的变形。例如屋盖中的檩条变形过大就会造成屋面漏水，工业厂房楼面变形过大就会使加工的工业产品质量不符合要求等。因此，在设计构件时除具有足够的强度外，还要具有足够的抵抗变形的能力，使变形的量值不超过工程所允许的范围，即具有足够的刚度。此外，像柱子之类的受压杆件，如果比较细长，则当压力达到某一定值时将会突然变弯，不能再保持它原有的直线状态而发生破坏，这种现象叫做压杆失去稳定性，简称失稳。因此，设计压杆或其他受压结构时必须保证其具有足够的稳定性。

综上所述，土木工程力学的主要任务是：从研究构件的受力分析和结构的几何组成分析开始，研究构件或结构在荷载等因素作用下发生变形和破坏的规律，为土木工程结构、构件的设计和建造提供可靠的理论依据和实用的计算方法。也可以这样说，土木工程力学是既研究结构的受力分析、几何组成规律，又研究构件的强度、刚度和稳定性条件的一门技术基础课。

二、土木工程力学的基本研究方法

小贴士：力学的二重性

土木工程力学是一门古老的学科，其本身有一套成熟的分析问题和解决问题的方法，且广泛地应用于各类工程技术中。它的基本研究规律是，实践——抽象——推理——结论——再实践的多次往复过程。通过土木工程力学的学习可以培养学生的观察能力与分析能力，也有利于培养学生的创新精神。同时，土木工程力学也是一门重要的计算基础课，在这个过程中常用的方法有：

1. 受力分析法

一般来讲，土木结构或构件上的受力都是比较复杂的。在计算内力和变形前，一定要弄清哪些是已知力，哪些是未知力，这些力与力之间存在怎样的内在联系，并根据需要确定研究对象，画出受力图，这一分析过程叫做物体的受力分析。掌握这一分析方法十分重要，它是解决各种力学问题的前提，如果这一步错了，那么以后一切计算都是错的。

2. 平衡条件和剖析法

平衡条件是指物体处于平衡状态时，作用在物体上的力系所应满足的条件。由物体的剖析原理可知，如果一个物体或物系处于平衡状态，那么它所剖分成的任一部分皆处于平衡状态。因此，当要计算哪个截面的内力时，就可假想地用一个平面将这一截面切开，任取一部分为研究对象(哪部分简单就取哪一部分)，画出受力图，利用平衡条件算出未知力，这是求解各种未知量的一种普遍方法，叫做截面法。

3. 变形连续假设分析法

土木工程力学研究的对象都是假设为均匀连续、各向同性的变形固体。尽管它不完全符合实际情况，但基本上可以满足工程要求，且能使计算大大简化。变形连续条件是指均匀连续固体受力变形后仍然是均匀连续的。也就是说，均匀连续变形固体在受力变形后，在其内部既不引起“空隙”，也不会产生“重叠”现象，这样就可以用数学连续函数来分析问题。

4. 力与变形的物理关系分析法

变形固体受力作用后要发生变形，根据小变形假设可以证明，力与变形成正比(即力与变形为线性关系)，可以用力与变形之间的物理关系来描述。如胡克定律就反映了材料的线弹性性能和力的最简单的物理关系。利用外力、变形和应力、应变的物理关系，可以方便地解决一些困难问题。

5. 小变形分析法

结构或构件在外力等因素作用下，产生的变形与原尺寸相比是非常微小的，为了简化计算，在某些具体问题计算中可忽略不计，即外荷载的大小、方向、作用点在变形前后都一样，仍用原尺寸进行计算，从而可以用叠加法计算内力和变形，这样可大大简化计算工作。但对于有些问题这样处理是不妥当的，那已经是属于大变形的范畴了，本书不予研究。

6. 刚化分析法

前已叙述，土木工程力学的抽象研究对象为质点、刚体、质点系和变形固体，但从实际上来讲，它的研究对象归根结蒂是变形固体(或变形质点系)，质点、刚体(或刚体系)只是根据研究问题的需要而简化来的力学模型，这种简化方法叫做物体的刚化。其刚化原理是，处于平衡状态的变形体，将其刚化后仍处于平衡状态。根据这一原理，在研究平衡问题时可将处于平衡状态的变形体当作刚体来处理，从而使计算问题得到简化。

7. 试验法

材料的力学性质都是通过试验测量出来的。因此，试验是土木工程力学课程的一个重要的教学内容，通过试验可使学生巩固所学的力学基本理论，掌握测定常用建筑材料力学性质的基本方法和技能，提高学生动手能力和实事求是的思维方式。

知识链接：力学与土木工程力学的发展简史

第一篇　静力学基础

引　　言

静力学是研究物体在力系作用下，物体平衡一般规律的学科。为了尽快能理论联系实际，特将“结构力学”中的结构计算简图提到这一篇讲授。

本篇研究的对象为刚体，所以在本篇研究任何问题时都作为刚体来考虑。也就是说，在研究结构的计算简图、确定杆件或结构的受力图及研究平面力系的平衡条件时，都将研究对象作为刚体来考虑。对于结构的计算简图，只学会画常见简单结构的计算简图就行了，它属于了解内容；对于杆件的受力分析，必须正确研究各物体之间接触与连接方式，要特别注意作用力与反作用力表示，要熟练掌握简单物体的受力图画法；关于平面力系的平衡条件是本篇的重点内容，要熟练掌握平面汇交力系、平面平行力系、平面一般力系及平面力偶系的平衡条件及其应用，它是以后各章分析计算的基础。

在此需要强调的是，本篇所学的力学定义、定理，有的是无条件的，什么情况下都可应用，如作用与反作用定律、力的平行四边形法则等；有的是有条件的，只有在一定限制条件下才能适用，如力的可传性、二力平衡定理、加减平衡力系原理等，只有在研究刚体和变形体平衡时才可适用。

这篇内容的特点是：定义、定理多，且有些定义、定理、概念在初、高中物理上都学过，从表面上看，学起来不会很困难，但其实不然。多年教学实践证明，学好本篇内容并不容易，深入理解、灵活应用更难，有些工程技术人员也常在这些简单问题上，犯这样或那样的概念错误。建议读者在学习本篇时，要在深入理解定义、定理及在基本概念上下功夫，搞清基本定义、定理的含义及适用范围，使此篇真正成为学习土木工程力学的基础。

第一章
力与力系的基本概念

学习目标

本章所讲述的力、力的合成与分解、力矩、力偶等内容，在初、高中都基本学过。但多年教学实践证明，这些内容看似简单，掌握起来却并不容易。根据这一特点，本章结合土木工程力学的实际对这些内容又进行了深化。为了取得更好的学习效果，建议在学习本章时，读者先复习一下初、高中的相关内容。

第一节　力、力系的概念及力的基本性质

小贴士：
力的含义

一、力的概念

1. 力的定义与单位

力是物体间的相互机械作用。也就是说，力的存在条件是物体，它不能脱离物体而存在。是否有物体就一定有力存在呢？非也。因为物体只是力存在的条件，而不是产生力的原因，只有物体间相互机械作用才能产生力。例如图1-1a所示的甲、乙两物体，二者没有接触，且没有相互作用，所以它们之间没有力产生；若变为图1-1b所示情况，二者就要产生力了，因为甲对乙产生压迫，乙对甲产生反抗，二者发生相互机械作用，所以也就有力产生了。由于力是物体间的相互作用，所以力一定是成对出现的，不可能只存在一个力。如由万有引力定律可知，物体所受地球的吸引力(即重力)与地球所受物体的吸引力就是一对力。

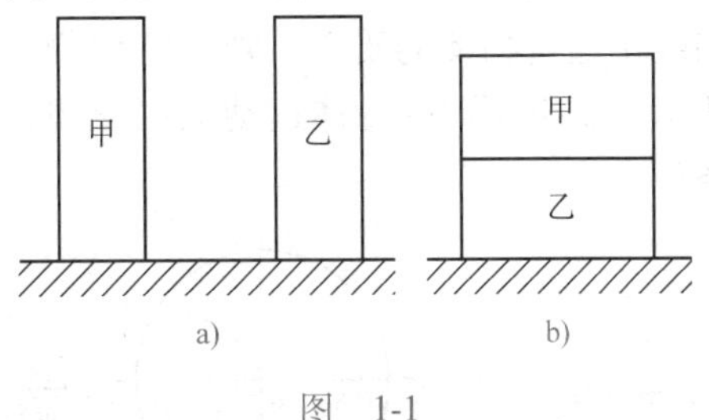

图　1-1

那么，由于地球对物体的吸引而产生的重量，与物体对地球的吸引产生的引力有什么关系呢？对于这个问题牛顿第三定律作了完美的回答，即这对力，大小相等、方向相反、作用线共线，且作用在不同的两个物体上。在力学中，将这一规律称为作用与反作用定律。大量的工程实践证明，它是一个普遍定律，无论对于静态的相互作用，还是对于动态的相互作用都适用。它是本书自始至终重点研究的内容之一。

力对物体的作用效应，取决于力的大小、方向和作用点，称为力的三要素。

力的大小反映了物体间相互作用的强弱程度。在国际单位制中力的计量单位是牛[顿]，用英文字母 N 表示。在工程中，一般用千牛作为力的单位，用英文字母 kN 表示，即1kN＝1000N。

力的方向是指力对物体作用的指向，沿该方向画出的直线称为力的作用线。力的方向应包含力的作用方位和指向。

力的作用点是物体相互作用位置的抽象化。实际上两物体接触处总会占有一定面积，力

总是作用于物体的一定面积上。如果这个面积很小，则可将其抽象为一个点，这时作用力称为**集中力**；如果接触面积比较大，力作用在整个接触面上，这样的作用力称为**分布力**。单位长度上的力称为**荷载集度**，它表示沿长度方向上力的强弱程度，用符号 q 表示，单位为N/m 或 kN/m。

小实验：分布荷载与集中荷载

力可以用一个矢量来表示。矢量的模表示力的大小；矢量的作用方位加上箭头表示力的方向；矢量的始端(图 1-2a)或末端(图 1-2b)表示力的作用点。所以在确定一个未知力的时候，一定要明确它的大小、方向和作用点。在此常犯的错误是，只注意计算力的大小，而忽略确定力的方向和作用点。

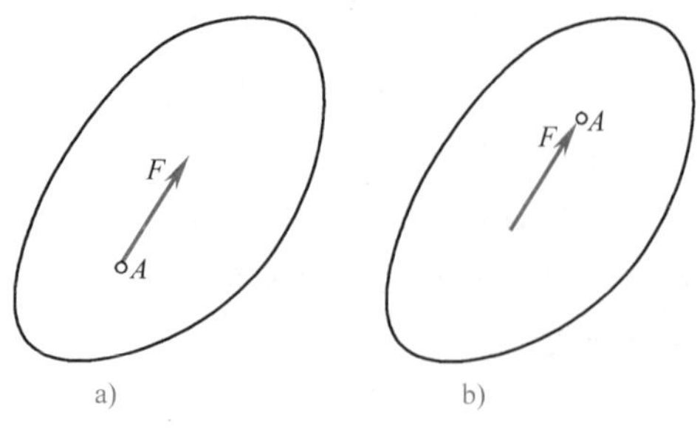

图　1-2

2. 力的作用效应

物体间的相互作用产生什么样的效应呢？实践证明，一方面，力能使物体发生运动改变；另一方面，力能使物体产生变形。在力学中，将力的这两种作用效果，称为**力的作用效应**。

（1）**力的运动效应**　力作用在物体上可产生两种运动效应。①若力的作用线通过物体的质心，则力能使物体沿力的方向产生平行移动，简称平动，如图 1-3a 所示；②若力的作用线不通过物体的质心，则力能使物体既产生平动又发生转动，称为平面运动，如图 1-3b 所示。本书不研究物体运动的一般规律，只研究物体运动的特殊情况——相对地球静止的条件。

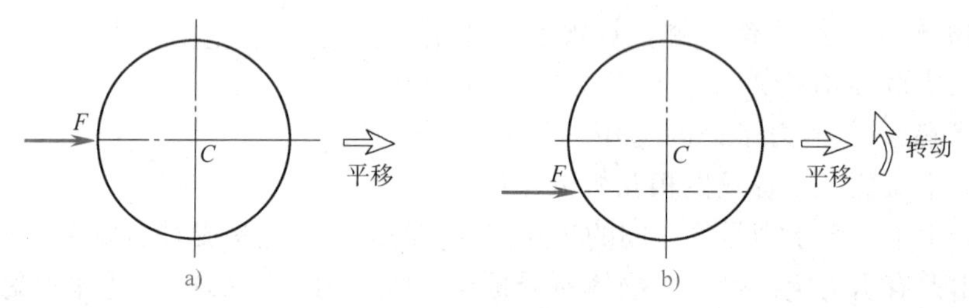

图　1-3

由实践知，当力作用在刚体上时，只要保持力的大小和方向不变，可以将力的作用点沿力的作用线滑动，而不改变刚体的运动效应，如图 1-4 所示。力的这一性质称为**力的可传性**。

（2）**力的变形效应**　当力作用在物体上时，除产生运动效应外，还要产生变形效应。所谓变形效应，是指力作用在物体上产生形状或尺寸的改变。如图 1-5a 所示的杆件，在 A、B 二处施加大小相等、方向相反、沿同一作用线作用的两个力 $\boldsymbol{F}_1$、$\boldsymbol{F}_2$，这时杆件将发生拉伸变形，杆件变长了，变细了，这种现象就称为力的变形效应。

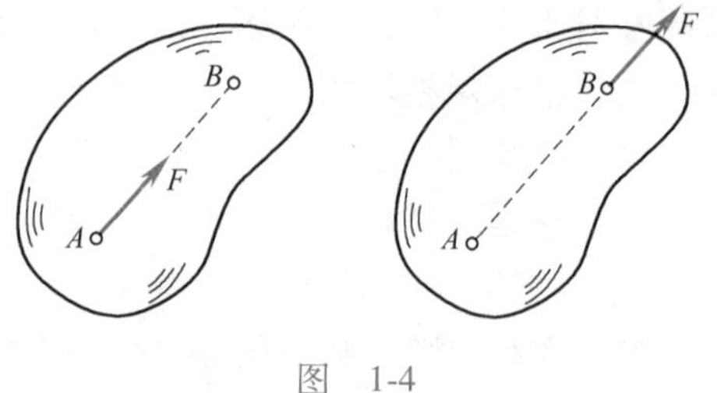

图　1-4

在此值得提出的是，力的可传性对于变形物体并不适用。如将图 1-5a 所示的两个力 $\boldsymbol{F}_1$、$\boldsymbol{F}_2$，分别沿其作用线移至 B 点和 A 点，如图 1-5b 所示，这时二者是不同的。由此可见，力的可传性只适用于研究力的运动效应，不适用于研究力的变形效应。

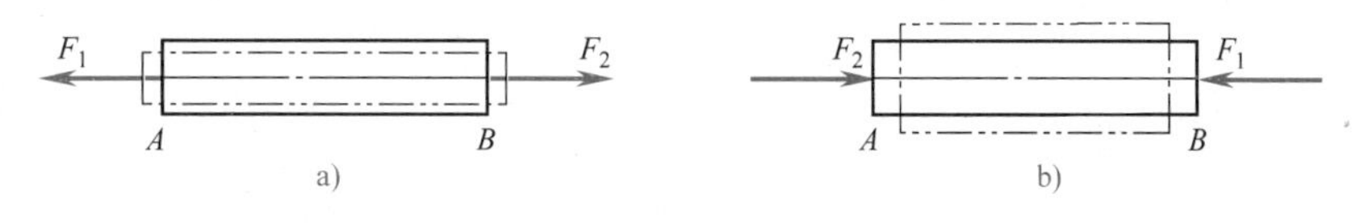

图　1-5

二、力系的概念

物体受到力的作用，常常不是一个力，而是若干个力。将作用在物体上两个或两个以上的力，称为**力系**。按照力系中各力作用线分布的不同形式，可将力系分成平面力系与空间力系。若力系中各力的作用线都在同一平面内，则称为**平面力系**；若力系中各力的作用线不在同一平面内，则称为**空间力系**。工程中常见的力系基本都是空间力系，但为了计算简单，一般都将空间力系化为平面力系来计算。平面力系又分为平面汇交力系、平面平行力系、平面一般力系和平面力偶系(详见第三章)。

三、力的合成与分解

如果某一力系对物体产生的效应可以用另一个力系来代替，则称这两个力系互为**等效力系**。当一个力与另一个力系等效时，则称该力为这个力系的**合力**；而该力系中的每一个力称为**分力**。把力系中的各力代换成合力的过程，称为**力的合成**；反过来，把合力代换成分力的过程，称为**力的分解**。那么，力具体怎样合成与分解呢？在此必须介绍力的平行四边形法则。

作用于物体上同一点的两个力，可以合成为一个合力，合力也作用于该点，合力的大小和方向由这两个力为邻边所构成的平行四边形的对角线表示，如图 1-6a 所示。这就是**力的平行四边形法则**。

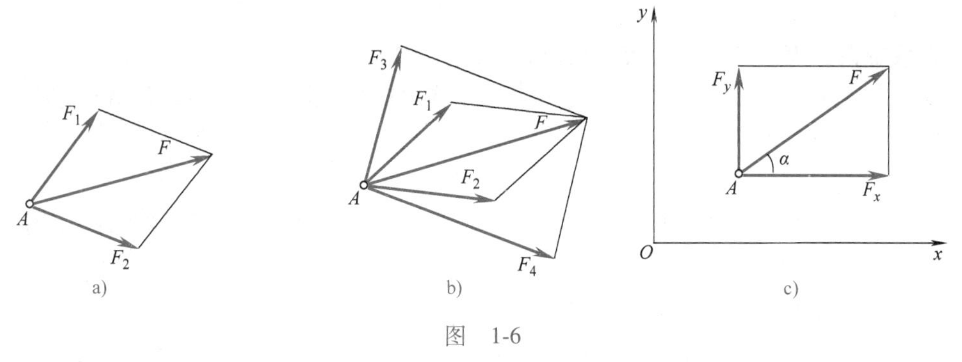

图　1-6

这个法则说明力的合成是遵循矢量加法的，只有当两个力共线时，才能用代数加法。

两个共点力可以合成为一个力；反之，一个已知力也可分解为两个力。但是，将一个已知力分解为两个分力可得无数的解。因为以一个力的矢量为对角线的平行四边形，有无数多个，如图 1-6b 所示，力 $\boldsymbol{F}$ 既可以分解为 $\boldsymbol{F}_1$ 和 $\boldsymbol{F}_2$，也可以分解为力 $\boldsymbol{F}_3$ 和 $\boldsymbol{F}_4$，等等。要得出唯一的解答，必须给以限制条件，如给定两分力的方向求大小，或给定一分力的大小和方向求另一分力，等等。

在工程实际问题中，常把一个力 $\boldsymbol{F}$ 沿直角坐标轴方向分解，可得出两个互相垂直的分力 $\boldsymbol{F}_x$ 和 $\boldsymbol{F}_y$，如图 1-6c 所示。$\boldsymbol{F}_x$ 和 $\boldsymbol{F}_y$ 的大小可由三角公式求得：

$$F_x = F\cos\alpha \qquad F_y = F\sin\alpha \tag{1-1}$$

式中，α 为力 $\boldsymbol{F}$ 与 x 轴间所夹的锐角。

知识链接：没人看得懂的巨著

第二节　力矩与合力矩定理

一、力对点之矩

力对点之矩，是很早以前人们在使用杠杆、滑车、绞盘等机械搬运或提升重物时所形成的一个概念。现以扳手拧螺母为例来说明。如图1-7a所示，在扳手的 A 点施加一力 $\boldsymbol{F}$，将使扳手和螺母一起绕螺钉中心 O 转动，这就是说，力使物体（扳手）产生了转动效应。实践经验表明，扳手的转动效果不仅与力 $\boldsymbol{F}$ 的大小有关，而且还与点 O 到力作用线的垂直距离 d 有关。当 d 保持不变时，力 $\boldsymbol{F}$ 越大，转动越快；当力 $\boldsymbol{F}$ 不变时，d 值越大，转动也会越快。若改变力的作用方向，则扳手的转动方向就会发生改变。因此，我们用 F 与 d 的乘积，再冠以正负号来表示力使物体绕 O 点转动的效应，并称为力 $\boldsymbol{F}$ 对 O 点之矩，简称力矩，以符号 $M_O(\boldsymbol{F})$ 表示，即

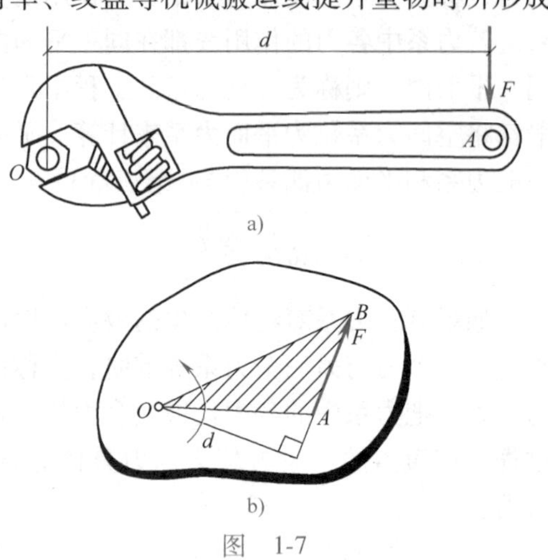

图　1-7

$$M_O(\boldsymbol{F}) = \pm Fd \tag{1-2}$$

O 点称为转动中心，简称矩心。矩心 O 到力作用线的垂直距离 d 称为力臂。式中的正负号表示力矩的转向。通常规定：**力使物体绕矩心作逆时针方向转动时，力矩为正，反之为负。**在平面力系中，力矩或为正值，或为负值，因此，力矩可视为代数量。

由图1-7b可以看出，力对点之矩还可以用以矩心 O 为顶点，以力矢量 AB 为底边所构成的三角形面积的2倍来表示。即

$$M_O(\boldsymbol{F}) = \pm 2S_{\Delta OAB}$$

显然，力矩在下列两种情况下等于零：①力等于零；②力臂等于零，即力的作用线通过矩心。

力矩的单位是牛・米（N・m）或千牛・米（kN・m）。

例1-1　图1-8所示钉锤，在力 $F=200\text{N}$ 作用下，手柄长度 $h=300\text{mm}$，试求图示两种不同情况下，力 $\boldsymbol{F}$ 对 O 点之矩。

解　图示两种情况下，虽然力的大小、作用点和矩心均相同，但力的作用线和方向各异，致使力臂不同，因而两种情况下力对 O 点之矩不同。根据式（1-2），可求出力 F 对 O 点之矩分别为

（1）$M_O(\boldsymbol{F}) = Fh = 200\times300\times10^{-3}\,\text{N}\cdot\text{m} = 60\text{N}\cdot\text{m}$

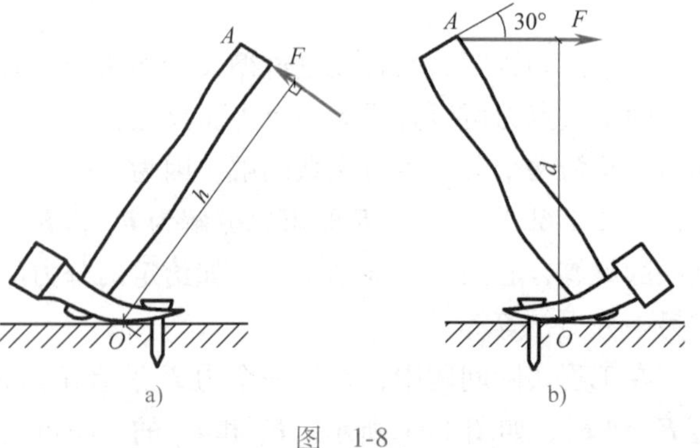

图　1-8

（2）$M_O(\boldsymbol{F})=-Fd=-200\times300\times10^{-3}\cos30°\text{N}\cdot\text{m}=-51.96\ \text{N}\cdot\text{m}$

二、合力矩定理

如图 1-9 所示，将作用于刚体平面上 A 点的力 $\boldsymbol{F}$，沿其作用线滑移到 B 点（B 点为任意点 O 到力 $\boldsymbol{F}$ 作用线的垂足），不改变力 $\boldsymbol{F}$ 对刚体的效应（力的可传性）。在 B 点将 $\boldsymbol{F}$ 沿坐标轴方向正交分解成两分力 $\boldsymbol{F}_x$、$\boldsymbol{F}_y$，分别计算并讨论力 $\boldsymbol{F}$ 和分力 $\boldsymbol{F}_x$、$\boldsymbol{F}_y$ 对 O 点力矩的关系。

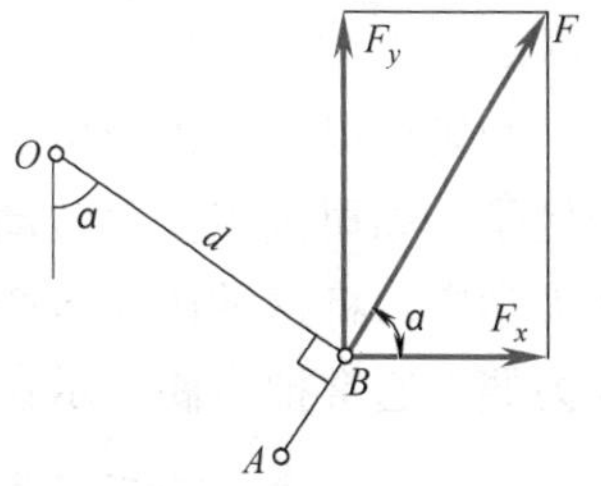

图　1-9

由式（1-1）知 $F_x=F\cos\alpha$，$F_y=F\sin\alpha$，则分力 $\boldsymbol{F}_x$、$\boldsymbol{F}_y$ 对 O 点之矩分别为

$$M_O(\boldsymbol{F}_x)=F\cos\alpha d\cos\alpha=Fd\cos^2\alpha$$

$$M_O(\boldsymbol{F}_y)=F\sin\alpha d\sin\alpha=Fd\sin^2\alpha$$

将 $M_O(\boldsymbol{F}_x)$、$M_O(\boldsymbol{F}_y)$ 相加得

$$M_O(\boldsymbol{F}_x)+M_O(\boldsymbol{F}_y)=Fd\cos^2\alpha+Fd\sin^2\alpha=Fd$$

合力对 O 点之矩为

$$M_O(\boldsymbol{F})=Fd$$

由此证明，**合力对某点的力矩等于力系中各分力对该点力矩的代数和**。该定理不仅适用于正交分解的两个分力系，对于任意分解的分力系皆成立。若力系有 n 个力作用，则

$$M_O(\boldsymbol{F})=M_O(\boldsymbol{F}_1)+M_O(\boldsymbol{F}_2)+\cdots+M_O(\boldsymbol{F}_n)=\sum M_O(\boldsymbol{F}_i) \tag{1-3}$$

式（1-3）即为合力矩定理。

在平面力系中，求力对某点的力矩一般采用以下两种方法：

（1）用力和力臂的乘积求力矩　这种方法的关键是确定力臂 d。需要注意的是，力臂 d 是矩心到力作用线的垂直距离。

（2）用合力矩定理求力矩　工程实际中，有时求力臂 d 的几何关系很复杂，当不易确定时，可将作用力正交分解为两个分力，然后应用合力矩定理求原力对矩心的力矩。

例 1-2　放在地面上的板条箱，如图1-10所示，受到 $F=100\text{N}$ 的力作用。试求该力对 A 点的力矩。

解　求力 $\boldsymbol{F}$ 对 A 点之矩途径有两个：一是利用力矩定义，二是利用合力矩定理。

（1）利用力矩定义　由图 1-10 所示，力臂

$$d=1.5\times\frac{1}{\sqrt{1.5^2+1^2}}\text{m}=0.83\text{m}$$

由式（1-2）可得

$$M_A(\boldsymbol{F})=Fd=100\times0.83\text{N}\cdot\text{m}=83\text{N}\cdot\text{m}$$

（2）利用合力矩定理　将力 $\boldsymbol{F}$ 在 B 点分解为两个分力 $\boldsymbol{F}_1$ 和 $\boldsymbol{F}_2$，由式（1-3）可得

$$\begin{aligned}M_A(\boldsymbol{F})&=M_A(\boldsymbol{F}_1)+M_A(\boldsymbol{F}_2)\\&=F_1\times1\text{m}+F_2\times0\\&=100\times\frac{1.5}{\sqrt{1.5^2+1^2}}\times1\text{N}\cdot\text{m}\\&=83\text{N}\cdot\text{m}\end{aligned}$$

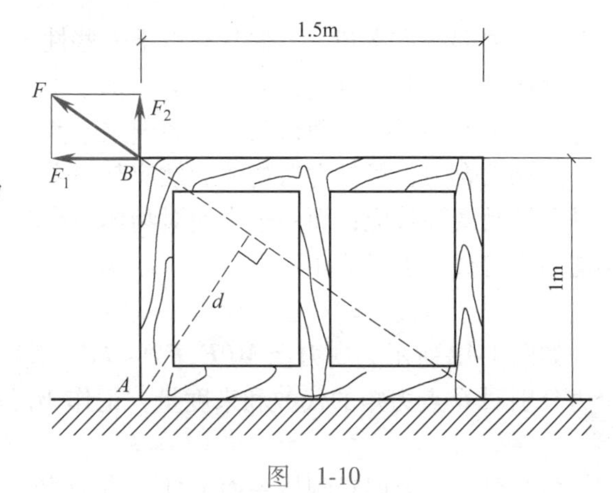

图　1-10

第三节　力偶及其性质

一、力偶的定义

力矩可以使物体产生转动效应。另外，在生产实践中还经常会见到其他使物体产生转动的例子，如司机用双手转动转向盘（图 1-11a），钳工用双手转动绞杠攻螺纹（图 1-11b）等。在力学中，将这种使物体产生转动效应的一对大小相等、方向相反、作用线平行的两个力称为**力偶**。通常把力偶表示在其作用平面内。

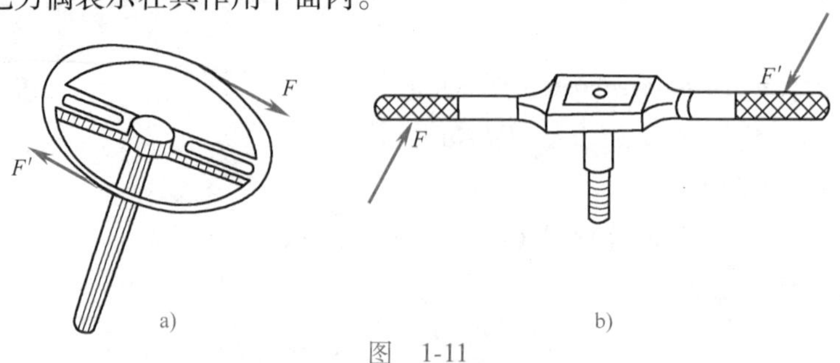

图　1-11

力偶是一个基本的力学量，并具有一些独特的性质，它既不能与一个力平衡，也不能合成为一个合力，只能使物体产生转动效应。力偶中两个力作用线所决定的平面称为力偶的作用平面，两力作用线之间的距离 d 称为力偶臂，力偶使物体转动的方向称为力偶的转向。

力偶对物体的转动效应，取决于力偶中的力与力偶臂的乘积，称为力偶矩，记作 $M(\boldsymbol{F},\boldsymbol{F}')$ 或 M，即

$$M(\boldsymbol{F},\boldsymbol{F}')=\pm Fd \tag{1-4}$$

力偶矩和力矩一样，也是代数量。其正负号表示力偶的转向，规定与力矩一样，即逆时针转向时，力偶矩为正，反之为负。力偶矩的单位与力矩一样，也是 N · m 或kN · m。力偶矩的大小、转向和作用平面称为**力偶的三要素**。力偶三要素中的任何一个发生了改变，力偶对物体的转动效应就会改变。

二、力偶的性质

根据力偶的定义知，力偶具有以下一些性质。

性质一　力偶无合力，且在任何坐标轴上的投影之和为零。力偶不能与一个力等效，也不能用一个力来平衡，力偶只能用力偶来平衡。

力偶无合力，可见它对物体的效应与一个力对物体的效应是不相同的。一个力对物体有移动和转动两种效应；而一个力偶对物体只有转动效应，而没有移动效应。因此，力与力偶不能相互替代，也不能相互平衡。可以将力和力偶看做是构成力系的两种基本要素。

性质二　力偶对其作用平面内任一点的力矩，恒等于其力偶矩，而与矩心的位置无关。

如图 1-12 所示，一力偶 $M(\boldsymbol{F},\boldsymbol{F}')=Fd$，其对平面任意点 O 的力矩，可用组成力偶的两个力分别对 O 点力矩的代数和来度量，记作 $M_O(\boldsymbol{F},\boldsymbol{F}')$，即

$$M_O(\boldsymbol{F},\boldsymbol{F}')=F'(d+x)-Fx=Fd=M(\boldsymbol{F},\boldsymbol{F}')$$

由此可知，力偶对刚体平面上任意点 O 的力矩等于其力偶矩，与矩心到力作用线的距

离 x 无关，即与矩心的位置无关。

性质三　力偶具有等效性及等效代换特性。

从力偶的以上性质可知，同一平面内的两个力偶，如果它们的力偶矩大小相等，转向相同，则两力偶等效，且可以相互代换，这一性质称为力偶的等效性。

由力偶的等效性，可以得出力偶的等效代换特性：

1）力偶可在其作用平面内任意移动位置，而不改变它对刚体的转动效应。

2）只要保持力偶矩的大小和力偶的转向不变，可以同时改变力偶中力的大小和力偶臂的长短，而不会改变力偶对刚体的转动效应。

值得注意的是，以上等效代换特性仅适用于刚体，不适用于变形体。

由力偶的性质及其等效代换特性可知，力偶对刚体的转动效应完全取决于其力偶矩的大小、转向和作用平面。因此，当表示平面力偶时，可以不表明力偶在平面上的具体位置以及组成力偶的力和力偶臂的值，可用一带箭头的弧线表示力偶的转向，用力偶矩表示力偶的大小。图 1-13 所示是力偶的几种等效代换的表示法。

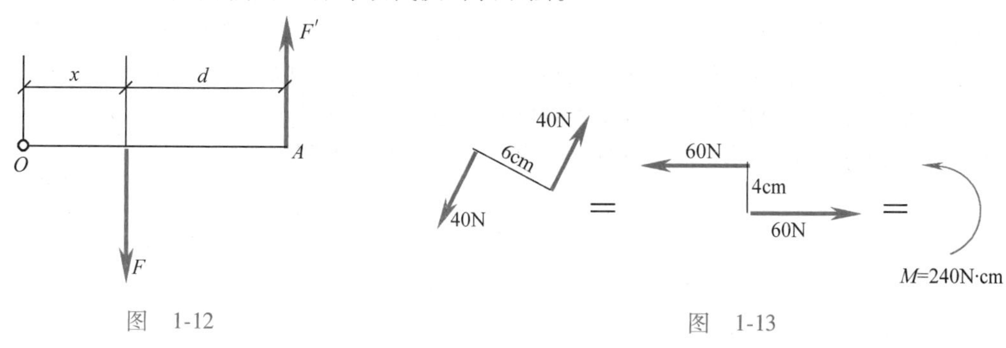

图　1-12　　　　图　1-13

三、平面力偶系的合成

作用于物体上同一平面内的若干个力偶，称为平面力偶系。

从力偶的性质知，力偶对物体只产生转动效应，且所产生的转动效应完全取决于力偶矩的大小和转向。物体内某一平面内受若干个力偶共同作用时，也只能使物体产生转动效应。可以证明，力偶系对物体的转动效应的大小，等于各力偶转动效应的总和，即平面力偶系可以合成一个合力偶，该合力偶矩等于各力偶矩的代数和。合力偶矩用 M_R 表示，即

$$M_R = M_1 + M_2 + \cdots + M_n = \sum M_i \tag{1-5}$$

小知识：杂技演员头顶缸

第四节　平衡的概念

平衡是指物体相对于地球处于静止或做匀速直线运动的状态。

刚体不是在任何力系作用下都能处于平衡状态的。只有该力系的所有力满足一定条件时，才能使刚体处于平衡状态。本章只讨论两种最简单力系和平面力偶系的平衡条件。至于更多力所组成的力系平衡条件，将在第三章中讨论。

一、二力平衡与二力杆件

作用在刚体上的两个力，其平衡的必要与充分条件是：两个力大小相等、方向相反、并

沿同一直线作用。这个规律称为二力平衡定理。

这一结论是显而易见的，现以图1-14a所示吊车结构中的直杆BC为例加以说明。如果直杆BC是平衡的，则杆两端的约束力$\boldsymbol{F}'_C$和$\boldsymbol{F}'_B$必然大小相等、方向相反，并且沿着同一直线(对于直杆即为杆的轴线)作用，如图1-14b所示；另一方面，如果作用在杆件两端的力大小相等、方向相反，并且同时沿着同一直线作用，则杆件一定是平衡的。

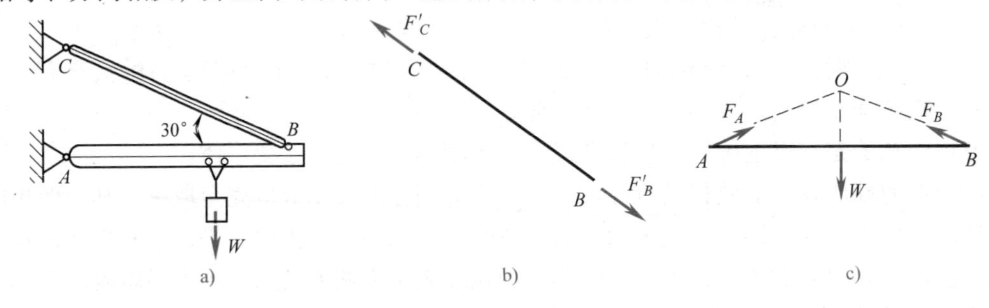

图 1-14

值得注意的是，对于刚体上述二力平衡条件是必要且充分的，但对于只能受拉、不能受压的柔性体，上述二力平衡条件只是必要的，而不是充分的。例如图1-15所示之绳索，当承受一对大小相等、方向相反的拉力作用时可以保持平衡，如图1-15a所示；但是如果承受一对大小相等、方向相反的压力作用时，绳索则不能平衡，如图1-15b所示。

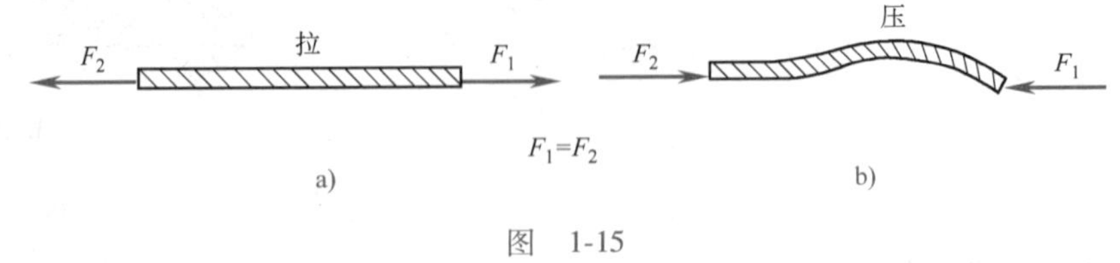

图 1-15

在两个力作用下保持平衡的杆件称为二力杆件，简称二力杆。二力杆可以是直杆，也可以是曲杆。如图1-16a所示结构中直杆BC、图1-16b所示结构中曲杆BC都是二力杆件。

在此需要指出的是，不能将二力平衡中的两个力与作用力和反作用力中的两个力的性质相混淆。满足二力平衡条件的两个力作用在同一物体上；而作用力和反作用力则是分别作用在两个不同的物体上。

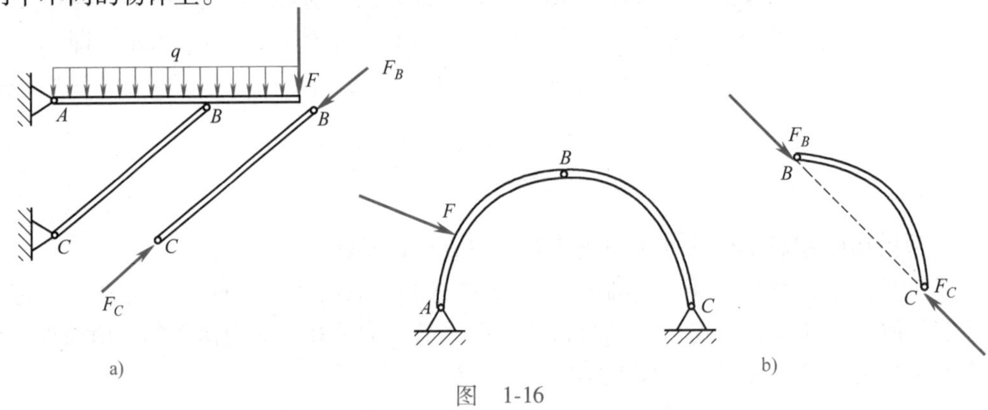

图 1-16

小实验：蜡烛跷跷板

二、不平行的三力平衡条件

在刚体上，若使作用于同一平面内的三个互不平行的力平衡，则此三个力的作用线必须汇交于一点。这就是三力平衡汇交定理。在考虑物体平衡时，它相当于一个平衡方程。

设作用在刚体同一平面内的三个互不平行的力分别为 $\boldsymbol{F}_1$、$\boldsymbol{F}_2$、$\boldsymbol{F}_3$(图 1-17)。为了证明上述结论，首先将其中的两个力合成，例如将 $\boldsymbol{F}_1$ 和 $\boldsymbol{F}_2$ 分别沿其作用线移至二者作用线的交点 O 处，将二力按照平行四边形法则合成一合力

$$\boldsymbol{F}=\boldsymbol{F}_1+\boldsymbol{F}_2$$

这时的刚体就可以看作为只受 $\boldsymbol{F}$ 和 $\boldsymbol{F}_3$ 两个力作用。

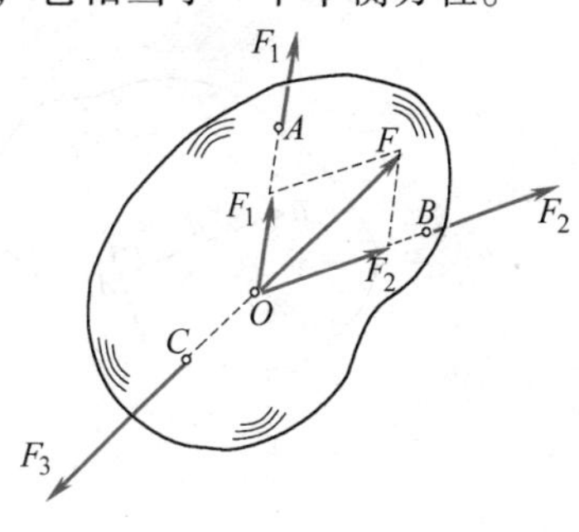

图　1-17

根据二力平衡条件，力 $\boldsymbol{F}$ 和 $\boldsymbol{F}_3$ 必须大小相等、方向相反，且沿同一直线作用。由此证明，若平面力系不平行的三力平衡，则三力必须汇交于一点。

图 1-14c 所示吊车中横梁 AB 的受力，就是三力汇交的实例。

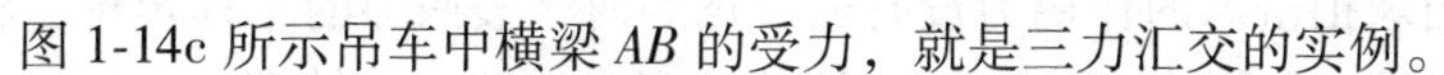

三、加减平衡力系原理

前面已经提到，如果作用在刚体上的一个力系可以由另一力系代替，而不改变原力系对刚体的作用效应，则称这两个力系为等效力系。应用这一结论，可以得到关于平衡的另一个重要原理——加减平衡力系原理。

假设在刚体上的 A 点作用有一力 $\boldsymbol{F}_A$(图 1-18a)，在同一刚体上的 B 点施加一对互相平衡的力 $\boldsymbol{F}_B$ 和 $\boldsymbol{F}'_B$，即

$$\boldsymbol{F}_B=-\boldsymbol{F}'_B$$

如图 1-18b 所示，显然在施加了这一对平衡力之后并没有改变原来的一个力对刚体的效应。也就是一个力 $\boldsymbol{F}_A$ 与三个力 $\boldsymbol{F}_A$、$\boldsymbol{F}_B$ 和 $\boldsymbol{F}'_B$对刚体的作用等效。

将上述方法和过程加以扩展，可以得到下列重要结论。

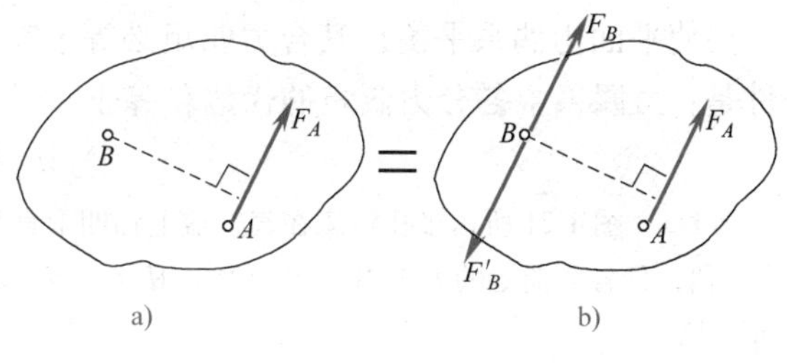

图　1-18

在承受任意作用的刚体上，加上任意平衡力系或减去任意平衡力系，都不改变原力系对刚体的作用效应。这就是**加减平衡力系原理**。换句话说，如果刚体是平衡的，加上或减去一个平衡力系，还是平衡的；如果物体是不平衡的，加上或减去一个平衡力系，还是不平衡的。此定理多用于力的有关性质的证明上或力的简化上，如力系向一点简化，证明力的平移定理等。

四、力的平移定理

作用在物体上的力 $\boldsymbol{F}$ 可以平行移动到物体内任一点 O，但必须同时附加一个力偶，才能与原来力的作用等效。其附加力偶矩等于原力 $\boldsymbol{F}$ 对平移点 O 的力矩。这就是**力的平移定理**。

设一力 $\boldsymbol{F}$ 作用于刚体上 A 点，今欲将此力平移动刚体上 B 点，如图 1-19a 所示。为此，在 B 点加上一对平衡力 $\boldsymbol{F}'$、$\boldsymbol{F}''$，并使它们与力 $\boldsymbol{F}$ 平行且大小相等，如图 1-19b 所示，此时的力系 $\boldsymbol{F}$、$\boldsymbol{F}'$、$\boldsymbol{F}''$与原力 $\boldsymbol{F}$ 等效。由图可看出力 $\boldsymbol{F}$ 与 $\boldsymbol{F}''$组成一力偶，称为附加力偶，其力偶矩为 $M=\boldsymbol{F}d=M(\boldsymbol{F})$。于是，力系 $\boldsymbol{F}$、$\boldsymbol{F}'$、$\boldsymbol{F}''$与力系 $\boldsymbol{F}'$、M 等效，如图 1-19c 所示。因此，力 $\boldsymbol{F}$ 与力系 $\boldsymbol{F}'$、M 等效，即力 $\boldsymbol{F}$ 可从 A 点平移到 B 点，但必须附加一力偶，才能保持原力

F 对刚体的作用效应不变。附加力偶的力偶矩等于原力对平移点之矩。

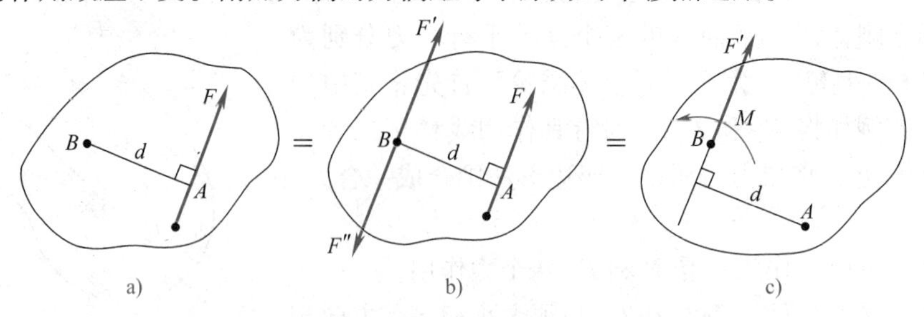

图 1-19

力的平移定理揭示了力对物体产生移动和转动两种运动效应的实质。以打乒乓球中的削球为例，如图 1-20 所示，当球拍击球的作用力没有通过球心时，按照力的平移定理，将力 **F** 平移至球心，平移力 **F'**使球产生移动，附加力偶 M 使球产生绕球心的转动，于是形成弧旋球。

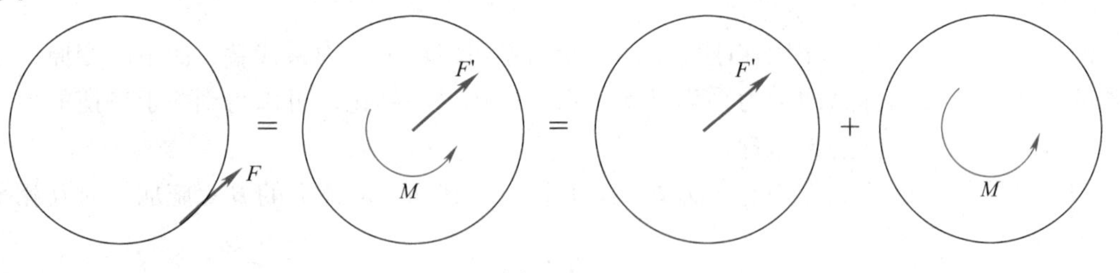

图 1-20

五、平面力偶系的平衡

要使平面力偶系平衡，其合力偶矩必等于零。由此可知，平面力偶系平衡的必要与充分条件是：**力偶系中各分力偶矩的代数和等于零**。即

$$\sum M=0 \tag{1-6}$$

例 1-3 图 1-21 所示多孔钻床在气缸盖上钻四个直径相同的圆孔，每个钻头作用于工件的切削力构成一个力偶，且各力偶矩的大小 $M_1=M_2=M_3=M_4=15\text{N}\cdot\text{m}$，转向如图所示。试求钻床作用于气缸盖上的合力偶矩 M_R。

解 将气缸盖作为研究对象，作用于其上的各力偶矩大小相等、转向相同、且在同一平面内，根据式(1-5)，合力偶矩为

$$M_\text{R}=M_1+M_2+M_3+M_4=(-15)\times 4\text{N}\cdot\text{m}=-60\text{N}\cdot\text{m}$$

例 1-4 图 1-22a 所示梁 AB 上作用一力偶，其力偶矩 $M=100\text{N}\cdot\text{m}$，梁长 $l=5\text{m}$，不计梁的自重，求 A、B 两支座的约束力。

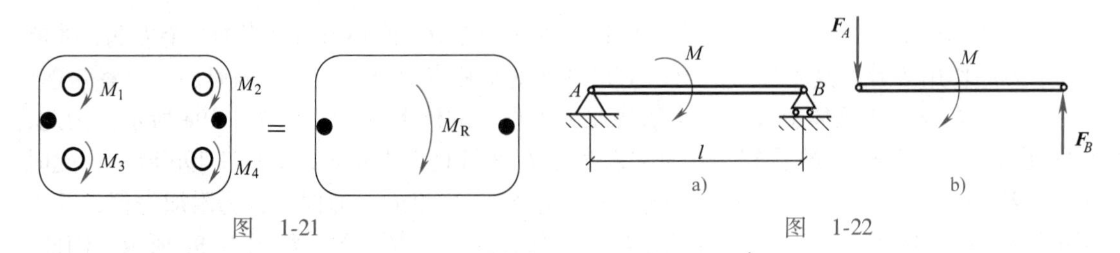

图 1-21　　图 1-22

解 (1) 取梁 AB 为研究对象，分析并画受力图(图 1-22b)。

梁 AB 的 B 端为活动铰支座，约束力沿支承面公法线并指向受力物体。由力偶性质知，力偶只能与力偶平衡，因此 $\boldsymbol{F}_B$ 必须和 A 端约束力 $\boldsymbol{F}_A$ 组成一力偶与 M 平衡，所以 A 端约束力 $\boldsymbol{F}_A$ 必与 $\boldsymbol{F}_B$ 平行、反向，并且组成一个力偶。

（2）列平衡方程求解

由 $\sum M=0$，有 $F_B l-M=0$，解得

$$F_A=F_B=M/l=\frac{100\text{N}\cdot\text{m}}{5\text{m}}=20\text{N}$$

思　考　题

小贴士：学力学定理时应注意适用条件

1-1　何谓力？为什么说力不能脱离物体而存在？为什么力是成对出现的？

1-2　何谓力的作用效应？力的作用效应分哪几种？它与哪些因素有关？

1-3　分力一定小于合力吗？为什么？试举例说明。

1-4　二力平衡条件与作用力和反作用力都是说二力等值、反向、共线，二者有什么区别？

1-5　是否凡是两端铰接，中间不受力，且不计自重的链杆都称为二力构件？二力杆与其本身形状有关系吗？

1-6　试比较力对点之矩与力偶矩有何异同。

1-7　如图 1-23 所示，作用于 AC 杆中间 D 点的力 $\boldsymbol{F}$ 能否沿其作用线移到 BC 杆的中点 E？

1-8　图 1-24 中力 $\boldsymbol{F}$ 作用在销钉 C 上，试问销钉 C 对杆 AC 的作用力与销钉 C 对杆 BC 的作用力是否等值、反向、共线？为什么？

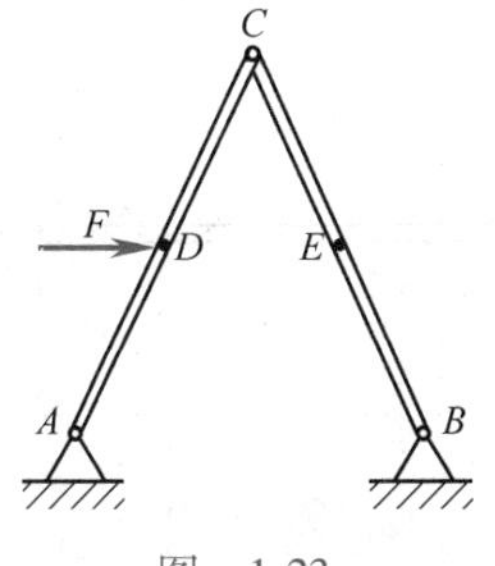

图　1-23

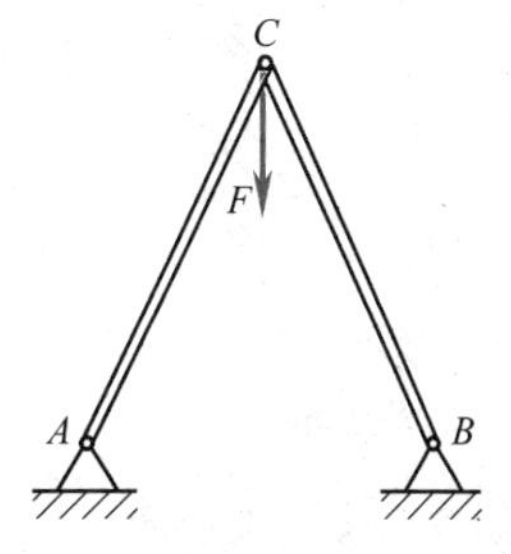

图　1-24

1-9　如图 1-25a 所示，作用于三铰刚架 AC 部分的力偶 M，能否根据力偶可在其作用平面内任意转移而不改变它对刚体转动效应的性质转移到 BC 部分(图 1-25b)？为什么？

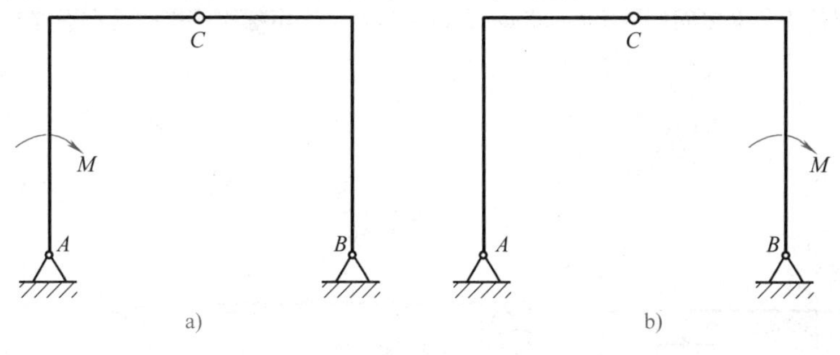

图　1-25

练　习　题

1-1　用手拔钉子拔不动，但用钉锤就能很容易地将钉子拔起。如图 1-26 所示钉锤，锤柄上作用 100N 的推力，试求此力 $\boldsymbol{F}$ 对钉锤与桌面接触点 A 之矩。

1-2　已知力作用在平面板 A 点处，且知 $F=100\text{kN}$，板的尺寸如图 1-27 所示。试计算力 $\boldsymbol{F}$ 对 O 点之矩。

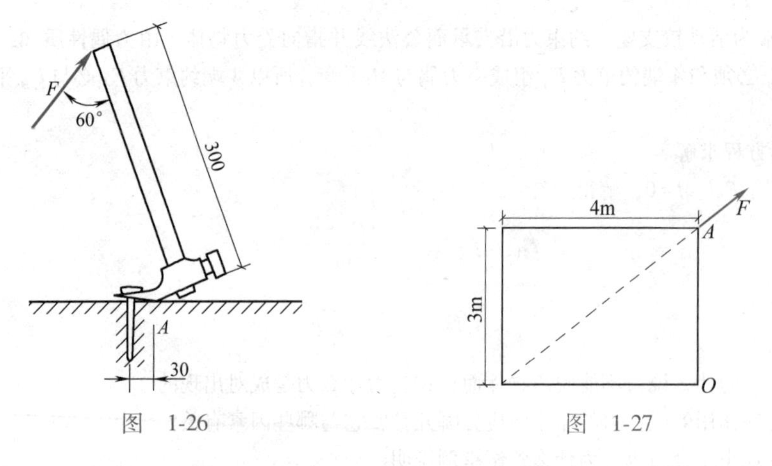

图 1-26　　图 1-27

1-3 图1-28所示挡土墙，所受土压力的合力为 $\boldsymbol{F}_R$，它的大小 $F_R=150$kN，方向如图所示。试求土压力 $\boldsymbol{F}_R$ 对挡土墙产生的倾覆力矩。（提示：土压力 $\boldsymbol{F}_R$ 可使挡土墙绕 A 点转动，即力 $\boldsymbol{F}_R$ 对 A 点的力矩就是力对挡土墙的倾覆力矩）

1-4 托架受力如图1-29所示，作用在 A 点的力为 $\boldsymbol{F}$。已知 $F=500$N，$d=0.1$m，$L=0.2$m。试求力 $\boldsymbol{F}$ 对 B 点之矩。

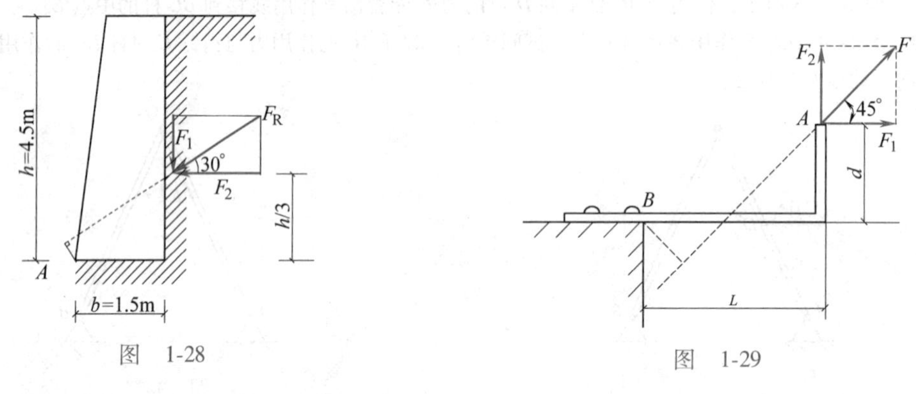

图 1-28　　图 1-29

1-5 力偶要用力偶来平衡，这是力偶平衡的一大特点。请用这一原理求图1-30所示梁的支座反力。

1-6 如图1-31所示，已知作用于平板的三力偶的力偶矩分别为 $M_1=M_2=10$N·m，$M_3=20$N·m，固定此平板的两连接螺栓 A 和 B 之间的距离 $l=200$mm，试求这两个固定螺栓所受的沿水平方向的力 $\boldsymbol{F}_A$ 和 $\boldsymbol{F}_B$ 的大小。

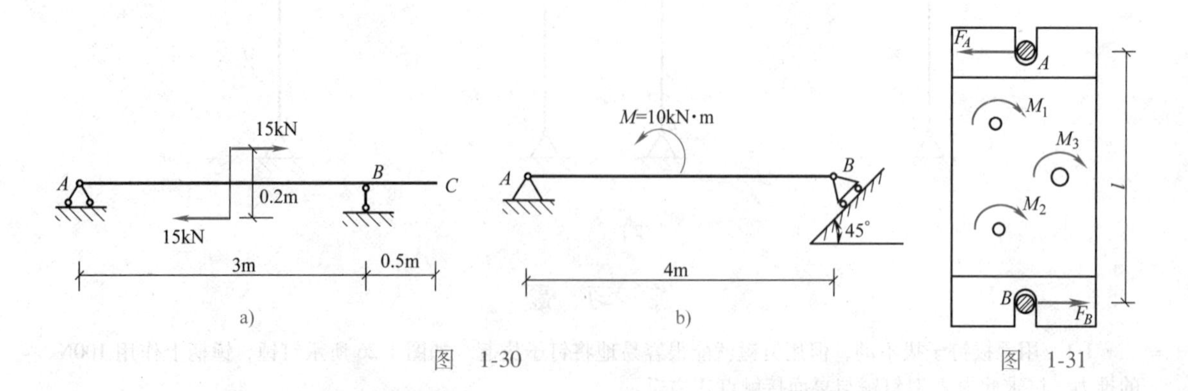

图 1-30　　图 1-31

第二章 土木工程结构计算简图与受力图

学习目标

实际结构是很复杂的，如果要进行力学计算则必须对其进行简化。本章应掌握的内容是：一要会画常见结构的计算简图；二要会画杆件、结构的受力图。它们是本课程理论联系实际的重要基础。

第一节 结构计算简图的简化原则和内容

一、结构计算简图的概念

在土木工程中，若要对结构进行受力分析，如果不作某些假设、不分主次地将全部因素都考虑进去往往是不可能的，而且也是不必要的。因此，在对结构进行受力分析之前，必须抓住反映问题本质的主要矛盾和矛盾的主要方面，把结构本身、结构与其他物体之间的联系、结构所承受的荷载以及支座的情况加以简化，得到一个实际结构的简化图形。这个代替实际结构的简化图形，称为结构计算简图，简称计算简图。

二、结构计算简图的简化原则

工程上所说的对结构进行受力分析，实际上就是对结构计算简图的受力分析，结构的各种计算都是在结构计算简图上进行的。因此，结构计算简图选择的正确与否不仅直接影响计算工作量和精确度，而且如果结构计算简图选择不当，就会使计算结果产生较大偏差，甚至造成工程事故。所以，对结构计算简图的选择应持慎重态度。一般来讲，结构计算简图的选择应遵循下列两条基本原则：

1）基本正确地反映结构的实际受力性能，使计算结果确保结构设计的精确度。

2）分清主次，略去次要因素，以便于分析和计算。

这两条基本原则表面看起来很简单，但实际操作时却很难。一方面要对工程实际有深入的认识，另一方面要善于分析主次因素间的相互关系及其相对性。因此，对于初学者来说是比较难掌握的。应该明白，画结构计算简图并不是一蹴而就的，只能是随着知识的增多，分析能力的增强，自然而然地会提高选取结构计算简图的能力。

另外，结构计算简图的选择应按下列不同情况，分别加以对待。

（1）结构的重要性　对重要的结构应选择比较精确的计算简图，以提高计算结果的可靠性。

（2）不同的设计阶段　在初步设计阶段，可采用比较简略的计算简图；在技术设计阶段，则应采用比较精确的计算简图。

（3）计算问题的性质　对结构作动力计算或稳定性计算时，由于本身计算较复杂，可以采用比较简单的计算简图；而在作结构静力计算时，则应采用比较精确的计算简图。

（4）计算工具的不同　手算时计算简图应力求简单；用电子计算机计算时，则可采用较为精确的计算简图。

三、结构计算简图的简化内容

画结构计算简图的过程，主要包括三方面的简化内容：

1）约束、支座计算简图的简化和受力特征。

2）构件和结构本身计算简图的简化和受力情况。

3）荷载的分类、荷载的选用、荷载的简化等。

第二节　土木工程中常见约束的计算简图及约束力

一、约束与约束力的概念

在工程实际中，任何构件都要受到与它相联系的其他构件的限制而不能自由运动。例如，大梁受到墙、柱的限制，柱子受到基础的限制，桥梁受到桥墩的限制等等。

一个物体的运动受到周围物体的限制时，这些周围的物体就称为该物体的**约束**。例如上面所提到的墙、柱是大梁的约束，基础是柱子的约束，桥墩是桥梁的约束等。根据力的定义，当物体受到约束的限制时，就会产生作用力。由于这种力是对物体的运动起限制的作用力，故称为**约束力**（简称**反力**）。约束力的方向，总是和该约束所能阻碍物体的运动方向相反。

二、土木工程中常见约束的计算简图和约束力

由于目前土木结构工程越来越复杂，故其约束类型也越来越多，现将土木工程中常见的约束和约束力介绍如下：

1. 柔体约束

柔绳、链条、胶带等柔体用于限制物体的运动时，称为柔体约束（或柔性约束）。由于柔体约束只能限制物体沿着柔体约束的中心线、离开柔体方向的运动，并不能限制物体沿其他方向的运动，所以柔体约束的约束力通过接触点，其方向沿着柔体约束的中心线，且永为拉力。这种约束力通常用 $\boldsymbol{F}_{\mathrm{T}}$ 表示，如图 2-1 所示。

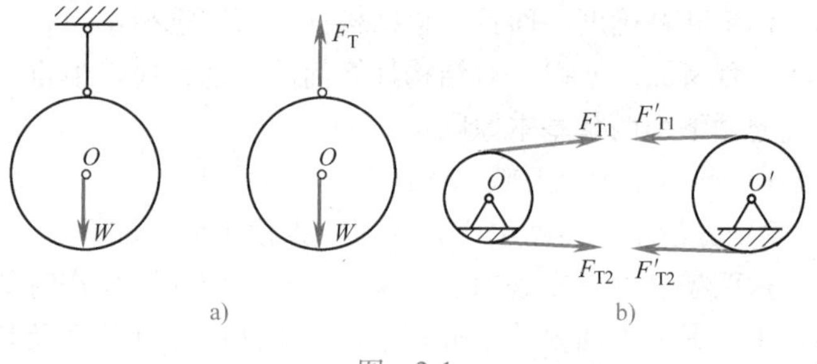

图　2-1

2. 光滑接触面约束

若一物体与另一物体互相接触，当接触处的摩擦力很小，可以忽略不计时，两物体彼此的约束就是光滑接触面约束。这种约束只能限制物体沿垂直于接触面而指向物体的运动，而不能限制物体沿着接触面的公切线离开物体的运动。所以，光滑接触面约束力通过接触点，其方向沿着接触点的公法线，指向被约束的物体，如图 2-2 所示。这种约束力通常用 $\boldsymbol{F}_{\mathrm{N}}$ 表示。

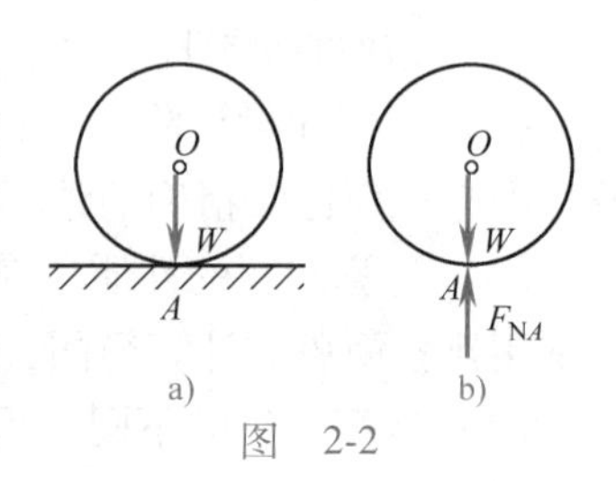

图　2-2

$\boldsymbol{F}_{NA}$表示约束力作用于 A 点。

3. 铰链约束

如图 2-3a 所示，用圆柱销钉把两构件连接起来，这一装置称为铰链。对于具有这种特性的连接方式，略去其变形和摩擦，就得到理想化的约束模型——刚性光滑铰链，亦称理想铰，通常用一小圆圈表示；亦常用图 2-3d 所示的平面简图表示。当这种铰链约束在结构中间时，称为中间铰，简称铰。当这种铰链约束与固定物体相连接时，则称为固定铰。无论中间铰还是固定铰的约束力都过铰链的中心，且方向不确定，因此通常都用两个正交的分力 $\boldsymbol{F}_{Cx}$和 $\boldsymbol{F}_{Cy}$来表示(图 2-3e)。

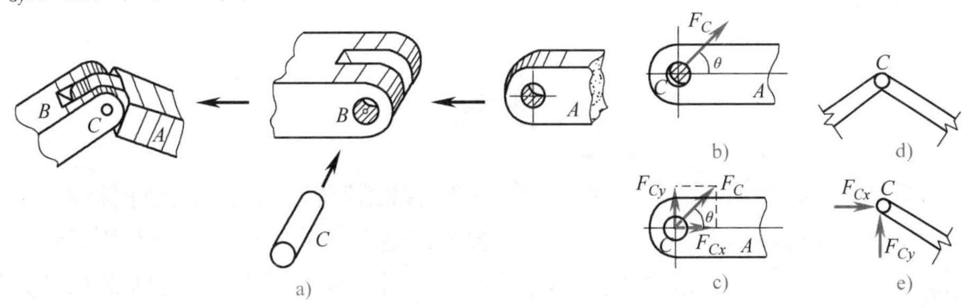

图　2-3

必须指出的是，当中间铰约束或固定铰约束所连接的是二力杆件时，约束力的方位沿两铰点的连线，方向任意假定。若计算结果为正，则说明实际约束力方向与假设方向相同；若计算结果为负，则说明实际约束力方向与假设方向相反(不必改)。

4. 链杆约束

两端通过铰链与物体连接且中间不受力(自重忽略不计)的刚性杆，称为链杆，又称二力杆或二力构件，如图 2-4a 所示。这种约束只能限制物体沿着链杆中心线的运动，而不能限制其他方向的运动。所以，链杆的约束力沿着链杆中心线，指向未定。与铰链约束力一样，若计算结果为正，则说明实际约束力方向与假设方向相同；若计算结果为负，则说明实际约束力方向与假设方向相反，也不必改。这种约束力常用 $\boldsymbol{F}_A$ 表示，图 2-4d 为链杆的受力图。若将 AB 杆改为曲杆或折杆，也叫做二力杆，其受力图如图 2-4e 所示。

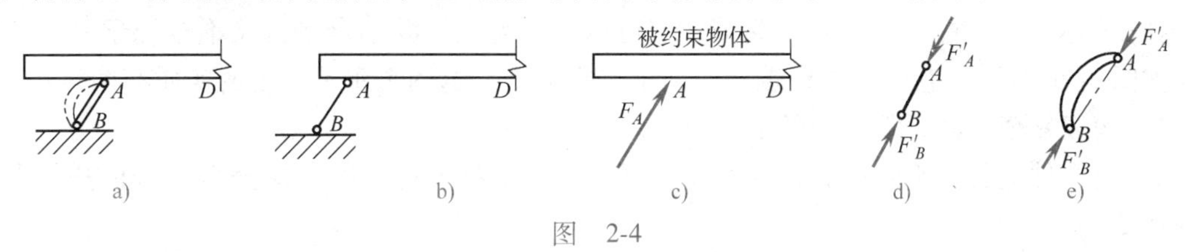

图　2-4

三、土木工程中常见支座的计算简图和支座约束力

在土木工程中，常见一些约束直接支承在基础或另一静止的构件上。在工程中，将直接支承在基础或静止构件上的约束，称为支座。支座是约束的一种特殊情况，约束中包含支座。现将土木工程中常见的支座及其支座约束力介绍如下。

1. 活动铰支座

这种支座的构造简图如图 2-5a 所示，它允许结构绕铰 A 转动，并可沿支承平面方向移动。因此，当不考虑支承平面上的摩擦力时，这种支座的约束力将通过铰 A 的中心并与支承平面相垂直，即约束力作用线和作用点是确定的。根据上述特征，这种支座的计算简图可以用图2- 5b 表示。在工程中，常用图2-5c 来作为图2-5a 的受力图。在土木工程中，无论外部结构如何，凡能符合这种支承情况的支座，都可简化成活动铰支座。

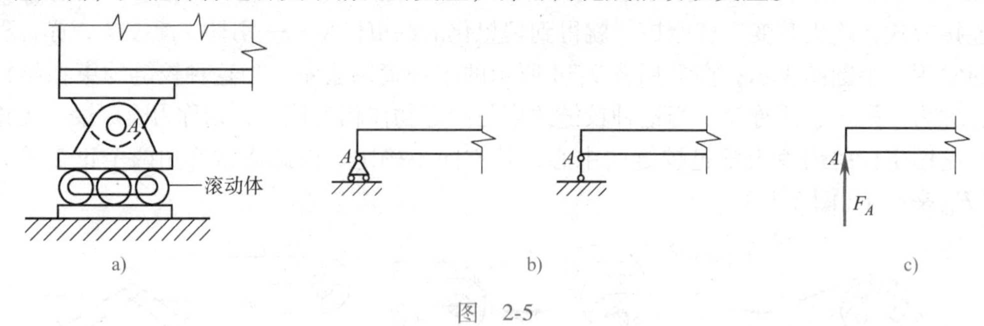

图 2-5

2. 固定铰支座

这种支座的构造如图2-6a、b 所示。它允许结构绕销钉转动，但不允许移动。因此这种支座的约束力将通过销钉的中心，但其指向和大小都是未知的。显然，它与固定铰一样，也可用两个相互垂直的未知分约束力 $\boldsymbol{F}_{Ax}$ 和 $\boldsymbol{F}_{Ay}$ 来表示（图2-6c）。固定铰支座常见的计算简图如图2-6d 所示，其受力图如图2-6e 所示。

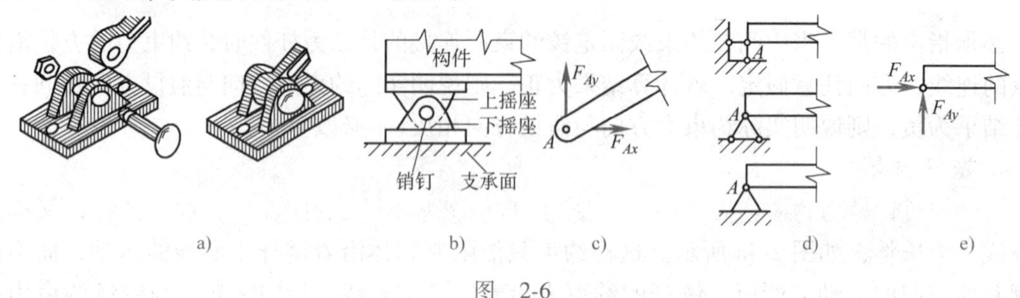

图 2-6

3. 固定支座

这种支座，既不允许结构发生任何转动，也不允许结构发生任何移动。它的约束力大小、指向和作用点都是未知的。因此，可以用水平和竖向分约束力 $\boldsymbol{F}_{Ax}$ 和 $\boldsymbol{F}_{Ay}$ 以及约束力偶矩 M_A 来表示。固定端支座的计算简图，也可以表示为三根既不全平行又不全交于一点的链杆，如图2-7c 所示，它们可在杆端构成两个水平分力。这两个水平分力的实质有两点：

1）构成一个力偶，阻止杆件绕 A 点转动，其转向待定。

2）当杆件上有水平外荷载作用时，还可合成一个指向待定的水平分力，阻止杆件水平方向移动。

此外，图2-7c 还有一个竖直方向的分力 $\boldsymbol{F}_{Ay}$，阻止杆件沿 A 点上、下移动，其大小、指向亦待定。

习惯上，固定支座的计算简图与受力图常用图2-7b 表示。

4. 定向支座

这种支座只允许沿某一方向发生移动，而其余方向不允许发生任何移动和转动。其约束力的大小、指向和作用点都是未知的。因此，可以用水平约束力 $\boldsymbol{F}_{Ax}$ 或竖向约束力 $\boldsymbol{F}_{Ay}$，以及约束力偶矩 M_A 来表示。定向支座的计算简图如图2-8a、c 所示，其支座约束力如图2-8b、d 所示。

上面所讲的四种支座虽然简单，但在工程中却具有普遍的实际意义。在结构设计中，结

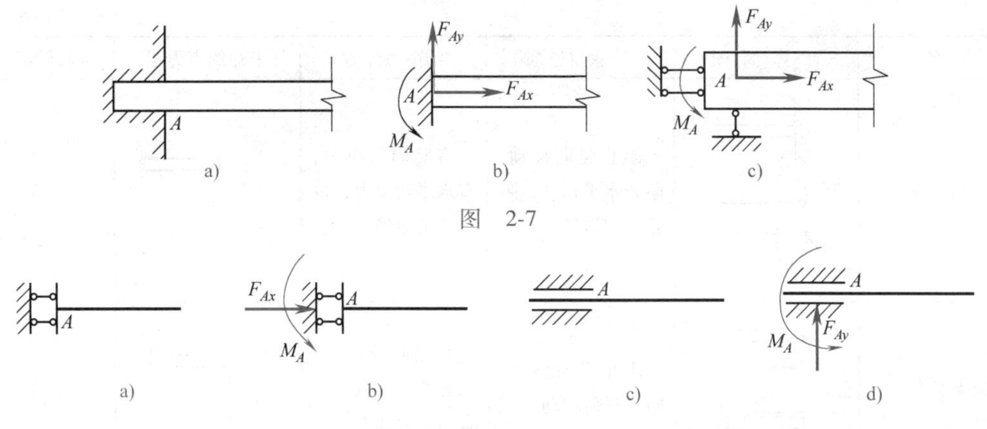

图　2-8

构或构件的支座一般都可简化成这四种形式。例如图 2-9 所示的木屋架或木梁的端部通过预埋螺栓与墙连接的情况，虽然并不是理想的铰支座，但基本上接近于铰支座，在力学上就可以作为铰支座来考虑。

又如图 2-10a 所示厂房柱子，其底部插入杯形基础中，当填充料为细石混凝土且地基比较坚硬时，可简化为固定端支座，如图 2-10b 所示；而当填充料为沥青麻丝或地基比较软时，可简化为固定铰支座。由此可见，支座的简化是很复杂的，其简化原则也跟结构简化原则一样，既要尽可能地接近工程实际，又要便于计算。

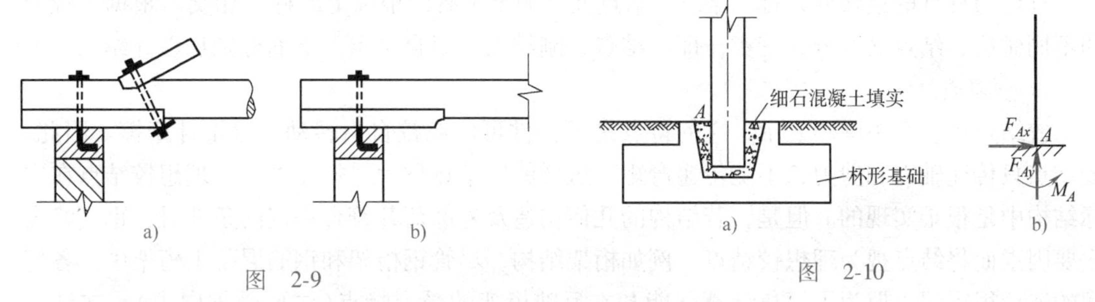

图　2-9　　　　图　2-10

为了查找方便，现将上述四种支座的计算简图、约束性质、约束力性质等汇总于表 2-1 中。

表 2-1　四种支座的表示及性质

支座名称	计算简图	约束性质	约束力性质	未知约束力图	未知约束力数
活动铰支座（或辊轴支座）		阻止竖向移动，可水平移动，也可转动	有竖向约束力，没有水平约束力，没有约束力偶	F_N	1
固定铰支座		阻止竖向移动，阻止水平移动，可发生转动	有竖向约束力，有水平约束力，没有约束力偶	F_x　F_y	2

（续）

支座名称	计算简图	约束性质	约束力性质	未知约束力图	未知约束力数
固定端支座	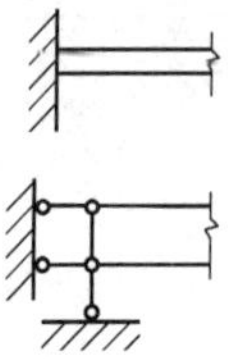	阻止竖向移动，阻止水平移动，阻止任何转动	有竖向约束力，有水平约束力，也有约束力偶	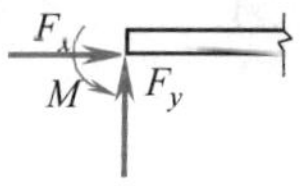	3
定向支座	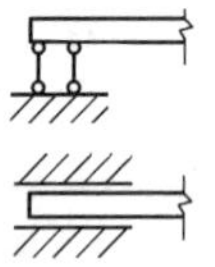	阻止竖向移动，阻止任何转动	有竖向约束力，没有水平约束力，有约束力偶	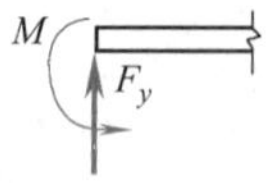	2

小知识：杆秤

第三节　结点和杆件的计算简图

一、结点的计算简图

杆件与杆件的连接处，称为结点。结点处一般至少有两根以上的杆件相交。根据工程上的不同做法，结点又可分为三类，即铰结点、刚结点和组合结点。下面分别加以介绍。

1. 铰结点

铰结点用空心小圆圈表示，它的特点是各杆件可以绕铰自由转动，且不计摩擦。因此，铰结点只传递轴力和剪力，不能传递弯矩。这样的铰结点称为理想铰结点，理想铰结点在实际结构中是很难实现的。但是，若结构的几何构造及外部荷载符合一定的条件时，也可略去次要因素而将结点视为理想铰结点。例如桁架结构，尽管钢桁架和钢筋混凝土桁架中，各杆间的连接很牢固，但为了简化计算并能基本反映桁架的受力特点（主要受轴向力），在计算简图中仍可作为理想铰结点处理。

2. 刚结点

刚结点的特征是杆件连接牢固，结构变形前后汇交点处各杆之间的夹角不变。因此，刚结点既可传递轴力、剪力，也可传递弯矩。

3. 组合结点

所谓组合结点，是指由铰结点和刚结点联合组成的结点，如图2-4a中结点B即为组合结点，又称半铰结点。

二、杆件的计算简图

杆件的截面尺寸（宽、高）通常比杆长小得多，因此，在计算简图中杆件一般用其轴线表示；对于简单杆件，有时亦用其示意图表示。杆件之间的连接用结点表示，杆长用结点间的距离表示，而荷载的作用点也转移到轴线上。

以上是杆件简化的一般原则，下面通过几个具体实例加以说明。

（1）以直杆代替微弯或微折的杆件　图 2-11a 所示厂房排架柱的上下两段具有不同的截面尺寸，且截面形心的连线不在一条直线上，但在初步计算时上柱和下柱仍可用一条直线表示(图 2-11b)。

（2）格构式杆件有时可用实体杆件代替　图 2-11a 所示的厂房排架，在求柱的内力时，可以用实体横梁代替屋架(图 2-11b)。至于屋架各杆本身的内力，可按简支桁架计算，除考虑屋面结点荷载外，还要考虑排架分析中横梁两端所受的力。

（3）以曲线或折线代替曲杆、拱等结构　曲杆、拱等构件的纵向轴线为曲线或折线时，可用相应的曲线或折线表示，其结构计算简图如图 2-12 所示。

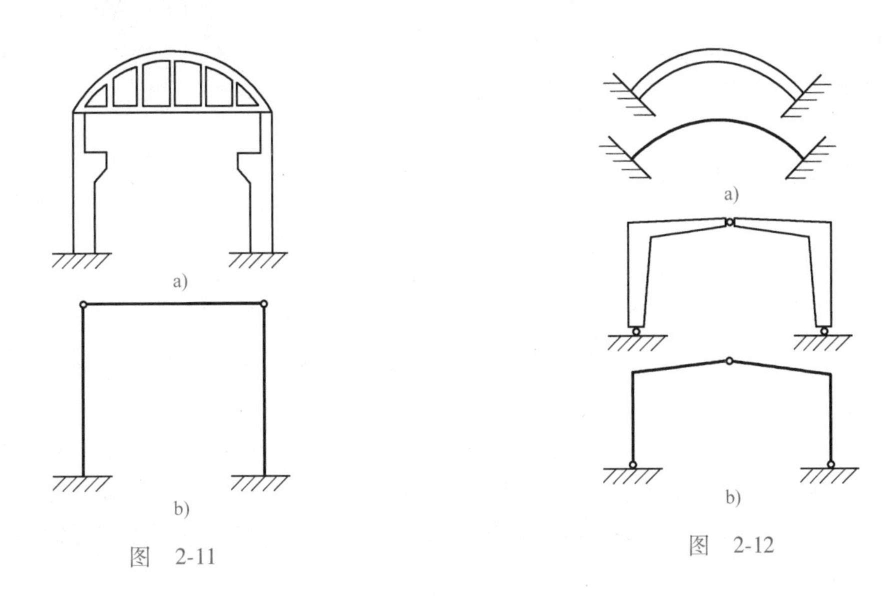

图　2-11

图　2-12

第四节　结构体系的简化

前面讨论了结构中某些局部(支座、结点、杆件)的简化问题，现在讨论结构整体的简化问题。

严格地说，一般结构实际上都是空间结构，各部分互相连接成为一个空间整体，以承受各个方向可能出现的荷载及其他作用。为了简化计算，在适当的条件下，可根据受力状态的特点，把空间结构分解为平面结构来计算。图 2-13 所示为多跨多层房屋框架结构体系简化成平面结构的一个实例。梁与柱实际上组成一个空间刚架，设计中则按平面刚架计算。对于水平荷载如风荷载和地震作用来说，结构的横向刚度比较小，纵向的刚度比较大。为了保证结构的承载能力，通常截取横向刚架(图 2-13c)进行计算。计算横向刚架时要考虑竖向荷载和横向荷载，而纵向刚架(图 2-13b)则只需考虑纵向风荷载及纵向地震作用。平常对纵向刚架只验算地震作用，由于其迎风面积小，风荷载比较小，且抵抗的柱子较多，故风荷载所产生的内力可以忽略不计。以横向刚架为主刚架还有一个优点，就是刚架形式简单、便于计算。

一般空间框架都是采用空间结构的平面化来计算，但对于有些空间结构，如图 2-14 所示网状结构，由于其无法简化成平面结构，也只能按空间结构进行计算了。

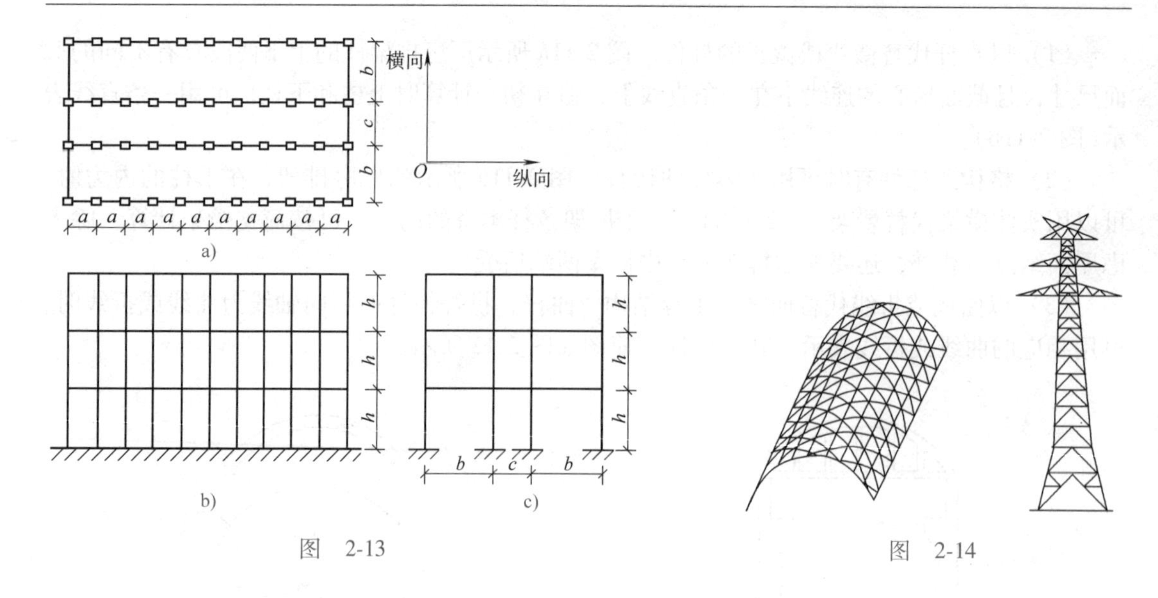

图 2-13

图 2-14

第五节 荷载的概念及分类

一、荷载的概念

荷载通常指作用在结构上的主动力。如结构的自重，水压力，土压力，风压力以及人群、货物的重量，吊车轮压等，它们对结构的作用在结构荷载规范中统称为直接作用；另外，还有间接作用，如地基沉陷、温度变化、构件制造误差、材料收缩等，它们同样可以使结构产生内力和变形。

合理地确定荷载是结构设计中非常重要的工作。如将荷载估计过大，会使所设计的结构尺寸偏大，造成浪费；如将荷载估计太小，则会使所设计的结构不安全。因此，在结构设计中要慎重考虑各种荷载的大小，要严格根据国家颁布的《建筑结构荷载规范》来确定荷载值。

二、荷载的分类

在对结构进行分析前，必须先确定结构上所承受的荷载。荷载规范总结了施工、设计经验和科学研究成果，供施工、设计时应用。GB 50009—2012《建筑结构荷载规范》将结构上的荷载分为以下三类：

（1）永久荷载　在结构使用期间，其值不随时间变化，或其变化与平均值相比可以忽略不计，或其变化是单调的并能趋于定值的荷载，如结构自重、土压力、预应力等。

（2）可变荷载　在结构使用期间，其值随时间变化而变化，且其变化与平均值相比不可忽略不计的荷载，如楼面活荷载、屋面活荷载、积灰荷载、吊车荷载、风荷载、雪荷载等。

（3）偶然荷载　在结构使用期间不一定出现，一旦出现，其值很大且持续时间很短暂的荷载，如爆炸力、撞击力等。

上面介绍了荷载及其分类，而实际荷载往往是非常复杂的，只了解这些荷载知识是很不够的，在许多情况下，还需深入现场对实际结构进行调查研究，只有这样，才能在设计、施工中正确地选用荷载。

例 2-1　图 2-15 中的 AB 杆，表示一根搁置在砖墙上的钢筋混凝土梁，其上受均布荷载 q(包括梁的自重)的作用，试画其计算简图。

解　此梁为直杆，可用其轴线表示。为能对这种梁的支承情况做出正确的抽象，我们先研究一下梁在受力后的情况：①梁搁置在砖墙上，其两端不可能有竖直向下的移动，但梁弯曲时两端可发生转动；②整个梁不允许在水平方向发生整体移动；③当梁受到温度变化引起热胀冷缩时，墙很难起到阻止作用。考虑到梁的这些特点，可以对梁的支承情况作如下处理：用刚性的链杆支座代替实际的支座。对支座作这样的简化，可使得计算工作大为简化，同时也能满足梁的上述特点，基本符合此梁的实际工作状态。在图 2-15b 中，两根竖向的刚性链杆，阻止了梁的上下移动，但当梁弯曲时，梁的端部可以自由转动，这就符合了上述梁的第一个特点；由于在左端有一水平链杆限制了梁在水平方向的整体移动，这就符合了第二个特点；由于右端无水平链杆，允许梁受到温度等影响后能在水平方向伸缩，这就基本上符合了第三个特点。

例 2-2　图 2-16a 所示为一水利工程中的钢筋混凝土渡槽，试画其计算简图。

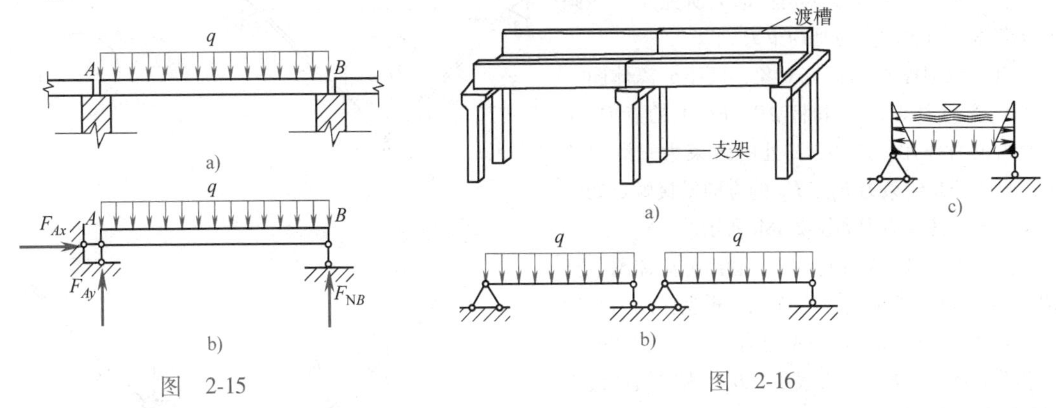

图　2-15　　　　图　2-16

解　在纵向计算中，整个槽身可视为支承在支架上的简支梁，梁的横截面为 U 形，所受荷载是均布的水重和自重，可简化为均布的线荷载 q，其计算简图如图 2-16b 所示。

为了进行横向计算，我们用两个垂直于纵向轴线的平面从槽身截出单位长度的一段，这是一个 U 形刚架，如图 2-16c 所示。刚架所受的内部水压力在底部为均匀分布，在两侧为三角形分布。

第六节　构件和结构的受力图

小贴士：为啥在此讲授结构计算简图？

在进行构件或结构计算前首先要进行受力分析，分析作用在它上面有哪些力，哪些是已知力，哪些是未知力。为了便于分析，将要研究的对象从与它联系的周围物体中分离出来，再把它本身受的力和周围物体对它的作用力画在分离体上，标明有关尺寸，就得到该分离体的受力图。

画受力图是对研究对象进行受力分析的第一步，也是最重要、最关键的一步，如果这一步错了，那么以后的计算步步皆错。因此，画受力图时必须认真仔细。下面用三个例子具体说明如何画受力图。

例 2-3　试画图 2-17a 所示构件 AB 的受力图(不计摩擦)。

解　取构件 AB 为研究对象，将其分离出来(图 2-17b)。构件 AB 与基础在 A、B 两处的接触为光滑接触面约束，故 A、B 处的约束力皆指向构件 AB，并与接触点的切线垂直，用 $\boldsymbol{F}_{NA}$、$\boldsymbol{F}_{NB}$ 表示。自重作用在构件的中心，用 $\boldsymbol{W}$ 表示。CD 为柔体约束，其约束力为背向构件的拉力，用 $\boldsymbol{F}_T$ 表示。图 2-17b 即为构件 AB 的受力图。

为了画图方便，对于简单问题可以不另画分离体，而是假想地将约束去掉，画出相应的约束力，如图

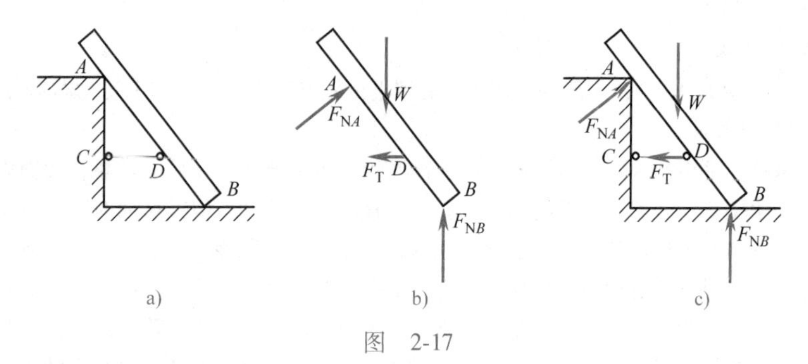

图 2-17

2-17c 所示。这种方法简单明了，因此，在工程中普遍采用。不过对于初学者，为了增强这方面的概念还是画出分离体为好。

例 **2-4** 画图 2-18 所示各构件的受力图(杆件重力不计)。

解 画受力图的步骤是：选取研究对象→画出分离体→画主动力→画约束力。

(1) 取圆球 O 为研究对象，画出分离体图 圆球 O 受到主动力 $\boldsymbol{W}$ 和杆 AB、BC 上的点 D、E 处的约束力作用，点 D、E 处的约束为光滑面约束，由此可知约束力 $\boldsymbol{F}_D$、$\boldsymbol{F}_E$ 的方向沿接触点处的法线方向，其受力图如图 2-18b 所示。

(2) 取杆 AB 为研究对象，画出分离体图 杆 AB 在点 D 处受球的压力 $\boldsymbol{F}'_D$作用。根据作用力与反作用定理，可知 $F_D = F'_D$。A 处为固定铰支座约束，可用两正交分力 $\boldsymbol{F}_{Ax}$、$\boldsymbol{F}_{Ay}$表示；B 处为中间铰链约束，用两正交分力 $\boldsymbol{F}_{Bx}$、$\boldsymbol{F}_{By}$表示。将 $\boldsymbol{F}'_D$、$\boldsymbol{F}_{Ax}$、$\boldsymbol{F}_{Ay}$、$\boldsymbol{F}_{Bx}$、$\boldsymbol{F}_{By}$标在分离体上，可得杆 AB 的受力图，如图 2-18c 所示。

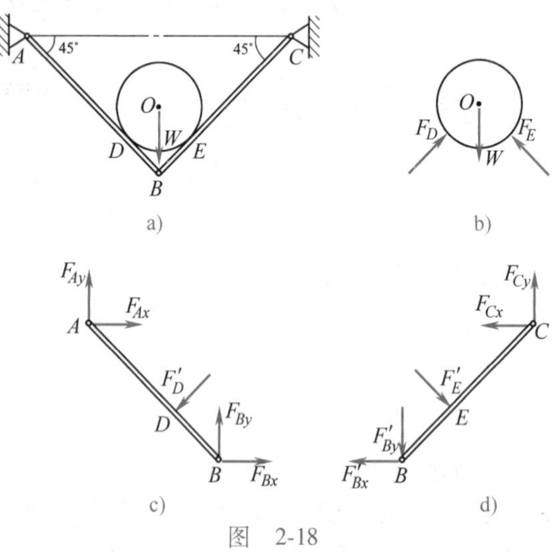

图 2-18

(3) 取杆 BC 为研究对象，画出分离体图 杆 BC 在 E 点和铰 B 处的约束力为 $\boldsymbol{F}'_E$、$\boldsymbol{F}'_{Bx}$、$\boldsymbol{F}'_{By}$；固定铰支座 C 处的约束力为 $\boldsymbol{F}_{Cx}$、$\boldsymbol{F}_{Cy}$。将 $\boldsymbol{F}'_E$、$\boldsymbol{F}'_{Bx}$、$\boldsymbol{F}'_{By}$、$\boldsymbol{F}_{Cx}$、$\boldsymbol{F}_{Cy}$画在杆 BC 的分离体上，可得杆 BC 的受力图，如图 2-18d 所示。

例 **2-5** 图 2-19 所示为墙上支架简图，试画杆 AB、杆 AC 的受力图。

解 此问题与上面问题不同的是，在铰 A 上作用着一集中力 $\boldsymbol{F}$，将杆在铰 A 处拆开时力 $\boldsymbol{F}$ 属于哪根杆呢？为弄清这个问题，在此必须明确，凡作用在铰上的集中力其作用点均在铰的圆柱上，取分离体时不能将铰一分为二，应在铰左或铰右拆开。根据这种分析，杆 AB、杆 AC 受力图的画法有两种：一是分别取铰 A、杆 AB、杆 AC 为分离体，因杆 AB、杆 AC 为链杆，其受力图如图 2-19b 所示；二是取杆 AB 和铰 A 为一分离体，杆 AC 为另一分离体。因杆 AB 带着铰，其力 $\boldsymbol{F}$ 必然作用在铰 A 上，故杆 AB、杆 AC 的受力图如图 2-19c所示。

综上所述，现将画受力图的步骤和注意事项归纳如下：

1) 根据要求选取构件或结构的计算简图为研究对象。

2) 取分离体，即取整个结构或部分结构为研究对象，去掉全部约束。

3) 画出分离体上作用的全部外荷载。

4) 画出分离体上撤掉约束后的约束力。在此特别注意，画约束力(或支座约束力)时，要根据约束性质确定约束力，注意约束力要符合作用力与反作用力定律，切不可主观臆断、

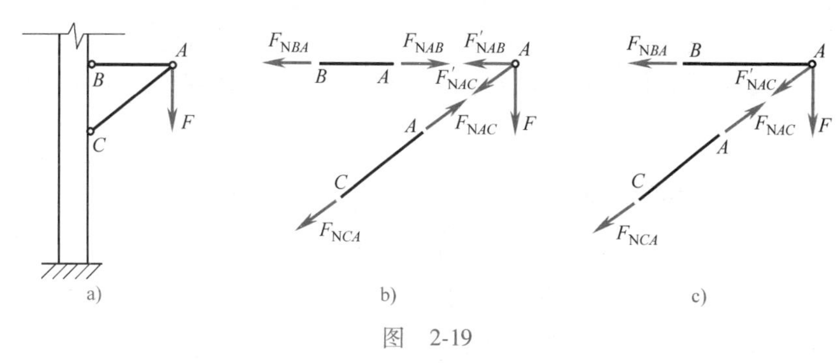

图　2-19

任意画力的方向，更不要画出内力。

5）标上有关尺寸。

第七节　平面杆件结构

一、结构的分类

建筑物或构筑物中，能承担荷载、维持平衡并起骨架作用的整体或部分称为**结构**。房屋建筑中的屋架、梁、板、柱、框架、基础等；水工建筑物中的闸门、水坝、水池等；公路铁路上的桥梁、涵洞、隧道、挡土墙等，都是结构的例子。按其构件的几何性质，结构可分为以下三种：

（1）杆件结构　这类结构是由若干杆件按照一定的方式组合而成的体系。杆件的几何特征是，横截面高、宽两个方向的尺寸要比杆长小得多。

（2）薄壁结构　这类结构由薄壁构件组成，厚度要比长度和宽度小得多，如楼板、薄壳屋面(图 2-20a)、水池、折板屋面(图 2-20b)、拱坝、薄膜结构等均属于薄壁结构。

（3）实体结构　这类结构本身可看做是一个实体构件或由若干实体构件组成，它的几何特征呈块状，长、宽、高三个方向的尺寸大体相近，且内部大多为实体。例如挡土墙(图 2-21)、重力坝、动力机器的底座或基础等均是实体结构。

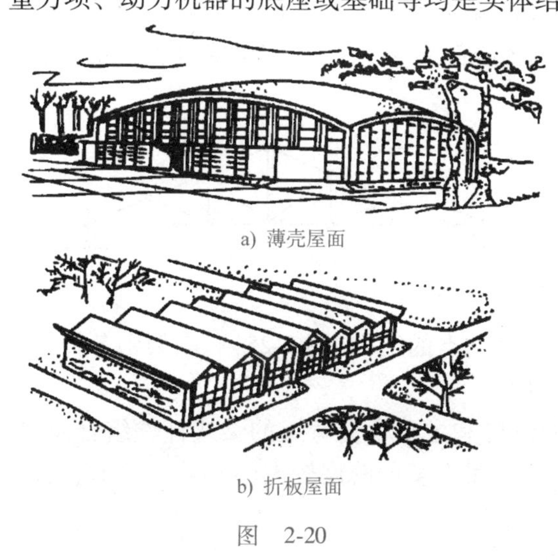

a) 薄壳屋面

b) 折板屋面

图　2-20

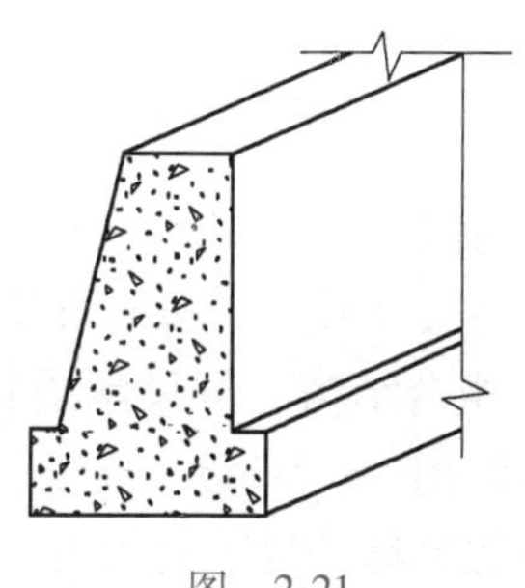

图　2-21

根据目前国内学科的划分方法，本门课程主要的研究对象是杆件结构，因而通常所说的土木工程力学，指的就是杆件土木工程力学。对薄壁结构和实体结构的受力分析属于弹性力学的范畴。

二、平面杆件结构的分类

按照不同的构造特征和受力特点，平面杆件结构可分为以下五类：

（1）梁　梁是一种以受弯为主的杆件，其轴线通常为直线。它可以是单跨的（图2-22a、c），也可以是多跨的（图2-22b、d）。

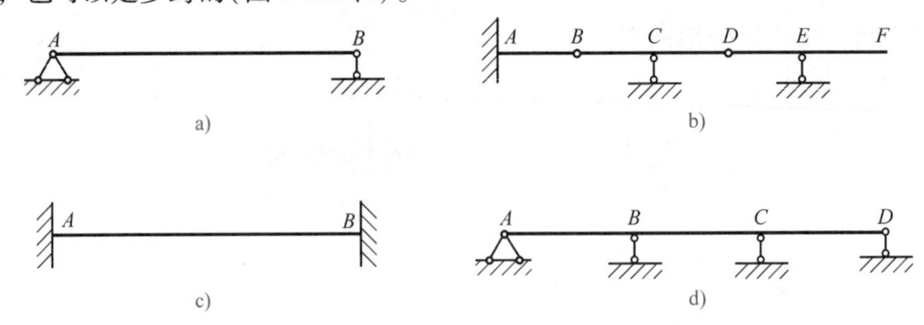

图　2-22

（2）拱　拱的轴线通常为曲线。它的特点是：在竖向荷载作用下支座处要产生水平约束力，通常称为推力。由于推力的存在将使拱内弯矩远小于跨度、荷载及支承情况相同的梁的弯矩（图2-23）。

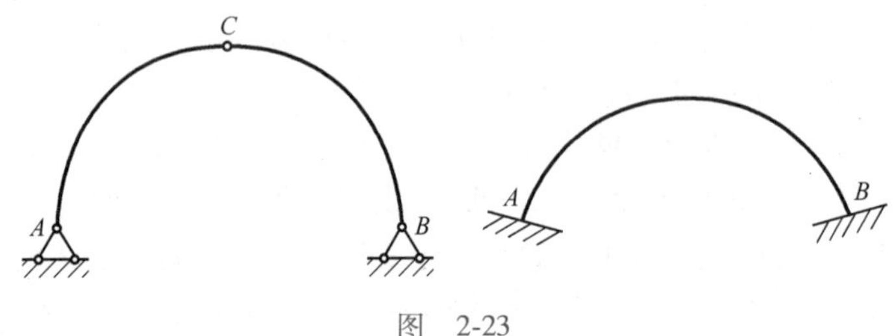

图　2-23

（3）桁架　桁架是由若干杆件在杆件两端用理想铰连接而成的结构（图2-24），也可以说桁架就是由链杆组成的结构。其各杆的轴线都是直线，当只受作用于结点的荷载时，各杆只产生轴力。

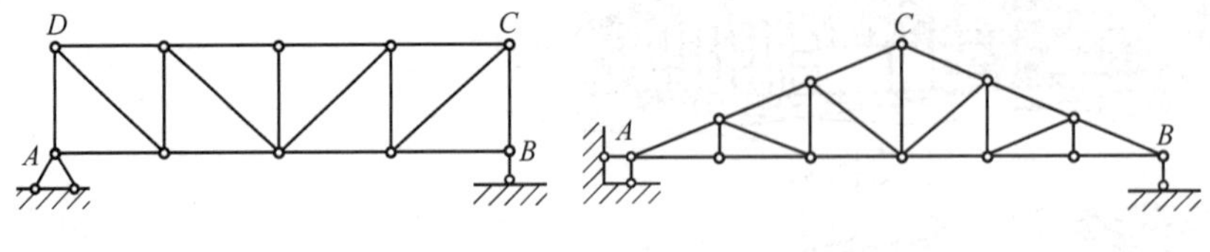

图　2-24

（4）刚架　刚架是由直杆组成并具有刚结点的结构（图2-25）。刚架中各杆的内力一般有弯矩、剪力和轴力，多以弯矩为主要内力。

（5）组合结构　由只承受轴向力的链杆和主要承受弯矩的梁式杆件组合而成的结构，称为组合结构（图2-26）。在工业厂房中，当吊车梁的跨度较大（12m以上）时，常采用组合结构，工程界称其为桁架式吊车梁。

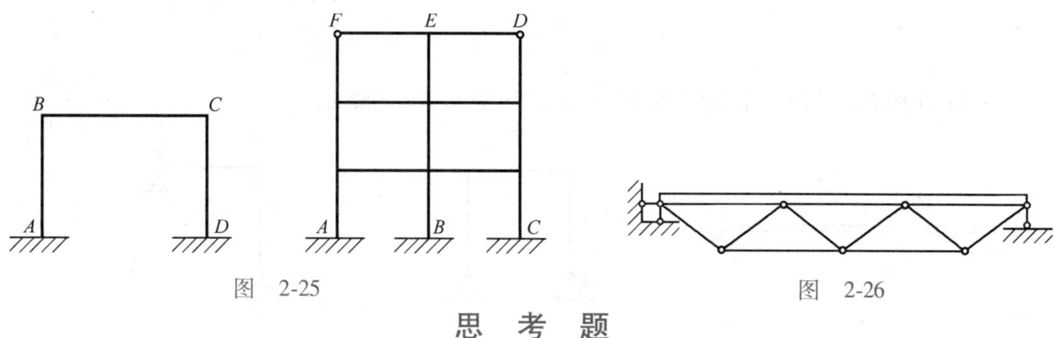

图　2-25　　　　图　2-26

思　考　题

2-1　什么是结构计算简图？它的简化原则是什么？简化内容有哪些？

2-2　何谓约束？常见约束有哪些？它们的约束力有何特征？

2-3　何谓支座？常见支座有哪些？它们的支座约束力是什么？

2-4　什么叫荷载？荷载分哪几类？

2-5　试画出图 2-27 所示建筑结构剖面图形中梁的计算简图。

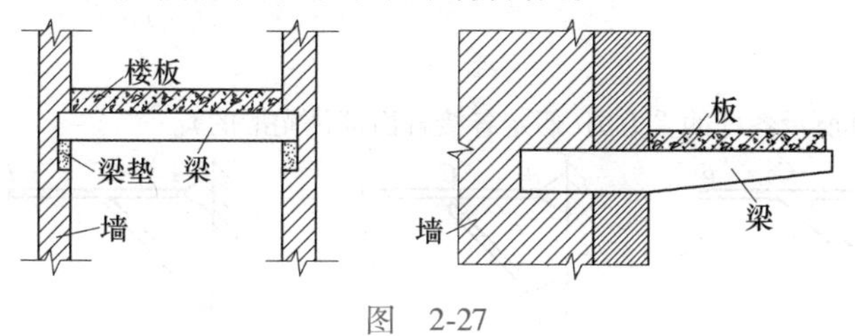

图　2-27

2-6　什么叫受力图？画受力图的步骤是什么？注意事项有哪些？

2-7　试分析图 2-28 所画的受力图是否正确。若不正确，请改正。

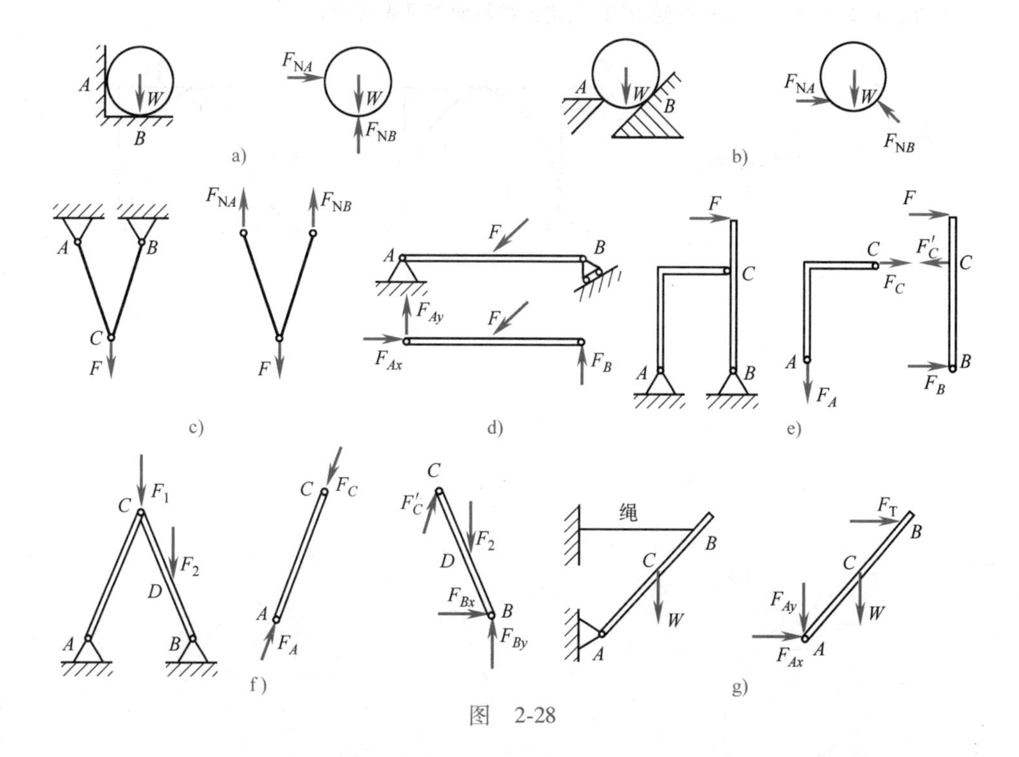

图　2-28

练　习　题

2-1　试作出图 2-29 中所示各物体的受力图(假定各接触面都是光滑的)。

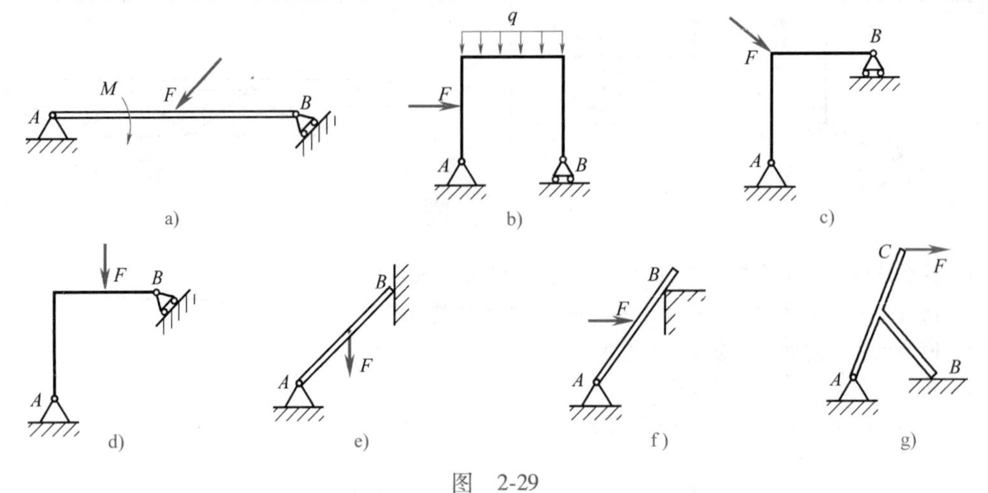

图　2-29

2-2　试画出图 2-30 所示各杆的受力图(假定各接触面都是光滑的)。

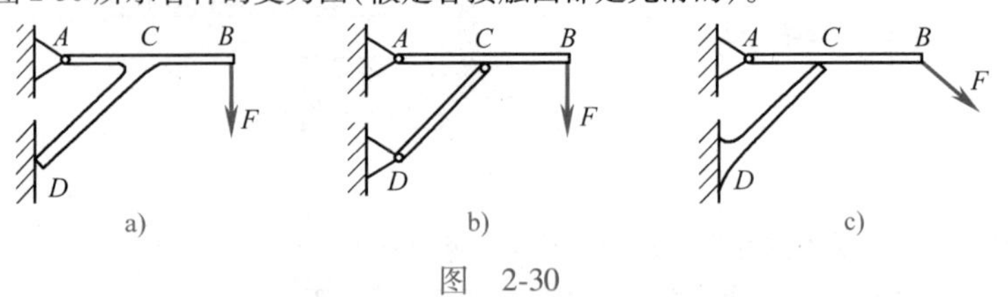

图　2-30

2-3　试画出图 2-31 所示指定杆的受力图(假定各接触面都是光滑的)。

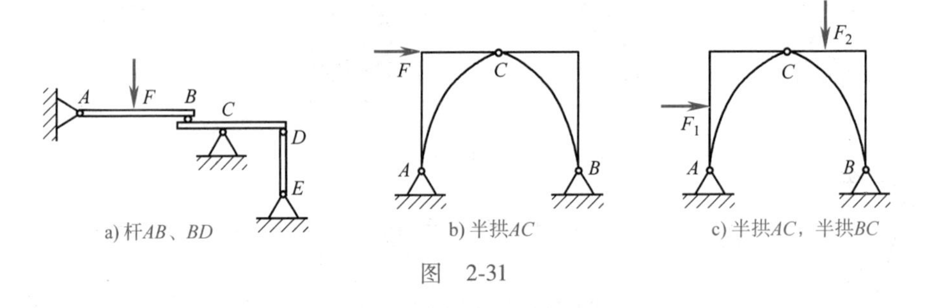

a) 杆AB、BD　　b) 半拱AC　　c) 半拱AC，半拱BC

图　2-31

第三章
平面力系的平衡条件

学习目标

在工程实践中，经常会遇到力系中所有的外力都作用在同一个平面内的情况，这样的力系称为平面力系。平面力系又分为平面汇交力系、平面平行力系、平面一般力系、平面力偶系和共线力系。若平面力系中各力的作用线汇交于一点，则称为平面汇交力系（图3-1a）；若平面力系中各力的作用线平行，则称为平面平行力系（图3-1b）；若平面力系中各力的作用线既不汇交于一点又不互相平行，则称为平面一般力系（图3-1c）；若力系各力的作用线在同一直线上，则称为共线力系（图3-1d）；若平面力系中各力都可组成力偶，则称为平面力偶系（图3-1e）。本章主要介绍以下几个方面的内容：力在平面直角坐标轴上的投影、平面汇交力系平衡条件、平面一般力系的简化及其平衡条件、物体系统的平衡问题、摩擦时的平衡问题。

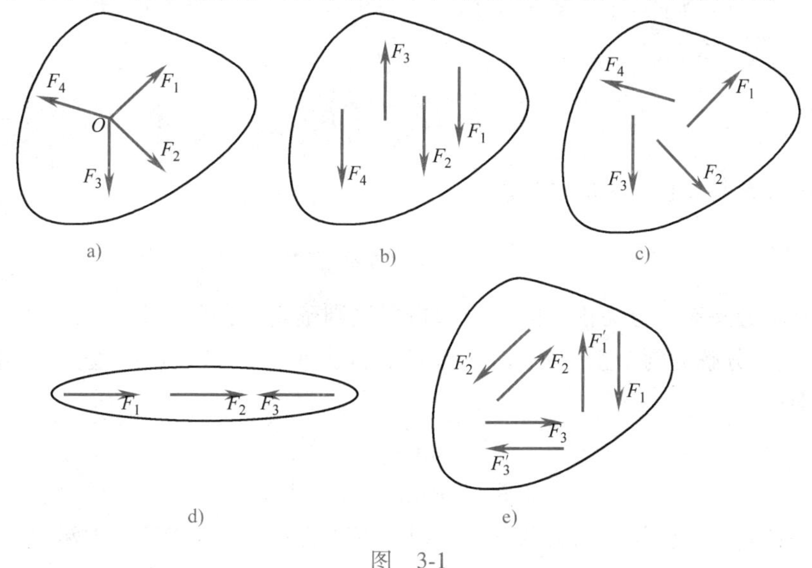

图 3-1

第一节 力的投影和力在直角坐标轴上的分解

小测试：平面力系的分类

一、力在平面直角坐标轴上的投影

1. 投影的定义

如图3-2a所示，设已知力 $\boldsymbol{F}$ 作用于物体平面内的 A 点，方向由 A 点指向 B 点，且与水平线夹角为 α。相对于平面直角坐标轴 Oxy，通过力 $\boldsymbol{F}$ 的两端点 A、B 向 x 轴作垂线，垂足 a、b 在轴上截下的线段 ab 就称为力 $\boldsymbol{F}$ 在 x 轴上的投影，记作 F_x。同理，通过力 $\boldsymbol{F}$ 的两端点向 y 轴作垂线，垂足在 y 轴上截下的线段 a_1b_1 称为力 $\boldsymbol{F}$ 在 y 轴上的投影，记作 F_y。

2. 投影的值及符号规定

力在坐标轴上的投影是代数量，其正负规定为：若投影 ab（或 a_1b_1）的指向与坐标轴正

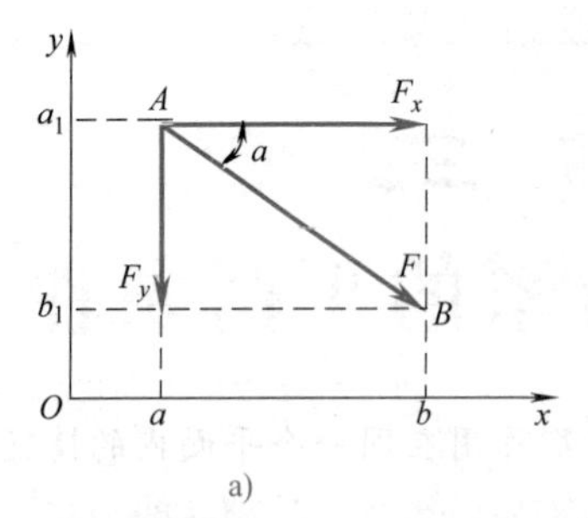

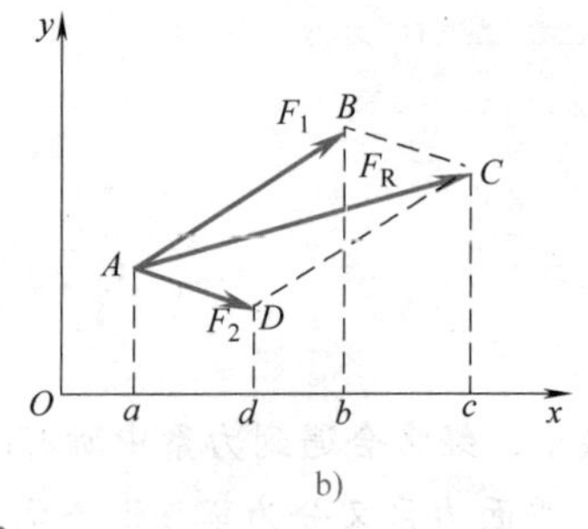

图　3-2

方向一致，则力在该轴投影为正，反之为负。

若已知力 $\boldsymbol{F}$ 与 x 轴的夹角为 α，则力 $\boldsymbol{F}$ 在 x 轴、y 轴的投影分别表示为

$$\left.\begin{aligned}F_x&=\pm F\cos\alpha\\F_y&=\pm F\sin\alpha\end{aligned}\right\}\tag{3-1}$$

3. 已知投影求作用力

若已知一个力的两个正交投影 F_x、F_y，则这个力 $\boldsymbol{F}$ 的大小和方向为

$$\left.\begin{aligned}F&=\sqrt{F_x^2+F_y^2}\\\tan\alpha&=\left|\frac{F_y}{F_x}\right|\end{aligned}\right\}\tag{3-2}$$

式中，α 表示力 $\boldsymbol{F}$ 与 x 轴所夹的锐角。

二、力在直角坐标轴上的投影与力沿直角坐标轴上分解的异同

力沿坐标轴分解时，分力由力的平行四边形法则确定。如图 3-2a 所示，力 $\boldsymbol{F}$ 沿直角坐标轴 x、y 方向可分解为两个正交分力 $\boldsymbol{F}_x$ 和 $\boldsymbol{F}_y$，其大小与力 $\boldsymbol{F}$ 在该两止交坐标轴上投影的绝对值是相等的。

$$\left.\begin{aligned}|\boldsymbol{F}_x|&=F\cos\alpha=ab\\|\boldsymbol{F}_y|&=F\sin\alpha=a_1b_1\end{aligned}\right\}\tag{3-3}$$

必须注意的是，力的投影与力的分力是两个不同的概念，两者不可混淆。力在坐标轴上的投影 F_x 和 F_y 是代数量，而力沿坐标轴的分力 $\boldsymbol{F}_x$ 和 $\boldsymbol{F}_y$ 是矢量。当 x 轴、y 轴互不垂直时，分力 $\boldsymbol{F}_x$ 和 $\boldsymbol{F}_y$ 的大小和在坐标轴上的投影在数值上也不相等。

三、平面汇交力系的合力投影定理

平面汇交力系是指平面内所有力都汇交于一点的力系。在汇交点上，可以使用力的平行四边形法则，将一个力与前一个合力逐次求合力，最终合成为一个力。如图 3-2b 所示，作用于物体平面内 A 点的力 $\boldsymbol{F}_1$、$\boldsymbol{F}_2$，其合力 $\boldsymbol{F}_R$ 等于力 $\boldsymbol{F}_1$ 和 $\boldsymbol{F}_2$ 的矢量和，即

$$\boldsymbol{F}_R=\boldsymbol{F}_1+\boldsymbol{F}_2$$

在力作用平面建立平面直角坐标系 Oxy，合力 $\boldsymbol{F}_R$ 和分力 $\boldsymbol{F}_1$、$\boldsymbol{F}_2$ 在 x 轴的投影分别为 $F_{Rx}=ac$，$F_{1x}=ab$，$F_{2x}=ad$。由图可见，$ad=bc$，$ac=ab+bc$。

所以
$$F_{Rx}=ac=ab+bc=F_{1x}+F_{2x}$$

同理
$$F_{Ry}=F_{1y}+F_{2y}$$

若物体平面内作用有 n 个力 $\boldsymbol{F}_1,\boldsymbol{F}_2,\cdots,\boldsymbol{F}_n$，组成通过汇交点的力系，则按照一个力与前一个合力逐次求合力的方法，可得到该力系的合力 $\boldsymbol{F}_R$，写成矢量表达式为

$$\boldsymbol{F}_R=\boldsymbol{F}_1+\boldsymbol{F}_2+\cdots+\boldsymbol{F}_n=[(\boldsymbol{F}_1+\boldsymbol{F}_2)+\boldsymbol{F}_3]+\cdots+\boldsymbol{F}_n=\sum\boldsymbol{F}$$

简写为

$$\boldsymbol{F}_R=\sum\boldsymbol{F} \tag{3-4}$$

式(3-4)表明，平面汇交力系可合成为通过汇交点的一个合力，合力矢等于各分力的矢量和。

将矢量等式(3-4)分别向 x、y 轴投影，可得

$$\left.\begin{aligned}F_{Rx}&=F_{1x}+F_{2x}+\cdots+F_{nx}=\sum F_x\\F_{Ry}&=F_{1y}+F_{2y}+\cdots+F_{ny}=\sum F_y\end{aligned}\right\} \tag{3-5}$$

式(3-5)表明，合力在某一轴上的投影，等于各分力在同一轴上投影的代数和，这就是合力投影定理。式中 F_{1x} 和 $F_{1y},\cdots,F_{nx}$ 和 F_{ny}，分别表示各分力在 x 轴和 y 轴上的投影。

计算出合力的投影后，可由式(3-2)求得合力的大小及 $\boldsymbol{F}_R$ 与 x 轴所夹的锐角为

$$\left.\begin{aligned}F_R&=\sqrt{F_{Rx}^2+F_{Ry}^2}\\\tan\alpha&=\left|\frac{F_{Ry}}{F_{Rx}}\right|\end{aligned}\right\} \tag{3-6}$$

通过投影方法对力系进行合成的方法，称为**解析法**。

例 3-1　在起吊装置的螺栓环眼上，作用有平面汇交力系 $\boldsymbol{F}_1$、$\boldsymbol{F}_2$、$\boldsymbol{F}_3$、$\boldsymbol{F}_4$，如图 3-3 所示。已知 $F_1=1.5\text{kN}$，$F_2=0.8\text{kN}$，$F_3=2\text{kN}$，$F_4=1\text{kN}$。试求该力系的合力 $\boldsymbol{F}_R$。

解

$$\begin{aligned}F_{Rx}&=\sum F_x\\&=F_1\cos45°-F_2\sin30°+F_3\times0+F_4\cos30°\\&=(1.5\cos45°-0.8\sin30°+1\cos30°)\text{kN}\\&=1.527\text{kN}\end{aligned}$$

$$\begin{aligned}F_{Ry}&=\sum F_y\\&=F_1\sin45°+F_2\cos30°-F_3-F_4\sin30°\\&=(1.5\sin45°+0.8\cos30°-2-1\sin30°)\text{kN}\\&=-0.747\text{kN}\end{aligned}$$

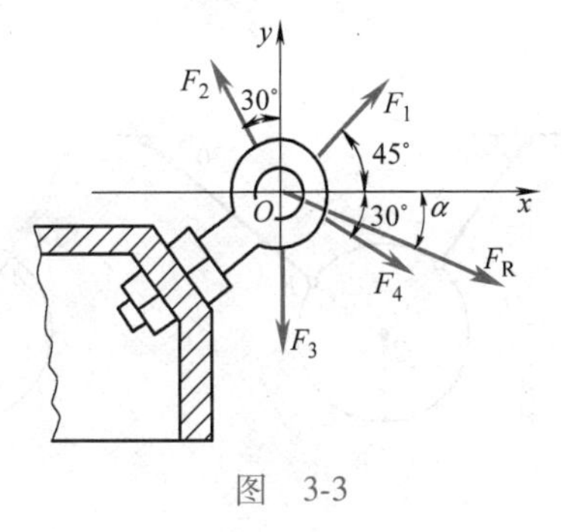

图　3-3

$$F_R=\sqrt{F_{Rx}^2+F_{Ry}^2}=\sqrt{1.527^2+(-0.747)^2}\text{kN}=1.7\text{kN}$$

$$\tan\alpha=\left|\frac{F_{Ry}}{F_{Rx}}\right|=\left|\frac{-0.747}{1.527}\right|=0.489,\ \alpha=26°$$

合力在第四象限，与水平轴夹角为 26°。

第二节　平面汇交力系的平衡条件及其应用

由平面汇交力系的简化结果知，力系的合力对刚体的作用与原力系等效。如果合力为零，则表示刚体在力系作用下其运动状态不变，或者说刚体处于平衡状态，这时作用在刚体上的力系是一个平衡力系。由此可得平面汇交力系平衡的充分和必要条件是合力等于零，或力系的矢量和等于零，即

$$\sum \boldsymbol{F}=0 \tag{3-7}$$

按平面汇交力系合成的解析法，合力等于零相当于式(3-6)的第一式右边取零，即

$$F_{\mathrm{R}}=\sqrt{F_{\mathrm{R}x}^2+F_{\mathrm{R}y}^2}=0$$

因此有$\left.\begin{array}{l}F_{\mathrm{R}x}=\sum F_x=0\\F_{\mathrm{R}y}=\sum F_y=0\end{array}\right\}$，即

$$\left.\begin{array}{l}\sum F_x=0\\\sum F_y=0\end{array}\right\} \tag{3-8}$$

式(3-8)即为平面汇交力系的平衡方程。它表明平面汇交力系平衡的充分和必要条件是力系中各力在直角坐标系各轴上投影的代数和分别等于零。根据这两个独立的平衡方程，可以求解不在同一直线上的两个未知量。

例 3-2　重量 $W=100\mathrm{N}$ 的球用两根绳悬挂固定，如图 3-4a 所示。试求各绳的拉力。

解　以球 C 为研究对象，其受力图如图 3-4b 所示。由于未知力 $\boldsymbol{F}_{\mathrm{T}A}$、$\boldsymbol{F}_{\mathrm{T}B}$ 作用线正好垂直，故建立以球心 C 为原点的直角坐标参考系 Cxy，并列出平衡方程如下：

$$\sum F_x=0 \qquad F_{\mathrm{T}B}-W\sin30°=0$$

$$F_{\mathrm{T}B}=100\sin30°\mathrm{N}=50\mathrm{N}$$

$$\sum F_y=0 \qquad F_{\mathrm{T}A}-W\cos30°=0$$

$$F_{\mathrm{T}A}=100\cos30°\mathrm{N}=86.6\mathrm{N}$$

例 3-3　图 3-5a 所示支架由杆 BC、AC 构成，A、B、C 三处都是铰链，在点 C 悬挂重量 $W=10\mathrm{kN}$ 的重物。求杆 BC、AC 所受的力(不考虑杆的自重)。

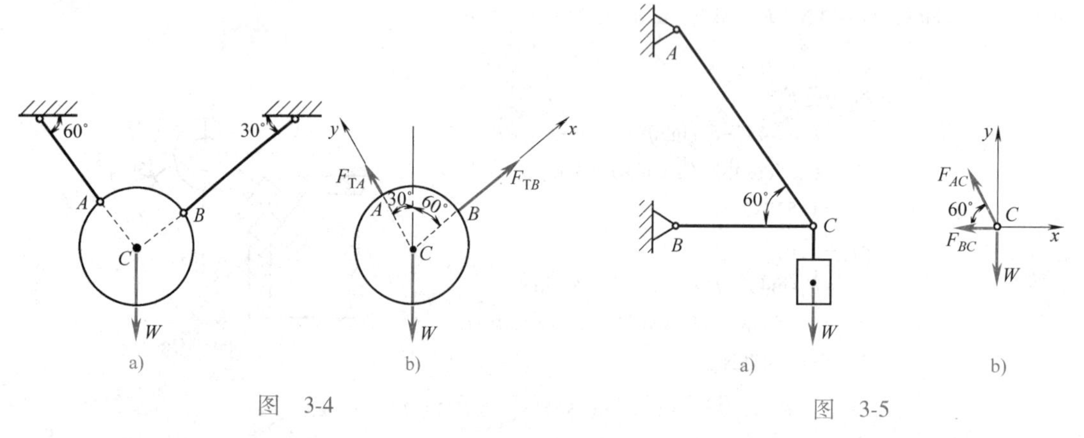

图　3-4　　　　图　3-5

解　画结点 C 受力图并建立坐标系 Cxy，如图 3-5b 所示。对于结点 C 来讲，要保持静止稳定状态，所有作用在其上的力应该平衡，据此建立平衡方程：

$$\sum F_y=0 \quad F_{AC}\sin60°-W=0$$

$$F_{AC}=\frac{W}{\sin60°}=\frac{2W}{\sqrt{3}}=\frac{2\times10}{\sqrt{3}}\mathrm{kN}=11.55\mathrm{kN}$$

$$\sum F_x=0 \quad -F_{AC}\cos60°-F_{BC}=0$$

$$F_{BC}=-F_{AC}\cos60°=-\frac{2W}{\sqrt{3}}\times\frac{1}{2}=-\frac{W}{\sqrt{3}}=-\frac{10\sqrt{3}}{3}\mathrm{kN}=-5.77\mathrm{kN}$$

F_{AC}为正，表明杆 AC 受力与假设方向相同，是拉力；而 F_{BC}为负，表明杆 BC 受力与假设方向相反，是压力。

第三节　平面一般力系的简化

一、力系向平面内任一点的简化

1. 力系的主矢 F'_R

如图3-6a所示，在力系作用平面上任选一点 O 作为简化中心，根据力的平移定理将力系中各力向点 O 平移，于是原力系就简化为一个平面汇交力系 $\boldsymbol{F}'_1,\boldsymbol{F}'_2,\cdots,\boldsymbol{F}'_n$ 和一个平面力偶系 $M_1,M_2,\cdots,M_n$（图3-6b）。平移力系 $\boldsymbol{F}'_1,\boldsymbol{F}'_2,\cdots,\boldsymbol{F}'_n$ 组成的平面汇交力系的合力 $\boldsymbol{F}'_R$，称为平面任意力系的主矢。由平面汇交力系合成可知，主矢 $\boldsymbol{F}'_R$ 等于各分力的矢量和，并作用在简化中心上（图3-6c）。主矢 $\boldsymbol{F}'_R$ 的大小和方向为

$$\left.\begin{aligned}F'_R&=\sqrt{(\sum F'_x)^2+(\sum F'_y)^2}=\sqrt{(\sum F_x)^2+(\sum F_y)^2}\\ \tan\alpha&=\left|\frac{\sum F_y}{\sum F_x}\right|\end{aligned}\right\}\tag{3-9}$$

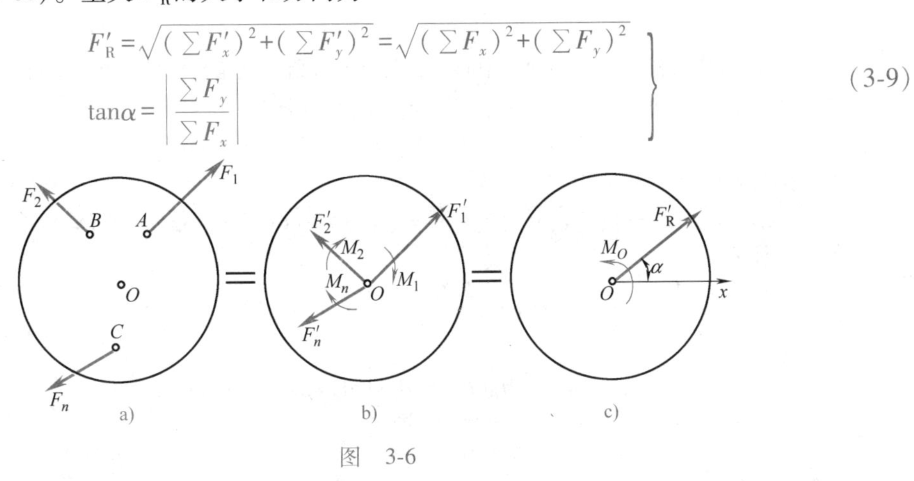

图　3-6

2. 力系的主矩 M_O

附加力偶 $M_1,M_2,\cdots,M_n$ 组成的平面力偶系的合力偶矩 M_O，称为平面任意力系的主矩。由平面力偶系的合成知，主矩等于各附加力偶矩的代数和。由于每一附加力偶矩等于原力对简化中心的力矩，所以主矩等于各分力对简化中心力矩的代数和，并作用在力系所在的平面上（图3-6c），即

$$M_O=\sum M=\sum M_O(\boldsymbol{F})\tag{3-10}$$

根据式(3-9)、式(3-10)，平面任意力系向平面内任一点简化可得到一主矢 $\boldsymbol{F}'_R$ 和一主矩 M_O，主矢的大小等于原力系中各分力投影代数和的平方和再开平方，主矩等于原力系中各分力对简化中心力矩的代数和。

二、简化结果的讨论

根据简化后主矢与矢矩的不同情况，讨论如下。

（1）$\boldsymbol{F}'_R\neq0$，$M_O\neq0$　对于简化中心来说，作用在此点上的既有主矢 $\boldsymbol{F}'_R$ 又有主矩 M_O。

（2）$\boldsymbol{F}'_R\neq0$，$M_O=0$　此时，力系的简化中心正好选在了力系合力 $\boldsymbol{F}_R$ 的作用线上。若主矩等于零，则主矢 $\boldsymbol{F}'_R$ 就是力系的合力 $\boldsymbol{F}_R$，其作用线通过简化中心。

（3）$\boldsymbol{F}'_R=0$，$M_O\neq0$　此时，表明原力系与一个力偶系等效，原力系为一平面力偶系。

（4）$\boldsymbol{F}'_R=0$，$M_O=0$　此时，表明原力系简化后得到的汇交力系和力偶系均处于平衡状

态，所以原力系为平衡力系。

例3-4　图3-7a所示的平面板，其上 A、B、C、D 点作用力分别为：$F_1=F=10\text{N}$，$F_2=2F$，$F_3=3F$，$F_4=4F$。求作用于板上该力系向 O 点简化的主矢和主矩。

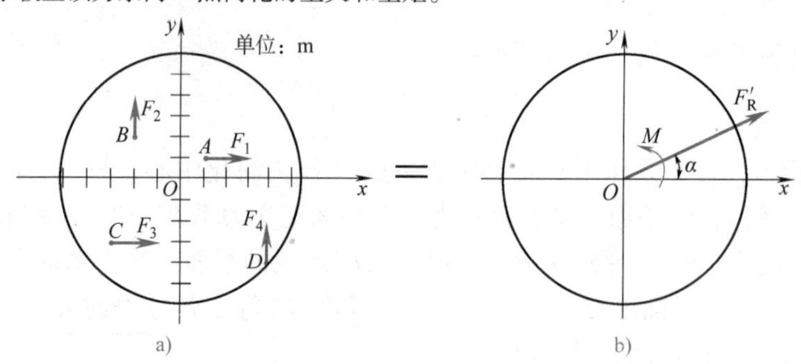

图　3-7

解　以图3-7b中坐标原点 O 为简化中心，建立图3-7a所示直角坐标系，求力系的主矢和主矩。

$$\sum F_x=F_{1x}+F_{2x}+F_{3x}+F_{4x}=F+0+3F+0=4F$$

$$\sum F_y=F_{1y}+F_{2y}+F_{3y}+F_{4y}=0+2F+0+4F=6F$$

（1）主矢的大小

$$F'_R=\sqrt{(\sum F_x)^2+(\sum F_y)^2}=\sqrt{(4F)^2+(6F)^2}=\sqrt{52}F=72.1\text{N}$$

主矢的方向 α

$$\tan\alpha=\left|\frac{\sum F_y}{\sum F_x}\right|=\frac{6F}{4F}=1.5,\ \alpha=56.31°$$

（2）主矩的大小

$$\begin{aligned}M=\sum M_O(\boldsymbol{F})&=-F_1\times1-F_2\times2+F_3\times3+F_4\times4\\&=-F-4F+9F+16F\\&=200\text{N}\cdot\text{m}\end{aligned}$$

主矩的转向沿逆时针方向。

力系向 O 点简化的结果如图3-7b所示。

第四节　平面任意力系的平衡方程

一、平衡条件及其方程

小贴士：坐标系和力矩中心的选择

由上节的讨论知，当平面任意力系简化的主矢和主矩均为零时，则力系处于平衡状态。同理，若力系是平衡力系，则该平衡力系向平面任一点简化的主矢和主矩必然为零。因此，平面任意力系平衡的充分与必要条件为：$F'_R=0$，$M_O=0$，即

$$F'_R=\sqrt{(\sum F_x)^2+(\sum F_y)^2}=0,\ M_O=\sum M_O(\boldsymbol{F})=0$$

由此可得，平面任意力系的平衡方程为

$$\left.\begin{aligned}\sum F_x&=0\\\sum F_y&=0\\\sum M_O(\boldsymbol{F})&=0\end{aligned}\right\}\tag{3-11}$$

式(3-11)是平面任意力系平衡方程的基本形式，也称为一矩式方程。这是一组三个独立的方程，故只能求解出三个未知量。

二、平衡方程的应用

用平面任意力系平衡方程求解工程实际问题一般有以下步骤：

1）为工程真实空间结构选择合适的简化平面，画出其平面简图。

2）确定研究对象，取分离体，画受力图，标示未知力。

3）列平衡方程求解未知力。

列平衡方程时要注意坐标轴和矩心的选择方法：坐标轴一般选在与未知力垂直的方向上；矩心可选在尽量多的未知力共同作用点(或汇交点)上或不需求解的未知力作用线上。

例 3-5　如图 3-8 所示，简支梁结构跨中承受均布荷载 q，悬臂端承受集中力 $F=2ql$。试求各支座的约束力。

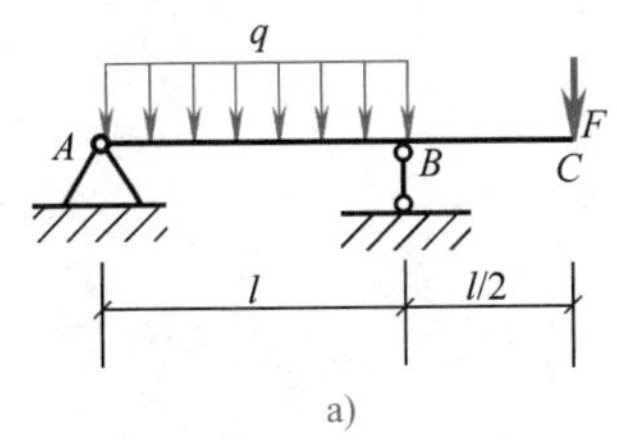

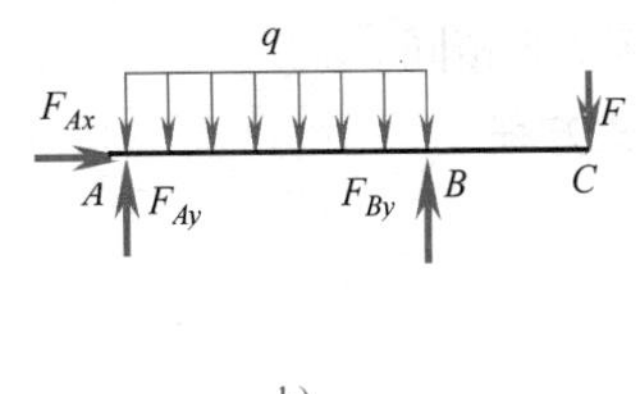

图　3-8

解　画简支梁受力图，如图 3-8b 所示。由平衡方程可得

$$\sum F_x=0,\ F_{Ax}=0$$

$$\sum M_A(\boldsymbol{F})=0,\ F_{By}\times l-\frac{1}{2}ql^2-F\times 1.5l=0,\ F_{By}=3.5ql$$

$$\sum F_y=0,\ F_{Ay}-ql+F_{By}-F=0,\ F_{Ay}=-0.5ql$$

F_{Ay}为负，表明实际受力方向与假设方向相反。

例 3-6　求图 3-9a 所示悬臂梁结构的固定端支座的约束力。

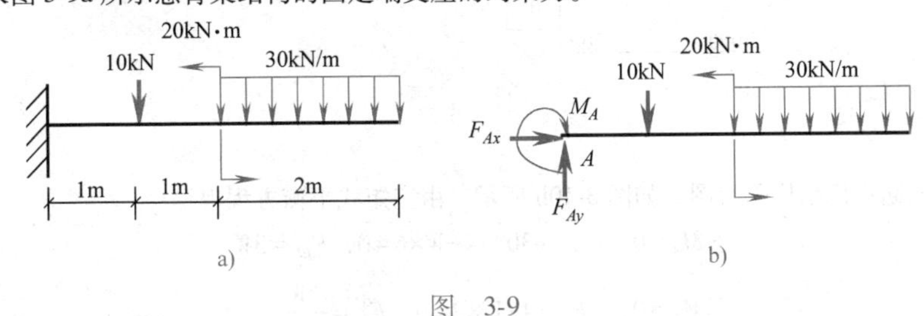

图　3-9

解　作受力图，如图 3-9b 所示。悬臂梁既不能在水平方向有移动，也不能在竖直方向有移动，对于梁上的任一点都不能发生运动性的转动。因此建立平衡方程

$$\sum F_x=0,\ F_{Ax}=0$$

$$\sum F_y=0,\ F_{Ay}-10\text{kN}-30\text{kN/m}\times 2\text{m}=0,\ F_{Ay}=70\text{kN}$$

$$\sum M_A=0,\ -M_A-10\text{kN}\times 1\text{m}+20\text{kN}\cdot\text{m}-30\text{kN/m}\times 2\text{m}\times 3\text{m}=0,\ M_A=-170\text{kN}\cdot\text{m}$$

M_A 的值为负，表示实际方向与假设的方向相反，为逆时针方向。

三、平衡方程的其他形式

平面任意力系的平衡方程除了基本形式的一矩式方程外，还有其他两种形式。

1. 二矩式方程

$$\left.\begin{aligned}\sum F_x=0\\ \sum M_A(\boldsymbol{F})=0\\ \sum M_B(\boldsymbol{F})=0\end{aligned}\right\}\qquad(3\text{-}12)$$

应用二矩式方程时，所选坐标轴 x 不能与矩心 A、B 的连线垂直。

用二矩式重新求解例 3-5。由二矩式方程

$$\sum F_x=0,\ F_{Ax}=0$$

$$\sum M_A(\boldsymbol{F})=0,\ F_{By}\times l-\frac{1}{2}ql^2-F\times 1.5l=0,\ F_{By}=3.5ql$$

$$\sum M_B(\boldsymbol{F})=0,\ -F_{Ay}\times l+\frac{1}{2}ql^2-F\times\frac{l}{2}=0,\ F_{Ay}=-0.5ql$$

所求结果与例 3-5 相同。

2. 三矩式方程

$$\left.\begin{aligned}\sum M_A(\boldsymbol{F})=0\\ \sum M_B(\boldsymbol{F})=0\\ \sum M_C(\boldsymbol{F})=0\end{aligned}\right\}\qquad(3\text{-}13)$$

方程式的使用条件为：A、B、C 三点不能共线。

例 3-7 图 3-10 所示简单塔式起重机结构，悬臂端承受重量为 $\boldsymbol{W}$。试计算支座 A 及钢索 BC 的受力。

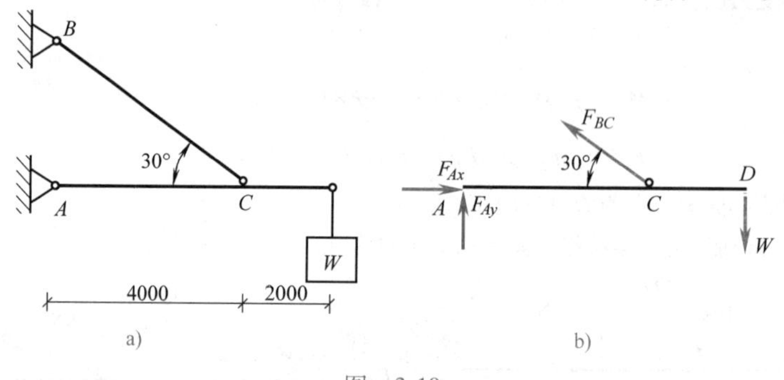

图 3-10

解 画塔式起重机结构受力图，如图 3-10b 所示。由三矩式平衡方程得

$$\sum M_A=0,\ F_{BC}\sin 30°\times 4-W\times 6=0,\ F_{BC}=3W$$

$$\sum M_C=0,\ -F_{Ay}\times 4-W\times 2=0,\ F_{Ay}=-\frac{W}{2}$$

$$\sum M_B=0,\ F_{Ax}\tan 30°\times 4-W\times 6=0,\ F_{Ax}=2.6W$$

F_{Ay}为负，表明此力的方向实际向下。此题使用了三矩式的方法进行求解，是由于其满足了 A、B、C 三点不共线的条件。

第五节 物体系统的平衡问题

一、物体系统的概念

在工程中，常常会遇到由几个物体通过一定的约束联系在一起的所谓物体系统（或物

系）的平衡问题。如图 3-11 所示，三个结构都是由两部分构成，且对两部分进行连接的结构都为铰。当将原结构从铰处进行拆分时，左右部分就会在水平和竖直方向有两对作用力和反作用力。

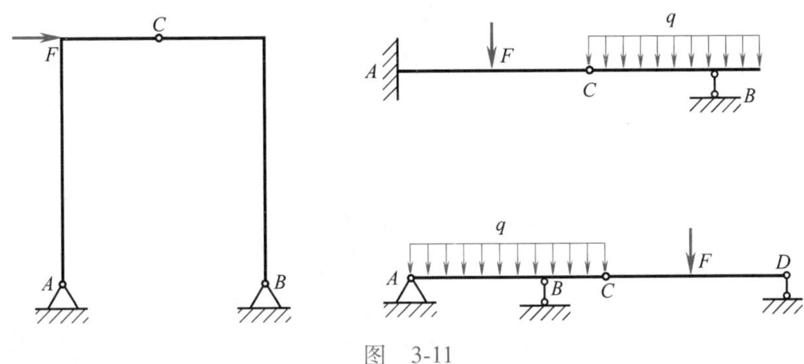

图　3-11

二、物体系统的平衡

当物体系统平衡时，系统内的每个物体或任一个局部系统也处于平衡状态。因此，在求解物体系统的平衡问题时，不仅要研究整个系统的平衡，而且要研究系统内某个局部或单个物体的平衡。在画研究对象的受力图时，要特别注意施力物体与受力物体、作用力与反作用力的关系。

若物体系统由 n 个物体组成，每一个物体可由平面力系的平衡条件列出 3 个平衡方程，则系统可以有 $3n$ 个独立的平衡方程，由此可解出 $3n$ 个未知力（包括外部约束力、作用力和反作用力）。

求解物体系统的平衡问题时，一般处理方法都是局部和整体平衡方程交替使用。局部物体从总体物体系统拆分开的分离点为铰接点。一般的解题方法和步骤为：

1）根据解题需要画其总体或局部受力图，在原位置标示已知力和未知力。

2）选择合适的局部对象，然后选择合适的平衡方程，解出部分未知力。

3）选择总体或局部对象，然后选择合适的平衡方程，解出其余未知力。

4）如未求解出全部未知力，则再回到步骤 2）。

例 3-8　图 3-12 所示为三铰拱桥平面简图。已知在其上全跨作用均布荷载 q，拱顶左面作用集中力 $F=ql$，跨长 $2l$，跨高 l，试分别求支座 A、B 的约束力和铰 C 所受的力。

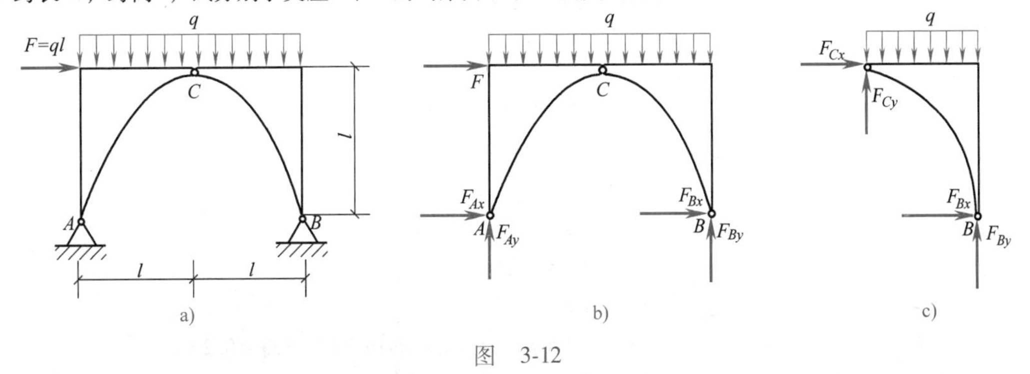

图　3-12

解　画总体 ABC 和局部 BC 的受力图，分别如图 3-12b、c 所示。

（1）选总体 ABC

$$\sum M_A=0,\ -\frac{1}{2}q(2l)^2-F\times l+F_{By}\times 2l=0$$

$$F_{By}=\frac{2ql^2+ql^2}{2l}=1.5ql$$

（2）选局部 BC

$$\sum M_C=0,\ -\frac{1}{2}ql^2+F_{By}\times l+F_{Bx}\times l=0$$

$$F_{Bx}=\frac{\frac{1}{2}ql^2-1.5ql^2}{l}=-ql$$

$$\sum F_x=0,\quad F_{Cx}+F_{Bx}=0$$

$$F_{Cx}=-F_{Bx}=ql$$

$$\sum F_y=0,\quad F_{Cy}-2ql+F_{By}=0$$

$$F_{Cy}=2ql-F_{By}=0.5ql$$

（3）选总体 ABC

$$\sum F_x=0,\quad F_{Ax}+F+F_{Bx}=0$$

$$F_{Ax}=-F-F_{Bx}=-ql+ql=0$$

$$\sum F_y=0,\quad F_{Ay}-2ql+F_{By}=0$$

$$F_{Ay}=2ql-F_{By}=2ql-1.5ql=0.5ql$$

计算结果中除 $F_{Ax}=0$ 外，$\boldsymbol{F}_{Ay}$，$\boldsymbol{F}_{Cx}$，$\boldsymbol{F}_{Cy}$，$\boldsymbol{F}_{By}$ 均与假设方向相同，$\boldsymbol{F}_{Bx}$ 与假设方向相反。

例 3-9　图 3-13a 所示为平面静定多跨简支梁结构。求支座 A、B、D 的约束力。

解　画局部 AC 和局部 CD 的受力图，分别如图 3-13b、c 所示。

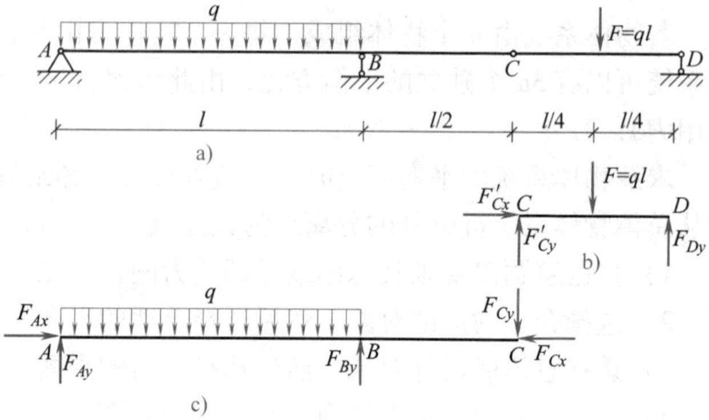

（1）选局部 CD

$$\sum F_x=0,\ F'_{Cx}=0$$

$$\sum M_C=0,\ -ql\times\frac{l}{4}+F_{Dy}\times\frac{l}{2}=0,\ F_{Dy}=\frac{1}{2}ql$$

$$\sum F_y=0,\ F'_{Cy}+F_{Dy}-ql=0,\ F'_{Cy}=\frac{1}{2}ql$$

图　3-13

（2）选局部 AC

$$\sum M_A=0,\quad -\frac{1}{2}ql^2+F_{By}\times l-F_{Cy}\times 1.5l=0$$

$$F_{By}=\frac{\frac{1}{2}ql^2+\frac{1}{2}ql\times 1.5l}{l}$$

$$F_{By}=1.25ql$$

$$\sum F_y=0,\quad F_{Ay}+F_{By}-F_{Cy}-ql=0$$

$$F_{Ay}=ql+F_{Cy}-F_{By}=ql+0.5ql-1.25ql=0.25ql$$

$$\sum F_x=0,\quad F_{Ax}+F_{Cx}=0$$

$$F_{Ax}=0$$

支座 A、B、D 的支座约束力都为正或零，表示实际受力方向与原来假设方向相同。

第六节　考虑摩擦时的平衡问题及摩擦规律应用

摩擦是一种普遍存在的现象。按照接触物体之间可能会相对滑动或相对滚动的不同情况，摩擦可分为滑动摩擦和滚动摩擦。这里只介绍滑动摩擦的情况。

知识链接：库仑定律

一、滑动摩擦

当两接触物体之间有相对滑动趋势时，物体接触表面产生的摩擦力称为**静滑动摩擦力**，简称**静摩擦力**。当两接触物体之间发生相对滑动时，物体接触表面产生的摩擦力称为**动滑动摩擦力**，简称**动摩擦力**。由于摩擦对物体的运动起阻碍作用，所以摩擦力总是作用于接触面（点），沿接触处的公切线，并与物体滑动或滑动趋势方向相反。因此画摩擦力前应先确定物体的运动或运动趋势。

摩擦力的计算方法一般根据物体的运动情况而定。通过试验可得如下结论。

1）库仑摩擦定律。临界静止状态下的静摩擦力为静摩擦力的最大值，其大小与接触面间的正压力 $\boldsymbol{F}_{\mathrm{N}}$（法向约束力）成正比，即

$$F_{\mathrm{fmax}}=\mu_{\mathrm{s}}F_{\mathrm{N}} \tag{3-14}$$

式中，F_{fmax} 称为**最大静摩擦力**；比例常数 μ_{s} 称为**静滑动摩擦因数**，简称**静摩擦因数**，其大小取决于相互接触物体表面的材料性质和表面状况（如粗糙度、润滑情况及温度、湿度等）。

2）一般静止状态下的静摩擦力随主动力的变化而变化，其大小由平衡方程确定，介于零和最大静摩擦力之间，即

$$0\leqslant F_{\mathrm{f}}\leqslant F_{\mathrm{fmax}}$$

3）当物体处于相对滑动状态时，在接触面上产生的滑动摩擦力 F_{f}' 的大小与接触面间的正压力成正比，即

$$F_{\mathrm{f}}'=\mu F_{\mathrm{N}} \tag{3-15}$$

式中，比例常数 μ 称为**动摩擦因数**，其与物体接触表面的材料性质和表面状况有关。一般地，$\mu_{\mathrm{s}}>\mu$，这说明推动物体从静止开始滑动比较费力，一旦物体滑动起来后，要维持物体继续滑动就省力些。当精度要求不高时，可视为 $\mu_{\mathrm{s}}\approx\mu$。部分常用材料的 μ_{s} 及 μ 值见表 3-1。

表 3-1　常见材料的摩擦因数

材料名称	摩擦因数			
	静摩擦因数(μ_{s})		动摩擦因数(μ)	
	无润滑剂	有润滑剂	无润滑剂	有润滑剂
钢-钢	0.15	0.1~0.12	0.15	0.05~0.10
钢-铸铁	0.3		0.18	0.05~0.15
钢-青铜	0.15	0.1~0.15	0.15	0.1~0.15
钢-橡胶	0.9		0.6~0.8	
铸铁-铸铁		0.18	0.15	0.07~0.12
铸铁-青铜			0.15~0.2	0.07~0.15
铸铁-皮革	0.3~0.5	0.15	0.6	0.15
铸铁-橡胶			0.8	0.5
青铜-青铜		0.10	0.2	0.07~0.10
木-木	0.4~0.6	0.10	0.2~0.5	0.07~0.15

二、摩擦角和自锁现象

设一物块放在粗糙的水平面上，物块的重力为 $\boldsymbol{W}$，它受水平推力 $\boldsymbol{F}_{\mathrm{T}}$ 的作用，此两主动力的合力为 $\boldsymbol{F}'_{\mathrm{R}}$，设 $\boldsymbol{F}'_{\mathrm{R}}$与法线方向的夹角为 α。当物块静止时，平面对物块作用的法向约束力为 $\boldsymbol{F}_{\mathrm{N}}$，静摩擦力为 $\boldsymbol{F}_{\mathrm{f}}$，此两约束力的合力为 $\boldsymbol{F}_{\mathrm{R}}$，称为合约束力，简称全反力。根据二力平衡条件，主动力合力 $\boldsymbol{F}'_{\mathrm{R}}$与全反力 $\boldsymbol{F}_{\mathrm{R}}$ 大小相等，作用线共线、方向相反，如图3-14a 所示。

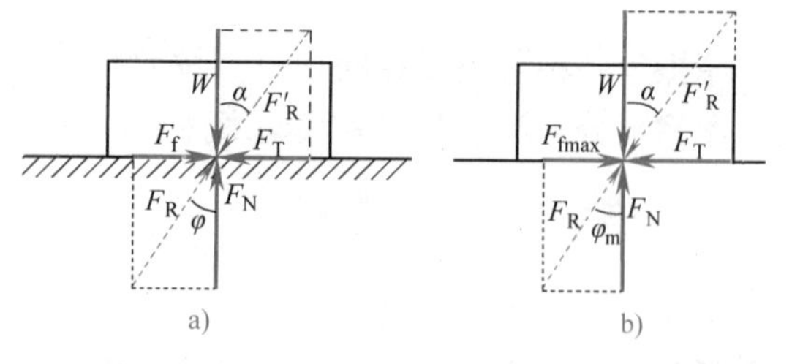

图　3-14

设全反力与法线方向的夹角为 φ，在保持物块静止的前提下，若增大推力 $\boldsymbol{F}_{\mathrm{T}}$，摩擦力 $\boldsymbol{F}_{\mathrm{f}}$ 也随着增大，全反力 $\boldsymbol{F}_{\mathrm{R}}$ 与法线的夹角 φ 也相应增大。当到达从静止到运动的临界状态时，摩擦力达到最大值 $\boldsymbol{F}_{\mathrm{fmax}}$，全反力 $\boldsymbol{F}_{\mathrm{R}}$ 与法线夹角也达到最大值 φ_{m}，φ_{m} 称为摩擦角，如图 3-14b 所示。根据摩擦定律 $F_{\mathrm{fmax}}=\mu_{\mathrm{s}}F_{\mathrm{N}}$，由图 3-14b 可得

$$\tan\varphi_{\mathrm{m}}=\frac{F_{\mathrm{fmax}}}{F_{\mathrm{N}}}=\frac{\mu_{\mathrm{s}}F_{\mathrm{N}}}{F_{\mathrm{N}}}=\mu_{\mathrm{s}} \tag{3-16}$$

即摩擦角的正切等于静滑动摩擦因数。

由于静摩擦力 $\boldsymbol{F}_{\mathrm{f}}$ 的值不能超过它的最大值 $\boldsymbol{F}_{\mathrm{fmax}}$，因此全反力与支承面法线间的夹角 φ 也不可能大于摩擦角，即

$$0\leqslant\varphi\leqslant\varphi_{\mathrm{m}} \tag{3-17}$$

若主动力的合力 $\boldsymbol{F}'_{\mathrm{R}}$与支承面法线间的夹角 α 大于摩擦角 φ_{m}，如图 3-15a 所示，无论$\boldsymbol{F}'_{\mathrm{R}}$值多么小，全反力 $\boldsymbol{F}_{\mathrm{R}}$ 也不可能与 $\boldsymbol{F}'_{\mathrm{R}}$ 共线，物体就不可能平衡，从而产生滑动。若主动力系的合力 $\boldsymbol{F}'_{\mathrm{R}}$ 的作用线与支承面法线间的夹角 α 小于摩擦角 φ_{m}，如图 3-15b 所示，只要支承面不被压坏，无论 $\boldsymbol{F}'_{\mathrm{R}}$值多大，全反力 $\boldsymbol{F}_{\mathrm{R}}$ 总可以和它平衡，从而使物体将静止不动，这种现象就称为自锁。也就是说，只要主动力系的合力的作用线在摩擦角范围内，物体依靠摩擦而静止，与主动力的大小无关。至于图 3-15c 则是临界情况。在日常生活或工作中，我们经常利用自锁现象。例如在墙上或桌椅上钉木楔、用螺钉锁紧零件、用夹具夹紧工件等等。但有时却要避免自锁，例如公共汽车的门的自动开关、水闸门的自动启闭等等。

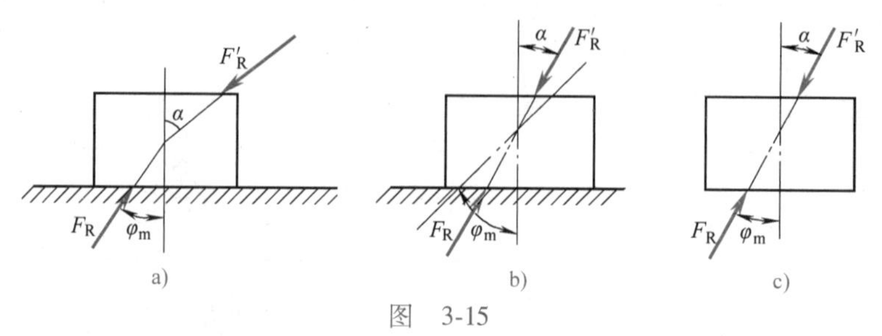

图　3-15

小知识：假如世上没有摩擦

三、考虑摩擦时物体的平衡

受有摩擦作用的物体或物体系统在外力作用下保持平衡，除了应满足静力平衡方程外，

还必须满足静摩擦定律。分析这类问题时应注意以下几点：

1）摩擦力 $\boldsymbol{F}_f$ 的方向总是与物体的相对滑动趋势方向相反。

2）摩擦力 $\boldsymbol{F}_f$ 必须满足补充方程，即 $F_f \leqslant F_{fmax} = \mu_s F_N$，补充方程的数目与有摩擦的界面的数目相同。

3）由于物体平衡时摩擦力有一定的范围($0 \leqslant F_f \leqslant F_{fmax}$)，故有摩擦的平衡问题的解也有一定的范围，而不是一个确定的值。为了计算方便，一般先在临界状态下计算，求得结果后再分析讨论其解的范围。

例 3-10　梯子 AB 靠墙斜立，如图 3-16a 所示。梯子与墙面、地面之间的静摩擦因数均为 $\mu_s = 0.3$，若一个力 $\boldsymbol{F}$ 作用于梯子的 3/4 高度处（不计梯重）。试求欲使梯子保持平衡，梯子与地面间的夹角 α 所能取的最小值 α_{min}。

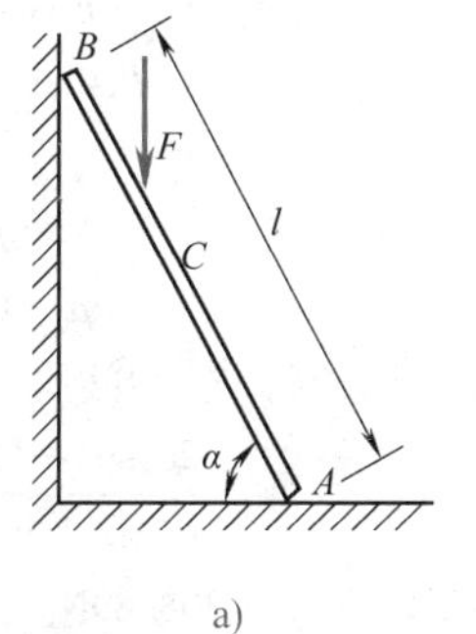

a)

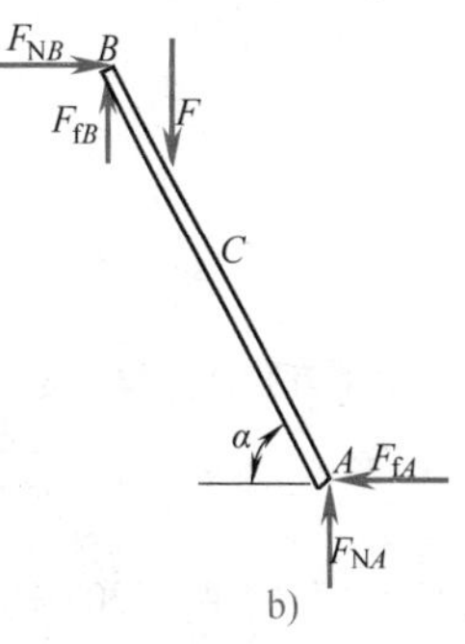

b)

图　3-16

解　假设梯子刚好处于临界平衡状态，此时各处摩擦力均达到最大值，夹角 α 达到最小值。作梯子的受力图如图 3-16b 所示。建立平衡方程

$$\sum F_x = 0,\ F_{NB} - F_{fA} = 0 \tag{①}$$

$$\sum F_y = 0,\ F_{NA} + F_{fB} - F = 0 \tag{②}$$

$$\sum M_B = 0,\ F_{NA} l\cos\alpha - F_{fA} l\sin\alpha - F \times \frac{l}{4}\cos\alpha = 0 \tag{③}$$

由静摩擦定律

$$F_{fA} = \mu_s F_{NA} \tag{④}$$

$$F_{fB} = \mu_s F_{NB} \tag{⑤}$$

联立求解方程①、②、③、④、⑤得

$$\tan\alpha = \frac{2-\mu_s^2}{4\mu_s} = \frac{2-0.3^2}{4\times0.3} = 2.425$$

$$\alpha = 67.6°$$

即要使梯子平衡，梯子与地面间的夹角为

$$\alpha_{min} \geqslant 67.6°$$

例 3-11　物体 A 放置在物体 B 和墙壁之间，斜面夹角 $\alpha = 30°$，物体 B 重 $W_B = 200\text{N}$，各接触面间的摩擦角均为 $\varphi_m = 11.31°$，如图 3-17a 所示。求使物体 B 静止，所需物体 A 的重量 W_A 的最大值。

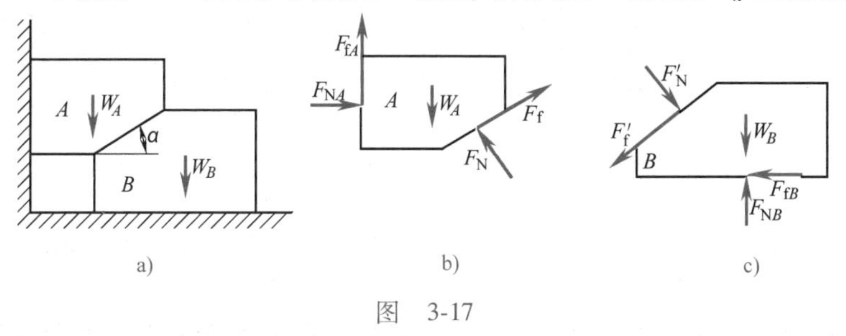

图　3-17

解　分别取物体 A 和 B 为研究对象，均取临界状态。物体 A 的受力图如图 3-17b 所示，物体 B 的受力图如图 3-17c 所示。

对物体 A：

$$\sum F_x = 0,\ F_{NA} - F_N\sin\alpha + F_f\cos\alpha = 0 \tag{①}$$

$$\sum F_y=0,\ F_{fA}-W_A+F_N\cos\alpha+F_f\sin\alpha=0 \quad ②$$

且

$$F_{fA}=\mu_s F_{NA} \quad ③$$

$$F_f=\mu_s F_N \quad ④$$

对物体 B：

$$\sum F_x=0,\ -F_f'\cos\alpha+F_N'\sin\alpha-F_{fB}=0 \quad ⑤$$

$$\sum F_y=0,\ -F_f'\sin\alpha-F_N'\cos\alpha-W_B+F_{NB}=0 \quad ⑥$$

且

$$F_{fB}=\mu_s F_{NB} \quad ⑦$$

$$\mu_s=\tan\varphi_m \quad ⑧$$

小知识：理论力学

联立求解方程①、②、③、④、⑤、⑥、⑦、⑧得

$$W_A=\frac{2\mu_s\sin\alpha+(1-\mu_s^2)\cos\alpha}{(1-\mu_s^2)\sin\alpha-2\mu_s\cos\alpha}\mu_s W_B$$

把值代入可得 $W_A\leqslant 308.89\text{N}$，所以 $W_{A\max}=308.89\text{N}$。

思 考 题

3-1 一平面力系向一点简化后得一力偶，若选择另一简化中心简化该力系，结果又会怎样？

3-2 试分别描述如下三种情况下物体的运动状态：

（1）$\sum F_x\neq 0$；（2）$\sum F_y\neq 0$；（3）$\sum M\neq 0$。

3-3 图 3-18 所示两物体平面分别作用一汇交力系，且各力都不等于零，图 3-18a 中的 $\boldsymbol{F}_1$ 与 $\boldsymbol{F}_2$ 共线。试判断两个力系能否平衡？

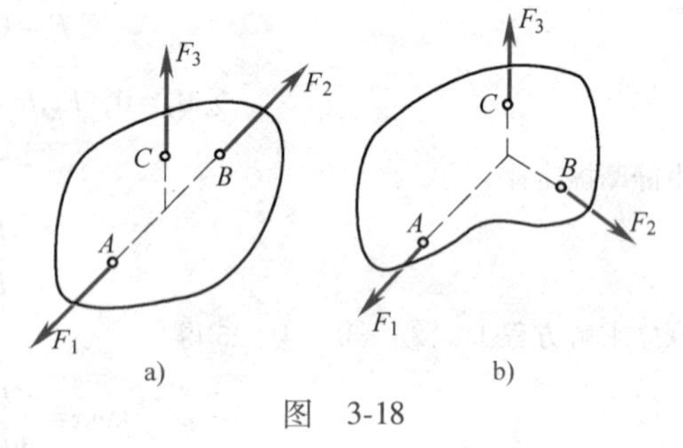

图 3-18

3-4 如图 3-19 所示，能否将作用于杆 AB 上的力偶搬移到杆 BC 上？为什么？

3-5 图 3-20a、b 分别为圆轮受力的两种情况，试分析力对圆轮的作用效果是否相同？为什么？

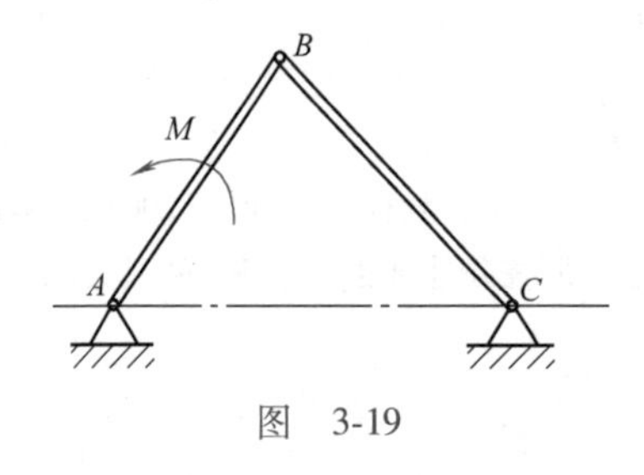

图 3-19

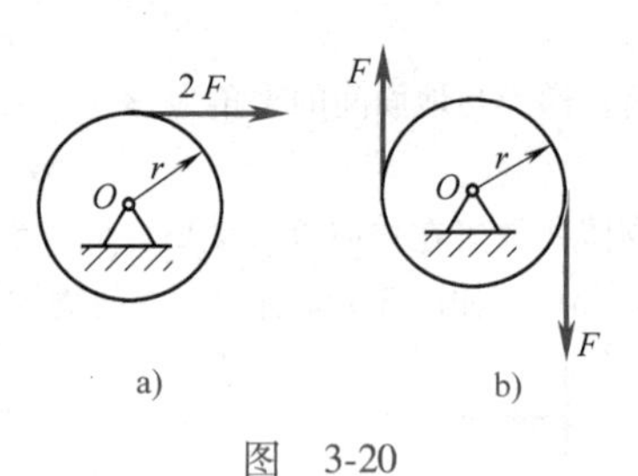

图 3-20

练 习 题

3-1 分析图 3-21 所示平面任意力系向点 O 简化的结果。已知：$F_1=100\text{N}$，$F_2=200\text{N}$，$F_3=300\text{N}$，$F_4=400\text{N}$，$F=F'=50\text{N}$。

3-2 某厂房柱，高 9m，柱上段 BC 重 $W_1=8\text{kN}$，下段 CD 重 $W_2=37\text{kN}$，柱顶水平力 $F=6\text{kN}$，各力作用位置如图 3-22 所示，以柱底中心 O 为简化中心，试求这三个力的主矢和主矩。

3-3 图 3-23 所示三角支架由杆 AB、AC 铰接而成，在 A 处作用力 $\boldsymbol{F}$，分别求出图中四种情况下杆 AB、AC 所受的力(不计杆自重)。

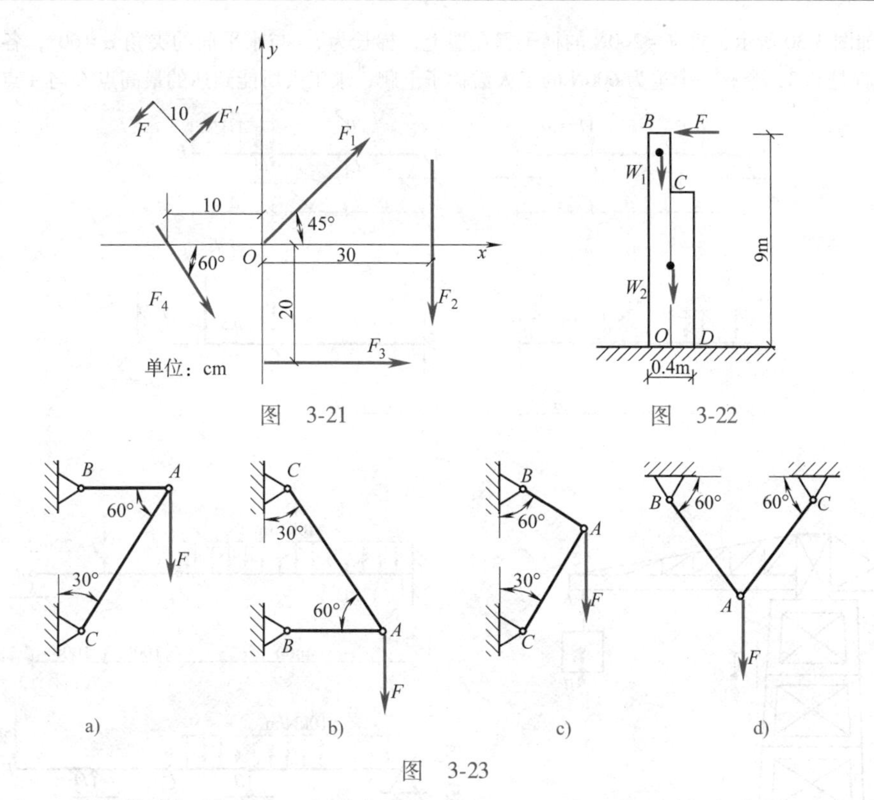

图　3-21　　图　3-22

a)　b)　c)　d)

图　3-23

3-4　图 3-24 所示简易起重机用钢丝绳吊起重力 $W=4\text{kN}$ 的重物，若不计杆件自重、摩擦及滑轮大小，且 A、B、C 三处简化为铰链连接，求杆 AB 和 AC 所受的力。

3-5　试求图 3-25 所示各梁的支座约束力。

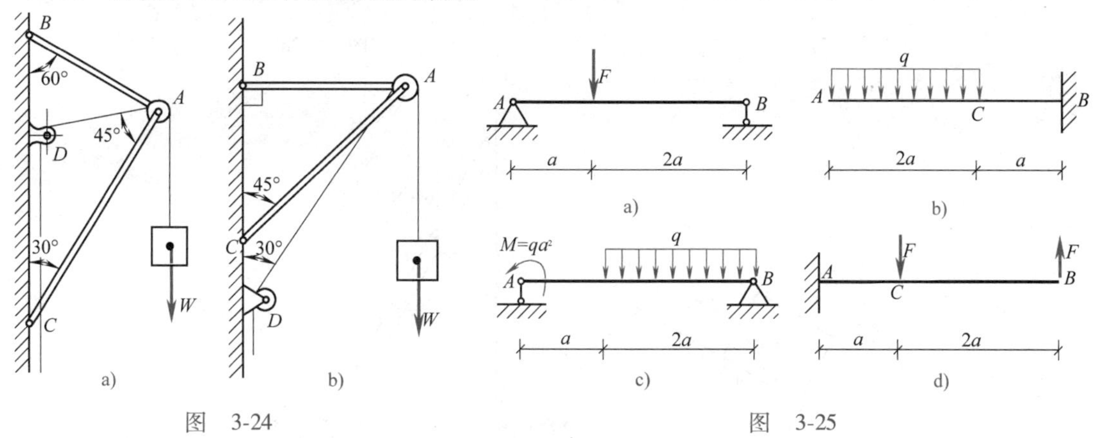

a)　b)　c)　d)

图　3-24　　图　3-25

3-6　试求图 3-26 所示各梁的支座约束力。

3-7　塔式起重机，重 $W_1=500\text{kN}$(不包括平衡锤重 W_3)，作用于 C 点，如图 3-27 所示。跑车 E 的最大起重量 $W_2=250\text{kN}$，离 B 轨最远距离 $l=10\text{m}$，为了防止起重机左右翻倒，需在 D 处加一平衡锤。已知 $e=1.5\text{m}$，$b=3\text{m}$，要使跑车在满载或空载时起重机在任何位置都不致翻倒，求平衡锤的最小重量和平衡锤到左轨 A 的最大距离 d(跑车自重不计)。

3-8　试求图 3-28 所示各梁的支座约束力。

3-9　重为 $\boldsymbol{W}$ 的物体放在倾角为 α 的斜面上，如图 3-29 所示。物体与斜面间的摩擦角为 φ，且 $\alpha>\varphi$。如在物体上作用力 $\boldsymbol{F}$，此力与斜面平行，试求能使物体保持平衡的力 $\boldsymbol{F}$ 的最大值和最小值。

3-10 如图3-30所示，重 $W=200\text{N}$ 的梯子靠在墙上，梯长为 l，与水平面的夹角 $\alpha=60°$，各接触面间静摩擦因数都是0.3，今有一个重为600N的工人沿梯子上爬，求工人所能到达的最高点 C 与 A 点的距离 s。

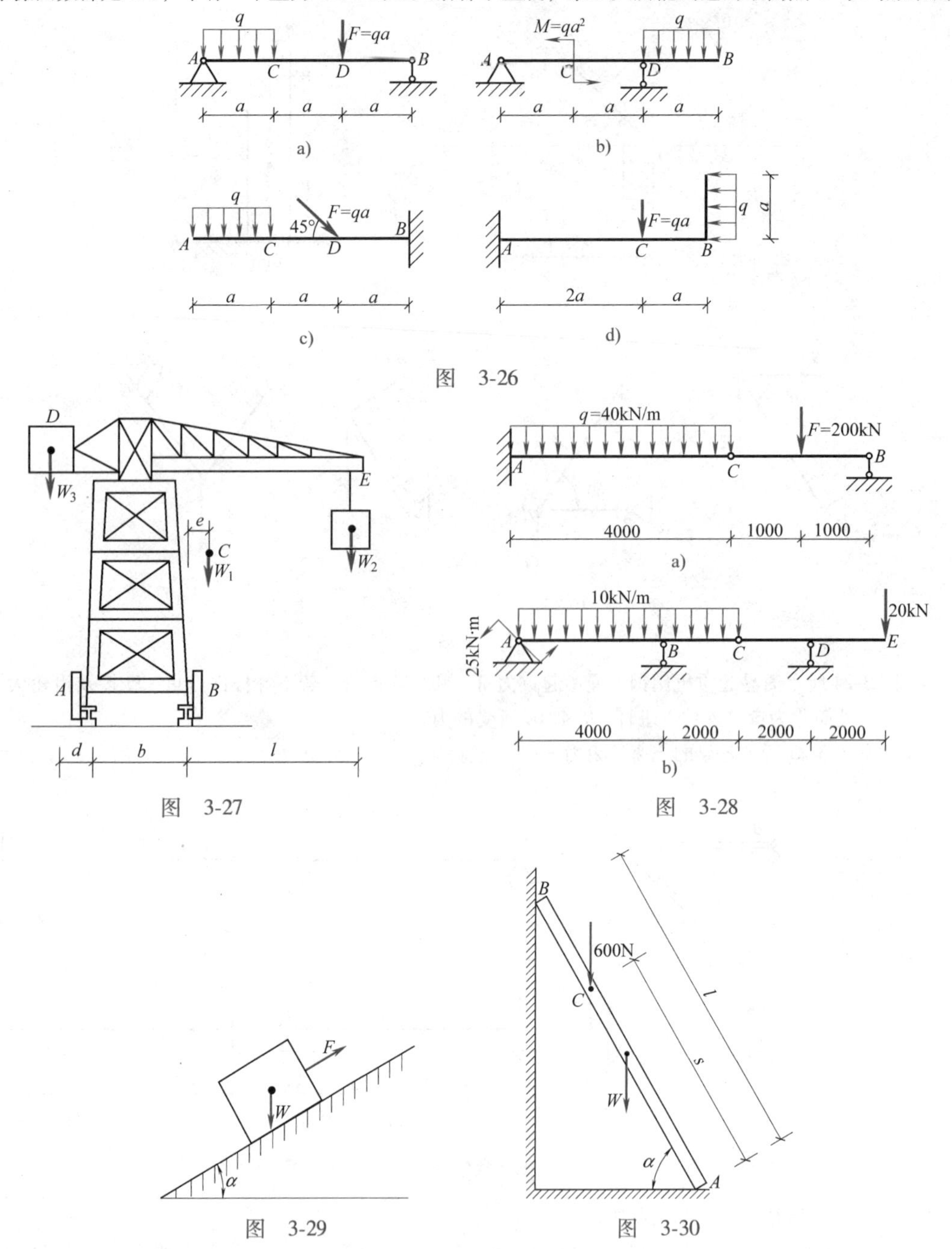

图 3-26

图 3-27

图 3-28

图 3-29

图 3-30

第二篇 杆件内力、强度与稳定性计算

引 言

所谓杆件是指长度远大于横截面高、宽尺寸的构件，它是组成杆件结构的最基本元件。显而易见，只要将它的受力、变形研究清楚了，那么以后再研究结构的受力、变形也就会容易多了。

静定杆件在各种荷载作用下都要产生内力，那么这些内力在横截面上是怎样分布的呢？怎样才能保证结构安全、经济、适用呢？这就是本篇要研究的主要问题。研究的思路是，首先求内力，建立应力的概念，接着介绍拉压、剪切、扭转、弯曲杆的应力、变形计算和常见塑性材料、脆性材料的力学性能，从而建立拉压、剪切、扭转、弯曲杆的强度条件；对于轴向压杆来说，还要建立理想压杆的稳定条件等。另外，还要研究影响线及其应用。

本篇研究的方法，一是观察，即对四种基本变形的模型和实物进行具体观察，从中找出规律性的东西，然后根据这些规律推导出内力分布情况，据此建立与内力相对应的应力和变形计算公式；二是运用实验手段，得出常用材料在拉压、剪切、扭转、弯曲情况下的力学性能，从而建立相应的强度条件和稳定性条件。

本篇重点掌握的内容是四种基本变形的内力、应力计算和相应强度及稳定性计算。

学习目标

第四章
轴向拉(压)杆及受扭杆的内力计算

本章是将实际杆件变成理想杆件的理论基础。其基本假设为：均匀连续与各向同性假设；求杆件内力的方法是截面法，本章重点是用截面法求拉（压）杆，受扭杆的内力，并画相应的内力图。

第一节 杆件变形的形式及基本假设

小知识：弹性力学

一、变形固体及其基本假设

在前几章中，因为只研究物体及物体系在外力作用下的平衡问题，所以把物体看做刚体。在研究物体的内效应，如构件的内力、应力及强度、刚度等问题时，构件变形成了主要因素，因而不能再把构件看成刚体了，而应将构件看做是变形固体。

对实际变形固体材料做出一些假设，将其理想化，即为理想变形固体。理想变形固体的基本假设是：

（1）连续均匀假设　连续是指材料内部没有空隙，均匀是指材料的各处性质相同。连续均匀假设，即认为组成物体的材料是无空隙的连续分布的，且各处性质相同。

小知识：断裂力学

（2）各向同性假设　各向同性假设认为材料沿不同方向的力学性质均相同。具有这种性质的材料称为**各向同性材料**，而各方向力学性质不同的材料称为**各向异性材料**。

按照上述假设理想化了的变形固体，称为理想变形固体。刚体和理想变形固体都是土木工程力学研究中必不可少的理想化的力学模型。

变形固体受荷载作用产生变形。撤去荷载可完全消失的变形，称为**弹性变形**。撤去荷载不能恢复的变形，称为**塑性变形**或**残余变形**。在多数工程问题中，只要求发生弹性变形。工程中多数构件在荷载作用下产生的变形量与其原始尺寸相比很微小，称为**小变形**，否则称为**大变形**。小变形构件的计算，可采取变形前的原始尺寸并略去某些高阶微量，以达到简化计算的目的。

综上所述，土木工程力学中把所研究的结构和构件作为连续、均匀、各向同性的理想变形固体，在弹性范围内和小变形情况下研究其承载能力。

由于采用以上力学模型，大大方便了理论的研究和计算方法的推导。尽管所得结果只具有近似的准确性，但其精确程度可满足一般工程的要求。应该指出：实践是检验真理的唯一标准，任何假设都不是主观臆断的，而必须建立在实践的基础之上。同时，在假设基础上得到的理论结果，也必须经过实践的验证。工程力学的研究方法，除理论方法外，试验也是很重要的一种方法。

在进行结构受力分析时，不考虑它的运动效应，可以将结构看做是刚体；但进行结构的内力分析时，要考虑力的变形效应，必须把结构作为变形固体处理。所研究杆件受到其他物体的作用，统称为杆件的外力，外力包括荷载(主动力)以及荷载引起的约束力(被动力)。

广义地讲，对杆件产生作用的外界因素除荷载以及荷载引起的约束力之外，还有温度改变、支座移动、制造误差等。

二、杆件的外力与变形特点

杆件在外力的作用下，其形状和尺寸的改变称为变形。作用在杆件上的外力是多种多样的，所以杆件的变形也是多种多样的。依据它的受力和变形特点，归纳起来有以下四种变形形式，称为四种基本变形。另外，除这四种基本变形外还有组合变形，将在第十一章中介绍。

1. 轴向拉伸与压缩

受力特点：杆件受到一对大小相等、方向相反，作用线沿杆件轴线的外力(图 4-1a)。

变形特点：拉伸(压缩)时，杆轴向尺寸伸长(缩短)，横向尺寸减小(增大)。

产生轴向拉伸与压缩变形的杆件称为拉杆。图 4-1 中所示屋架的弦杆(图 4-1b)、斜拉桥的拉索(图 4-1c)、闸门启闭机的螺杆(图 4-1d)等均为拉杆。

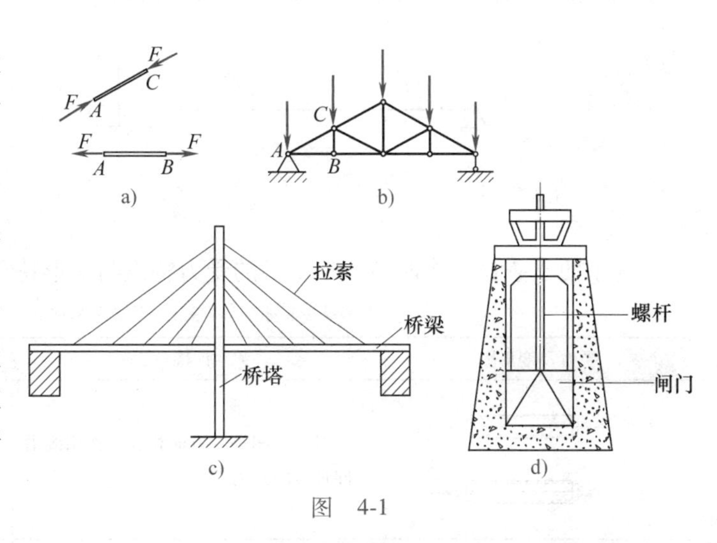

图　4-1

2. 剪切

受力特点：杆件受到一对大小相等、方向相反、作用线垂直于轴线，且相距很近的力的作用(图 4-2a)。

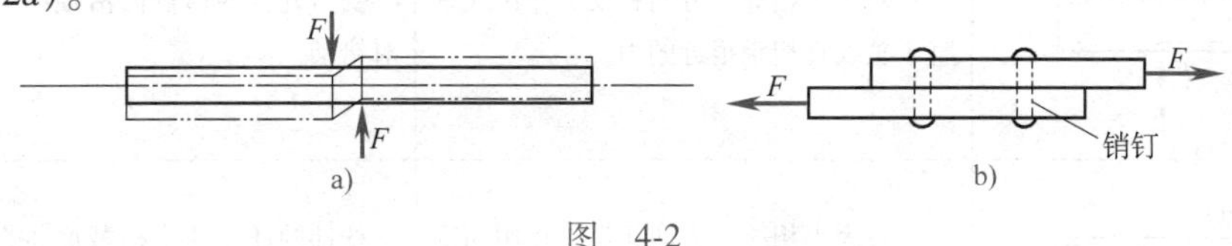

图　4-2

变形特点：受力处杆的横截面沿横向力方向发生相对错动。

产生剪切变形的杆件通常为拉(压)杆的连接件，如图 4-2b 所示销轴连接中的销钉。

3. 扭转

受力特点：杆件受到一对大小相等、方向相反、作用面垂直于杆的轴线的力偶矩的作用(图 4-3a)。

变形特点：杆件的任意两个横截面将发生绕轴线的相对转动。

产生扭转变形的杆件多为传动轴，如图 4-3b 所示。

4. 弯曲

受力特点：杆件受到一对大小相等、方向相反、作用于杆纵截面内的力偶矩，或者是垂直于杆件轴线的横向力作用。

变形特点：杆的轴线在力(偶)作用下发生弯曲，直杆变成曲杆，横截面发生相对转动。

发生弯曲变形为主的杆件称为**梁**。工程中常见梁的横截面多有一根对称轴，各截面对称轴形成一个纵向对称平面。若荷载与约束力均作用在梁的纵向对称平面内，梁的轴线也在该

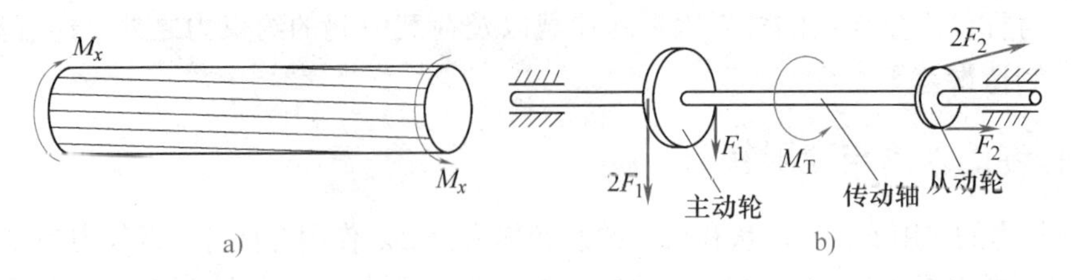

图　4-3

平面内弯成一条曲线，这样的弯曲称为**平面弯曲**，如图 4-4 所示。

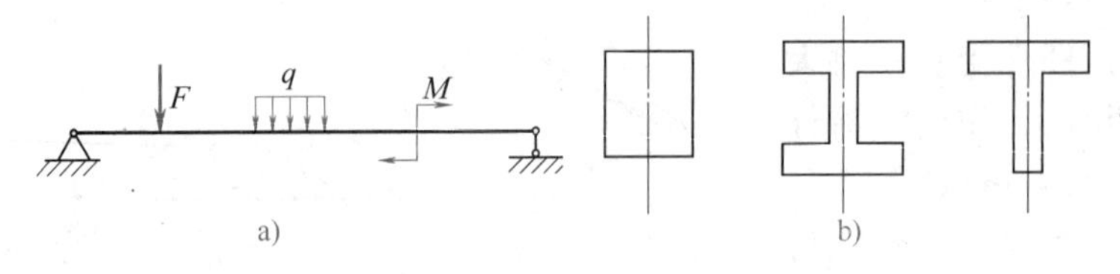

图　4-4

为了便于查找，将四种基本变形的受力特点与变形特点加以总结，见表 4-1。

表 4-1　四种基本变形的受力特点与变形特点

受力及变形图	受 力 特 点	变 形 特 点
拉：F ← → F 压：F → ← F	一对大小相等、方向相反、作用线沿杆件轴线的外力	拉伸(压缩)时杆轴向尺寸伸长(缩短)，横向尺寸减小(增大)
剪切：F F	一对大小相等、方向相反、作用线垂直于轴线且相距很近的力	受力处杆的横截面沿横向力方向发生相对错动
扭转：M M	一对大小相等、方向相反、作用面垂直于杆轴线的力偶矩	杆件的任意两个横截面将发生绕轴线的相对转动
弯曲：M M	一对大小相等、方向相反、作用于杆纵截面内的力偶矩或垂直于杆件轴线的横向力	杆的轴线在力(偶)作用下发生弯曲变形，直杆变成曲杆，横截面发生相对转动

第二节　轴向拉(压)变形与扭转变形实例

一、轴向拉(压)变形及实例

轴向拉伸和压缩简称为轴向拉压，这是实际生活和工程中最常见的一种基本变形。其受力特点是外力(或外力的合力)与杆件的轴线重合，如图 4-5a 所示。当然，杆件上受到的外力还可以是很多个，但这些力的合力应与杆件的轴线重合，如图 4-5b 所示。

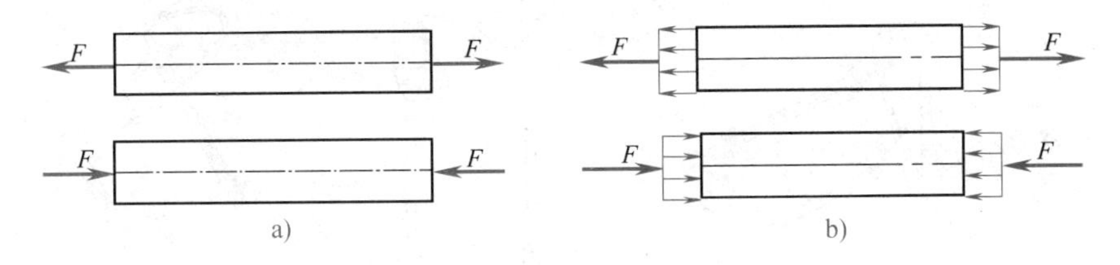

图　4-5

轴向拉压的变形特点是：当杆件发生轴向拉伸时，杆件的纵向伸长而横向缩小；当杆件发生轴向压缩时，杆件的纵向缩短而横向扩大，如图 4-6 所示。

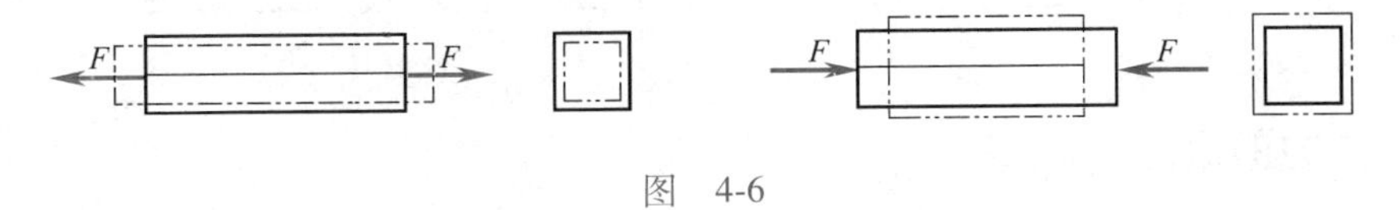

图　4-6

工程中有许多产生轴向拉伸和压缩变形的实例。例如，桁架式屋架的每一根支杆是二力杆，发生的变形均为轴向拉伸或压缩变形(图 4-7a)；立交桥的支柱发生的是轴向压缩变形(图 4-7b)。另外，起吊和悬挂物体所用的绳索、工程中的很多柱、悬拉桥上的钢绳或拉杆、气缸中的活塞杆等，都是发生轴向拉(压)的杆件。

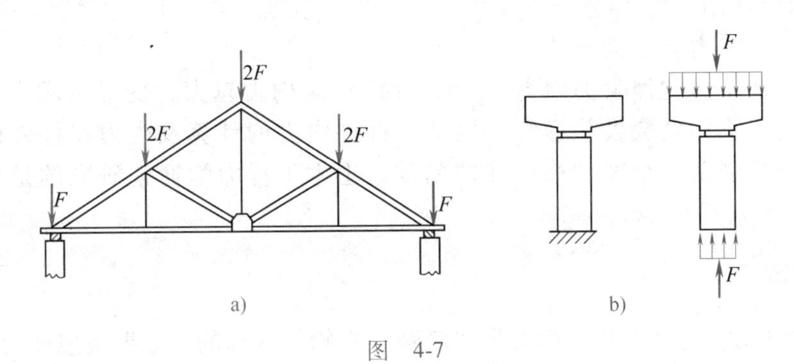

图　4-7

二、扭转变形及实例

杆件受到一对等值、反向、作用面与杆件轴线垂直的力偶作用时，杆件的横截面发生的绕轴线的相对转动，称为扭转变形。发生扭转变形的杆件的横截面可以是各种形状的，但实际工程中大多数发生扭转变形的杆件其横截面都是圆形，这种杆件称为圆轴。其变形特点是各相邻横截面绕轴线发生相对转动的错动，且其横截面的形状不变。两横截面间相对转动的角度 φ 称为扭转角，如图 4-8所示。

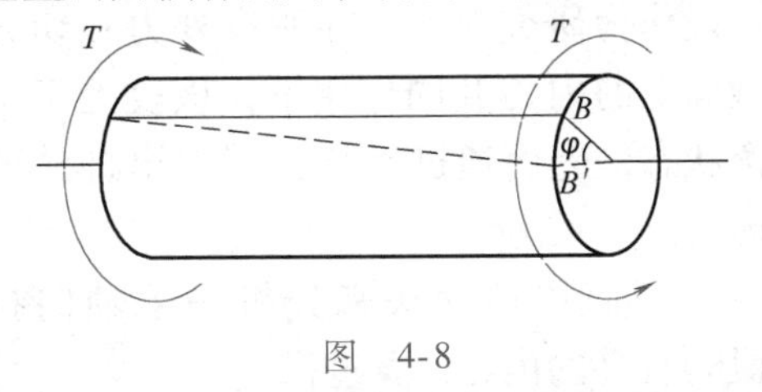

图　4-8

各种机械的传动轴是扭转变形最常见的工程实例。另外，拧螺钉的旋具、攻螺纹的铰杆、转向盘的转轴等也会发生扭转变形，如图 4-9 所示。

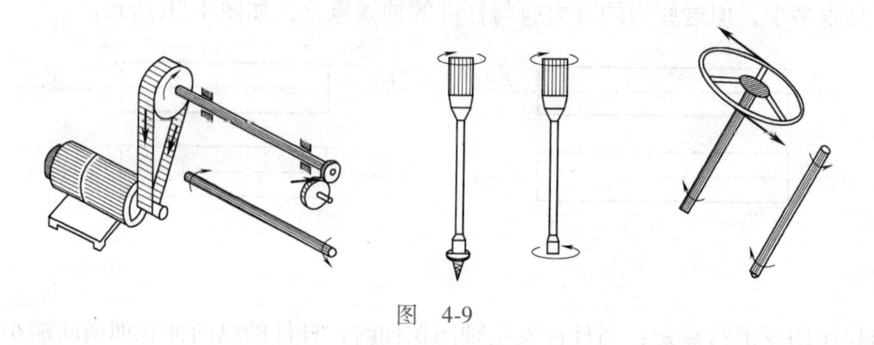

图　4-9

第三节　轴向拉(压)杆的内力及轴力图

一、内力的概念

内力是土木工程力学中的一个重要的概念。所谓内力，从广义上讲，是指物体内部各粒子之间的相互作用力。正因为这种内力的存在，物体才能“凝聚”在一起而成为一个整体。显然，即使无外力作用时，这种相互作用力也是存在的，因而，这种内力也叫做**广义内力**。

在外力的作用下，物体内部粒子的排列发生了改变，粒子间相互的作用力也发生了改变。这种由于外力作用而产生的粒子间作用力的改变量，称为**附加内力**。土木工程力学中所研究的正是这种附加内力(简称为内力)。内力越大，变形也越大，当内力超过一定限度时，物体就会发生破坏。因此，杆件内力的计算及内力在杆件内的分布情况，是解决杆件强度、刚度和稳定性的基础。土木工程力学通常研究的是杆件横截面上的内力。

二、截面法

研究内力的方法是截面法。内力是“隐藏”在物体内部的，如果假想地用一个截面把物体“切开”，分成两部分，“切开”处物体的内力就暴露出来了，就可以取其中的某一部分进行研究。

具体方法是：要计算某个横截面上的内力，可假想地从该截面处将杆件切为两段，任取一段作为研究对象，在所有外力和切开截面上的内力共同作用下，该段处于平衡状态，进而通过平衡方程求出杆件的内力。

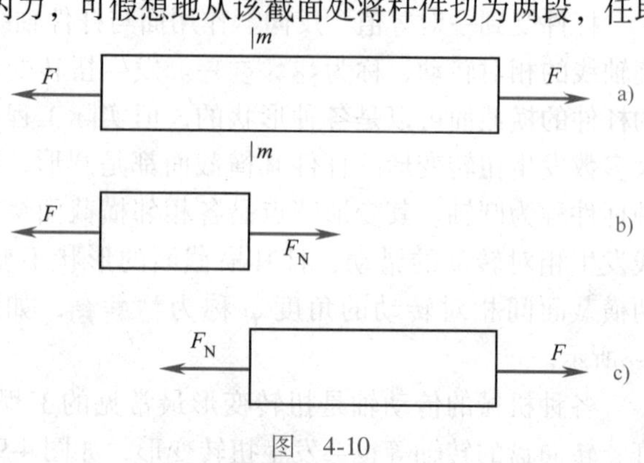

图　4-10

下面用截面法来分析一下轴向拉(压)杆件的内力计算过程。

如图4-10a所示，要计算拉杆在截面m-m上的内力，可假想地将杆从m-m处截开，并选左段为研究对象。左段所受

的外力只有 $\boldsymbol{F}$，截面 m-m 上的内力应该和 $\boldsymbol{F}$ 平衡，所以轴向拉(压)杆件横截面上的内力是通过截面形心并与截面垂直的一个力，如图 4-10b 所示。这个力称为**轴力**，用 $\boldsymbol{F}_{\mathrm{N}}$ 表示。由平衡条件可得 $\boldsymbol{F}_{\mathrm{N}}-\boldsymbol{F}=0$，即 $\boldsymbol{F}_{\mathrm{N}}=\boldsymbol{F}$。

一般规定：杆件的轴力是拉力时为正，杆件的轴力是压力时为负。在画受力图时拉力的箭头离开截面，压力的箭头指向截面。

若选用右段进行分析，可以得到相同的结果，如图 4-10c 所示。

因此，在用截面法计算杆件的内力时，可以取左段也可以取右段来研究，关键要看取哪一段计算时更为方便。

截面法计算轴力的步骤为：

1）用一截面在所求内力处假想地将杆件切开，分为两部分。

2）任取其中一部分作为研究对象，画出其受力图(轴力一般假设为正,即为拉力)。

3）利用平衡方程求出内力。

例 4-1　求图 4-11a 中截面 1-1、2-2 上的轴力。

解　(1) 求截面 1-1 上的轴力　从截面 1-1 处假想地将杆切开，取左段为研究对象，受力如图 4-11b 所示。由平衡条件得

$$\sum F_x=0,\ 10\mathrm{kN}+F_{\mathrm{N1\text{-}1}}=0$$

$$F_{\mathrm{N1\text{-}1}}=-10\mathrm{kN}(压力)$$

此处计算出的轴力是负的，说明图 4-11b 中假设反了，即应该是压力。

(2) 求截面 2-2 上的轴力　从截面 2-2 处假想地将杆截开，取左段为研究对象，受力如图 4-11c 所示。由平衡条件得

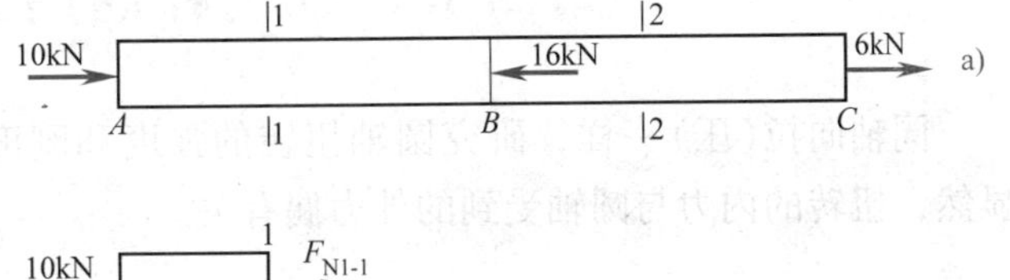

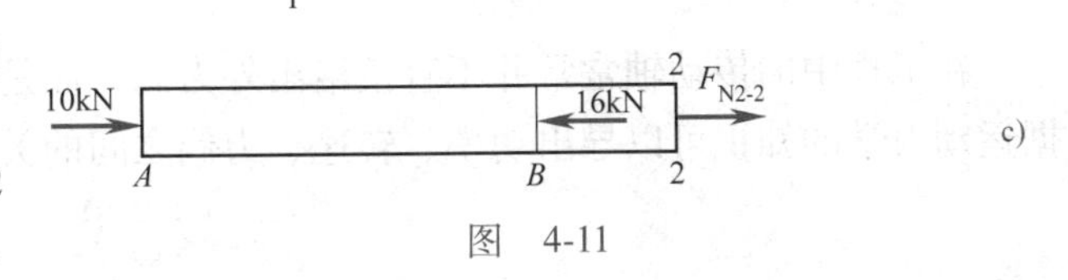

图　4-11

$$\sum F_x=0,\ F_{\mathrm{N2\text{-}2}}+10\mathrm{kN}-16\mathrm{kN}=0$$

$$F_{\mathrm{N2\text{-}2}}=16\mathrm{kN}-10\mathrm{kN}=6\mathrm{kN}(拉力)$$

用截面法可求出任意截面的轴力。很容易得出，AB 段内各截面的轴力与 $F_{\mathrm{N1\text{-}1}}$ 相等，BC 段内各截面的轴力与 $F_{\mathrm{N2\text{-}2}}$ 相等。

思考：1）求截面 2-2 上的轴力时，若取右段为研究对象，怎么计算？

2）在上面的计算中，如果图 4-11b、c 中轴力方向画成反方向了，计算结果如何？正负号表示什么意思？

三、轴力图

杆件截面上的轴力一般是随截面位置不同而变化的，为了清楚地表达杆件各截面的轴力随截面位置的变化情况，通常用轴力图来直观地加以描述。用平行于杆轴线的坐标轴表示截面的位置，垂直于杆轴线的坐标轴表示轴力的大小，按一定比例绘出图形，并标明“+”、“−”符号，这个图形就叫做**轴力图**。

在实际画杆件轴力图时，由于不同截面的轴力相差可能很大，轴力值纵坐标可能无法准确地按比例绘制，可以画出示意性的高度，关键要在图形上标明其轴力值。

例 4-2　如图 4-12a 所示，绘出杆件的轴力图。

解　例 4-1 计算表明，各截面轴力的大小仅与杆件上所受外力的大小和各外力的作用点有关，与截面

面积的变化无关。BD段仅在B、D两处有外力，虽然BC段和CD段截面有变化，但是BD段各截面的轴力是相等的，即BD段中只需计算一个截面即可。

（1）求截面1-1、2-2、3-3的轴力　用假想的截面分别将杆件从1-1、2-2、3-3处切开，其受力图分别如图4-12b、c、d所示。

对图4-12b　$\sum F_x=0$，$F_{N1-1}-30\text{kN}=0$

$F_{N1-1}=30\text{kN}$(拉力)

对图4-12c　$\sum F_x=0$，$-F_{N2-2}-15\text{kN}-20\text{kN}=0$

$F_{N2-2}=-15\text{kN}-20\text{kN}=-35\text{kN}$(压力)

对图4-12d　$\sum F_x=0$，$-F_{N3-3}-20\text{kN}=0$

$F_{N3-3}=-20\text{kN}$(压力)

（2）绘出轴力图　轴力图如图4-12e所示。

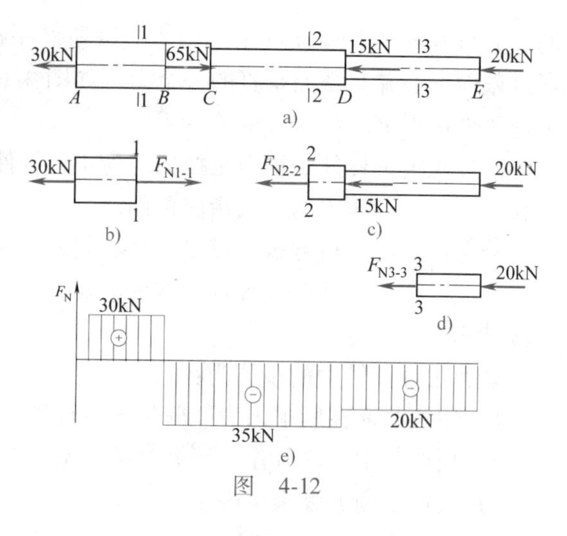

图　4-12

第四节　受扭杆的内力及扭矩图

同轴向拉(压)一样，研究圆轴扭转的强度和刚度问题，首先得讨论圆轴扭转的内力。显然，扭转的内力与圆轴受到的外力偶有关。

一、外力偶的计算

在工程中的传动轴常常并不直接给出外力偶，而是给出轴的转速 n 和所传递功率 P。根据运动力学的知识可以导出功率、转速、力偶之间的关系如下：

$$T=9549\frac{P}{n} \tag{4-1}$$

式中，T 表示外力偶的力偶矩(N·m)；P 表示传递功率(kW)；n 表示轴的转速(r/min)。

二、扭转的内力——扭矩

小贴士：材料力学的分析方法

圆轴扭转时横截面上的内力也可用截面法来计算。如图4-13a所示，若要求扭转圆轴在横截面 m-m 处的内力，可假想地从 m-m 处将杆件截开，任取一段作为研究对象。假若取左段为研究对象，其上只有一个力偶 M_e 作用。左段杆在横截面上暴露出来的内力和 M_e 的共同作用下处于平衡。因此，内力必然是一个作用面在其横截面上的力偶。这个内力偶称为扭矩，用 T 表示，并可以通过平衡方程 $\sum M=0$ 求出，如图4-13b所示。

由 $\sum M=0$，得 $M_e-T=0$，即 $T=M_e$。

若以右段为研究对象，如图4-13c所示，所求得扭矩与左段求得扭矩相比大小相等、转向相反，它们是作用与反作用的关系。为了使不论取左段或右段求得的扭矩的大小、符号都一致，对扭矩的正负号规定如下：**按右手螺旋法则，四指顺着扭矩的转向握住轴线，大拇指的指向与横截面的外法线 n 方向一致为正；反之为负**，如图4-14所示。当横截面上的扭矩的实际转向未知时，一般先假设扭矩为正。若求得结果为正，则表示扭矩实际转向与假设相同；若求得结果为负，则表示扭矩实际转向与假设相反。

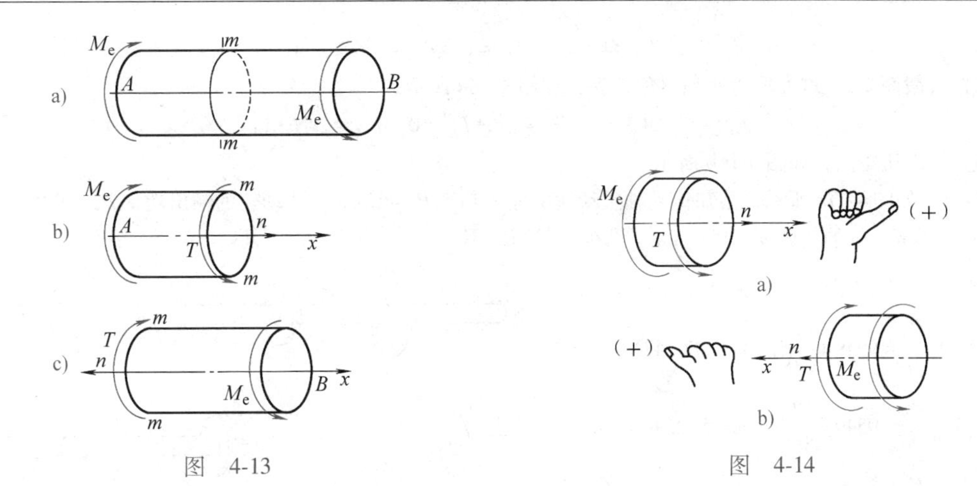

图　4-13　　　　图　4-14

通常，扭转圆轴各横截面上的扭矩是不同的，扭矩 T 是横截面的位置 x 的函数，即 $T=T(x)$。

在用截面法计算扭矩时，受力图中的扭矩通常假设为正方向。

例 4-3　如图 4-15a 所示，试求圆轴截面 1-1、2-2 上的扭矩。

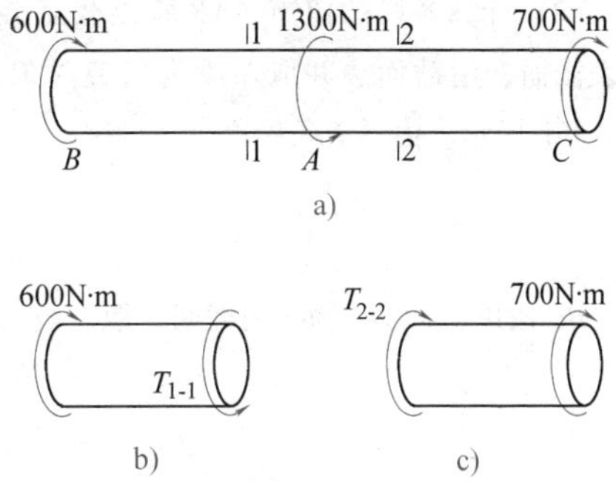

解　(1) 计算截面 1-1 的扭矩　假想地将轴从截面 1-1 处切开，取左段为研究对象，受力如图 4-15b 所示。由平衡条件

$$\sum M=0,\ 600\text{N}\cdot\text{m}-T_{1\text{-}1}=0,$$

得

$$T_{1\text{-}1}=600\text{N}\cdot\text{m}$$

(2) 计算截面 2-2 的扭矩　假想地将轴从截面 2-2 处切开，取右段为研究对象，受力如图 4-15c 所示。由平衡条件得

图　4-15

$$\sum M=0,\ T_{2\text{-}2}+700\text{N}\cdot\text{m}=0,\ T_{2\text{-}2}=-700\text{N}\cdot\text{m}$$

思考：1) 截面 1-1 上的扭矩为什么能代表 AB 段内各截面上的扭矩？

2) 对截面 2-2 计算扭矩时，若取左段为研究对象，受力图如何？计算结果怎样？

三、扭矩图

对于受多个外力偶作用的圆轴，为了直观地表达各个截面上扭矩的大小随截面位置的变化规律，常用扭矩图来表达。具体画法是：以横坐标表示截面的位置，以纵坐标表示各截面扭矩的大小，并标上"+"、"-"符号。

例 4-4　绘出图 4-16a 所示变截面圆轴的扭矩图。

解　同轴力的计算一样，扭矩的大小只与外力偶的大小和作用面的位置有关，而与截面的面积无关。因此该轴可分为 AB、BD 两段，其中 BC 段和 CD 段内各截面的扭矩相同。

(1) 对截面 1-1　取左段为研究对象，受力如图 4-16c 所示。由平衡条件得

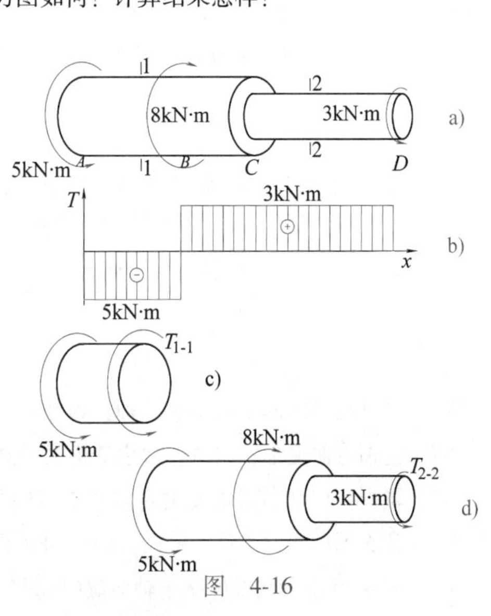

图　4-16

$$\sum M=0,\ 5\text{kN}\cdot\text{m}+T_{1\text{-}1}=0,\ T_{1\text{-}1}=-5\text{kN}\cdot\text{m}$$

（2）对截面2-2　取左段为研究对象，受力如图4-16d所示。

$$\sum M=0,\ 5\text{kN}\cdot\text{m}-8\text{kN}\cdot\text{m}+T_{2\text{-}2}=0,\ T_{2\text{-}2}=3\text{kN}\cdot\text{m}$$

（3）作出扭矩图，如图4-16b所示。

例4-5　如图4-17a所示，已知传动轴主动轮的输入功率$P_B=12\text{kW}$，从动轮的输出功率$P_A=6\text{kW}$，$P_C=4\text{kW}$，$P_D=2\text{kW}$，轴的转速$n=200\text{r/min}$，试画出其扭矩图。

解　（1）计算外力偶

$$T_A=9549\frac{P_A}{n}=9549\times\frac{6}{200}\text{N}\cdot\text{m}=286.47\text{N}\cdot\text{m}$$

$$T_B=9549\frac{P_B}{n}=9549\times\frac{12}{200}\text{N}\cdot\text{m}=572.94\text{N}\cdot\text{m}$$

$$T_C=9549\frac{P_C}{n}=9549\times\frac{4}{200}\text{N}\cdot\text{m}=190.98\text{N}\cdot\text{m}$$

$$T_D=9549\frac{P_D}{n}=9549\times\frac{2}{200}\text{N}\cdot\text{m}=95.49\text{N}\cdot\text{m}$$

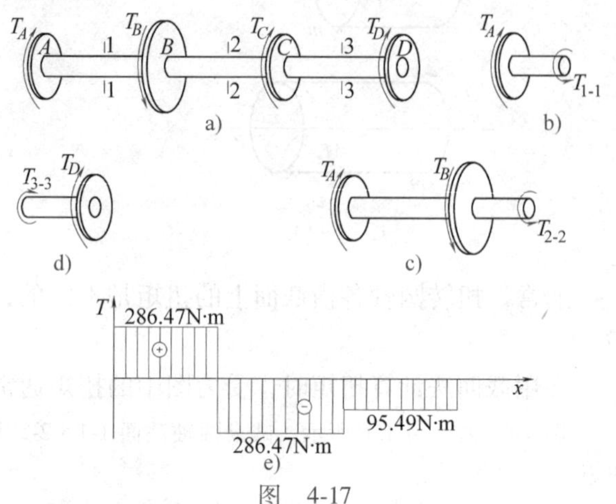

图　4-17

（2）计算各段的扭矩　*AB*段以截面1-1为代表截面，用截面法并取左段为研究对象，如图4-17b所示。由平衡条件得

$$\sum M=0,\ T_A-T_{1\text{-}1}=0$$

$$T_{1\text{-}1}=T_A=286.47\text{N}\cdot\text{m}$$

*BC*段以截面2-2为代表截面，取左段为研究对象，如图4-17c所示。由平衡条件得

$$\sum M=0,\ T_A-T_{2\text{-}2}-T_B=0$$

$$T_{2\text{-}2}=-T_B+T_A=-572.94\text{N}\cdot\text{m}+286.47\text{N}\cdot\text{m}=-286.47\text{N}\cdot\text{m}$$

*CD*段以截面3-3为代表截面，取右段为研究对象，如图4-17d所示。由平衡条件得

$$\sum M=0,\ T_D+T_{3\text{-}3}=0$$

$$T_{3\text{-}3}=-T_D=-95.49\text{N}\cdot\text{m}$$

（3）作扭矩图　扭矩图如图4-17e所示。

思考：若将*A*、*B*轮互换，其扭矩图有什么变化？试比较换前和换后哪种更合理。

思　考　题

小贴士：计算静定杆件内力的通用方法与技巧

4-1　变形固体的基本假设有哪些？何谓理想变形固体？

4-2　分析构件变形时，是否可将图4-18a中力的作用情况改变为图4-18b中力的作用情况？为什么？

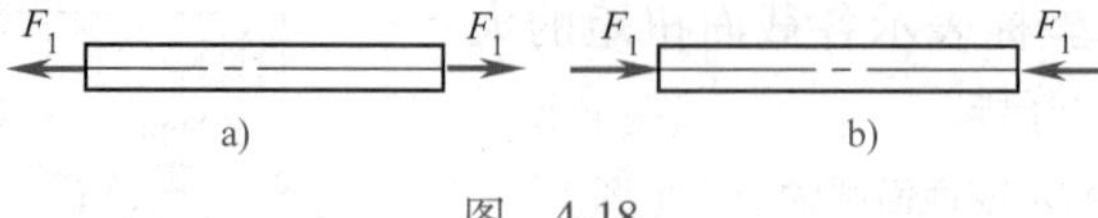

图　4-18

4-3　杆件变形的基本形式有几种？其受力特点及变形特点是什么？

4-4　何谓弯曲变形？列举日常生活中的一些例子加以说明。

4-5　轴向拉(压)杆件的受力特点和变形特点是什么？试举出工程实例。

4-6　什么叫内力？为什么轴向拉(压)杆的内力必定垂直于横截面且沿杆的轴线方向？

4-7　图4-19中哪些杆件属于轴向拉(压)杆？

4-8　轴力的正负是如何规定的?

4-9　两根材料、截面面积都不相同的杆，受相同的轴向外力作用，它们的轴力相同吗?

4-10　圆轴扭转的受力特点和变形特点是什么？试举出扭转变形的工程实例。

4-11　扭矩的正负是如何规定的?

4-12　如图 4-20 所示，两种轮子的布置方式中，哪一种更合理?

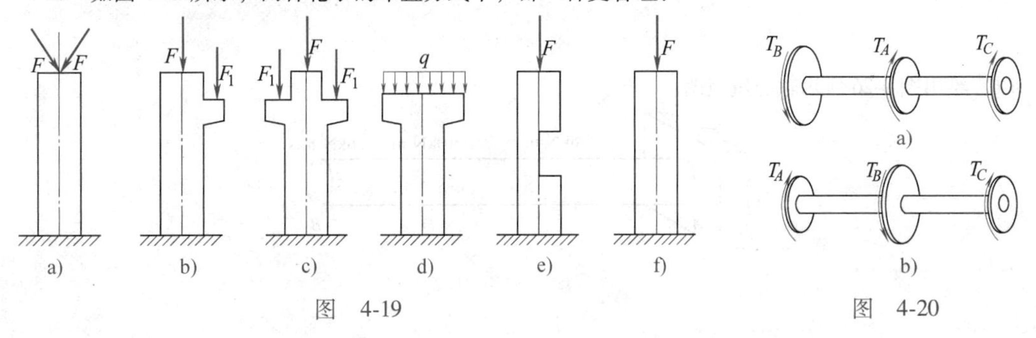

图　4-19　　　图　4-20

练　习　题

4-1　如图 4-21 所示，用截面法求杆在截面 1-1、2-2 的轴力。

4-2　试求图 4-22 中 1 杆和 2 杆的轴力。

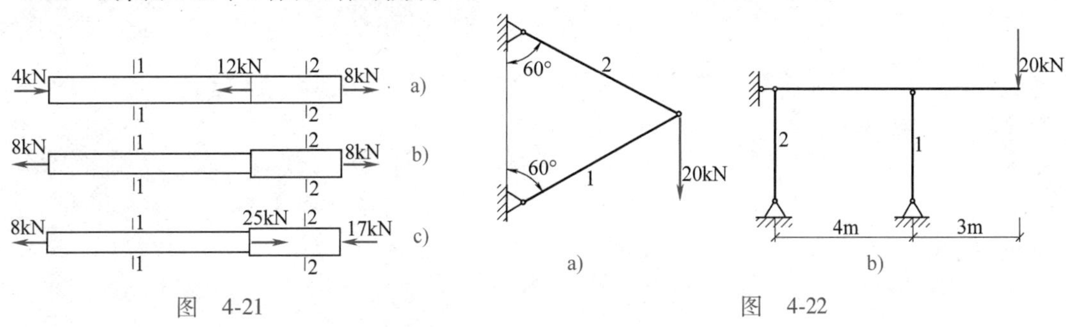

图　4-21　　　图　4-22

4-3　作出图 4-23 中所示各杆的轴力图。

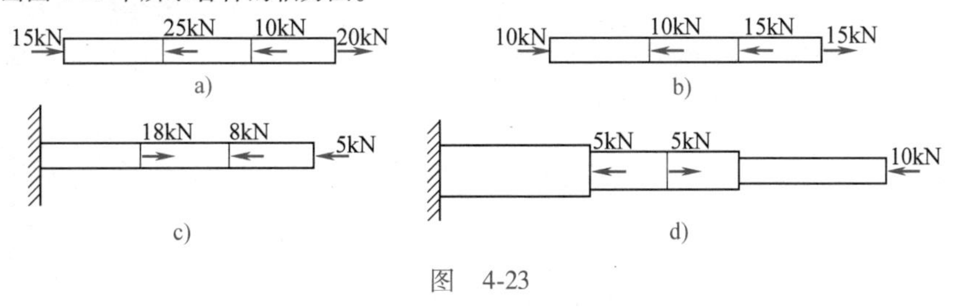

图　4-23

4-4　试用截面法求图 4-24 中所示圆轴各段的扭矩 T，并绘出扭矩图。

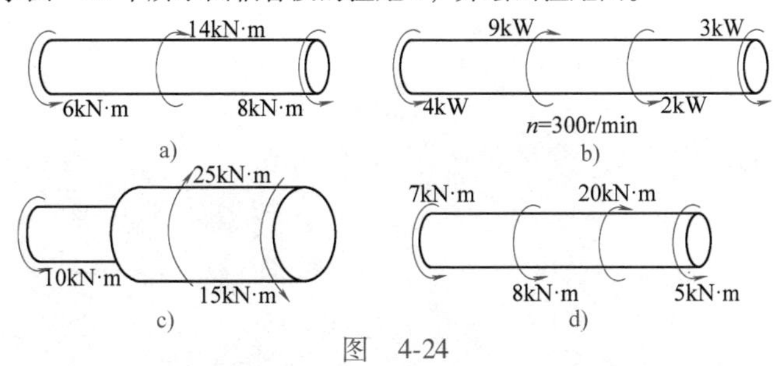

图　4-24

4-5 如图 4-25a 所示，一传动轴转速 $n=200\mathrm{r/min}$，输入功率 $P_A=6\mathrm{kW}$，输出功率 $P_B=4\mathrm{kW}$、$P_C=2\mathrm{kW}$，试作出其扭矩图。若 A、B 轮互换位置，如图 4-25b 所示，再作出其扭矩图。

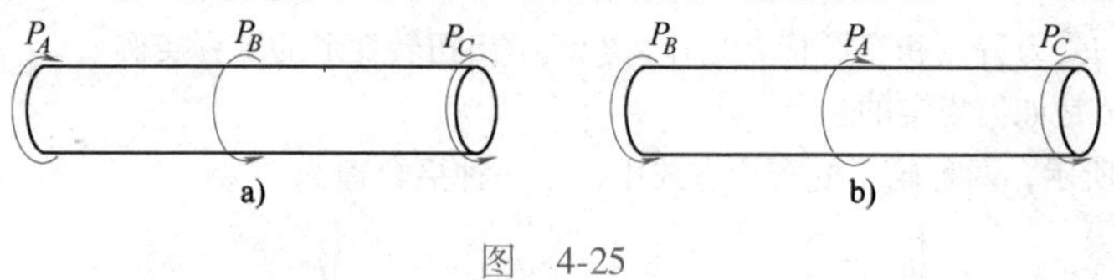

图 4-25

4-6 绘出图 4-26 所示轴的扭矩图。

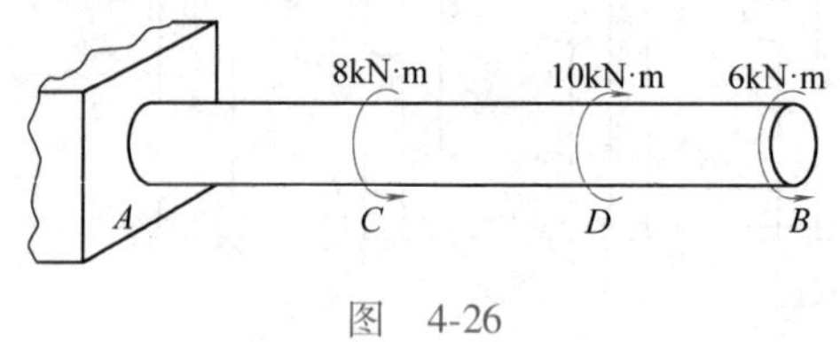

图 4-26

第五章
梁的内力分析

本章主要讲解单跨静定梁内力的分析方法，要求会用截面法计算任意指定截面的弯矩和剪力，并会用简捷法或叠加法作常见静定梁的内力图。

第一节　平面弯曲的概念

当杆件受到横向力(垂直于杆轴线的力)或在杆轴平面内的力偶作用时，杆件的轴线由直线变成曲线，这种变形称为弯曲。以弯曲为主要变形的杆件称为梁。

弯曲是工程和生活实际中最常见的一种基本变形。例如楼面梁(图 5-1a)，桥式起重机的横梁(图 5-1b)，机车的轮轴(图 5-1c)等，都是产生弯曲变形的构件。

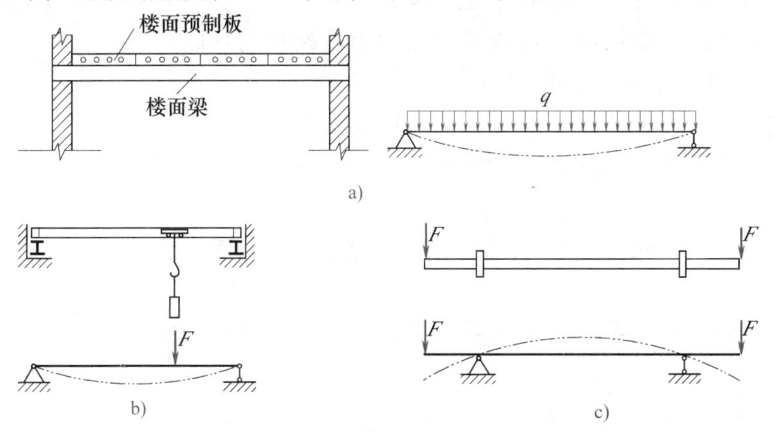

图　5-1

实际工程中，大多数的梁的横截面都有一根对称轴。梁的轴线与横截面对称轴所构成的平面，称为梁的**纵向对称面**，如图 5-2 所示。当横向力和力偶作用于纵向对称面内时，梁的轴线弯曲成一条在此纵向对称面内的平面曲线，这种弯曲称为**平面弯曲**。本章只讨论这种平面弯曲。

梁的形式很多，按支座情况可分为以下三种基本形式：

(1) 简支梁　梁一端为固定铰支座，另一端为可动铰支座，如图 5-3a 所示。

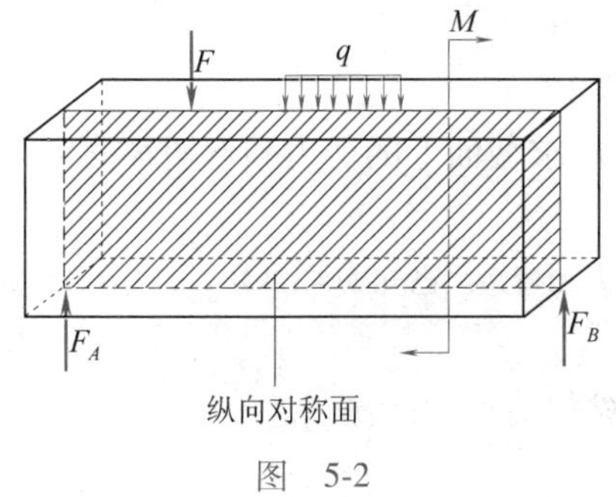

图　5-2

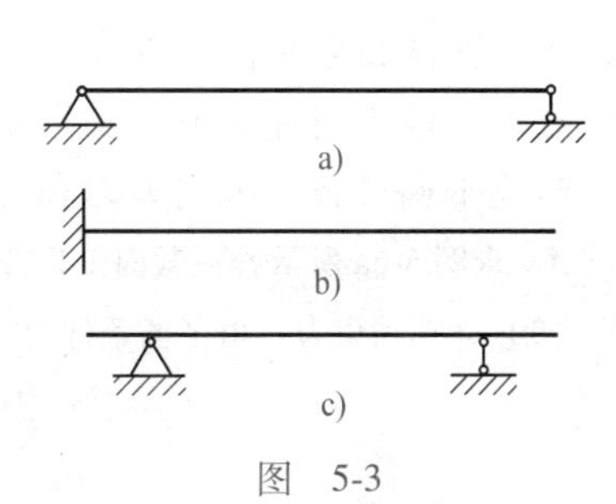

图　5-3

（2）悬臂梁　梁的一端为固定端，另一端为自由端，如图 5-3b 所示。

（3）外伸梁　梁的支座形式与简支梁的相同，但梁的一端或两端伸出支座之外，如图 5-3c 所示。

第二节　单跨静定梁的内力及内力图

小知识：简支梁与悬臂梁

一、梁的内力——剪力和弯矩

图 5-4a 所示为一简支梁，现在分析任意一个截面 *m-m* 上的内力。首先假想地将梁从 *m-m* 处切开，取左段(也可取右段)为研究对象。左段的外力有 $\boldsymbol{F}_A$ 和 $\boldsymbol{F}_1$。截面 *m-m* 上的内力应与 $\boldsymbol{F}_A$ 和 $\boldsymbol{F}_1$ 一起使左段平衡。由平衡条件可知，横截面上必然有一个与截面平行的内力 $\boldsymbol{F}_Q$，这个力称为剪力。另外，$\boldsymbol{F}_A$ 和 $\boldsymbol{F}_1$ 对截面形心之矩一般不会相互平衡，所以，在横截面上有一个作用在纵向对称面内的力偶 M 与之平衡，这个内力偶称为**弯矩**。因此，一般情况下弯曲梁横截面上有两种内力——剪力$\boldsymbol{F}_Q$ 和弯矩 M，如图 5-4b 所示。

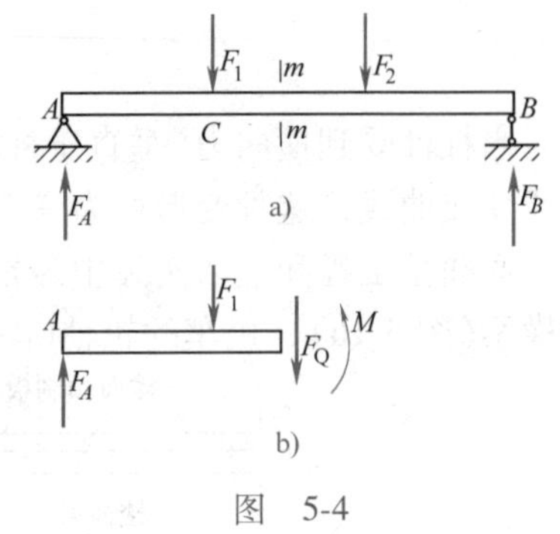

图　5-4

在计算过程中，为保证无论取截面的左段还是右段为研究对象，所得到的同一横截面上的剪力和弯矩相同，因此对剪力 $\boldsymbol{F}_Q$ 和弯矩 M 的符号作如下规定：

1）剪力使脱离体顺时针方向转动为正，反之为负，如图 5-5a 所示。

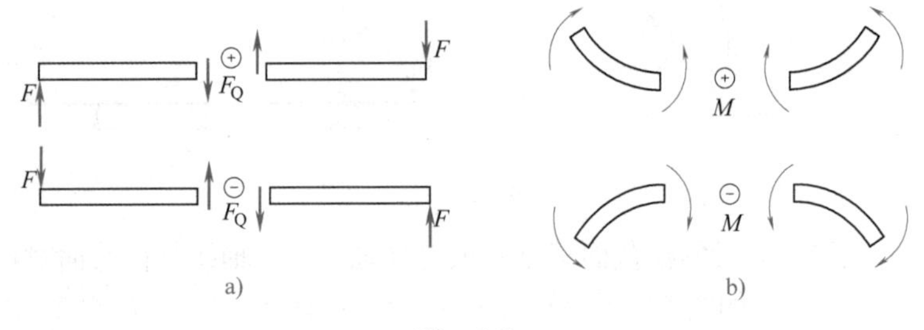

图　5-5

2）弯矩使脱离体产生向下凹变形为正，反之为负，如图 5-5b 所示。

计算梁指定截面上的剪力和弯矩最基本的方法仍然是截面法。其步骤如下：

1）计算支座约束力(对悬臂梁可以不用求约束力)。

2）用截面法将梁从需求内力处假想地切为两段。

3）任取一段为研究对象，画出受力图(一般将所求截面上的剪力和弯矩都假定为正)。

4）建立平衡方程，求出剪力和弯矩。

例 5-1　求图 5-6a 所示梁在截面 1-1、2-2、3-3 上的剪力和弯矩。已知 $M=12\text{kN}\cdot\text{m}$，$q=2\text{kN/m}$。

解　(1) 计算约束力　由平衡条件得

$$\sum M_B=0,\ -F_A\times12\text{m}-M+q\times6\text{m}\times3\text{m}=0,$$
$$F_A=2\text{kN}$$

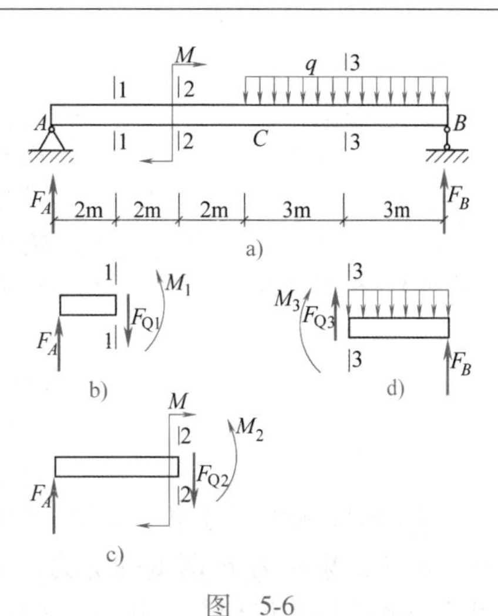

图　5-6

$$\sum M_A=0，F_B\times12\text{m}-q\times6\text{m}\times9\text{m}-M=0，$$

$$F_B=10\text{kN}$$

（2）求截面1-1的内力　用截面法把梁从截面1-1处切成两段，取左段为研究对象，受力图如图5-6b所示。图中剪力和弯矩都假设为正。由平衡条件得

$$\sum F_y=0，F_A-F_{Q1}=0，F_{Q1}=F_A=2\text{kN}$$

$$\sum M_A=0，-F_A\times2\text{m}+M_1=0$$

$$M_1=F_A\times2\text{m}=4\text{kN}\cdot\text{m}$$

F_{Q1}、M_1 为正值，表示该截面上剪力和弯矩与所设方向一致。

（3）求截面2-2的内力　用截面法把梁从截面2-2处切成两段，取左段为研究对象，受力如图5-6c所示。图中剪力和弯矩都假设为正。由平衡条件得

$$\sum F_y=0，F_A-F_{Q2}=0，F_{Q2}=F_A=2\text{kN}$$

$$\sum M_A=0，-F_A\times4\text{m}-M+M_2=0，$$

$$M_2=F_A\times4\text{m}+12\text{kN}\cdot\text{m}=20\text{kN}\cdot\text{m}$$

F_{Q2}、M_2 为正值，表示该截面上剪力和弯矩与所设方向一致。

（4）求截面3-3的内力　用截面法从截面3-3处切开，取右段为研究对象，受力如图5-6d所示。此时剪力和弯矩仍假定为正，由平衡条件得

$$\sum F_y=0，F_{Q3}-q\times3\text{m}+F_B=0，F_{Q3}=q\times3\text{m}-F_B=2\text{kN/m}\times3\text{m}-10\text{kN}=-4\text{kN}$$

$$\sum M_B=0，-M_3-q\times3\text{m}\times\frac{3}{2}\text{m}+F_B\times3\text{m}=0$$

$$M_3=F_B\times3\text{m}-q\times3\text{m}\times\frac{3}{2}\text{m}=21\text{kN}\cdot\text{m}$$

F_{Q3}为负剪力，M_3 为正弯矩。

思考：求上述截面的剪力和弯矩时，若对截面1-1、2-2取右段为研究对象，对3-3截面取左段为研究对象应如何计算？结果如何？

从上面的计算可以看出，截面法虽然是计算内力最基本的方法，但需要画受力图和列平衡方程进行计算，如果要计算很多截面的剪力和弯矩，就比较繁琐。

通常在计算梁的剪力和弯矩时，可以通过下面的结论直接计算：

1）某截面上的剪力等于该截面左侧（或右侧）梁段上所有横向外力的代数和。以该截面左侧杆段上的外力进行计算时，向上的外力产生正剪力，反之为负；以该截面右侧杆段的外力计算时，向下的外力产生正剪力，反之为负。

2）某截面上的弯矩等于该截面左侧（或右侧）所有外力对该截面之矩的代数和。以左侧的外力进行计算时，绕截面顺转的外力产生正弯矩，反之为负；以右侧的外力计算时，绕截面逆转的外力产生正弯矩，反之为负。

例5-2　如图5-7所示，简支梁受集中力 $F=3\text{kN}$、集中力偶 $M=2\text{kN}\cdot\text{m}$ 作用，试求截面1-1、2-2、3-3和4-4上的剪力和弯矩。

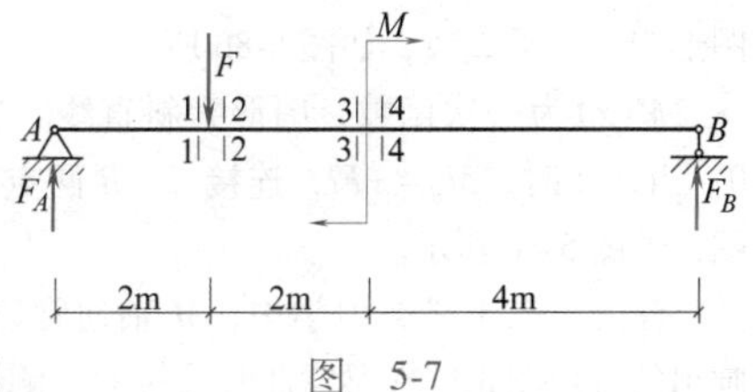

图　5-7

解　（1）求支座反力　由平衡条件得

$$\sum M_B=0，F\times6\text{m}-F_A\times8\text{m}-M=0，$$

$$F_A=2\text{kN}$$

$$\sum F_y=0，F_A-F+F_B=0，F_B=1\text{kN}$$

（2）计算各截面的剪力和弯矩　对截面1-1和2-2，取左侧

计算。

$$F_{Q1}=F_A=2\text{kN}$$
$$M_1=F_A\times2\text{m}=2\text{kN}\times2\text{m}=4\text{kN}\cdot\text{m}$$
$$F_{Q2}=F_A-F=2\text{kN}-3\text{kN}=-1\text{kN}$$
$$M_2=F_A\times2\text{m}=2\text{kN}\times2\text{m}=4\text{kN}\cdot\text{m}$$

求截面 3-3 和 4-4 的剪力和弯矩，取右侧计算。

$$F_{Q3}=-F_B=-1\text{kN}$$
$$M_3=F_B\times4\text{m}-M=1\text{kN}\times4\text{m}-2\text{kN}\cdot\text{m}=2\text{kN}\cdot\text{m}$$
$$F_{Q4}=-F_B=-1\text{kN}$$
$$M_4=F_B\times4\text{m}=1\text{kN}\times4\text{m}=4\text{kN}\cdot\text{m}$$

本例中，截面 1-1 和 2-2 分别为集中力 $\boldsymbol{F}$ 作用点的两侧截面。从计算出的剪力和弯矩的数值可知，集中力 $\boldsymbol{F}$ 两侧的剪力值有一个突变，且突变值等于集中力 $\boldsymbol{F}$ 的值。而集中力作用处两侧的弯矩值相等。截面 3-3 和 4-4 分别为集中力偶 M 作用处两侧的截面，从计算结果知，集中力偶作用处两侧的剪力没有变化，而弯矩有突变，其突变值等于集中力偶 M 的数值。

以上的结论，对于梁截面上剪力和弯矩的计算具有普遍性。

二、剪力图和弯矩图

1. 剪力方程和弯矩方程

一般情况下，梁上各截面的剪力和弯矩值是随截面位置不同而变化的。如果把梁的截面位置用坐标 x 表示，则剪力和弯矩是 x 的函数，即

$$F_Q=F_Q(x)$$
$$M=M(x)$$

上式称为剪力方程和弯矩方程。

2. 剪力图和弯矩图

分别绘出剪力方程和弯矩方程所表达的函数关系的函数图形，就是剪力图和弯矩图。即以梁的轴线为 x 轴，纵坐标分别表示各截面的剪力值和弯矩值。下面举例说明其作法。

例 5-3 如图 5-8a 所示，悬臂梁 AB 的自由端受 F 力作用，试作出该梁剪力图和弯矩图。

解 （1）列剪力方程和弯矩方程 以梁左端为坐标原点，在距原点为 x 处取一截面，求出该截面的剪力值和弯矩值（即剪力方程和弯矩方程）为

$$F_Q(x)=-F \qquad (0<x<l)$$
$$M(x)=-Fx \qquad (0\leqslant x<l)$$

（2）作剪力图和弯矩图 $F_Q(x)$ 为一常数，所以函数图形为一水平直线，如图 5-8b 所示。

$M(x)$ 为一次函数，图形为斜直线。当 $x=0$ 时，$M_A=0$；当 $x=l$ 时，$M_B=-Fl$，连接 A、B 两点的弯矩值得弯矩图，如图 5-8c 所示。

注意：在土建类力学中，M 轴通常以向下为正（这样画出的弯矩图正好在梁弯曲时受拉的一侧）。

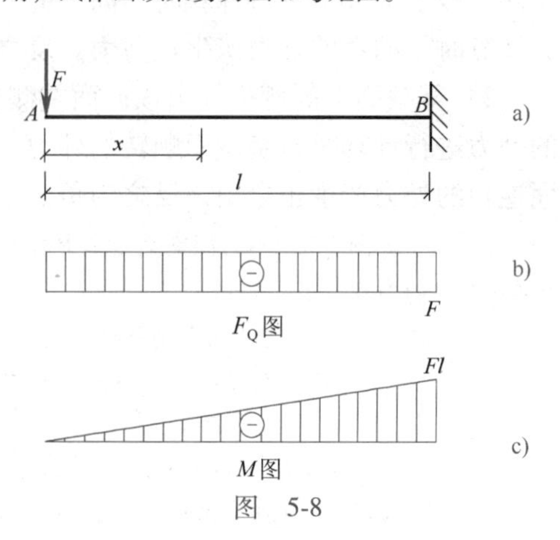

图 5-8

例 5-4　如图 5-9a 所示，简支梁受集度为 q 的均布载荷作用，试作出其剪力图和弯矩图。

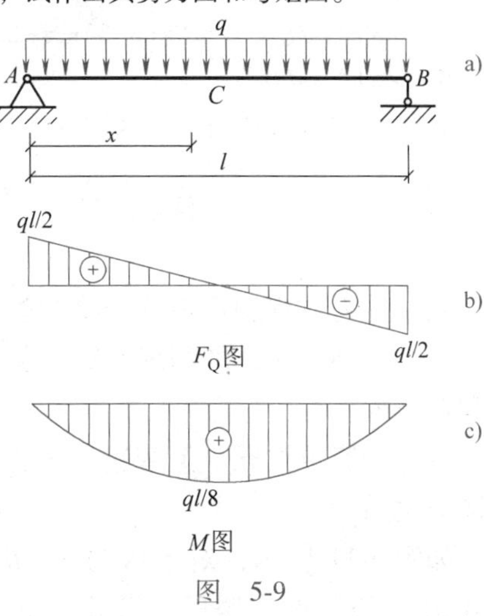

图　5-9

解　(1) 求支座约束力　由梁的对称性得

$$F_A=F_B=\frac{1}{2}ql$$

(2) 列剪力方程和弯矩方程　以梁左端 A 为原点，距原点为 x 处截面的剪力和弯矩为

$$F_Q(x)=\frac{ql}{2}-qx \qquad (0<x<l)$$

$$M(x)=\frac{ql}{2}x-qx\ \frac{x}{2}=\frac{ql}{2}x-\frac{q}{2}x^2 \qquad (0\leqslant x<l)$$

(3) 作剪力图和弯矩图　剪力方程为一次函数。

当 $x=0$ 时，$F_{QA}=\dfrac{ql}{2}$

当 $x=l$ 时，$F_{QB}=\dfrac{ql}{2}-q\times l=-\dfrac{ql}{2}$

可得剪力图，如图 5-9b 所示。

弯矩方程为二次函数，其图形为二次抛物线，至少需求三点，即两端点 A、B 和抛物线顶点(此时顶点在跨中 C 点)。

当 $x=0$ 时，$M_A=0$

当 $x=l$ 时，$M_B=\dfrac{ql}{2}l-\dfrac{ql^2}{2}=0$

当 $x=\dfrac{l}{2}$时，$M_C=\dfrac{ql}{2}\ \dfrac{l}{2}-\dfrac{q}{2}\left(\dfrac{l}{2}\right)^2=\dfrac{ql^2}{8}$

将三点用一光滑曲线连成一抛物线即得梁的弯矩图，如图 5-9c 所示。

例 5-5　如图 5-10a 所示，一简支梁在 B 处受 12kN 的集中力作用，试作此梁的剪力图和弯矩图。

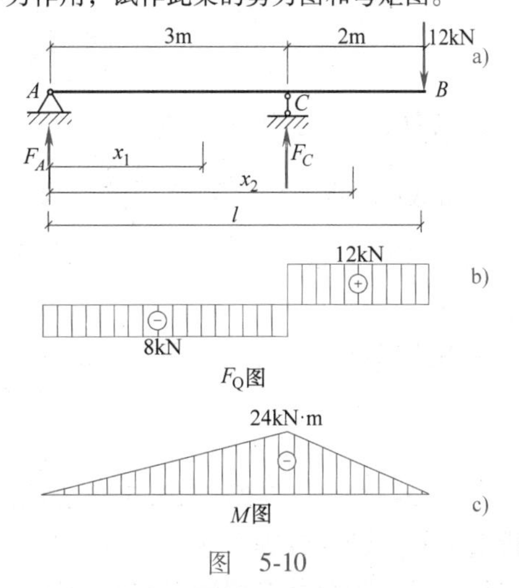

图　5-10

解　(1) 求支座约束力　由平衡条件得

$$\sum M_C=0,\ -F_A\times 3\text{m}-12\text{kN}\times 2\text{m}=0$$
$$F_A=-8\text{kN}$$
$$\sum M_A=0,\ -12\text{kN}\times 5\text{m}+F_C\times 3\text{m}=0$$
$$F_C=20\text{kN}$$

(2) 列剪力方程和弯矩方程　整个 AB 梁应分为 AC 段和 CB 段两部分列方程。

AC 段：取距原点为 x_1 处的任意截面，x_1 取值范围是从 0~3m。

$$F_Q(x_1)=F_A=-8\text{kN} \qquad (0<x_1<3)$$
$$M(x_1)=F_A\times x_1=-8x_1 \qquad (0\leqslant x_1\leqslant 3)$$

可知 AC 段剪力图为一水平直线，弯矩图为一斜直线。

当 $x_1=0$ 时，$M_A=0$

当 $x_1=3$ 时，$M_C=-8\text{kN}\times 3\text{m}=-24\text{kN}\cdot\text{m}$

CB 段：仍取距原点为 x_2 处任意截面，x_2 的取值范围是从 3~5m。

$$F_Q(x_2)=F_B=12\text{kN} \qquad (3<x_2<5)$$
$$M(x_2)=-12\times(5-x_2) \qquad (3\leqslant x_2\leqslant 5)$$

可知 CB 段剪力图为一水平直线，弯矩图为一斜直线。

当 $x_2=3$ 时，$M_C=-12\text{kN}\times(5-3)\text{m}=-24\text{kN}\cdot\text{m}$

当 $x_2=5$ 时，$M_B=0$

CB 段和 AC 段的剪力图和弯矩图分别如图 5-10b、c 所示。

第三节 用简捷法作梁的内力图

小贴士：作梁内力图方法的选择

利用剪力方程和弯矩方程绘制剪力图和弯矩图，过程比较繁琐，而且很容易出错。下面我们用另一种方法，即利用弯矩、剪力和荷载集度间的微分关系得出有关的结论来绘制剪力图和弯矩图。

首先，简单推导一下弯矩、剪力和荷载集度间的微分关系。

如图 5-11 所示，对于弯曲梁 AB，任取其分布荷载 $q(x)$ 段上的一微段，微段长 dx，距离坐标原点为 x。

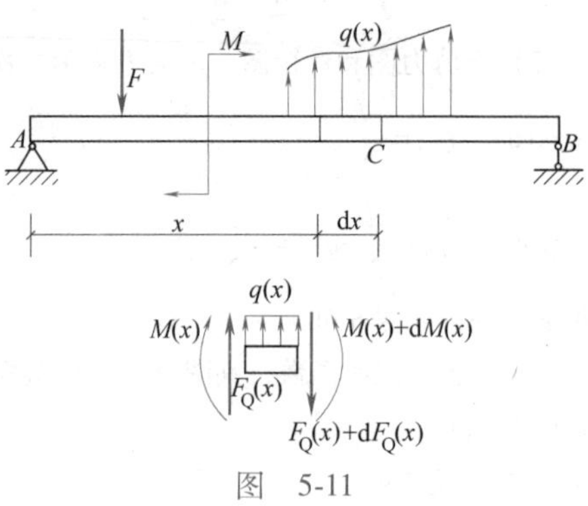

图 5-11

微段左侧截面处的剪力为 $F_Q(x)$，弯矩为 $M(x)$，右侧截面处剪力和弯矩分别较左侧有一个增量，分别为 $F_Q(x)+dF_Q(x)$ 和 $M(x)+dM(x)$。微段上的外荷载 $q(x)$ 可以看成是均匀分布的。由于整体平衡，故取出的微段在外力和内力的共同作用下也应该处于平衡状态。其平衡方程为

$$\sum F_y=0,\ F_Q(x)+q(x)dx-[F_Q(x)+dF_Q(x)]=0 \tag{1}$$

$$\sum M_C=0,\ -M(x)-F_Q(x)dx-q(x)dx\frac{dx}{2}+M(x)+dM(x)=0 \tag{2}$$

由式(1)可得

$$\frac{dF_Q(x)}{dx}=q(x) \tag{5-1}$$

$q(x)$ 以向上为正，下向为负。

由式(2)略去高阶微量 $\frac{(dx)^2}{2}$，得

$$\frac{dM(x)}{dx}=F_Q(x) \tag{5-2}$$

由式(5-1)和式(5-2)很容易得到

$$\frac{d^2M(x)}{dx^2}=q(x) \tag{5-3}$$

式(5-1)、式(5-2)、式(5-3)表明，剪力方程对 x 的一阶导数等于荷载集度 q，弯矩方程对 x 的一阶导数等于剪力方程，弯矩方程对 x 的二阶导数等于载荷集度 q。利用以上微分关系，可得到荷载布置情况与相应区段剪力和弯矩的变化关系如下。

1）如果梁的某一区段没有任何荷载(简称无载段)，即该段上 $q(x)=0$，由式(5-1)可知该段上 $F_Q(x)=$ 常数，剪力图应是一条水平直线；由式(5-2)知该段上 $M(x)$ 是线性函数，弯矩图是一条斜直线。

2）如果梁的某一区段内有均布荷载（简称均载段），即该段上 $q(x)=$ 常数，由式(5-1)可知，该段上 $F_Q(x)$ 为线性函数，即剪力图为斜直线；由式(5-2)可知，该段上 $M(x)$ 为二次函数，弯矩图为二次抛物线图形，抛物线的极值点发生在 $\frac{dM(x)}{dx}=0$ 处，即 $F_Q(x)=0$ 处。

利用以上得出的结论，可以比较方便地绘出剪力图和弯矩图。

首先将梁分为：无载段和均载段。

对于无载段，由于剪力为常数，求出该段上任一截面上的剪力即可绘出该段的剪力图。无载段的弯矩是线性函数，可求出该段端部两点的弯矩值，绘出该段的弯矩图。

对于均载段（均布荷载作用段），剪力为线性函数，可求出该段上端部两点的剪力，绘出该段的剪力图。弯矩为二次抛物线，一般找三点：该段端部两点的弯矩值和极值点处的弯矩值，用光滑的二次抛物线图形绘出弯矩图。极值点发生在剪力为零处。

通过上面的讨论和进一步理论分析绘制剪力图和弯矩图，可以利用以下结论直接求出控制点处的剪力值和弯矩值，绘出剪力图和弯矩图。

1）根据梁上承受荷载的情况，分为无载段和均载段。

2）无载段上，剪力为常数（即为水平直线），弯矩为线性函数（即为斜直线）。

3）均载段上，剪力为线性函数（即为斜直线），弯矩为二次函数（即为二次抛物线）。

4）集中力作用处，剪力发生突变，突变之值等于集中力的值。

5）集中力偶作用处，弯矩发生突变，突变之值等于集中力偶之值。

以上规律除了可用于简捷地绘出剪力图、弯矩图外，还可用于检查所绘剪力图和弯矩图的正确性。

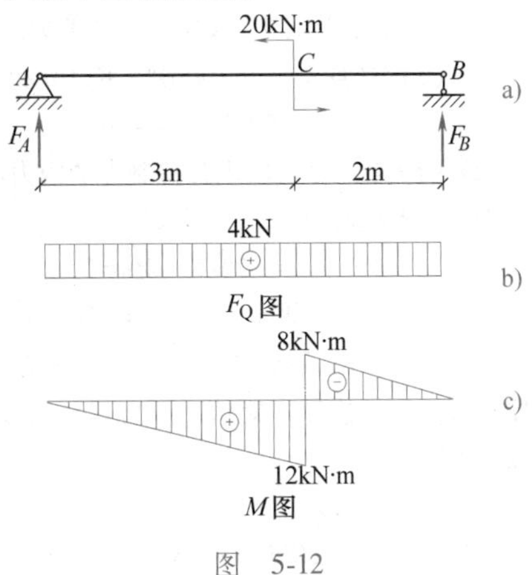

图　5-12

例 5-6　如图 5-12a 所示，简支梁受 20kN · m 的集中力偶作用，试作剪力图和弯矩图。

解　(1) 求支座约束力　根据平衡条件得

$$F_A=4\text{kN}\qquad F_B=-4\text{kN}$$

(2) 求控制点处的剪力值和弯矩值　AC 段和 BC 段均为无均布荷载段，各段求一个截面的剪力和两个截面的弯矩。

AC 段：

$$F_{QA}^{右}=F_A=4\text{kN}$$

$$M_A=0$$

$$M_C^{左}=F_A\times3\text{m}=4\text{kN}\times3\text{m}=12\text{kN}\cdot\text{m}$$

BC 段：

$$F_{QB}^{左}=-F_B=4\text{kN}$$

$$M_C^{右}=F_B\times2\text{m}=-4\text{kN}\times2\text{m}=-8\text{kN}\cdot\text{m}$$

$$M_B=0$$

(3) 作剪力图和弯矩图　剪力图和弯矩图如图 5-12b、c 所示。

由于集中力偶作用，C 处左、右两截面弯矩不相等，要分左、右分别求出弯矩。

例 5-7　如图 5-13a 所示，外伸梁受集中力 $F=40$kN、均布荷载 $q=10$kN/m 的作用，试绘出梁的剪力图、弯矩图。

解　(1) 求支座约束力　由平衡条件得

$$\sum M_B=0,\ -F_A\times 4\text{m}+F\times 3\text{m}-q\times 2\text{m}\times 1\text{m}=0$$

$$F_A=25\text{kN}$$

$$\sum M_A=0,\ -F\times 1\text{m}+F_B\times 4\text{m}-q\times 2\text{m}\times 5\text{m}=0$$

$$F_B=35\text{kN}$$

（2）求控制点的剪力值和弯矩值

$$F_{QA}^{右}=F_A=25\text{kN}$$

$$F_{QC}^{右}=F_A-F=25\text{kN}-40\text{kN}=-15\text{kN}$$

$$F_{QB}^{右}=q\times 2\text{m}=10\text{kN/m}\times 2\text{m}=20\text{kN}$$

$$F_{QD}=0$$

$$M_A=0$$

$$M_C=F_A\times 1\text{m}=25\text{kN}\times 1\text{m}=25\text{kN}\cdot\text{m}$$

$$M_B=-q\times 2\text{m}\times\frac{2}{2}\text{m}=-20\text{kN}\cdot\text{m}$$

$$M_E=-q\times 1\text{m}\times\frac{1}{2}\text{m}=-5\text{kN}\cdot\text{m}（均载段的中点）$$

$$M_D=0$$

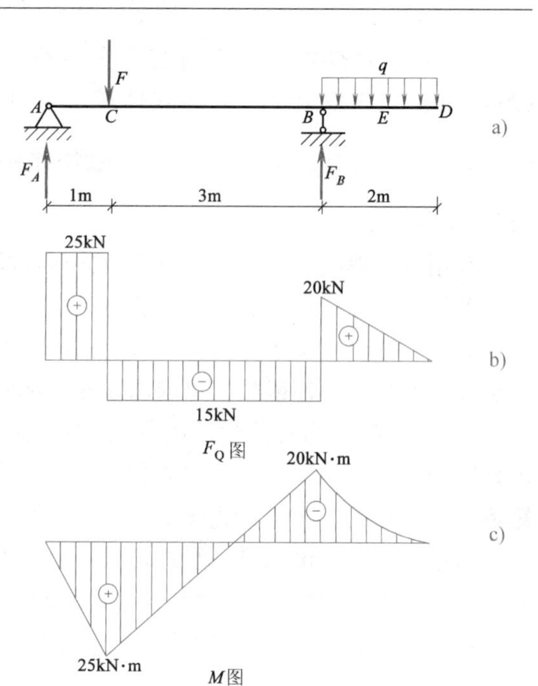

图　5-13

（3）作剪力图和弯矩图　由于 BD 段上受均布载荷，弯矩图为二次抛物线（由于在 BD 段中无剪力等于零的点，而在 D 点处剪力等于零，故 D 点实际上是二次抛物线的顶点，即抛物线应该在 D 点处和 x 轴相切），因此计算了三点的弯矩，其中 E 点为 BD 的中点。将三点用一光滑曲线连接，得到 BD 段的弯矩图。全梁的剪力图和弯矩图如图 5-13b、c 所示。

例 5-8　绘出图示 5-14a 所示梁的剪力图和弯矩图。

解　（1）计算支座反力　由 $\sum M_A=0$ 和 $\sum M_B=0$ 求得

$$F_A=50\text{kN},\ F_B=10\text{kN}$$

（2）分 CA、AB 两段求各控制点的内力值

CA 段（无载段）：

$$F_{QC}=-20\text{kN},\ M_C=0,$$

$$M_A=-20\text{kN}\times 2\text{m}=-40\text{kN}\cdot\text{m}$$

CA 段的剪力图是水平直线，弯矩图是斜直线，求出了控制点的剪力值和弯矩值后，可以很容易作出其剪力图和弯矩图。

AB 段（均载段）：

$$F_{QA}^{右}=-20\text{kN}+50\text{kN}=30\text{kN},\ F_{QB}^{左}=-F_B=-10\text{kN}$$

$$M_A=-40\text{kN}\cdot\text{m},\ M_B=0$$

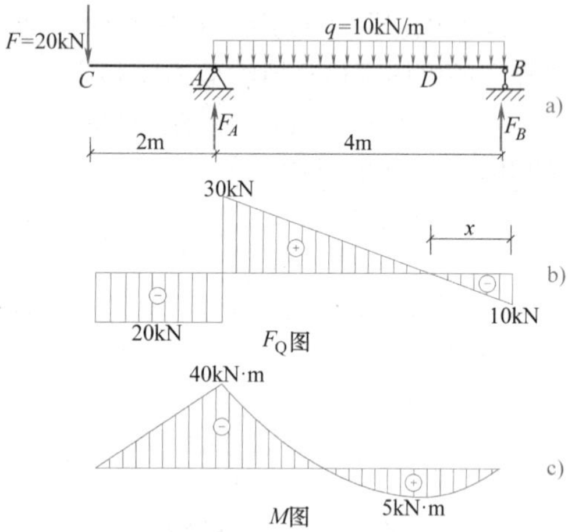

图　5-14

由于弯矩图是二次抛物线，还应求出极值点处的弯矩。由于极值发生在剪力为零处，所以首先求出极值点位置 D。极值点位置可通过剪力图求得：图中设 $BD=x$，根据相似三角形的比例关系有 $\frac{AD}{DB}=\frac{30}{10}$，即 $\frac{4-x}{x}=\frac{30}{10}$，求得 $x=1$。然后求出极值点处的弯矩。

$$M_D=F_B\times 1\text{m}-q\times 1\text{m}\times\frac{1}{2}\text{m}=5\text{kN}\cdot\text{m}$$

最后得到的剪力图、弯矩图如图 5-14b、c 所示。

下面再利用上述简便方法绘制几个简单的弯矩图。

如图 5-15a 所示，外伸梁的 AC 段和 CB 段都无均布荷载作用，其弯矩图为两段斜直线，AC 段上：$M_A=$

0，$M_C=-Fb$；CB 段上：$M_C=-Fb$，$M_B=0$，所以其弯矩图如图 5-15b 所示。

思考：在画本例的弯矩图时，为什么可以不用求支座约束力？

如图 5-16a 所示，悬臂梁受一均布荷载 q 作用，其弯矩图为一条二次抛物线，$M_A=0$，$M_B=-\dfrac{ql^2}{2}$，抛物线的顶点在 A 点（为什么？），由 A、B 两点的弯矩值画一条在 A 点与 x 轴相切的二次抛物线，即为此梁的弯矩图，如图 5-16b 所示。

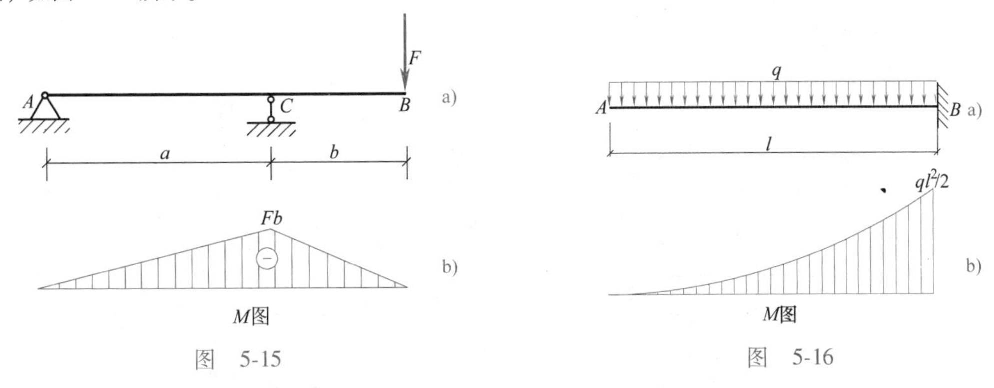

图　5-15　　　　图　5-16

第四节　用叠加法绘制梁的弯矩图

在小变形的条件下，结构在多个荷载作用下产生的某些量值（包括反力、内力、变形等）等于每一个荷载单独作用下产生的该量值的叠加，这就是叠加原理。叠加原理反映了荷载对构件影响的独立性。

小贴士：梁内力计算中常出现的错误

用叠加法作梁的弯矩图，要首先作出梁在每一个简单荷载作用下的弯矩图，然后将每一处的弯矩值相叠加，从而求得梁在各个力共同作用下的弯矩图。

对某些梁段，用叠加法来绘制弯矩图比较简便。

例 5-9　用叠加法绘制图 5-17a 所示简支梁的弯矩图。

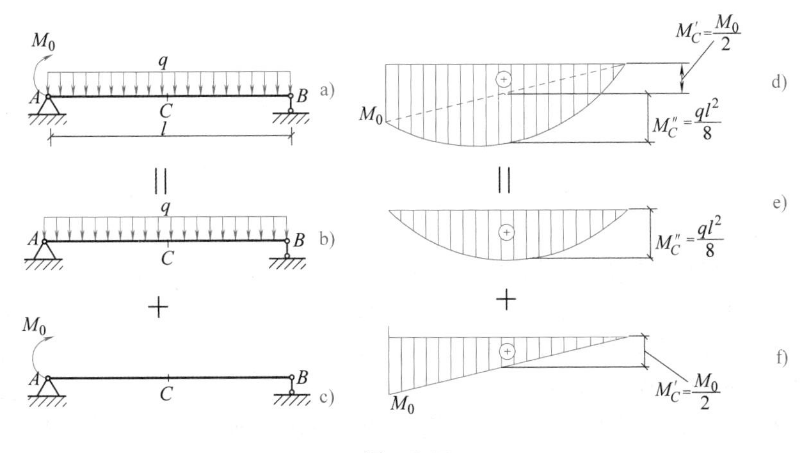

图　5-17

解　先将图 5-17a 分解为 5-17b、5-17c 两图所示 q 和 M_0 分别单独作用的叠加，然后分别作出在 M_0 单独作用下简支梁的弯矩图（图 5-17f）和在均布荷载作用下的弯矩图（图 5-17e），再将两图中各点的弯矩值叠加（只需将控制点处的弯矩值叠加）：

A 处：图 e 弯矩为零，图 f 弯矩为 M_0，叠加的结果为 M_0；

B 处：图 e、图 f 两图在该处弯矩均为零，叠加的结果也为零；

C 处：图 e 弯矩为 $M''_C=\dfrac{ql^2}{8}$，图 f 弯矩为 $M'_C=\dfrac{M_0}{2}$，叠加的结果是：$\dfrac{ql^2}{8}+\dfrac{M_0}{2}$。图 f 是线性图形，图 e 是二次曲线，叠加的结果也应为二次曲线，如图 5-17d 所示。实际作法可先作线性图形，然后以线性图形中的端点为基线作图 e 的弯矩图即可。

例 5-10 用叠加法作图 5-18a 所示简支梁的弯矩图。

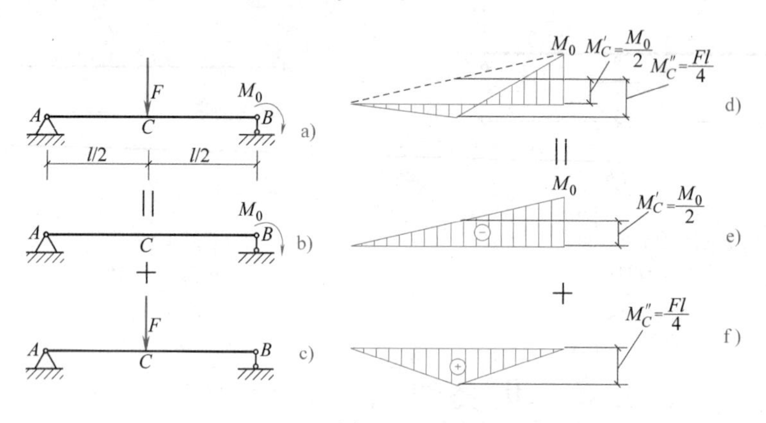

图 5-18

解 在 $\boldsymbol{F}$ 和 M_0 的单独作用下梁的弯矩图，分别如图 5-18e、f 所示。

现作在 $\boldsymbol{F}$ 和 M_0 共同作用下梁的弯矩图：先作在 M_0 单独作用下的弯矩图，以该弯矩图中端点为基准线，叠加上在 $\boldsymbol{F}$ 单独作用下的弯矩图；其中图 5-18e 是负弯矩，在上方，图 5-18f 是正弯矩，在下方，叠加后，重叠的部分正负抵消，叠加后的弯矩图如图 5-18d 所示。

例 5-11 求图 5-19a 中所示 CD 段的弯矩图。

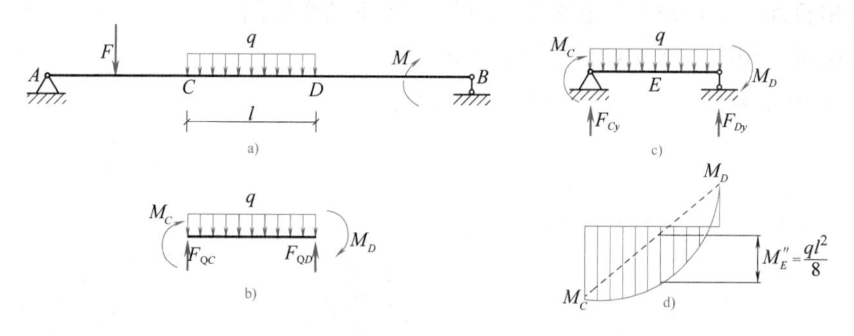

图 5-19

解 图 5-19a 中 CD 段的弯矩图也可以利用叠加法来绘制。对于图 5-19a 中无载段的弯矩图，仅需要求出控制点的弯矩值，连成直线即可。对于均载段 CD，可取 CD 为分离体，其两端的剪力和弯矩假定如图 5-19b所示，由于整体是处于平衡状态，故图 5-19b 在外力和内力的共同作用下也处于平衡状态。此分离体与相应简支梁(图 5-19c)相比较，由静力平衡条件可知 $F_{Cy}=F_{QC}$，$F_{Dy}=F_{QD}$，可见二者完全相同。图 5-19c 的弯矩图用叠加法很容易作出，如图 5-19d 所示。该弯矩图即为图 5-19a 中 CD 段的弯矩图。这种方法称为区段叠加法。

例 5-12 用区段叠加法作图 5-20a 所示简支梁的弯矩图。

解 （1）求支座约束力，由平衡条件得

$$\sum M_A=0,\ F_{By}=70\text{kN}$$

$$\sum M_B=0,\ F_{Ay}=70\text{kN}$$

（2）求有关控制点的值

$$M_A=F_{Ay}\times0=70\text{kN}\times0=0$$

$$M_D^{左}=F_{Ay}\times4\text{m}-q\times4\text{m}\times2\text{m}=70\text{kN}\times4\text{m}-20\text{kN/m}\times4\text{m}\times2\text{m}=120\text{kN}\cdot\text{m}$$

$$M_D^{右}=F_{Ay}\times4\text{m}-q\times4\text{m}\times2\text{m}-M=70\text{kN}\times4\text{m}-20\text{kN/m}\times4\text{m}\times2\text{m}-40\text{kN}\cdot\text{m}=80\text{kN}\cdot\text{m}$$

$$M_E=F_{By}\times1\text{m}=70\text{kN}\times1\text{m}=70\text{kN}\cdot\text{m}$$

$$M_B=F_{By}\times0=70\text{kN}\times0=0$$

根据上面各控制点的值依次在弯矩图中作出各控制点的弯矩纵坐标。无载段直接连成直线。均载段 CD 按区段叠加法绘出曲线部分，最后弯矩图如图 5-20b 所示。

值得注意的是：此弯矩图中没有标出最大值，因为弯矩的最大值不一定发生在集中力偶或集中力处，而是发生在剪力等于零的截面。

思考：为什么 D 截面要求左、右两处的弯矩值而其他截面只求一个弯矩值？

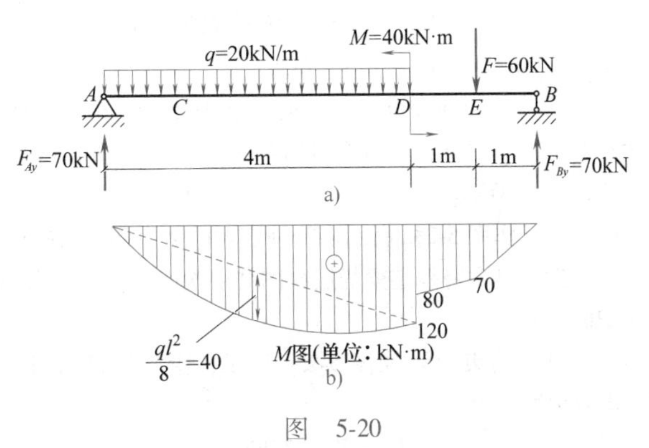

图　5-20

小知识：
材料力学

第五节　作多跨静定梁的内力图

多根杆段之间用铰相连，再通过一些支座与地基相连组成的静定梁，称为多跨静定梁。例如，图 5-21a 所示公路桥即为多跨静定梁，图 5-21b 所示为其计算简图。

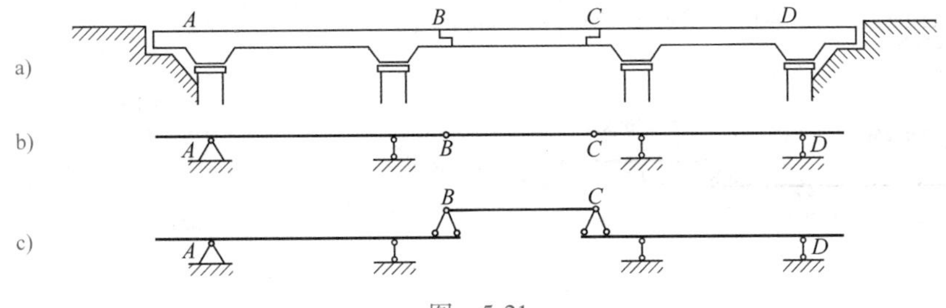

图　5-21

多跨静定梁可分为基本部分和附属部分。基本部分是指不依赖于其他部分而本身能独立承受荷载并维持平衡的部分，如图5-21b中的 AB 和 CD（在竖向荷载作用下能独立平衡）部分。附属部分是指只有依赖于其他部分才能承受荷载而处于平衡的部分，即该部分在去掉与其他部分的联系之后（与基础的联系不去掉）本身不能独立维持平衡，如图 5-21b 中的 BC 部分，它需要依赖其他部分才能维持平衡。

为了更清楚地反映多跨静定梁各部分之间的依存关系，可以画出其层次图。把基本部分画在最下层，附属部分画在它所依赖部分的上层，如图 5-21c 所示。

从层次图中可以看出，基本部分的荷载不影响附属部分，而附属部分的荷载必然传至基本部分。所以，在计算多跨静定梁所有的约束力时，应先计算附属部分，再计算基本部分，而每一部分的剪力图和弯矩图与单跨静定梁的剪力图和弯矩图的绘制方法相同。

例 5-13　作图 5-22a 所示多跨静定梁的剪力图和弯矩图。

解　先作出多跨静定梁的层次图和层次图受力图。从图中容易判定 AB 为基本部分，BD 为附属部分，层次图和受力图分别如图5-22b、c所示。

（1）计算约束力　如图5-22c所示，由各段梁的平衡条件可求出：

$$F_{Ay}=-4\text{kN},\ F_{Ax}=0,\ M_A=16\text{kN}\cdot\text{m},$$
$$F_{By}=-4\text{kN},\ F_{Cy}=16\text{kN}$$

（2）作剪切图和弯矩图　分别画出 AB、BC 和 CD 段的剪力图和弯矩图，即组成了整个多跨静定梁的剪力图和弯矩图，如图5-22d、e所示。

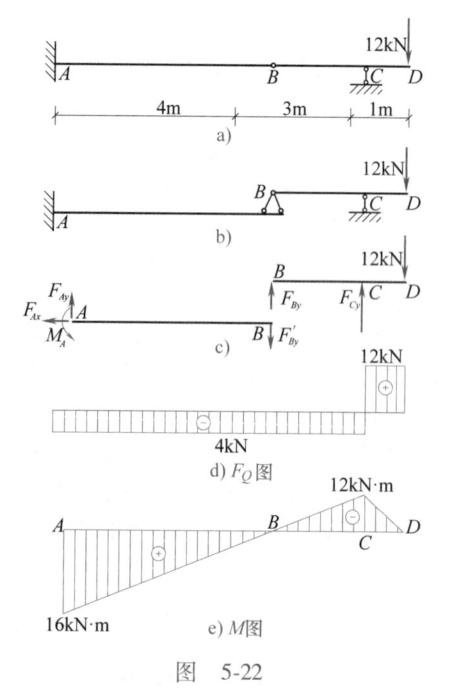

图　5-22

例5-14　作图5-23a所示多跨静定梁的剪力图和弯矩图。

解　先作出多跨静定梁的层次图和层次图受力图，分别如图5-23b、c所示。

（1）计算约束力　如图5-23c所示，由附属部分开始计算，由对称性可得

$$F_{Dy}=F_{Cy}=30\text{kN}$$

再计算基本部分 AC 梁的约束力。由 $\sum M_B=0$ 和 $\sum M_A=0$ 可得到

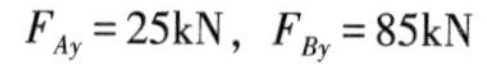

$$F_{Ay}=25\text{kN},\ F_{By}=85\text{kN}$$

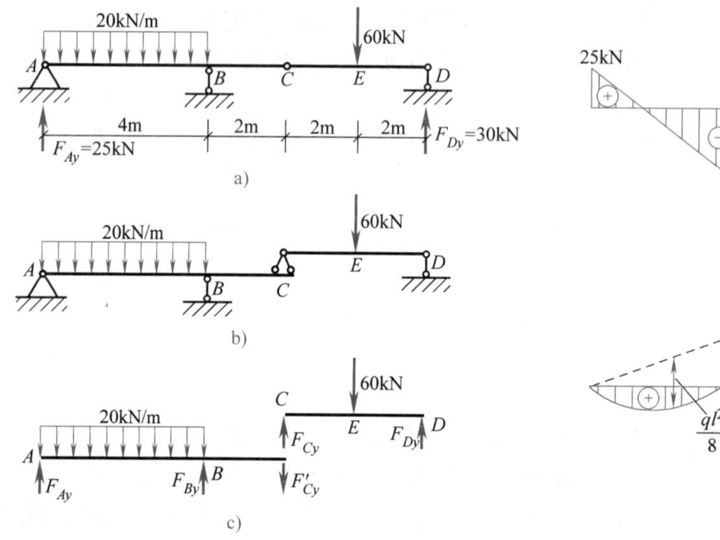

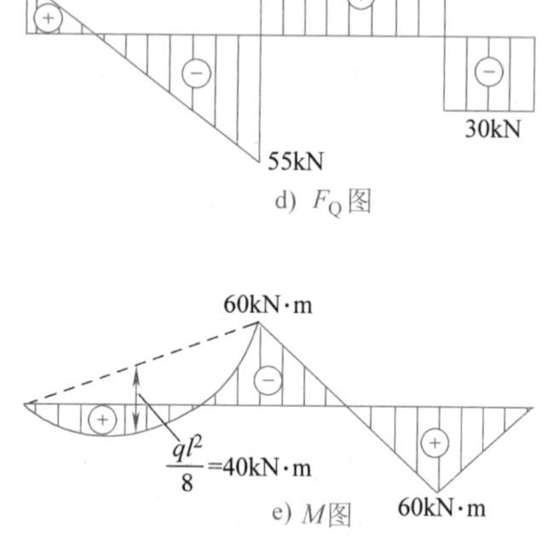

图　5-23

（2）作剪力图和弯矩图　各支座约束力（包括 C 处的约束力）求出之后，分别画出 AB、BC 和 CD 段的剪力图和弯矩图，即组成了整个多跨静定梁的剪力图和弯矩图，如图5-23d、e所示。

思　考　题

5-1　弯曲的受力特点和变形特点是什么？试举出生活或工程中的实例。

5-2　平面弯曲有什么特点？

5-3　什么叫梁？基本的静定梁有哪几种？

5-4　剪力和弯矩的正负符号是怎样规定的？

5-5　如何用简便方法计算梁的剪力和弯矩？其正负如何确定？

5-6　无载段的剪力图是____线，弯矩图通常是____线；有载段的剪力图是____线，弯矩图是____线；其顶点发生在____处。

5-7　在有集中力作用处，剪力图有突变，其突变值等于____；在有集中力偶作用处，弯矩图有突变，其突变值等于____。

5-8　如何用叠加法作梁的弯矩图？

5-9　多跨静定梁的基本部分是指能独立承受荷载而处于____的部分；附属部分是指不能独立承受荷载而处于____的部分。

练　习　题

5-1　求出图 5-24 所示各梁在指定截面的剪力和弯矩。

5-2　绘出图 5-25 所示梁的剪力图和弯矩图，并求出 $|M|_{max}$ 和 $|F_Q|_{max}$。

5-3　用叠加法或区段叠加法作出图 5-26 所示各梁的弯矩图。

5-4　作出图 5-27 所示各多跨静定梁的剪力图和弯矩图。

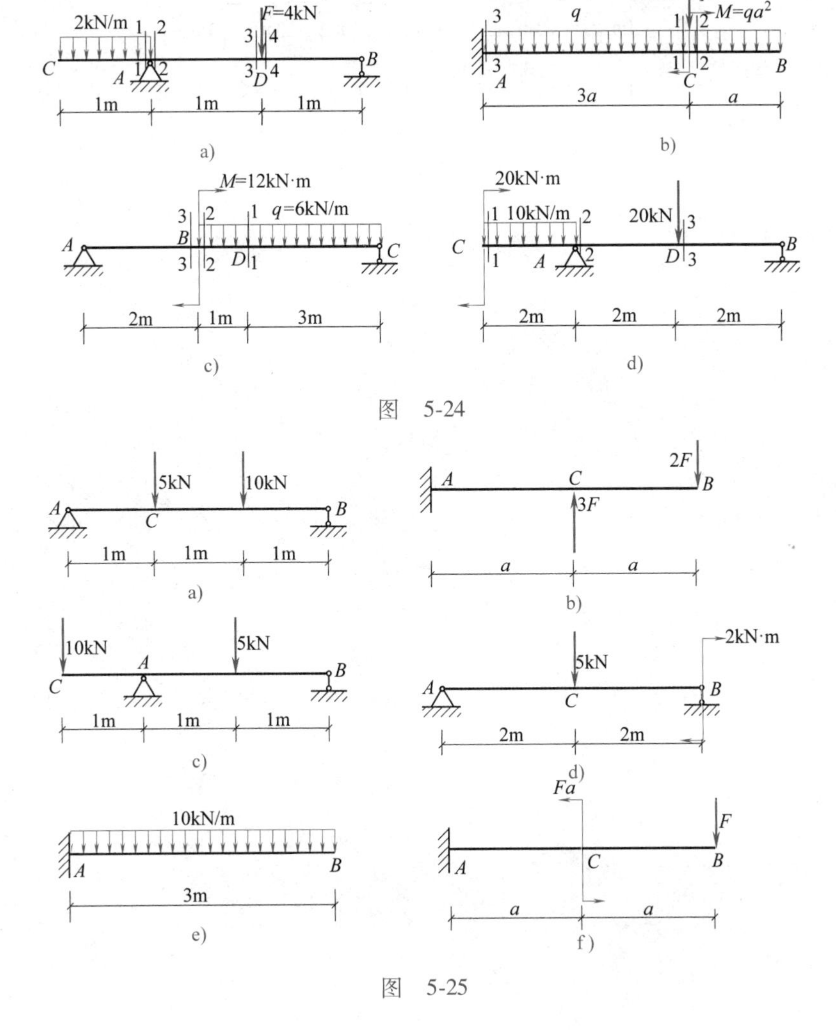

图　5-24

图　5-25

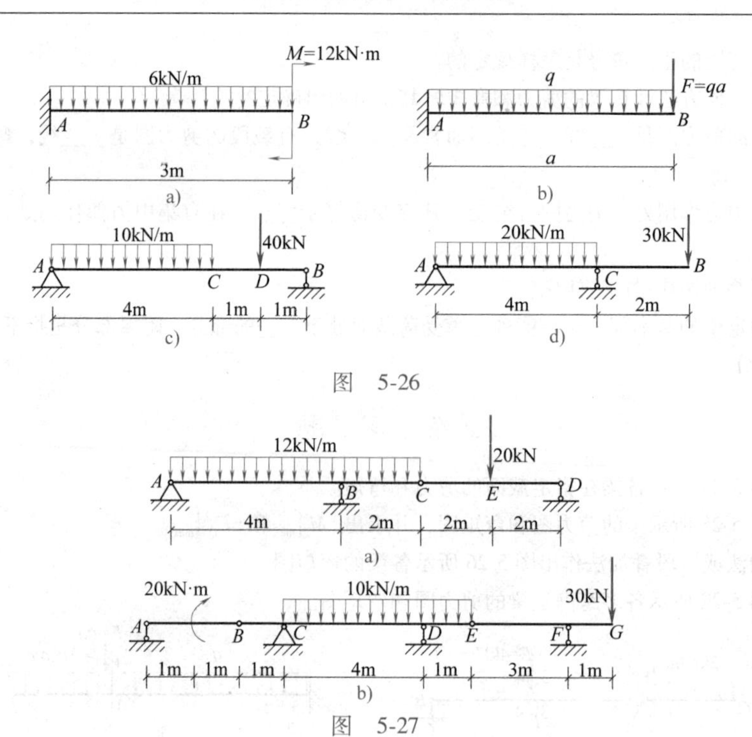

M=12kN·m
6kN/m
A
B
3m
a)
q
F=qa
A
B
a
b)
10kN/m
40kN
A
C
D
B
4m
1m
1m
c)
20kN/m
30kN
A
C
B
4m
2m
d)

图 5-26

12kN/m
20kN
A
B
C
E
D
4m
2m
2m
2m
a)
20kN·m
10kN/m
30kN
A
B
C
D
E
F
G
1m
1m
1m
4m
1m
3m
1m
b)

图 5-27

第六章 轴向拉(压)杆应力和强度条件

学习目标

对杆件进行设计，不但要知道杆件上内力分布的情况，而且要知道内力分布的密集程度。本章中应重点掌握的概念有：应力、应变、胡克定律、强度条件及土木工程中常用材料拉压时的力学性能等。

第一节 轴向拉(压)杆横截面上的应力与应力集中

一、轴向拉(压)杆横截面上的应力

轴向拉(压)杆为了维持平衡，杆件截面上必存在相互作用的内力——轴力。事实上，轴力是轴向拉(压)杆横截面上连续分布的内力的合力。不难证明，轴向受拉(压)的等截面直杆(简称等直杆,本章除特殊声明者外所讨论杆件均为此种杆件)轴力在横截面上是均匀分布的，且方向都沿杆轴方向。下面以一个简单演示试验来予以说明。

用橡胶棒制作一根等截面直杆，并在其表面均匀地画上一些与杆轴平行的纵线和与之垂直的横线(图 6-1a)。当在杆上施加轴向拉力后(图 6-1b)，可以看到所有纵线都伸长了，且伸长量相等；所有横线仍保持与杆轴线垂直，但间距增大了。

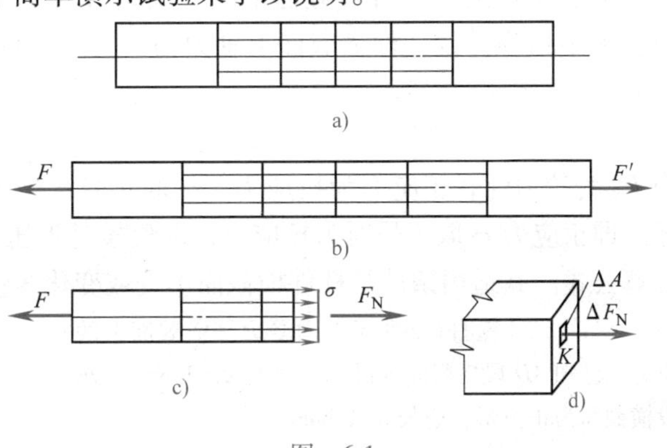

图 6-1

讨论杆件的强度和变形时，可以认为等直杆是由许许多多平行于杆轴的纵向纤维所组成的，各纤维之间无粘结，即每根纤维可自由伸缩。这是一种常用的等直杆力学模型，可以用这个模型解释观察到的等直杆轴向拉伸变形现象：等直杆在轴向拉力作用下，所有纵向纤维都伸长了相同的量；所有横截面仍保持为平面且与杆轴垂直(此即所谓的平截面假设)，只不过相对离开了一定的距离。由此可以认为：轴向受拉杆件横截面上任一点都受到且只受到平行于杆轴方向(即与杆横截面正交方向,称为横截面法向或正向)的拉力作用，各点拉力大小相等。即杆横截面实际上是受到连续均匀分布的正向拉力作用，这些分布拉力的合力就是轴力(图 6-1c)。

同理，轴向受压杆横截面上的轴力则是横截面上均匀分布的正向压力的合力。

分布内力的大小可用单位截面积上的内力值来度量，称为应力，它反映内力分布的密集程度。由于内力是矢量，因而应力也是矢量，其方向就是内力的方向。如图6-1d所示，设轴向受拉杆横截面上某点 K 周围的一个微小面积 ΔA 上分布内力 ΔF_N，则 ΔA 上的平均应力

（即内力的平均分布集度）为$\frac{\Delta F_{\mathrm{N}}}{\Delta A}$。图中 ΔF_{N} 与截面垂直，因而应力$\frac{\Delta F_{\mathrm{N}}}{\Delta A}$也与截面垂直，这种应力称为法向应力或正向应力，简称正应力，用希腊字母 σ 表示。ΔA 上的平均正应力用 $\bar{\sigma}$ 表示，于是

$$\bar{\sigma}=\frac{\Delta F_{\mathrm{N}}}{\Delta A} \tag{6-1}$$

显然，平均应力 $\bar{\sigma}$ 也是面积 ΔA 的函数。当 $\Delta A\to 0$ 时，其所取极限值称为 K 点的正应力，用 σ_K 表示。即有

$$\sigma_K=\lim_{\Delta A\to 0}\frac{\Delta F_{\mathrm{N}}}{\Delta A} \tag{6-2}$$

应力的常用单位有牛/米^2（N/m^2，1N/m^2 称为 1 帕，符号 Pa）、千牛/米^2（kN/m^2，1kN/m^2 = 10^3N/m^2 即 10^3Pa，称为 1 千帕，符号 kPa）和牛/毫米^2（N/mm^2，1N/mm^2 = 10^6N/m^2 即 10^6Pa，称为 1 兆帕，符号 MPa）。此外还有更大的单位吉帕（GPa，1GPa = 10^9Pa）。几种单位间的换算关系为

1 千帕（kPa）= 10^3 帕（Pa）

1 兆帕（MPa）= 10^3 千帕（kPa）= 10^6 帕（Pa）

1 吉帕（GPa）= 10^3 兆帕（MPa）= 10^6 千帕（kPa）= 10^9 帕（Pa）

由于轴向拉（压）杆横截面上只有均匀分布的拉（或压）力，故横截面上各点只有正应力且大小相等。设杆件横截面上轴力为 F_{N}，截面积为 A，则横截面上任一点的正应力为

$$\sigma=\frac{F_{\mathrm{N}}}{A} \tag{6-3}$$

当 F_{N} 为拉力时，正应力为拉应力，σ 取正号；当 F_{N} 为压力时，正应力为压应力，σ 取负号。即正应力 σ 取正号时为拉应力，取负号时为压应力。式（6-3）就是轴力对应的截面应力计算公式。其适用条件是杆件横截面不变或变化缓慢，外力沿杆轴线。

例 6-1 计算图 6-2 所示轴向受力杆横截面上的应力。已知 AD 段横截面为圆形，直径 d = 30mm。DE 段横截面为正方形，边长 a = 30mm。

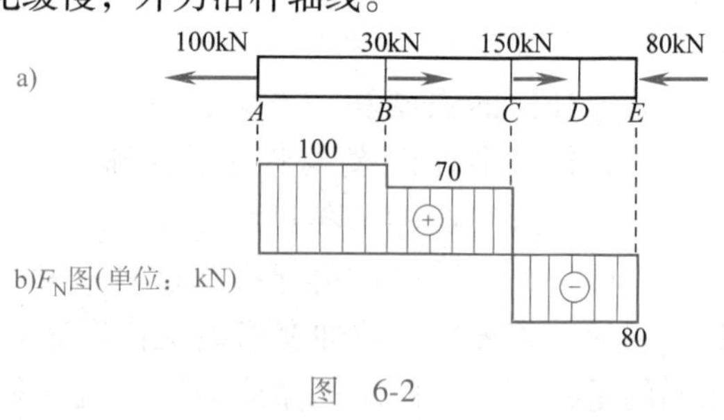

图 6-2

解 作出杆的轴力图如图 6-2b 所示。由图知，AB、BC 段均受拉，CE 段受压。但值得注意的是，CE 段轴力虽然是常数，但 CD 段与 DE 段横截面形状和面积都不一样，故应将 CE 段分成 CD 与 DE 两段分别计算。

AB 段：轴力为常数，F_{N1} = 100kN，横截面面积为

$$A_1=\frac{\pi}{4}d^2=\frac{\pi}{4}\times 30^2\mathrm{mm}^2=706.86\mathrm{mm}^2$$

故由式（6-3）知，各横截面上正应力相同，记为 σ_{AB}，则

$$\sigma_{AB}=\frac{F_{\mathrm{N1}}}{A_1}=\frac{100\times 10^3\mathrm{N}}{706.86\mathrm{mm}^2}=141.47\mathrm{N/mm}^2=141.47\mathrm{MPa}（拉）$$

BC 段：同理，轴力为 F_{N2} = 70kN，横截面积为 $A_2=A_1$ = 706.86mm^2，故

$$\sigma_{BC}=\frac{F_{N2}}{A_2}=\frac{70\times10^3\text{N}}{706.86\text{mm}^2}=99.03\text{N/mm}^2=99.03\text{MPa(拉)}$$

CD 段：轴力为 $F_{N3}=-80\text{kN}$，横截面积为 $A_3=A_1=706.86\text{mm}^2$，故

$$\sigma_{CD}=\frac{F_{N3}}{A_3}=\frac{-80\times10^3\text{N}}{706.86\text{mm}^2}=-113.18\text{N/mm}^2=-113.18\text{MPa(压)}$$

DE 段：轴力为 $F_{N4}=-80\text{kN}$，横截面积为 $A_4=a^2=900\text{mm}^2$，故

$$\sigma_{DE}=\frac{F_{N4}}{A_4}=\frac{-80\times10^3\text{N}}{900\text{mm}^2}=-88.89\text{N/mm}^2=-88.89\text{MPa(压)}$$

从以上计算结果可以看出，最大拉应力位于 AB 段各横截面，记为

$$\sigma_{max}^{+}=141.47\text{MPa}$$

最大压应力位于 CD 段各横截面，记为

$$\sigma_{max}^{-}=113.18\text{MPa（注意：省去了数值前的负号）}$$

全杆绝对最大正应力显然是 AB 段各横截面的拉应力，记为

$$\sigma_{max}=|\sigma_{AB}|=141.47\text{MPa}$$

全杆绝对最小正应力显然是 DE 段各横截面的压应力，记为

$$\sigma_{min}=|\sigma_{DE}|=88.89\text{MPa}$$

二、应力集中

小贴士：研究应力的思路和方法

等直杆不论是受轴向拉力还是受轴向压力作用，其横截面上都只产生均匀分布的正应力。当然前者是拉应力，后者是压应力。但是，若等直杆横截面有局部削弱(如开槽、钻孔等)，即使外力仍沿杆轴线作用，被削弱横截面上的正应力也不再均匀分布，如图 6-3 所示。

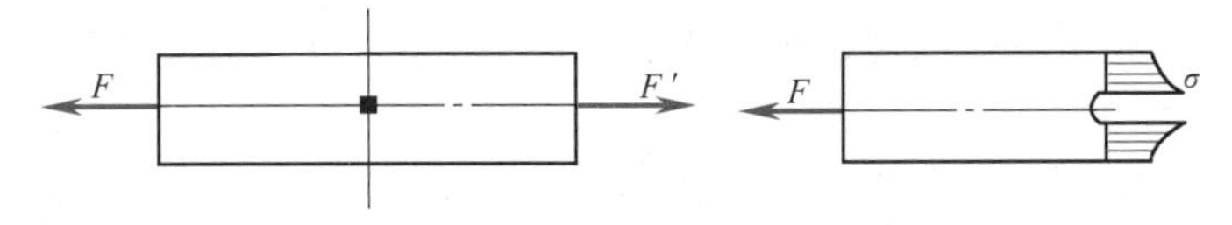

图　6-3

实测表明，在被削弱横截面上，靠近“削弱”位置的正应力出现了局部急剧增大的现象。这种因杆件横截面尺寸突然变化而引起杆件局部应力急剧增大的现象，叫做**应力集中**。

杆件应力集中部位的纵向纤维拉(或压)变形程度要比没有应力集中处更大，更易破坏，因而更危险。日常生活中，零售布料的工作人员先用剪刀在布匹上剪一小口再撕布，就很易把布撕开，就是利用了应力集中的现象。

标准轴向拉伸钢试件两端的夹持段比中部的工作段要粗，因此常将这一粗一细两段的连接部位加工成平缓过渡形状，以避免出现应力集中。

杆件上应力集中部位附近一定范围内的杆件横截面上正应力呈非均匀分布。按理，这些部位横截面上正应力的计算不能用式(6-3)，而需要更高级的力学理论来分析计算。因此，我们在计算时都应避开这些部位。不过，土木工程力学并不需要精确分析计算这些部位，所以也就常常不仔细区分。

在离应力集中部位稍远的地方，则可认为杆件横截面上正应力又趋于均匀分布，因而可用式(6-3)计算。

第二节　轴向拉(压)杆的变形及位移

一、轴向拉(压)杆的变形

1. 轴向拉(压)杆变形的度量

轴向拉(压)杆的变形主要是纵向伸长或缩短。由试验不难发现，在杆件纵向伸长或缩短的同时也伴随着横截面尺寸的缩小或增大，如图6-4所示。

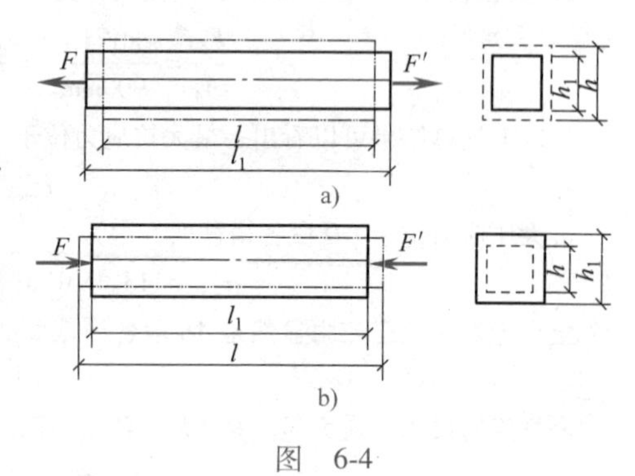

图　6-4

设杆件原长为 l，变形后的长度为 l_1，则杆件的纵向变形为

$$\Delta l = l_1 - l$$

Δl 为正时表示拉伸量；为负时表示压缩量。Δl 的常用单位为毫米(mm)。

Δl 表示了杆件纵向的总变形量，但不能反映杆件的纵向变形程度。通常，对于长为 l 的杆段，若纵向变形为 Δl，则平均单位长度的纵向变形为

$$\bar{\varepsilon} = \frac{\Delta l}{l} \tag{6-4}$$

$\bar{\varepsilon}$ 称为杆段的平均线应变，用来描述杆件的纵向变形程度。这里，“线”字用来表示变形是长度变化，以区别于角度变化。一般情况下，平均线应变 $\bar{\varepsilon}$ 是杆件长度 l 的函数。当 $l\to 0$ 时，杆段成为一点，$\bar{\varepsilon}$ 所取极限值，称为该点的线应变，用 ε 表示。即有

$$\varepsilon = \lim_{l\to 0}\frac{\Delta l}{l} \tag{6-5}$$

对于轴力为常数的等直杆段，各横截面处纵向变形程度相同，则平均线应变与各点的线应变相同。因此，对这种杆段不再区别平均线应变与各点的线应变。本教材主要讨论这种情况，以后不再说明。

显然，杆件纵向线应变 ε 的正负与纵向变形 Δl 的正负是一致的，因此 ε 为正时表示拉应变，为负时表示压应变。线应变 ε 是量纲为一的量，常用小数、百分数或千分数来表示。

同理，若杆件横截面原尺寸为 h，变形后尺寸为 h_1，则杆件横向变形为

$$\Delta h = h_1 - h$$

Δh 为正时表示杆件受压，为负时表示杆件受拉。

杆件横向线应变为

$$\varepsilon' = \frac{\Delta h}{h}$$

显然，杆件受拉时 ε' 为负，受压时 ε' 为正，即横向线应变与纵向线应变恒异号。

2. 弹性变形与塑性变形概念

如前所述，杆件材料在外力作用下都要产生变形。如果材料在外力作用下所产生的变形能随着外力的消失而消失，即能恢复原状，则这种变形称为完全弹性变形，简称弹性变形；

如果所产生的变形不会随外力的消失而消失，即无法恢复原状而残留下来，则这种变形称为**塑性变形**。

通常，只要外力(或应力)不超过一定限度，材料的变形可保持为完全弹性，称之为材料处于弹性状态。但若外力(或应力)超过了这个限度，材料的变形中就既包含弹性变形又包含塑性变形。

二、胡克定律

知识链接：胡克定律

试验表明，当等直杆段内轴力为常数时，只要杆件材料处于弹性状态(通常用正应力不超过某一限值 σ_p 来表示)，则其伸缩变形量 Δl 与轴力 F_N 成正比，与杆段原长 l 成正比，与杆件横截面积 A 成反比，即

$$\Delta l \propto \frac{F_N l}{A}$$

引入比例系数 E，则上述关系可写为

$$\Delta l = \frac{F_N l}{EA} \tag{6-6}$$

这个规律最早由英国人胡克(R. Hooke)发现，故称为胡克定律。

保证这种比例关系成立的正应力上限值 σ_p 称为材料的**比例极限**，其值由试验测定，主要由材料性质决定，因此是材料的一种力学性质参量。胡克定律的适用条件可写为 $\sigma \leqslant \sigma_p$。

比例系数 E 也是杆件材料的一种力学性质参量，称为材料的**弹性模量**。由式(6-6)知，弹性模量 E 有量纲，其单位与应力相同，常用单位有兆帕(MPa)、吉帕(GPa)。

由式(6-6)知，轴力 F_N 及原长 l 相同的杆件，EA 值越大，伸缩值 Δl 越小；反之，EA 越小，伸缩值 Δl 越大。EA 值反映了杆件抵抗轴向拉(压)变形的能力，称为杆件的**截面抗拉(压)刚度**。

从式(6-6)还可以看出，当 F_N 为正(即拉力)时，Δl 亦为正，表明是拉伸变形；反之，当 F_N 为负(即压力)时，Δl 亦为负，表明是压缩变形。在应用式(6-6)时，也常取 F_N 的绝对值计算，并在结果后面标明是拉伸还是压缩。

例 6-2　试计算例 6-1 中杆件的伸缩量。已知材料的弹性模量 $E=200\text{GPa}$，$AB=BC=2\text{m}$，$CD=DE=1\text{m}$。

解　AD 段虽然是直径为 30mm 的圆形等直杆，但轴力却不是常数。故从轴力看应分成 AB、BC 和 CE 三段分别计算变形值。但 CE 段轴力虽然是常数，却不是等截面直杆。其中 CD 段是圆形截面杆，DE 段是正方形截面杆，也应分别计算其变形值。所以，全杆应分四段计算。

AB 段：轴力为 $F_{N1}=100\text{kN}=10^5\text{N}$，长度为 $l_{AB}=2\text{m}=2\times10^3\text{mm}$。在例 6-1 中已算得 $A_1=706.86\text{mm}^2$，又已知弹性模量 $E=200\text{GPa}=2\times10^5\text{N/mm}^2$，故

$$\Delta l_{AB}=\frac{F_{N1}l_{AB}}{EA_1}=\frac{10^5\times2\times10^3}{2\times10^5\times706.86}\text{mm}=1.4\text{mm}$$

BC 段：轴力为 $F_{N2}=70\text{kN}=70\times10^3\text{N}$，长度为 $l_{BC}=2\text{m}=2\times10^3\text{mm}$，横截面积 $A_2=A_1=706.86\text{mm}^2$，弹性模量仍为 $E=200\text{GPa}=2\times10^5\text{N/mm}^2$，故

$$\Delta l_{BC}=\frac{F_{N2}l_{BC}}{EA_2}=\frac{70\times10^3\times2\times10^3}{2\times10^5\times706.86}\text{mm}=1.0\text{mm}$$

CD 段：轴力为 $F_{N3}=-80\text{kN}=-80\times10^3\text{N}$，长度为 $l_{CD}=1\text{m}=10^3\text{mm}$，横截面积 $A_3=A_1=706.86\text{mm}^2$，弹性模量仍为 $E=200\text{GPa}=2\times10^5\text{N/mm}^2$，故

$$\Delta l_{CD}=\frac{F_{N3}l_{CD}}{EA_1}=\frac{-80\times10^3\times10^3}{2\times10^5\times706.86}\text{mm}=-0.6\text{mm}$$

DE 段：轴力为 $F_{N4}=-80\text{kN}=-80\times10^3\text{N}$，长度 $l_{DE}=1\text{m}=10^3\text{mm}$，横截面积为 $A_4=A_2=900\text{mm}^2$，弹性模量仍为 $E=200\text{GPa}=2\times10^5\text{N/mm}^2$，故

$$\Delta l_{DE}=\frac{F_{N4}l_{DE}}{EA_4}=\frac{-80\times10^3\times10^3}{2\times10^5\times900}\text{mm}=-0.4\text{mm}$$

全杆的纵向变形为

$$\begin{aligned}\Delta l&=\Delta l_{AB}+\Delta l_{BC}+l_{CD}+l_{DE}\\&=1.4\text{mm}+1.0\text{mm}-0.6\text{mm}-0.4\text{mm}\\&=1.4\text{mm}\end{aligned}$$

结果为正，表明全杆总长增加了 1.4mm。

在式(6-6)中，因为 $F_N/A=\sigma$，$\Delta l/l=\varepsilon$，于是可得

$$\sigma=E\varepsilon \tag{6-7}$$

这是胡克定律的应力-应变形式。它表明：在正应力不超过材料的比例极限 σ_p 的条件下，杆件内任一点处的正应力与材料沿正应力方向的线应变成正比，其比例系数就是材料的弹性模量。胡克定律的这种形式针对构件内一点而言，并不针对杆段，故具有更普遍的适用价值，被广泛应用于各种条件下受力构件内一点处的应力-应变分析中。

利用式(6-7)，例 6-2 的解法可变更如下。

先计算出各段应变

$$\varepsilon_{AB}=\frac{\sigma_{AB}}{E}=\frac{-141.47}{2\times10^5}=7.07\times10^{-4}$$

$$\varepsilon_{BC}=\frac{\sigma_{BC}}{E}=\frac{99.03}{2\times10^5}=4.95\times10^{-4}$$

$$\varepsilon_{CD}=\frac{\sigma_{CD}}{E}=\frac{-113.18}{2\times10^5}=-5.66\times10^{-4}$$

$$\varepsilon_{DE}=\frac{\sigma_{DE}}{E}=\frac{-88.89}{2\times10^5}=-4.44\times10^{-4}$$

再计算全杆变形

$$\begin{aligned}\Delta l&=\Delta l_{AB}+\Delta l_{BC}+\Delta l_{CD}+\Delta l_{DE}\\&=\varepsilon_{AB}l_{AB}+\varepsilon_{BC}l_{BC}+\varepsilon_{CD}l_{CD}+\varepsilon_{DE}l_{DE}\\&=7.07\times10^{-4}\times2\times10^3\text{mm}+4.95\times10^{-4}\times2\times10^3\text{mm}\\&\quad-5.66\times10^{-4}\times1\times10^3\text{mm}-4.44\times10^{-4}\times1\times10^3\text{mm}\\&=1.4\text{mm}\end{aligned}$$

计算结果与例 6-2 完全相同。

例 6-3 如图 6-5 所示，一柱高为 H，横截面积为定值 A，柱子材料的重度为 γ，求柱子在重力作用下的纵向变形。

解 柱子横截面为定值，故其单位长度的重力相等，都为 γA，即重力沿柱子轴线均匀分布。在距柱顶为 x 的横截面上，轴力为 $-\gamma Ax$，是 x 的一次函数，即：

$$F_N(x)=-\gamma Ax$$

说明柱子横截面上轴力沿杆轴线是非均匀分布的，越往下轴力越大，呈线性增加。故不能用式(6-6)来计算全柱的变形值。

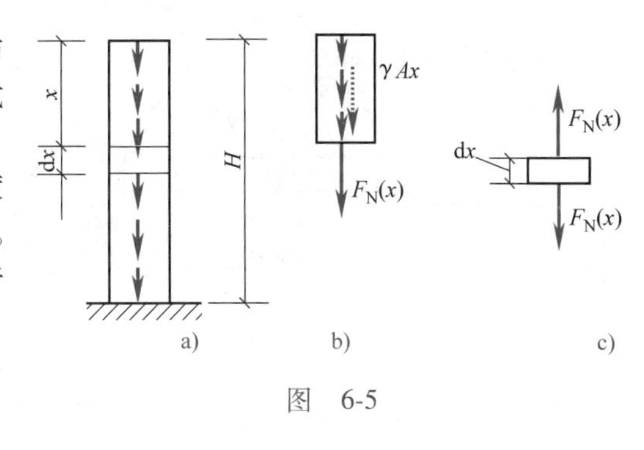

图　6-5

在 x 的横截面处取一微段 dx 分析。由于其长度很微小，可认为在此微段上轴力不变，恒为 $F_N(x)$。故可用式(6-6)计算该微段的纵向变形 $\Delta(\mathrm{d}x)$。由于变形微小，数学上可用微分 $\mathrm{d}(\mathrm{d}x)$ 代替 $\Delta(\mathrm{d}x)$，即

$$\mathrm{d}(\mathrm{d}x)=\frac{F_N(x)\,\mathrm{d}x}{EA}=\frac{-\gamma Ax\mathrm{d}x}{EA}=-\frac{\gamma}{E}x\mathrm{d}x$$

全柱的纵向变形 ΔH 为 $\mathrm{d}(\mathrm{d}x)$ 在全柱上的定积分，即

$$\Delta H=\int_H \mathrm{d}(\mathrm{d}x)=-\frac{\gamma}{E}\int_0^H x\mathrm{d}x=-\frac{\gamma H^2}{2E}$$

其中，负号表示变形值为缩短量。

三、泊松比

试验还表明，只要轴向拉(压)杆横截面正应力不超过杆件材料的比例极限 σ_p，则横向线应变 ε' 与纵向线应变 ε 之比的绝对值为一不变的常数，用 μ 表示，即

$$\mu=\left|\frac{\varepsilon'}{\varepsilon}\right| \tag{6-8}$$

μ 称为泊松比。泊松比也反映材料的一种力学性质，是量纲为一的量。

第三节　土木工程力学中常用材料在拉伸和压缩时的力学性能

材料的力学性能是指材料受外力作用时所表现出的变形、破坏等方面的物理特性，通常用一系列数据表示。例如弹性模量 E、比例极限 σ_p 及泊松比 μ 等都是材料的力学性能。材料的力学性能是把材料做成一定形状的试样通过试验来测定出的。为了使不同试验人员测试出来的同种材料的同一力学性能数据具有可比性，国家或相关部门制订了相应的试验标准，对试样、试验条件和试验方法做出了规定。

工程中材料品种繁多。本节我们主要以 Q235 钢和铸铁等常见材料为代表，来讨论材料在拉伸和压缩时的典型力学性能。

一、Q235 钢拉伸时的力学性能

按照结构钢材拉伸试验标准，试样的横截面可制成圆形或矩形两种，如图 6-6 所示。试样中间有一较长的等直段，称为**工作段**。两端部有一个短段，横截面较粗，表面还进行了糙化，是用于试验机夹持的，称为**夹持段**。工作段与夹持段之间平缓连接，以避免应力集中，称为**过渡段**。根据工作段长度与其横截面尺度的比值，可把钢材拉伸标准试样分为长试样和短试样。

设圆截面试样的工作段长度为 l，直径为 d，则 $l=10d$ 的试样为长试样，$l=5d$ 的试样为短试样。设矩形截面的工作段长度为 l，横截面面积为 A，则 $l=11.3\sqrt{A}$ 的试样为长试样，$l=$

$5.65\sqrt{A}$的试样为短试样。

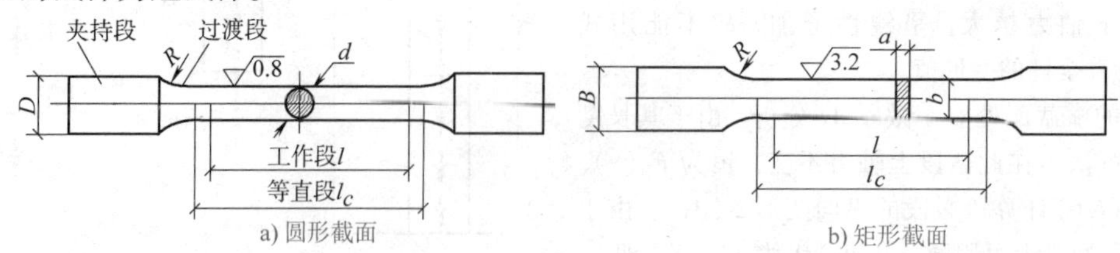

a) 圆形截面　　b) 矩形截面

图　6-6

把制备好的试样两端装夹在万能材料试验机的上下夹头里，开动机器缓慢而均匀地加载，使试样产生轴向拉伸变形，直到拉断为止。

试验机上的自动记录设备会在以试样伸长量 Δl 为横坐标、以所施加的轴向拉力 F 为纵坐标的直角坐标纸中自动记录下试样从受力开始到拉断为止全过程的 F-Δl 关系曲线，称为试样的拉伸图，如图 6-7a 所示。

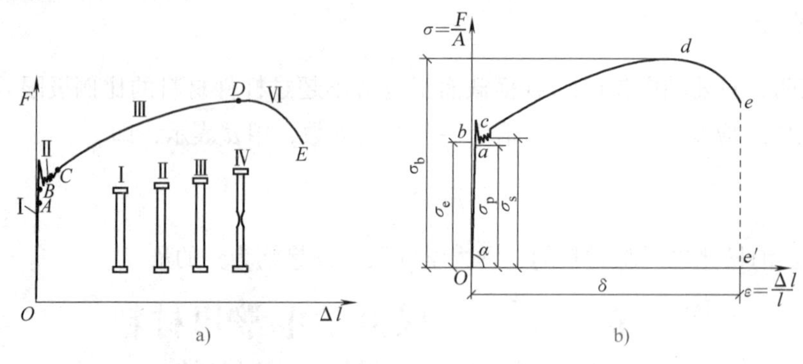

a)　　b)

图　6-7

F-Δl 曲线所记录的数据与试样的尺寸大小有关。为了反映材料本身的力学性能，应消除尺寸影响因素。为此，将横坐标上各点的 Δl 值除以 l，得到试样在相应时刻的纵向线应变 ε 值。同时，把相应的拉力 F 值除以试样原始横截面积 A，得到相应时刻试样横截面上的名义正应力值 σ。如此可绘出拉伸过程材料的 σ-ε 曲线，如图 6-7b 所示，称为试样材料的拉伸应力-应变图。装配了电脑的试验机可直接自动绘出 σ-ε 曲线。

从 Q235 钢试样的拉伸图和应力-应变图可以看出，Q235 钢材从受力到拉断的变形过程可以划分为四个阶段：

（1）弹性阶段（O-a-b）　在拉伸的最初阶段（O-a），拉力 F 与伸长量 Δl 成正比，应力 σ 与应变 ε 成正比，其关系线 Oa 为一斜直线，即

$$\Delta l \propto F \quad \sigma \propto \varepsilon$$

遵从胡克定律。显然，σ 与 ε 的比例系数（就是 Oa 线的斜率）即为材料的弹性模量 E。

$$E=\tan\alpha$$

点 a 所对应的应力，是应力与应变成正比例关系的最高应力，它就是前面所说的材料比例极限 σ_p。当应力超过比例极限 σ_p 后，应力与应变不再是直线关系。但在图示 b 点以下，变形仍保持完全弹性，即解除拉力后，变形将完全消失。b 点所对应的应力，是材料保持完全弹性的最高应力，称为材料的弹性极限，用 σ_e 表示。由于 $\sigma_p \approx \sigma_e$，所以工程上并不严格区分它们，都笼统地称之为弹性极限。

(2) 屈服阶段(b-c)　当应力超过 b 点后，试样应变增加明显加快。应力增加到某一数值后会突然下降，然后在一很小范围内波动，也可认为基本不变，而应变却迅速增加，出现了水平方向的微小锯齿形曲线。这种应力基本上保持不变而应变显著增加的现象，称为材料屈服，故这一阶段称为屈服阶段(又叫流幅)。屈服阶段的最高应力和最低应力(不包括首次下降时的最低应力,因为它受初始效应的影响)分别称为材料的屈服高限和屈服低限。屈服高限的数值与试件形状、加载速度等因素有关，一般是不稳定的。屈服低限则比较稳定，能够反映材料的基本特性。因此，通常将屈服低限称为材料的屈服极限，用 σ_s 表示。

经表面抛光处理的试样，在屈服阶段其表面上会出现一组较为明显的与试样轴线大致成45°的斜纹，如图 6-8a 所示。这是由于试样在轴向拉伸时，在与杆轴成 45°倾角的斜截面方向产生了较大切应力，从而使钢材内部原子晶格沿该斜截面产生剪切位移，使试样形成一组剪切滑移面。正因为此，这些斜纹又称为**滑移线**。

图　6-8

(3) 强化阶段(c-d)　试样经过屈服阶段后，钢材内部原子晶格因剪切变形而重新排列，又具有了较强的抵抗剪切变形能力。这时，要使它继续伸长，必须施加拉力，直到曲线的顶点，这一阶段称为强化阶段。该阶段最高点的应力，是材料从受力开始到拉断为止全过程中所承受的最大应力，反映了材料抵抗破坏的能力，称为材料的强度极限，用 σ_b 表示。

在强化阶段，试样的变形主要是塑性变形且比前两阶段的变形大得多，还可以明显看到试样的横截面尺寸在缩小。

(4) 局部变形阶段(d-e)　试样应力达到强度极限后，工作段的某一局部范围内横截面会出现显著的收缩，形成“细颈”，这一现象称为缩颈现象，如图 6-8b 所示。此过程中，拉力 F(或应力 σ)之值逐渐下降，变形 Δl(或应变 ε)却不断增大。最后，试样在细颈部位被拉断，这一阶段称为局部变形阶段，又叫缩颈阶段。

钢构件在材料屈服后就不能再承受荷载。因此，工程中认为钢材屈服即导致钢构件“破坏”，抗拉设计强度值应由屈服极限 σ_s 确定而不能用强度极限 σ_b 来确定。由于这种屈服“破坏”发生时先期有大变形预兆，后期有一个延续过程，不是突然产生的，因此叫做延性破坏或塑性破坏。

二、材料的塑性指标、卸载定律及钢材的冷加工特性

1. 材料的塑性指标

材料拉伸试样被拉断后，可以让其断口密合对接起来测量出此时工作段的长度 l_1。l_1 肯定比原长 l 要大。这是因为试样拉断后，弹性变形虽然消失了，但塑性变形却残留了下来。材料拉伸试样拉断后工作段的残余变形占原长的百分比，称为试样的断后伸长率，用 δ 表示。即

$$\delta=\frac{l_1-l}{l}\times 100\% \tag{6-9}$$

由于l_1的大小既与原长l大小有关，也与其横向尺寸大小有关，故断后伸长率δ也与试样原长l及其横向尺寸有关。如Q235钢长试样的断后伸长率为$\delta_{10}=20\%\sim30\%$，短试样的断后伸长率却为$\delta_5=25\%\sim35\%$。一般在不加说明时，断后伸长率都指长试样的伸长率。

材料拉伸试样拉断后，断口的横截面积A_1肯定比原横截面积A小，因为横截面收缩了。材料拉伸试样拉断后断口横截面积的收缩值占原横截面积的百分比，称为试样的断面收缩率，用ψ表示，即

$$\psi=\frac{A-A_1}{A}\times100\% \tag{6-10}$$

Q235钢试样的断面收缩率$\psi=60\%\sim70\%$。

断后伸长率δ与断面收缩率ψ都是材料塑性大小的表征，称为材料的**塑性指标**。工程上，常按材料的伸长率把材料划分为两类：**塑性材料**（$\delta\geqslant5\%$的材料）和**脆性材料**（$\delta<5\%$的材料）。Q235钢、低合金钢和铝等都是塑性材料，铸铁、砖石和混凝土等都是脆性材料。

2. 卸载定律

在Q235钢的拉伸试验中，如果在某一点（图6-9中k_1或k_2点）停止拉伸，并缓慢释放应力，则应变将随之慢慢减小并在全过程与应力保持线性关系，且下降斜线（k_1k_1'和k_2O'）平行于Oa，即斜率为弹性模量E。在卸载过程中应力-应变呈正比且比例系数等于材料弹性模量的规律称为**卸载定律**。

完全卸载后，应力已释放完，应变中弹性部分（如$O'k_2'$）消失了，塑性部分（如OO'）则残留下来。

3. Q235钢的冷加工特性

在Q235钢拉伸试验时，如果拉到强化阶段的某一时刻（如图6-9中k_2）停止加载，并卸载至零（如图6-9中$k_2\to O'$实线所示），然后立即再加荷载，则应力-应变线将沿卸载线上升回到卸载点（如图6-9中$O'\to k_2$虚线所示）。若不停顿继续加载，则以后部分的应力-应变曲线与不卸载的一次性试验曲线完全吻合（如图6-9中$k_2\to d\to e$虚线所示），直至拉断。第一次拉伸的卸载点（k_2）成为第二次拉伸的屈服点，同时也是新的比例极限点，二者已经重合。第二次拉断的残余变形（$O'e'$）比一次性试验的残余变形（Oe'）小，说明第二次拉伸时，钢材的比例极限、屈服极限都提高了，而塑性却降低了。这种现象叫做**变形硬化**，它是“强化阶段”命名的由来。变形硬化经退火处理可消除。

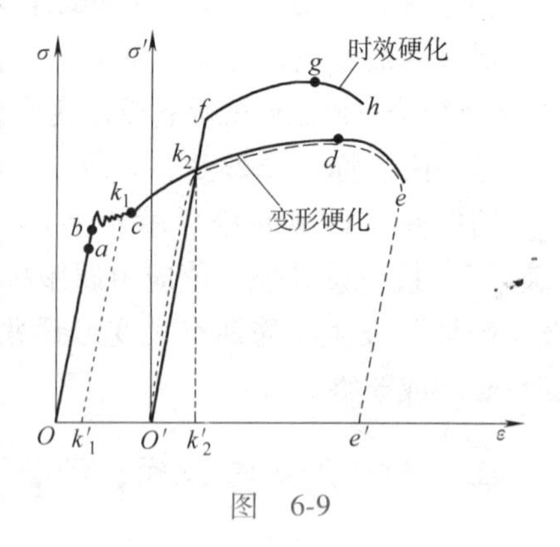

图 6-9

如果拉到强化阶段的某一时刻卸载至零后不立即再拉，而是放置一段时间后再拉，则其比例极限、屈服极限还会进一步提高（如图6-9中$O'\to k_2\to f\to g\to h$实线所示），塑性则进一步降低。这种现象叫做**时效硬化**（自然时效）。时效硬化与卸载后放置时间长短有关，也可通过加热来加速时效缩短时间（人工时效）。

利用时效硬化现象对钢筋、钢缆绳等受力构件进行冷拉加工，可以提高屈服极限从而增大承载力，但也使材料塑性降低而不利于抗震。

三、Q235 钢压缩时的力学性能

按照钢材压缩试验标准，钢材压缩试验的标准试样应制成短圆柱形。试样直径 d 一般取 10mm，长度一般取(2.5~3.5)d 即 25~35mm。Q235 钢压缩时的 σ-ε 曲线如图 6-10 中实线所示(图中虚线为同种钢材拉伸时的 σ-ε 曲线)。

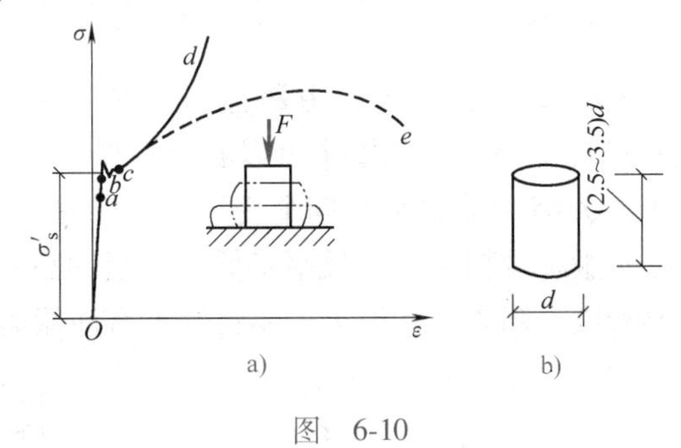

图 6-10

从图形特点看出，其变形过程可以分成三个阶段：弹性阶段(O-a-b,其中 a 点应力为比例极限 σ_p',b 点应力为弹性极限 σ_e')、屈服阶段(b-c,其首次下降之后的最低应力为屈服极限 σ_s')和强化阶段(c-d)。从试验可知，进入强化阶段后，试样被压得越来越扁，横截面面积越来越大，抗压能力也不断提高。加之计算应力时仍采用原来横截面面积，因而曲线呈向上无限延伸趋势。这说明 Q235 钢压缩时不存在强度极限。由于 Q235 钢压缩时不存在缩颈现象，因此比拉伸时少了一个缩颈阶段。

Q235 钢压缩时的 σ-ε 曲线与拉伸时的 σ-ε 曲线在弹性阶段和屈服阶段吻合，说明 Q235 钢压缩时的弹性模量 E、比例极限 σ_p'(或弹性极限 σ_e')及屈服极限 σ_s'等都与拉伸时相同。

$$\sigma_p'=\sigma_p,\quad \sigma_e'=\sigma_e,\quad \sigma_s'=\sigma_s$$

因此，对 Q235 钢，无需做压缩试验也能从拉伸试验结果了解到它在压缩时的力学性能。

同理，Q235 钢的设计抗压强度也由受压屈服极限 σ_s'确定。显然，在相同可靠度时，Q235 钢的设计抗压强度等于设计抗拉强度。

四、铸铁在拉伸、压缩时的力学性能

铸铁拉伸、压缩试验的标准试样分别与 Q235 钢拉伸、压缩试验的标准试样相同。灰铸铁拉伸、压缩时的 σ-ε 曲线分别如图 6-11a、b 所示。

从图 6-11 中可以看出，灰铸铁拉伸、压缩时的 σ-ε 曲线都没有明显的直线部分，也不能划分出变形阶段。不过，在应力较小的情况下，可近似地用切线或某一割线来代替曲线，从而使应力-应变关系符合胡克定律。当弹性模量取切线的斜率时，称为**切线弹性模量**。当弹性模量取割线的斜率时，称为**割线弹性模量**。

从图 6-11a 知，铸铁受拉试样直到拉断时应力都很小，伸长率也很小($\delta\approx0.45\%$)。因此，铸铁是脆性材料的代表。试验还表明，铸铁受拉直到拉断为止，其变形基本上属弹性变形，残余变形很小。

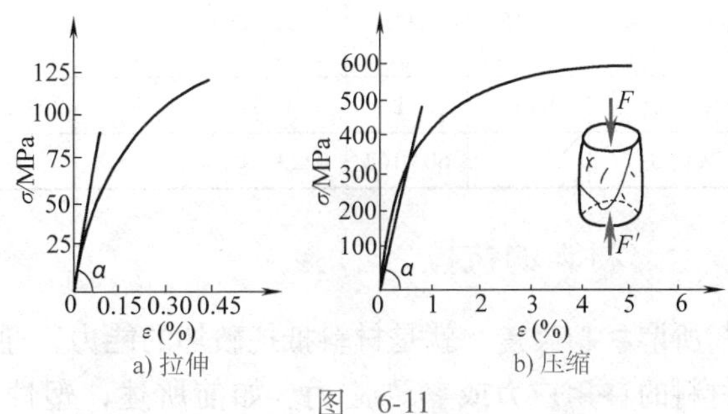

图 6-11

从图 6-11b 知，铸铁受压破坏时的应力和变形比受拉破坏时的大得多，受压强度极限(640~1300MPa)比受拉强度极限(98~390MPa)高 4~5 倍，压缩极限变形(伸长率约 5%)比拉伸极限变形高 10 倍以上。因此，铸铁适宜作受压构件。试验还表明，铸铁受压破坏时沿与试样轴线成

45°~55°角的斜截面发生错断剪切破坏，这说明铸铁抗剪能力比抗压能力低。

灰铸铁这类脆性材料的拉伸、压缩破坏都是突然性的，事先没有预兆，这种破坏称为脆性破坏。其破坏的标志就是断裂，因此其设计抗拉、抗压强度值由强度极限值来确定。工程上应尽量避免结构发生脆性破坏，以减少生命与财产损失。

五、几种其他常用塑性金属材料在拉伸时的力学性能

我们来讨论几种常用塑性金属材料在拉伸时的力学性能。其试验所得 σ-ε 曲线如图 6-12a、b 所示。从图中可以看出，低合金钢在拉伸时的力学性能与钢的成分关系密切。例如，Q345 钢在拉伸时四个变形阶段很明显，且屈服极限、强度极限都比 Q235 钢高得多，只是屈服阶段稍短、伸长率略低。而锰钢则只有弹性阶段和强化阶段，没有屈服阶段与局部变形阶段。铝合金和退火球墨铸铁没有屈服阶段，其他三个阶段却很明显。

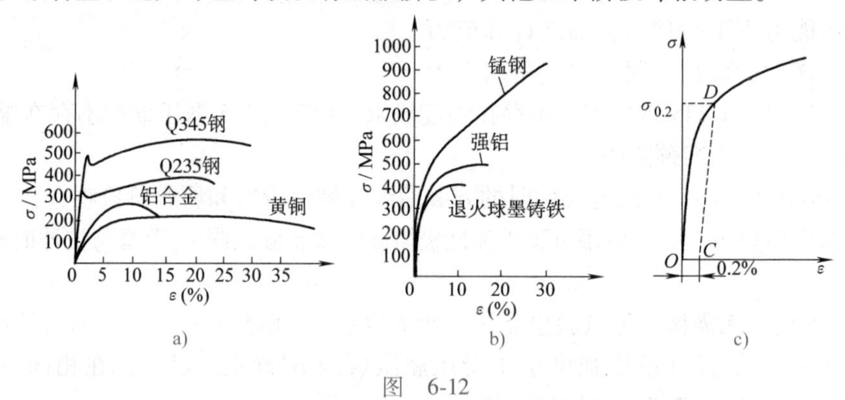

图 6-12

对于没有屈服阶段的塑性材料，通常取拉伸试验卸载后残余应变为 0.2%时的拉应力作为名义屈服极限，用 $\sigma_{0.2}$表示，即取 $\sigma_s=\sigma_{0.2}$，如图 6-12c 所示。

力学中常用材料的受拉力学性能指标约值见表 6-1。

表 6-1 力学中常用材料的受拉力学性能指标约值

材料种类	型号或级别	弹性模量 E/GPa	泊松比 μ	屈服极限/MPa		受拉强度极限 σ_b/MPa	伸长率(%)		备　注
				σ_s	$\sigma_{0.2}$		δ_5	δ_{10}	
碳素结构钢	Q235	210	0.24~0.28	235	—	375~460	26	—	材料的 d 或 $t\leqslant16$mm
优质中碳钢	45 号	205	—	350	—	600	16	—	
低合金钢	Q345	200	0.25~0.3	345	—	510~660	22	—	试样直径 d 或厚度 $t\leqslant16$mm
铝合金	LY12	71	0.33	—	370	450	—	15	
灰铸铁		60~162	0.23~0.27	—	—	98~390	—	<0.5	

六、材料的抗拉(压)强度

所谓材料强度，就是材料抵抗破坏的能力，通常用材料能承受的最大应力来表示，又称为材料的许用应力或容许应力。如前所述，塑性材料的“破坏”是指屈服，脆性材料的

“破坏”是指断裂。需要强调的是，塑性材料的屈服尽管不是真正意义上的破坏，但会导致构件过大变形而使结构不能继续承受荷载(这在工程上称为结构失效)，所以也被看做是“破坏”。

用安全系数法确定材料的抗拉(压)强度值时，就是将材料的拉(压)破坏应力 σ_u(即塑性材料的屈服极限 σ_s 或脆性材料的强度极限 σ_b)除以一个大于 1 的系数 n 而得，用$[\sigma]$表示，即

$$[\sigma]=\sigma_u/n$$

由于 n 大于 1，所以除以 n 就意味着把材料能承受的最大应力值确定得比材料破坏时的应力低。这就是给材料预留一定的强度储备量，以确保使用时的安全性。所以 n 称为材料强度的安全系数。各种结构的安全系数由国家规范或相关部门的规程确定。

力学中常用材料的许用应力约值见表 6-2。

表 6-2　力学中常用材料的许用应力约值

材料名称	型　号	许用应力	
		轴向拉伸/MPa	轴向压缩/MPa
碳素结构钢(低碳钢)	Q235	170	170
低合金钢(16Mn)	Q345	230	230
灰铸铁		34~54	160~200

第四节　轴向拉(压)杆的强度条件及应用

小贴士：不要小瞧拉压变形

一、轴向拉(压)杆的强度条件

杆件的强度条件就是保证杆件具有足够安全可靠度的条件。要保证轴向拉(压)杆具有足够安全可靠度，全杆的最大工作应力 σ_{max}(即由荷载引起的杆件横截面最大正应力)不应超过杆件材料的抗拉(压)强度$[\sigma]$，即

$$\sigma_{max}\leqslant[\sigma] \tag{6-11}$$

这就是轴向拉(压)杆的强度条件表达式，实际上是一个应力不等式。

对于轴向拉(压)等直杆，如果全杆最大轴力为 F_{Nmax}，则全杆的最大工作应力为 $\sigma_{max}=F_{Nmax}/A$，故其强度条件可写为

$$\sigma_{max}=\frac{F_{Nmax}}{A}\leqslant[\sigma] \tag{6-12}$$

计算时，轴力和应力都用绝对值，拉或压由直观确定。

二、轴向拉(压)杆强度条件的应用

轴向拉(压)杆的强度条件同以后将学习的其他强度条件一样，都有三类用途：

(1) 强度校核　即验算杆件是否满足强度条件。此时已知杆件的材料(从而知材料强度值$[\sigma]$)、横截面形状与尺寸(从而知横截面面积 A)和荷载(从而知轴力 F_N)，验算不等式(6-11)或式(6-12)是否成立。

（2）杆件截面设计 即确定杆件横截面尺寸。此时已知杆件的材料（从而知材料强度值[σ]）、荷载（从而知轴力 F_N）并选定了杆件横截面形状，确定横截面尺寸。对等直杆，由式（6-12）可得

$$A \geqslant F_{\mathrm{Nmax}}/[\sigma]$$

上式右端 $F_{\mathrm{Nmax}}/[\sigma]$ 其实就是所需的横截面最小面积 $A_{\min}$，即

$$A_{\min} = F_{\mathrm{Nmax}}/[\sigma]$$

已知了杆件横截面形状，即根据计算出的 $A_{\min}$ 值可反算出横截面最小尺寸，方形截面杆的最小边长 $a_{\min}=\sqrt{A_{\min}}$，圆形截面杆的最小直径 $d_{\min}=\sqrt{4A_{\min}/\pi}$。最后结合实际工程要求即可确定杆件横截面设计尺寸。

（3）许用荷载计算 即确定结构能承受的荷载值。此时已知杆件的材料（从而知材料强度值[σ]）、横截面形状与尺寸（从而知横截面面积 A），可求出杆件能承受的轴力上限值，称为杆件的容许轴力，用[F_N]表示。对等直杆，由式（6-12）可得

$$F_{\mathrm{Nmax}} \leqslant [\sigma]A$$

[σ]A 就是其能承受的轴力上限值，用[F_N]表示，即

$$[F_N] = [\sigma]A$$

然后根据杆件轴力与结构荷载的关系，即可求出结构的许可荷载[F]之值。

强度条件的上述三类应用，统称为杆件的强度计算。

例 6-4 如图 6-13 所示，某正方形截面砖柱，横截面边长为 490mm，柱高 $H=1\mathrm{m}$，柱顶承受轴向压力 $F=145\mathrm{kN}$。已知砖砌体堆积重度 $\gamma=18\mathrm{kN/m^3}$，其抗压强度[σ_c]$=1\mathrm{MPa}$。试验算该柱的强度。

解 由于考虑自重作用，砖柱轴力不是均匀分布，而是上小下大。$F_{NA}=-145\mathrm{kN}$，$F_{NB}=-(F+\gamma AH)=-(145+18\times0.49^2\times1)\mathrm{kN}=-149.3\mathrm{kN}$。作出柱的轴力图如图 6-13b 所示。显然，柱的绝对最大压力位于柱底：$F_{\mathrm{Nmax}}=149.3\mathrm{kN}$。柱为等直杆，故绝对最大压应力也在柱底，为

$$\sigma_{\max}=F_{\mathrm{Nmax}}/A=149.3\times10^3\mathrm{N}/(490\times490)\mathrm{mm^2}=0.622\mathrm{N/mm^2}<[\sigma]$$

该柱强度满足要求。

例 6-5 试计算图 6-14 所示结构能承受的许用荷载[F]。已知 AB 杆为 Φ6 的圆钢，其材料强度[σ_1]$=215\mathrm{MPa}$。AC 杆为木杆，横截面面积为 288.7mm²，其材料强度[σ_2]$=12\mathrm{MPa}$。

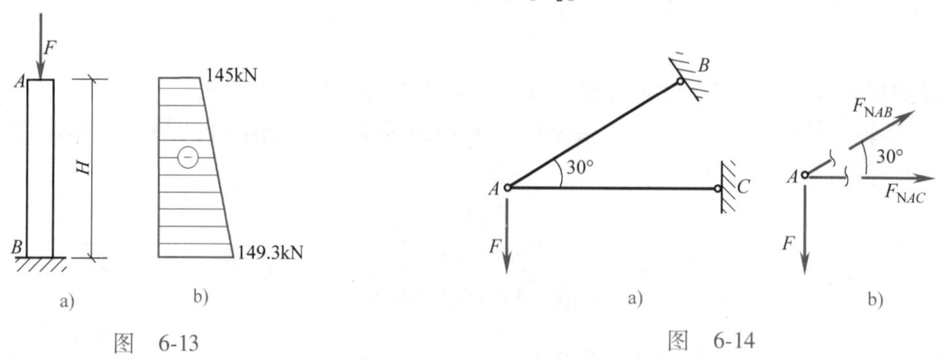

图 6-13　　　　图 6-14

解 （1）求各杆的容许轴力

AB 杆：横截面积 $A_1=\pi d^2/4=28.3\mathrm{mm^2}$，故容许轴力$[F_{NAB}]=[\sigma_1]A_1=215\mathrm{MPa}\times28.3\mathrm{mm^2}=6084.5\mathrm{N}$

AC 杆：横截面积 $A_2=288.7\mathrm{mm^2}$，故容许轴力$[F_{NAC}]=[\sigma_2]A_2=12\mathrm{MPa}\times288.7\mathrm{mm^2}=3464.4\mathrm{N}$

（2）求轴力与荷载的关系式 AB、AC 杆都是链杆，故可切断 AB、AC 杆，取铰 A 分析，画出受力图如图 6-14b 所示。注意，未知轴力都设为拉力，荷载作为已知量。由平衡得：

$$\sum F_x=0,\ F_{NAB}\cos30°+F_{NAC}=0$$
$$\sum F_y=0,\ F_{NAB}\sin30°-F=0$$

解得 $F_{NAB}=2F$，$F_{NAC}=-\sqrt{3}F$(负号表示受压,在强度计算时取绝对值计算即可)。

(3) 求结构的许用荷载　因两杆的轴力都为常数，由 $F_{Nmax}\leqslant[F_N]$得

$$F_{NAB}=2F\leqslant[F_{NAB}]=6084.5\text{N} \quad ①$$
$$F_{NAC}=\sqrt{3}F\leqslant[F_{NAC}]=3464.4\text{N} \quad ②$$

解方程①得：$F\leqslant3042.25$N。解方程②得：$F\leqslant2000.17$N。结构的许用荷载参照二者中较小者取，即

$$[F]=2000\text{N}=2\text{kN}$$

思　考　题

6-1　什么是应力？什么是平均应力？什么是点的应力？应力是荷载吗？基础对地基的压力也用单位面积上力的大小表示，它是应力吗？

6-2　试以杆的“纵向纤维和横截面”模型说明等直杆受轴向拉、压力时有什么变形特征。

6-3　轴向拉(压)杆横截面上的应力是怎样分布的(从大小和方向两方面谈)？为什么会这样分布？

6-4　轴向拉(压)杆横截面上的应力计算公式是怎样的？各字母表示什么？

6-5　什么是应力集中现象？工程上如何避免应力集中？你能利用应力集中现象吗？

6-6　轴向拉(压)杆有哪些变形？如何度量这些变形？

6-7　什么是线应变？它用来表示什么？

6-8　已知 Q235 钢的比例极限 $\sigma_p=200$MPa，弹性模量 $E=200$GPa。若试验时测得试样应变 $\varepsilon=0.0015$，是否说明此时试样横截面上正应力可以如此计算：$\sigma=E\varepsilon=200\times10^3\text{MPa}\times0.0015=300\text{MPa}$？为什么？

6-9　因为 A 种材料的弹性模量 E 比 B 种材料的 E 大，所以 A 种材料弹性更大、变形更容易、更软。这种说法对吗？

6-10　大致画出 Q235 钢拉伸与压缩时的应力-应变图，并划分出变形阶段、标出有关特征应力(即各种“极限”)值。

6-11　伸长率是应变吗？

6-12　什么是变形硬化？什么是时效硬化？它们在工程上有什么实用价值？

6-13　铸铁拉伸或压缩时都不会出现“应力-应变成正比”这一状态，为什么还要给它定义弹性模量？其弹性模量是如何定义的？

6-14　有的塑性材料拉伸或压缩时没有屈服阶段，是否说明它不屈服？为什么给它定义一个“名义屈服极限 $\sigma_{0.2}$”？

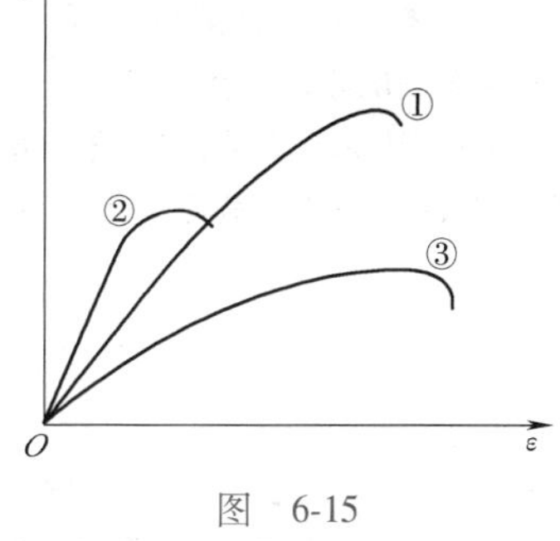

图　6-15

6-15　三种材料受拉试验的曲线如图 6-15 所示。试问哪一种材料强度最高，哪一种塑性最好，哪一种变形最容易？

6-16　结构只要满足了强度条件就一定安全吗？不满足时一定会破坏吗？

练　习　题

6-1　计算图 6-16 所示轴向受力杆件各杆段横截面上的正应力，并确定杆件的绝对最大、最小应力值和位置。

6-2　圆截面拉杆如图 6-17 所示，中部开有槽。已知 $F=15$kN，圆杆直径 $d=20$mm，求横截面 1-1 和2-2 上的应力(槽的横截面面积可近似按矩形计算)。

6-3　拉伸试验时，Q235 钢试样直径 $d=10$mm，在标距 $l=100$mm 内的伸长 $\Delta l=0.06$mm。已知 Q235 钢的比例极限 $\sigma_p=200$MPa，弹性模量 $E=200$GPa，问此时试样的应力是多少？所受的拉力是多大？

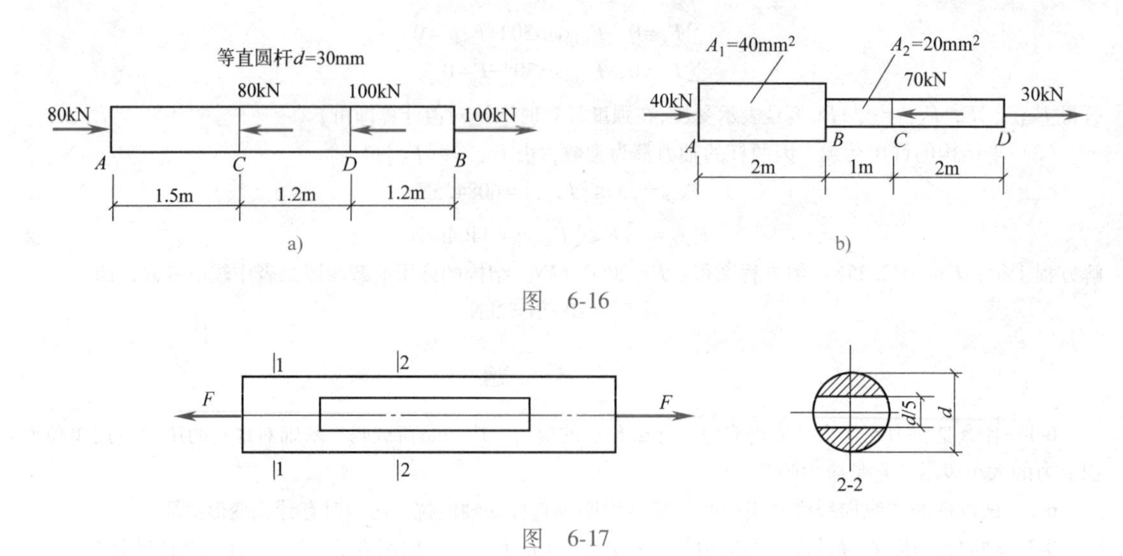

图　6-16

图　6-17

6-4　某拉伸试样如图6-18所示，工作段横截面矩形 $b=29.8$mm，$h=4.1$mm。拉伸试验时，每增加3kN拉力F，测得轴向应变 $\Delta\varepsilon$ 增加 1.2×10^{-4}，横向应变 $\Delta'\varepsilon$ 增加 -3.8×10^{-5}。求材料的弹性模量 E 及泊松比 μ。

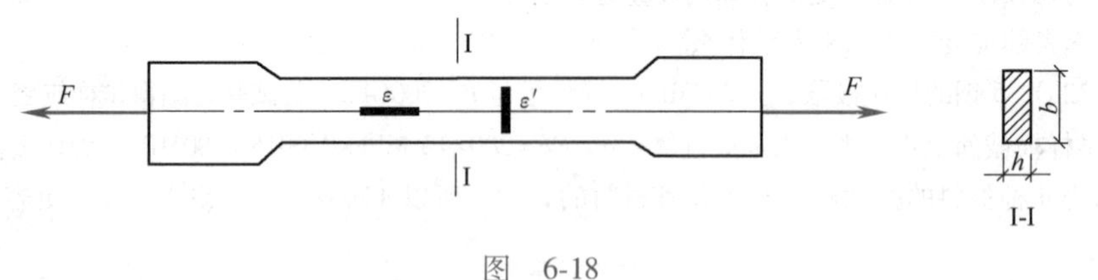

图　6-18

6-5　桁架受力如图6-19所示，各杆都是由两根等边角钢∟80×7组成的T形截面杆。试计算 AE 和 CD 二杆横截面的正应力。

6-6　图6-20所示支架，杆 AB 为直径 $d=16$mm 的圆截面钢杆，许用应力 $[\sigma]_{AB}=140$MPa；杆 BC 为边长 $a=100$mm 的方形截面木杆，许用应力 $[\sigma]_{BC}=4.5$MPa。已知结点 B 处挂一重物 $W=36$kN，试校核两杆的强度。

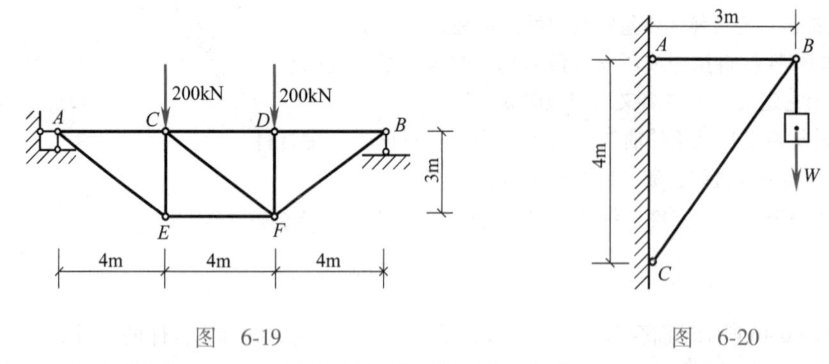

图　6-19　　　　　　　　　　图　6-20

6-7　图6-21所示结构中 AC、BD 两杆材料相同，许用应力 $[\sigma]=160$MPa，弹性模量 $E=200$GPa，荷载 $F=80$kN，试求两杆所需的横截面面积，并计算其各自伸长量。

6-8　图6-22所示为简易悬臂吊车，跑车可在 AB 梁上移动，最远可移到 F 距 A 铰0.2m处。钢拉杆 AC 的截面为圆形，直径 $d=20$mm，许用应力 $[\sigma]=170$MPa。求最大起重荷载。

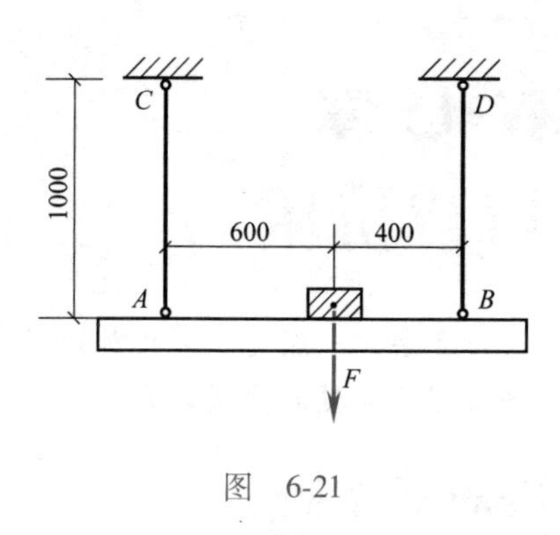

图　6-21

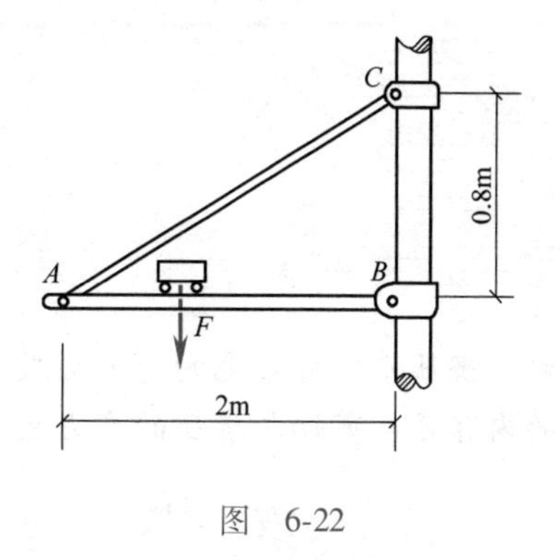

图　6-22

第七章 剪切与挤压

剪切与挤压是杆件常见的受力形式，受力情况较为复杂，一般通过简化加以计算。本章应掌握的内容是：剪切与挤压的受力及变形特点，普通螺栓连接的实用计算。

第一节 剪切与挤压的基本概念

一、剪切基本概念

剪切是构件受到与其轴线相垂直、大小相等、方向相反且作用线相距很近的两个外力作用(图 7-1a)，从而使构件产生沿着与外力作用线平行的受剪面(m-m)发生相对错动的变形(图 7-1b)。

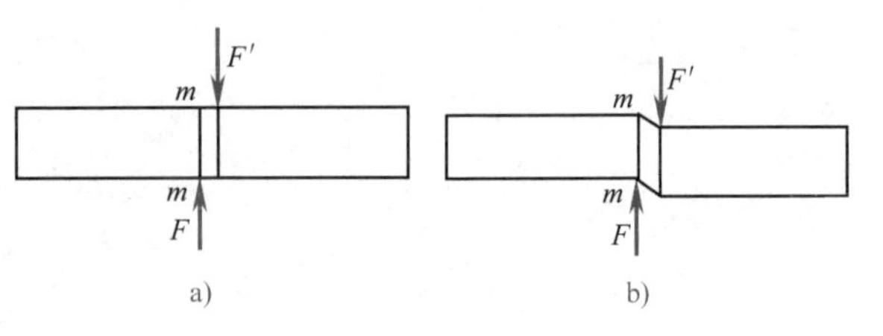

图 7-1

工程中，剪切变形往往出现在构件的连接部位。如连接两块钢板的普通螺栓接头(图 7-2a)和焊缝(图 7-2b)等。这里的螺栓杆和焊缝等连接件就是主要承受剪切作用的部位。

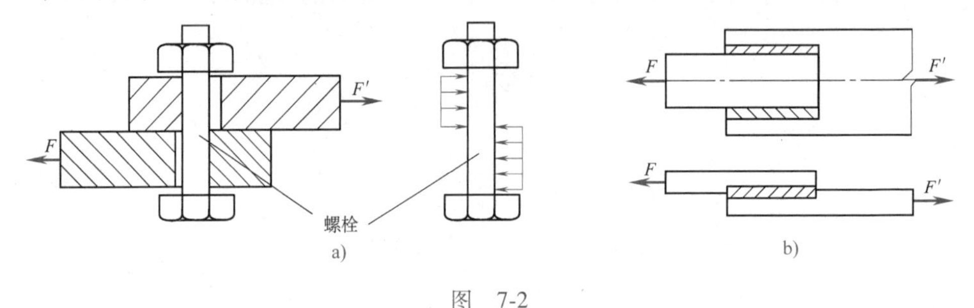

图 7-2

根据剪切面的个数可分为单剪切(图 7-2a)和双剪切(图 7-3)。单剪切仅有一个剪切面，

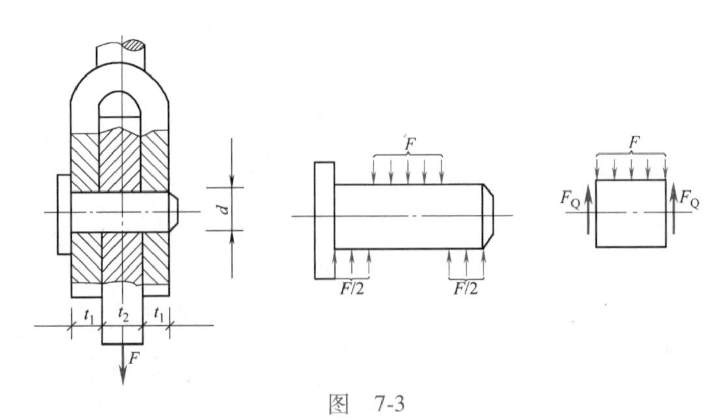

图 7-3

而双剪切和多剪切情况则有两个或两个以上剪切面。

二、挤压基本概念

挤压为连接件在发生剪切变形的同时，在传递力的接触面上受到较大的压力作用，从而出现局部压缩变形。发生挤压的接触面称为挤压面。挤压面上的压力称为挤压力，用 F_c 表示。如图 7-4 所示，上钢板孔左侧与铆钉上部左侧互相挤压，下钢板孔右侧与铆钉下部右侧互相挤压。当挤压力过大时，相互接触面处将产生局部显著的塑性变形，铆钉孔被压成长圆孔。工程机械上常用的平键经常发生挤压破坏。

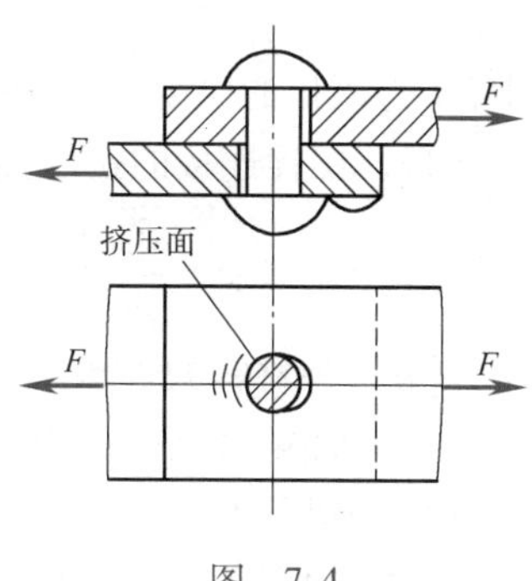

图　7-4

第二节　普通螺栓连接实用计算

一、剪切强度计算

螺栓连接受剪面上的内力，称为剪力，用 $\boldsymbol{F}_Q$ 表示(图 7-5)，可由截面法求得。受剪面上沿切向分布的内力的集度称为切应力，用 τ 表示。在螺栓杆剪切面上，切应力的实际分布较复杂，在实用计算中，假设受剪面上的切应力为均匀分布，于是有

$$\tau=\frac{F_Q}{A} \tag{7-1}$$

式中，剪力 F_Q 为剪力；A 为螺栓杆受剪面的面积。

螺栓的剪切强度条件可表示为

$$\tau=\frac{F_Q}{A}\leqslant[\tau] \tag{7-2}$$

式中，$[\tau]$称为材料的许用切应力。

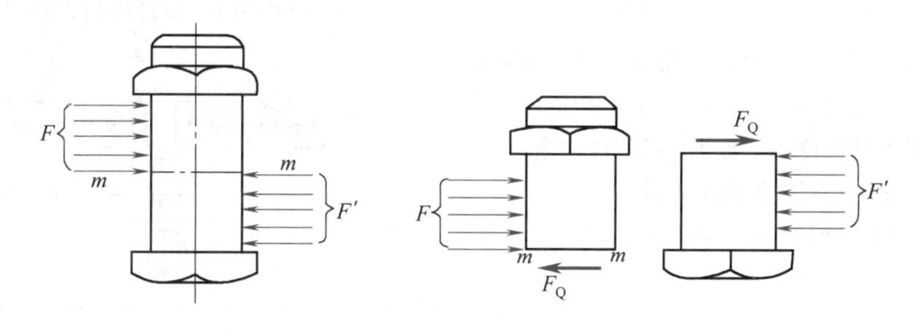

图　7-5

二、挤压强度计算

螺栓在受剪切的同时，还往往受到挤压作用(图 7-6)。在挤压面上相互作用的挤压力，用 $\boldsymbol{F}_c$ 表示。实际的挤压力在半个圆柱面上的分布情况很复杂，而在实用计算中用其直径平面来代替实际的挤压面，故计算挤压面积 $A=td$，挤压应力 σ_c 近似计算公式为

$$\sigma_c=\frac{F_c}{A}=\frac{F_c}{td} \tag{7-3}$$

式中，t 为钢板的厚度；d 为螺栓孔的直径。

于是，螺栓连接的挤压强度可表示为

$$\sigma_c=\frac{F_c}{td}\leqslant[\sigma_c] \tag{7-4}$$

式中，$[\sigma_c]$为材料的许用挤压应力。

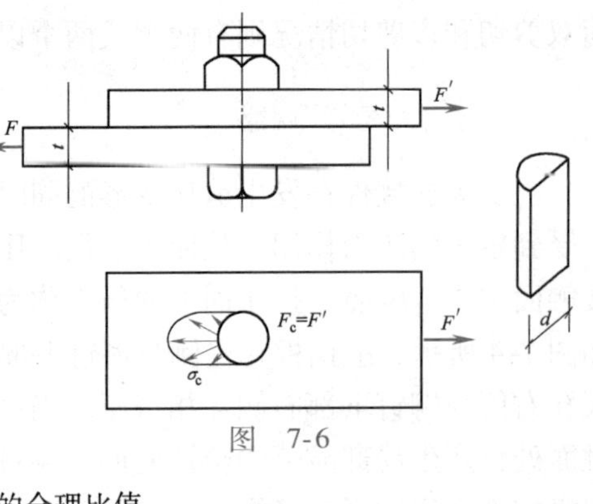

图　7-6

例 7-1　如图 7-7 所示，螺栓在拉力 $\boldsymbol{F}$ 作用下，已知材料的许用切应力$[\tau]$和拉伸的许用应力$[\sigma]$之间关系约为：$[\tau]=0.6[\sigma]$。试求螺栓直径 d 和螺栓头部高度 h 的合理比值。

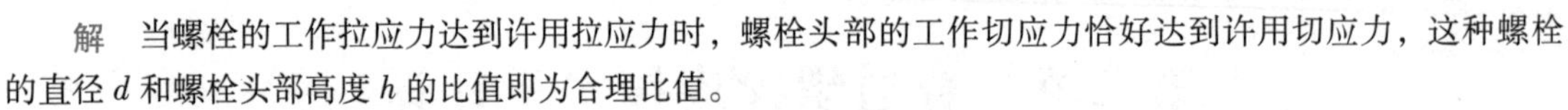

解　当螺栓的工作拉应力达到许用拉应力时，螺栓头部的工作切应力恰好达到许用切应力，这种螺栓的直径 d 和螺栓头部高度 h 的比值即为合理比值。

由拉伸强度条件得

$$\sigma=\frac{F}{A}=\frac{F}{\frac{\pi d^2}{4}}=\frac{4F}{\pi d^2}=[\sigma]$$

由剪切强度条件得

$$\tau=\frac{F_Q}{A}=\frac{F}{\pi dh}=[\tau]=0.6[\sigma]$$

故

$$\frac{\tau}{\sigma}=\frac{\frac{F}{\pi dh}}{\frac{4F}{\pi d^2}}=\frac{d}{4h}=0.6$$

因此，螺栓直径 d 和螺栓头部高度 h 的合理比值为

$$\frac{d}{h}=2.4$$

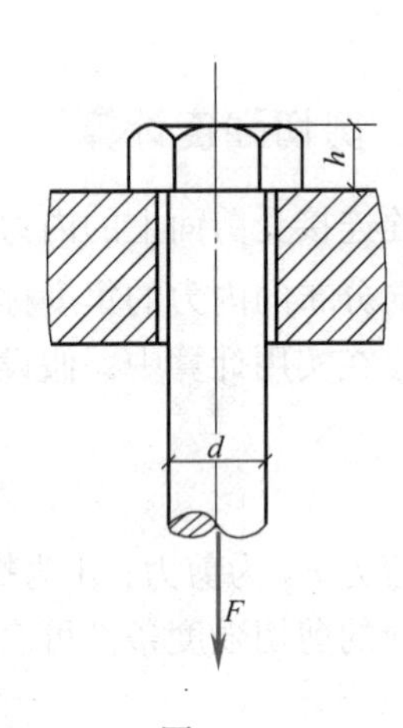

图　7-7

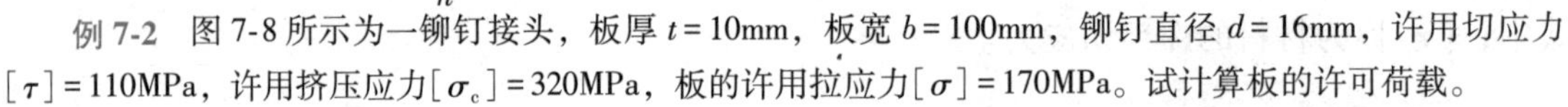

例 7-2　图 7-8 所示为一铆钉接头，板厚 $t=10\text{mm}$，板宽 $b=100\text{mm}$，铆钉直径 $d=16\text{mm}$，许用切应力$[\tau]=110\text{MPa}$，许用挤压应力$[\sigma_c]=320\text{MPa}$，板的许用拉应力$[\sigma]=170\text{MPa}$。试计算板的许可荷载。

解　连接部件可能会出现三种破坏形式：铆钉被剪断；铆钉或板发生挤压破坏；板由于钻孔，截面被削弱，在削弱截面处被拉断。要使连接部件安全可靠，必须同时满足上述三种形式的强度条件。

（1）考虑铆钉的剪切强度　剪切面上的剪力为

$$F_Q=F$$

由式(7-2)得

$$\tau=\frac{F_Q}{A}=\frac{F}{\frac{\pi d^2}{4}}\leqslant[\tau]$$

因此，满足剪切强度条件的许用荷载为

$$[F_1]=\frac{\pi d^2[\tau]}{4}=\frac{3.14\times16^2\times100}{4}\text{N}=20.1\text{kN}$$

（2）考虑挤压强度　铆钉与孔壁的挤压力为

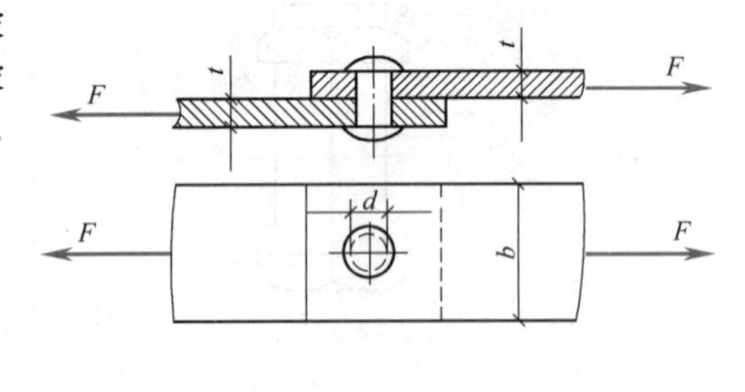

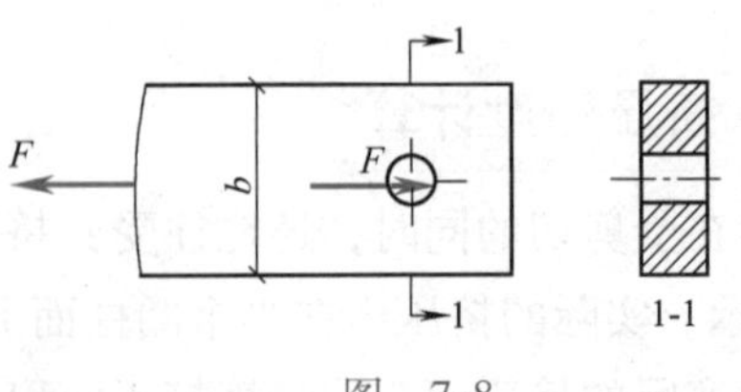

图　7-8

$$F_c = F$$

由式(7-4)得

$$\sigma_c = \frac{F_c}{A_c} = \frac{F}{dt} \leqslant [\sigma_c]$$

因此，满足挤压强度的许用荷载为

$$[F_2] = dt[\sigma_c] = 16 \times 10 \times 320\text{N} = 51.2\text{kN}$$

（3）考虑板的抗拉强度　截面1-1上的轴力为

$$F_N = F$$

由拉伸强度条件得

$$\sigma = \frac{F_N}{A_{1-1}} = \frac{F}{(b-d)t} \leqslant [\sigma]$$

因此，满足抗拉强度条件的许用荷载为

$$[F_3] = (b-d)t[\sigma] = (100-16) \times 10 \times 170\text{N} = 142.8\text{kN}$$

综合考虑上述三方面，该铆钉接头的许可荷载为

$$[F] = [F_1] = 20.1\text{kN}$$

例7-3　图7-9所示的钢板铆接件中，已知钢板的拉伸许用应力$[\sigma_t] = 98\text{MPa}$，许用挤压应力$[\sigma_{c1}] = 196\text{MPa}$，钢板厚度$\delta = 10\text{mm}$，宽度$b = 100\text{mm}$；铆钉的许用切应力$[\tau] = 137\text{MPa}$，许用挤压应力$[\sigma_{c2}] = 314\text{MPa}$，铆钉直径$d = 20\text{mm}$。钢板铆接件承受的载荷$F = 23.5\text{kN}$。试校核钢板和铆钉的强度。

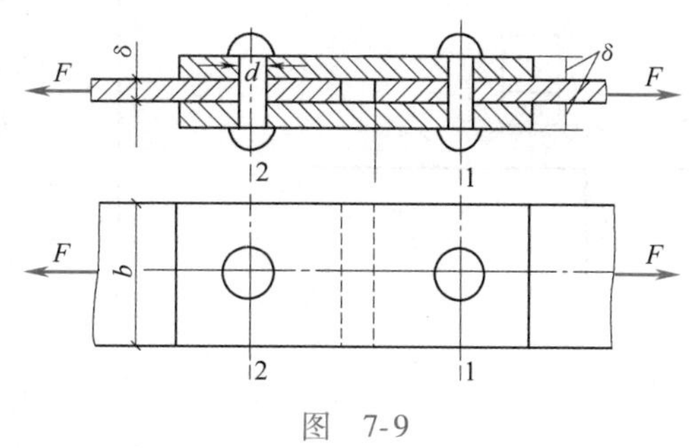

图 7-9

解　（1）钢板的拉伸强度校核　钢板的最大拉应力发生在中间钢板圆孔处1-1和2-2横截面上。

$$\sigma_t = \frac{F}{A} = \frac{F}{(b-d)\delta} = \frac{23.5 \times 10^3}{(100-20) \times 10^{-3} \times 10 \times 10^{-3}}\text{Pa}$$
$$= 29.4 \times 10^6\text{Pa} = 29.4\text{MPa} < [\sigma_t]$$

钢板的拉伸强度是安全的。

（2）钢板的挤压强度校核　钢板的最大挤压应力发生在中间钢板孔与铆钉接触处，所受的挤压力$F_c = F$，实际挤压面为直径为d、长为δ的半个圆柱面，计算挤压面积$A_c = d\delta$，则有

$$\sigma_c = \frac{F_c}{A} = \frac{F}{d\delta} = \frac{23.5 \times 10^3}{20 \times 10^{-3} \times 10 \times 10^{-3}}\text{Pa}$$
$$= 117.5 \times 10^6\text{Pa} = 117.5\text{MPa} < [\sigma_{c1}]$$

钢板的挤压强度是安全的。

（3）铆钉的剪切强度校核　铆钉有两个剪切面，每个剪切面上的剪力$F_Q = F/2$，每个剪切面积等于铆钉的横截面积，于是有

$$\tau = \frac{F_Q}{A} = \frac{\frac{F}{2}}{\frac{\pi d^2}{4}} = \frac{2 \times 23.5 \times 10^3}{3.14 \times (20 \times 10^{-3})^2}\text{Pa}$$
$$= 37.4 \times 10^6\text{Pa} = 37.4\text{MPa} < [\tau]$$

铆钉的剪切强度是安全的。

（4）铆钉的挤压强度校核　铆钉的挤压力和计算挤压面积与钢板相同，但铆钉的许用挤压应力比钢板高，钢板的挤压强度是安全的，则铆钉的挤压强度也是安全的。

综上所述，整个铆接件是安全的。

三、剪切胡克定律与切应力互等定理

小贴士：关于剪切变形

1. 剪切胡克定律

杆件发生剪切变形时，杆内与外力平行的截面会产生相对错动。在杆件受剪部位中的某点 A 取一微小的正六面体(图 7-10a)，并将其放大，如图 7-10b 所示。剪切变形时，在切应力作用下，截面发生相对错动，使正六面体变为斜平行六面体，如图 7-10b 中虚线所示。图中线段 ee'(或 ff')为平行于外力 F 的面 $efgh$ 相对于面 $abcd$ 的滑移量，称为**绝对剪切变形**。相对剪切变形为:

$$\frac{\overline{ee'}}{\mathrm{d}x}=\tan\gamma\approx\gamma$$

相对剪切变形称为**切应变**或**角应变**，显然切应变 γ 是矩形直角的微小改变量，其单位为弧度(rad)。

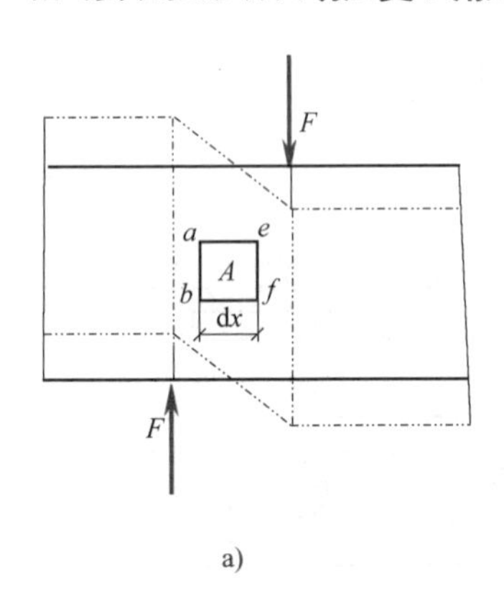

a)

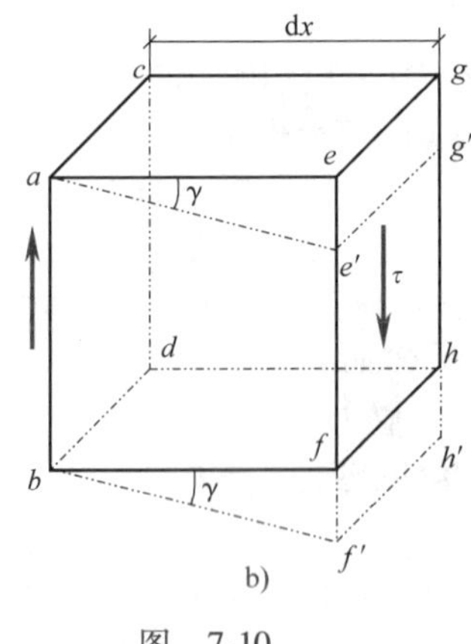

b)

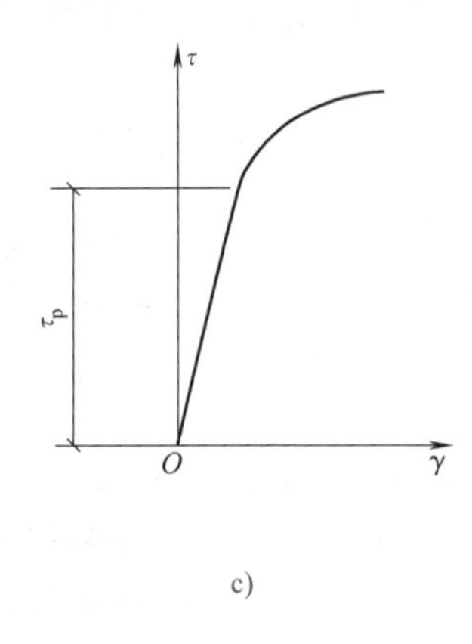

c)

图 7-10

τ 与 γ 的关系，如同 σ 与 ε 一样。试验证明，当切应力不超过材料的比例极限 τ_{p} 时，切应力 τ 与切应变 γ 成正比，如图 7-10c 所示，即

$$\tau=G\gamma \tag{7-5}$$

该式称为**剪切胡克定律**。式中 G 称为材料的**剪切弹性模量**，反映了材料抵抗剪切变形能力的大小，是材料的刚度指标。G 越大表示材料抵抗剪切变形的能力越强。其单位与应力相同，常采用 GPa。各种材料的 G 值均由试验测定。对于各向同性材料，其弹性模量 E、剪切弹性模量 G 和泊松比 μ 三者之间的关系为

$$G=\frac{E}{2(1+\mu)} \tag{7-6}$$

2. 切应力互等定理

现在进一步研究单元体的受力情况。设单元体的边长分别为 dx、dy、dz，如图 7-11 所示，已知单元体左右两侧面上无正应力，只有切应力 τ。这两个面上的切应力数值相等，但方向相反，于是这两个面上的剪力组成一个力偶，其力偶矩为$(\tau\mathrm{d}y\mathrm{d}z)\mathrm{d}x$。单元体的前、后两个面上无任何应力。因为单元体是平衡的，所以它的上、下两个面上必存在大小相等、方向相反的切应力 τ'，它们组成的力偶矩为$(\tau'\mathrm{d}x\mathrm{d}z)\mathrm{d}y$，应与左、右面上的力偶平衡，即

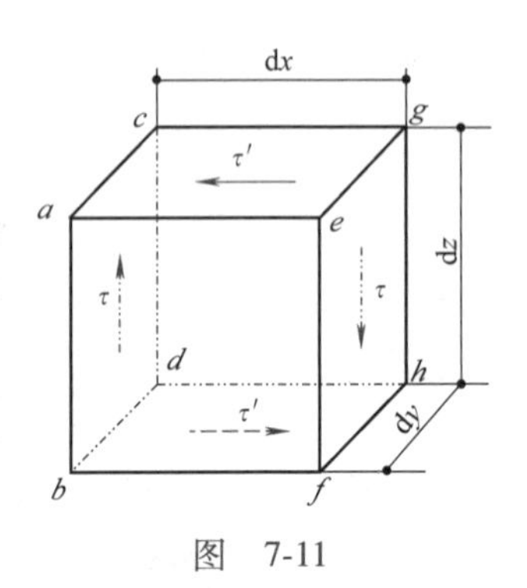

图 7-11

$$(\tau'\mathrm{d}x\mathrm{d}z)\mathrm{d}y=(\tau\mathrm{d}y\mathrm{d}z)\mathrm{d}x$$

由此可得

$$\tau' = \tau$$

上式表明，在过一点相互垂直的两个平面上，切应力必然成对存在，且数值相等，方向垂直于两个平面的交线，且同时指向或同时背离这一交线，这一规律称为**切应力互等定理**。

上述单元体上的两个侧面上只有切应力，而无正应力，这种受力状态称为**纯剪切应力状态**。切应力互等定理对于纯剪切应力状态或其他应力状态都是适用的。

思　考　题

7-1　剪切和挤压的实用计算采用了什么假设？为什么？

7-2　剪切的受力特点和变形特点与挤压比较有何不同？

7-3　对同一材料的许用应力，压缩与挤压是否相同？

7-4　挤压应力与一般的压应力有何区别？

练　习　题

7-1　如图7-12所示，切料装置用刀刃把切料模中直径为12mm的棒料切断。棒料的许用切应力$[\tau]=320\text{MPa}$。试计算切断力。

7-2　如图7-13所示，已知板厚$t=11\text{mm}$，铆钉直径$d=20\text{mm}$，拉力$F=25\text{kN}$，许用切应力$[\tau]=110\text{MPa}$，许用挤压应力$[\sigma_c]=250\text{MPa}$。试对铆钉进行强度校核。

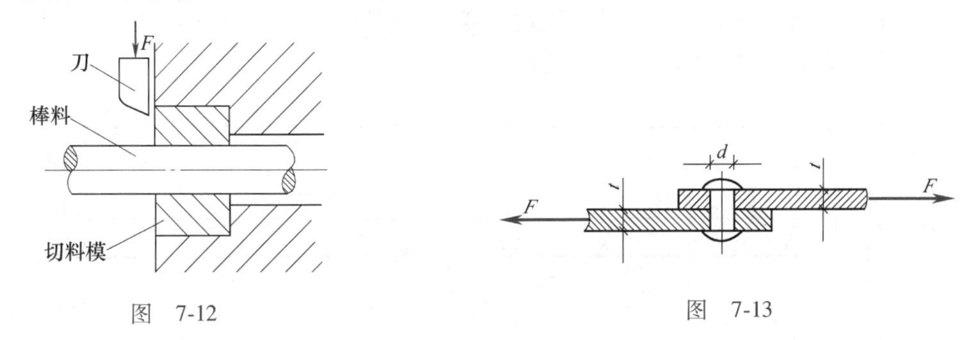

图　7-12　　　　图　7-13

7-3　如图7-14所示，基底边长$a=1\text{m}$的正方形混凝土上有一边长$b=200\text{mm}$的正方形混凝土柱。作用在柱上的轴向压力$F=150\text{kN}$。设地基对混凝土板的约束力均匀分布，混凝土的许用切应力$[\tau]=2.0\text{MPa}$，若要使柱不穿过混凝土板，试确定混凝土板的最小厚度δ。

7-4　如图7-15所示，厚度$t=6\text{mm}$的两块钢板用三个铆钉连接，已知$F=80\text{kN}$，连接件的许用切应力$[\tau]=110\text{MPa}$，许用挤压应力$[\sigma_c]=300\text{MPa}$，试确定铆钉的直径d。

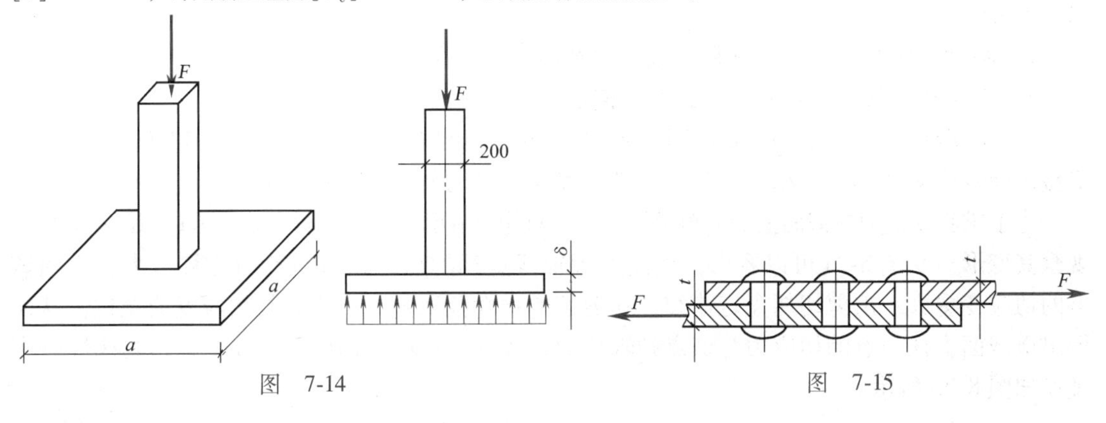

图　7-14　　　　图　7-15

学习目标

第八章 受扭圆轴的强度与刚度条件

扭转变形是杆件基本变形形式之一，对一般截面形式的计算很复杂，本章只研究圆轴扭转的受力和变形特点及圆轴扭转时的变形和刚度计算。

第一节 圆轴扭转时横截面上的应力和强度计算

一、圆轴扭转时横截面上的应力

由第四章知，圆轴受扭时横截面上的内力是扭矩。那么，扭矩在横截面上是如何分布的呢？这就需要求解圆轴扭转时横截面上的应力。取图 8-1a 所示圆轴，在其表面画出一组平行于轴线的纵向线和一组垂直于轴线的圆周线，表面就形成许多小矩形。在轴上作用外力偶 M(作用面垂直于轴线)，可以观察到圆轴扭转变形(图 8-1b)现象如下：

1）各圆周线的形状、大小及间距均不变，分别绕轴线转动了不同的角度。

2）各纵向线倾斜了同一个微小角度 φ。

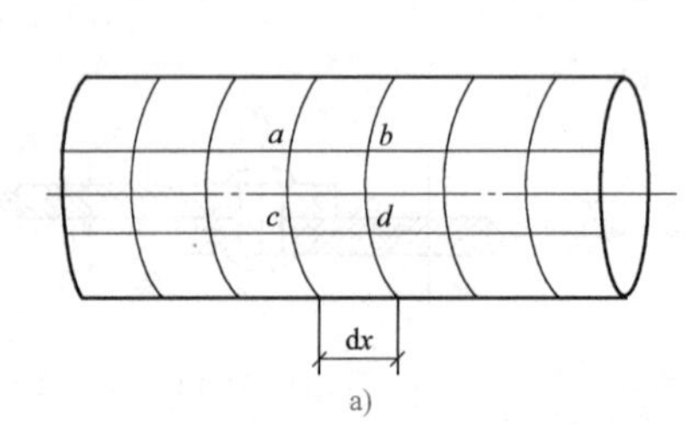

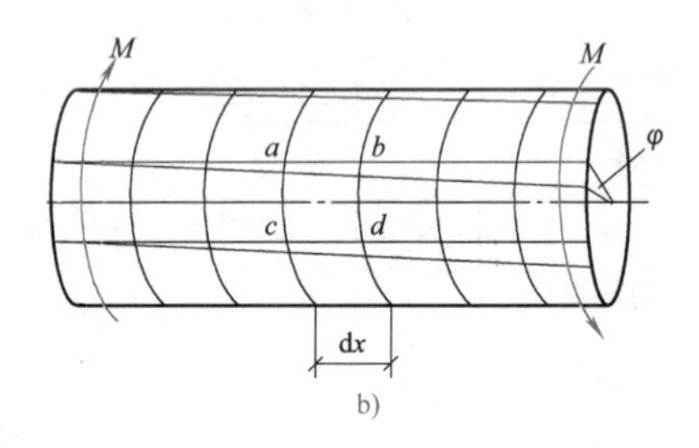

图 8-1

由于圆轴扭转时内部材料各点的相对位置无法观察，根据试验观察到的“圆周线的形状、大小及间距均不变”现象，作如下平面假设：圆轴扭转变形时，各横截面始终保持为平面，且形状大小不变。在平面假设的基础上，分析观察的现象，由此得出以下结论：

1）圆轴扭转变形可以看做是横截面像刚性平面一样，绕轴线相对转动。

2）由于相邻截面的间距不变，所以横截面上无正应力。

3）由于横截面绕轴线转动了不同的角度，因此相邻横截面间就产生了相对转角 $d\varphi$，即横截面间发生旋转形式的相对错动，也就是发生了剪切变形，故截面上有切应力存在。

为了求得切应力在截面上的分布规律，取一对相邻截面，作其相对错动的示意图(图 8-2a)，观察其变形。从图 8-2a 可以看出，截面上距轴线愈远的点，相对错动的位移愈大，说明该点的切应变愈大。由剪切胡克定律知，在剪切的弹性范围内，切应力与切应变成正比。从而得出横截面上任一点的切应力与该点到轴线的距离 ρ 成正比，切应力与 ρ 垂直，其线性分布规律如图 8-2b 所示。

应用变形几何关系和静力学平衡关系可以推知：横截面任一点的切应力与截面扭矩 M_T 成正比，与该点到轴线的距离 ρ 成正比，而与截面的极惯性矩 I_p 成反比，其切应力公式为

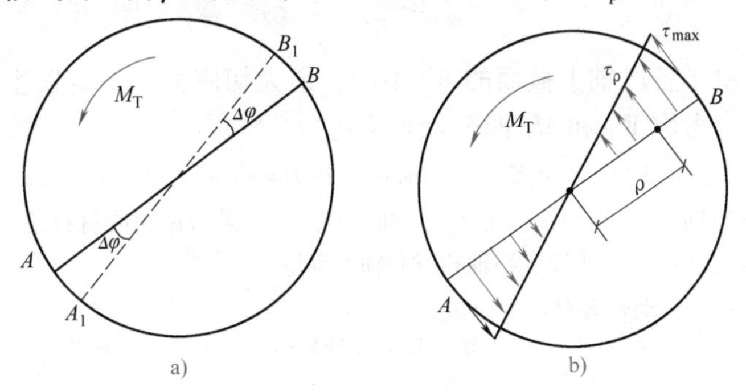

图　8-2

$$\tau_\rho=\frac{M_T\rho}{I_p} \tag{8-1}$$

式中，I_p 称为横截面对圆心的极惯性矩，其大小与截面形状、尺寸有关，单位是 m^4 或 mm^4。

最大切应力发生在截面边缘处，即 $\rho=D/2$ 时，其值为

$$\tau_{max}=\frac{\frac{M_TD}{2}}{I_p}=\frac{M_T}{W_p} \tag{8-2}$$

式中，$W_p=\frac{I_p}{\frac{D}{2}}$称为抗扭截面系数。

必须指出，式(8-2)只适用于圆轴。

二、极惯性矩和抗扭截面系数

(1) 实心圆截面　设直径为 D，则极惯性矩为

$$I_p=\frac{\pi D^4}{32}\approx 0.1D^4 \tag{8-3}$$

抗扭截面系数为

$$W_p=\frac{I_p}{\frac{D}{2}}=\frac{\pi D^3}{16}\approx 0.2D^3 \tag{8-4}$$

(2) 空心圆截面　设外径为 D，内径为 d，并取内外径之比 $d/D=\alpha$，则极惯性矩为

$$I_p=\frac{\pi D^4}{32}(1-\alpha^4)\approx 0.1D^4(1-\alpha^4) \tag{8-5}$$

抗扭截面系数为

$$W_p=\frac{I_p}{\frac{D}{2}}=\frac{\pi D^3}{16}(1-\alpha^4)\approx 0.2D^3(1-\alpha^4) \tag{8-6}$$

三、圆轴扭转时的强度计算

与拉伸(压缩)时的强度计算一样，圆轴扭转时必须使最大工作切应力 τ_{max} 不超过材料的

许用切应力$[\tau]$，故等直圆轴扭转的切应力强度准则为

$$\tau_{max}=\frac{M_{Tmax}}{W_p}\leqslant[\tau] \tag{8-7}$$

对于阶梯轴，由于各段轴上截面的 W_p 不同，最大切应力不一定发生在最大扭矩所在的截面上，因此需综合考虑 W_p 和 M_T 两个量来确定。

例 8-1 某传动轴是由 45 号无缝钢管制成。轴的外径 $D=90\text{mm}$，壁厚 $t=2.5\text{mm}$，传递的最大力偶矩为 $M_e=1.5\text{kN}\cdot\text{m}$，材料的$[\tau]=60\text{MPa}$。(1)校核轴的强度。(2)若改用相同材料的实心轴，并要求它和原轴强度相同，试设计其直径。(3)比较实心轴和空心轴的重量。

解 (1) 校核强度 传动轴各截面的扭矩为

$$M_T=M_e=1.5\text{kN}\cdot\text{m}$$

抗扭截面系数

$$W_p=\frac{\pi D^3}{16}(1-\alpha^4)=\frac{\pi\times90^3}{16}\left[1-\left(\frac{85}{90}\right)^4\right]\text{mm}^3=29280\ \text{mm}^3=29.28\times10^{-6}\text{m}^3$$

最大切应力

$$\tau_{max}=\frac{M_T}{W_p}=\frac{1.5\times10^3}{29.28\times10^{-6}}\text{Pa}=51.2\times10^6\text{Pa}=51.2\text{MPa}<[\tau]$$

故轴的强度足够。

(2) 设计实心轴直径 D_1 由于实心轴和原空心轴的扭矩相同，因此若要求它们的强度相同，只需它们的抗扭截面系数相等即可，于是得

$$W_p=\frac{\pi D_1^3}{16}=\frac{\pi D^3}{16}(1-\alpha^4)$$

$$D_1=D\sqrt[3]{1-\alpha^4}=90\times\sqrt[3]{1-\left(\frac{85}{90}\right)^4}\text{mm}=53\text{mm}$$

(3) 重量比较 设实心轴重量为 G_1，空心轴重量为 G，由于两轴材料、长度相同，因此重量之比即为截面积之比：

$$\frac{G_1}{G}=\frac{\dfrac{\pi D_1^2}{4}}{\dfrac{\pi(D^2-d^2)}{4}}=\frac{53^2}{90^2-85^2}=3.21$$

计算结果表明，在等强度条件下，空心轴比实心轴节省材料。因此，空心圆截面是圆轴扭转时的合理截面形状。

例 8-2 如图 8-3 所示，轴 AB 的转速 $n=360\text{r/min}$，传递的功率 $P=15\text{kW}$。轴的 AC 段为实心圆截面，CB 段为空心圆截面。已知 $D=30\text{mm}$，$d=20\text{mm}$。试计算 AC 段横截面边缘处的切应力以及 CB 段横截面内外边缘处的切应力。

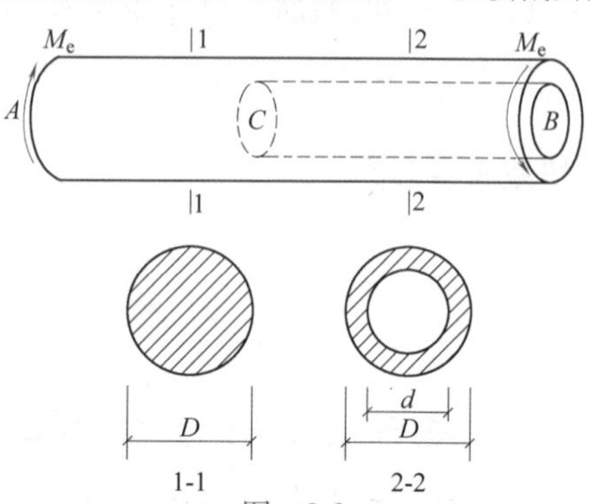

图 8-3

解 (1) 计算扭矩 轴所受的外力偶矩为

$$M_e=9549\frac{P}{n}=9549\times\frac{15}{360}\text{N}\cdot\text{m}=398\text{N}\cdot\text{m}$$

由截面法，各横截面上的扭矩为

$$M_T=M_e=398\text{N}\cdot\text{m}$$

(2) 计算极惯性矩 由式(8-3)及式(8-5)，AC 段和 CB 段横截面的极惯性矩分别为

$$I_{p1}=\frac{\pi D^4}{32}=\frac{3.14\times30^4}{32}\text{mm}^4=7.95\times10^4\ \text{mm}^4$$

$$I_{p2}=\frac{\pi D^4}{32}-\frac{\pi d^4}{32}=\left(\frac{3.14\times30^4}{32}-\frac{3.14\times20^4}{32}\right)mm^4=6.38\times10^4\ mm^4$$

（3）计算应力　由式(8-1)知，AC 段轴在横截面边缘处的切应力为

$$\tau_{AC}^{外}=\frac{M_T\cdot\dfrac{D}{2}}{I_{p1}}=\frac{398\times15\times10^{-3}}{(7.95\times10^4)\times10^{-12}}Pa=75MPa$$

CB 段轴横截面内、外边缘处的切应力分别为

$$\tau_{CB}^{外}=\frac{M_T\cdot\dfrac{D}{2}}{I_{p2}}=\frac{398\times15\times10^{-3}}{(6.38\times10^4)\times10^{-12}}Pa=93.6MPa$$

$$\tau_{CB}^{内}=\frac{M_T\cdot\dfrac{d}{2}}{I_{p2}}=\frac{398\times10\times10^{-3}}{(6.38\times10^4)\times10^{-12}}Pa=62.4MPa$$

第二节　圆轴扭转时的变形和刚度计算

一、圆轴扭转时的变形

圆轴扭转变形的大小是用两横截面绕轴线的相对扭转角 φ 来度量的。理论推证表明，对于轴长为 l、扭矩为常量的等截面圆轴，两端截面间的相对扭转角与扭矩 M_T 成正比，与轴长 l 成正比，与截面的极惯性矩成反比，即

$$\varphi=\frac{M_Tl}{GI_p}\tag{8-8}$$

式中，GI_p 称为圆轴的抗扭刚度。它反映圆轴抵抗扭转变形的能力。当 M_T 和 l 一定时，GI_p 越大，扭转角 φ 越小，说明圆轴抵抗扭转变形的能力越强。

对于阶梯轴或各段扭矩不相等的轴，应分段计算各段的扭转角，然后求代数和，即可求得全轴的扭转角。

例 8-3　图 8-4a 所示的传动轴，已知 $M_1=640N\cdot m$，$M_2=840N\cdot m$，$M_3=200N\cdot m$，轴材料的切变模量 $G=80GPa$，试求截面 C 相对于截面 A 的扭转角。

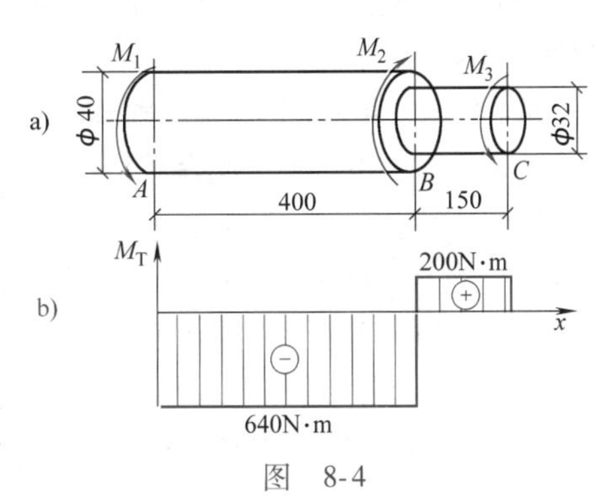

图　8-4

解　(1) 分段计算各段截面的扭矩并画出扭矩图(图 8-4b)

AB 段　$M_{T1}=-M_1=-640N\cdot m$

BC 段　$M_{T2}=-M_1+M_2=(-640+840)N\cdot m=200N\cdot m$

(2) 计算扭转角　由于 A、C 两截面间的扭矩 M_T 和极惯性矩 I_p 不是常量，故应分段计算 AB 段和 BC 段的相对转角，然后进行叠加。

$$\varphi_{AB}=\frac{M_{T1}l_1}{GI_{p1}}=\frac{-640\times400\times10^{-3}}{80\times10^9\times0.1\times(40\times10^{-3})^4}rad=-0.013rad$$

$$\varphi_{BC}=\frac{M_{T2}l_2}{GI_{p2}}=\frac{200\times150\times10^{-3}}{80\times10^9\times0.1\times(32\times10^{-3})^4}rad=0.004rad$$

故得

$$\varphi_{AC}=\varphi_{AB}+\varphi_{BC}=(-0.013+0.004)rad=-0.009rad$$

二、刚度计算

式(8-8)两边同除以轴长 l，就得到单位轴长的相对扭转角：

$$\theta=\frac{\varphi}{l}=\frac{M_{\mathrm{T}}}{GI_{\mathrm{p}}}$$

对于等截面圆轴，其最大单位轴长的扭转角必在扭矩最大的轴段上产生。

对于轴类构件，除了要满足强度要求外，还要求轴不要产生过大的变形，即要求轴的最大单位轴长的扭转角不超过其许用扭转角。从而得到圆轴扭转的刚度准则为

$$\theta_{\max}=\frac{M_{\mathrm{Tmax}}}{GI_{\mathrm{p}}}\leqslant[\theta]$$

式中，$\theta_{\max}$的单位是弧度/米(rad/m)。而工程上常用许用扭转角的单位是度/米[(°)/m]。因此，将最大 $\theta_{\max}$的单位(rad/m)换算成[θ]的单位[(°)/m]，则上式刚度准则即为

$$\theta_{\max}=\frac{M_{\mathrm{Tmax}}}{GI_{\mathrm{p}}}\times\frac{180°}{\pi}\leqslant[\theta] \tag{8-9}$$

单位轴长的许用扭转角[θ]的取值，可查阅有关设计手册。

应用圆轴扭转的刚度准则，可以解决刚度计算的三类问题，即校核刚度、设计截面和确定许用荷载。

例 8-4　图 8-5 所示传动轴的转速 n=300r/min，主动轮 C 输入外力矩 M_C = 955N·m，从动轮 A、B、D 的输出外力矩分别为 M_A = 159.2N·m，M_B = 318.3N·m，M_D = 477.5N·m，已知材料的切变模量 G = 80GPa，许用切应力[τ] = 40MP，许用扭转角[θ] = 1°/m，试按轴的强度和刚度准则设计轴的直径。

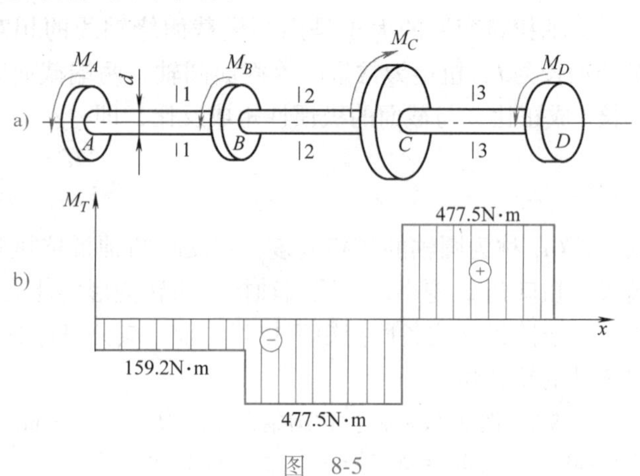

图 8-5

解　(1) 计算轴各段的扭矩，画扭矩图

AB 段　$M_{\mathrm{T1}}=-M_A=-159.2\mathrm{N\cdot m}$

BC 段　$M_{\mathrm{T2}}=-M_A-M_B=(-159.2-318.3)\mathrm{N\cdot m}=-477.5\mathrm{N\cdot m}$

CD 段　$M_{\mathrm{T3}}=-M_A-M_B+M_C=(-159.2-318.3+955)\mathrm{N\cdot m}=477.5\mathrm{N\cdot m}$

由图可知最大扭矩发生在 BC 段和 CD 段

$$M_{\mathrm{Tmax}}=477.5\mathrm{N\cdot m}$$

(2) 按强度准则设计轴径　由式 $\tau_{\max}=\frac{M_{\mathrm{Tmax}}}{W_{\mathrm{p}}}\leqslant[\tau]$和 $W_{\mathrm{p}}=\frac{\pi d^3}{16}$，得

$$d\geqslant\sqrt[3]{\frac{16\times477.5}{\pi\times40\times10^6}}\mathrm{m}=39.3\times10^{-3}\mathrm{m}=39.3\mathrm{mm}$$

(3) 按刚度准则设计轴径　由式 $\theta_{\max}=\frac{M_{\mathrm{Tmax}}}{GI_{\mathrm{p}}}\times\frac{180°}{\pi}\leqslant[\theta]$和 $I_{\mathrm{p}}=\frac{\pi d^4}{32}$，得

$$d\geqslant\sqrt[4]{\frac{32M_{\mathrm{Tmax}}\times180}{\pi^2G[\theta]}}=\sqrt[4]{\frac{32\times477.5\times180}{\pi^2\times80\times10^6\times1}}\mathrm{m}=43.2\times10^{-3}\mathrm{m}=43.2\mathrm{mm}$$

为使轴既满足强度准则又满足刚度准则，可选取较大的值，即取 d=44mm。

思　考　题

8-1　减速箱中，高速轴的直径大，还是低速轴的直径大？为什么？

8-2　研究圆轴扭转时，所作的平面假设是什么？横截面上产生什么应力？如何分布？

8-3　图 8-6 所示的两个传动轴，哪一种轮系的布置对提高轴的承载能力有利？

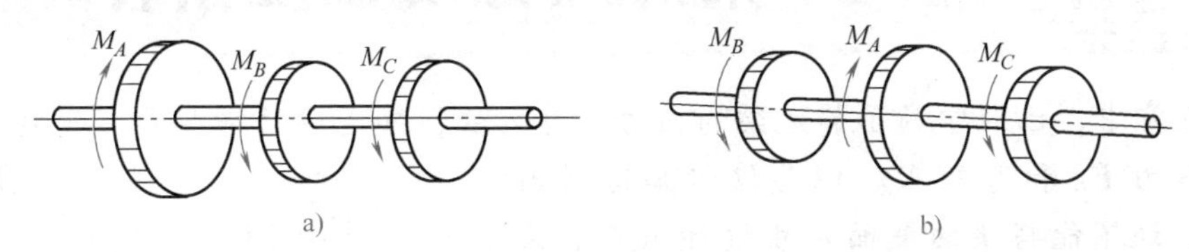

图　8-6

8-4　试分析图 8-7 所示圆截面扭转时的切应力分布，哪些是正确的？哪些是错误的？

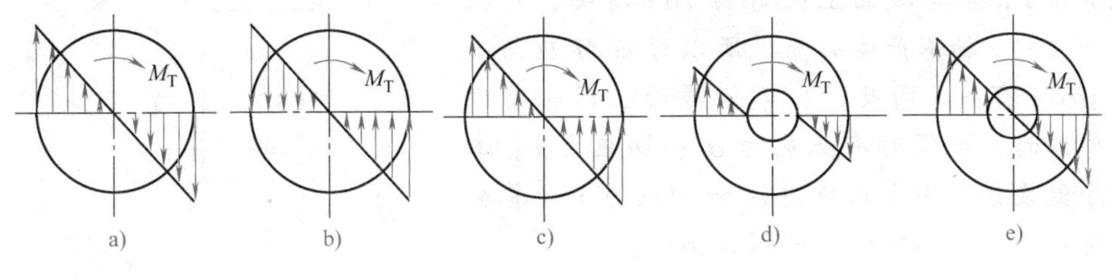

图　8-7

8-5　直径相同、材料不同的两根等长的实心圆轴，在相同的扭矩作用下，其 τ_{max}、φ 是否相同？

8-6　从力学角度上讲，为什么说空心截面比实心截面较为合理？

练　习　题

8-1　作图 8-8 所示各轴的扭矩图。

8-2　图 8-9 所示传动轴，已知轴的转速 $n=120\text{r/min}$，$d=80\text{mm}$，试求：(1)轴的扭矩图；(2)轴的最大切应力；(3)截面上半径为 25mm 圆周处的切应力；(4)从强度角度分析三个轮的布置是否合理？若不合理，试重新布置。

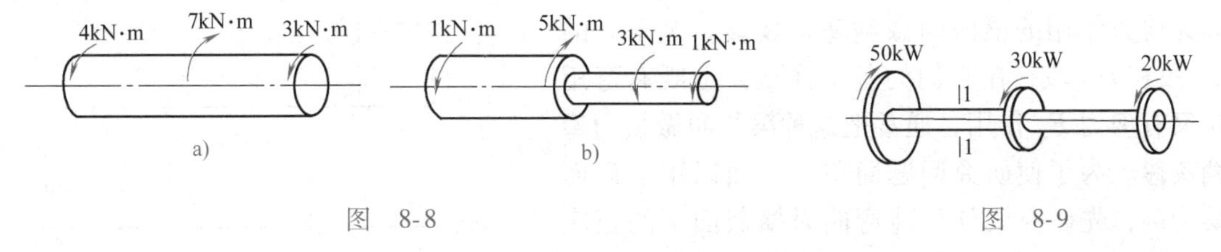

图　8-8　　　图　8-9

8-3　圆轴的直径 $d=50\text{mm}$，转速 $n=120\text{r/min}$，若该轴的最大切应力 $\tau_{max}=60\text{MPa}$，试求该轴所传递的功率是多大？

8-4　图 8-10 所示实心轴和空心轴通过牙嵌式离合器连接在一起，已知轴的转速 $n=120\text{r/min}$，传递的功率 $P=4\text{kW}$，材料的许用切应力 $[\tau]=60\text{MPa}$，空心圆截面的内外径之比 $\alpha=0.8$，试确定实心轴的直径 d_1 和空心轴外径 D、内径 d，并比较两轴的截面面积。

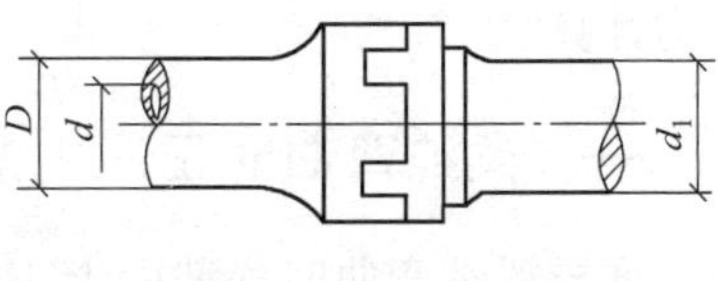

图 8-10

学习目标

第九章
梁的应力及强度条件

在第五章中，已经学习了静定梁的内力计算方法，知道梁的横截面上一般产生两种内力——剪力 $\boldsymbol{F}_Q$ 和弯矩 M。但是仅仅知道梁内力的大小，还不能将梁的截面尺寸设计出来。为了进行梁的强度计算，还必须进一步研究梁横截面上的应力分布情况。由图 9-1 知，梁的横截面上的剪力 $\boldsymbol{F}_Q$ 应与截面上微剪力 $\tau\mathrm{d}A$ 有关，而微剪力 $\tau\mathrm{d}A$ 对 z 轴不产生力矩，所以弯矩 M 应与微力矩 $y\sigma\mathrm{d}A$ 有关。因此，当梁横截面上同时有弯矩和剪力时，也同时有正应力 σ 和切应力 τ。本章在导出梁横截面上正应力 σ 和切应力 τ 计算公式的条件下，进而建立梁的强度条件。

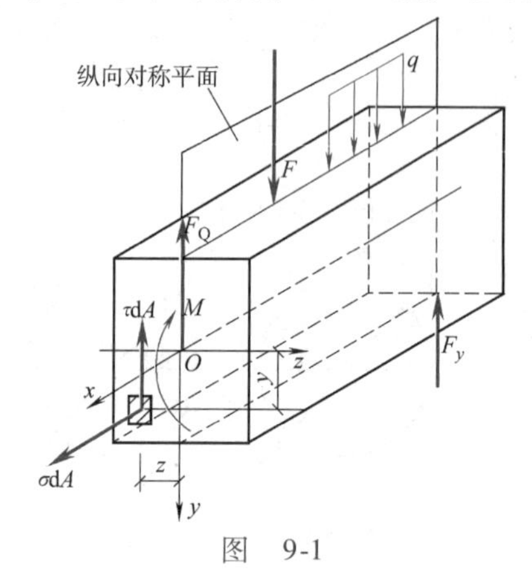

图 9-1

第一节 梁弯曲时的正应力计算公式

先来分析如图 9-2a 所示的简支梁，其荷载和梁的支座约束力都作用在梁的纵向对称平面内，其剪力图和弯矩图分别如图 9-2b、c 所示。由内力图可知，在梁的中段 CD 部分的各个横截面上，没有剪力作用，并且弯矩都等于常用量 Fa，通常我们把这种横截面上，只有常量弯矩作用，而无剪力作用的梁段叫做纯弯曲梁段。至于梁的 AC 段和 DB 段，在它们的各个横截面上既有弯矩 M 又有剪力 $\boldsymbol{F}_Q$ 作用，通常把这种梁段叫做横力弯曲梁段。为了使研究问题简单，下面以矩形截面梁为例，先研究梁处于纯弯曲时横截面上的正应力，进而推广应用到梁的一般弯曲时横截面的正应力计算。

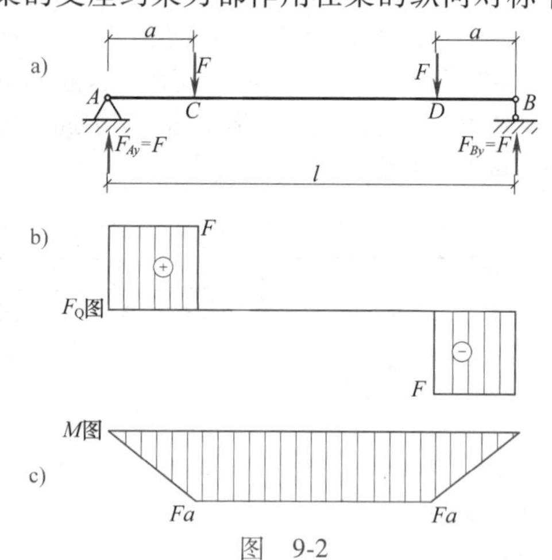

图 9-2

一、梁纯弯曲时正应力的一般计算公式

推导梁纯弯曲时横截面上正应力计算公式，应从几何变形、物理关系和静力学关系三个方面入手。

1. 几何变形方面

梁在纯弯曲情况下，其横截面上的正应力究竟是怎样分布的？它们的大小应该怎样来计算？要解决这些问题，首先必须了解梁在弯曲时的变形情况。对于矩形等截面直梁在纯弯曲时的变形情况，可以通过侧面画有小方格的橡皮模型梁，进行弯曲试验来观察（图 9-3a、b）。这些小方格是由绘制在矩形截面梁表面上一系列与梁轴线平行的纵向线和与梁轴线垂直的横向线构成的。当梁的两端各施加一个力偶矩 M 并使梁段发生弯曲时，这时可以明显地看到如下的一些现象：

1）所有纵向线（如图 9-3b 中的 1-1 线、2-2 线）都弯成了曲线，并仍旧与挠曲了的梁轴线（**挠曲轴**）保持曲线相互平行关系，并且靠近梁下边缘（凸边）的纵向线伸长了，而靠近梁上边缘（凹边）的纵向线缩短了（图 9-3b、d）。

2）所有横向线（如图 9-3 中 mn 线、pq 线）仍旧保持为直线，只是相互倾斜了一个角度，但仍与弯成曲线的纵向线保持垂直关系，即各个小方格的直角在梁弯曲变形后仍为直角（图 9-3b、d）。

3）矩形截面梁的上部变宽，下部变窄（图 9-3d）。

根据上面所观察到的现象，我们可以通过判断和推理，对于纯弯曲情况下的梁，作出如下的假设。

（1）**平面假设**　在纯弯曲时，梁的横截面在梁弯曲后仍然保持为平面，即梁纯弯曲后的横截面仍然垂直于梁的挠曲后的轴线。

（2）**各纵向纤维单向受拉压变形假设**　梁可以被看成是由无数根纵向纤维组成，而各纵向纤维只受到单向拉伸或压缩变形，即纵向纤维间不存在相互挤压变形的问题。

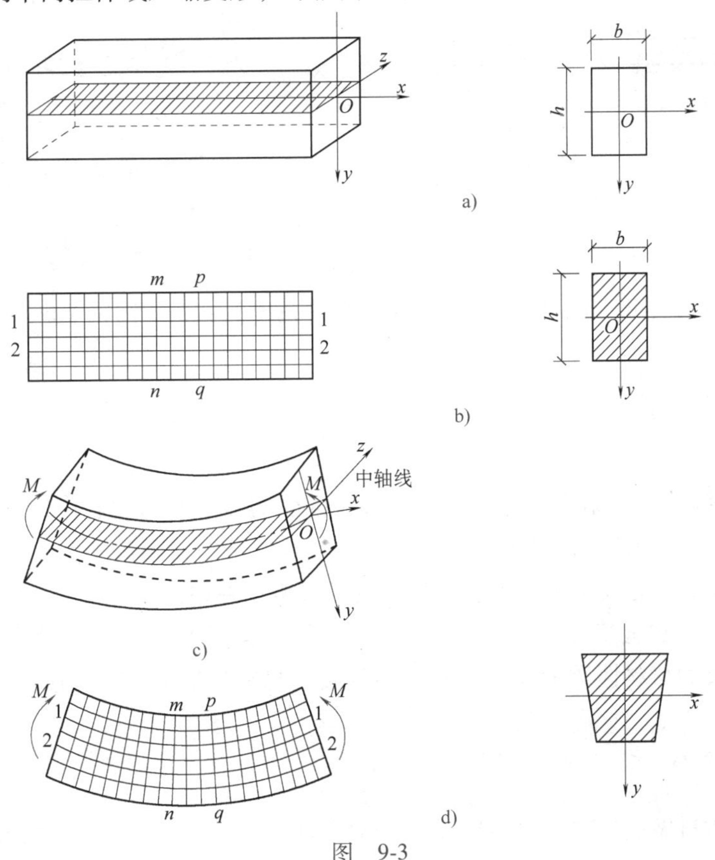

图　9-3

(3) 各纵向纤维的变形与它在梁横截面宽度上的位置无关，即在梁横截面上处于同一高度处的纵向纤维变形都相同。

由现象3)和假设(2)可知，梁的上部纵线缩短，截面变宽，表示梁的上部各根纤维受到压缩变形；梁的下部纵线伸长，截面变窄，表示梁的下部各根纤维受到拉伸变形。从上部各层纤维缩短到下部各层纤维伸长的连续变形中，必然有一层纤维既不缩短也不伸长，这层纤维称为中性层。中性层与横截面的交线称为中性轴(图9-3c)。中性层将梁分成两个区域：中性层以上为受压区，中性层以下为受拉区。

根据平面假设可知，纵向纤维的伸长或缩短是由于横截面绕中性轴转动的结果。现在来求任意一根纤维 ab 的线应变。为此，用相邻两横截面 mm 和 nn 从梁上截出一长为 $\mathrm{d}x$ 的梁段(图9-4a)。设 O_1O_2 为中性层(它的具体位置现在还不知道)，两相邻横截面 mm 和 nn 转动后其延长线相交于 O 点，O 点为中性层的曲率中心。中性层的曲率半径以 ρ 表示。两个横截面间的夹角以 $\mathrm{d}\theta$ 表示。设 y 轴为横截面的纵向对称轴，z 轴为中性轴(由平面弯曲可知中性轴一定垂直于截面的纵向对称轴)，求距中性层为 y 处的纵向纤维 ab 的线应变(图9-4b)。

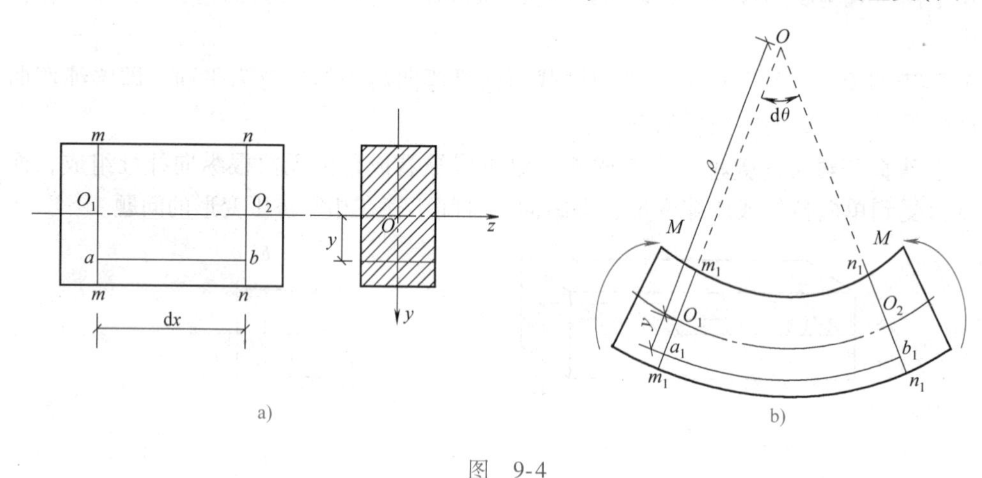

图 9-4

纤维 ab 的原长 $\overline{ab}=\mathrm{d}x=O_1O_2=\rho\mathrm{d}\theta$，其变形后的长度为 $a_1b_1=(\rho+y)\mathrm{d}\theta$，故 ab 纤维的线应变为

$$\varepsilon=\frac{a_1b_1-\overline{ab}}{\overline{ab}}=\frac{(\rho+y)\mathrm{d}\theta-\rho\mathrm{d}\theta}{\rho\mathrm{d}\theta}=\frac{y}{\rho} \quad ①$$

对于确定的截面来说，ρ 是常量。所以各纤维的纵向线应变与它到中性层的距离 y 成正比。对图9-4a所示的梁，当所考虑的纤维是在中性层以下时，距离 y 为正值，应变 ε 也为正值，说明材料是处于被拉伸的状态；当所考虑的纤维是在中性层以上时，则 y 与 ε 都为负值，说明材料是处于被压缩的状态。注意上式是完全根据平面假设和梁挠曲轴的几何条件推导出来的，它与梁的材料性质无关。因此，不管梁的材料的应力-应变曲线是怎样的，这个式子都是适用的。

2. 物理关系方面

对于由弹性材料做成的梁，根据拉(压)胡克定律($\sigma=E\varepsilon$)，因此将上面导出的 $\varepsilon=\dfrac{y}{\rho}$ 代

入拉(压)胡克定律，即得

$$\sigma = E\varepsilon = E\frac{y}{\rho} \qquad ②$$

对于确定的截面和材料，ρ 与 E 均为常量。因此，式②表示梁横截面上任一点处的正应力 σ 与该点到中性轴的距离 y 成正比，即弯曲正应力 σ 沿梁截面高度 h 按线性规律分布，并且在中性轴以下的 σ 为拉应力，在中性轴以上的 σ 为压应力，其正应力分布情况如图9-5b所示。

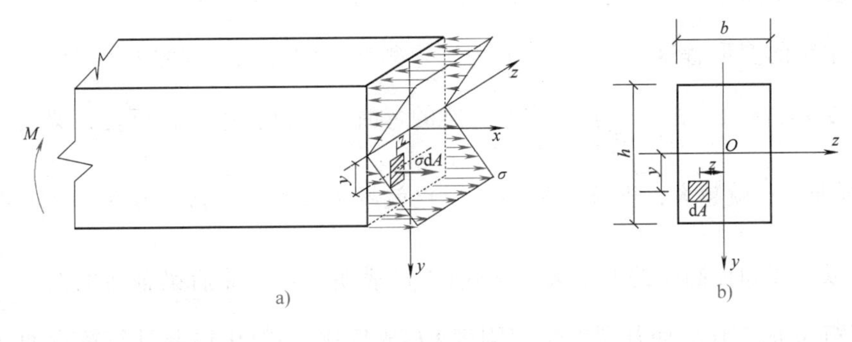

图　9-5

3. 静力学关系方面

式②只给出了正应力的分布规律，还不能用来计算正应力的数值。因为中性轴的位置尚未确定，曲率半径 ρ 的大小也不知道，为此下面利用静力学关系来解决这些问题。

对于纯弯曲的梁，横截面上的内力只有弯矩 M。如果在梁的横截面上任意取一个中心点坐标为(y,z)的微面积 $\mathrm{d}A$，则作用在这个微面积上的微内力为 $\mathrm{d}F_N=\sigma\mathrm{d}A$。因为外力偶矩 M 与横截面上各微面积的微内力 $\mathrm{d}F_N=\sigma\mathrm{d}A$ 组成一个平衡力系(图9-5a、b)，且微内力 $\mathrm{d}F_N=\sigma\mathrm{d}A$ 的方向平行于 x 轴，它在 y 轴和 z 轴上的投影都为零，由 $\sum F_x=0$ 及 $\sum M_z=0$，得

$$\int_A \sigma \mathrm{d}A = 0 \qquad ③$$

$$\int_A y\sigma \mathrm{d}A = M \qquad ④$$

将式②代入式③，得

$$\int_A \frac{E}{\rho} y\mathrm{d}A = 0 \quad 即 \quad \frac{E}{\rho}\int_A y\mathrm{d}A = 0$$

由于$\dfrac{E}{\rho}\neq 0$，所以一定有

$$\int_A y\mathrm{d}A = 0$$

而 $\int_A y\mathrm{d}A = S_z$，$S_z$ 代表截面对中性轴的静矩。此式表明截面对中性轴的静矩必须等于零。由此可知，直梁弯曲时，中性轴 z 必定通过截面的形心，并且与横截面的对称轴(即 y 轴)垂直。因而利用这个性质就可以确定梁横截面上中性轴的位置。

再将式②代入式④得，

$$\int_A \frac{E}{\rho} y^2 \mathrm{d}A = M \quad 即 \quad \frac{E}{\rho}\int_A y^2 \mathrm{d}A = M$$

而 $\int_A y^2 \mathrm{d}A$ 就是横截面的面积 A 对中性轴 Oz 的惯性矩 I_z，即令 $I_z = \int_A y^2 \mathrm{d}A$（参看附录A第二节的惯性矩及惯性半径的内容）。因而上式就可以写成

$$\frac{1}{\rho} = \frac{M}{EI_z} \tag{9-1}$$

式中$\frac{1}{\rho}$是中性层的曲率。由于梁的轴线位于中性层内，所以$\frac{1}{\rho}$也是梁弯曲后梁轴线的曲率，它反映了梁的变形程度。EI_z 称为梁的抗弯刚度，它表示了梁抵抗弯曲变形的能力，梁的抗弯刚度 EI_z 越大，曲率$\frac{1}{\rho}$就越小，即梁的弯曲变形也就越小；反之，梁的抗弯刚度 EI_z 越小，则曲率$\frac{1}{\rho}$就越大，即梁的弯曲变形也就越大。为此，改变梁的抗弯刚度 EI_z 的大小，就可以调节和控制梁的变形大小。式(9-1)表明：梁弯曲后梁轴线的曲率$\frac{1}{\rho}$与梁横截面上的弯矩 M 成正比，而与梁的抗弯刚度 EI_z 成反比。式(9-1)是计算梁弯曲变形的基本公式之一。

将式(9-1)代入式②得

$$\sigma = \frac{M}{I_z} y \tag{9-2}$$

这就是梁在纯弯曲时横截面上任一点处正应力的计算公式。由此可知：**梁横截面上任一点处的正应力 σ，与截面上的弯矩 M 和该点到中性轴的距离 y 成正比，而与截面对中性轴的惯性矩 I_z 成反比。**

在应用式(9-2)计算梁横截面上任一点的正应力时，应该将 M 和 y 的数值及正负号一同代入，如果得出 σ 是正值，就是拉应力，如果得出的 σ 是负值，就是压应力。或者在计算时，只将 M 和 y 的绝对值代入公式，而正应力的性质(拉或压)则由弯矩 M 的正负号及所求点的位置来判断。当 M 为正时，中性轴以上各点为压应力，σ 则取负值；中性轴以下各点为拉应力，σ 则取正值(图9-6a)。当弯矩 M 为负时则相反(图9-6b)。

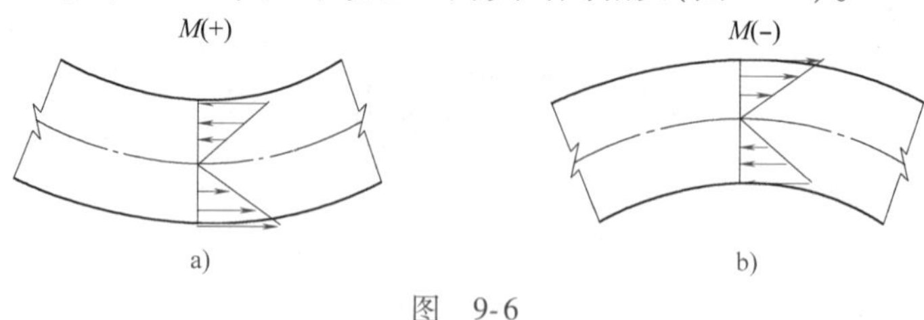

图　9-6

二、正应力公式的适用条件

正应力的应用应满足以下条件。

(1) 由正应力计算公式(9-2)式的推导过程知道，它的适用条件是：①纯弯曲梁；②梁的最大正应力 σ 不超过材料的比例极限 σ_P，即梁处于弹性变形范围内。

（2）式(9-2)虽然是由矩形截面梁推导出来的，但它也适用于所有横截面有纵向对称轴的梁。例如圆形、工字形、T形、圆环形等(图9-7)。

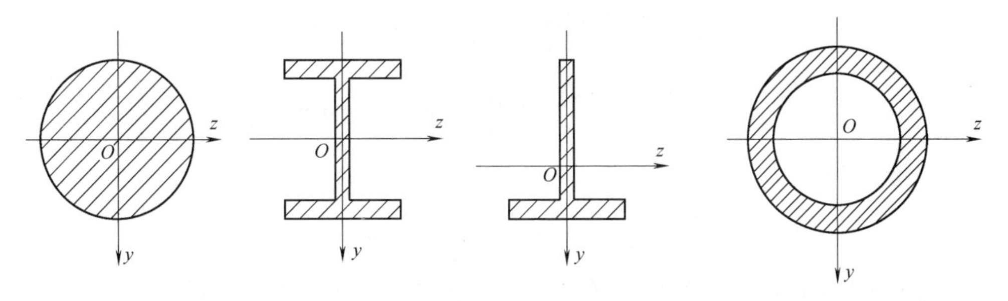

图　9-7

（3）剪切弯曲是弯曲问题中最常见的情况，在这种情况下，梁横截面上不仅有正应力存在，而且还有切应力存在。由于切应力的存在，梁的横截面将会发生翘曲。此外，在与中性层平行的纵截面之间，还会有横向力引起的挤压应力，它们都会对正应力有一定的影响。但理论分析证明，当梁的跨度 l 与横截面高度 h 之比 $\frac{l}{h}$ 大于5时，上述应力对正应力的影响甚小，可以忽略不计。而在工程中常见梁的 $\frac{l}{h}$ 值一般都远大于5，所以式(9-2)在一般情况下也可以用于剪切弯曲时横截面上各点正应力的计算。

例9-1　简支梁受均布载荷 q 作用，如图9-8所示。已知 $q=6\text{kN/m}$，梁的跨度 $l=4\text{m}$，截面为矩形，且宽为120mm，高为180mm。已知对 z 轴惯性矩 $I_z=\frac{1}{12}bh^3$。试求：(1) C 截面上 a、b、c 三点处的正应力；(2)梁的最大正应力 $\sigma_{\max}$ 及其位置。

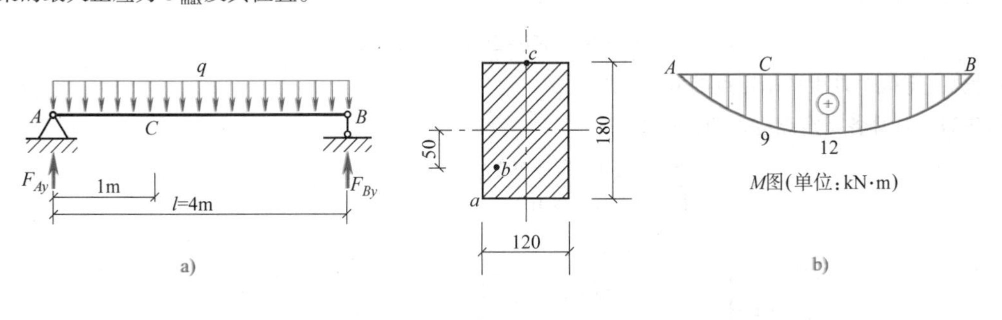

图　9-8

解　(1) 求指定截面上指定点的应力　先求出支座约束力，由对称性及 $\sum F_y=0$，得

$$F_{Ay}=F_{By}=\frac{ql}{2}=\frac{6\times4}{2}\text{kN}=12\text{kN}(\uparrow)$$

再计算 C 截面的弯矩

$$M_C=F_{Ay}\times1\text{m}-\frac{1}{2}\times q\times(1\text{m})^2=\left(12\times1-\frac{6\times1^2}{2}\right)\text{kN}\cdot\text{m}=9\text{kN}\cdot\text{m}$$

然后计算矩形截面对中性轴 z 的惯性矩

$$I_z=\frac{1}{12}bh^3=\frac{1}{12}\times120\times180^3\text{mm}^4=58.3\times10^6\text{mm}^4$$

再按式(9-2)计算各指定点的正应力

$$\sigma_a=\frac{M_C \cdot y_a}{I_z}=\frac{9\times10^6\times90}{58.3\times10^6}\text{MPa}=13.89\text{MPa}(\text{拉})$$

$$\sigma_b=\frac{M_C \cdot y_b}{I_z}=\frac{9\times10^6\times50}{58.3\times10^6}\text{MPa}=7.73\text{MPa}(\text{拉})$$

$$\sigma_c=\frac{M_C \cdot y_c}{I_z}=\frac{9\times10^6\times(-90)}{58.3\times10^6}\text{MPa}=-13.89\text{MPa}(\text{压})$$

（2）绘出该梁的弯矩图　由图 9-8b 可知，最大弯矩发生在梁的跨中截面，其值为

$$M_{\max}=\frac{1}{8}ql^2=\frac{1}{8}\times6\times4^2\text{kN}\cdot\text{m}=12\text{kN}\cdot\text{m}$$

梁的最大正应力发生在最大弯矩 $M_{\max}$所在截面的上、下边缘处。由梁的变形情况可以判定，最大拉应力发生在跨中截面的下边缘处；最大压应力发生在跨中截面的上边缘处。其最大正应力的值为

$$\sigma_{\max}=\frac{M_{\max}\cdot y_{\max}}{I_z}=\frac{12\times10^6\times90}{58.3\times10^6}\text{MPa}=18.53\text{MPa}$$

例 9-2　简支梁受集中载荷 $\boldsymbol{F}$ 作用，如图 9-9 所示。已知 $F=240\text{kN}$，梁的跨度 $l=6\text{m}$，截面为 T 形，尺寸如图所示。已知该 T 形截面梁对 z 轴的惯性矩 $I_z=93.2\times10^8\text{mm}^4$，$y_a=392\text{mm}$，$y_h=196\text{mm}$。试求：(1) D 截面上 a、b、c、d、e、f、g、h 点的正应力；(2)梁的最大拉应力与最大压应力及其所在位置；(3)绘出最大拉应力及压应力所在截面上的正应力分布图。

解　(1) 先作出梁的内力图，并求出该梁指定截面 D 上的内力，进而求出各指定点的应力。
首先求出支座约束力，由对称性及$\sum F_y=0$ 得

$$F_{Ay}=F_{By}=\frac{1}{2}F=\frac{1}{2}\times240\text{kN}=120\text{kN}(\uparrow)$$

其次作出该梁的弯矩图如图 9-9d 所示。
根据弯矩图查出或直接计算出指定截面 D 的弯矩 M_D

$$M_D=F_{By}\times\overline{DB}=120\times2\text{kN}\cdot\text{m}=240\text{kN}\cdot\text{m}$$

进而计算指定截面 D 上各指定点的应力。
据式(9-2)，计算各指定点应力如下：

$$\sigma_a=\frac{M_D\cdot y_a}{I_z}=\frac{240\times10^6\times392}{93.2\times10^8}\text{MPa}=10.09\text{MPa}(\text{拉应力})$$

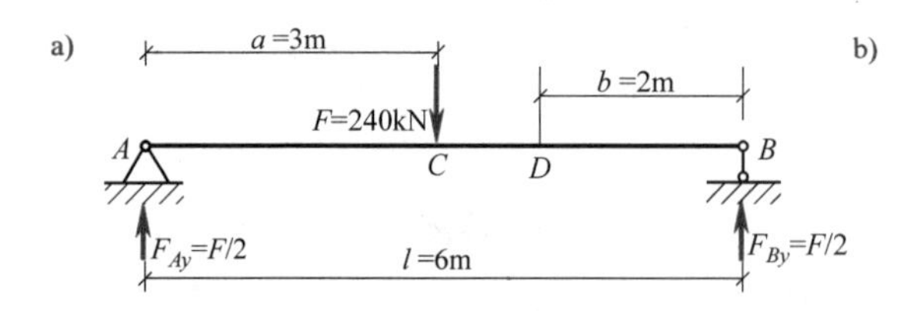

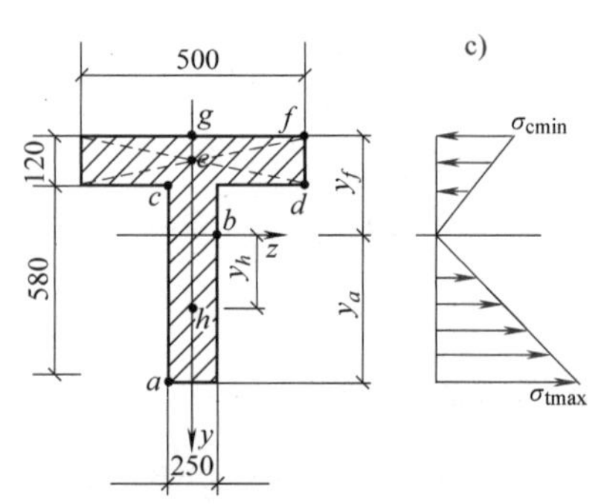

C、D截面图及C、D截面正应力分布图

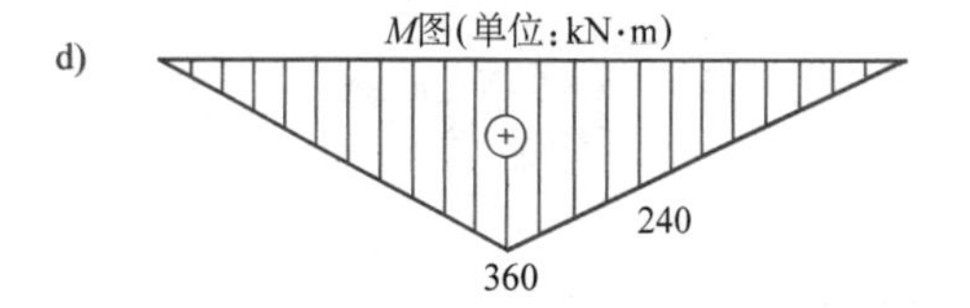

图　9-9

$$\sigma_b=\frac{240\times10^6\times0}{93.2\times10^8}\text{MPa}=0(\text{即中性轴上的正应力为零})$$

$$\sigma_c=\frac{240\times10^6\times(700-392-120)}{93.2\times10^8}\text{MPa}=4.84\text{MPa}(\text{压应力})$$

$$\sigma_d=\sigma_c=4.84\text{MPa}(\text{压应力，横截面上距中性轴相等的各点正应力相同})$$

$$\sigma_e=\frac{240\times10^6\times(700-392-120/2)}{93.2\times10^8}\text{MPa}=6.39\text{MPa}(\text{压应力})$$

$$\sigma_g=\frac{240\times10^6\times308}{93.2\times10^8}\text{MPa}=7.93\text{MPa}(\text{压应力})$$

$$\sigma_f=\sigma_g=7.93\text{MPa}(\text{压应力，理由同}\ \sigma_d\ \text{的计算})$$

$$\sigma_h=\frac{240\times10^6\times196}{93.2\times10^8}\text{MPa}=5.05\text{MPa}(\text{拉应力})$$

在此值得说明的是，也不一定都按公式(9-2)计算，当知道一点的正应力后，按比例计算更简单，请读者试之。

(2) 根据所作出的弯矩图 9-9d 可知，梁的最大弯矩发生在跨中截面 C 处，其最大弯矩为 $M_{C\max}=360\text{kN}\cdot\text{m}$，该截面的下边缘各点产生最大拉应力 σ_{tmax}，该截面的上边缘各点产生最大压应力 σ_{cmax}，现计算如下：

$$\sigma_{\text{tmax}}=\frac{M_{\text{cmax}}\cdot y_a}{I_z}=\frac{360\times10^6\times392}{93.2\times10^8}\text{MPa}=15.14\text{MPa}(\text{拉应力})$$

$$\sigma_{\text{cmax}}=\frac{M_{\text{cmax}}\cdot y_f}{I_z}=\frac{360\times10^6\times308}{93.2\times10^8}\text{MPa}=11.90\text{MPa}(\text{压应力})$$

(3) 根据(2)的计算可以绘出横截面 C 上的应力分布如图 9-9c 所示。

第二节　梁弯曲时正应力强度条件及其应用

一、梁的危险截面和梁的最大应力

在进行梁的正应力强度计算时，我们必须找出梁内的危险截面和梁的最大正应力。对于等截面直梁来说，弯矩最大的截面就是梁的**危险截面**，危险截面上离中性轴最远的边缘各点称为**危险点**，危险点上的正应力就是梁的最大正应力，也称为**危险应力**。

小贴士：注意提高分析问题与解决问题的能力

对于中性轴是截面对称轴的梁(图 9-10)，其最大正应力的值为

$$\sigma_{\max}=\frac{M_{\max}}{I_z}\cdot y_{\max}$$

令 $W_z=\frac{I_z}{y_{\max}}$，则

$$\sigma_{\max}=\frac{M_{\max}}{W_z}\tag{9-3}$$

式中 W_z 称为抗弯截面系数，它是一个与截面形状和尺寸有关的几何量。常用单位是 m^3 或 mm^3。W_z 越大，$\sigma_{\max}$就越小，因此，W_z 反映了截面形状及尺寸对梁的边缘应力大小的影响。

对截面高为 h，宽为 b 的矩形截面(图 9-10a)，其抗弯截面系数为

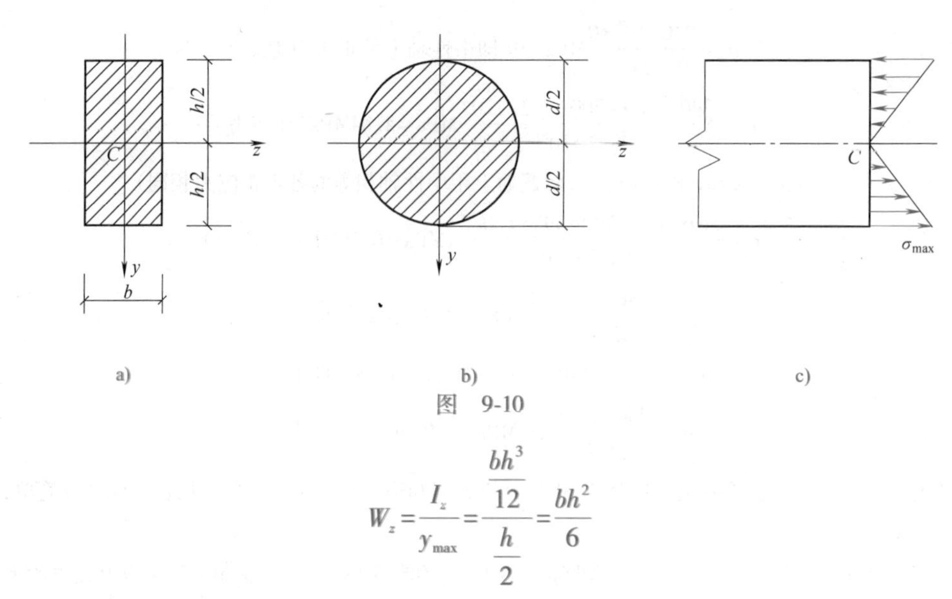

图　9-10

$$W_z=\frac{I_z}{y_{max}}=\frac{\frac{bh^3}{12}}{\frac{h}{2}}=\frac{bh^2}{6}$$

对直径为 d 的圆形截面(图 9-10b)，其抗弯截面系数为

$$W_z=\frac{I_z}{y_{max}}=\frac{\frac{\pi d^4}{64}}{\frac{d}{2}}=\frac{\pi d^3}{32}$$

各种型钢截面的抗弯截面系数可以直接从书末附录中的型钢表中查得。

对于中性轴不是截面对称轴的梁，例如图 9-11 所示的 T 形截面梁，在正弯矩 M 作用下，梁的下边缘各点产生最大拉应力 σ_{tmax}，上边缘各点产生最大压应力 σ_{cmax}，其值分别为

$$\sigma_{tmax}=\frac{My_1}{I_z}$$

$$\sigma_{cmax}=\frac{My_2}{I_z}$$

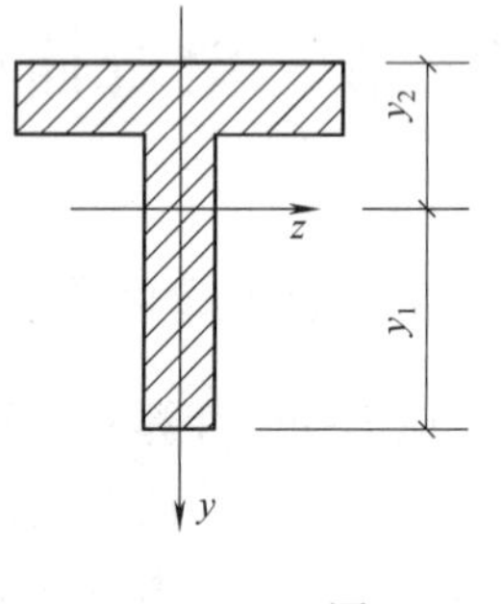

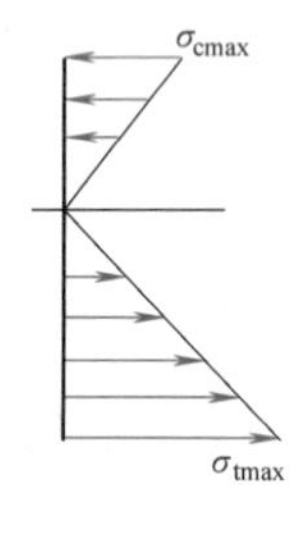

图　9-11

令 $W_{z1}=\frac{I_z}{y_1}$，$W_{z2}=\frac{I_z}{y_2}$，则有

$$\sigma_{tmax}=\frac{M}{W_{z1}}\qquad\sigma_{cmax}=\frac{M}{W_{z2}}$$

二、梁的正应力强度条件

为了保证梁能够安全可靠的工作，同时考虑留有一定的安全储备，必须使梁内的最大正应力不能超过材料的许用正应力[σ]，这就是梁的正应力强度条件。分两种情况表达如下：

(1) **若材料的抗拉和抗压能力相同，其截面形状又关于中性轴对称，其正应力强度条件为**

$$\sigma_{max}=\frac{M_{max}}{W_z}\leqslant[\sigma] \tag{9-4}$$

（2）若材料的抗拉和抗压能力不同，其截面形状关于中性轴不对称，应分别对最大拉应力和最大压应力建立强度条件，即

$$\begin{aligned}\sigma_{tmax}&=\frac{M_{max}}{W_{zt}}\leqslant[\sigma_t]\\ \sigma_{cmax}&=\frac{M_{max}}{W_{zc}}\leqslant[\sigma_c]\end{aligned} \tag{9-5}$$

式中的$[\sigma_t]$和$[\sigma_c]$分别称为材料的许用拉应力和许用压应力。

三、正应力强度条件的应用

根据梁的正应力强度条件，就可以解决有关梁的强度的三个方面的强度计算问题。

（1）强度校核　在已知梁的材料和横截面的形状、尺寸（即已知$[\sigma]$、W_z）以及梁上所受荷载（即已知M_{max}）的情况下，可以核查梁是否满足正应力强度条件式(9-4)或式(9-5)，若条件满足，则梁的强度是足够的，否则，梁的强度是不安全的。

（2）设计截面尺寸　当已知梁上所受的荷载和梁所使用材料时（即已知M_{max}、$[\sigma]$），可以根据强度条件式(9-4)或式(9-5)，计算梁所需的抗弯截面系数

$$W_z\geqslant\frac{M_{max}}{[\sigma]}$$

然后，根据梁的横截面形状进一步确定出截面的具体尺寸。如横截面是圆形，则由$W_z\geqslant\frac{\pi d^3}{32}$，求出其圆截面的直径$d$；如横截面是矩形，则由$W_z\geqslant\frac{1}{6}bh^2$，进一步计算出梁截面的$h$与$b$的数值来；其他形状的截面，根据$W_z$与截面尺寸间的关系，也可以求出相应的截面尺寸来。

（3）确定许可载荷　如已知梁的材料和截面尺寸（即已知$[\sigma]$、W_z等），则可先根据梁的强度条件式(9-4)或式(9-5)计算出梁所能承受的最大弯矩，即

$$M_{max}\leqslant W_z[\sigma]$$

然后由M_{max}与荷载之间的关系计算出梁的许可载荷。例如，受均布载荷q作用的简支梁，其跨中最大弯矩$M_{max}=\frac{1}{8}ql^2$，在由强度条件求出梁的M_{max}和已知梁的跨度l的前提下，进而可以确定出梁上所能承受的许可均布荷载$[q]$的大小，且

$$[q]\leqslant\frac{8M_{max}}{l^2}=\frac{8W_z[\sigma]}{l^2}$$

例 9-3　一矩形截面的简支木梁，梁上作用有均布荷载(图 9-12)，已知$l=4$m，$b=140$mm，$h=210$mm，$q=5$kN/m，弯曲时木材的许用正应力$[\sigma]=10$MPa，试校核梁的强度。

解　(1) 内力计算　首先绘出梁的弯矩图，由M图可知，梁中的最大弯矩发生在跨中截面上，其最大弯矩为

$$M_{max}=\frac{1}{8}ql^2=\frac{1}{8}\times5\times4^2\text{kN}\cdot\text{m}=10\text{kN}\cdot\text{m}$$

(2) 截面几何量的计算　本题需计算矩形截面的抗弯截面系数为W_z，且

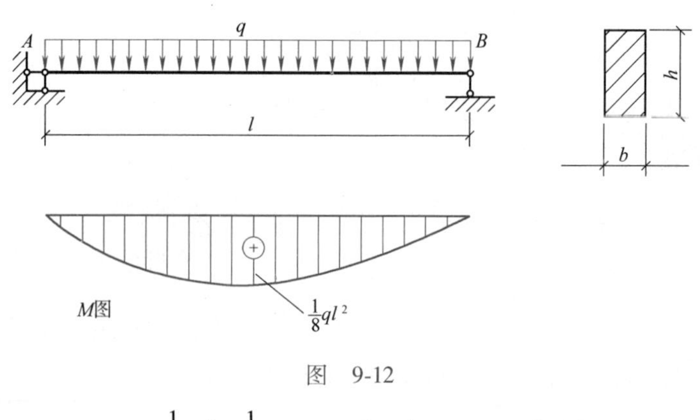

图　9-12

$$W_z = \frac{1}{6}bh^2 = \frac{1}{6}\times140\times210^2\text{mm}^3 = 1.029\times10^6\text{mm}^3$$

（3）应力计算　其最大正应力发生在最大弯矩所在的跨中截面的上、下边缘处的各点上，其值为

$$\sigma_{\max} = \frac{M_{\max}}{W_z} = \frac{10\times10^6}{1.029\times10^6}\text{N/mm}^2 = 9.72\text{N/mm}^2 = 9.72\text{MPa} < [\sigma] = 10\text{MPa}$$

（4）强度校核得出结论　由于截面的最大应力

$$\sigma_{\max} = 9.72\text{MPa} < [\sigma] = 10\text{MPa}$$

所以该简支梁满足强度要求。

例 9-4　一 T 形截面外伸梁的受力及截面尺寸如图 9-13 所示。已知材料的许用拉应力$[\sigma_t] = 32\text{MPa}$，许用压应力$[\sigma_c] = 70\text{MPa}$，试校核梁的正应力强度。

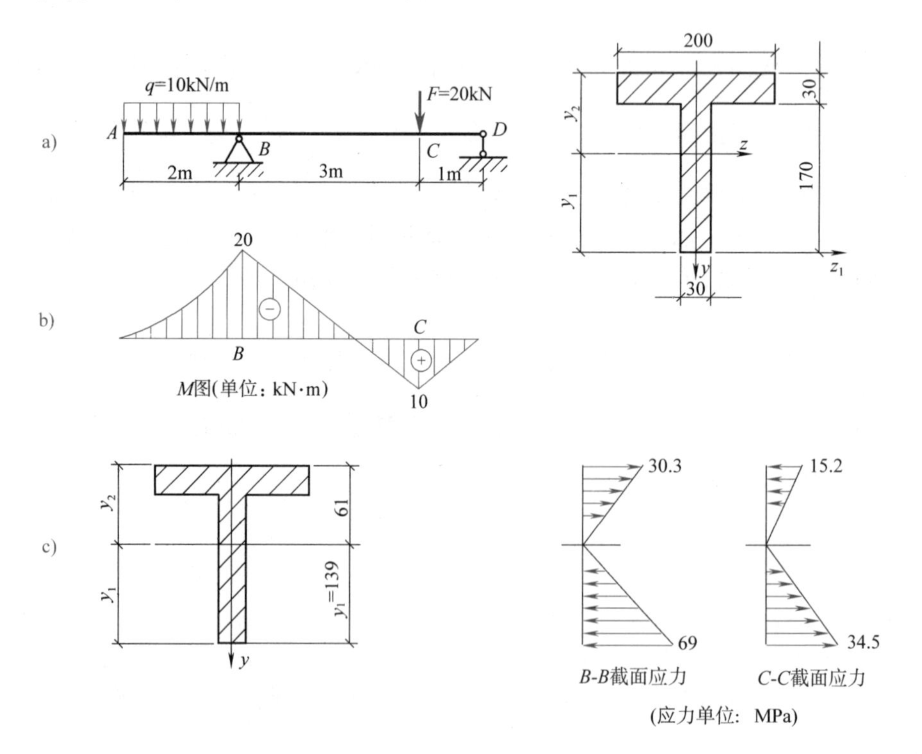

图　9-13

解　（1）首先绘出梁的弯矩图 M　如图 9-13b 所示，由 M 图可见，B 截面有最大负弯矩，C 截面有最

大正弯矩。

（2）确定横截面中性轴位置并计算截面对中性轴的惯性矩　因为中性轴必通过截面形心，设截面形心距截面下边缘的距离为 y_1，距截面上边缘的距离为 y_2，则有

$$y_1=\frac{\sum A_i y_i}{\sum A_i}=\left(\frac{30\times170\times85+200\times30\times185}{30\times170+200\times30}\right)\text{mm}=139\text{mm}$$

$$y_2=200-y_1=(200-139)\text{mm}=61\text{mm}$$

截面对中性轴的惯性矩为

$$\begin{aligned}I_z&=\sum_{i=1}^{2}(I_{zi}+a_i^2A_i)\\&=\left(\frac{30\times170^3}{12}+30\times170\times54^2+\frac{200\times30^3}{12}+200\times30\times46^2\right)\text{mm}^4\\&=40.3\times10^6\text{mm}^4\end{aligned}$$

进而可以求出梁的两个抗弯截面系数为

$$W_{z1}=\frac{I_z}{y_1}=\frac{40.3\times10^6}{139}\text{mm}^3=2.9\times10^5\text{mm}^3$$

$$W_{z2}=\frac{I_z}{y_2}=\frac{40.3\times10^6}{61}\text{mm}^3=6.6\times10^5\text{mm}^3$$

（3）强度校核　本例中由于材料的抗拉和抗压性能不同，且横截面关于中性轴不对称，所以对梁的最大正弯矩与最大负弯矩所在截面都要进行强度校核。

B 截面强度校核（最大负弯矩所在截面）：

由于该截面的最大弯矩为负值，故最大拉应力 σ_{tmax}^B 发生在截面的上边缘各点；最大压应力 σ_{cmax}^B 发生在截面的下边缘各点，且

$$\sigma_{\text{tmax}}^B=\frac{M_B}{W_{z2}}=\frac{20\times10^6}{6.6\times10^5}\text{MPa}=30.3\text{MPa}<[\sigma_t]$$

$$\sigma_{\text{cmax}}^B=\frac{M_B}{W_{z1}}=\frac{20\times10^6}{2.9\times10^5}\text{MPa}=69.0\text{MPa}<[\sigma_c]$$

C 截面强度校核（最大正弯矩所在截面）：

由于该截面的最大正弯矩为正值，因此，最大拉应力 σ_{tmax}^C 发生在截面的下边缘各点，最大压应力 σ_{cmax}^C 发生在截面上边缘各点，且

$$\sigma_{\text{tmax}}^C=\frac{M_C}{W_{z1}}=\frac{10\times10^6}{2.9\times10^5}\text{MPa}=34.5\text{MPa}>[\sigma_t]=32\text{MPa}$$

$$\sigma_{\text{cmax}}^C=\frac{M_C}{W_{z2}}=\frac{10\times10^6}{6.6\times10^5}\text{MPa}=15.2\text{MPa}<[\sigma_c]=70\text{MPa}$$

由此可以看出，梁的强度不够。

由上面的计算得知，C 截面的弯矩绝对值虽然不是最大的，但因为截面的受拉边缘距中性轴较远（$y_1>y_2$），因而求得的最大拉应力就较 B 截面大，而材料抗拉强度又比较小，所以在此处可能发生破坏。

由本例可以看出，当材料的抗拉与抗压性能不同，且截面的上、下部分又关于中性轴不对称时，对梁内的最大正弯矩与最大负弯矩所在截面均应进行正应力的强度校核。

例 9-5　某简支梁的计算简图如图 9-14a 所示。已知梁跨中所承受的最大集中载荷为 $F=40\text{kN}$，梁的跨度 $l=15\text{m}$，该梁要求用 Q235 钢做成，其许用应力$[\sigma]=160\text{MPa}$。若该梁用工字形型钢、矩形（设 $h/b=2$）和圆形截面做成，试分别设计这三种截面的截面尺寸，并确定其截面面积，并比较其重量。

解　（1）绘出梁的弯矩图，求出最大弯矩

$$M_{\max}=\frac{Fl}{4}=\frac{40\times15}{4}\text{kN}\cdot\text{m}=150\text{kN}\cdot\text{m}$$

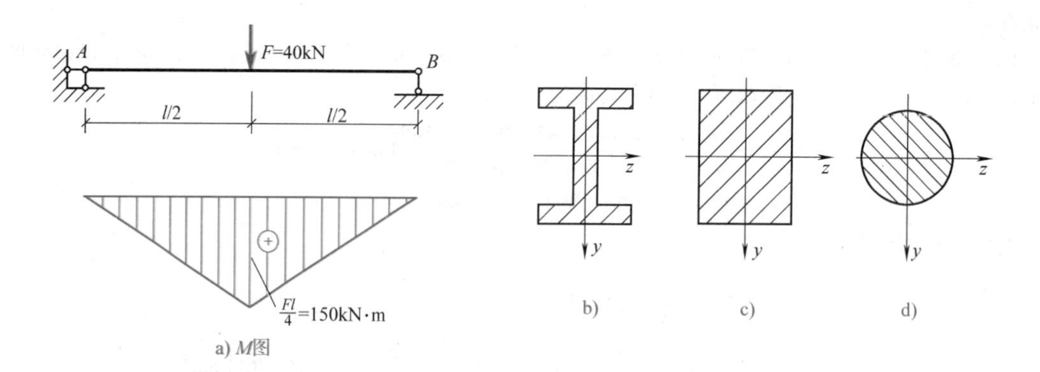

图　9-14

（2）计算梁所需的抗弯截面系数 W_z　由梁的强度条件式(9-4)得

$$W_z \geqslant \frac{M_{\max}}{[\sigma]}=\frac{150\times10^6}{160}\text{mm}^3=938\times10^3\text{mm}^3$$

（3）分别计算三种横截面的截面尺寸

1）工字形截面尺寸。由书末的附录查得36c号工字钢的 $W_z=962\times10^3\text{mm}^3$，大于由计算所得的 $W_z=938\times10^3\text{mm}^3$，故可选用36c号工字钢，其截面尺寸可定。

2）计算矩形截面的尺寸。由矩形截面的抗弯截面系数

$$W_z=\frac{1}{6}bh^2=\frac{1}{6}\times b\times(2b)^2=\frac{2}{3}b^3$$

所以

$$b=\sqrt[3]{\frac{3W_z}{2}}=\sqrt[3]{\frac{3\times938\times10^3}{2}}\text{mm}=112\text{mm}$$

故

$$h=2b=2\times112\text{mm}=224\text{mm}$$

3）计算圆形截面的尺寸。由圆形截面的抗弯截面系数

$$W_z=\frac{\pi d^3}{32}$$

所以

$$d=\sqrt[3]{\frac{32W_z}{\pi}}=\sqrt[3]{\frac{32\times938\times10^3}{3.14}}\text{mm}=211\text{mm}$$

三种横截面形状及布置情况见图9-14b、c、d。

（4）计算三种横截面的截面面积

1）工字形截面。查书末的附录知36c号工字钢得 $A_{工}=9070\text{mm}^2$

2）矩形截面　　$A_{矩}=b\times h=112\times224\text{mm}^2=25088\text{mm}^2$

3）圆形截面　　$A_{圆}=\frac{\pi}{4}d^2=\frac{3.14}{4}\times211^2\text{mm}^2=34949\text{mm}^2$

（5）比较三种截面梁的重量　在梁的材料、长度相同时，三种截面梁的重量之比应等于它们的横截面面积之比，即

$$A_{工}:A_{矩}:A_{圆}=9070:25088:34949=1:2.77:3.85$$

即矩形截面梁的重量是工字形截面梁的2.77倍，而圆形截面梁的重量是工字形截面梁的3.85倍。显然，在这三种横截面方案中，工字形截面最合理，矩形截面次之，圆形截面梁最不合理。由此可知，把截面材料放在距离中性轴较远的地方的截面形状是比较合理的。

例9-6　有一槽形截面梁，其跨度和横截面尺寸如图9-15a、c所示。该梁为简支梁，梁的中点作用有一集中力 F。如果该梁弯曲时，其许用拉应力 $[\sigma_t]=40\text{MPa}$，其许用压应力 $[\sigma_c]=170\text{MPa}$，试确定该梁的许可荷载 F。

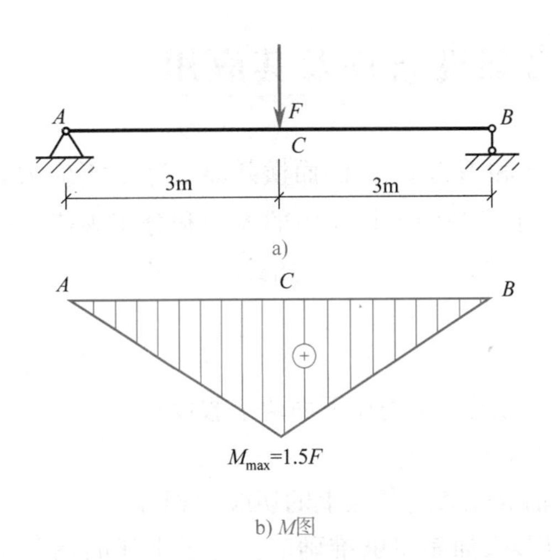

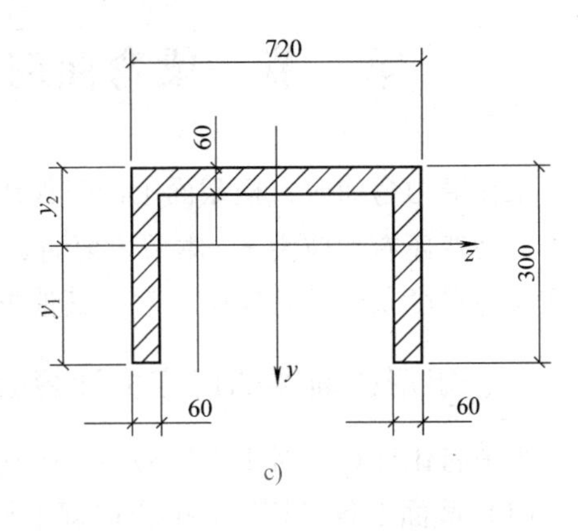

图　9-15

解　(1) 计算截面的形心位置 y_1 及 y_2。

$$y_1=\frac{60\times300\times150\times2+600\times60\times270}{60\times300\times2+600\times60}\text{mm}=210\text{mm}$$

$$y_2=(300-210)\text{mm}=90\text{mm}$$

(2) 计算截面的几何量 I_z 及 W_{z1}、W_{z2}。

$$I_z=\left[\left(\frac{1}{12}\times60\times300^3+300\times60\times60^2\right)\times2+\frac{1}{12}\times600\times60^3+600\times60\times60^2\right]\text{mm}^4$$
$$=54\times10^7\text{mm}^4$$

$$W_{z1}=\frac{I_z}{y_1}=\frac{54\times10^7}{210}\text{mm}^3=2.5714\times10^6\text{mm}^3$$

$$W_{z2}=\frac{I_z}{y_2}=\frac{54\times10^7}{90}\text{mm}^3=6\times10^6\text{mm}^3$$

(3) 绘出梁的弯矩图，如图 9-15b 所示。

$$M_{max}=\frac{1}{4}\times F\times6=1.5F$$

最大弯矩是力 F 的函数。

(4) 确定梁的许可荷载 F　根据强度条件式(9-5)，有

$$\sigma_{tmax}=\frac{M_{max}}{W_{z1}}\leqslant[\sigma_t] \quad ①$$

$$\sigma_{cmax}=\frac{M_{max}}{W_{z2}}\leqslant[\sigma_c] \quad ②$$

由式①可以求得

$$F_t\leqslant\frac{W_{z1}[\sigma_t]}{1.5\times10^6}=\left(\frac{2.5714\times10^6\times40}{1.5\times10^6}\right)\text{kN}=68.57\text{kN}$$

由式②可以求得

$$F_c\leqslant\frac{W_{z2}[\sigma_c]}{1.5\times10^6}=\left(\frac{6\times10^6\times170}{1.5\times10^6}\right)\text{kN}=680\text{kN}$$

(5) 本例中的许可荷载应由最大拉应力的强度条件来控制，即取 F_t 和 F_c 中的较小值，即所确定的许可荷载应为 $[F_P]=F_t=68.57\text{kN}$。

第三节 梁弯曲时切应力强度条件及其应用

梁在横力弯曲时，横截面上同时作用有弯矩 M 和剪力 $\boldsymbol{F}_Q$，因而横截面上除了正应力 σ 以外，必然还有切应力 τ。本节主要讨论最简单的矩形截面上切应力的大小和分布规律，以及切应力强度条件及其应用。对于其他形状的梁，仅给出最大切应力的计算公式。

一、矩形截面梁的切应力计算公式

为了简化计算，对于矩形截面梁的切应力分布情况，首先作下面两个假设：

（1）截面上各点切应力的方向都平行于截面上的剪力 $\boldsymbol{F}_Q$。

（2）切应力沿截面宽度均匀分布，即距中性轴等距离的各点上的切应力相等。

以上两条假设，对于高度 h 大于宽度 b 的矩形截面是足够准确的。有了上述的两条假设，仅通过静力平衡条件，便可导出切应力的计算公式。

现有一承受任意荷载的矩形截面梁，其横截面的高度为 h，宽度为 b，如图 9-16a、b 所示。根据前面的假设可以导出该梁任一横截面 a-a 上的切应力计算公式为

$$\tau=\frac{F_Q S_z^*}{I_z b} \tag{9-6}$$

式中，F_Q 为横截面上的剪力；I_z 为横截面对中性轴的惯性矩；b 为所求切应力作用层处的截面宽度；S_z^* 为所求切应力作用点处的水平横线以下（或以上）部分截面积 A^* 对中性轴的面积矩。

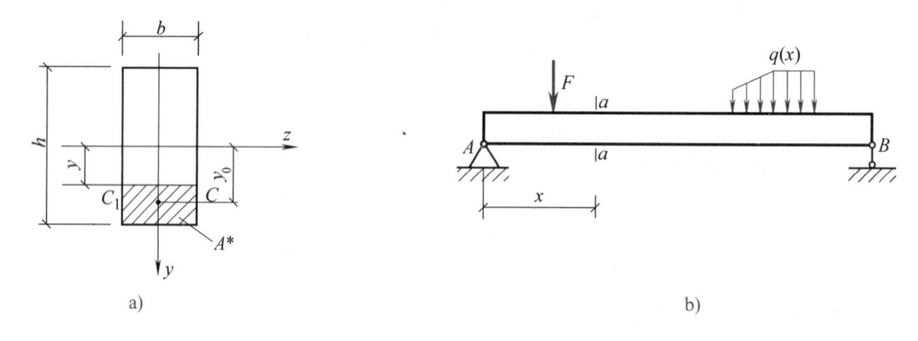

图 9-16

剪力 F_Q 和面积矩 S_z^* 均为代数量，但在应用式(9-6)计算切应力 τ 时，F_Q 与 S_z^* 均可以绝对值代入，切应力的方向可依据剪力的方向来确定(因为根据假设，τ 与 F_Q 的方向一致)。

在式(9-6)中 F_Q、I_z 和 b 均为常量，只有面积矩 S_z^* 随欲求应力的点到中性轴的距离 y 而变化，其值为

$$S_z^*=A^*y_0=b\left(\frac{h}{2}-y\right)\left[y+\left(\frac{h}{2}-y\right)/2\right]=\frac{b}{2}\left(\frac{h^2}{4}-y^2\right)$$

当 $y=0$ 时，S_z^* 有最大值 $S_{z\max}^*$，且 $S_{z\max}^*=\dfrac{bh^2}{8}$，则中性轴上的切应力为最大值 $\tau_{\max}$，$\tau_{\max}$的计算公式为

$$\tau_{max}=\frac{F_{Q}S_{zmax}^{*}}{I_{z}b} \tag{9-7}$$

对于图 9-17a 所示的矩形截面，将 S_z^* 和 $I_z=\dfrac{bh^3}{12}$代入式(9-6)，得

$$\tau=\frac{6F_{Q}}{bh^{3}}\left(\frac{h^{2}}{4}-y^{2}\right)$$

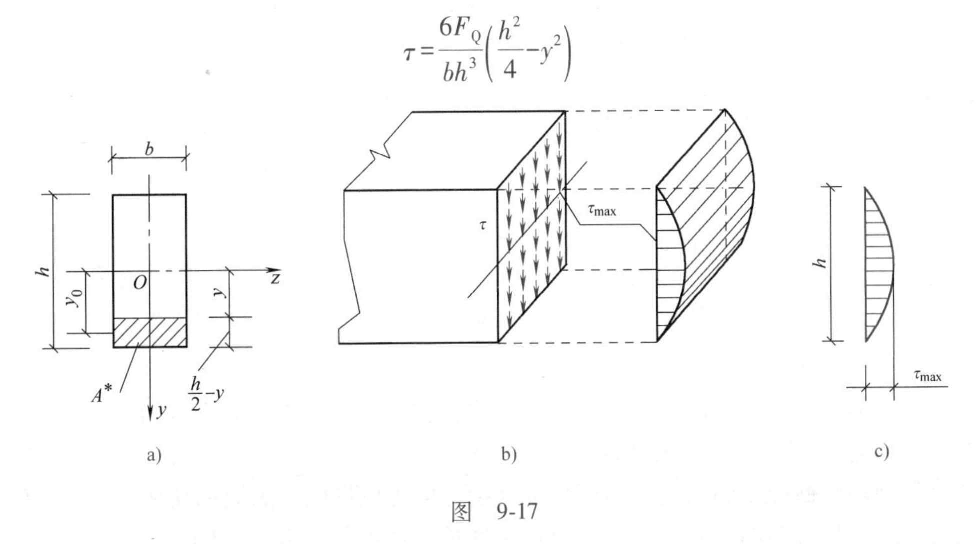

图　9-17

此式表明，切应力 τ 沿截面高度呈二次抛物线规律变化(图 9-17b、c)。当 $y=\pm\dfrac{h}{2}$时，$\tau=0$；当 $y=0$ 时，$\tau=\tau_{max}$，即中性轴上切应力最大。其值为

$$\tau_{max}=\frac{3F_{Q}}{2bh}=\frac{3}{2}\frac{F_{Q}}{A}=1.5\bar{\tau} \tag{9-8}$$

$\bar{\tau}=\dfrac{F_{Q}}{A}$为横截面上的平均切应力，故知矩形截面上的最大切应力为其平均切应力的 **1.5** 倍。

二、工程中常用截面的最大切应力计算式

1. 工字形截面梁的最大切应力

工字形截面梁由腹板和翼缘组成(图 9-18a)。翼缘和腹板上均存在着竖向切应力，而翼缘上还存在着与翼缘长边平行的水平切应力。经理论分析和计算表明，横截面上剪力的(95~97)%由腹板分担，而翼缘仅承担了剪力的(3~5)%，并且翼缘上的切应力情况又比较复杂。为了满足实际工程计算和设计的需要，现绘出腹板上的切应力分布，如图 9-18b 所示。

工字形钢截面的最大切应力也发生在中性轴上，其计算公式为

$$\tau_{max}=\frac{F_{Q}S_{zmax}^{*}}{I_{z}d} \tag{9-9}$$

对于工字形钢截面，其 d、I_z、S_z^* 的数值可直接从书末的附录型钢表中查得。

在一般情况下，由于腹板的厚度 d 与翼缘的宽度 b 比较起来是很小的，对 τ_{max}和 τ_{min}的计算式进行比较可以看出，腹板上的切应力 τ_{max}与 τ_{min}的大小没有显著的差别，并且 τ 近似于均匀分布。所以，腹板上的最大切应力也可以近似地用下面的公式计算，即

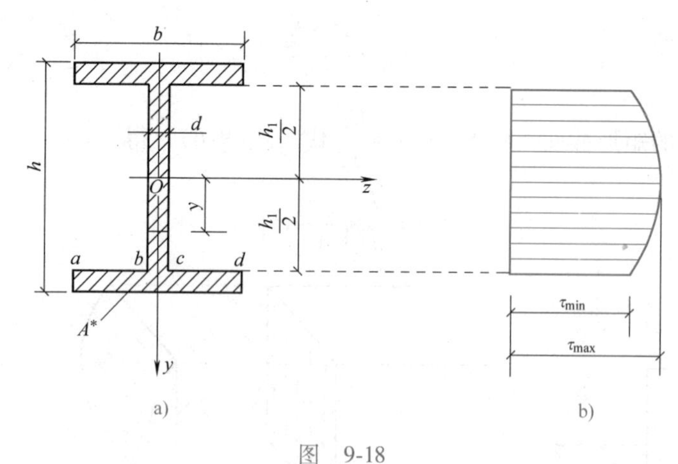

a)　　b)

图　9-18

$$\tau_{max}=\frac{F_Q}{h_1 d} \tag{9-10}$$

此式就是工字形截面最大切应力的实用计算公式，在工程设计中是偏安全的。

2. 圆形和圆环形截面梁的最大切应力

圆形和圆环形截面梁的切应力情况比较复杂，但可以证明，其竖向切应力 τ 也是沿梁高按二次抛物线规律分布的，并且切应力也在中性轴上达到最大值(图 9-19a、b)。

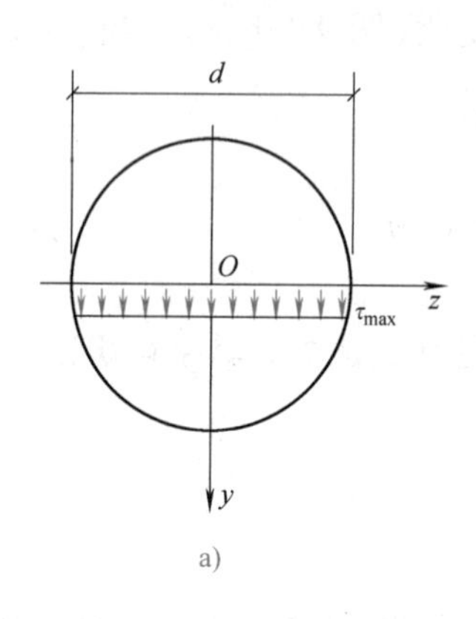

a)

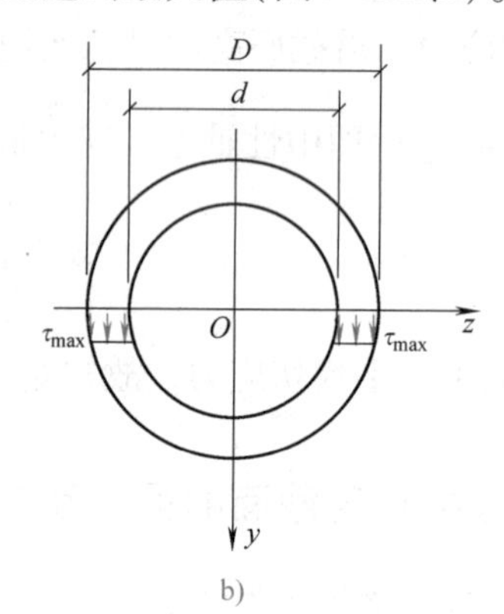

b)

图　9-19

对于圆形截面，其最大切应力为

$$\tau_{max}=\frac{4}{3}\frac{F_Q}{A}=\frac{4}{3}\bar{\tau} \tag{9-11}$$

式中，A 为圆形截面的截面面积，且 $A=\frac{\pi d^2}{4}$，F_Q 为横截面上的剪力。

可见，**圆形截面梁横截面上的最大切应力为其平均切应力的4/3倍。**

对于圆环形截面，其最大切应力为

$$\tau_{max}=2\frac{F_Q}{A}=2\bar{\tau} \tag{9-12}$$

式中，A 为圆环形截面的截面面积。故**薄壁圆环形梁横截面上的最大切应力为其平均切应力 $\bar{\tau}$ 的2倍。**

3. T 形截面和 Π 形截面梁

T 形截面和 Π 形截面由两个或三个矩形截面组成(图 9-20)，下面的狭长矩形与工字形截面的腹板类似，该部分上的切应力可用下面的公式计算

$$\tau=\frac{F_Q S_z^*}{I_z t} \tag{9-13}$$

式中，t 为一个腹板(T 形截面)或两个腹板(Π 形截面)的厚度，其余的符号意义同前，其最大切应力仍然发生在中性轴上，为

$$\tau_{max}=\frac{F_Q S_{zmax}^*}{I_z t} \tag{9-14}$$

式中，S_{zmax}^* 为横截面中性轴以上(或以下)部分对中性轴的面积矩，如图 9-20 所示。

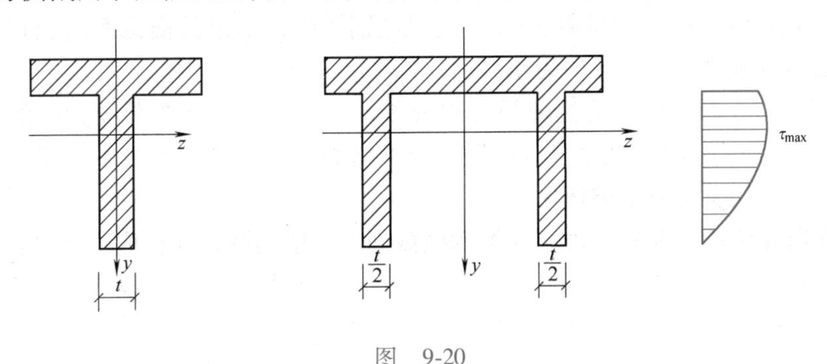

图　9-20

对于其他的横截面形状，如箱形截面、槽形截面等，都可以进行类似的计算。

三、梁的切应力强度条件

与梁的正应力强度计算一样，为了保证梁的安全工作，梁在荷载作用下产生的最大切应力，也不能超过材料的许用切应力。由前面的讨论已知，横截面上的最大切应力发生在中性轴上，即有

$$\tau_{max}=\frac{F_{Qmax} S_{zmax}^*}{I_z b}\leqslant[\tau] \tag{9-15}$$

式中，F_{Qmax} 为梁中的最大剪力；b 为梁截面中性轴处的宽度。

在具体应用时，对于不同截面形状的梁，可以直接应用下面的公式进行切应力强度计算。

对矩形截面梁

$$\tau_{max}=\frac{F_{Qmax} S_{zmax}^*}{I_z b}=\frac{3F_{Qmax}}{2A}\leqslant[\tau]$$

对圆形截面梁

$$\tau_{max}=\frac{F_{Qmax} S_{zmax}^*}{I_z b}=\frac{4F_{Qmax}}{3A}\leqslant[\tau]$$

对圆环形截面梁

$$\tau_{max}=\frac{F_{Qmax} S_{zmax}^*}{I_z b}=2\times\frac{F_{Qmax}}{A}\leqslant[\tau]$$

对工字形截面梁

$$\tau_{max}=\frac{F_{Qmax}S_{zmax}^{*}}{I_z b}=\frac{F_{Qmax}}{h_1 d}\leqslant[\tau]$$

在进行梁的强度计算时，必须同时满足正应力强度条件式(9-4)和切应力强度条件式(9-15)。但二者有主次之分，在一般情况下，梁的强度计算由正应力强度条件控制。因此，在设计梁的截面时，一般都是先按正应力强度条件设计截面，在确定好截面尺寸后，再按切应力强度条件进行校核。工程中，按正应力强度条件设计的梁，切应力强度条件大多可以满足。但是在遇到下列几种特殊情况的梁时，梁的切应力强度条件就可能起控制作用，因此必须注意校核梁内的切应力：

(1) 梁的跨度较短或在支座附近作用有较大的集中载荷，此时梁的最大弯矩较小而剪力却很大。

(2) 在铆接或焊接的组合型截面(如工字形)钢梁中，如果其横截面的腹板厚度与高度相比，较一般型钢截面的相应比值为小。

(3) 由于木材在顺纹方向的抗剪强度比较差，同一品种木材在顺纹方向的许用切应力$[\tau]$常比其许用正应力$[\sigma]$要低很多，所以木材在横力弯曲时可能因为中性层上的切应力过大而使梁沿其中性层发生剪切破坏。

除了上面所介绍的情况外，由于在梁的横截面上一般是既存在正应力又存在切应力，因此在某些特殊情况下，在某些特殊点处，由这些正应力和切应力综合而成的折算应力可能会使梁产生更危险的情况，必须对这些特殊点进行强度校核。

例9-7　一简支梁承受均布荷载q作用(图9-21)，其横截面为矩形，其中$b=100\text{mm}$，$h=200\text{mm}$。已知$q=6\text{kN/m}$，跨度$l=8\text{m}$，试求：

(1) 截面$A_{右}$上距中性轴$y_1=50\text{mm}$处k点的切应力；

(2) 比较矩形截面梁的最大正应力和最大切应力；

(3) 若用32a工字形钢梁，计算其最大切应力；

(4) 计算工字形梁截面$A_{右}$上腹板与翼缘交点处m点(在腹板上)的切应力(图9-21e)。

解　(1) 计算$A_{右}$截面上k点的切应力　绘出梁的剪力图和弯矩图(图9-21b、c)，$A_{右}$截面的剪力为

$$F_{Q右}=24\text{kN}$$

计算I_z及S_z^*

$$I_z=\frac{bh^3}{12}=\frac{100\times200^3}{12}\text{mm}^4=66.7\times10^6\text{mm}^4$$

$$S_z^*=100\times50\times75\text{mm}^3=375\times10^3\text{mm}^3$$

由梁的切应力计算公式(9-6)得k点的切应力为

$$\tau_k=\frac{F_{Q右}S_z^*}{I_z b}=\frac{24\times10^3\times375\times10^3}{66.7\times10^6\times100}\text{MPa}=1.349\text{MPa}$$

(2) 比较梁中的最大正应力σ_{max}和最大切应力τ_{max}　梁中的最大剪力和最大弯矩为

$$F_{Qmax}=24\text{kN}(在支座截面处)$$

$$M_{max}=48\text{kN}\cdot\text{m}(在梁的跨中截面处)$$

最大正应力发生在梁的跨中截面的上、下边缘处，其值为

$$\sigma_{max}=\frac{M_{max}}{W_z}=\frac{48\times10^6}{\frac{1}{6}\times100\times200^2}\text{MPa}=72\text{MPa}$$

最大切应力发生在支座附近截面的中性轴上，其值为

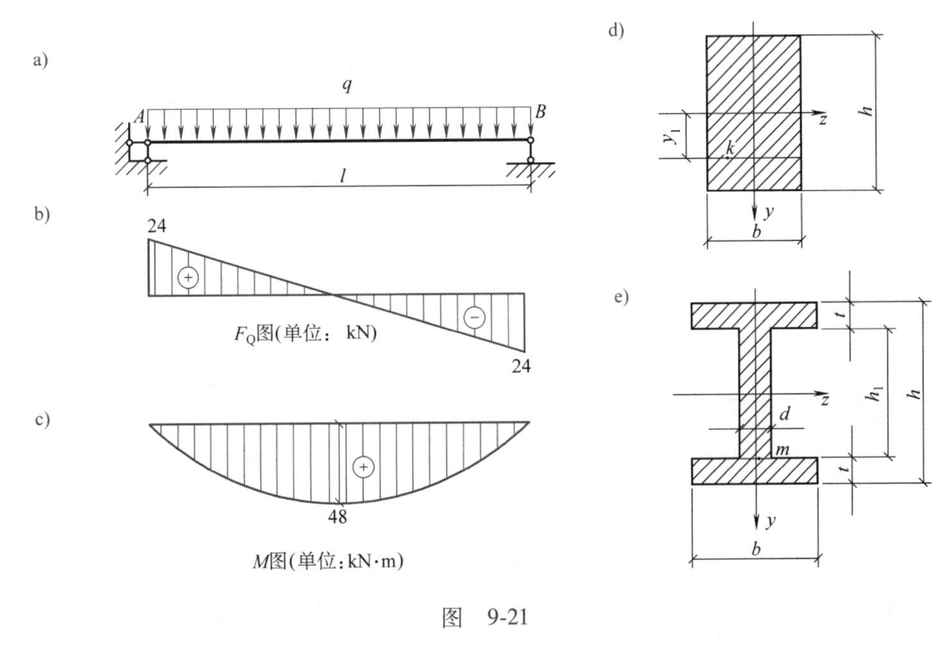

图　9-21

$$\tau_{max}=\frac{3}{2}\frac{F_{Qmax}}{A}=\frac{3}{2}\times\frac{24\times10^3}{100\times200}\text{MPa}=1.8\text{MPa}$$

故

$$\frac{\sigma_{max}}{\tau_{max}}=\frac{72}{1.8}=40$$

可见梁中的最大正应力比最大切应力大得多，故在梁的强度计算中，正应力强度计算是主要的，在许多情况下，切应力强度计算可不进行。

（3）计算 32a 工字形梁截面的最大切应力　由书末附录的型钢表中，查得该工字钢截面的有关数据为

$$h=32\text{cm},\ b=13\text{cm},\ d=0.95\text{cm},\ t=1.5\text{cm}$$

$$I_z=11075.5\text{cm}^4,\ \frac{I_z}{S_z^*}=27.5\text{cm}$$

根据式(9-9)得最大切应力为

$$\tau_{max}=\frac{F_{Qmax}S_{zmax}^*}{I_z d}=\frac{24\times10^3}{27.5\times10\times0.95\times10}\text{MPa}=9.19\text{MPa}$$

（4）计算 32a 工字形梁 $A_{右}$ 截面 m 点处的切应力　略去接合部圆弧过渡部分，把工字型钢的翼缘和腹板分别简化成矩形(图 9-21e)。过 m 点的水平线以下部分截面对中性轴的静矩为(参见附录型钢表)

$$S_z^*=bt\left(\frac{h}{2}-\frac{t}{2}\right)=130\times15\times\left(\frac{320}{2}-\frac{15}{2}\right)\text{mm}^3=297.4\times10^3\text{mm}^3$$

所以

$$\tau_m=\frac{F_Q S_z^*}{I_z d}=\frac{24\times10^3\times297.4\times10^3}{11075.5\times10^4\times0.95\times10}\text{MPa}=6.78\text{MPa}$$

例 9-8　试为图 9-22a 中所示的施工用钢轨枕木选择矩形截面尺寸。已知矩形截面尺寸的比例为 $b:h=3:4$，枕木弯曲时其许用正应力$[\sigma]=15.6\text{MPa}$，许用切应力$[\tau]=1.7\text{MPa}$，钢轨传给枕木的压力 $F=49\text{kN}$。

解　（1）绘出枕木的计算简图如图 9-22b 所示，并绘出枕木的剪力图和弯矩图(图 9-22c、d)。由内力图可知，梁的最大弯矩和最大剪力分别为

$$M_{max}=49\times0.2\text{kN}\cdot\text{m}=9.8\text{kN}\cdot\text{m}(\text{发生在 }CD\text{ 段})$$

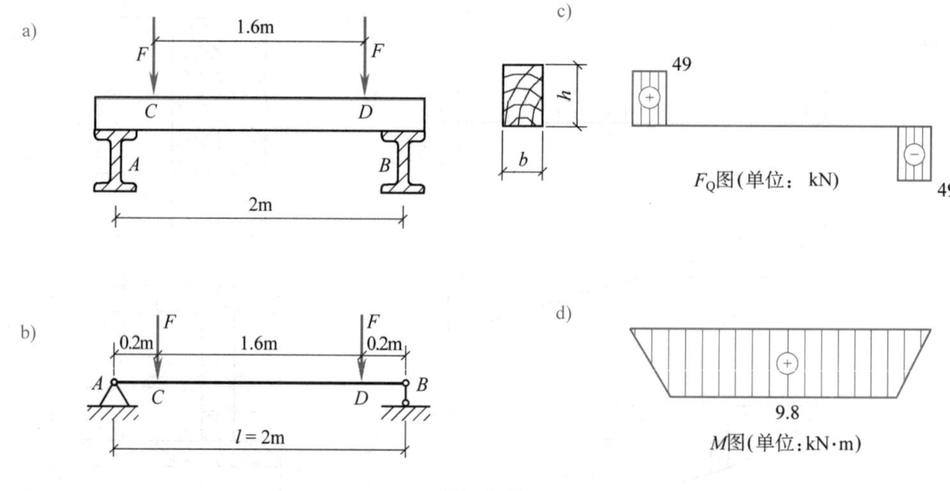

图 9-22

$$F_{Q\max}=F=49\text{kN}(\text{发生在支座截面处})$$

（2）根据正应力强度条件选择截面尺寸　由式(9-4)所示的强度条件

$$\sigma_{\max}=\frac{M_{\max}}{W_z}\leqslant[\sigma]$$

可以得到

$$\sigma_{\max}=\frac{9.8\times10^6}{\dfrac{\left(\dfrac{3}{4}h\right)h^2}{6}}\text{MPa}\leqslant15.6\text{MPa}$$

因此

$$h^3=\frac{9.8\times10^6\times6\times4}{3\times15.6}\text{mm}^3=5.03\times10^6\text{mm}^3$$

可得

$$h=172\text{mm}$$

取 $h=180\text{mm}$，则

$$b=\frac{3}{4}h=\frac{3}{4}\times180\text{mm}=135\text{mm}$$

取 $b=140\text{mm}$。

（3）按切应力强度条件校核　由式(9-15)所示的强度条件

$$\tau_{\max}=\frac{F_{Q\max}S_{z\max}^*}{I_z b}=\frac{3}{2}\ \frac{F_{Q\max}}{A}\leqslant[\tau]$$

可以得到

$$\tau_{\max}=\frac{3}{2}\times\frac{49\times10^3}{140\times180}=2.92\text{MPa}>[\tau]=1.7\text{MPa}$$

即原按正应力强度条件设计的截面尺寸不能够满足切应力强度条件，因此，必须根据切应力强度条件重新选择截面尺寸。由

$$\tau_{\max}=\frac{3}{2}\times\frac{49\times10^3}{\dfrac{3}{4}h\times h}\text{MPa}\leqslant1.7\text{MPa}$$

可以得到

$$h^2=\frac{3\times4\times49\times10^3}{2\times3\times1.7}\text{mm}^2=5.76\times10^4\text{mm}^2$$

进而可得

$$h=240\text{mm}$$

因此
$$b=\frac{3}{4}h=\frac{3}{4}\times240\text{mm}=180\text{mm}$$

最后确定该枕木的矩形截面尺寸为：$b=180\text{mm}$；$h=240\text{mm}$。

例 9-9　简支梁受载荷作用如图 9-23a 所示。已知 $l=2\text{m}$，$a=0.2\text{m}$，梁上的集中载荷 $F=240\text{kN}$，均布载荷 $q=12\text{kN/m}$，材料的许用正应力$[\sigma]=160\text{MPa}$，许用切应力$[\tau]=100\text{MPa}$。试选择工字钢型号。

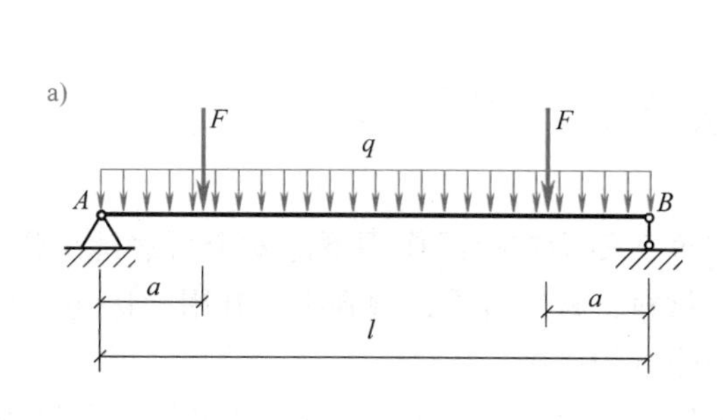

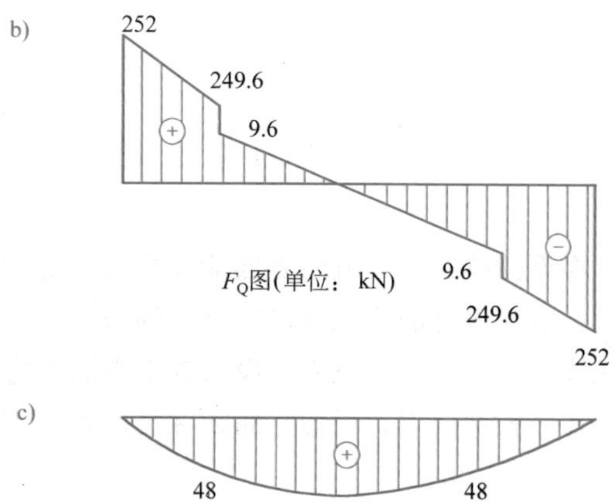

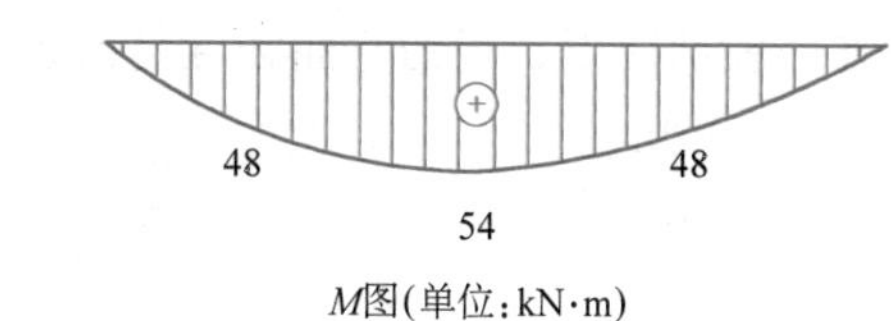

图　9-23

解　(1) 绘出梁的剪力图和弯矩图(图 9-23b、c)　由 M 图知，$M_{max}=54\text{kN}\cdot\text{m}$(发生在跨中截面)。由 F_Q 图知，$F_{Qmax}=252\text{kN}$(发生在支座截面)。

(2) 由正应力强度条件选择工字钢型号　由正应力强度条件(9-4)
$$\sigma_{max}=\frac{M_{max}}{W_z}\leqslant[\sigma]$$

由此得
$$W_z\geqslant\frac{M_{max}}{[\sigma]}=\frac{54\times10^6}{160}\text{mm}^3=337.5\times10^3\text{mm}^3=337.5\text{cm}^3$$

查附录中的型钢表，选用 25a 工字钢，其 $W_z=401.88\text{cm}^3$，与计算所得的 W_z 值最为相近。

(3) 切应力强度校核　由附录中的型钢表查得 25a 工字钢的有关数据为
$$\frac{I_z}{S^*_{zmax}}=21.58\text{cm},\quad d=0.8\text{cm}$$

根据切应力强度条件(9-15)进行校核
$$\tau_{max}=\frac{F_{Qmax}S^*_{zmax}}{I_zd}=\frac{F_{Qmax}}{\left(\dfrac{I_z}{S^*_{zmax}}\right)d}=\frac{252\times10^3}{21.58\times10\times0.8\times10}\text{MPa}=145.97\text{MPa}>[\sigma]=100\text{MPa}$$

因 τ_{max}远大于$[\tau]$，所选 25a 型工字钢不能满足切应力强度条件，故应重选截面型号。

(4) 按切应力强度条件重选工字钢型号　选 28b 型工字钢试算。由附录中的型钢表查得
$$\frac{I_z}{S^*_{zmax}}=24.24\text{cm},\quad d=10.5\text{mm}$$
$$W_z=534.29\times10^3\text{mm}^3$$

进行切应力强度校核

$$\tau_{\max}=\frac{F_{Q\max}S_{z\max}^{*}}{I_z d}=\frac{F_{Q\max}}{\left(\frac{I_z}{S_{z\max}^{*}}\right)d}=\frac{252\times10^3}{24.24\times10\times10.5}\text{MPa}$$

$$=99.01\text{MPa}<[\tau]=100\text{MPa}$$

这时横截面的最大正应力为

$$\sigma_{\max}=\frac{M_{\max}}{W_z}=\frac{54\times10^6}{534.29\times10^3}=101.07\text{MPa}<[\sigma]$$

最后确定选用26b型工字钢。

第四节 改善梁抗弯强度的措施

在设计梁时，一方面要保证梁具有足够的强度，使梁在荷载作用下能安全可靠地工作。同时，应使设计的梁充分发挥材料的潜力，节省材料，减轻自重，做到物尽其用，达到既安全又经济的目的，这就需要设法找出提高梁弯曲强度的措施。

在一般情况下，梁的弯曲强度是由正应力强度条件控制的，由等截面梁的正应力强度条件式(9-4)可知

$$\sigma_{\max}=\frac{M_{\max}}{W_z}\leqslant[\sigma]$$

可见，梁横截面上的最大正应力与最大弯矩成正比，与抗弯截面系数成反比，所以改善梁的弯曲强度主要应从提高抗弯截面系数 W_z 和降低最大弯矩 $M_{\max}$ 这两个方面着手进行；其次，还可以采用$[\sigma]$较大的材料，合理地利用材料，但其效果不太明显。

一、合理选择截面形状，尽量增大 W_z 值

1. 根据 W_z 与截面面积 A 的比值 $\frac{W_z}{A}$ 选择截面

合理选择截面形状，就是指在横截面积 A 相同的情况下，通过选择合理的截面形状而得到较大的 W_z，从而提高梁的承载能力，改善梁的抗弯曲强度。

例如，对于图9-24所示的矩形截面梁，设 $h=2b$，则 $A=2b^2$。根据经验知道：梁平放时容易弯曲些，这是为什么呢？这是因为矩形截面梁不论平放还是竖放，虽然梁的截面面积 A 没有变化，但它们对中性轴的 W_z 却是不同的。

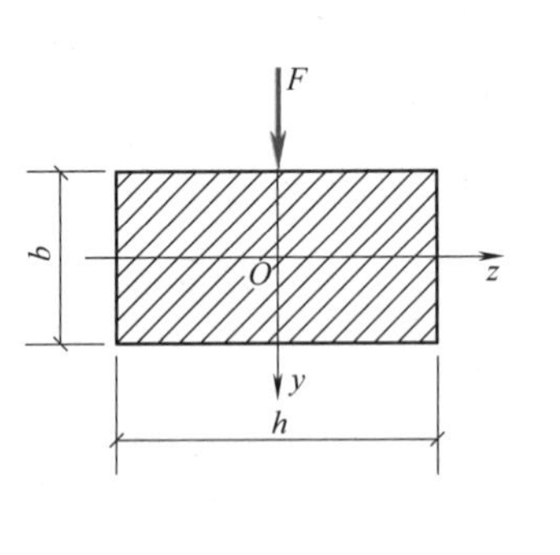

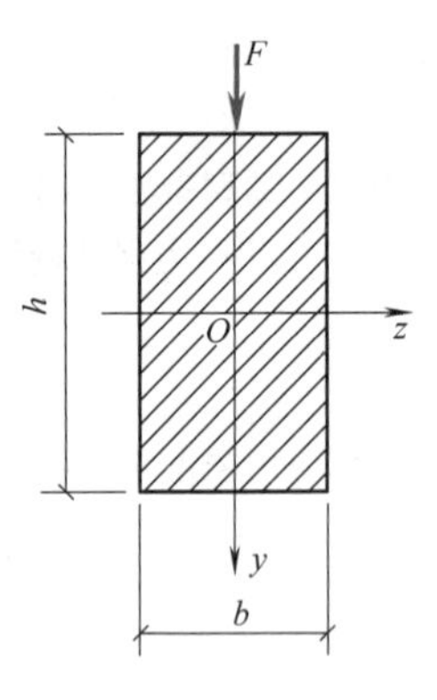

图 9-24

梁平放时
$$W_z=\frac{2bb^2}{6}=\frac{b^3}{3};\quad \frac{W_z}{A}=\frac{\frac{1}{3}b^3}{2b^2}=\frac{1}{6}b$$

梁竖放时
$$W_z=\frac{bh^2}{6}=\frac{b(2b)^2}{6}=\frac{2b^3}{3};\quad \frac{W_z}{A}=\frac{\frac{2}{3}b^3}{2b^2}=\frac{1}{3}b$$

可见，梁竖放时$\frac{W_z}{A}$比平放时的$\frac{W_z}{A}$大 1 倍，因此梁竖放时的最大应力仅为梁平放时的 0.5 倍，故其承载能力也增大 1 倍，这说明梁竖放比平放能大大地改善其梁的弯曲强度。

下面对于工程中常见截面的$\frac{W_z}{A}$的比值作一下比较(如图 9-25)：

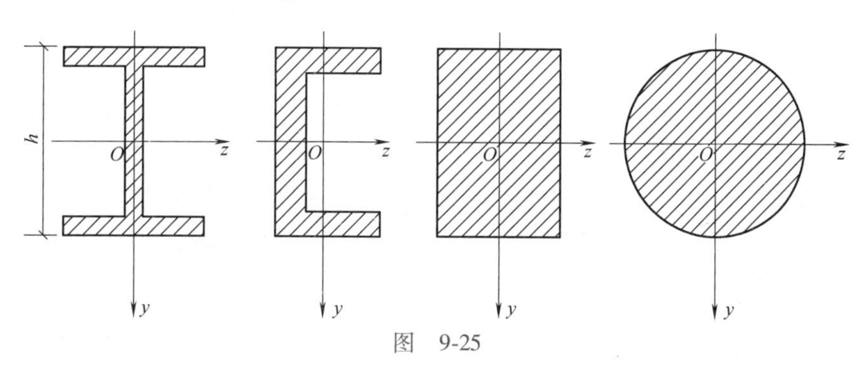

图　9-25

直径为 h 的圆形截面
$$\frac{W_z}{A}=\frac{\frac{\pi h^3}{32}}{\frac{\pi h^2}{4}}=0.125h$$

高为 h，宽为 b 的矩形截面
$$\frac{W_z}{A}=\frac{\frac{bh^2}{6}}{bh}=0.167h$$

高为 h 的槽形与工字形截面
$$\frac{W_z}{A}\approx(0.27\sim0.31)h$$

可见槽形与工字形截面比矩形截面合理，矩形截面比圆形截面合理$\left(\frac{W_z}{A}\text{值越大,截面越合理}\right)$。

截面形状的合理性，还可以从正应力分布规律来说明。梁内的弯曲正应力沿截面高度呈直线规律分布，在中性轴附近正应力很小，但弯曲正应力强度条件 $\sigma_{max}=\frac{M_{max}}{W_z}\leqslant[\sigma]$ 是以梁的最大正应力 σ_{max} 作为控制条件，因此，圆形截面和矩形截面中性轴附近的材料就没有得到充分的利用，如果把这些截面中性轴附近的材料布置在距中性轴较远处，$\frac{W_z}{A}$值就越大，这样截面形状就越合理，所以，在工程上常采用工字形、圆环形、箱形(图 9-26)等截面形式，建筑中常用的空心板也是根据这个道理做成的。

2. 根据材料特性选择截面

对于抗拉和抗压强度相同的塑性材料，一般采用对称于中性轴的截面，如圆形、矩形、

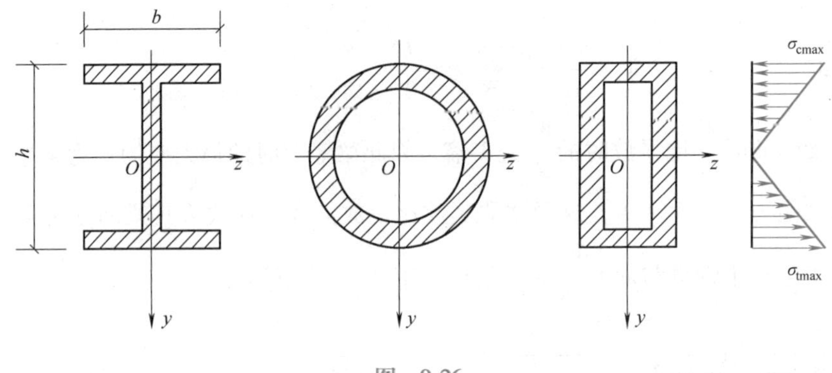

图 9-26

工字形、箱形等截面，使得上、下边缘的最大拉应力和最大压应力相等，同时达到材料的许用应力值，这样就比较合理。

对于抗拉和抗压许用应力不相同的脆性材料，最好选用关于中性轴不对称的截面，如T形、槽形截面等(图9-27)，使得截面受拉、受压的边缘到中性轴的距离与材料的抗拉、抗压的许用应力成正比。

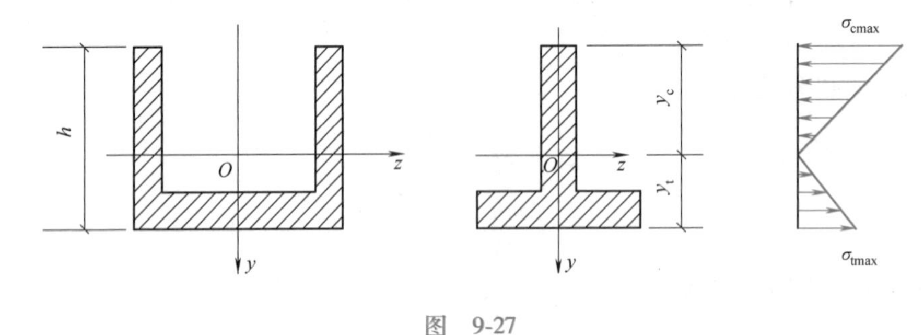

图 9-27

根据式(9-5)，若使截面下、上边缘的应力同时达到材料的许用应力，则有

$$\sigma_{tmax}=[\sigma_t]$$
$$\sigma_{cmax}=[\sigma_c]$$

而下、上边缘的应力之比为

$$\frac{\sigma_{tmax}}{\sigma_{cmax}}=\frac{\frac{M_{max}}{I_z}\cdot y_t}{\frac{M_{max}}{I_z}\cdot y_c}=\frac{y_t}{y_c}$$

即

$$\frac{y_t}{y_c}=\frac{[\sigma_t]}{[\sigma_c]}$$

二、合理布置梁的形式和荷载，以降低最大弯矩值

1. 合理设置梁的支座

以简支梁承受均布荷载作用为例(图9-28a)，跨中截面的最大弯矩为

$$M_{max}=\frac{1}{8}ql^2=0.125ql^2$$

若将两端支座都向中间移动0.2l(图9-28b)，则最大弯矩将减少为

$$M_{\max}=\frac{q}{8}\left(\frac{3}{5}l\right)^2-\frac{q}{2}\left(\frac{1}{5}l\right)^2=\frac{1}{40}ql^2=0.025ql^2$$

可见支座调整后梁的最大弯矩仅为同跨度简支梁的$\frac{1}{5}$，因此梁的截面尺寸就可大大地减小。

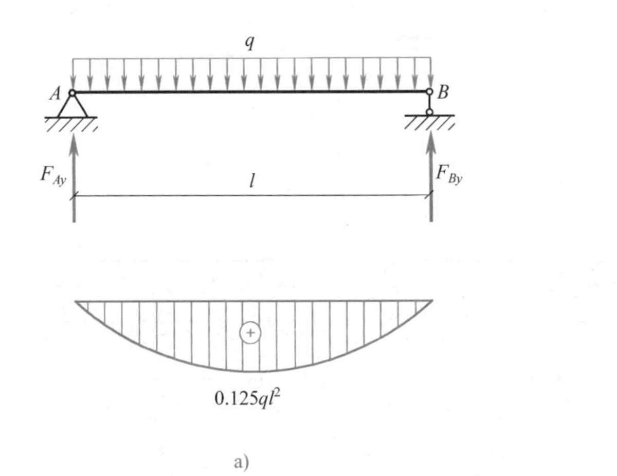

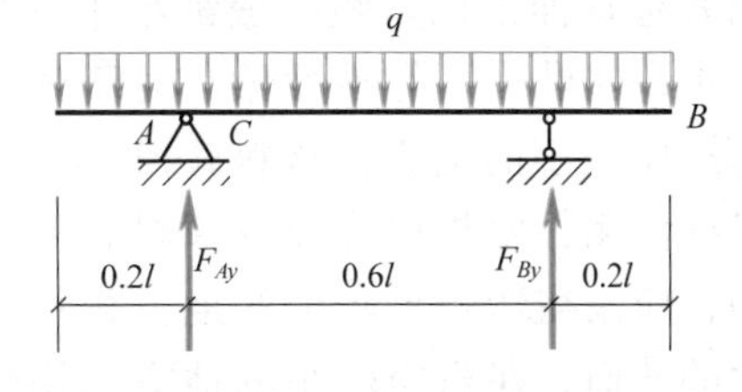

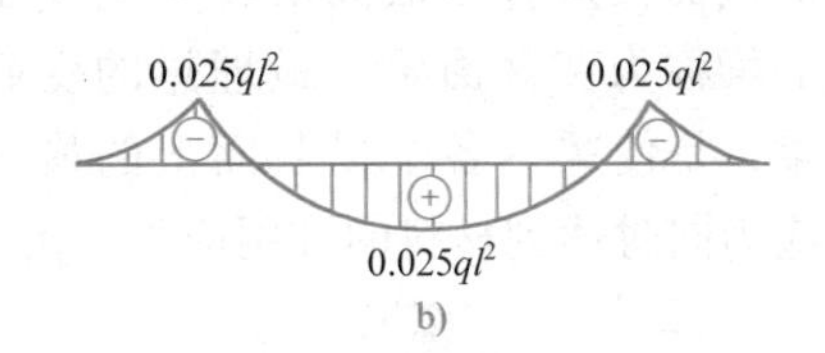

图　9-28

2. 适当增加梁的支座

由于梁的最大弯矩与梁的跨度有关，所以适当增加梁的支座就可以减小梁的跨度，从而降低最大弯矩值。例如，在同跨度的简支梁中增加一个支座(图 9-29)，则最大弯矩为

$$M_{\max}=\frac{1}{8}\times\left(\frac{1}{2}l\right)^2q=\frac{1}{32}ql^2=0.03125ql^2$$

可见增加支座后，梁的最大弯矩只是原简支梁的$\frac{1}{4}$。

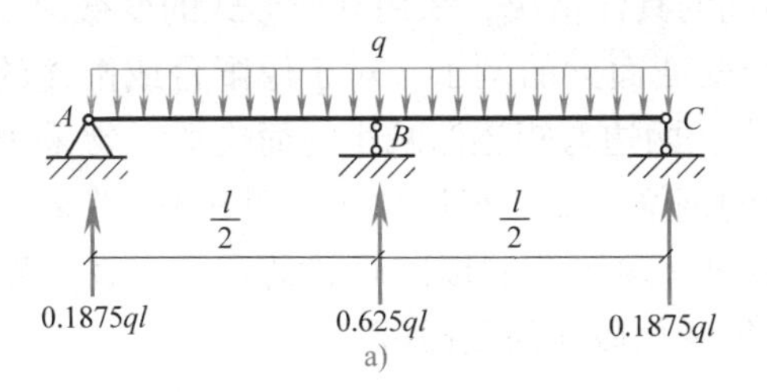

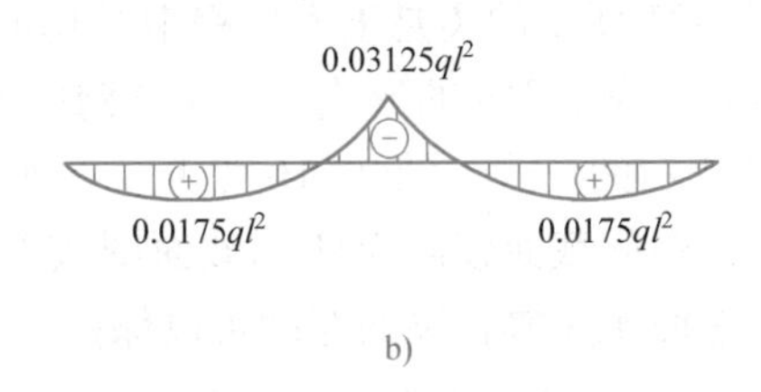

图　9-29

3. 改善荷载的布置情况

在可能的情况下，将集中荷载分散布置可以有效地降低梁的最大弯矩。例如，简支梁在跨中受一集中力 $\boldsymbol{F}$ 作用(图 9-30a)，其 $M_{\max}=\frac{1}{4}Fl$，若在梁 AB 上再安置一短梁 CD(图 9-30b)，则梁 AB 的 $M_{\max}=\frac{F}{2}\times\frac{l}{8}=\frac{Fl}{16}$，仅有原来简支梁的$\frac{1}{4}$。又如，将集中力 ql 分散为均布荷载 q(图 9-30c、d)，其最大弯矩将从$\frac{ql^2}{4}$降为$\frac{ql^2}{8}$。

三、采用变截面梁

在进行梁的强度计算时，是根据危险截面上的最大弯矩设计截面的，而其他截面上的弯矩一般都小于最大弯矩，如果采用等截面梁，对于那些弯矩比较小的地方，材料就没有充分发挥作用，要想更好地发挥材料的作用，应该在弯矩比较大的地方采用较大的截面，在弯矩较小的地方采用较小的截面，这种横截面沿着梁轴线变化的梁称为变截面梁。最理想的变截面梁，是使梁内各个横截面上的最大正应力同时达到材料的许用应力。由

$$\sigma_{\max}=\frac{M(x)}{W_z(x)}=[\sigma]$$

得

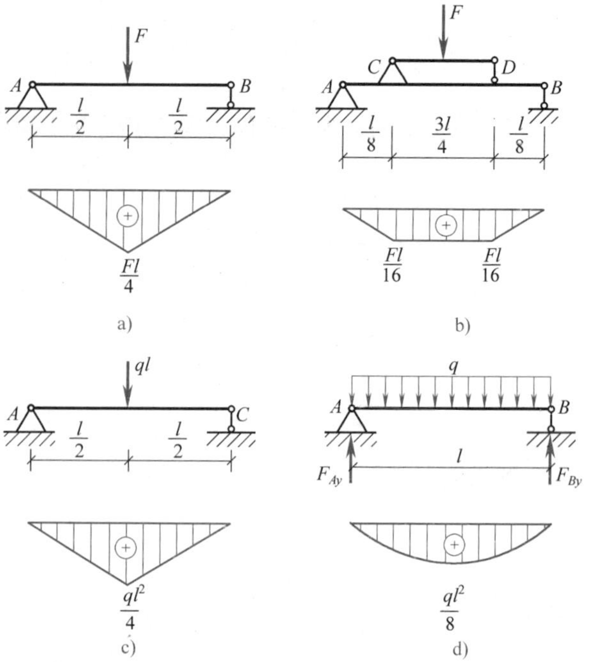

图　9-30

$$W_z(x)=\frac{M(x)}{[\sigma]} \tag{9-16}$$

式中，$M(x)$为梁内任一截面上的弯矩，$W_z(x)$为该截面的抗弯截面系数。这样，各个截面的大小将随截面上的弯矩而变化。按式(9-16)设计出的截面梁称为等强度梁。

从强度以及材料的利用上看，等强度梁很理想，但这种梁的加工制造比较困难，当梁上荷载比较复杂时，梁的外型也随之复杂，其加工制造将更加困难。因此，在工程中，特别是建筑工程中，很少采用等强度梁，而是根据不同的具体情况，采用其他形式的变截面梁。

图9-31所示的梁是土木工程中常见的几个变截面梁的例子。对于像阳台或雨篷的悬臂梁，常采用图9-31a的形式。对于梁跨中弯矩大，两边弯矩逐渐减小的简支梁，常采用图9-31c、d所示的形式。图9-31b为上、下加盖板的钢梁，如汽车板弹簧，图9-31c为屋盖上的薄腹梁，中间截面较高而两端截面则较低，中间有预留孔洞以减轻梁的重量。在一般情况下，考虑便于布置，梁的宽度可以保持不变，仅变化截面高度即可。

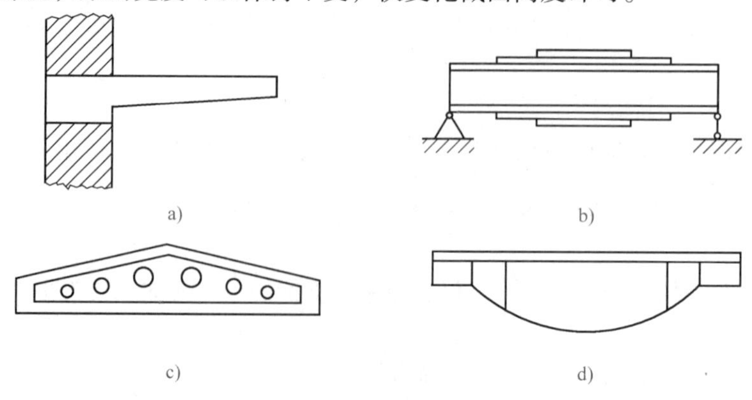

图　9-31

四、合理利用材料

工程中常用的钢筋混凝土构件，因为混凝土的抗拉能力低，所以在受拉区(该例为梁的下边缘)加入抗拉能力强的钢筋以充分发挥钢筋抗拉作用(图 9-32)；由于混凝土的抗压能力强，所以受压区的压应力仍然由混凝土来担当。因此，钢筋混凝土构件在合理使用材料方面是最优越的。

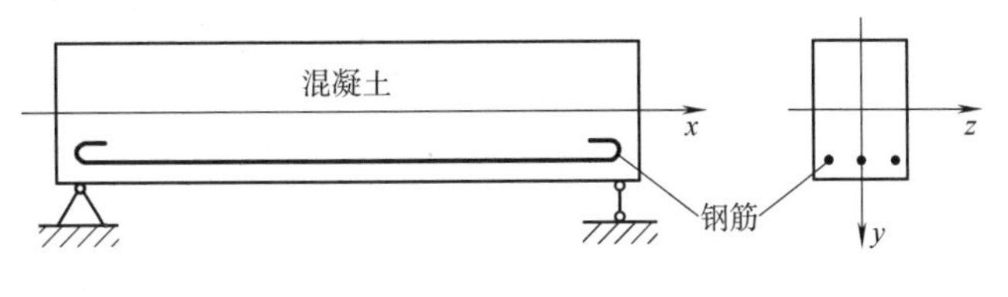

图　9-32

思　考　题

9-1　何谓中性层？何谓中性轴？如何确定中性轴的位置？

9-2　梁发生平面弯曲时，常见截面梁上的正应力是怎样分布的？试作简图表示。

9-3　弯曲正应力计算公式的适用条件是什么？

9-4　梁的最大正应力如何计算？

9-5　若材料的抗拉和抗压性能不同，其正应力强度条件应当如何建立？

9-6　矩形截面梁横力弯曲时，横截面上的切应力是如何分布的？

9-7　梁横力弯曲时其切应力的强度条件是如何建立的？其依据是什么？

9-8　梁横力弯曲时其切应力强度条件有哪些应用？

9-9　合理选择梁截面的原则是什么？

9-10　对图 9-33 所示的受弯构件的截面，假设高度 h 都相同，为什么工字形截面梁比矩形截面梁合理？而矩形截面梁又比圆形截面梁合理？圆环截面的情况又如何(α=内径/外径)？

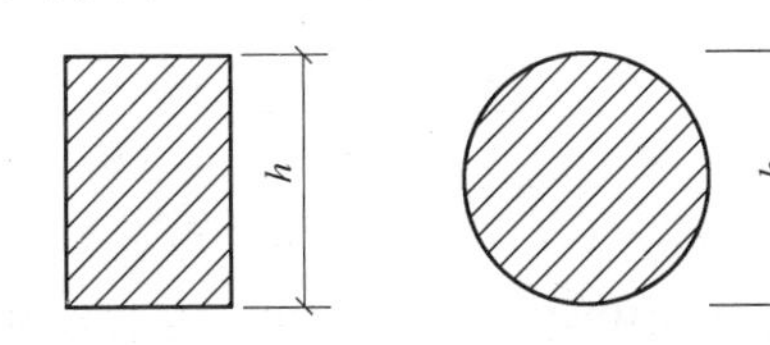

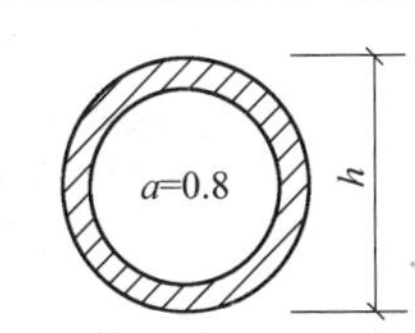

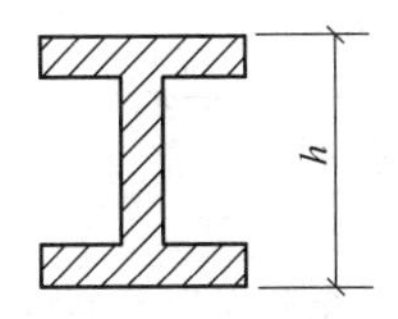

图　9-33

9-11　为降低梁的最大弯矩，有哪些工程措施？

9-12　改善梁抗弯强度的措施归纳起来有哪些？

练　习　题

9-1　图 9-34 所示一简支梁，试求其截面 C 上 a、b、c、d 四点处的正应力的大小，并说明是拉应力还是压应力。

9-2　试求图 9-35 所示各梁的最大正应力及其所在的位置。

9-3　倒 T 形截面梁受载荷情况及截面尺寸如图 9-36 所示。试求梁内最大拉应力和最大压应力之值，并说明它们分别发生在何处。

9-4　简支梁受力和尺寸如图 9-37 所示，材料的许用应力$[\sigma]$=160MPa。试按正应力强度条件设计三种形状截面尺寸：(1) 圆形截面直径 d；(2) h/b=2 矩形截面的 b、h；(3) 工字形截面。并比较三种截面的耗材量。

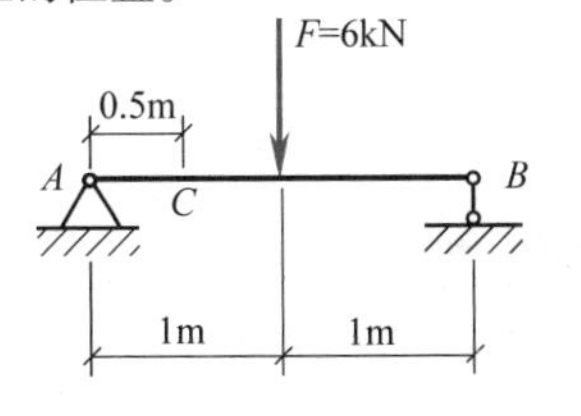

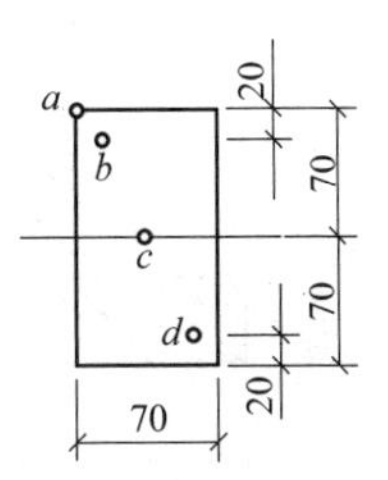

图　9-34

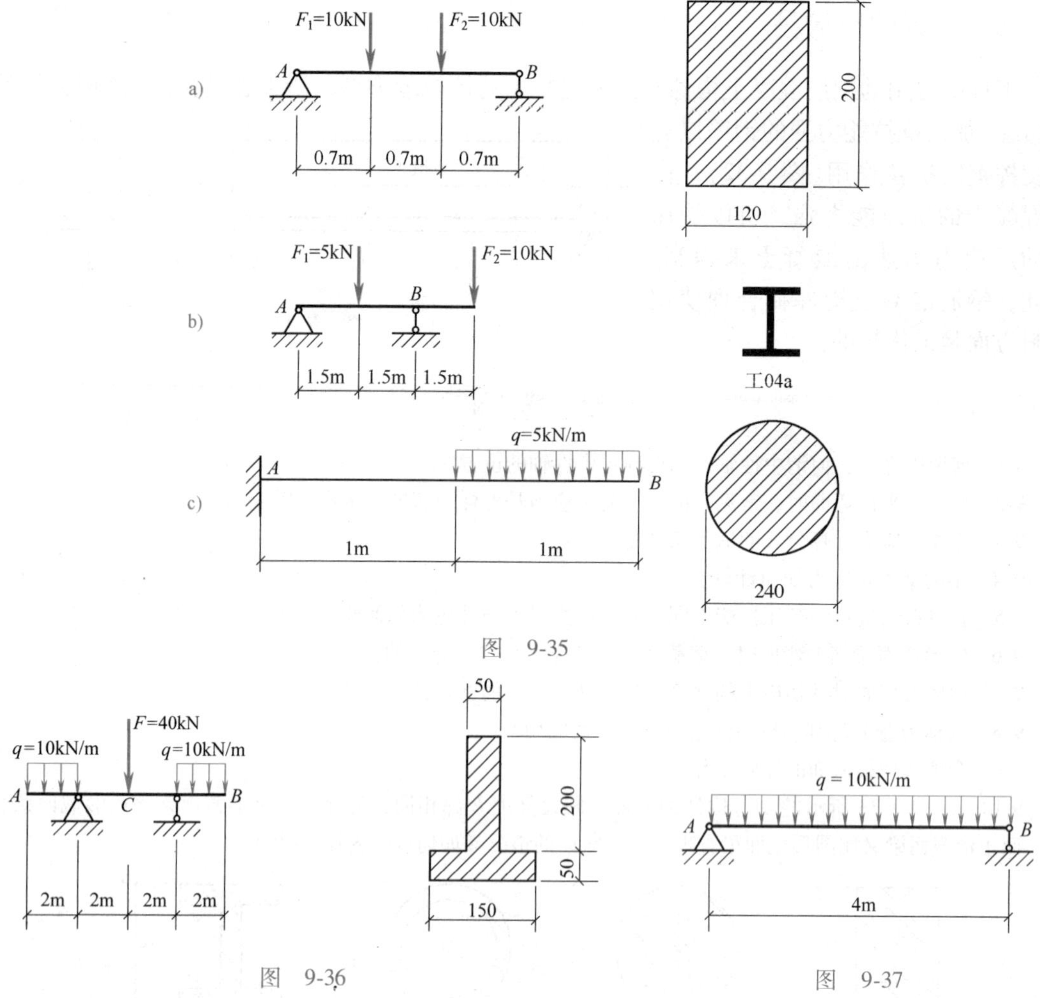

图 9-35

图 9-36

图 9-37

9-5 铸铁梁截面为T形如图9-38所示。已知材料的$[\sigma_t]=30\text{MPa}$，$[\sigma_c]=90\text{MPa}$。试根据截面尺寸和材料特性，求该截面所能承担的最大弯矩。

9-6 由10号工字钢制成的钢梁AB，在点D由钢杆CD支承，如图9-39所示。已知梁和杆的许用应力均为$[\sigma]=160\text{MPa}$，试求均布载荷的许可值及圆杆直径d。

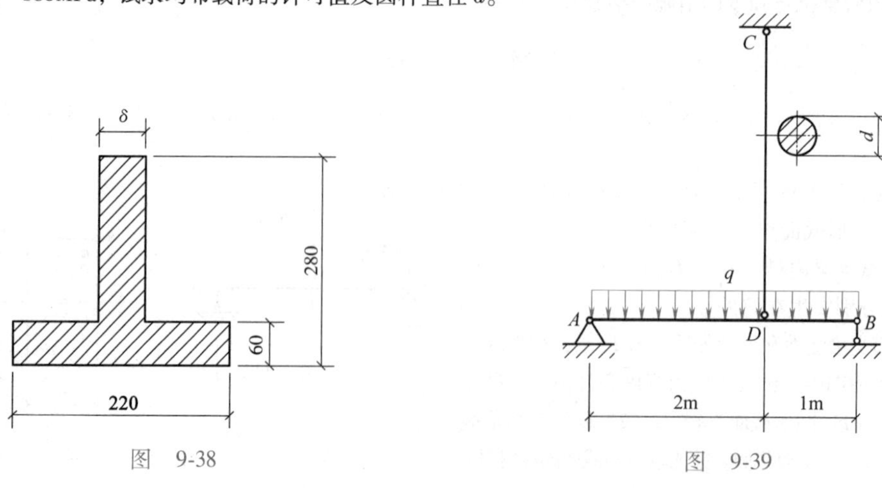

图 9-38

图 9-39

9-7　图 9-40 所示槽形截面梁，$F=10\text{kN}$，$M_e=70\text{kN}\cdot\text{m}$，许用拉应力$[\sigma_t]=35\text{MPa}$，许用压应力$[\sigma_c]=120\text{MPa}$。试校核梁的强度。

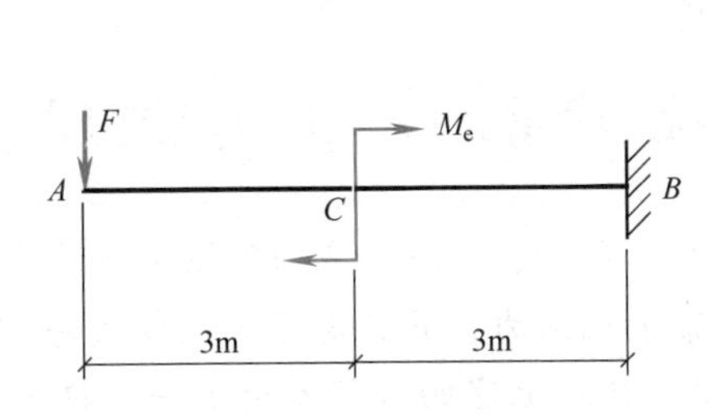

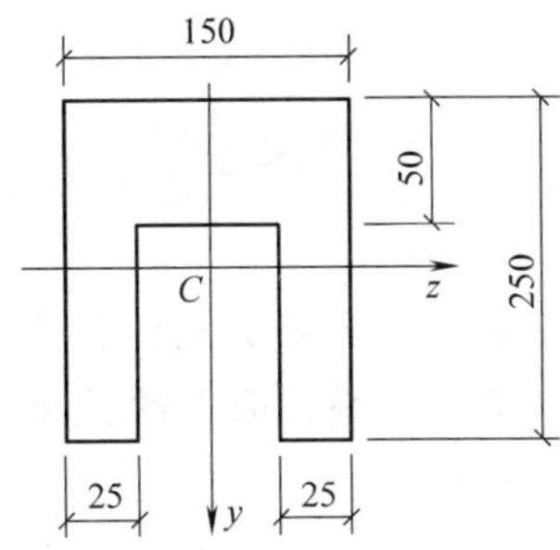

图　9-40

9-8　一方形截面的悬臂木梁受荷载作用如图 9-41 所示。已知木材的许用应力$[\sigma]=10\text{MPa}$。如在距固定端 0.25m 处钻一直径为 d 的圆孔，问要保证梁的强度，孔的直径 d 最大可达多少？并校核固定端截面是否安全。

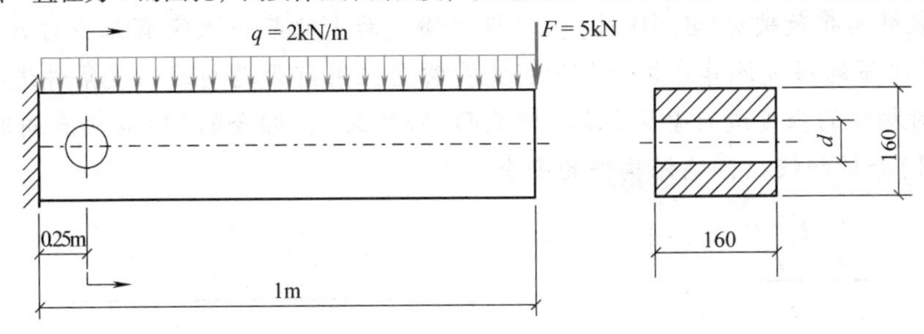

图　9-41

9-9　一简支工字型钢梁，工字钢的型号 28a，梁上荷载如图 9-42 所示，已知 $l=6\text{m}$，$F_1=60\text{kN}$，$F_2=40\text{kN}$，$q=8\text{kN/m}$。钢材的许用正应力$[\sigma]=170\text{MPa}$，许用切应力$[\tau]=100\text{MPa}$，试校核梁的强度。

9-10　一简支工字型钢梁，梁上荷载如图 9-43 所示，已知 $l=6\text{m}$，$q=6\text{kN/m}$，$F=20\text{kN}$，钢材的许用正应力$[\sigma]=170\text{MPa}$，许用切应力$[\tau]=100\text{MPa}$，试选择工字钢的型号。

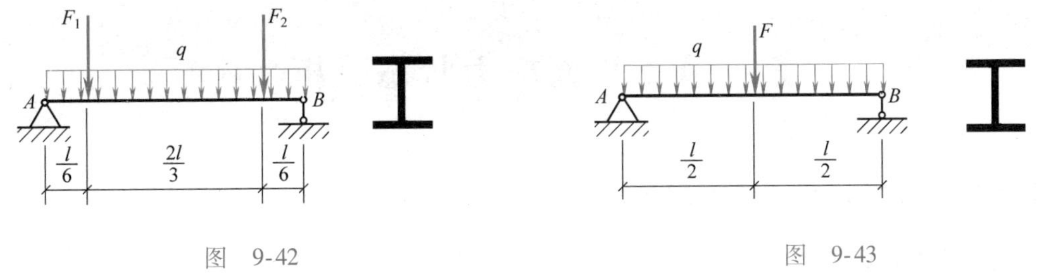

图　9-42　　　　图　9-43

9-11　一矩形截面木梁，其截面尺寸及荷载如图 9-44 所示。已知 $q=1.5\text{kN/m}$，$[\sigma]=10\text{MPa}$，$[\tau]=2\text{MPa}$，试校核该梁的正应力强度和切应力强度。

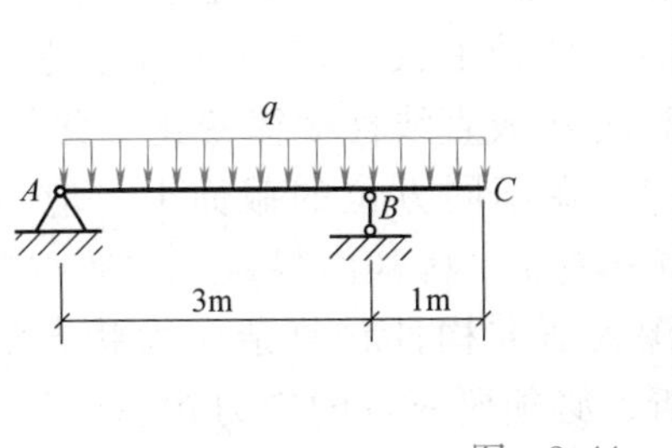

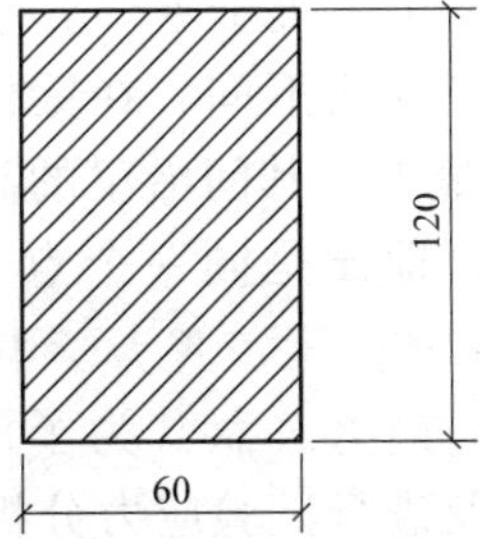

图　9-44

学习目标

第十章 平面应力状态分析及常用强度理论

在前面几章中，研究了直杆在受到轴向拉压、剪切、扭转和弯曲等情况下的强度计算问题，但是都只考虑了横截面上的最大正应力和最大切应力，并且是按照强度条件 $\sigma_{max}\leqslant[\sigma]$ 和 $\tau_{max}\leqslant[\tau]$ 进行计算的。稍加注意就不难发现，在对上述四种基本变形杆件横截面上的危险点进行强度计算时，危险点上只有一种类型的应力，要么只有正应力，要么只有切应力。而有时构件是沿斜截面破坏的，例如，铸铁试件在受到压缩或扭转作用时，常会沿与轴线成45°~55°的斜截面发生破坏(图 10-1a)；钢筋混凝土简支梁在受到外力作用时常会在轴线以下部分出现斜裂缝而导致破坏(图 10-1b)。这说明横截面上的某一点既有正应力 σ，又有切应力 τ，这种情况下的强度计算应该如何进行呢？肯定仅用前面提到的强度条件进行计算是不够的，必须对构件的强度进行全方位的(横截面、斜截面)、综合的(对危险点同时考虑 σ 与 τ 的共同作用)分析和校核，确保构件的安全。

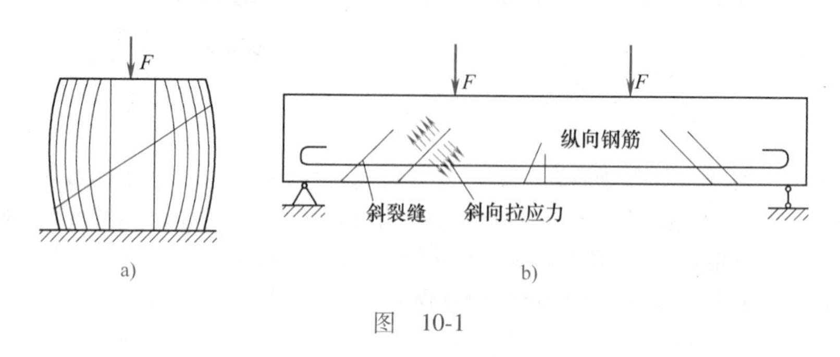

图 10-1

第一节 平面应力状态分析

一、关于应力状态的基本概念

1. 点的应力状态概念

构件同一截面上各点的应力不一定相等。例如，圆轴在扭转时，横截面上各点的切应力 τ 的大小，是从圆心到圆边缘按线性规律变化的，在圆轴的外表面处切应力 τ 最大，而轴线处的切应力 τ 等于零。直梁在弯曲时，横截面上各点正应力 σ 的大小，随其到中性轴的距离不同而不同，在梁的中性轴上其正应力 σ 等于零，在梁的上、下边缘处则正应力 σ 为最大，其间沿梁的高度 σ 成直线性规律变化。此外，在弯曲构件(图 10-2a)的斜截面上，即使是同一个点 A，在不同方位的截面上，应力也是不尽相同的(图 10-2b、c、d、e)。在土木工程力学中，把通过构件内任意一点所有截面上的应力情况的总和，称为该点的**应力状态**。为了深入研究构件在复杂应力状态下的强度问题，了解材料破坏的原因及进行试验应力分析，必须研究点的应力状态。

2. 单元体

研究点的应力状态，可以围绕所研究的点，切取一边长趋于零的微小正六面体作为研究对象，这个微小的正六面体，就称为该点的单元体。由于单元体十分微小，故可以认为单元体各面上的应力均匀分布，大小等于所研究点在对应截面上的应力；在互相平行的截面上的应力大小也应相等。这样，单元体上各个面上的应力，就是构件相应截面在该点处的应力。单元体的应力状态，也就代表了确定截面上相应点的应力状态。为了应用前面几章所介绍各类变形杆横截面上的应力计算成果和便于研究，通常都是沿构件的横截面、水平纵截面、铅垂纵截面（假设构件的轴线是水平的），围绕要分析应力的点截取单元体的。

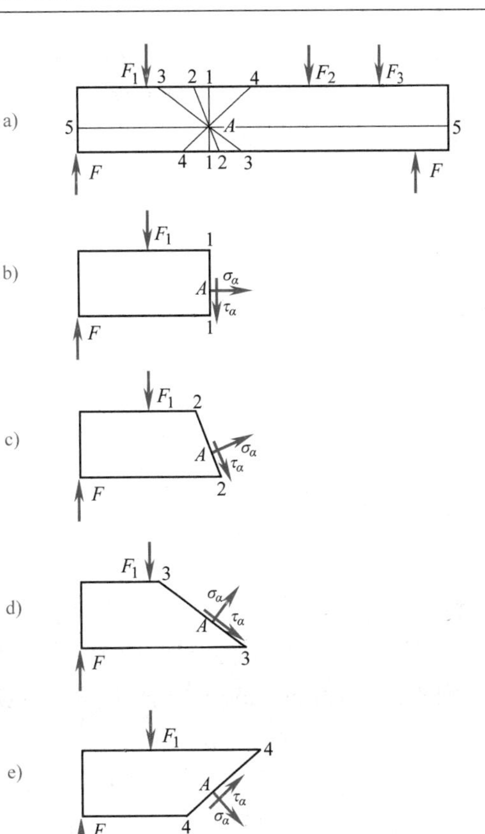

图　10-2

下面来分析几种常见变形杆的单元体。

(1) 轴向拉(压)杆　在杆上任取一点 K（图 10-3a），其单元体和面上的应力如图 10-3b、c 所示。其左、右面是杆横截面上 K 点处的微小面，故仅有正应力 $\sigma=\dfrac{F}{A}$，上、下面和前、后面都是杆上纵向截面上的微小面，所以没有应力。

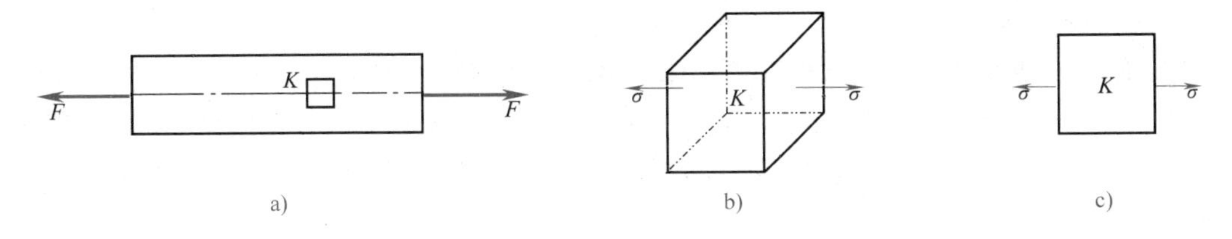

图　10-3

(2) 受扭圆轴杆　在圆轴表面上任取一点 K（图 10-4a），其单元体及各面上的应力如图 10-4b、c 所示。其左右面是横截面上 K 点附近的微小面，仅有切应力，其大小等于横截面上 K 点的切应力，且 $\tau_x=\dfrac{M_T}{W_p}$，根据切应力双生互等定律，上、下面（纵向截面上 K 点附近的

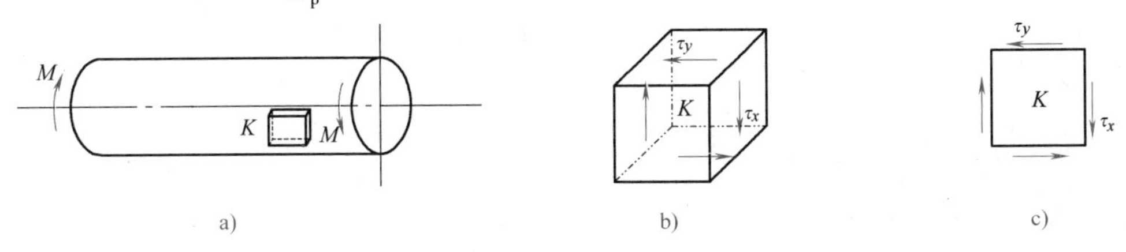

图　10-4

微小面)上，$\tau_y=-\tau_x$，前、后面上没有什么应力。

（3）横力弯曲梁　在梁上任取一点K(图10-5a)，其单元体及各面上的应力如图10-5b、c所示。在左、右截面上，既有正应力，又有切应力，其大小等于该横截面上K点处的应力，且

$$\sigma_x=\frac{M}{I_z}y,\ \tau_x=\frac{F_Q S_z^*}{I_z b}$$

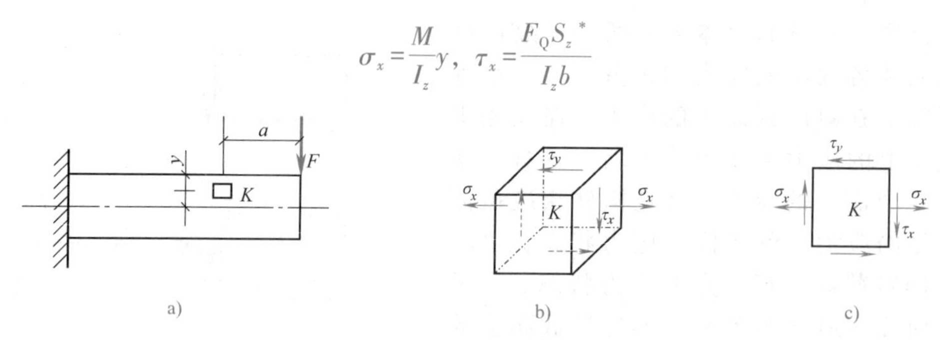

a)　　　　　　b)　　　　　　c)

图　10-5

根据切应力双生互等定律，上、下面上的切应力$\tau_y=-\tau_x$，前、后面上没有应力。

根据单元体各面上的已知应力，应用后面所要介绍的应力分析的解析法，就可以求出过K点的任意斜截面上的应力(图10-2)，这就是研究点的应力状态的基本方法。

3. 主平面和主应力概念

在单元体上，若某对平面上的切应力为零，则把此对平面称为**主平面**，把主平面上的正应力称为**主应力**。可以证明，受力构件上的任意点，均有三对相互垂直的主平面，因而就有三对相应的主应力。主应力按其代数值的大小编号按序排列，分别用符号σ_1、σ_2、σ_3表示，并规定$\sigma_1\geqslant\sigma_2\geqslant\sigma_3$。例如，某单元体上的三个主应力值为-99MPa(压应力)、0、19MPa(拉应力)，则按规定有$\sigma_1=19\text{MPa}$，$\sigma_2=0$，$\sigma_3=-99\text{MPa}$。

通过分析知道，主应力就是过某确定横截面上一点处所有斜截面上的正应力的极值。

4. 应力状态的分类

为了便于分析和研究，通常根据单元体上主应力的情况，把应力状态分为以下三类：

（1）**单向应力状态**　当单元体上只有一对主应力不为零时，称为单向应力状态(图10-6a、d)。例如，拉(压)杆及纯弯曲变形直梁上各点(中性层上的点除外)的应力状态，都属于单向应力状态。

（2）**双向应力状态**　当单元体上有两对主应力不为零时，称为双向应力状态(图10-6b、e)。

（3）**三向应力状态**　当单元体上三对主应力均不为零时，称为三向应力状态(图10-6c)。

在应力状态里，有时会遇到一种特例，即单元体的四个侧面上只有切应力而无正应力(图10-6f)，称为**纯剪切应力状态**。

三向应力状态又称**空间应力状态**，双向、单向及纯剪切应力状态又称为**平面应力状态**。处于平面应力状态的单元体可以简化为平面简图来表示(图10-6d、e)。

本节只研究平面应力状态。

二、平面应力状态分析的解析法

1. 用解析法求任一斜截面上的应力

图10-7a表示从某一构件中取出的单元体，设它处于平面应力状态下。假定在一对竖向

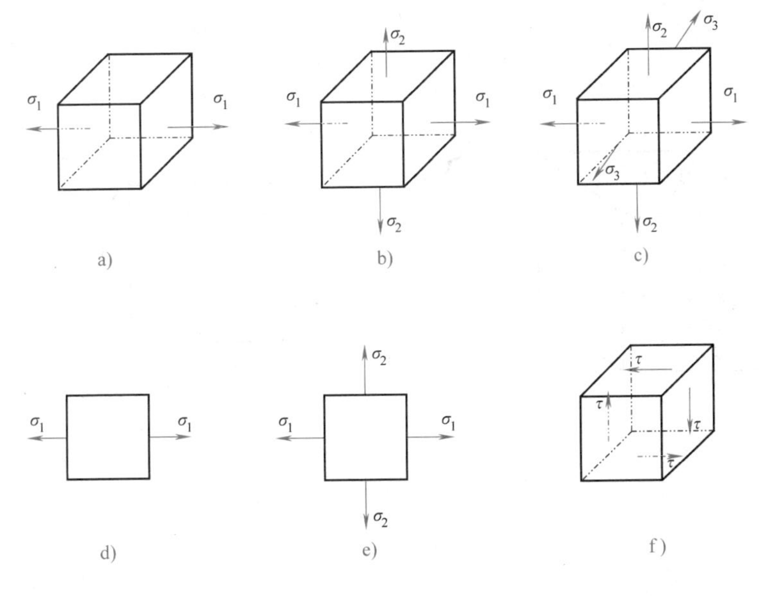

图　10-6

平面上的正应力为 σ_x、切应力为 τ_x 和在一对水平平面上的正应力为 σ_y、切应力为 τ_y 的大小和方向已经求出，现在要求求出在这个单元体的任一斜截面 *e-f* 上的应力的大小和方向。由于习惯上常用 α 表示斜截面 *e-f* 的外法线 n 与 x 轴正向间的夹角，所以又把这个斜截面简称为“α 截面”，并且用 σ_α 和 τ_α 表示作用在这个截面上的应力(图 10-7a、b、c)。

应力 σ、τ 和角度 α 的正负号规定如下：正应力 σ 以拉应力为正，压应力为负；切应力 τ 以绕单元体内的任一点顺时针转时为正，逆时针转时为负；角度 α 以从 x 轴的正向出发到截面的外法线 n 处逆时针转为正，顺时针转为负。按照上述的规定可以判断，在图 10-7 中的 σ_x、σ_y 和 σ_α 是正值；τ_x 和 τ_α 是正值；τ_y 是负值；α 角是正值。

当构件处于静力平衡状态时，从其中截取出来的任一单元体也必然处于静力平衡状态，因此，也可以采用截面法来计算单元体上任一斜截面上的应力。

假想用一平面沿 *e-f* 将单元体截开，取 *bef* 为分离体，如图 10-7b、c、d 所示。假设斜截面上的未知应力 σ_α 和 τ_α 为正值。设斜截面 *e-f* 的面积为 dA，则截面 *eb* 和 *bf* 的面积分别是 d$A\cos\alpha$ 和 d$A\sin\alpha$。分离体 *bef* 的受力如图 10-7d 所示。取 n 轴和 t 轴如图 10-7d 所示，则可以列出分离体的静力平衡方程如下：

由 $\sum F_n=0$，得

$$\sigma_\alpha \mathrm{d}A+(\tau_x \mathrm{d}A\cos\alpha)\sin\alpha-(\sigma_x \mathrm{d}A\cos\alpha)\cos\alpha+(\tau_y \mathrm{d}A\sin\alpha)\cos\alpha-(\sigma_y \mathrm{d}A\sin\alpha)\sin\alpha=0 \qquad ①$$

由 $\sum F_t=0$，得

$$\tau_\alpha \mathrm{d}A-(\tau_x \mathrm{d}A\cos\alpha)\cos\alpha-(\sigma_x \mathrm{d}A\cos\alpha)\sin\alpha+(\tau_y \mathrm{d}A\sin\alpha)\sin\alpha+(\sigma_y \mathrm{d}A\sin\alpha)\cos\alpha=0 \qquad ②$$

并利用切应力双生互等定律

$$|\tau_y|=\tau_x \qquad ③$$

将式③代入式①和式②，经简化整理后，得

$$\sigma_\alpha=\sigma_x\cos^2\alpha+\sigma_y\sin^2\alpha-2\tau_x\sin\alpha\cos\alpha \qquad ④$$

$$\tau_\alpha=(\sigma_x-\sigma_y)\sin\alpha\cos\alpha+\tau_x(\cos^2\alpha-\sin^2\alpha) \qquad ⑤$$

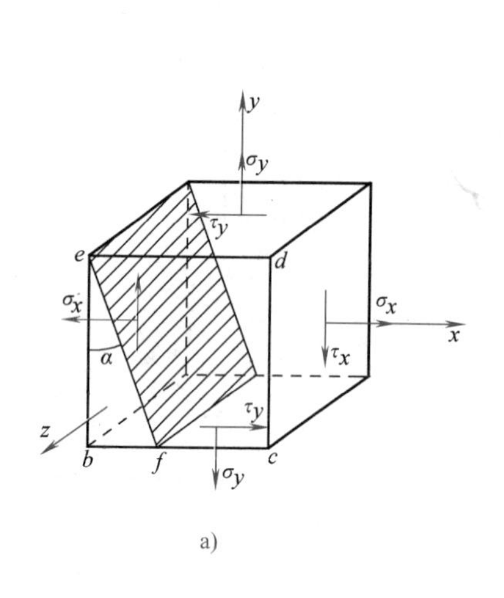

a)

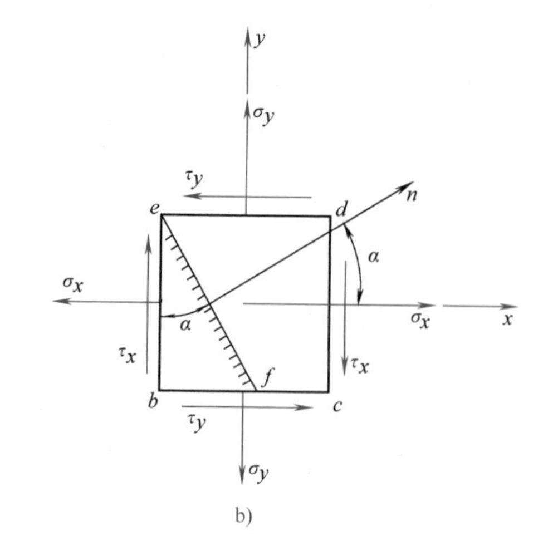

b)

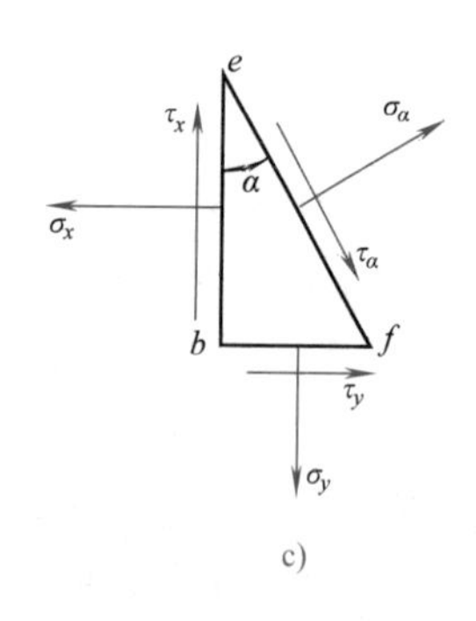

c)

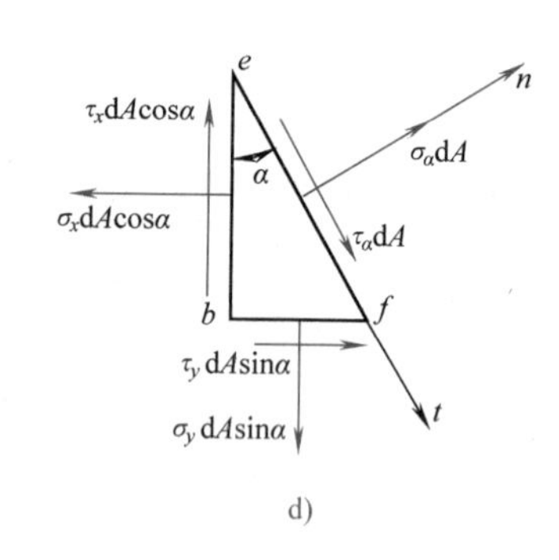

d)

图　10-7

利用三角函数关系

$$\left.\begin{aligned}\cos^2\alpha&=\frac{1+\cos2\alpha}{2}\\ \sin^2\alpha&=\frac{1-\cos2\alpha}{2}\\ 2\sin\alpha\cos\alpha&=\sin2\alpha\end{aligned}\right\}\qquad ⑥$$

将式⑥代入式④、式⑤，经整理简化后，得

$$\sigma_\alpha=\frac{\sigma_x+\sigma_y}{2}+\frac{\sigma_x-\sigma_y}{2}\cos2\alpha-\tau_x\sin2\alpha \qquad (10\text{-}1)$$

$$\tau_\alpha=\frac{\sigma_x-\sigma_y}{2}\sin2\alpha+\tau_x\cos2\alpha \qquad (10\text{-}2)$$

式(10-1)和式(10-2)就是对处于平面应力状态下的单元体，根据已知 $\boldsymbol{\sigma_x}$、$\boldsymbol{\sigma_y}$、$\boldsymbol{\tau_x}$，求任意斜截面 $\alpha(\alpha=0°\sim360°)$上 $\boldsymbol{\sigma_\alpha}$ 和 $\boldsymbol{\tau_\alpha}$ 的基本解析公式。

例 10-1　图 10-8a 所示为一平面应力状态情况，试求外法线与 x 轴成 30°角的斜截面上的应力。

解　由图 10-8a 和应力分析的正负号规定，有

$$\sigma_x=10\text{MPa},\ \sigma_y=20\text{MPa},\ \tau_x=20\text{MPa},\ \alpha=30°$$

将上述数值直接代入式(10-1)和式(10-2)，得

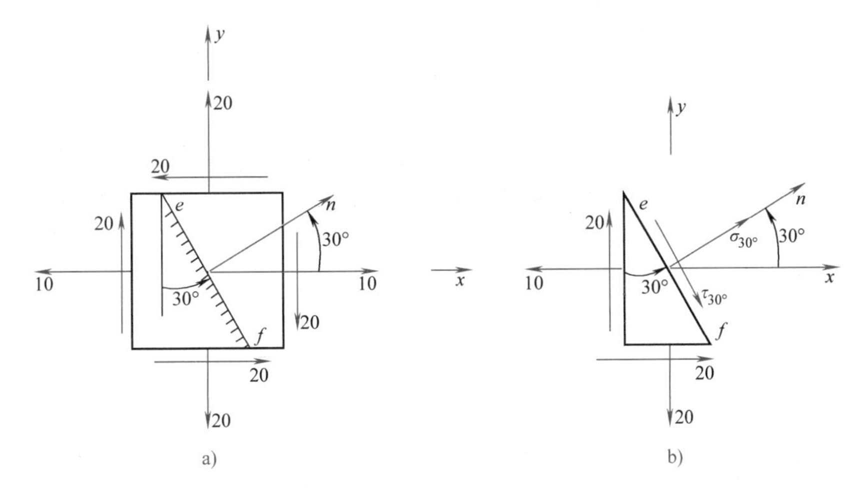

图　10-8

$$\sigma_{30°}=\left(\frac{10+20}{2}+\frac{10-20}{2}\cos60°-20\times\sin60°\right)\text{MPa}=-4.82\text{MPa}$$

$$\tau_{30°}=\left(\frac{10-20}{2}\sin60°+20\cos60°\right)\text{MPa}=5.67\text{MPa}$$

$\sigma_{30°}$为负值，说明它与图10-8b上所设的应力方向相反，即为压应力。$\tau_{30°}$为正值，说明它与图10-8b上所假设的方向相同，为正切应力。

2. 主应力和最大切应力

对于构件上处于平面应力状态下的任意一点，只要知道作用在通过该点的x截面和y截面上的应力σ_x、τ_x、σ_y、τ_y，就能计算出通过该点的任意斜截面上的应力σ_α、τ_α。但是对构件的强度计算来说，最关键的问题是要能求出在构件中出现的最大正应力和最大切应力的数值和它们所在的位置，所以下面来探讨最大正应力和最大切应力的求法。

（1）主应力的求法及其主平面位置的确定　确定主应力的大小及主平面的位置，可用前面分析应力的解析法加以解决。

根据前面导出的确定斜截面上的正应力σ_α和切应力τ_α的式(10-1)和式(10-2)，可以看出，σ_α和τ_α都是斜截面位置角α的函数，利用高等数学中求函数极值的方法，可以求出σ_α和τ_α的极大值、极小值以及它们所在的截面位置。

将式(10-1)对α求导数

$$\frac{d\sigma_\alpha}{d\alpha}=-(\sigma_x-\sigma_y)\sin2\alpha-2\tau_x\cos2\alpha$$

令此导数等于零，可求得σ_α达到极值时的α值，并以α_0表示此值，得

$$\frac{\sigma_x-\sigma_y}{2}\sin2\alpha_0+\tau_x\cos2\alpha_0=0 \quad ⑦$$

由式(10-2)知道，上面等式的左边刚好等于τ_α，这就说明，当τ_α等于零时，正应力有极值，亦即为主应力，$\tau_\alpha=0$所在的平面位置即为主平面。对式⑦进一步简化，就得出求主平面位置的方程如下

$$\tan2\alpha_0=-\frac{2\tau_x}{\sigma_x-\sigma_y} \quad (10\text{-}3)$$

由式(10-3)可以看出，α_0有两个根。因为

$$\tan2(\alpha_0+90°)=\tan(2\alpha_0+180°)=\tan2\alpha_0$$

说明 α_0 和 $\alpha_0+90°$都能满足式(10-3)，这就是说，处于平面应力状态的单元体上有两个主平面，并且这两个主平面是互相垂直的。下面再来推导主应力数值的计算公式。

式(10-3)可以求出主应力所在的截面位置 α_0 的数值，并且 α_0 所在平面上的正应力就是主应力，用符号 σ_{zy} 代表主应力，将 α_0 的数值和 $\sigma_\alpha=\sigma_{zy}$ 代入求任意斜截面上正应力的式(10-1)并经整理简化后，即有

$$\sigma_{zy}=\frac{\sigma_x+\sigma_y}{2}\pm\sqrt{\left(\frac{\sigma_x-\sigma_y}{2}\right)^2+\tau_x^2}$$

整理后，就得到计算两个主应力的计算公式如下

$$\sigma_{zy}=\begin{cases}\sigma_1\\\sigma_2\end{cases}=\frac{\sigma_x+\sigma_y}{2}\pm\frac{1}{2}\sqrt{(\sigma_x-\sigma_y)^2+4\tau_x^2} \tag{10-4}$$

利用式(10-4)，在已知 σ_x、σ_y 及 τ_x 的情况下，就可以很方便地求出两个主应力 σ_1 和 σ_2，并且 σ_1 与 σ_2 分别作用在两个互相垂直的主平面上。

(2) **最大切应力及其作用面位置** 首先用解析法来确定最大切应力 τ_{max}所在的平面位置。将式(10-2)对 α 求导并令其等于零，有

$$\frac{d\tau_\alpha}{d\alpha}=(\sigma_x-\sigma_y)\cos2\alpha-2\tau_x\sin2\alpha=0 \tag{⑧}$$

即

$$(\sigma_x-\sigma_y)-2\tau_x\tan2\alpha=0 \tag{10-5}$$

如果用 α_τ 表示最大切应力所在平面的外法线与 x 轴之间的夹角，则可由上式得出

$$\tan2\alpha_\tau=\frac{\sigma_x-\sigma_y}{2\tau_x} \tag{10-6}$$

将式(10-6)与式(10-3)的 $\tan2\alpha_0=-\dfrac{2\tau_x}{\sigma_x-\sigma_y}$进行比较，可以知道

$$\tan(2\alpha_0+90°)=-\cot2\alpha_0=\frac{\sigma_x-\sigma_y}{2\tau_x}=\tan2\alpha_\tau$$

即

$$\tan2(\alpha_0+45°)=\tan2\alpha_\tau$$

$$或\quad \alpha_\tau=\alpha_0+45°$$

这说明**最大切应力所在平面位置应与主平面相交成45°角**。

下面推证最大切应力的计算公式。

式(10-6)可以求出 α_τ 的数值。将 α_τ 的数值代入式(10-1)可以得到在最大切应力作用平面 α_τ 上的正应力为

$$\sigma_\alpha=\frac{\sigma_x+\sigma_y}{2}$$

将 σ_α 值代入求切应力的式(10-2)，求得的 τ_α 值即为最大切应力 τ_{max}，因此有

$$\tau_{max}^2=\left(\frac{\sigma_x-\sigma_y}{2}\right)^2+\tau_x^2\quad 或\quad \tau_{max}=\pm\frac{1}{2}\sqrt{(\sigma_x-\sigma_y)^2+4\tau_x^2} \tag{10-7}$$

将式(10-7)与式(10-4)进行比较，可以看出最大切应力与主应力在数值上的关系是

$$\tau_{max}=\pm\frac{\sigma_1-\sigma_2}{2}$$

这个公式表明，单元体上的最大切应力的数值等于最大主应力与最小主应力之差的一半。当单元体上的三个主应力按代数值排列是 $\sigma_1\geqslant\sigma_2\geqslant\sigma_3$ 时，则最大切应力的计算公式应该写为

$$\tau_{max}=\pm\frac{\sigma_1-\sigma_3}{2} \tag{10-8}$$

式(10-7)和式(10-8)都是计算最大切应力的公式，算得的结果有正、负两个数值。这说明最大切应力是成对出现的，它们的数值相等，正负号相反，作用面互相垂直，符合切应力双生互等定理。

例 10-2　图 10-9 中所示的单元体，是从某受力构件中 K 点处截取出来的。已知 $\sigma_x=25\text{MPa}$，$\tau_x=-130\text{MPa}$，$\sigma_y=-125\text{MPa}$。用解析法求出该单元体的主应力大小和方向，并求出最大切应力。

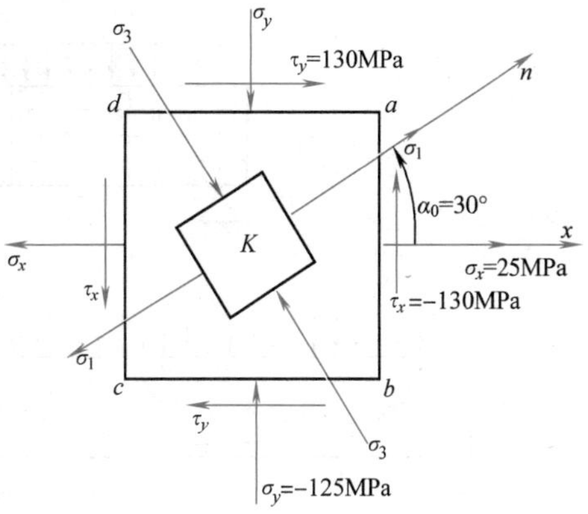

图　10-9

解　将 $\sigma_x=25\text{MPa}$，$\tau_x=-130\text{MPa}$，$\sigma_y=-125\text{MPa}$ 代入式(10-3)、式(10-4)、式(10-7)即可求出主应力的大小、方向和最大切应力。即

$$\begin{aligned}\frac{\sigma_1}{\sigma_3}&=\frac{\sigma_x+\sigma_y}{2}\pm\frac{1}{2}\sqrt{(\sigma_x-\sigma_y)^2+4\tau_x^2}\\&=\left[\frac{25-125}{2}\pm\frac{1}{2}\sqrt{[25-(-125)]^2+4\times(-130)^2}\right]\text{MPa}\\&=\left(-50\pm\frac{300}{2}\right)\text{MPa}=(-50\pm150)\text{MPa}\\&=\frac{+100}{-200}\text{MPa}\end{aligned}$$

即 $\sigma_1=100\text{MPa}$，$\sigma_2=0$，$\sigma_3=-200\text{MPa}$

由

$$\tan2\alpha_0=-\frac{2\tau_x}{\sigma_x-\sigma_y}=-\frac{2\times(-130)}{25-(-125)}=1.733$$

解得

$$\alpha_0=30°\ 和\ \alpha_0+90°=120°$$

由于 $\sigma_x>\sigma_y$，故 $\alpha_0=30°$应为 σ_1 与 σ_x 之间的夹角，$\alpha_0+90°$为 σ_3 与 σ_x 轴之间的夹角，由 x 轴逆时针方向旋转 α_0与 $\alpha_0+90°$即可得出 σ_1 与 σ_3 的主应力方向，如图 10-9 所示。

$$\begin{aligned}\tau_{max}&=\frac{1}{2}\sqrt{(\sigma_x-\sigma_y)^2+4\tau_x^2}\\&=\frac{1}{2}\sqrt{[25-(-125)]^2+4\times(-130)^2}\text{MPa}\\&=150\text{MPa}\end{aligned}$$

$$\alpha_\tau=\alpha_0+45°=30°+45°=75°$$

τ_{max}的作用面由 x 轴逆时针方向旋转 $\alpha_\tau=75°$即可得到，图中未绘出。

三、主应力轨迹线的概念

对于一个平面结构来说，可以求出其中任意一点处的两个主应力，这两个主应力的方向

是互相垂直的。掌握构件内部主应力方向的变化规律，对于结构设计来说是很有用的。例如，在设计钢筋混凝土梁时，如果知道了梁中主应力方向的变化情况，就可以判断梁上可能发生的裂缝的方向，从而恰当地配置钢筋，更有效地发挥钢筋的抗拉作用。在结构设计中，有时需要根据构件上各计算点的主应力方向，绘制出两组彼此成正交的曲线，在这些曲线上任意一点处的切线方向就是在该点处的主应力方向，这种曲线叫做**主应力轨迹线**。其中的一组是 σ_1 的轨迹线，另一组是 σ_3 的轨迹线。

图 10-10 中表示出了绘制梁主应力轨迹线的方法。首先，对梁取若干个横截面，并且在每个横截面上选定若干个计算点，如图 10-10a 所示；然后，求出每个计算点的主拉应力 σ_1 和主压应力 σ_3 的大小和方向，再按照各点处的主应力方向勾绘出梁的主应力轨迹线，如图 10-10b 所示，其中的实线是主拉应力 σ_1 的轨迹线，虚线是主压应力 σ_3 的轨迹线。

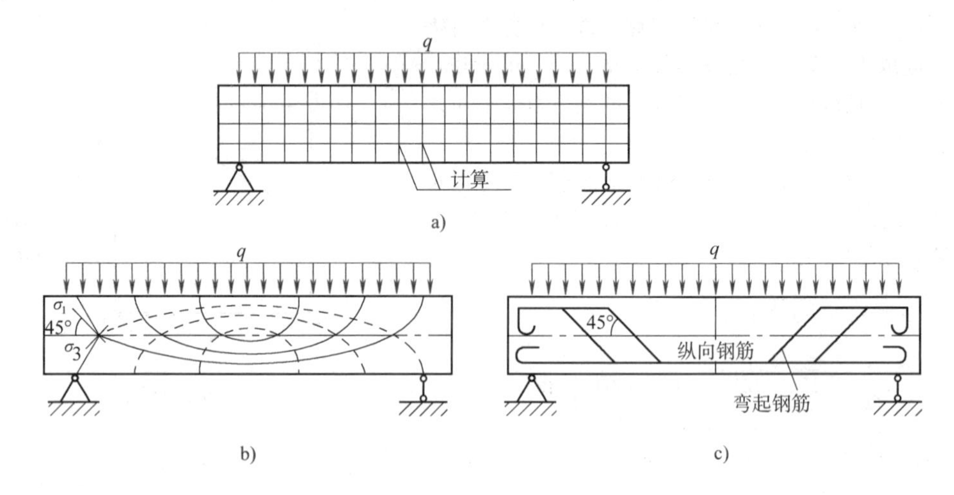

图　10-10

通过对梁的主应力轨迹线的分析可以看出，对于承受均布荷载的简支梁，在梁的上、下边缘附近的主应力轨迹线是水平线；在梁的中性层处，主应力轨迹线的倾角为 45°，如果是钢筋混凝土梁，水平方向的主拉应力 σ_1 可能使梁发生竖向的裂缝，倾斜方向的主拉应力 σ_1 可能使梁发生斜向的裂缝。因此在钢筋混凝土梁中，不但要配置纵向受拉钢筋，而且常常还要配置斜向弯起钢筋(图 10-10c)。

同样，可以绘出受集中荷载作用的悬臂梁的主应力轨迹线及钢筋混凝土的配筋情况，分别如图 10-11a、b 所示。

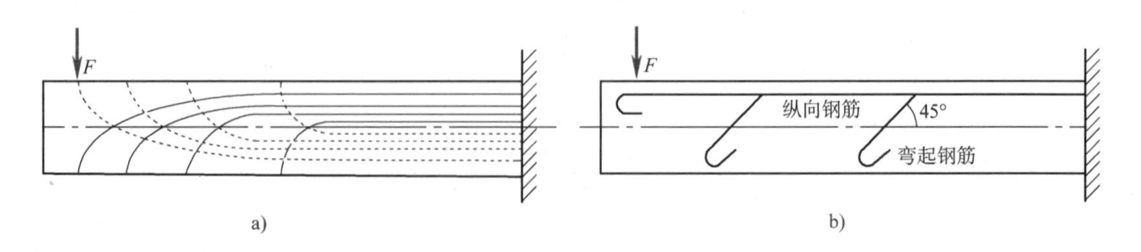

图　10-11

第二节　常用强度理论及其应用举例

新知识：应力波

一、强度理论的概念

在机械、电力和土木工程中，对于建造的每一个结构或者构件最基本的要求之一就是结构受到荷载作用后不至于发生垮坍现象，即破坏现象，这就是结构或构件的强度问题。强度问题是工程力学中研究的最基本的问题。在前面几章中，已建立起了杆件发生基本变形时的强度条件。因为材料发生破坏时总是某些截面的应力达到了某一个极限值，因此，在对材料进行简单试验的基础上，建立起杆件发生基本变形的两种强度条件是

正应力强度条件　　$\sigma_{max} \leqslant [\sigma]$

切应力强度条件　　$\tau_{max} \leqslant [\tau]$

式中的许用正应力$[\sigma]$和许用切应力$[\tau]$，分别等于对试件进行单向轴向拉伸(压缩)试验或剪切试验确定出的材料的极限应力(屈服极限σ_s、τ_s或强度极限σ_b、τ_b)除以安全系数而得到的。但是通过大量的工程设计和结构建筑实践表明，仅用前面所述的强度条件对构件进行强度计算是远远不能满足机械、电力和土木工程构件设计需要的，即使构件满足了前面所述的两种强度条件，构件受力后也可能还会发生破坏。这是为什么呢？通过人们对构件强度问题深入细致的研究表明：由于构件内部存在着各种各样的应力状态，材料在不同的应力状态下所处的物理环境也就不同，因此可能发生意想不到的破坏现象。对于前面所述的正应力强度条件，它只适合材料处于单向应力状态的情况(图10-12a)，而对于切应力强度条件，它只适合于材料处于纯剪切应力状态的情况(图10-12b)。对处于复杂应力状态中的情况(图10-12c、d、e的单元体)并不适用。因此，必须解决复杂应力状态下的强度计算问题，建立与之相适应的强度计算公式，以满足机械、电力和土木工程结构设计的需要。

要解决复杂应力状态下构件的强度问题，不能像简单应力状态那样，仅以试验为基础，通

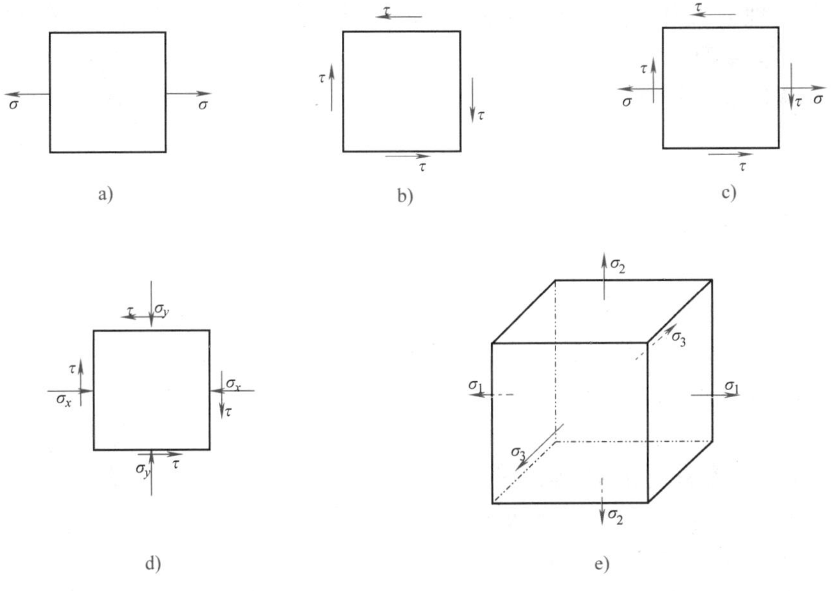

图　10-12

过推理分析建立强度条件。因为在复杂应力状态下，正应力 σ 和切应力 τ 对材料破坏是相互影响的。单元体各个面上的正应力、切应力的组合方式和它们之间的比值是不计其数的，它们对材料的破坏相互制约，相互影响，要模拟每一种单元体的应力组合情况进行试验也是难以做到的，因此，要解决这样的一个难题，只能是借助于可能进行的材料试验结果，经过推理，提出一些假说，推断材料破坏的原因，从而来建立起复杂应力状态下的强度条件。

人们通过丰富的建筑实践和科学试验，发现构件的破坏形式可以归结为两类：一类是断裂破坏；一类是屈服破坏(或剪切破坏)。许多试验表明，断裂破坏常常是拉应力或拉应变所引起的。例如，铸铁试样拉伸时沿横截面断裂，扭转时沿与轴线约成 45°倾角的螺旋面断裂。砖、石试件受压时沿纵截面断裂，它们都与最大拉应力或最大拉应变有关。另外，像 Q235 钢这类塑性材料，其拉伸和压缩试件都会发生显著的塑性变形，有时还会出现明显的屈服现象。由于材料在屈服或发生显著塑性变形后构件就丧失了正常工作能力，因此，从工程意义上来说，屈服和发生显著塑性变形也认为是一种破坏。

对上述两类破坏现象的原因，人们进行了认真的分析和研究，并对两类破坏的主要原因提出了种种假说，并依据这些假说建立了相应的强度条件。通常把这些关于对材料破坏现象的原因提出的假说统称为**强度理论**，也称为**强度失效判别准则**。显然，这些假说的正确性必须经受试验或工程实践的检验。实际上，也正是在反复试验和实践的基础上，强度理论才逐步得以日趋完善。

二、常用的四种强度理论简介

历史上提出的强度理论较多，但是通过工程设计、机械制造及建筑生产实践，其中的四种强度理论最为常用，并且能满足工程设计的需要，下面对这四种强度理论加以介绍。

需要指出的是，下面介绍的四种强度理论，适用于常温、静荷载作用下均匀、连续、各向同性的材料。

1. 最大拉应力理论(第一强度理论)

最大拉应力理论认为，引起材料断裂破坏的主要原因是最大拉应力，并且不论材料处于何种应力状态，只要复杂应力状态下三个主应力中的最大拉应力 σ_1 达到材料单向拉伸断裂时的抗拉强度极限 σ_b 时，材料便发生断裂破坏。按此理论，材料发生断裂破坏的条件为

$$\sigma_1=\sigma_b$$

将上式右边的抗拉强度极限除以安全系数 k_b，即得到按第一强度理论建立的强度条件为

$$\sigma_1\leqslant[\sigma] \tag{10-9}$$

式中，σ_1 为构件危险点处的最大主拉应力，$[\sigma]$为材料在单向拉伸时的许用应力。

本理论能较好地解释铸铁在拉伸、扭转时的破坏现象。比较适用于铸铁、陶瓷、岩石等脆性材料承受拉应力或在二向拉伸与压缩应力状态下且拉应力较大的情况。但是，这个理论也具有片面性，因为它认为材料的危险状态只取决于某一个方向的主拉应力 σ_1，而与其他两个主应力 σ_2、σ_3 无关。也就是说，不论是三向、二向或单向应力状态，它们的危险状态的到达并没有什么区别，这显然是不太合理的。

2. 最大拉应变理论(第二强度理论)

最大拉应变理论认为，引起材料断裂破坏的主要因素是最大拉应变，并且无论材料处于

何种应力状态，只要单元体的三个主应变中的最大主拉应变 ε_1 达到材料单向拉伸断裂时的最大拉应变极限值 ε_{tmax}，材料即发生断裂破坏。按此理论，材料的断裂破坏条件为

$$\varepsilon_1=\varepsilon_{tmax}$$

如果材料从开始受力直到发生断裂破坏时其应力、应变关系近似符合胡克定律，则复杂应力状态下的最大拉应变为

$$\varepsilon_1=\frac{1}{E}[\sigma_1-\mu(\sigma_2+\sigma_3)]$$

而材料在单向拉伸断裂破坏时的应变值为

$$\varepsilon_{tmax}=\frac{\sigma_b}{E}$$

这样，材料的断裂破坏条件又可以写为

$$\frac{1}{E}[\sigma_1-\mu(\sigma_2+\sigma_3)]=\frac{\sigma_b}{E}$$

或者为

$$\sigma_1-\mu(\sigma_2+\sigma_3)=\sigma_b$$

将上式右边的抗拉强度极限 σ_b 除以安全系数 k_b 后，即可得到按第二强度理论建立的强度条件

$$\sigma_1-\mu(\sigma_2+\sigma_3)\leqslant[\sigma] \tag{10-10}$$

式中，σ_1、σ_2、σ_3 代表构件危险点处的主应力；$[\sigma]$表示材料在单向拉伸时的许用应力。

可以看出，第二强度理论比第一强度理论较为优越，因为它综合考虑了三个主应力 σ_1、σ_2、σ_3 对材料危险状态的影响。本理论能很好地解释石料或混凝土轴向受压时沿纵向面破坏的现象，它对铸铁等脆性材料受二向拉伸和压缩且压应力较大的情况较为适用。当然，这个理论也有不能很好解释的现象，例如，按这个理论，材料在二向拉伸时的破坏条件为

$$\sigma_1-\mu\sigma_3=\sigma_b$$

而材料在单向拉伸时的断裂破坏条件为

$$\sigma_1=\sigma_b$$

通过比较，似乎二向受拉反比单向受拉还要安全些，这与试验结果并不完全符合。

3. 最大切应力理论(第三强度理论)

最大切应力理论认为，材料引起屈服破坏(剪切破坏)的主要因素是最大切应力，并且无论材料处于何种应力状态，只要它的最大切应力 τ_{max} 达到材料在单向拉伸屈服时的最大切应力 τ_s 时，材料即发生屈服破坏。按此理论，材料的屈服破坏条件(或屈服条件)为

$$\tau_{max}=\tau_s$$

根据式(10-8)，复杂应力状态下的最大切应力为

$$\tau_{max}=\frac{\sigma_1-\sigma_3}{2}$$

而材料在单向拉伸时的最大切应力为

$$\tau_s=\frac{\sigma_s}{2}$$

为此，材料的屈服破坏条件又可以写为

$$\frac{\sigma_1-\sigma_3}{2}=\frac{\sigma_s}{2}$$

或者

$$\sigma_1-\sigma_3=\sigma_s$$

将上式右边材料的屈服极限 σ_s 除以安全系数 k_s 后，即可得到按照第三强度理论建立的强度条件为

$$\sigma_1-\sigma_3\leqslant[\sigma] \tag{10-11}$$

这个强度理论被许多塑性材料的试验所证实，且偏于安全。又因为这个理论所提供的计算式比较简单，因此它在工程设计中得到了广泛的应用。而这个理论的不足之处是没有考虑 σ_2 的影响，而试验表明，σ_2 对材料的屈服存在着一定影响。并且，按照这个理论，材料在三向均匀受拉时应该不容易破坏，但这点并没有被试验所证实。

4. 形状改变比能理论(第四强度理论)

形状改变比能理论认为，形状改变比能是引起材料屈服破坏的主要因素，并且不论材料处于何种应力状态，只要其材料的形状改变比能 u_φ 达到材料单向拉伸屈服时的形状改变比能值 u 时，材料便发生屈服破坏。

由于这个理论涉及材料弹性变形能的许多概念，这里就不再进行理论推导。为便于应用，现只给出理论的强度条件如下

$$\sqrt{\frac{1}{2}[(\sigma_1-\sigma_2)^2+(\sigma_2-\sigma_3)^2+(\sigma_3-\sigma_1)^2]}\leqslant[\sigma] \tag{10-12}$$

可见，第四强度理论比第三强度理论更加综合地考虑了 σ_1、σ_2、σ_3 对材料屈服破坏的影响，因此，也就更加符合塑性材料的试验结果。但第三强度理论的数学表达式比较简单，因此第三强度理论与第四强度理论在工程中均得到了广泛的应用。但是，它与第三强度理论一样，均不能说明材料在三向均匀拉伸时材料破坏的原因。

5. 相当应力(折算应力)

从式(10-9)到式(10-12)的形式来看，按照四个强度理论所建立的强度条件可统一写作

$$\sigma_{ri}^*\leqslant[\sigma] \tag{10-13}$$

式中，σ_{ri}^* 为根据不同强度理论所得到的构件危险点处三个主应力的某些组合。由于这种主应力的组合 σ_{ri}^* 和单向拉伸时的拉应力在安全程度上是相当的，因此，通常称 σ_{ri}^* 为**相当应力或折算应力**。四个强度理论的相当应力为

$$\left.\begin{aligned}
&\sigma_{r1}^*=\sigma_1\\
&\sigma_{r2}^*=[\sigma_1-\mu(\sigma_2+\sigma_3)]\\
&\sigma_{r3}^*=(\sigma_1-\sigma_3)\\
&\sigma_{r4}^*=\sqrt{\frac{1}{2}[(\sigma_1-\sigma_2)^2+(\sigma_2-\sigma_3)^2+(\sigma_3-\sigma_1)^2]}
\end{aligned}\right\} \tag{10-14}$$

三、强度理论适用范围及应用举例

1. 强度理论的适用范围

一般来说，在常温、静荷载情况下，脆性材料多发生断裂破坏，所以通常采用第一、第

二强度理论；塑性材料多发生屈服破坏，所以通常采用第三、第四强度理论，且用第三强度理论偏于安全，第四强度理论偏于经济。但材料的脆性和塑性并不是固定不变的，在不同的应力状态下同一种材料可能发生不同的破坏形式。例如，Q235 钢在单向拉伸时发生塑性屈服，但在三向拉伸时却又发生脆性断裂；又如，石料这种脆性材料在三向压缩应力状态下也会产生很大的塑性变形。因此，在实践中还要根据不同的应力状态和可能的破坏形式选用合适的强度理论。

2. 第三、第四强度理论在梁结构强度分析中的应用

作为第三、第四强度理论的应用，下面导出梁结构在复杂应力状态下常用的两个强度公式。图 10-13 所示的平面应力状态，在受弯杆件工程设计中会经常遇到。

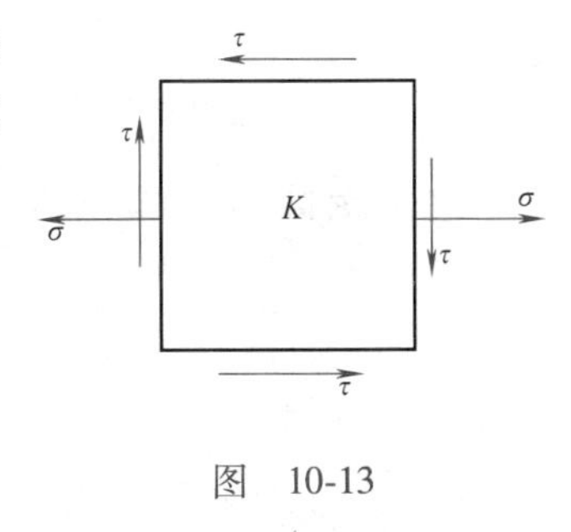

图　10-13

根据式(10-4)可以得到这种应力状态下的主应力计算公式为

$$\sigma_1=\frac{\sigma}{2}+\frac{1}{2}\sqrt{\sigma^2+4\tau^2}$$

$$\sigma_2=0$$

$$\sigma_3=\frac{\sigma}{2}-\frac{1}{2}\sqrt{\sigma^2+4\tau^2}$$

将这三个主应力代入第三强度理论的公式(10-11)后，得到相应的强度条件为

$$\sigma_{r3}=\sqrt{\sigma^2+4\tau^2}\leqslant[\sigma] \tag{10-15}$$

同理，代入第四强度理论的式(10-12)，得到相应的强度条件为

$$\sigma_{r4}=\sqrt{\sigma^2+3\tau^2}\leqslant[\sigma] \tag{10-16}$$

以后在用塑性材料制成的梁或其他构件的强度设计中遇到如图 10-13 所示的应力状态时，就可以直接应用式(10-15)和式(10-16)进行强度计算。

例 10-3　两端简支的工字钢梁及其上的荷载如图 10-14a 所示。已知材料 Q235 钢的许用正应力$[\sigma]=$170MPa，许用切应力$[\tau]=$100MPa。当采用 32c 型工字钢时，试找出梁的危险截面，并校核该处工字钢截面上 K 点的强度。

解　(1) 求支座约束力，绘出弯矩图和剪力图　由$\sum F_y=0$及对称性得

$$F_{Ay}=F_{By}=250\text{kN}(\uparrow)$$

由 F_{Ay}、F_{By}及梁上荷载，可绘出弯矩图和剪力图，分别如图 10-14b、c 所示。

(2) 确定危险截面的最大内力值　由 M 图及 F_Q 图可以看出，$C_{左}$ 和 $D_{右}$ 截面的弯矩和剪力值最大，是危险截面。现取 $C_{左}$ 截面进行强度计算。

$$M_C=M_{max}=250\text{kN}\times0.46\text{m}=115\text{kN}\cdot\text{m}$$

$$F_{QC左}=F_{Qmax}=250\text{kN}$$

(3) 查书中附录得 32c 型工字钢的几何量为(图 10-14d)：

$$I_z=12167.5\text{cm}^4=12167.5\times10^4\text{mm}$$

$$S_z=134\times15\times\left(145+\frac{15}{2}\right)\text{mm}^3=306525\text{mm}^3$$

$$y_{k1}=(320-15\times2)\text{mm}/2=145\text{mm}$$

$$d=13.5\text{mm}$$

(4) 计算 32c 型工字钢截面上 K 点的应力　将上述值代入计算 σ 和 τ 的相应公式，得

$$\sigma=\frac{M_C}{I_z}y_K=\left(\frac{115\times10^6}{12167.5\times10^4}\times145\right)\text{MPa}=137.05\text{MPa}$$

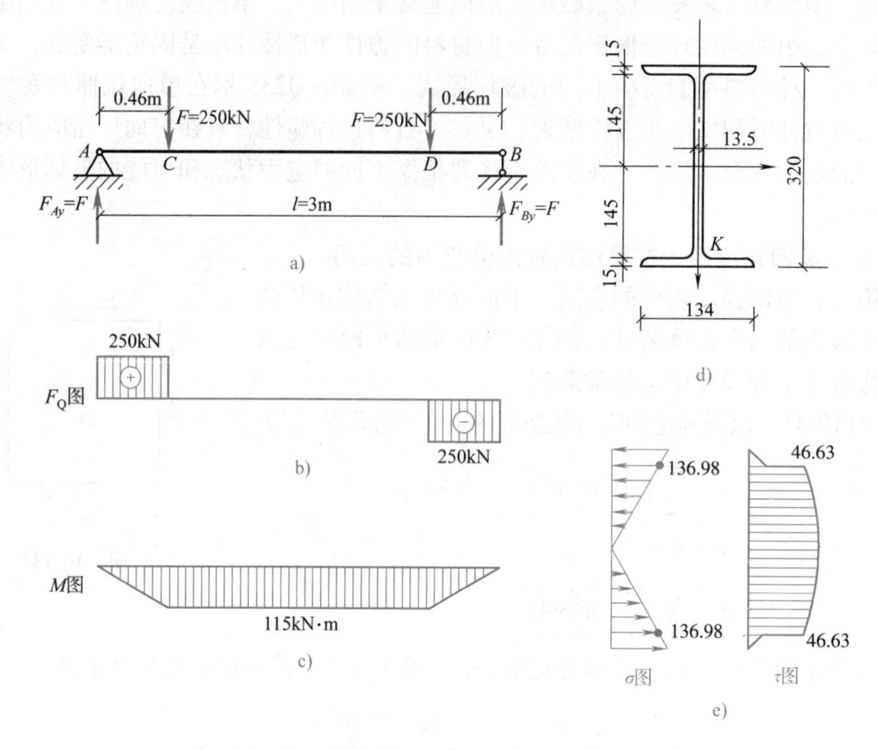

图　10-14

$$\tau=\frac{F_{Q\max}S_z}{I_z d}=\left(\frac{250\times10^3\times306525}{12167.5\times10^4\times13.5}\right)\text{MPa}=46.65\text{MPa}$$

32c型工字钢截面上的应力分布如图10-14e所示。

（5）用强度理论进行强度校核　按第三强度理论（式10-15），得

$$\sigma_{r3}^*=\sqrt{\sigma^2+4\tau^2}=\sqrt{137.05^2+4\times46.65^2}\,\text{MPa}=165.79\text{MPa}<[\sigma]$$

按第四强度理论（式10-16），得

$$\sigma_{r4}^*=\sqrt{\sigma^2+3\tau^2}=\sqrt{137.05^2+3\times46.65^2}\,\text{MPa}=159.10\text{MPa}<[\sigma]$$

所以，不论按第三强度理论还是第四强度理论计算，该梁均能满足强度要求。

结论：危险截面上 K 点的强度满足要求，强度足够。

小贴士：学会解题是学习力学的重中之重

思　考　题

10-1　何谓一点处的应力状态？如何研究一点处的应力状态？

10-2　什么是单元体？如何截取单元体？

10-3　四种基本变形杆件的单元体是怎样的？试分别绘出四种基本变形杆件的单元体。

10-4　何谓主平面？何谓主应力？

10-5　应力状态分为哪几类？

10-6　怎样用解析法确定任一斜截面上的应力？应力和方位角的正负号是如何确定的？

10-7　如何确定单元体上的最大切应力？最大切应力作用面与主应力作用面之间的夹角是多少？

10-8　在一单元体中，最大正应力作用的平面上有无切应力？在最大切应力作用的平面上有无主应力？

10-9　已知某单元体上的三个主应力分别是200MPa、150MPa和-200MPa，试问 σ_1、σ_2 和 σ_3 各

为多少？

10-10　何谓强度理论？构件主要有哪几种破坏形式？相应有几类强度理论？

10-11　图10-15所示的直杆，在杆件的两端受到一对集中力 F 和一对集中力偶 M 作用，试绘出杆表面上一点 K 处的应力状态。并分别用第三强度理论和第四强度理论写出该杆的强度公式。

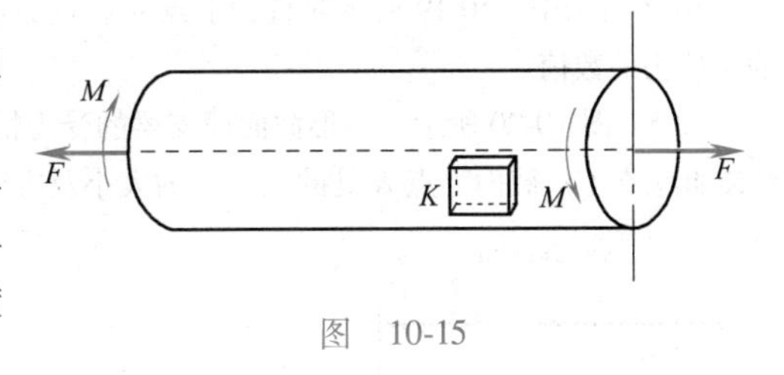

图　10-15

练　习　题

10-1　试用解析法分别求出图10-16所示各单元体中指定斜截面上的正应力和切应力(单位:MPa)。

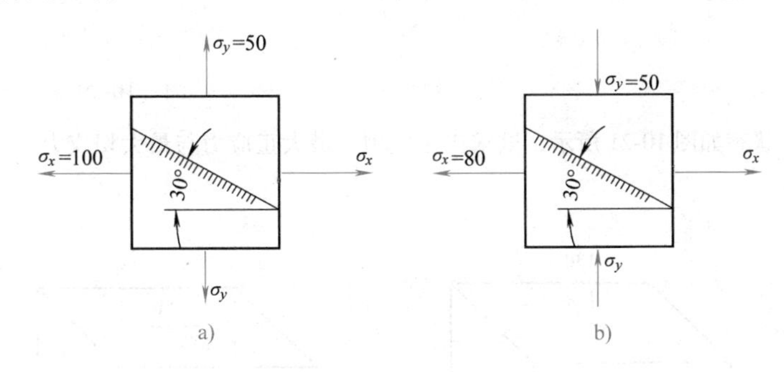

图　10-16

10-2　试用解析法分别求出图10-17所示各单元体中指定斜截面上的正应力和切应力(单位:MPa)。

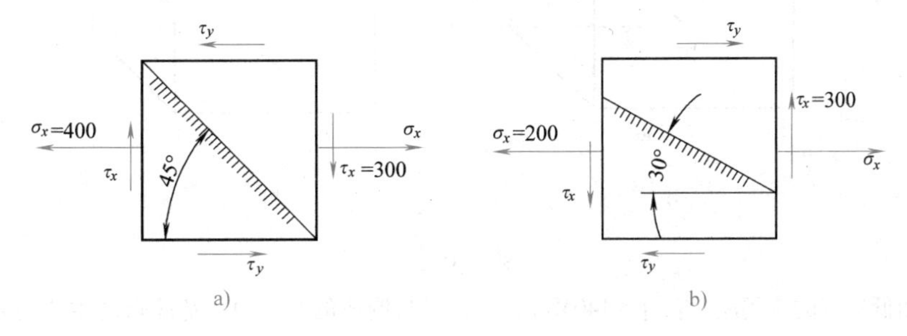

图　10-17

10-3　试用解析法分别求出图10-18所示各单元体中主应力的数值、主应力的方向和最大切应力的数值(单位:MPa)。

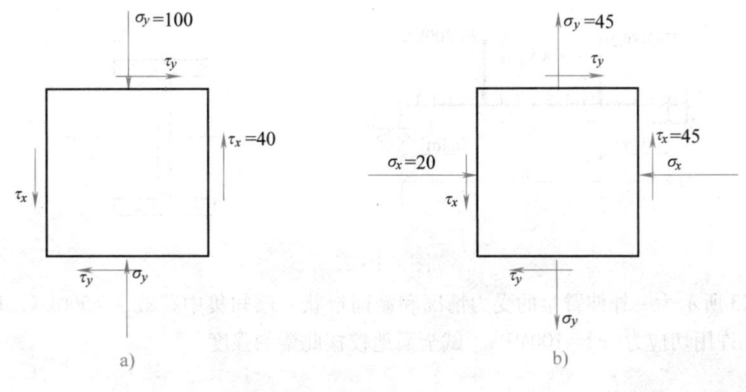

图　10-18

10-4 绘出图10-19所示简直梁上点A和点B处的应力单元体(忽略竖向应力)，并计算出在这两点处的主应力的数值。

10-5 图10-20所示工字形截面简支梁的受力情况和尺寸如图，已知$F=480\text{kN}$，$q=40\text{kN/m}$，试用解析法求此梁在$C_{左}$截面上点K处的主应力的大小及方向。

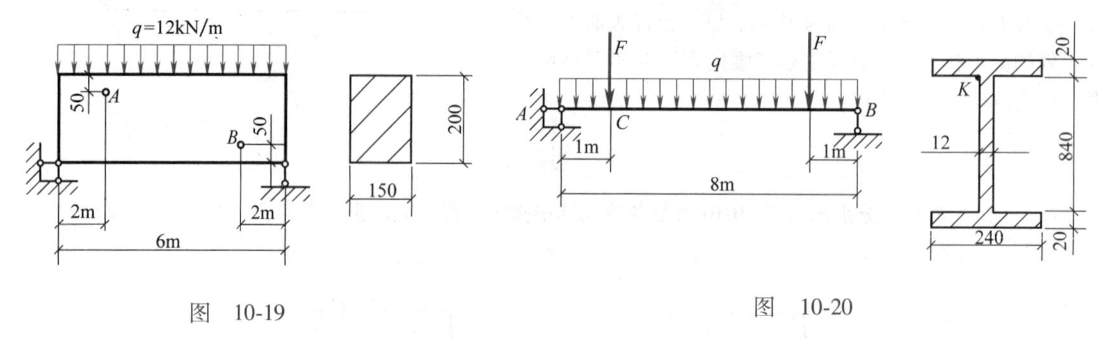

图 10-19 图 10-20

10-6 已知应力状态如图10-21所示，试求出主应力、最大正应力与最大切应力，并画出主应力的分布图(单位:MPa)。

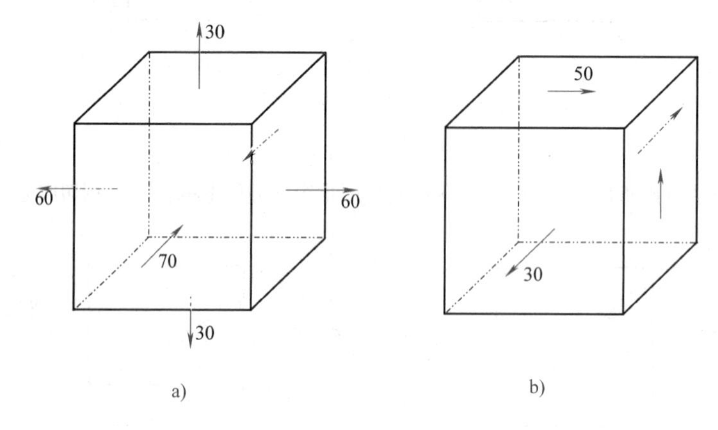

图 10-21

10-7 已知低碳钢的许用应力$[\sigma]=140\text{MPa}$，由此材料制成的构件内一危险点的主应力$\sigma_1=-50\text{MPa}$，$\sigma_2=-70\text{MPa}$，$\sigma_3=-160\text{MPa}$，试校核此构件的强度。

10-8 某简支梁的受力情况如图10-22所示。已知此梁材料的许用应力$[\sigma]=170\text{MPa}$，许用切应力$[\tau]=100\text{MPa}$。试为此简支梁选择工字钢的型号，并按照第四强度理论进行强度校核。

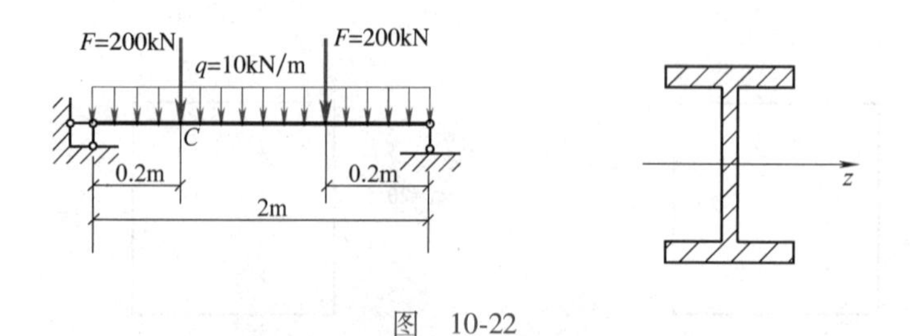

图 10-22

10-9 图10-23所示为一外伸臂梁的受力情况和截面形状。已知集中荷载$F=500\text{kN}$，材料的许用正应力$[\sigma]=170\text{MPa}$，许用切应力$[\tau]=100\text{MPa}$。试全面地校核此梁的强度。

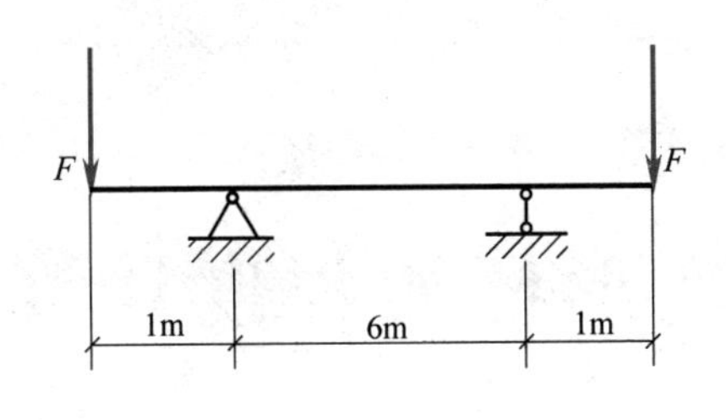

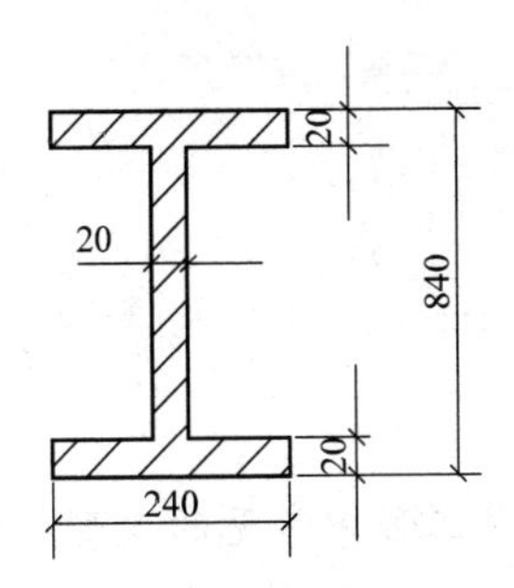

图 10-23

学习目标

第十一章 组合变形杆的强度计算

组合变形是工程中常见的变形。通常将组合变形分解为基本变形来计算。本章应重点掌握的内容有：组合变形的概念、斜弯曲、弯拉(压)组合、偏心压缩与截面核心的概念。

第一节 概 述

前面各章已经分别讨论了杆件在拉压、剪切、扭转和弯曲等各种基本变形情况下的强度计算。但是，在实际工程结构中，有些构件的受力情况是很复杂的，受力后的变形常常不只是某一种单一的基本变形，而是同时发生两种或两种以上的基本变形。例如，图 11-1a 所示的烟囱，除因自重引起的轴向压缩变形外，还有因水平方向的风荷载引起的弯曲变形；图 11-1b 所示的挡土墙，除受自重引起的压缩变形外，还有土压力产生的弯曲变形；图11-1c所示的厂房立柱，由于受到多种偏心压力和水平力的共同作用，产生了压缩与弯曲变形的联合作用；图 11-1d 所示的屋架上的檩条，由于屋面传来的荷载不是作用在檩条的纵向对称平面内，因而两个平面内的弯曲变形组合成斜弯曲；图 11-1e 所示的圆弧梁，由于梁上的荷载没有作用在梁的纵向对称平面内，该梁同时产生扭转和弯曲变形。

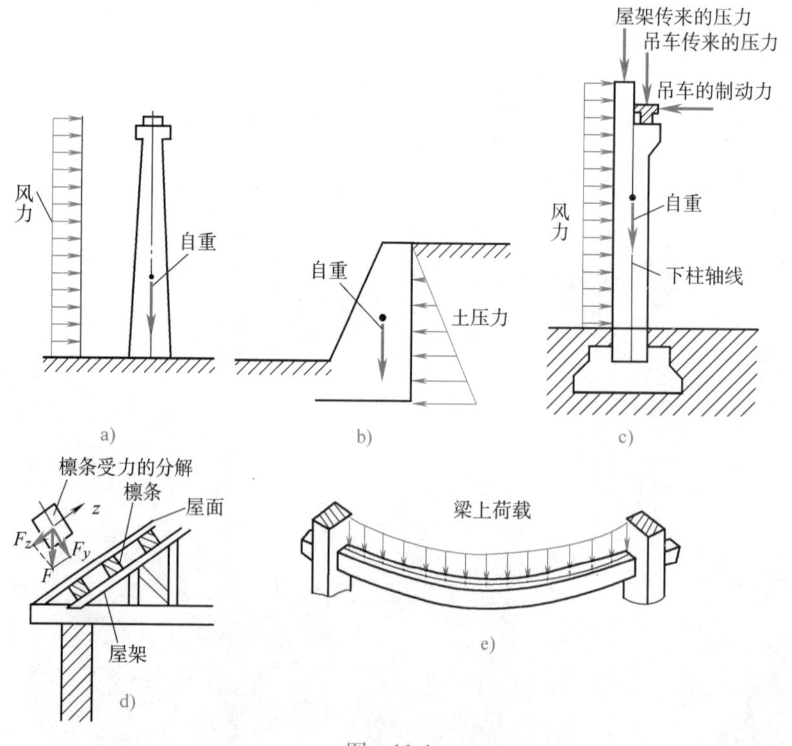

图 11-1

上述这些构件，由于受复杂荷载的作用，同时发生两种或两种以上的基本变形，这种变形情况叫做组合变形。

组合变形时的强度分析问题主要是应力计算。只要构件的变形很小，材料服从胡克定律，每一种荷载引起的变形和内力就不受其他荷载的影响，因此可以应用叠加法来解决组合变形问题。

小贴士：组合变形

叠加法的要点是：将杆上复杂荷载分解为几种简单荷载，然后分别计算每种简单荷载对应的基本变形下的应力，最后把每种基本荷载作用下产生的应力叠加起来就可以求出组合变形下的截面应力。按照上述思路，把解决组合变形时强度分析问题的方法归结如下。

（1）外力分析　首先将作用在杆件上的实际外力进行简化。横向力向弯曲中心简化，并沿截面的形心主轴方向分解；纵向力向截面形心简化，简化后的各外力分别对应着一种基本变形。

（2）内力分析　根据杆上作用的外力进行内力分析，必要时绘出内力图，从而确定危险截面，并求出危险截面上的内力值。

（3）应力分析　按危险截面上的内力值，分析危险截面上的应力分布，确定危险点所在位置，同时计算出危险点上的应力。

（4）强度分析　根据危险点的应力状态和杆件材料的强度指标按强度理论进行强度计算。

第二节　斜弯曲计算

下面以图 11-2a 所示的悬臂梁为例，来说明斜弯曲的概念及其应力计算的一般步骤。

设矩形截面的悬臂梁在自由端处作用一个垂直于梁轴并通过截面形心的集中荷载 $\boldsymbol{F}$，它与截面的形心主轴 y 成 φ 角。

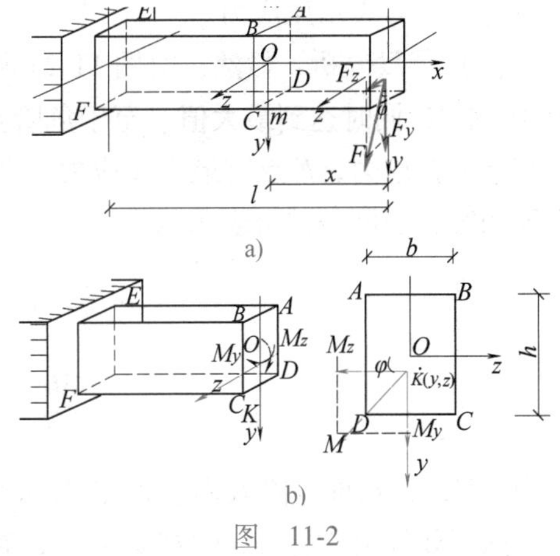

图　11-2

（1）外力分析　虽然外力作用平面通过截面的弯曲中心，但它并不通过也不平行于杆件的任一形心主轴，因此梁不发生平面弯曲。此时，可将力 $\boldsymbol{F}$ 沿 y、z 两个形心主轴方向分解，得到两个分力

$$F_y = F\cos\varphi,\quad F_z = F\sin\varphi$$

在 F_y 作用下，梁将在 Oxy 平面内弯曲，在 F_z 作用下，梁将在 Oxz 平面内弯曲，两者均属于平面弯曲。因此，梁在倾斜力作用下，相当于受到两个方向的平面弯曲，梁的挠曲线不再是一条平面曲线，而且也不在外力作用的平面内，通常把这种弯曲称为斜弯曲。

（2）内力分析　与平面弯曲一样，在斜弯曲梁的横截面上也有剪力和弯矩两种内力。但由于剪力在一般情况下影响较小，因此在进行内力分析时，主要计算弯矩的影响。

在分力 F_y 和 F_z 分别作用下，梁上距自由端为 x 的任一截面 m-m 的弯矩为

$$M_z = F_y x = F\cos\varphi x$$

$$M_y = F_z x = F\sin\varphi x$$

令 $M = Fx$，它表示力 $\boldsymbol{F}$ 对截面 m-m 引起的总弯矩。如图 11-2b 所示，显然，总弯矩 M 与作用在纵向对称平面内的弯矩 M_z 和 M_y 有如下关系

$$M_z = M\cos\varphi,\quad M_y = M\sin\varphi$$

$$M = \sqrt{M_z^2 + M_y^2}$$

M_z 和 M_y 将分别使梁在 Oxy 和 Oxz 两个形心主惯性平面内发生平面弯曲。因此，斜弯曲即为两个平面内的平面弯曲变形的组合。

（3）**应力分析**　应用平面弯曲时的正应力计算公式，即可求得截面 m-m 上任意一点 K (y,z) 处由 M_z 和 M_y 所引起的弯曲正应力，它们分别是

$$\sigma' = \frac{M_z y}{I_z} = \frac{M\cos\varphi y}{I_z}$$

$$\sigma'' = \frac{M_y z}{I_y} = \frac{M\sin\varphi z}{I_y}$$

根据叠加原理，梁的横截面上的任意点 K 处总的弯曲正应力为这两个正应力的代数和，即

$$\begin{aligned}\sigma = \sigma' + \sigma'' &= \pm\frac{M_z y}{I_z} \pm \frac{M_y z}{I_y} \\ &= \pm\frac{M\cos\varphi y}{I_z} \pm \frac{M\sin\varphi z}{I_y}\end{aligned} \tag{11-1}$$

式中，I_z 和 I_y 分别为梁的横截面对形心主轴 z 和 y 的形心主惯性矩。至于正应力的正负号，可以通过直接观察弯矩 M_z 和 M_y 分别引起的正应力是拉应力还是压应力来决定。正号表示拉应力，负号表示压应力。

（4）**强度分析**　显然，对图 11-2a 所示的悬臂梁来说，危险截面就在固定端截面处，其上 M_z 和 M_y 同时达到最大值。至于危险点也不难看出，就是 E、F 两点(图 11-2b)，其中 E 点有最大拉应力，F 点有最大压应力，并且都属于单向应力状态。若材料的抗拉强度和抗压强度相等，强度条件可表示为

$$\begin{aligned}\sigma_{\max} &= M_{\max}\left(\frac{\cos\varphi}{W_z} + \frac{\sin\varphi}{W_y}\right) \\ &= \frac{M_{\max}}{W_z}\left(\cos\varphi + \frac{W_z}{W_y}\sin\varphi\right) \leqslant [\sigma]\end{aligned} \tag{11-2}$$

式中，$M_{\max}$是构件危险截面上的最大总弯矩。由式(11-2)进行强度计算，在设计截面尺寸时，除了要知道 $M_{\max}$，$[\sigma]$和 φ 外，还存在 W_z 和 W_y 两个未知量。因此，还要预先假设一个$\frac{W_z}{W_y}$的比值，然后根据强度条件式(11-2)计算出杆件所需的 W_z和 W_y 值，进而确定出截面的尺寸。一般说来，要使得所设计的截面既满足强度条件 $\sigma_{\max}$，和$[\sigma]$又相差不大，需试算几次才能求得最后的结果。对于矩形截面，因为$\frac{W_z}{W_y} = \frac{\frac{1}{6}bh^2}{\frac{1}{6}hb^2} = \frac{h}{b}$，故在设计截面时，总是先

假设截面高度 h 和截面宽度 b 的一个比值。对于工字钢截面，从型钢表可知$\frac{W_z}{W_y}$的比值在 5~15 之间，因而设计截面时可在此范围内假设(一般以 8~10 为宜)。

例 11-1　一屋架上的木檩条采用 100mm×140mm 的矩形截面，跨度 $l=4$m，简支在屋架上，承受屋面分布荷载 $q=1$kN/m(包括檩条自重)，如图 11-3 所示。设木材的许用应力$[\sigma]=10$MPa，试验算檩条的强度。

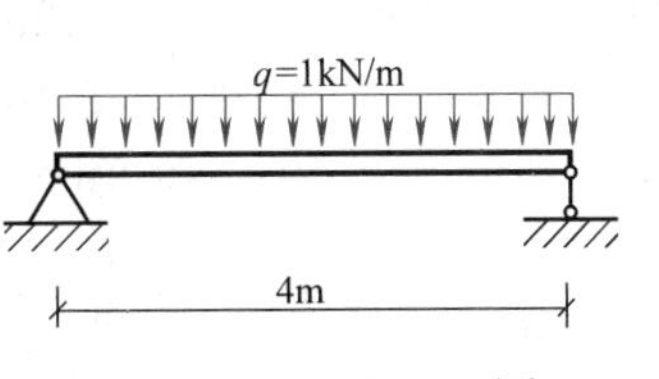

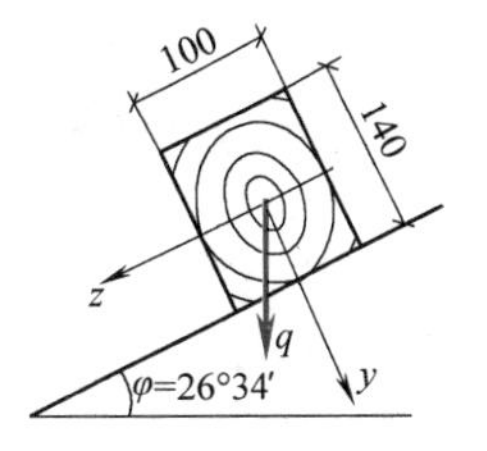

图　11-3

解　(1) 内力计算　把檩条看做简支梁，在分布荷载作用下，跨中截面为危险截面，最大弯矩为

$$M_{\max}=\frac{1}{8}ql^2=\frac{1\times4^2}{8}\text{kN}\cdot\text{m}=2\text{kN}\cdot\text{m}$$

(2) 截面几何性质的计算　由已知截面尺寸可算得

$$W_z=\left(\frac{100\times140^2}{6}\right)\text{mm}^3=327\times10^3\text{mm}^3$$

$$W_y=\left(\frac{140\times100^2}{6}\right)\text{mm}^3=233\times10^3\text{mm}^3$$

(3) 强度校核　根据强度条件式(11-2)，可算得檩条的最大正应力为

$$\begin{aligned}\sigma_{\max}&=M_{\max}\left(\frac{\cos\varphi}{W_z}+\frac{\sin\varphi}{W_y}\right)\\&=2\times10^6\times\left(\frac{\cos 26°34'}{327\times10^3}+\frac{\sin 26°34'}{233\times10^3}\right)\text{MPa}\\&=9.31\text{MPa}\leqslant[\sigma]=10\text{MPa}\end{aligned}$$

故认为檩条的强度条件满足要求。

例 11-2　矩形截面悬臂梁如图 11-4 所示，已知 $F_1=0.5$kN，$F_2=0.8$kN，$b=100$mm，$h=150$mm。已知梁的材料是木材，其许用应力为$[\sigma]=10$MPa。试计算梁的最大应力及所在位置，并校核梁的强度。

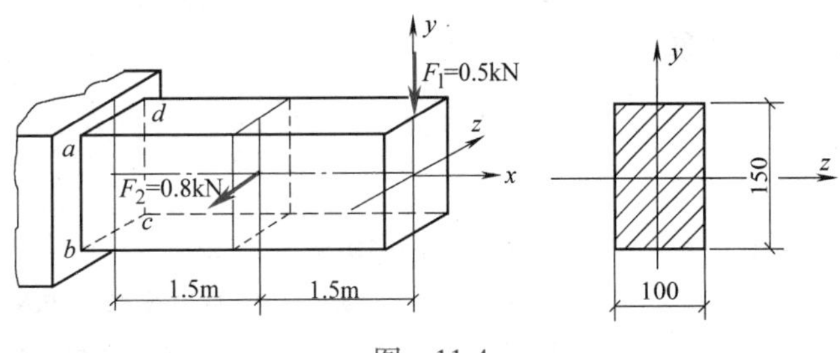

图　11-4

解　此梁受铅垂力 $\boldsymbol{F}_1$ 与水平力 $\boldsymbol{F}_2$ 共同作用，产生双向弯曲变形，其应力计算方法与前述斜弯曲相同。该梁的危险截面为固定端截面，最大内力计算如下。

(1) 内力的计算

$$M_{z\max}=F_1\times l=0.5\times3\text{kN}\cdot\text{m}=1.5\text{kN}\cdot\text{m}\text{(固定端截面的上边缘 }ad\text{ 边受拉)}$$

$$M_{y\max}=F_2\times\frac{l}{2}=0.8\times\frac{3}{2}\text{kN}\cdot\text{m}=1.2\text{kN}\cdot\text{m}\text{(固定端截面的后边缘 }dc\text{ 边受拉)}$$

(2) 危险点的应力的计算　根据弯矩作用情况分析可知，固定端截面上的 d 点产生最大单向拉应力，固定端截面上的 b 点产生最大单向压应力，为两种平面弯曲的叠加，其计算结果如下。

1) 抗弯截面系数 W_z 及 W_y 的计算。

$$W_z=\left(\frac{100\times150^2}{6}\right)\text{mm}^3=375\times10^3\text{mm}^3$$

$$W_y=\left(\frac{150\times100^2}{6}\right)\text{mm}^3=250\times10^3\text{mm}^3$$

2）最大拉应力和最大压应力的计算。

$$\sigma_{d\max}=\left(\frac{M_{z\max}}{W_z}+\frac{M_{y\max}}{W_y}\right)$$
$$=\left(\frac{1.5\times10^6}{375\times10^3}+\frac{1.2\times10^6}{250\times10^3}\right)\text{MPa}$$
$$=8.8\text{MPa}(\text{拉应力})$$

$$\sigma_{b\max}=\left(-\frac{M_{z\max}}{W_z}-\frac{M_{y\max}}{W_y}\right)$$
$$=\left(-\frac{1.5\times10^6}{375\times10^3}-\frac{1.2\times10^6}{250\times10^3}\right)\text{MPa}$$
$$=-8.8\text{MPa}(\text{压应力})$$

（3）梁的强度校核　由于 $\sigma_{d\max}=8.8\text{MPa}<[\sigma]=10\text{MPa}$，故梁满足强度要求。

例 11-3　如图 11-5 所示，悬臂梁由 25b 工字钢制成，承受的荷载如图，已知 $q=5\text{kN/m}$，$F=2\text{kN}$，$\varphi=30°$，试求梁的最大拉应力和最大压应力。

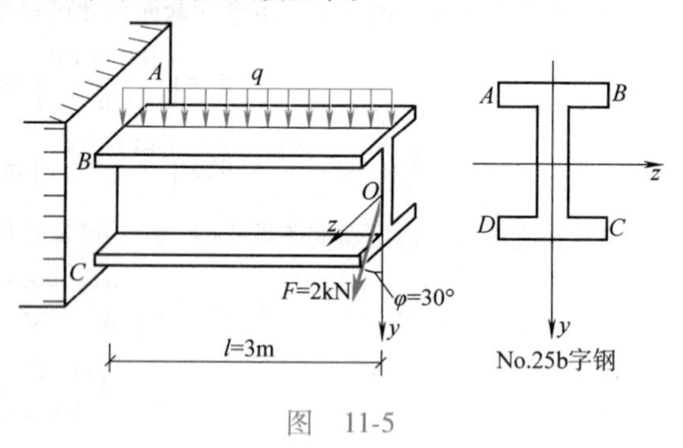

图　11-5

解　（1）外力分析　该悬臂梁除在纵向主惯性平面内有均布荷载 q 作用外，在自由端还有集中力 $\boldsymbol{F}(\varphi=30°)$ 作用，因此首先要将 $\boldsymbol{F}$ 分解为梁的两个主惯性平面内的两个分力

$$F_y=F\cos\varphi=2\times\cos30°\text{kN}=1.73\text{kN}$$
$$F_z=F\sin\varphi=2\times\sin30°\text{kN}=1\text{kN}$$

（2）内力分析　显然，该梁在固定端截面上将有最大弯矩。在 q 和 $\boldsymbol{F}$ 作用下，其固定端截面上的弯矩为

$$M_z=F_yl+\frac{ql^2}{2}=\left(1.73\times3+\frac{1}{2}\times5\times3^2\right)\text{kN}\cdot\text{m}\quad(\text{上边缘受拉})$$
$$=27.7\text{kN}\cdot\text{m}$$

在 F_z 的作用下，其固定端截面上的弯矩为

$$M_y=F_zl=1\times3\text{kN}\cdot\text{m}=3\text{kN}\cdot\text{m}\quad(A\text{、}D\text{ 处受拉})$$

（3）应力计算　由附录中的型钢表查得 25b 工字钢的 $W_z=423\times10^3\text{mm}^3$，$W_y=52.4\times10^3\text{mm}^3$，用叠加法计算固定截面上 A、B、C、D 四点处的正应力分别为

$$\sigma_A=+\frac{M_z}{W_z}+\frac{M_y}{W_y}=\left(\frac{27.7\times10^6}{423\times10^3}+\frac{3\times10^6}{52.4\times10^3}\right)\text{MPa}$$
$$=122.8\text{MPa}$$

$$\sigma_B=+\frac{M_z}{W_z}-\frac{M_y}{W_y}=\left(\frac{27.7\times10^6}{423\times10^3}-\frac{3\times10^6}{52.4\times10^3}\right)\text{MPa}$$
$$=8.2\text{MPa}$$

$$\sigma_C=-\frac{M_z}{W_z}-\frac{M_y}{W_y}=\left(-\frac{27.7\times10^6}{423\times10^3}-\frac{3\times10^6}{52.4\times10^3}\right)\text{MPa}$$
$$=-122.8\text{MPa}$$

$$\sigma_D=-\frac{M_z}{W_z}+\frac{M_y}{W_y}=\left(-\frac{27.7\times10^6}{423\times10^3}+\frac{3\times10^6}{52.4\times10^3}\right)\text{MPa}$$
$$=-8.2\text{MPa}$$

可见，梁内最大拉应力发生在固端截面上的 A 点处，最大压应力发生在同一截面的 C 点处(图 11-5)。

第三节　弯曲与拉(压)组合计算

若杆件同时受到横向力和轴向拉(压)力的作用，则杆件将发生弯曲与拉伸(压缩) 组合变形。现以图 11-6a 所示 AB 杆为例，具体说明弯曲与拉伸(压缩)组合变形时杆件的强度分析方法。

(1) **外力分析**　由图 11-6a 可见，两端铰支的 AB 杆不但在均布横向荷载 q 的作用下产生弯曲变形，而且在轴向力 $\boldsymbol{F}$ 的作用下产生轴向拉伸变形。因此，AB 杆同时发生弯曲与拉伸两种基本变形。

(2) **内力分析**　根据 AB 杆所受的外力，可以绘出轴力图和弯矩图，分别如图 11-6b、c 所示。可见，杆件中点处的截面同时作用有两种内力，其值均达到最大值，为梁的危险截面，记为截面 C，如图 11-6d 所示。其弯矩值为 $M_{\max}=\frac{ql^2}{8}$，$F_N=F$。

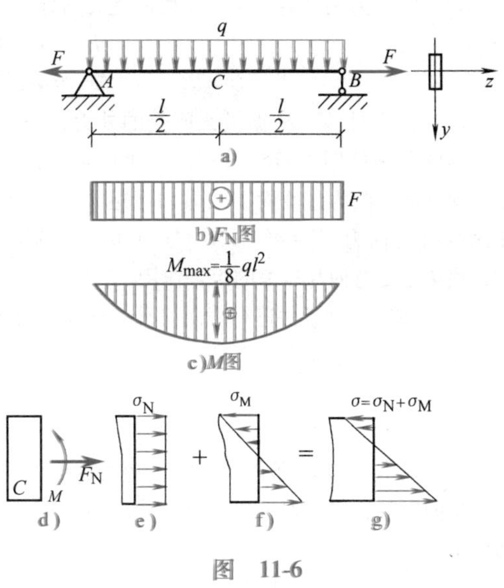

图　11-6

(3) **应力分析**　在危险截面 C 上，轴向力 $\boldsymbol{F}_N$ 引起的正应力沿截面是均匀分布的，如图 11-6e 所示，其值为

$$\sigma_N=\frac{F_N}{A}$$

弯矩 $M_{\max}$所引起的正应力沿截面高度按直线规律分布，如图 11-6f 所示，其值为

$$\sigma_M=\frac{M_{\max}y}{I_z}$$

应用叠加法，其应力大小为

$$\sigma=\sigma_N+\sigma_M=\frac{F_N}{A}+\frac{M_{\max}y}{I_z}\tag{11-3}$$

正应力分布规律如图 11-6g 所示。显然，最大正应力和最小正应力将发生在离中性轴最远的下边缘和上边缘处，其计算式为

$$\sigma_{\substack{\max\\\min}}=\frac{F_N}{A}\pm\frac{M_{\max}}{W_z}$$

(4) **强度分析**　由于危险截面的上、下边缘处均为单向应力状态，所以弯曲和拉伸(压缩)组合变形时的强度计算可用下式表示

$$\sigma_{\substack{max\\min}}=\frac{F_N}{A}\pm\frac{M_{max}}{W_z}\leqslant[\sigma] \tag{11-4}$$

应该指出，对于抗弯刚度较大的杆件，由于横向力引起的弯曲变形(挠度)与横截面尺寸相比很小，因此在小变形情况下可以不必考虑轴向力在横截面上引起的附加弯矩的影响。若杆件抗弯刚度较小，梁的挠度与横截面尺寸相比不能忽略，轴向力在横截面上将引起较大的附加弯矩，此时不能应用叠加法，而应考虑横向力和轴向力间的相互影响。

例 11-4　如图 11-7 所示，当小车运行到距离梁端 D0.4m 处时，吊车横梁处于最不利位置。已知小车和重物的总重量 $F=20$kN，钢材的许用应力$[\sigma]=160$MPa，若不考虑梁的自重，试按强度条件选择横梁工字钢的型号。

解　(1) 外力计算　吊车横梁的受力图如图 11-7b 所示。由静力平衡方程求得

$$F_{Ax}=49.7\text{kN},\ F_{Ay}=-8.7\text{kN}$$

$$F_{Bx}=49.7\text{kN},\ F_{By}=28.7\text{kN}$$

(2) 内力计算　根据横梁所受的外力，作出轴力图和弯矩图分别如图 11-7c、d 所示。由此可见，B 左截面是危险截面，因为该截面上轴力和弯矩同时达到最大值。在该截面上轴力 $F_N=49.7$kN，弯矩 $M=-30$kN · m。因此，横梁是受弯曲与压缩的组合作用。

(3) 按照强度条件进行截面设计　根据强度条件，B 左截面上的最大压应力应满足

$$|\sigma_{min}|=\left|\frac{F_N}{A}+\frac{M}{W_z}\right|\leqslant[\sigma]$$

由于式中 A 和 W 都是未知的，初选截面时可以只考虑弯矩的影响，然后根据弯、压组合应力进行强度校核。即先由

$$\left|\frac{M}{W_z}\right|\leqslant[\sigma]$$

得

$$W_z\geqslant\frac{|M|}{[\sigma]}=\frac{30\times10^6}{160}\text{mm}^3=187.5\text{cm}^3$$

因考虑轴力影响，可选截面大一些的 20a 号工字钢($W_z=237\text{cm}^3, A=35.5\text{cm}^2$)。然后根据式(11-4)进行强度校核，这时

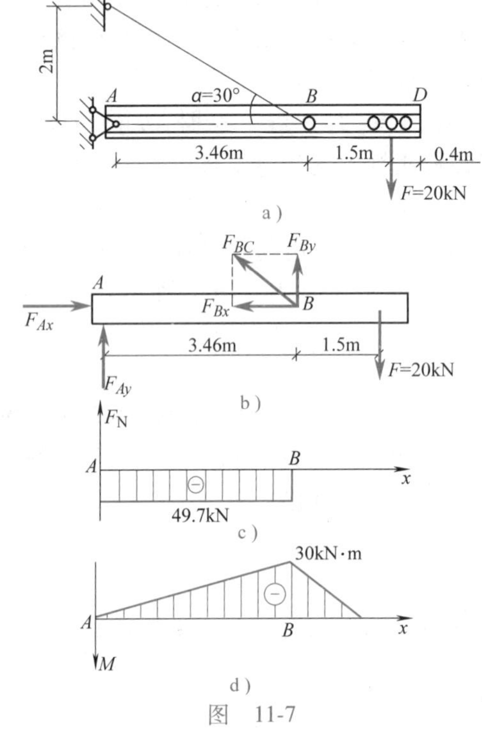

图　11-7

$$|\sigma_{min}|=\left|\frac{F_N}{A}+\frac{M}{W_z}\right|$$

$$=\left|-\frac{49.7\times10^3}{35.5\times10^2}-\frac{30\times10^6}{237\times10^3}\right|\text{MPa}$$

$$=140.6\text{MPa}$$

$$|\sigma_{min}|\leqslant[\sigma]=160\text{MPa}$$

所以 20a 号工字钢满足强度要求。

例 11-5　一桥墩如图 11-8 所示，上部结构传递给桥墩的压力 $F_0=1920$kN，桥墩墩帽及墩身的自重 $W_1=330$kN，基础自重 $W_2=1450$kN，车辆经梁部传来的水平制动 $F_T=300$kN。试绘出基础底部 AB 面上的正应力分布图。已知基础底部为 $b\times h=8\text{m}\times3.6\text{m}$ 的矩形。

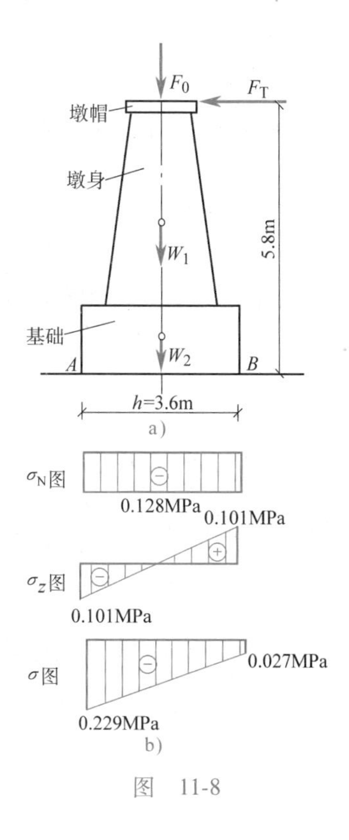

图　11-8

解　(1) 内力计算　基础底部截面上有轴力和弯矩，其数值分别为

$$F_N = F_0 + W_1 + W_2 = (1920+330+1450)\text{kN} = 3700\text{kN}(\text{压})$$

$$M_T = (300\times5.8)\text{kN}\cdot\text{m} = 1740\text{kN}\cdot\text{m}(\text{左边受拉})$$

(2) 应力计算　由轴力 F_N 在基础底部产生的正应力为

$$\sigma_N = \frac{F_N}{A} = \left[-\frac{3700\times10^3}{8\times3.6\times10^6}\right]\text{MPa} = -0.128\text{MPa}$$

由弯矩 M_z 在基础底部截面的右边缘和左边缘引起的正应力为

$$\sigma_z = \pm\frac{M_z}{W_z} = \pm\frac{1740\times10^6}{\frac{1}{6}\times8\times10^3\times(3.6\times10^3)^2}\text{MPa} = \pm0.101\text{MPa}$$

所以在基础底部的左、右边缘处的正应力分别为

$$\sigma = \sigma_N + \sigma_M = \frac{F_N}{A} \pm \frac{M_z}{W_z} = (-0.128\pm0.101)\text{MPa} = \begin{cases} -0.027\text{MPa}(\text{右}) \\ -0.229\text{MPa}(\text{左}) \end{cases}$$

基础底部截面上正应力分布规律如图 11-8b 所示。

第四节　偏心压缩与截面核心的概念

如果压力的作用线平行于杆的轴线，但不通过截面的形心，则将引起偏心压缩。偏心压缩实际上仍是弯曲与压缩的组合变形问题。为了说明这类问题的具体计算方法，以下分别介绍单向偏心压缩和双向偏心压缩的应力计算。

一、单向偏心压缩的应力计算

1. 外力分析

图 11-9a 表示一偏心压缩的杆件。外力 $\boldsymbol{F}$ 作用在截面的一根形心主轴上，其作用点到截面形心 O 的距离 e 称为偏心距。由于外力作用在一根形心主轴上而产生的偏心压缩，称为单向偏心压缩。

为了分析图 11-9a 所示杆件的内力，可将偏心力 $\boldsymbol{F}$ 向截面形心简化，如图 11-9b 所示，即简化为一个通过杆轴线的压力 $\boldsymbol{F}$ 和一个力偶矩 $M=Fe$。用截面法可求得该杆件任意截面上的内力，如图 11-9c 所示，横截面上有轴力 $F_N=-F$，弯矩 $M_z=M=Fe$。

2. 应力计算

根据叠加原理，将轴力 F_N 引起的正应力 $\sigma_N=\dfrac{F_N}{A}$ 和弯矩 M_z 引起的正应力 $\sigma_M=\pm\dfrac{M_z}{I_z}y$ 相加，就可以得到这种单向偏心压缩时杆件中任意横截面上任一点的正应力计算式

$$\sigma=\sigma_{\mathrm{N}}+\sigma_{\mathrm{M}}=-\frac{F_{\mathrm{N}}}{A}\pm\frac{M_z}{I_z}y$$

考虑到 $M_z=Fe$，$F_{\mathrm{N}}=F$，故有

$$\sigma=-\frac{F}{A}\pm\frac{Fe}{I_z}y \tag{11-5}$$

式中，F、y、e 均代入绝对值，正负号可由观察变形确定。

显然，最大正应力和最小正应力分别发生在横截面的左、右两条边缘线上，其计算式分别为

$$\sigma_{\substack{\max\\ \min}}=-\frac{F}{A}\pm\frac{Fe}{W_z} \tag{11-6}$$

由图 11-9d 可以看出，单向偏心压缩时，距偏心力 $\boldsymbol{F}$ 较近的一侧边缘 BB' 处总是产生压应力，其值为 $\sigma_{\min}=-\frac{F}{A}-\frac{Fe}{W_z}$；而最大正应力 $\sigma_{\max}=-\frac{F}{A}+\frac{Fe}{W_z}$ 总发生在距偏心力较远的那侧边缘 AA' 处，其值可能是压应力（图 11-10a），也可能是拉应力（图 11-10c），或等于零（图11-10b）。若将面积 $A=bh$ 和抗弯截面系数 $W_z=\frac{1}{6}bh^2$ 代入式（11-6）即得

$$\sigma_{\substack{\max\\ \min}}=-\frac{F}{bh}\pm\frac{Fe}{\frac{1}{6}bh^2}=-\frac{F}{bh}\left(1\mp\frac{6e}{h}\right) \tag{11-7}$$

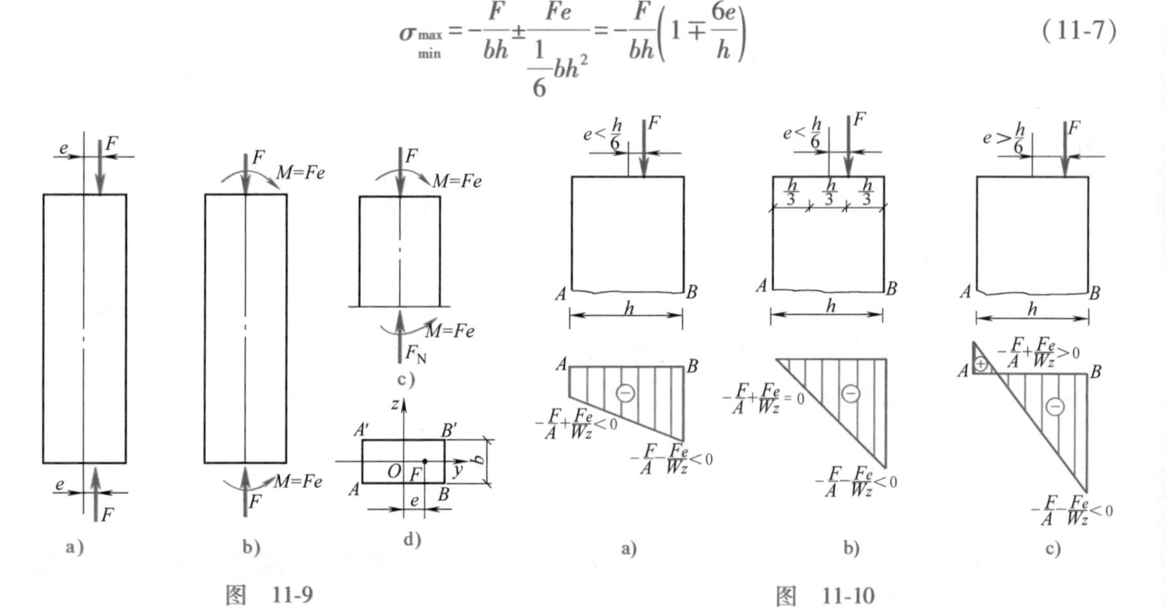

图　11-9　　　　　　　　　　图　11-10

例 11-6　图 11-11 所示矩形截面柱，已知 $F_1=200\mathrm{kN}$，$F_2=90\mathrm{kN}$，F_2 与柱轴线的偏心距 $e=0.2\mathrm{m}$，柱宽 $b=200\mathrm{mm}$，求：

（1）若 $h=300\mathrm{mm}$，则柱截面中的最大拉应力和最大压应力各为多少？

（2）要使柱截面不产生拉应力，截面高度 h 应为多少？在所选的 h 尺寸下，柱截面中的最大拉应力和最大压应力为多少？

解　（1）求 $\sigma_{\max}$ 和 $\sigma_{\min}$　将荷载向截面形心简化，得柱的轴心压力为

$$F=F_1+F_2=290\mathrm{kN}$$

截面的弯矩为

$$M_z=F_2e=90\times0.2\mathrm{kN\cdot m}=18\mathrm{kN\cdot m}$$

所以

$$\sigma_{max}=-\frac{F}{A}+\frac{M_z}{W_z}=\left(-\frac{290\times10^3}{200\times300}+\frac{18\times10^6}{\frac{200\times300^2}{6}}\right)\text{MPa}$$

$$=1.17\text{MPa(拉应力)}$$

$$\sigma_{min}=-\frac{F}{A}-\frac{M_z}{W_z}=(-4.83-6.00)\text{MPa}=-10.83\text{MPa(压应力)}$$

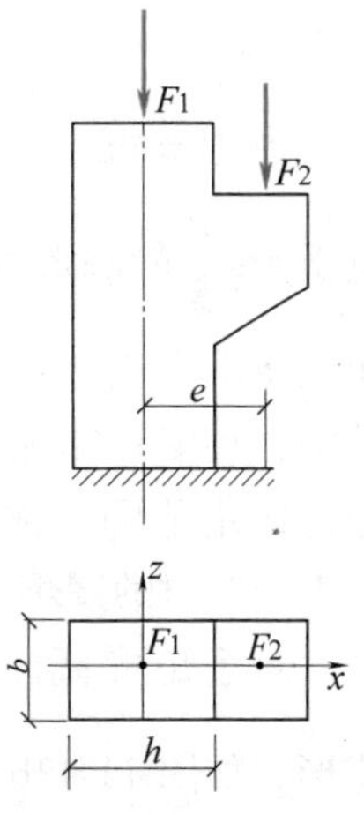

（2）求 h 及 σ_{max}　要使截面不产生拉应力，应满足

$$\sigma_{max}=-\frac{F}{A}+\frac{M_z}{W_z}\leqslant0$$

即

$$-\frac{290\times10^3}{200h}+\frac{18\times10^6}{\frac{200h^2}{6}}\leqslant0$$

解得 $h\geqslant372.4\text{mm}$，取 $h=380\text{mm}$。

图　11-11

当 $h=380\text{mm}$ 时，求截面的最大应力 σ_{max} 和最小应力 σ_{min}

$$\sigma_{max}=-\frac{F}{A}+\frac{M_z}{W_z}=\left(-\frac{290\times10^3}{200\times380}+\frac{18\times10^6}{\frac{200\times380^2}{6}}\right)\text{MPa}$$

$$=-0.08\text{MPa(压应力)}$$

$$\sigma_{min}=-\frac{F}{A}-\frac{M_z}{W_z}=\left(-\frac{290\times10^3}{200\times380}-\frac{18\times10^6}{\frac{200\times380^2}{6}}\right)\text{MPa}$$

$$=-7.56\text{MPa(压应力)}$$

可见，整个截面上均为压应力。

二、截面核心的概念

由式(11-6)知，单向偏心受压柱的最大拉应力公式是

$$\sigma_{max}^{拉}=-\frac{F}{A}+\frac{Fe}{W}$$

如果 $\left|\frac{Fe}{W}\right|>\left|\frac{F}{A}\right|$ 时，则横截面上将出现拉应力，这对用脆性材料，如砖石、混凝土等是不利的。最好使横截面不出现拉应力，这样必须使

$$\sigma_{max}^{拉}=-\frac{F}{A}+\frac{Fe}{W}\leqslant0$$

或使偏心矩 e 为

$$e\leqslant\frac{W}{A}\tag{11-8}$$

对于直径为 d 的圆形截面

$$W=\frac{\pi d^3}{32},\ A=\frac{\pi d^2}{4}$$

所以

$$e \leqslant \frac{d}{8}$$

小贴士：组合变形强度计算中常见错误

上式说明，当压力 $\boldsymbol{F}$ 的作用点位于 $e \leqslant \frac{d}{8}$ 的圆形截面之内时，柱截面上将不会出现拉应力。因此在力学中，将偏心压缩不产生拉应力的外力作用范围，称为截面核心，如图 11-12a 中阴影所示。

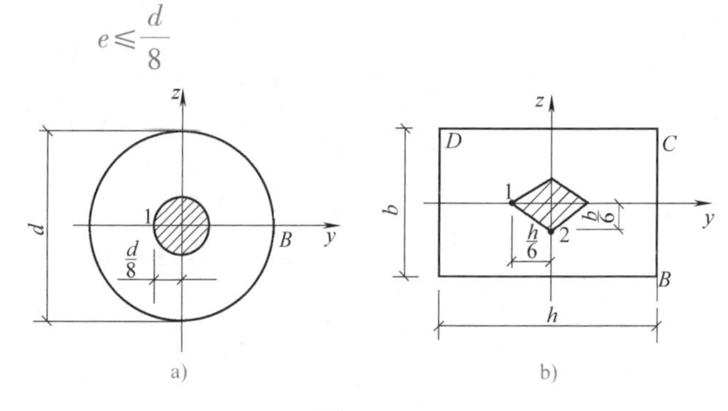

图 11-12

对于矩形截面，其截面核心为菱形，如图 11-12b 所示。当力 $\boldsymbol{F}$ 作用在 z 轴上时，将 $W_y = \frac{hb^2}{6}$，$A = bh$ 代入式(11-8)得 $e = \frac{b}{6}$；同理，当力 F 作用在 y 轴上时，将 $W_z = \frac{bh^2}{6}$，$A = bh$ 代入式(11-8)，得 $e = \frac{h}{6}$。

通过以上分析可以看出，截面核心的形状、尺寸与压力 $\boldsymbol{F}$ 的大小无关，只与柱的横截面形状和尺寸有关。这样，可先根据截面的形状和尺寸，确定截面核心的范围，然后只要使力 $\boldsymbol{F}$ 的作用点在截面核心之内，就可达到使整个截面不出现拉应力的目的。

思 考 题

11-1 分析组合变形问题的步骤是什么？如何确定危险截面和危险点？

11-2 试就您所观察到的实际工程中存在的组合变形问题，对其加以分析。

11-3 组合变形的种类有哪几种？试举例说明之。

11-4 用叠加原理处理组合变形问题，将外力分组时应注意哪些问题？

11-5 悬臂梁受力如图 11-13 所示，采用不同形式截面，将发生什么样的变形？

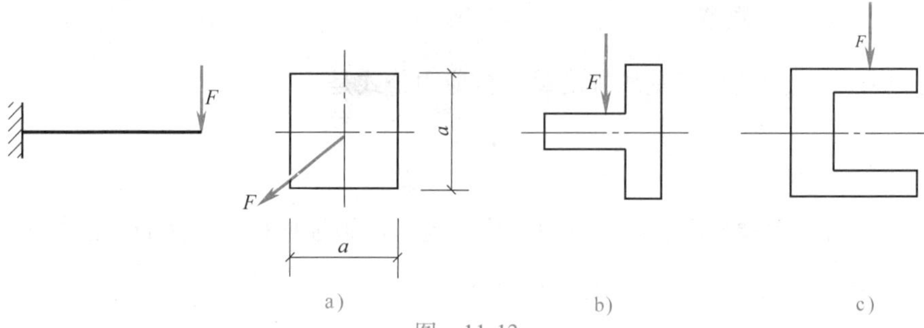

图 11-13

11-6 试判别图 11-14 中曲杆 $ABCD$ 上 AB、BC 和 CD 等杆将产生何种变形？

11-7 拉弯组合变形杆件的危险点位置如何确定？建立强度条件时为什么不必利用强度理论？

11-8 单向偏心压缩的受力特点是什么？

11-9 什么是截面核心？

11-10 工字形的截面核心应如何求出？

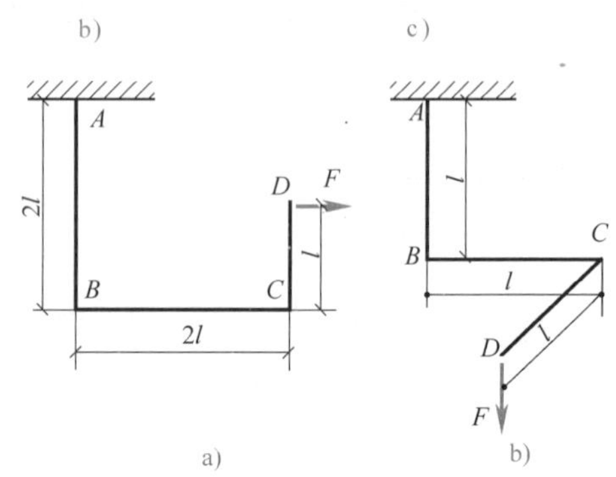

图 11-14

练　习　题

11-1　悬臂梁的横截面如图 11-15 所示，梁受一沿横截面对角线的倾斜力 $\boldsymbol{F}$ 作用。已知梁某一横截面上的总弯矩为 20kN · m，求该截面的上边缘图示 A 点处的正应力。

11-2　某矩形截面梁，跨度 $l=4\text{m}$，荷载与重力重合，简化结果及截面尺寸如图 11-16 所示。设材料为杉木，许用应力$[\sigma]=10\text{MPa}$，试校核该梁的强度。

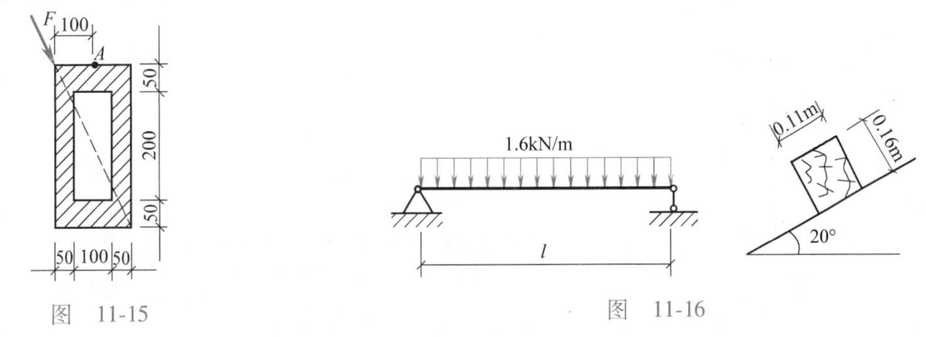

图　11-15　　　　图　11-16

11-3　受均布荷载作用的矩形截面简支梁，其荷载作用线与梁的纵向对称面的夹角为 $\varphi=26.57°$，如图 11-17 所示。已知该梁材料的许用应力$[\sigma]=10\text{MPa}$，梁的尺寸为 $l=4\text{m}$，$h=180\text{mm}$，$b=120\text{mm}$，试校核此梁的强度。

11-4　图 11-18 所示工字形截面简支梁，力 $\boldsymbol{F}$ 与 y 轴的夹角为 10°，$F=60\text{kN}$，已知材料的许用应力$[\sigma]=160\text{MPa}$，试选择工字钢的型号。

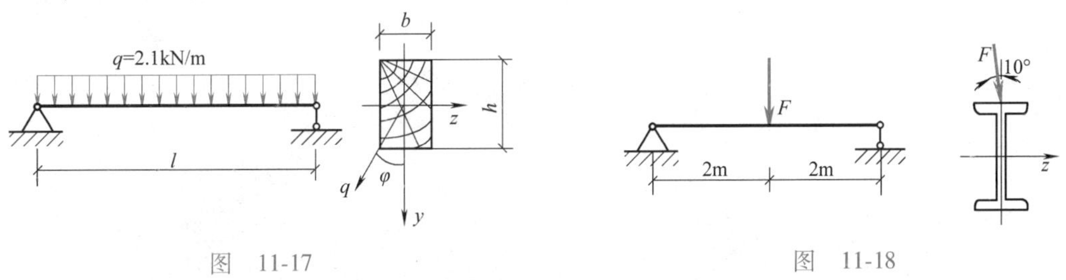

图　11-17　　　　图　11-18

11-5　如图 11-19 所示，钻床立柱由铸铁制成，直径 $d=130\text{mm}$，$e=400\text{mm}$，材料的许用拉应力$[\sigma^+]=30\text{MPa}$，试求许可压力$[F]$。

11-6　矩形截面受拉构件如图 11-20 所示，$[\sigma]=100\text{MPa}$，若要对该拉杆开一切口，不计应力集中的影响，求最大切口深度 x。

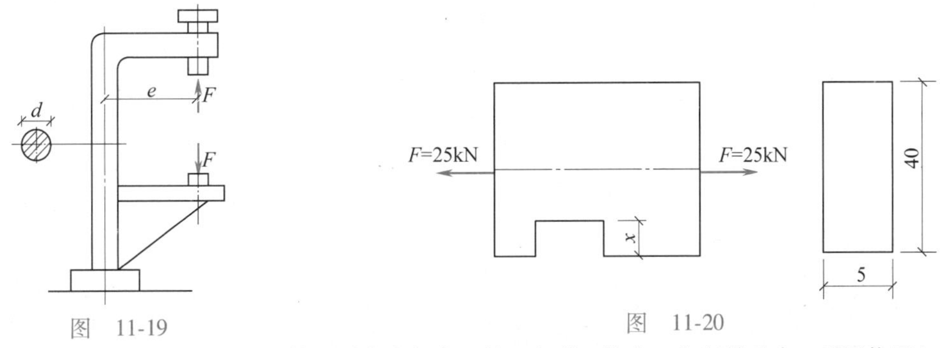

图　11-19　　　　图　11-20

11-7　有一木质拉杆如图 11-21 所示，截面原为边长为 a 的正方形，拉力 F 与杆轴重合。后因使用上的需要，在杆长的某一段范围内开一尺寸深为 $a/2$ 的切口，试求 m-m 截面上的最大拉应力和最大压应力，并问此最大拉应力是截面削弱以前的拉应力值的几倍？

11-8 如图 11-22 所示，混凝土重力坝剖面为三角形，坝高 $h=30\text{m}$，混凝土的堆积重度为 23.5kN/m^3。如果只考虑上游水压力和坝体自重的作用，在坝底截面上不允许出现拉应力，试求所需的坝底宽度 B 和在坝底上产生的最大压应力。

11-9 图 11-23 所示链条中的一环，受到拉力 $F=10\text{kN}$ 的作用。已知链环的横截面为直径 $d=50\text{mm}$ 的圆，材料的许用应力 $[\sigma]=80\text{MPa}$，试校核链条的强度。

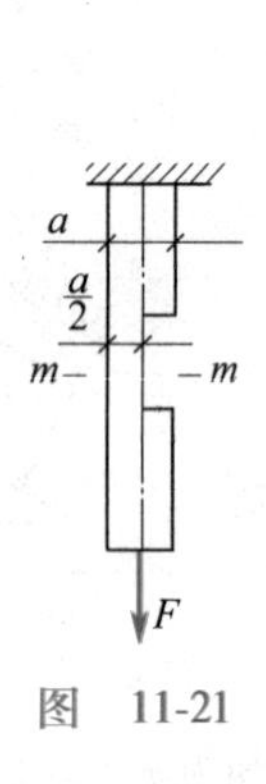

图 11-21

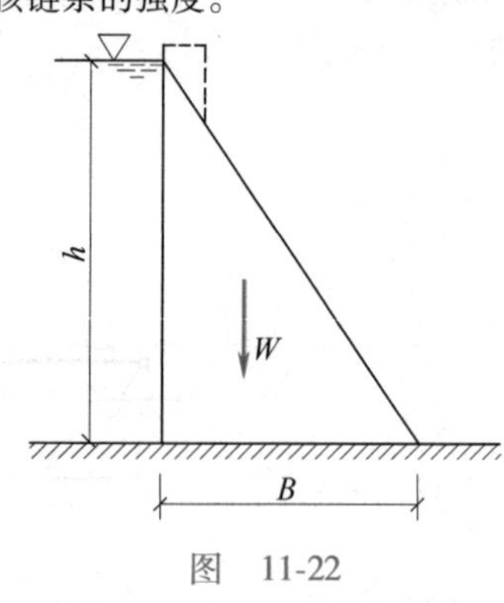

图 11-22

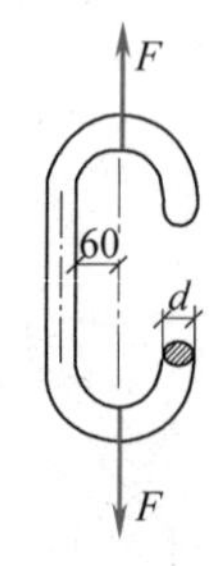

图 11-23

第十二章
压杆稳定计算

压杆失稳是压杆破坏的主要形式，随着压杆增长、变细，情况就更加突出。本章重点掌握的内容为：压杆失稳的概念、细长压杆临界力计算公式和压杆的稳定条件及其应用。

第一节　压杆稳定的基本概念

所谓压杆，就是指轴向受压的杆。通过强度条件来确定承载力对于粗而短的杆来说，没有问题。但对于细而长的杆来说，其承载力就不能简单地由强度条件来确定。有人拿长 1m、横截面 30mm×5mm 的木条做过试验，当轴向压力达到 30N 时，木条就出现侧向弯曲而不再保持原有直线平衡状态。如果继续加载，木条弯曲迅速加剧，随即折断。因此，该木条的承载能力应该是 30N。但根据强度条件，即使是红松，其抗压强度$[\sigma_c]=10\text{MPa}$，承载力也应该是$[F_N]=[\sigma_c]A=10\times(30\times5)\text{N}=1500\text{N}$。这个值是木条实际承载力的 50 倍。分析这种巨大差异的原因，除了木条本身制作时的缺陷(如并非理想的等截面直杆，而有初始曲率、截面并不完全相等)和外力并非理想地位于轴线上外，主要是这种轴向受压的细长杆件在压力达到某一值(记为$\boldsymbol{F}_{cr}$，其远小于强度承载力)后，丧失了保持其原有稳定直线平衡状态的能力(工程上称之为压杆失稳)，从而出现侧向弯曲而折断，此时杆件横截面的压应力远小于其材料强度值。历史上，有若干著名的工程事故都不是因结构材料强度不够而是因压杆失稳导致的。

取图 12-1 所示的理想压杆做一抗侧向干扰的试验，在不同压力下用侧向干扰力使其弯曲。结果表明，当轴向压力$F<F_{cr}$时，一但去除干扰力，压杆便迅速恢复原状，继续保持其稳定直线平衡状态。我们称这种情况原压杆的平衡为稳定平衡。当$F=F_{cr}$时，即使去除了干扰力，压杆仍停留在干扰力使其弯曲的位置，无法恢复原状，这在工程上已是一种不能允许的状况。我们称这种情况原压杆的平衡为临界平衡。当$F>F_{cr}$时，一有微小干扰，压杆便会迅速向远离干扰所致的位置弯曲，随即折断。我们称这种情况原压杆的平衡为不稳定平衡。工程上更不允许

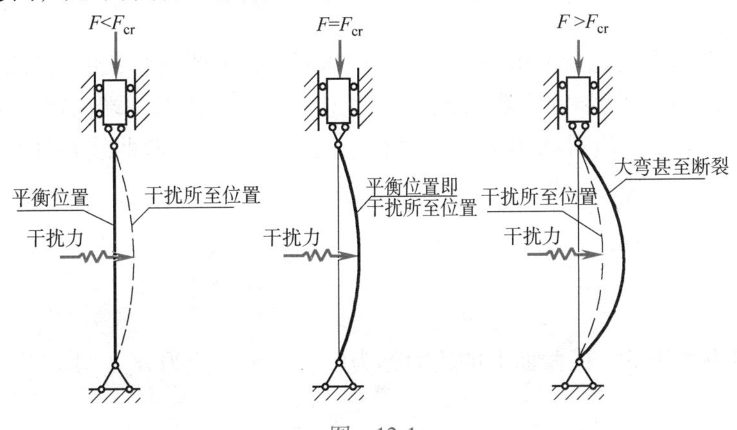

图　12-1

这种情况出现。前面所谓压杆失稳，就是指 $F \geqslant F_{cr}$ 的情况，F_{cr} 被称为临界力。

压杆的稳定性就是指压杆在轴向外力作用下保持其原有直线平衡状态的性能。显然，压杆稳定性的强弱是由其临界力确定的。临界力是压杆从稳定平衡状态到不稳定平衡状态之间的过渡状态所能承受的轴向压力。临界力 $\boldsymbol{F}_{cr}$ 越大，压杆的稳定性就越强；临界力 $\boldsymbol{F}_{cr}$ 越小，压杆的稳定性就越弱。

第二节　细长压杆临界力的计算公式

一、临界力计算的欧拉公式

工程上，压杆两端约束有四种不同情况：两端铰支、两端固定、一端固定一端自由和一端固定一端铰支，如图 12-2 所示。图中曲线为压杆失稳弯曲后的形状。

小知识：失稳示例

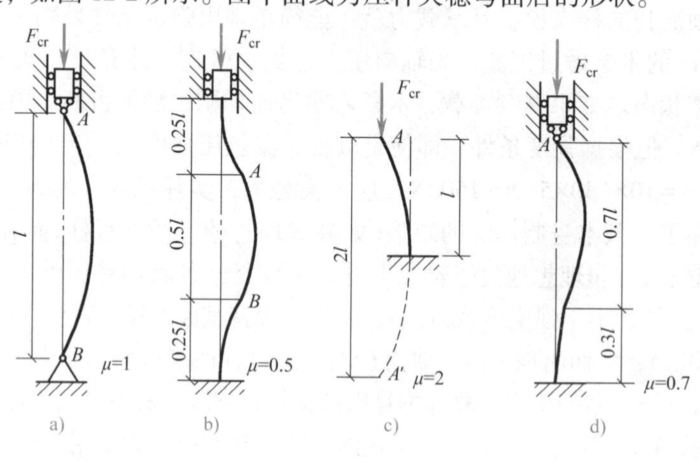

图　12-2

瑞士籍科学家欧拉(L.Euler)最早研究了两端铰支压杆的稳定性，通过理论推导他得到了其临界力计算公式，即著名的欧拉公式。欧拉公式进一步推广到另外三种约束情况，成为四种情况都适用的如下一般形式

$$F_{cr}=\frac{\pi^2 EI}{(\mu l)^2} \tag{12-1}$$

小贴士：最小形心主惯性矩

式中，EI 为压杆在图示失稳弯曲平面内的抗弯刚度；μ 为由两端约束情况确定的系数，称为长度系数(两端铰支取 1，两端固定取 0.5，一端固定一端自由取 2，一端固定一端铰支取 0.7)；μl 称为压杆的计算长度。值得指出的是，每种情况压杆的失稳弯曲线在计算长度范围恰好是半波正弦曲线。

二、临界应力及欧拉公式的适用条件

1. 临界应力

压杆在临界力作用下，横截面上的应力称为临界应力，记为 σ_{cr}。则

$$\sigma_{cr}=\frac{F_{cr}}{A}=\frac{\pi^2 EI}{(\mu l)^2 A}$$

引入 $i=\sqrt{\dfrac{I}{A}}$ ，称之为杆件横截面的惯性半径，它反映杆件在弯曲面内的“粗细”程度，于是

$$\sigma_{\mathrm{cr}}=\frac{\pi^2 E}{\left(\dfrac{\mu l}{i}\right)^2}$$

令 $\lambda=\dfrac{\mu l}{i}$，则有

$$\sigma_{\mathrm{cr}}=\frac{\pi^2 E}{\lambda^2} \tag{12-2}$$

上式是压杆临界应力计算公式，它是欧拉公式的应力表达形式，是从横截面应力大小来判断压杆是否失稳的标志。临界应力 σ_{cr}越大，压杆的稳定性就越强；临界应力 σ_{cr}越小，压杆的稳定性就越弱。式中，$\lambda=\dfrac{\mu l}{i}$表示了压杆在弯曲面内计算长度与“粗细”度之比，综合反映压杆的长度、截面尺寸以及压杆两端支承的情况，称为压杆的长细比或柔度。λ 越大，表示压杆越细长，稳定性越差，越容易失稳；λ 越小，表示压杆越粗短，稳定性越强，越不容易失稳。

2. 欧拉公式的适用条件

欧拉公式的前提是材料应力应变关系满足胡克定律(有时笼统地说在弹性范围内)。为此，所得临界应力不应超过材料的比例极限，即

$$\sigma_{\mathrm{cr}}=\frac{\pi^2 E}{\lambda^2}\leqslant\sigma_{\mathrm{p}}$$

故

$$\lambda\geqslant\pi\sqrt{\frac{E}{\sigma_{\mathrm{p}}}}$$

上式就是欧拉公式(12-1)、式(12-2)适用条件的柔度表达式。它表明，可运用欧拉公式的压杆的柔度或长细比要足够大，工程上称满足这一条件的压杆为细长压杆。式子右端表示临界应力恰好为材料比例极限 σ_{p} 的压杆柔度值，于是可令 $\lambda_{\mathrm{p}}=\pi\sqrt{\dfrac{E}{\sigma_{\mathrm{p}}}}$。同种材料的 λ_{p} 值是一个常数。如 Q235 钢 $E=210\mathrm{GPa}$，$\sigma_{\mathrm{p}}=200\mathrm{MPa}$，则其 λ_{p} 可取 102；又如某木材 $E=10\mathrm{GPa}$，$\sigma_{\mathrm{p}}=6.8\mathrm{MPa}$，则其 λ_{p} 可取 120。也可将常用材料的 λ_{p} 值计算出并编制成表格供查用。于是，欧拉公式的适用条件也可表示为 $\lambda\geqslant\lambda_{\mathrm{p}}$。

例 12-1　某压杆材料弹性模量 $E=200\mathrm{GPa}$，$\lambda_{\mathrm{p}}=100$，且上端自由、下端固定。当柱子实际柔度 $\lambda=125$ 时，试分别计算横截面为图 12-3 所示圆形和矩形截面时柱子的临界力。

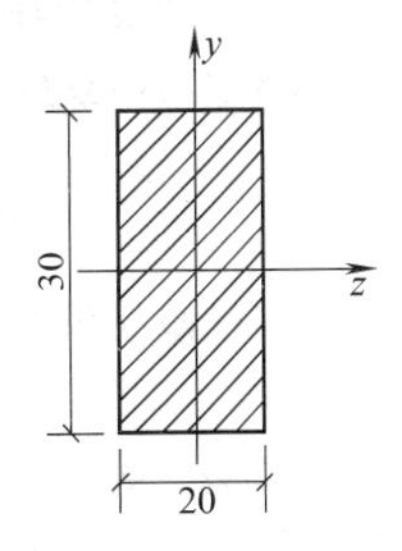

图　12-3

解　因为柱子实际柔度 $\lambda=125>\lambda_{\mathrm{p}}=100$，故知可用欧拉公式计算临界力。柱子“上端自由、下端固定”，故长度系数 $\mu=2$。

(1) 圆形截面时，惯性矩为

$$I=\frac{\pi d^4}{64}=\frac{\pi\times 28^4}{64}\mathrm{mm}^4=3.02\times10^4\mathrm{mm}^4$$

于是，临界力为

$$F_{cr}=\frac{\pi^2 EI}{(\mu l)^2}=\frac{\pi^2\times200\times10^3\times3.02\times10^4}{(2\times1000)^2}\text{N}=14890\text{N}=14.89\text{kN}$$

（2）矩形截面时，应取对截面两个形心轴惯性矩较小者，即

$$I=\frac{hb^3}{12}=\frac{30\times20^3}{12}\text{mm}^4=2.00\times10^4\text{mm}^4$$

于是，临界力为

$$F_{cr}=\frac{\pi^2 EI}{(\mu l)^2}=\frac{\pi^2\times200\times10^3\times2.00\times10^4}{(2\times1000)^2}\text{N}=9860\text{N}=9.86\text{kN}$$

例 12-2　压杆如图 12-4 所示，材料为 Q235 钢，弹性模量 $E=200\text{GPa}$，求临界力 F_{cr}。

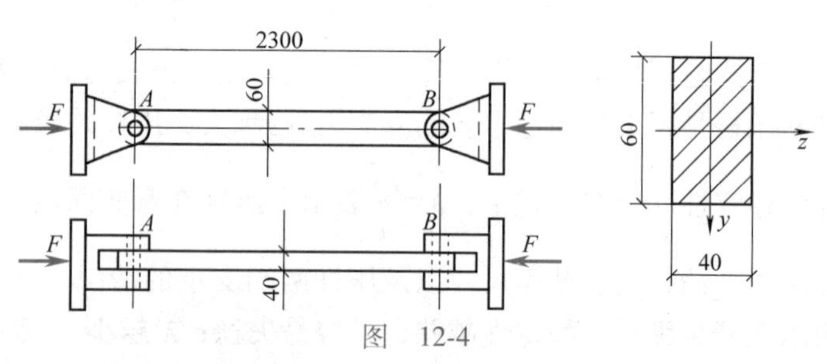

图　12-4

解　压杆在 A、B 两端为销钉连接，在正视图平面内弯曲时，截面绕 z 轴转动，为两端铰支，$\mu_z=1$。在俯视平面内弯曲时，截面绕 y 轴转动，两端约束都相当于固定端，$\mu_y=0.5$。虽然 $\mu_y l<\mu_z l$，但矩形截面的 $EI_y<EI_z$，故无法由式(12-1)一下判断出该压杆失稳后弯曲时横截面是绕轴 y 转还是绕 z 轴转。因此，应先分别计算出压杆在两个平面内的柔度，判定出压杆会在哪个平面内失稳，从而确定失稳弯曲时横截面绕哪个轴转动。然后再用相应的公式来计算临界力值。

（1）计算两个平面内的柔度 λ 值　在正视图平面内，因 $I_z=\frac{bh^3}{12}$，$A=bh$，故 $i_z=\sqrt{I_z/A}=\frac{h}{\sqrt{12}}$（此式今后可直接使用），于是

$$\lambda_z=\frac{\mu_z l}{i_z}=\frac{\sqrt{12}\mu_z l}{h}=\frac{\sqrt{12}\times1\times2300}{60}=132.79$$

在俯视平面内，因 $I_z=\frac{hb^3}{12}$，$A=bh$，故 $i_y=\sqrt{I_y/A}=\frac{b}{\sqrt{12}}$（此式今后也可直接使用），于是

$$\lambda_y=\frac{\mu_y l}{i_y}=\frac{\sqrt{12}\mu_y l}{b}=\frac{\sqrt{12}\times0.5\times2300}{40}=99.59$$

因 $\lambda_z>\lambda_y$，所以该压杆可能在正视面内失稳，即压杆失稳弯曲时横截面会绕 z 轴转动。

（2）计算相应临界力　因 $\lambda_z=132.79>\lambda_p=102$，可以应用欧拉公式计算压杆临界力。

临界应力由欧拉公式(12-2)得

$$\sigma_{cr}=\frac{\pi^2 E}{\lambda_z^2}=\frac{\pi^2\times200\times10^3}{132.79^2}\text{MPa}=111.94\text{MPa}$$

压杆横截面积 $A=bh=40\text{mm}\times60\text{mm}=2400\text{mm}^2$，则

$$F_{cr}=\sigma_{cr}A=111.94\times2400\text{N}=268.66\times10^3\text{N}=268.66\text{kN}$$

另一种计算方法，直接由临界力欧拉公式计算

$$I_z=\frac{bh^3}{12}=\frac{40\times60^3}{12}\text{mm}^4=7.2\times10^5\text{mm}^4,\quad A=2400\text{mm}^2$$

代入式(12-1)可得

$$F_{cr}=\frac{\pi^2 EI_z}{(\mu_z l)^2}=\frac{\pi^2\times200\times10^3\times7.2\times10^5}{(1\times2300)^2}\text{N}=268.66\times10^3\text{N}=268.66\text{kN}$$

第三节　中长压杆的临界应力公式与临界应力总图

上节讨论了 $\lambda \geqslant \lambda_p$ 细长压杆的临界力与临界应力计算。对于 $\lambda<\lambda_p$ 的压杆，工程上又分为两种情况。一种是压杆长细比特别小(显得“短而粗”)，不存在失稳的问题，其承载力丧失是因材料受压破坏(如断裂或屈服)所致，破坏应力远高于这种材料制成的任何细长压杆的临界应力。我们把这种压杆上限柔度记为 λ_s，则这种杆 $\lambda<\lambda_s$，称之为短粗压杆。另一种是介于细长压杆和短粗压杆之间，$\lambda_s \leqslant \lambda<\lambda_p$，称之为中长压杆。中长压杆也存在受压失稳的问题。

一、中长压杆临界应力及临界力的计算

中长压杆的临界应力公式无法直接由理论推导得出。但人们通过试验研究得出了中长压杆的临界应力的经验公式。目前常用的有以下两个。

1. 中长压杆临界应力的直线经验公式

$$\sigma_{cr}=a-b\lambda \tag{12-3}$$

式中，系数 a、b 都是与材料性质有关的常数，通过试验测得，见表 12-1。

表 12-1　常见材料中长杆临界压力直线公式的系数及相应 λ_p、λ_s 值

材料名称	a/MPa	b/MPa	λ_p	λ_s
Q235 钢　$\sigma_s=235$MPa，$\sigma_b \geqslant 372$MPa	304	1.12	100	61.6
硅钢 $\sigma_s=353$MPa，$\sigma_b \geqslant 510$MPa	577	3.74	100	60
铸铁	332	1.45		
硬铝	372	2.14	50	0
松木	39.2	0.199	59	0

2. 中长压杆临界应力的抛物线经验公式

$$\sigma_{cr}=a_1-b_1\lambda^2 \tag{12-4}$$

式中，系数 a_1、b_1 也是与材料性质有关的常数，由试验测得。如 Q235 钢的 $a_1=240$MPa，$b_1=0.00682$MPa。其他材料的 a_1、b_1 值可查有关资料得到。

知道了中长压杆的临界应力 σ_{cr}，也就可以由 $F_{cr}=\sigma_{cr}A$ 方便地计算出临界力 F_{cr} 了。

二、临界应力总图

将同种材料不同柔度值的细长压杆、中长压杆的临界应力 σ_{cr} 与柔度 λ 的关系曲线绘制在同一个 λ-σ_{cr} 坐标系中，就成为临界应力总图。图 12-5 即为 Q235 钢的临界应力总图，其中细长杆的欧拉公式曲线与中长杆的抛物线经验公式曲线的交点对应柔度 $\lambda_C=123$，因其大于 $\lambda_p=102$，故工程实际中以 λ_C 作为 Q235 钢制成的细长压杆的最小柔度。即实用上以 $\lambda \geqslant \lambda_C$ 的杆为细长杆，则

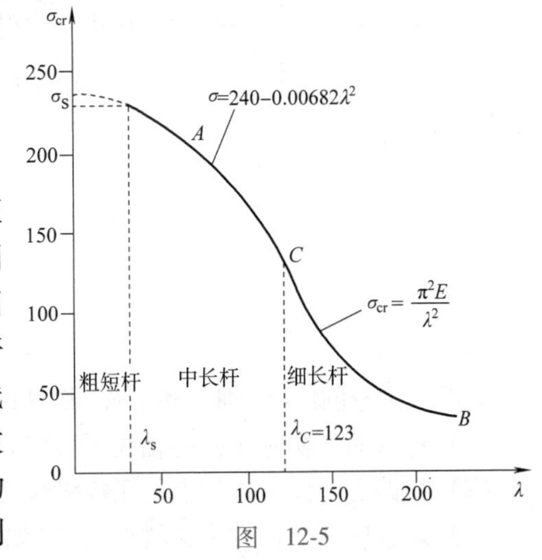

图　12-5

相应中长杆柔度为 $\lambda_C>\lambda\geqslant\lambda_s$。粗短压杆不存在失稳问题，其破坏是强度破坏，也就不存在临界应力了，故此段以虚线表示。

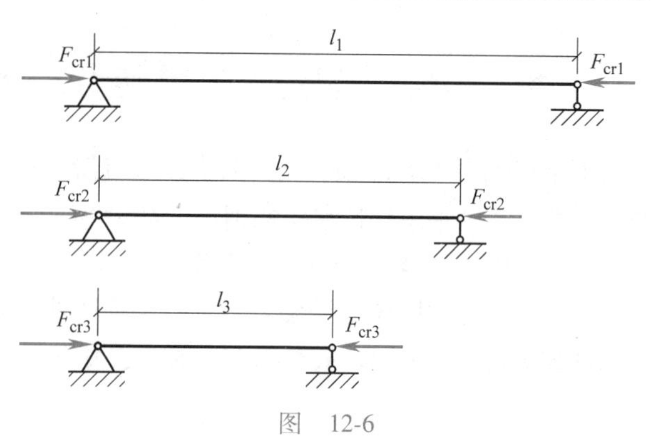

图 12-6

例 12-3 设三根圆截面压杆如图 12-6 所示，直径均为 $d=16\text{cm}$，材料同为 Q235 钢，$\sigma_s=235\text{MPa}$。已知两端均为球形铰支承，长度分别为 l_1、l_2、l_3，试求各杆临界荷载值。设 $l_1=5\text{m}$，$l_2=2.5\text{m}$，$l_3=1.25\text{m}$。

解 （1）计算各杆截面几何性质

$$A=\frac{\pi d^2}{4}=\frac{\pi\times16^2}{4}\text{cm}^2=201.1\text{cm}^2,$$

$$I=\frac{\pi d^4}{64}=\frac{\pi\times16^4}{64}\text{cm}^4=3217.0\text{ cm}^4$$

而 $i=\sqrt{\frac{I}{A}}=\frac{d}{4}$（此式今后可直接使用），则 $i=16/4\text{cm}=4\text{cm}$。

（2）计算临界荷载

l_1 杆：$\lambda_1=\frac{\mu l_1}{i}=\frac{1\times500}{4}=125>\lambda_p=102$，属于细长杆，故可用欧拉公式计算临界荷载。于是

$$F_{cr1}=\frac{\pi^2EI_z}{(\mu l)^2}=\frac{\pi^2\times2\times10^{11}\times3.217\times10^{-5}}{(1\times5)^2}\text{N}=2.54\times10^6\text{N}=2540\text{kN}$$

l_2 杆：$\lambda_2=\frac{\mu l_3}{i^2}=\frac{1\times250}{4}=62.5$，显然 $\lambda_2<\lambda_p=102$，它属于中长杆或粗短杆。今假定用中长杆直线经验公式计算临界应力，从表 12-1 中查出公式中系数 $a=304\text{MPa}$，$b=1.12\text{MPa}$。则

$$\sigma_{cr}=a-b\lambda=304\text{MPa}-1.12\lambda\text{MPa}$$

因 Q235 钢 $\sigma_s=235\text{MPa}$，令 $\sigma_{cr}=\sigma_s$，由上式可得 $\lambda_s=\frac{304-\sigma_s}{1.12}=\frac{304-235}{1.12}=61.6$。于是知本题压杆 $\lambda_s<\lambda<\lambda_p$，属于中长压杆，可以应用所选临界应力直线经验公式。将 $\lambda_2=62.5$ 代入上式得

$$\sigma_{cr2}=(304-1.12\lambda)\text{MPa}=(304-1.12\times62.5)\text{MPa}=234\text{MPa}$$

故其临界荷载为 $F_{cr2}=\sigma_{cr2}A=234\times201.1\times10^2\text{N}=4705.7\times10^3\text{N}=4705.7\text{kN}$。

l_3 杆：$\lambda_3=\frac{\mu l_3}{i}=\frac{1\times125}{4}=31.25<\lambda_s=61.6$，为粗短杆，该杆不会发生受压失稳破坏，只会发生强度屈服破坏，因此不存在临界荷载。

第四节 压杆的稳定条件及其应用

一、实际压杆的主要"缺陷"

前面所讨论的压杆（细长和中长）都是理想化的。实际工程中的压杆存在着如下缺陷：

（1）初弯曲 实际压杆的轴线不可能是理想的直线，都具有微小的初始曲率。

（2）初偏心 压力作用点与压杆横截面形心不可能完全重合，带有微小的偶然偏心。

（3）残余应力 杆件及材料在制作（如钢材冶炼、杆件切割、焊接或安装）时常在内部产

生一种自相平衡的初应力，称为“残余应力”。

由于存在缺陷，实际使压杆稳定临界力和临界应力比公式计算值要低。因此，临界力和临界应力并不能直接作为实际压杆是否失稳的判据。工程中实用的压杆稳定条件是在理想压杆临界应力计算值基础上，综合考虑了实际压杆缺陷后给予适当安全储备而建立的。

二、压杆稳定条件

压杆稳定条件，就是压杆保持稳定直线平衡的条件。按照上面的讨论，压杆要保持稳定，其实际工作应力 $\sigma=F/A$ 必须小于计算出来的临界应力，即

$$\sigma=F/A<\sigma_{cr}$$

由于实际压杆有缺陷，实际临界应力比计算出的临界应力 σ_{cr}小，因此为了保证细长压杆和中长压杆稳定可靠，必须综合考虑一定的安全储备。因此，工程上采用将 σ_{cr}除以一个随压杆具体柔度 λ 变化的大于 1 的系数作为压杆的稳定许用应力$[\sigma_{st}]$。这个大于 1 的系数称为稳定安全系数，记为$[K_{st}]$，即$[\sigma_{st}]=\sigma_{cr}/[K_{st}]$。于是，压杆的稳定条件可写为

$$\sigma=\frac{F}{A}\leqslant[\sigma_{st}]=\frac{\sigma_{cr}}{[K_{st}]}$$

但上式不便于工程上运用，因为 σ_{cr}、$[K_{st}]$都是要随压杆具体柔度 λ 变化的量。为此，人们常将压杆稳定许用应力$[\sigma_{st}]$改用强度许用应力$[\sigma]$来表达，即

$$[\sigma_{st}]=\frac{\sigma_{cr}}{[K_{st}]}=\frac{\sigma_{cr}}{[K_{st}][\sigma]}[\sigma]$$

令$\frac{\sigma_{cr}}{[K_{st}][\sigma]}=\varphi$，则$[\sigma_{st}]=\varphi[\sigma]$。于是，压杆稳定条件成为

$$\sigma=\frac{F}{A}\leqslant\varphi[\sigma] \tag{12-5}$$

φ 称为稳定折减系数，随柔度 λ 变化，同时因临界应力 σ_{cr}小于强度许用应力$[\sigma]$，而$[K_{st}]$大于 1，故 φ 一般小于 1。常用材料压杆的稳定折减系数见表 12-2。

表 12-2　常用材料压杆的稳定折减系数

λ	φ 值				
	Q215、Q235 钢	16Mn 钢	铸　铁	木　材	混　凝　土
0	1.000	1.000	1.000	1.000	1.000
20	0.981	0.973	0.910	0.932	0.960
40	0.927	0.895	0.690	0.822	0.830
60	0.842	0.776	0.440	0.658	0.700
70	0.789	0.705	0.340	0.575	0.630
80	0.731	0.627	0.260	0.460	0.570
90	0.669	0.546	0.200	0.371	0.460
100	0.604	0.462	0.160	0.300	
110	0.536	0.384		0.248	
120	0.466	0.325		0.209	
130	0.401	0.279		0.178	
140	0.349	0.242		0.153	

（续）

λ	φ 值				
	Q215、Q235 钢	16Mn 钢	铸 铁	木 材	混 凝 土
150	0.306	0.213		0.134	
160	0.272	0.188		0.117	
170	0.243	0.168		0.102	
180	0.218	0.151		0.093	
190	0.197	0.136		0.083	
200	0.180	0.124		0.075	

不难看出，当 $\varphi=1$ 时，式(12-5)就成了轴压杆的强度条件。说明此时压杆已不存在失稳问题，只有强度问题，是粗短杆了。从式(12-5)还可以看出，只要满足了稳定条件的压杆，必然满足强度条件。因此，工程上一般只需验算压杆的稳定性。只有当压杆横截面被削弱(如打孔洞或开口开槽等)时，才需验算这些横截面的强度。

小贴士：插值法计算折减因数

三、压杆稳定性计算

压杆稳定条件式(12-5)，有三方面的用途。

1. 压杆稳定校核

若已知压杆的长度、两端支承情况、材料种类、横截面尺寸及轴压力，如何验算压杆稳定条件满足式(12-5)。这时应先根据压杆两端支承情况确定长度系数 μ 值，然后由截面尺寸计算出惯性半径 i，接着算出柔度 λ，再根据材料种类和 λ 值查表得到稳定折减系数 φ 值，即可验算式(12-5)是否成立。

2. 压杆许用荷载计算

由式(12-5)得 $F\leqslant\varphi[\sigma]A$。此式右端即为压杆不失稳所能承受的最大压力，称为稳定许用荷载，记为 $[F_{st}]$。于是

$$[F_{st}]=\varphi[\sigma]A$$

当已知压杆的长度、两端支承情况、材料种类、横截面尺寸时，可根据压杆两端支承情况确定长度系数 μ 值，然后由截面尺寸计算出惯性半径 i，接着算出柔度 λ，再根据材料种类和 λ 值查表得到稳定折减系数 φ 值，最后代入上式计算出压杆的许用荷载 $[F_{st}]$。甚至还可进一步根据条件确定出结构的许用荷载值。

3. 压杆横截面设计

由式(12-5)得

$$A\geqslant\frac{F}{\varphi[\sigma]}$$

上式右端其实就是所需的横截面最小面积。从上式可以看出，要计算出所需面积 A，需先查表得 φ 值，但 φ 要根据材料种类和柔度 λ 值查表，而在不知道 A 的情况下，是无法算出惯性半径 i 和柔度 λ 值的，因此，只能采用如下试算法来进行压杆横截面设计。

(1) 按经验假设一个 φ_1 值(因 $\varphi=0\sim1$,故无经验时可设 $\varphi_1=0.5$)，按上式算出一个面积 A_1，进而确定出横截面初选尺寸(如 b_1、h_1 等)或型钢型号。

(2) 按横截面初选尺寸(如 b_1、h_1 等)或型钢型号计算出 i_1 和 λ_1 值，然后查表得 φ_1' 值。

（3）比较 φ_1 和 φ_1'值，若相差较大，则重新假设 $\varphi_2=(\varphi_1+\varphi_1')/2$。重复(1)、(2)步骤，直到 φ_1 和 φ_1'值接近为止。

例 12-4　某钢管柱，长 $l=2.2\text{m}$，两端铰支。外径 $D=102\text{mm}$，内径 $d=86\text{mm}$，材料为 Q235 钢，许用压力$[\sigma]=160\text{MPa}$。已知轴向承受压力 $F=300\text{kN}$，试校核此柱的稳定性。

解　柱子两端铰支，故 $\mu=1$，钢管横截面惯性矩

$$I=\frac{\pi}{64}(D^4-d^4)=\frac{\pi}{64}(102^4-86^4)\text{mm}^4=2.63\times10^6\text{mm}^4$$

截面面积
$$A=\frac{\pi}{4}(D^2-d^2)=\frac{\pi}{4}(102^2-86^2)\text{mm}^2=2.36\times10^3\text{mm}^2$$

故惯性半径
$$i=\sqrt{\frac{I}{A}}=\sqrt{\frac{2.63\times10^6}{2.36\times10^3}}\text{mm}=33.4\text{mm}$$

柔度
$$\lambda=\frac{\mu l}{i}=\frac{1\times2200}{33.4}=66$$

查表 12-2 得：当 $\lambda=60$ 时，$\varphi=0.842$；当 $\lambda=70$ 时，$\varphi=0.789$。

用直线插入法：当 $\lambda=66$ 时，得

$$\varphi=0.842-\frac{66-60}{70-60}\times(0.842-0.789)=0.842-0.032=0.810$$

则 $\varphi[\sigma]=0.810\times160\text{MPa}=128\text{MPa}$，而

$$\sigma=\frac{F}{A}=\frac{300\times10^3}{2.36\times10^3}\text{MPa}=127.1\text{MPa}<\varphi[\sigma]=128\text{MPa}$$

说明钢柱满足稳定条件。

例 12-5　如图 12-7 所示支架，BD 杆为正方形截面的木杆，其长度 $l=2\text{m}$，截面边长 $a=0.1\text{m}$，木材的许用应力$[\sigma]=10\text{MPa}$。试从 BD 杆满足稳定性条件考虑，确定该支架能承受的最大荷载$[F]$。

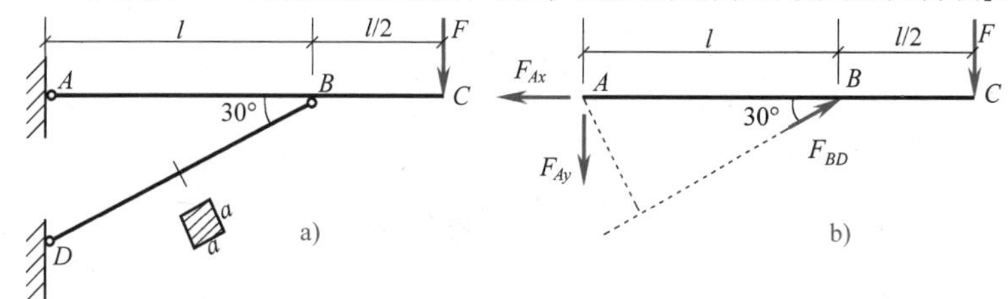

图　12-7

解　（1）计算 BD 杆的长细比

$$l_{BD}=\frac{l}{\cos30°}=\frac{2}{\frac{\sqrt{3}}{2}}\text{m}=2.31\text{m}$$

因方形截面 $i=\dfrac{a}{\sqrt{12}}$，故

$$\lambda_{BD}=\frac{\mu l_{BD}}{i}=\frac{\sqrt{12}\mu l_{BD}}{a}=\frac{\sqrt{12}\times1\times2.31}{0.1}=80$$

（2）求 BD 杆能承受的最大压力　根据长细比 λ_{BD} 查表 12-2 得 $\varphi_{BD}=0.460$，则 BD 杆能承受的最大压力为

$$[F_{st}]_{BD}=\varphi[\sigma]A=0.460\times10\times10^6\times0.1^2\text{N}=4.6\times10^4\text{N}$$

（3）求出该支架的最大荷载$[F]$　由 AC 的平衡条件，可得外力 F 与 BD 杆所承受压力之间的关系。取梁 AC 分析，并画出受力图，由

$$\sum M_A=0,\ F_{BD}\times l\sin30°-F\times1.5l=0$$

可求得

$$F=\frac{1}{3}F_{BD}$$

将 $F_{BD}=[F_{st}]_{BD}$ 代入上式即可得该支架能承受的最大荷载为

$$[F]=\frac{1}{3}[F_{st}]_{BD}=\frac{1}{3}\times4.6\times10^4\text{N}=1.53\times10^4\text{N}$$

例 12-6　某木柱高 $l=3.5$m，横截面为圆形，承受轴向压力 $F=75$kN，木材许用应力 $[\sigma]=10$MPa，试选择直径 d。

解　(1) 先设 $\varphi_1=0.5$，则

$$A_1=\frac{F}{\varphi_1[\sigma]}=\frac{75\times10^3}{0.5\times10}\text{mm}^2=15\times10^3\ \text{mm}^2$$

于是可算出直径

$$d_1=\sqrt{\frac{4A_1}{\pi}}=\sqrt{\frac{4\times15\times10^3}{\pi}}\text{mm}=138\text{mm}$$

为便于施工，取 $d_1=140$mm，则在所选直径下，

$$i_1=\frac{d_1}{4}=\frac{140}{4}\text{mm}=35\text{mm}$$

$$\lambda_1=\frac{\mu l}{i_1}=\frac{1\times3.5\times10^3}{35}=100$$

查表得 $\varphi_1'=0.3$。这与所设 $\varphi_1=0.5$ 差别较大，应重新计算。

(2) 设 $\varphi_2=\frac{\varphi_1+\varphi_1'}{2}=\frac{0.5+0.3}{2}=0.4$，则同上有

$$A_2=\frac{F}{\varphi_2[\sigma]}=\frac{75\times10^3}{0.4\times10}\text{mm}^2=18.75\times10^3\text{mm}^2$$

$$d_2=\sqrt{\frac{4A_2}{\pi}}=\sqrt{\frac{4\times18.75\times10^3}{\pi}}\text{mm}=154.4\text{mm}$$

取 $d_2=160$mm，则在所选直径下

$$i_2=\frac{d_2}{4}=\frac{160}{4}\text{mm}=40\text{mm}$$

$$\lambda_2=\frac{\mu l}{i_2}=\frac{1\times3.5\times10^3}{40}=87.5$$

查表得 $\varphi_2'=0.393$，与所得 $\varphi_2=0.4$ 很接近，可不必再算。

(3) 稳定性校核

$$\sigma=\frac{F}{A}=\frac{75\times10^3}{\frac{\pi}{4}\times160^2}\text{MPa}=3.73\text{MPa}<\varphi[\sigma]=0.393\times10\text{MPa}=3.93\text{MPa}$$

符合稳定条件，故圆柱设计直径为 $d=160$mm。

小贴士：压杆稳定计算易出现的错误

第五节　提高压杆稳定性的措施

为提高压杆的稳定性，可采用以下措施。

1. 选择截面形状

因为压杆的临界力大小与惯性矩成正比，所以在横截面面积一定的情况下，应选择材料分布尽量远离中性轴的截面形状，以便得到较大的惯性矩。比如，能用方形截面时不用圆形

截面，能用矩形截面时不用方形截面，能用工字形截面时不用矩形截面，能用空心截面时不用实心截面等，均可提高压杆的稳定性。

2. 减小压杆的实际长度

因为压杆的临界力与杆件长度的平方成反比，所以在不影响使用功能的条件下，可以在杆中间部位增加支撑，以减小压杆的悬空长度，提高压杆的稳定性。

3. 增强端部约束作用

压杆的临界力与长度系数的平方成反比，而杆件端部的约束类型决定长度系数的值。从长度系数的取值规律看，约束作用越强，则相应的长度系数越小，临界力就越大。如果能用铰支承，就不要悬空成为自由端；如果能固定，就不用铰支座，这些措施都可增强端部约束作用，从而降低压杆的长度系数，提高其临界力，达到提高稳定性的目的。

4. 合理的选择材料

压杆的临界力和材料的弹性模量成反比。选择 E 值较高的材料，可以提高压杆的临界力，从而提高压杆的稳定性。

思　考　题

小实验：用纸条做稳定实验

12-1　受压杆件的稳定性与一般杆件的强度、刚度有何区别？

12-2　压杆的稳定平衡与不稳定平衡有何区别？

12-3　何谓临界荷载？说明它的含义。

12-4　欧拉临界公式结论是如何导出的？该公式的应用条件是什么？

12-5　材料相同的四根压杆如图 12-8 所示。试问：

（1）图 b 所示的压杆的临界力是图 a 的几倍？

（2）图 d 所示的压杆的临界力是图 c 的几倍？

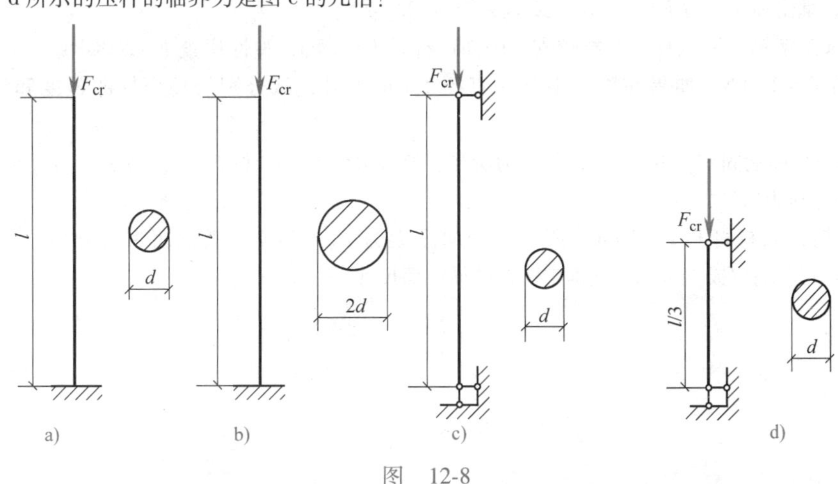

图　12-8

12-6　两端约束条件均为球铰支承，其截面采用如图 12-9 所示的各种截面形状。试问：当压杆失稳时，其截面将分别各自绕哪一根轴转动？

12-7　设某两根细长压杆的材料和长度相同，且两端均为球型铰链支承。一根的横截面是直径为 d 的圆截面，另一根是用连接件连接在一起的两个直径为 d 的并列圆截面，如图 12-10 所示。试问：哪一个杆的临界力大？为什么？

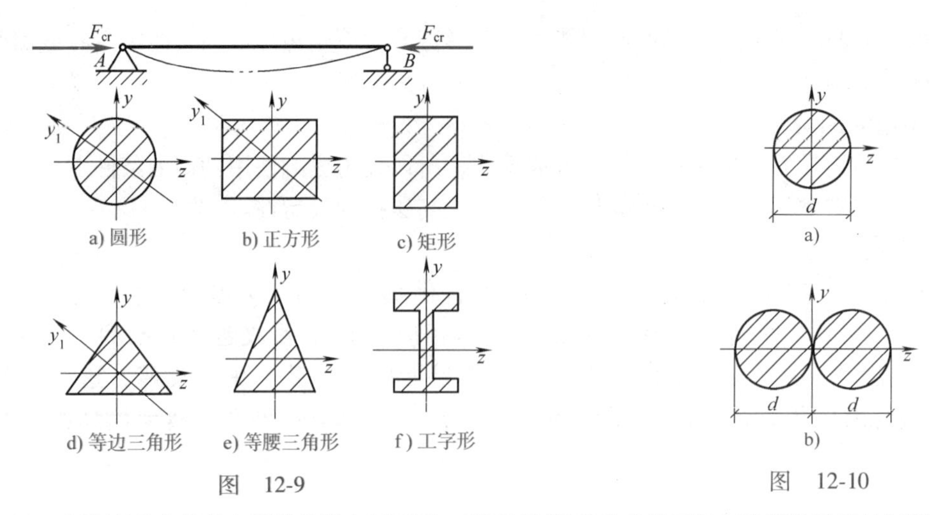

图 12-9

图 12-10

12-8 压杆的稳定条件与强度条件有何不同？利用压杆的稳定条件可以解决哪些类型的问题？

12-9 稳定校核条件有哪两种形式？试简要叙述应用折减系数法选择压杆的截面的步骤。

12-10 实际的压杆常常带有哪些“缺陷”？它们对压杆的承载能力有何影响？

12-11 改善压杆的稳定性通常有哪些措施？试结合自己所知道的工程实例加以说明。

练 习 题

12-1 某圆截面木柱，高 $h=3.5\text{m}$，直径 $d=100\text{mm}$，材料弹性模量 $E=10\text{GPa}$，$\lambda_p=120$。试分别求出木柱在两端铰支和一端固定一端自由两种情况下的临界力和临界应力。

12-2 某压杆下端固定、上端铰支，杆高 2.4m，由等边角钢∟ 100mm×10mm 制成，$E=200\text{GPa}$，$\lambda_c=123$，试求其临界力。

12-3 某矩形截面木柱，柱高 $l=4\text{m}$，两端铰支。已知截面 $b=180\text{mm}$，$h=240\text{mm}$，材料的许用应力 $[\sigma]=10\text{MPa}$，承受轴向压力 $F=135\text{kN}$。试校核该柱的稳定性。

12-4 22a 工字钢所制压杆，两端铰支。已知压杆长 $l=3.5\text{m}$，弹性模量 $E=200\text{GPa}$，$[\sigma]=160\text{MPa}$，承受轴向压力 $F=220\text{kN}$。如果在腹板上开一直径 15mm 的孔，试分别校核压杆的强度和稳定性是否满足要求。

12-5 钢压杆两端固定，杆长 2m，截面为圆形，直径 $d=36\text{mm}$，材料为 Q235 钢，$[\sigma]=160\text{MPa}$。试求此压杆的许用压力 $[F]$。

12-6 某桁架弦杆杆长 $l=3.6\text{m}$，所受的轴向压力为 $F_N=25\text{kN}$，横截面为正方形，材料为松木，$[\sigma]=10\text{MPa}$。若两端按铰支考虑，试确定弦杆的横截面尺寸。

第十三章
影响线及其应用

学习目标

影响线是分析移动荷载作用效应的工具。本章重点介绍影响线的概念、用静定法作静定梁的影响线，确定最不利荷载位置与求绝对最大弯矩等。

第一节　概　　述

在前面各章中，讨论了结构由固定荷载作用所产生的约束力和内力。实际工程中，结构除承受固定荷载之外还承受移动荷载，如桥梁上行驶的车辆和人群，厂房中吊车荷载等都属于这类荷载。

在进行结构设计时，需要考虑移动荷载的作用，为叙述方便，我们把约束力、内力、位移等量称为量值。结构在移动荷载作用下各量值都随荷载位置的移动而变化。如图 13-1 所示简支梁，汽车荷载自左向右移动时，梁的支座约束力和各截面内力都将随荷载位置的变化而变化，支座约束力 F_{Ay} 逐渐变小，而支座约束力 F_{By} 逐渐变大。

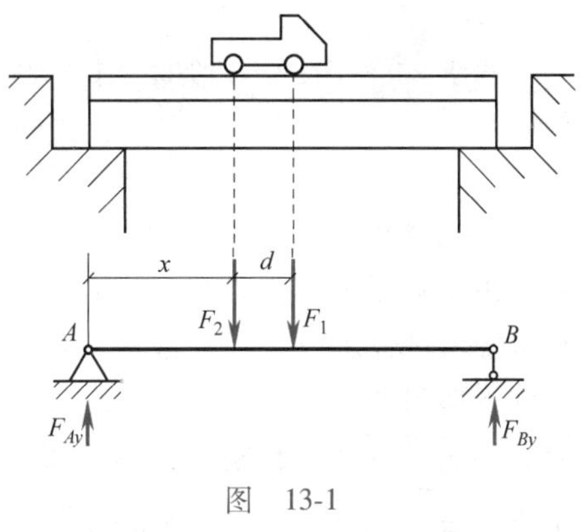

图　13-1

工程实际中为研究方便起见，先研究一个方向不变的定向单位移动荷载 $F=1$ 对结构某量值的影响，再由叠加原理进一步研究实际移动荷载对该量值的影响。当一个定向单位荷载沿结构移动时，表示某量值规律的函数图形，称为该量值的影响线。本章只介绍用静定法作影响线的方法。

第二节　用静力法绘制单跨静定梁影响线

小贴士：移动荷载作用效应

作影响线的常用方法有两种：静力法和机动法。本节只介绍用静力法作单跨静定梁支座约束力及内力的影响线。其方法是先选取坐标系，将单位荷载布置在梁的任意 x 位置。根据静力平衡方程建立所研究量值与 x 之间的函数关系，即影响线方程，再由影响线方程绘制量值影响线。

一、支座约束力的影响线

图 13-2a 所示为一简支梁 AB，当单位竖向荷载 $F=1$ 在梁上移动时，试讨论支座约束力 F_{Ay}、F_{By} 的变化规律。

取 A 点为坐标原点，建立 xAy 坐标系，将移动荷载 $F=1$ 暂固定在 x 位置，由平衡方程可求出支座约束力为

$$F_{Ay}=F\frac{l-x}{l}=\frac{l-x}{l}\quad(0\leqslant x\leqslant l)$$

$$F_{By}=F\frac{x}{l}=\frac{x}{l}\quad(0\leqslant x\leqslant l)$$

上式两方程分别称为支座约束力 F_{Ay} 和支座约束力 F_{By} 影响线方程。由影响线方程分别作量值 F_{Ay} 和 F_{By} 的影响线，如图 13-2b、c 所示。

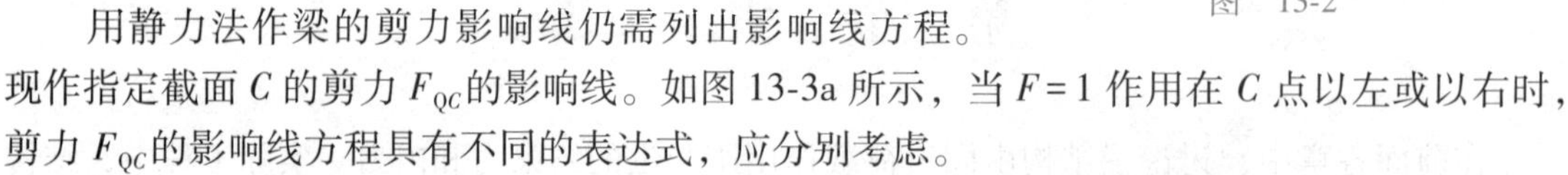

图　13-2

二、剪力影响线

用静力法作梁的剪力影响线仍需列出影响线方程。现作指定截面 C 的剪力 F_{QC} 的影响线。如图 13-3a 所示，当 $F=1$ 作用在 C 点以左或以右时，剪力 F_{QC} 的影响线方程具有不同的表达式，应分别考虑。

当 $F=1$ 作用于 CB 段时，其影响线方程为

$$F_{QC}=F_{Ay}=\frac{l-x}{l}\quad(a<x\leqslant l)$$

当 $F=1$ 作用于 AC 段时，其影响线方程为

$$F_{QC}=-F_{By}=-\frac{x}{l}\quad(0\leqslant x\leqslant a)$$

由影响线方程分别画出 F_{QC} 的影响线如图 13-3d 所示。由影响线方程可以看出，CB 段内，F_{QC} 的影响线与 F_{Ay} 的影响线相同。而 AC 段内，F_{QC} 的影响线与 F_{By} 的影响线形状相同，但正负号相反。因此作 CB 段影响线时，可先作 F_{Ay} 的影响线，然后保留其中的 CB 段。C 点的竖距可按比例关系求得为 $\frac{b}{l}$。同理作 AC 段的影响线时，可先作 F_{By} 的影响线且画在基线下方，然后保留其中的 AC 段。C 点的竖距可按比例关系求得为 $-\frac{a}{l}$。可见在 C 截面 F_{QC} 影响线有突变，突变值为单位力 $F=1$。

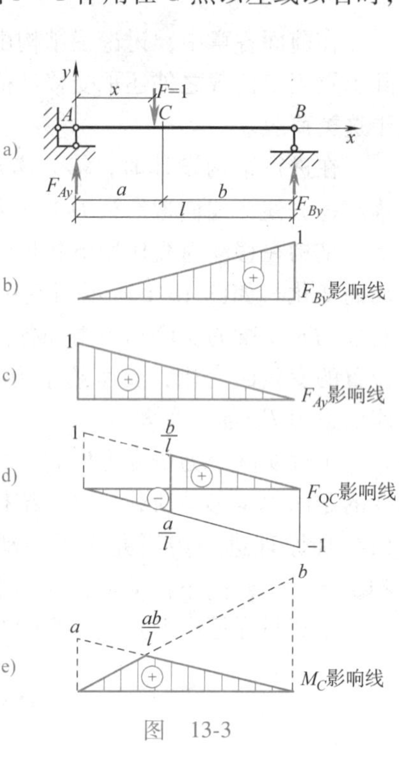

图　13-3

三、弯矩影响线

作梁 C 截面的弯矩影响线方法步骤和剪力影响线基本相同。

当 $F=1$ 在 CB 段移动时，取 AC 段为隔离体，由平衡条件 $\sum M_C=0$，可得影响线方程为

$$M_C=F_{Ay}a=\frac{l-x}{l}a\quad(a<x\leqslant l)$$

当 $F=1$ 在 AC 段移动时，取 CB 段为隔离体，由平衡条件 $\sum M_C=0$，可得影响线方程为

$$M_C=F_{By}b=\frac{x}{l}b\quad(0\leqslant x\leqslant a)$$

依据影响线方程画出影响线图，如图 13-3e 所示。

由 M_C 的影响线方程可见，AC 段 M_C 影响线的纵坐标是支座约束力 F_{By} 影响线纵坐标的 b 倍，CB 段 M_C 影响线的纵坐标是支座反力 F_{Ay} 影响线纵坐标的 a 倍。因此，作 AC 段 M_C 的影响线时，可以利用 F_{By} 影响线扩大 b 倍，然后保留其中 AC 部分即可；作 CB 段 M_C 的影响线时，利用 F_{Ay} 影响线扩大 a 倍，然后保留其中 CB 部分即可，如图 13-3e 所示。从图 13-3e 不难看出，M_C 影响线在 C 点的纵距为 $\frac{ab}{l}$。因此，M_C 影响线是一个顶点在 C 点的三角形，且当 $F=1$ 作用于 C 点时 M_C 是最大值。利用此规律可以很容易作出 M_C 的影响线。具体作法是：先画一基线，在 C 点作竖标 $\frac{ab}{l}$，用直线连接基线两端，所得三角形即为 M_C 的影响线。

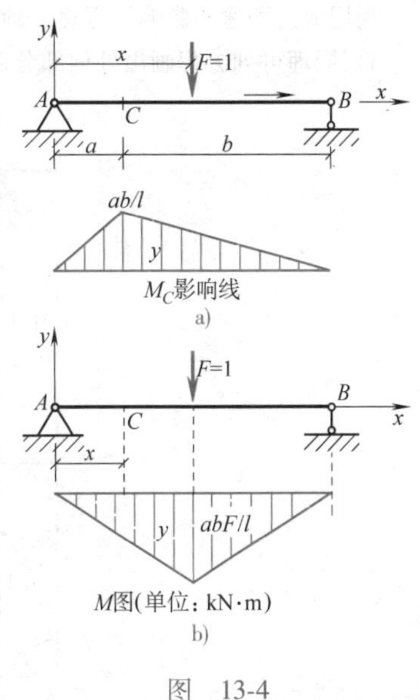

图　13-4

值得注意的是，弯矩影响线与集中荷载作用下梁的弯矩图在外形上有相似之处，但它们的意义有本质的区别。

图 13-4a 为 M_C 影响线，图 13-4b 为 M 图，它们都是三角形，但意义不同，见表 13-1。

表 13-1　M_C 影响线和 M 图比较

	M_C 影响线	M 图
荷载	$F=1$ 无单位	$\boldsymbol{F}$ 为真实值
位置	荷载位置移动	荷载位置固定
图形	描绘固定截面弯矩变化规律	描绘各个截面弯矩变化规律
纵距	$F=1$ 作用在该点时，指定截面的弯矩	真实的 $\boldsymbol{F}$ 作用在固定位置时该截面的弯矩值
顶点	发生在与固定截面对应的位置	发生在 $\boldsymbol{F}$ 作用处对应的位置

例 13-1　画出图 13-5a 所示外伸梁支座约束力、内力的影响线。

解　1）作约束力 F_{Ay} 影响线。取 A 为坐标原点，列 F_{Ay} 的影响线方程：

$$F_{Ay}=\frac{l-x}{l}\quad(-l_1\leqslant x\leqslant l+l_2)$$

外伸梁支座约束力的影响线方程与简支梁的形式一样，只是 x 的取值范围不同，所以，其影响线图形可以用简支梁的相应图形向伸臂部分作直线延伸。由方程可作出支座约束力 F_{Ay} 的影响线如图 13-5b所示。

2）作跨中部分各截面的内力影响线。如作跨间 C 截面的影响线，取同样坐标系，建立影响线方程，当 $F=1$ 作用于 C 截面以左时

$$\left.\begin{aligned}F_{QC}&=-F_{By}\\M_C&=F_{By}b\end{aligned}\right\}\quad(-l_1\leqslant x\leqslant a)$$

当 $F=1$ 作用于 C 截面以右时

$$\left.\begin{aligned}F_{QC}&=F_{Ay}\\M_C&=F_{Ay}a\end{aligned}\right\}\quad(a<x\leqslant l+l_2)$$

利用剪力和弯矩影响线方程，画剪力 F_{QC} 和弯矩 M_C 的影响线，如图 13-5c、d 所示。

3）同理可列方程画出外伸部分截面 F 的影响线，如图 13-5e、f 所示。

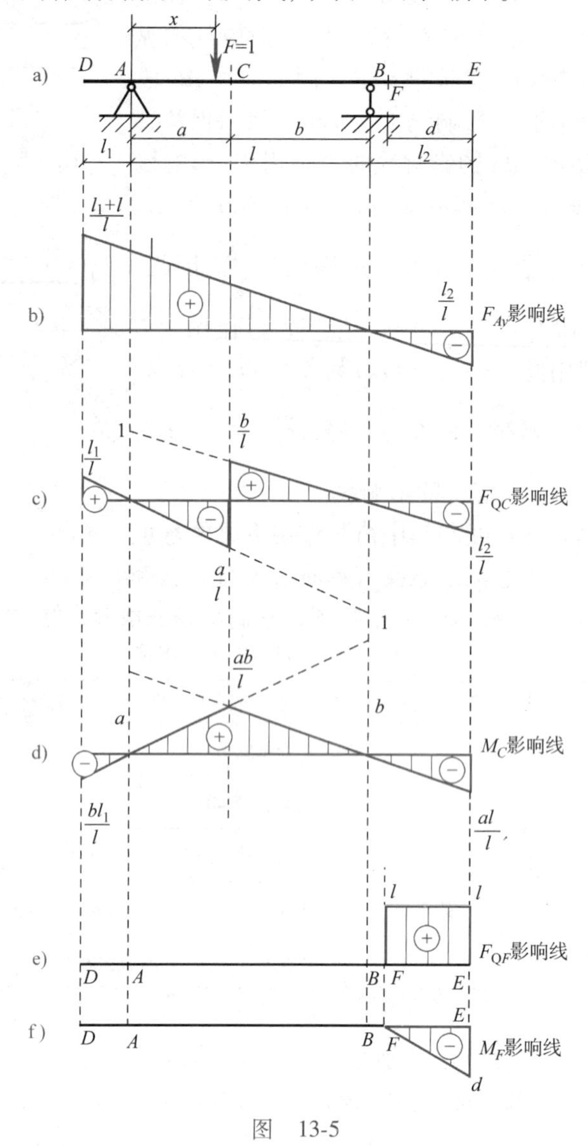

图 13-5

知识链接：虚位移原理

第三节 用影响线求影响量值

影响线是研究移动荷载作用下结构计算的基本工具，应用它可确定一般移动荷载作用下某量的影响量值。下面分别讨论集中荷载和分布荷载作用对量值的影响。

一、集中荷载作用

如图 13-6a 所示，简支梁受到一组平行集中荷载 $\boldsymbol{F}_1$、$\boldsymbol{F}_2$、$\boldsymbol{F}_3$ 的作用，其剪力 $\boldsymbol{F}_{QC}$ 影响线如图 13-6b 所示，设 y_1、y_2、y_3 代表荷载 $\boldsymbol{F}_1$、$\boldsymbol{F}_2$、$\boldsymbol{F}_3$ 所对应剪力 $\boldsymbol{F}_{QC}$ 影响线的竖标，依据影响线的定义和叠加原理，该组荷载作用时 $\boldsymbol{F}_{QC}$ 的值为

$$F_{QC}=F_1y_1+F_2y_2+F_3y_3=\sum_{i=1}^{3}F_iy_i$$

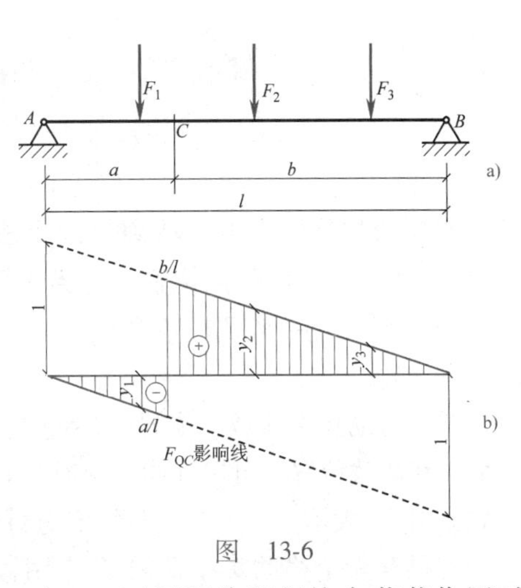

图　13-6

一般情况下，结构在一组平行荷载 $\boldsymbol{F}_1,\boldsymbol{F}_2,\boldsymbol{F}_3,\cdots,\boldsymbol{F}_n$ 共同作用下某量值 S 的计算式为

$$S=F_1y_1+F_2y_2+\cdots+F_ny_n=\sum_{i=1}^{n}F_iy_i \qquad (13\text{-}1)$$

二、均布荷载作用

梁上有固定的均布荷载作用时，也可利用影响线求量值。如图 13-7a 所示，此时可将均布荷载分解为无数多个微小的集中荷载 $q\mathrm{d}x$。由式(13-1)知，微小的集中荷载 $q\mathrm{d}x$ 对量值的影响为 $\mathrm{d}S=q\mathrm{d}xy$，其中 y 表示影响线上与 $q\mathrm{d}x$ 对应的纵坐标，如图 13-7b 所示。在 mn 区间积分即得均布荷载作用对量值的影响。

$$S=\int_m^n yq\mathrm{d}x=q\int_m^n y\mathrm{d}x=qA \qquad (13\text{-}2)$$

式中，A 表示影响线在均布荷载作用范围内的面积，该面积依据影响线的正负号取代数值。如图 13-7b 所示截面 C 剪力值为

$$F_{QC}=qA=q(A_2-A_1)$$

若梁上有多个集中荷载和均布荷载共同作用时，则对量值的影响为

$$S=\sum_{i=1}^{n}F_iy_i+\sum_{i=1}^{n}q_iA_i \qquad (13\text{-}3)$$

例 13-2　试用影响线求图 13-8a 所示外伸梁在 C 截面的弯矩值。

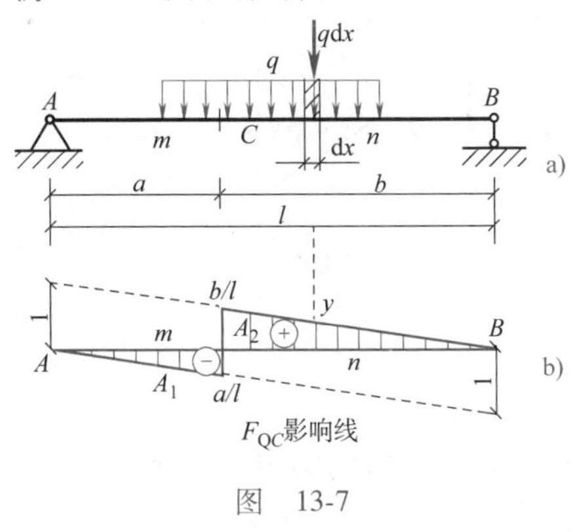

图　13-7

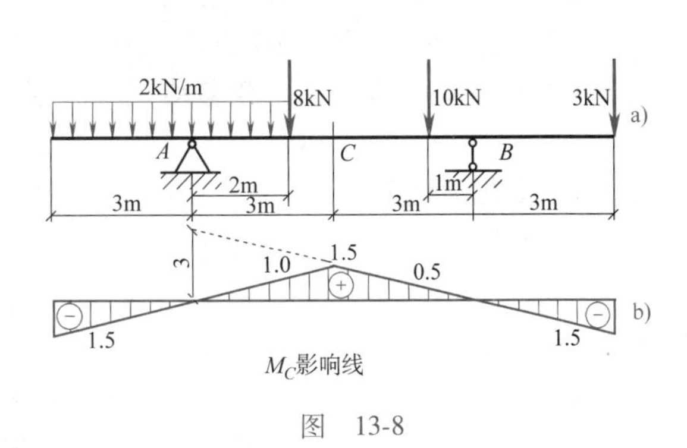

图　13-8

解　1）作 M_C 影响线，求各有关 y 值，如图 13-8b 所示。

2）求 M_C。由式(13-3)得

$$M_C=\sum_{i=1}^{n}F_iy_i+qA$$

$$=\left(8\times1+10\times0.5-3\times1.5+2\times\frac{1\times2-1.5\times3}{2}\right)\mathrm{kN\cdot m}=6\ \mathrm{kN\cdot m}$$

小贴士：作影响线易出错的地方

第四节　最不利荷载位置的确定以及最大(最小)影响量值的计算

在移动荷载作用下，结构上的量值一般都随荷载移动而变化。使某量值产生最大(最小)值时的移动荷载作用位置，称为该量值的最不利荷载位置。结构设计时，往往要知道某量值的最大(最小)值及最不利位置。利用影响线可以计算移动荷载对量值的影响，并确定最不利位置。

对于移动集中荷载，依据式 $S=\sum F_iy_i$ 可知，当 $\sum F_iy_i$ 为最大值时，相应的荷载位置即为 S 的最不利荷载位置，可以证明，此时必有一集中荷载位于影响线顶点，通常将该荷载称为临界荷载，用 $\boldsymbol{F}_k$ 表示。下面分几种情况进行分析。

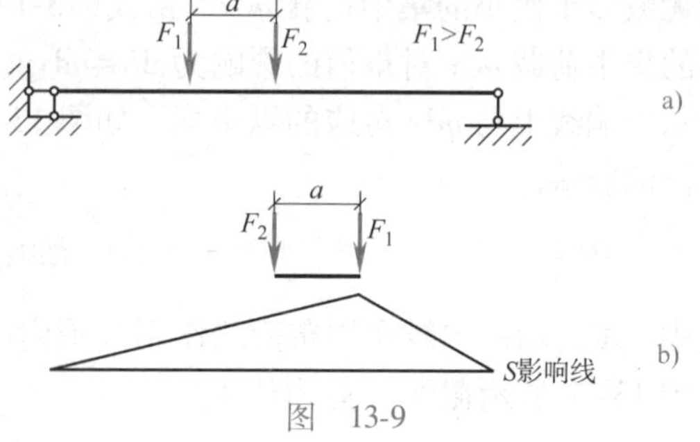

图　13-9

若只有一个移动集中荷载 $\boldsymbol{F}$ 作用，则该荷载位于影响线竖标最大处即为最不利荷载位置。

若有两个移动集中荷载 $\boldsymbol{F}_1$、$\boldsymbol{F}_2$ 共同作用时，最不利荷载位置是其中一个数值较大的荷载位于影响线最大竖标处，而把另一个荷载放在影响线的坡度较缓的一边，如图13-9所示。当二荷载位置变换时，则需分别将二荷载置于影响线顶点，分别计算量值进行比较方能确定。

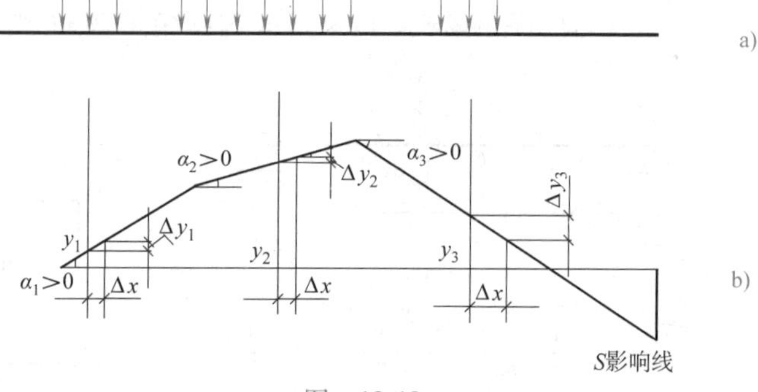

图　13-10

若移动集中荷载是一组荷载，最不利荷载位置是无法直接判断的。下面以图13-10所示多边形影响线为例，说明最不利位置的确定方法。设图示为一组集中荷载，荷载移动时其间距和数值不变。依据量值 S 的公式及叠加原理有

$$S_1=F_1y_1+F_2y_2+\cdots+F_ny_n=\sum F_iy_i$$

式中，$\boldsymbol{F}_1,\boldsymbol{F}_2,\cdots,\boldsymbol{F}_n$ 分别表示各区段荷载的合力，$y_1,y_2,\cdots,y_n$ 分别表示各区段移动荷载的合力对应的影响线竖标。

如集中荷载组向右移动一距离 Δx，竖标增量为 Δy，则量值 S 将变为

$$S_2=F_1(y_1+\Delta y_1)+F_2(y_2+\Delta y_2)+\cdots+F_n(y_n+\Delta y_n)=S_1+\sum F_i\Delta y_i$$

令 $\Delta S=\sum F_i\Delta y_i$，称为量值的增量。

因为

$$\Delta y_i=\Delta x\tan\alpha_i$$

所以有

$$\Delta S=\Delta x\sum_{i=1}^{n}F_i\tan\alpha_i$$

由前分析可知，使 S 成为极大值临界位置，必须满足如下条件：荷载自临界位置向右或向左移动时，ΔS 值均应减少或为零，即

$$\Delta S \leqslant 0，即\ \Delta x \sum_{i=1}^{n} F_i \tan\alpha_i \leqslant 0$$

由此可得，使 S 值为极大值时应满足

$$\left.\begin{array}{ll}\text{荷载稍向右移} & \sum F_i \tan\alpha_i \leqslant 0 \\ \text{荷载稍向左移} & \sum F_i \tan\alpha_i \geqslant 0\end{array}\right\} \tag{13-4}$$

同理，使 S 值为极小值时应满足

$$\left.\begin{array}{ll}\text{荷载稍向右移} & \sum F_i \tan\alpha_i \geqslant 0 \\ \text{荷载稍向左移} & \sum F_i \tan\alpha_i \leqslant 0\end{array}\right\} \tag{13-5}$$

式(13-4)、式(13-5)称为临界荷载位置的判别式。

确定荷载最不利位置的步骤为：

1）从荷载中选定一力 $\boldsymbol{F}_k$，使其位于影响线的顶点。

2）当 $\boldsymbol{F}_k$ 在顶点稍左或稍右时，分别求出 $\sum F_i \tan\alpha_i$ 的数值。如果 $\sum F_i \tan\alpha_i$ 变号(或为零)，则此位置即为临界位置；如果 $\sum F_i \tan\alpha_i$ 不变号，则说明该位置不是临界位置，可重新选定。

3）找出所有临界位置，并计算出相应的各个影响量值，经比较绝对值较大者即为最大(或最小)影响量值，它所对应的移动荷载位置称为最不利位置。

当影响线为图 13-11 所示三角形时，临界位置判别式位置会得到简化。

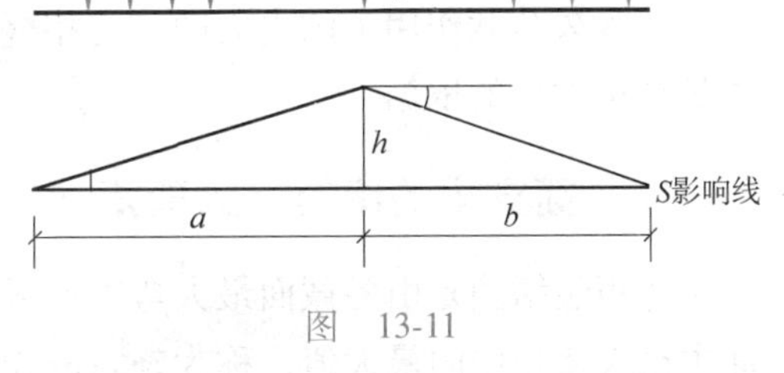

图 13-11

因 $\tan\alpha_1 = \dfrac{h}{a}$，$\tan\alpha_2 = -\dfrac{h}{b}$。首先置临界荷载 $\boldsymbol{F}_k$ 在影响线顶点，然后令其左移或右移，按上面一般判别式(13-4)、式(13-5)，则可得三角形影响线适用的临界位置简化判别式：

$$\left.\begin{array}{l}\dfrac{\sum F_{\text{左}} + F_k}{a} \geqslant \dfrac{\sum F_{\text{右}}}{b} \\ \dfrac{\sum F_{\text{左}}}{a} \leqslant \dfrac{\sum F_{\text{右}} + F_k}{b}\end{array}\right\} \tag{13-6}$$

第五节 简支梁内力包络图及绝对最大弯矩

一、简支梁的内力包络图

设计移动荷载作用下的简支梁时，需要知道各截面的内力最大值。反映全梁各截面可能产生内力最大值范围的图形称为简支梁的内力包络图。

绘制简支梁的内力包络图时，一般将梁等分为 6~10 等份，如图 13-12a 所示，作出各等分点截面上弯矩和剪力的影响线，然后分别计算出各等分点截面上的最大(最小)弯矩值和剪力值。依据计算的结果，按一定的比例，将各截面的最大(最小)弯矩值、剪力值分别标

在图上，并连以曲线，该曲线即为弯矩包络图和剪力包络图，分别如图13-12b、c所示。

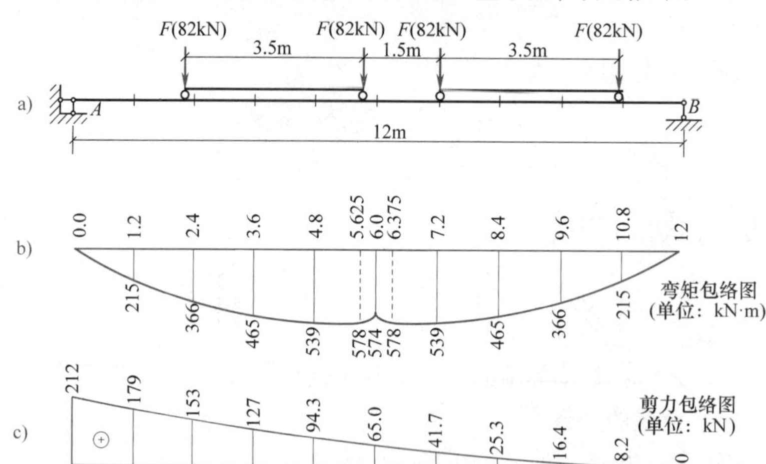

图　13-12

需要指出的是，上述弯矩包络图和剪力包络图仅考虑移动荷载的作用，结构设计时，还需将其永久荷载作用下的内力图与之相叠加。永久荷载与可变荷载共同作用下的内力包络图才是结构设计的依据。

二、简支梁的绝对最大弯矩

弯矩包络图是由各截面最大弯矩连成的曲线。弯矩包络图上的最大竖标是整个梁上各截面中最大弯矩中的最大值，称为绝对最大弯矩，记作 M_{max}。M_{max}是考虑移动荷载作用时结构设计的重要依据。绝对最大弯矩发生在跨中截面附近，通常不采用画弯矩图来确定 M_{max}，因为这种方法工作量大，且精确度不高。下面介绍用解析法求绝对最大弯矩值的方法。

在移动荷载作用下确定绝对最大弯矩，需要知道绝对最大弯矩发生的位置和发生绝对最大弯矩的最不利荷载位置，即有两个因素影响简支梁的绝对最大弯矩。由于梁的弯矩图的顶点总是在集中荷载作用处，可以断定 M_{max}必发生在某集中荷载作用下，计算时，可在移动荷载中假定某一荷载为临界荷载 $\boldsymbol{F}_k$，可用求弯矩极值的方法确定产生相对最大弯矩的截面位置。

如图 13-13a 所示，以整梁为研究对象，设相应最大弯矩 M_x 发生在临界荷载作用的截面 x 处，$\boldsymbol{F}_{\mathrm{R}}$ 代表梁上所有荷载的合力，设其位于 $\boldsymbol{F}_k$ 的右侧 a 处，此时取 a 为正值，反之为负值。由 $\sum M_B=0$ 得

$$F_{Ay}=\frac{F_R(l-x-a)}{l}$$

如图 13-13b 所示，以 x 的左段梁作为研究对象。列平衡方程得

$$M_x=F_{Ay}x-M_k=\frac{F_{\mathrm{R}}(l-x-a)x}{l}-M_k$$

式中，M_k 表示 F_k 以左梁上所有荷载对 F_k 作用点的力矩之和，当梁上移动荷载的数量不变时，合力 F_k 和 M_k 均为常数。

为求 M_x 的极值，令

$$\frac{\mathrm{d}M_x}{\mathrm{d}x}=\frac{F_{\mathrm{R}}}{l}(l-a-2x)=0$$

由此可得最大弯矩的位置

$$x=\frac{l-a}{2}$$

这表明，当 $\boldsymbol{F}_k$ 与合力 $\boldsymbol{F}_{\mathrm{R}}$ 对称于梁的中点时，$\boldsymbol{F}_k$ 上下截面的弯矩达到最大值，且最大弯矩为

$$M_{x\max}=\frac{F_{\mathrm{R}}\ (l-a)^2}{4l}-M_k=\frac{F_{\mathrm{R}}}{l}x^2-M_k \tag{13-7}$$

在移动荷载作用下，可选若干个可能的临界荷载，逐一计算对应的最大弯矩，从中确定梁的绝对最大弯矩。简支梁的绝对最大弯矩一般发生在梁跨中点附近，为简化计算，可取梁跨中点截面产生最大弯矩时的临界荷载作用为计算绝对最大弯矩的临界荷载 $\boldsymbol{F}_k$。一般情况下结果是相当接近的。

例 13-3　试求图 13-14a 所示简支梁在两台吊车作用下的绝对最大弯矩。已知 $F_1=F_2=F_3=F_4=330\mathrm{kN}$。

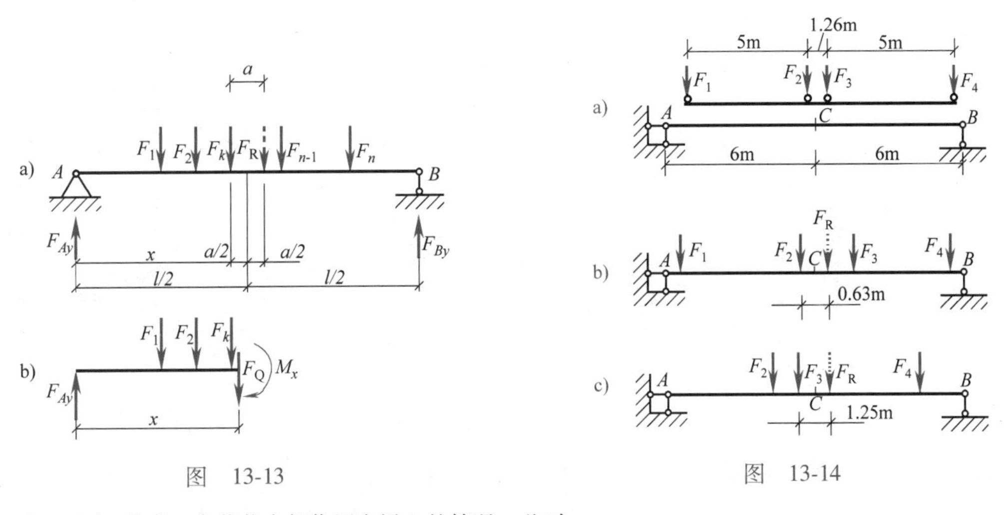

图　13-13　　　　　　　　　　　　　图　13-14

解　(1) 考虑 4 个荷载全部作用在梁上的情况　此时

$$F_{\mathrm{R}}=330\mathrm{kN}\times4=1320\mathrm{kN}$$

$$a=\frac{1.26}{2}\mathrm{m}=0.63\mathrm{m}$$

将 F_{R} 与 F_2 对称放在梁中点 C 两侧，如图 13-14b 所示，F_2 点即是可能发生绝对最大弯矩的截面，其值为

$$M_{\max}=\left[\frac{1320}{4\times12}\times(12-0.63)^2-330\times5\right]\mathrm{kN\cdot m}=1905\mathrm{kN\cdot m}$$

(2) 考虑 3 个荷载($\boldsymbol{F}_2$、$\boldsymbol{F}_3$、$\boldsymbol{F}_4$)在梁上的情况　此时

$$F_{\mathrm{R}}=330\mathrm{kN}\times3=990\mathrm{kN}$$

$$a=1.25\mathrm{m}$$

将 $\boldsymbol{F}_k$、$\boldsymbol{F}_3$ 对称放在梁中点 C 两侧(图 13-14c)，则荷载作用点是可能发生绝对最大弯矩的截面，其值为

$$M_{\max}=\left[\frac{990}{4\times12}\times(12-1.25)^2-330\times1.26\right]\text{kN}\cdot\text{m}=1968\text{kN}\cdot\text{m}$$

通过比较可知，图 13-14c 所示的状态荷载 $\boldsymbol{F}_3$ 作用点上发生绝对最大弯矩，其值为 $M_{\max}=1968\text{kN}\cdot\text{m}$。

思 考 题

小贴士：计算简支梁绝对最大弯矩常见的错误

13-1 什么是影响线？影响线图中的横坐标和纵坐标的物理意义各是什么？

13-2 绘制影响线时为什么要用无因次的单位荷载？影响线中的竖标 y 与单位荷载有什么联系？

13-3 内力包络图与内力影响线、内力图有何区别？

13-4 简支梁的绝对最大弯矩与跨中截面的最大弯矩有何区别？

练 习 题

13-1 试用静力法绘出图 13-15 所示各梁的指定量值影响线。

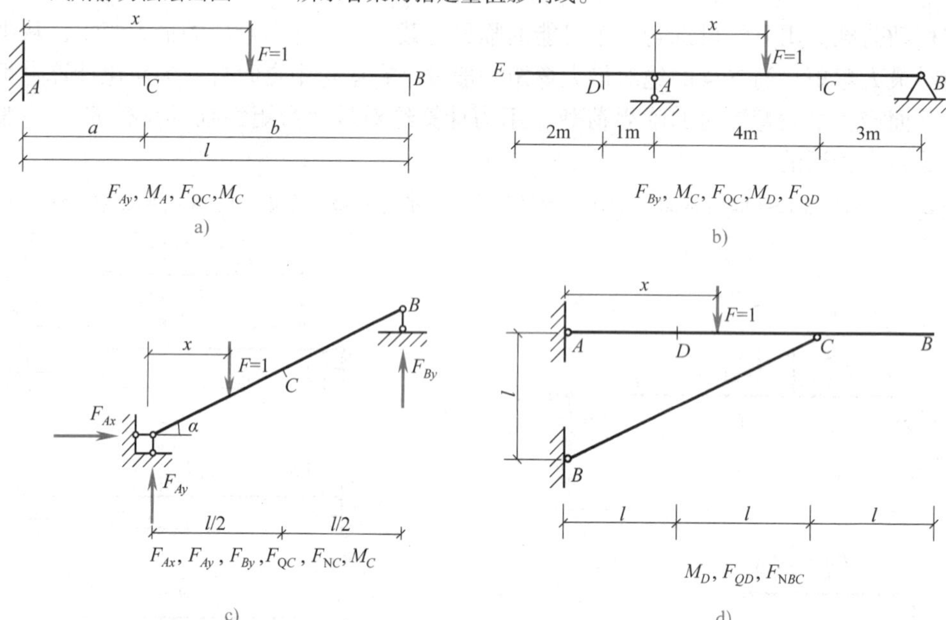

图 13-15

13-2 试用静力法绘出图 13-16 所示各多跨静定梁的指定量影响线。

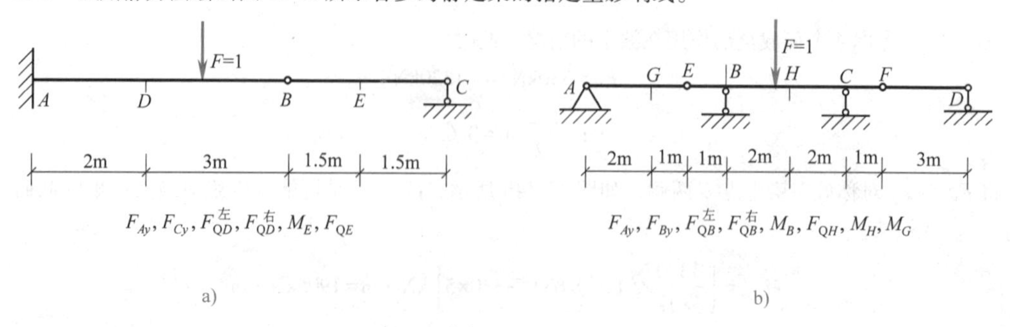

图 13-16

13-3 试求图 13-17 所示吊车梁在移动吊车荷载作用下的 M_C、F_{QC} 的最不利荷载位置，并计算其最大值、最小值。

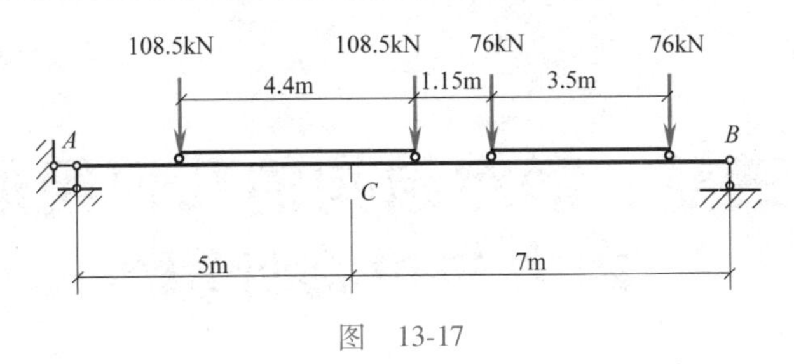

图　13-17

13-4　试求图 13-18 所示简支梁在移动荷载作用下的绝对最大弯矩 $M_{\max}$，并与跨中截面 C 的最大弯矩 $M_{C\max}$ 比较。

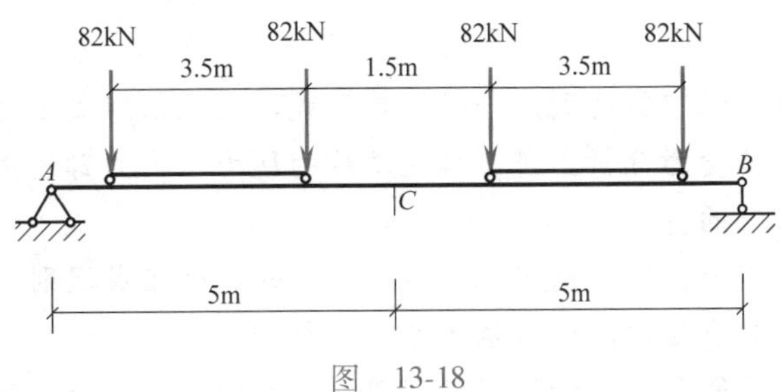

图　13-18

13-5　图 13-19 所示为一吊车轨道梁，试求吊车梁在吊车荷载作用下的绝对最大弯矩。

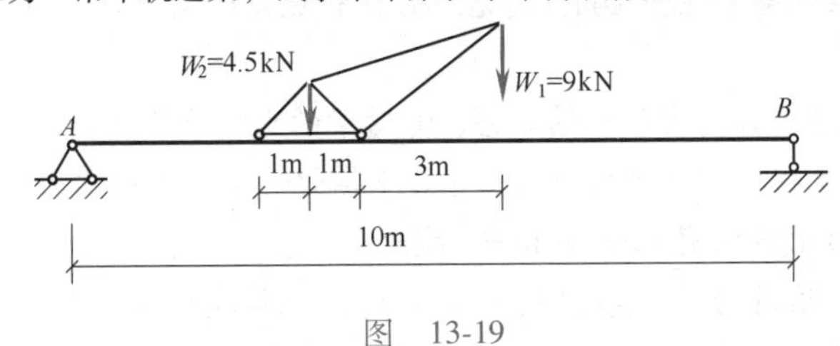

图　13-19

13-6　如图 13-20 所示，利用影响线求固定荷载作用下梁中 M_D、$F_{QD}^{左}$、$F_{QB}^{右}$之值。

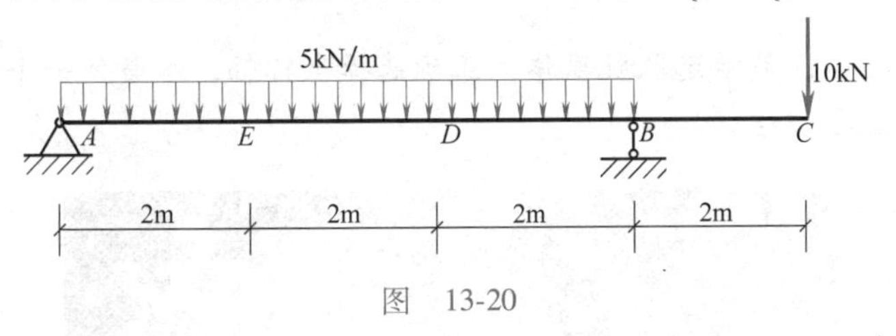

图　13-20

第三篇　静定结构的几何组成、内力与位移计算

引　言

静定结构，是建筑工程中常遇到的一种结构型式。从几何组成上讲，静定结构是无多余联系的几何不变体系；从受力分析上讲，静定结构的反力、内力都能用平衡条件求出来，且其反力、内力的解是唯一的。

本篇主要研究的内容是，一是利用几何不变体系的三个组成规则，分析平面体系的几何不变性和几何可变性，只有几何不变体系才能用于结构。

二是利用截面法和平衡条件，计算静定刚架、静定桁架、三铰拱和静定组合结构的支反力、内力和内力图的绘制等，它是构件强度、刚度和稳定性计算的基础，也是超静定结构计算的基础。

三是利用单位荷载法计算静定结构的位移，并对梁的刚度条件进行校核。结构的位移计算是一个重要内容，一它在工程中可直接应用，二也为下篇超静定结构的内力计算奠定必要的基础。

本篇研究问题的通用方法是截面法和平衡条件。先进行受力分析，再根据计算需要选取脱离体，画出受力图，用静力平衡条件列平衡方程，求解指定截面内力，再计算所需要计算的内力，然后选择合适的内力图画法，迅速准确地画出内力图，确定最大内力值，为结构设计奠定基础。

本篇计算的技巧是，灵活选取脱离体，正确选择坐标轴，尽量使一个平衡方程含有一个未知数，避免解联立方程组。

学习目标

第十四章 平面体系的几何组成分析

建筑结构是用来支承和传递荷载的，因此它的几何形状和位置必须是稳固的。具有稳固的几何形状和位置的体系⊖，称为几何不变体系；反之，则称为几何可变体系。本章专门研究怎样判断平面体系为几何不变体系或为几何可变体系，只有几何不变体系才能用于建筑结构。

第一节 几何组成分析的概念

一、基本概念

首先应明确的概念是，体系的几何形状改变与结构变形是性质完全不同的两个概念。前者是指体系在杆件不发生变形的情况下，几何形状发生的改变；后者则指结构在外荷载作用下，杆件产生内力，从而引起的变形。结构变形通常是微小的，在体系的几何组成分析中不予考虑。

1. 几何不变体系与几何可变体系

杆件体系按几何组成方式分类，可分为几何可变体系和几何不变体系两大类。

图 14-1a 所示铰接四边形 *ABCD* 是一个四链杆机构，其几何形状是不稳固的，随时可以改变其形状，这样的体系称为**几何可变体系**。

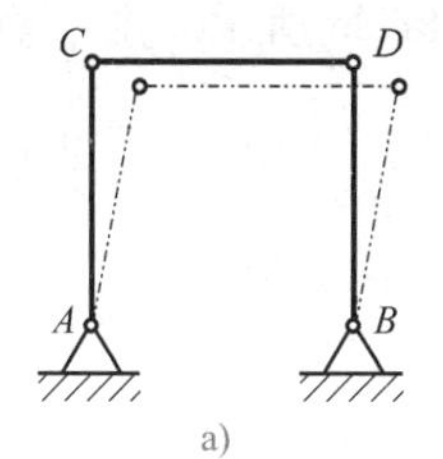

a)

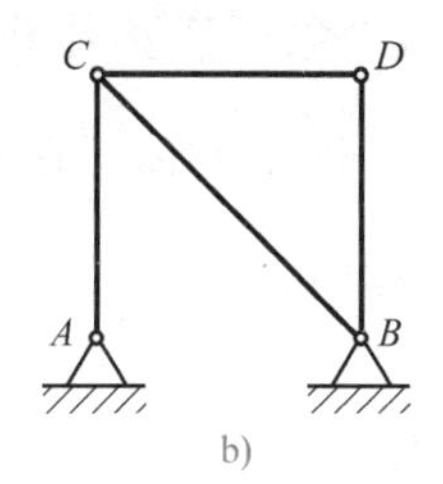

b)

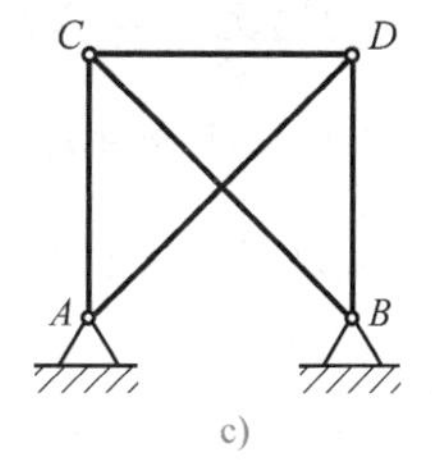

c)

图 14-1

图 14-1b 所示体系与图 14-1a 所示体系相比，多了一根斜撑杆件 *CB*，成为由两个铰接三角形 *ABC* 与 *BDC* 组成的体系。显然，它在任意荷载作用下，其几何形状和位置都能稳固地保持不变，这样的体系称为**几何不变体系**。如果在图 14-1b 所示体系上再增加斜杆 *AD*，便形成图 14-1c 所示体系，该体系是一个具有一个多余约束的几何不变体系。显然，多余约束是对形成几何不变体系的最少约束数而言的。具体来讲，图 14-1b 所示体系为无多余约束的几何不变体系，每一根杆件都是构成几何不变体系所必不可少的约束，它们称为**必要约束**；图 14-1c 所示

⊖ 所谓体系，是指若干有关事物或某些意识相互联系而构成的一个整体。此处体系指的是，由若干建筑构件所组成的整体。

体系中，有一根链杆属于多余约束，至于哪一根链杆为多余约束要具体问题具体分析，实际上图中五根链杆中的任一根都可以视为多余约束，并非一定是斜杆 AD。因此，我们在开始研究体系的几何组成问题时，还应该明确哪些是必要约束，哪些是多余约束。

2. 几何组成分析

由生活与工作实践可知，建筑结构必须是几何不变体系，而不能采用几何可变体系。因此，在结构设计或选择计算简图时，首先要判定体系是几何不变的还是几何可变的。工程中，将判定体系为几何不变体系还是几何可变体系的过程，称为**几何组成分析**或**几何构造分析**。

3. 瞬变体系与常变体系

在图 14-2a 所示的体系中，杆件 AB、AC 共线，所以 A 点既可绕 B 点沿 1-1 弧线运动，同时又可绕 C 点沿 2-2 弧线运动。由于这两弧相切，A 点必然沿着公共切线方向作微小运动。从这个角度上看，它是一个几何可变体系。当 A 点作微小运动至 A' 点时，圆弧线 1-1 与 2-2 由相切变成相离，A 点既不能沿圆弧线 1-1 运动，也不能沿圆弧线 2-2 运动。这样，A 点就被完全固定。

这种**原先是几何可变，而发生微小几何变形后，再也不能继续发生几何变形的体系，称为瞬变体系**。瞬变体系是几何可变体系的特殊情况，属于几何可变体系范畴。为明确起见，几何可变体系又可进一步区分为瞬变体系和常变体系。常变体系是指可以发生较大几何变形的体系，如图 14-2a 所示。

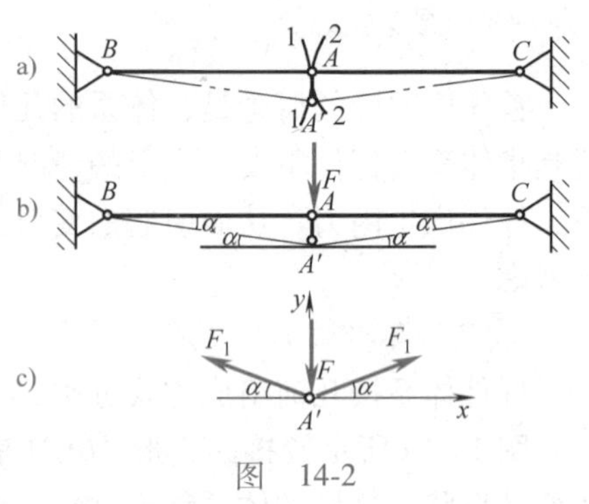

图 14-2

在此值得提出的是：瞬变体系虽然发生微小几何变形后变成几何不变体系，但瞬变体系仍不能作为结构。图 14-2b 所示为瞬变体系发生微小几何变形后变为几何不变体系的情况。取 A' 点为研究对象，其受力图如图 14-2c 所示。由平衡条件，有 $F_1=\dfrac{F}{2\sin\alpha}$，当 $\alpha\to0$ 时，$\sin\alpha\to0$，$F_1\to\infty$，即瞬变体系在外载很小的情况下，可以发生很大内力。因此，在结构设计中，即使是接近瞬变体系的结构，也应设法避免。

4. 刚片与刚片系

在体系的几何组成分析中，由于不考虑杆件本身的变形，因此可以把一根杆件，或是已知几何不变部分看做是一个刚体，在平面体系中又将刚体称为**刚片**。由刚片所组成的体系称为**刚片系**。也就是说，刚片可大可小，它大至地球、一幢高楼，也可小至一片梁、一根链杆。由此可知，平面体系的几何组成分析，实际上就变成考察体系中各刚片间的连接方式了。因此，能否准确、灵活地划分刚片，是能否顺利进行几何组成分析的关键。

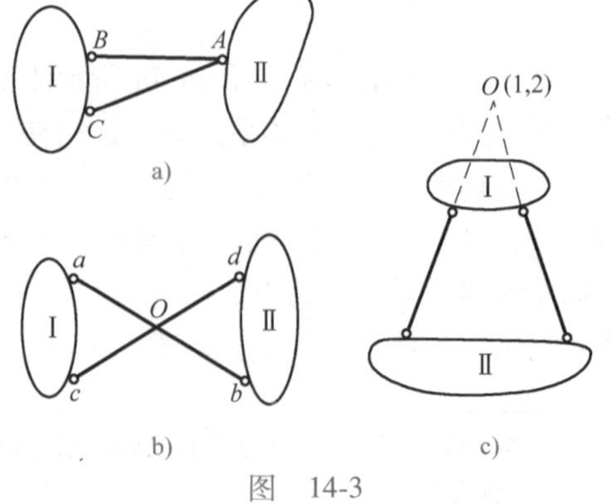

图 14-3

5. 实铰与虚铰

如图 14-3a 所示，由两根杆件端部相交所形成的铰，称为实铰。如图 14-3b、c 所示，由两根杆件中间相交或延长线相交形成的铰，称为虚铰。之所以称这样的铰为虚铰，是由于在这个交点 O 处并不是真正的相交。图 14-3b 所示虚铰两根杆件间相交，图 14-3c 所示虚铰的位置是在两根链杆延长线的交点上。值得指出的是，实铰与虚铰的约束作用是一样的。

二、几何组成分析的目的

对体系进行几何组成分析具有以下三个目的：

1）判断所采用的体系是否为几何不变体系，以决定其是否可以作为结构使用。

2）研究结构体系的几何组成规律，以便合理布置构件，保证所设计的结构安全、实用、经济。

3）根据体系的几何组成，确定结构是静定结构还是超静定结构，以便选择合适的计算方法和计算程序。

第二节　平面体系的计算自由度

一、自由度与约束

1. 自由度

为了分析体系是否几何不变，可先计算其自由度。所谓体系的自由度，是指该体系运动时，用以完全确定其位置所需的独立几何坐标的数目。例如，一个点 A 在平面内运动时，确定其位置需要两个独立的坐标变量 x 和 y（图 14-4a），所以一个点在平面内有两个自由度。一个刚片在平面内运动则有三个自由度，这是因为刚片的位置可以由刚片上任意一点 A 的 x 和 y 坐标，以及刚片上任一直线 AB 的倾角 φ（图14-4b）来确定。

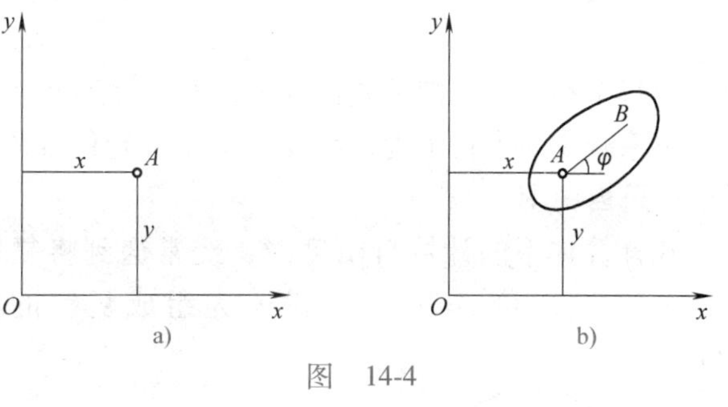

图　14-4

2. 约束

约束是能够减少自由度的装置。如果能减少一个自由度，就叫一个约束；如果能减少两个自由度，就叫两个约束。约束亦称联系。体系最常用的约束或联系为链杆和铰。

（1）链杆　链杆是两端通过铰与别的物体相连的刚性杆，如图 14-5a 中所示的杆 AC 就是链杆。它的一端以铰与刚片相连，另一端通过铰与基础相连。一个链杆能减少几个自由度呢？只要比较一下刚片在未连链杆之前的自由度和连接链杆之后的自由度就清楚了。刚片在未连接链杆前有 3 个自由度，连接后自由度有两个（φ_1 及 φ_2），可见一根链杆能减少一个自由度，

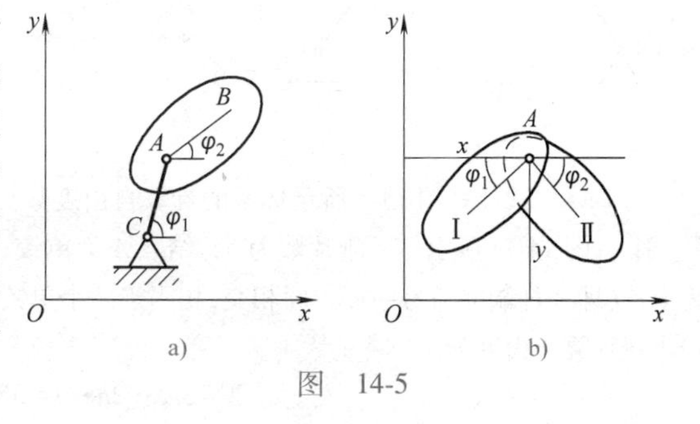

图　14-5

一根链杆相当于一个约束。在此特别指出的是，链杆不一定是直杆，曲杆、折杆都可以作为链杆，关键是两头铰接且中间不受力。

（2）单铰 在只讲到铰而没有具体讲是什么铰时，一般指的是单铰。所谓单铰，是指连接两个刚片的铰。如图 14-5b 所示，用一个单铰 A 将刚片Ⅰ和刚片Ⅱ连接起来，如前所述，刚片Ⅰ的位置由 A 点的坐标 x 和 y 及倾角 φ_1 三个坐标确定；刚片Ⅱ相对于刚片Ⅰ而言，其位置只需通过倾角 φ_2 即可确定。当两个刚片之间无单铰连接时，在平面内有 6 个自由度，用一个单铰相连后自由度减为 4。也就是说，**一个单铰相当于两个约束**。

二、刚架与桁架的计算自由度

平面体系的自由度等于各杆件自由度的总和减去约束的总和。要想计算体系的自由度，首先，设想一个体系中什么约束也不存在，计算出各杆自由度的总和；然后，计算体系的全部约束数，其中包括必要约束和多余约束；最后，前者减去后者，就得到体系的自由度数。但在一般情况下不这样计算，而是按结构的类型进行计算。现以刚架、桁架为例，分别建立刚架、桁架计算自由度的计算公式。

1. 刚架

刚架是由若干刚片，彼此主要用刚结点相连，并用支座链杆与基础相接而组成的结构。设其刚片数为 m，单铰数为 h，支座链杆数为 r。当各刚片都自由时，它们所具有的自由度总数为 $3m$；而现在加入的约束总数为$(2h+r)$，因每个约束只能使体系减少一个自由度，故刚架自由度的计算公式为

$$W=3m-(2h+r) \tag{14-1}$$

实际上每个约束不一定都能使体系减少一个自由度，如图 14-6 所示的体系，每个约束就没有使体系减少一个自由度，因此，W 不一定能反映体系的真实自由度。为此，**把 W 称为体系的计算自由度**。

在计算体系的计算自由度时，经常遇到将复铰换算单铰的情况。**所谓复铰是指由两个以上的杆件所组成的铰**。设 n 为组成复铰的杆件数，则将复铰换算成单铰的个数为$n-1$。

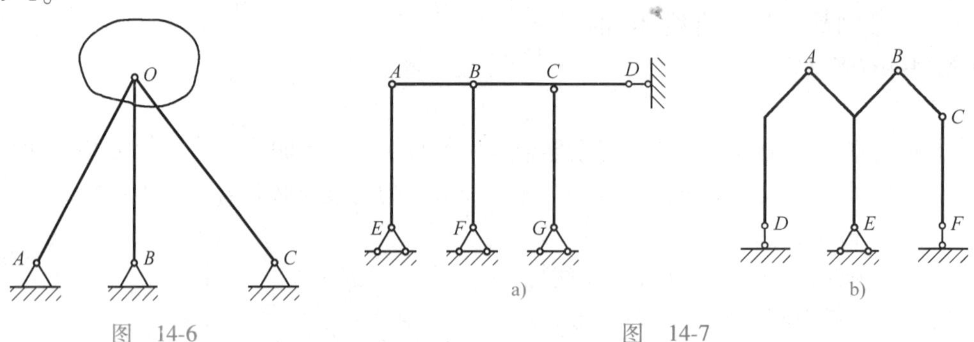

图 14-6　　　　图 14-7

例 14-1 试计算图 14-7 所示体系的计算自由度数。

解 图 14-7a 所示体系刚片数为 5，结点 A 为单铰，结点 B 为复铰，换算成单铰数为 3－1＝2，结点 C 为半铰(即一杆端部与另一杆中间相交,相当于一个单铰)，即共有单铰数为 4，支承链杆数为 7，由式(14-1)可得计算自由度为

$$W=3m-(2h+r)=3\times5-(2\times4+7)=0$$

图 14-7b 所示刚片数为 4，单铰数为 3，支承链杆数为 4，由式(14-1)可得计算自由度数为

$$W=3\times4-(2\times3+4)=2$$

2. 桁架

平面桁架中，每个杆件的两端均有一铰(不分单铰或复铰)与其相邻的杆件相连接。设桁架铰结点数为 j(包括支座结点)，杆件数为 b，链杆数为 r。如各铰结点间无杆件连接，则 j 个铰结点数应有 $2j$ 个自由度，结点之间每一根链杆和每一根支链杆各相当一个约束，故约束总数为$(b+r)$，因此平面桁架计算自由度的计算公式为

$$W=2j-b-r \tag{14-2}$$

其实，平面桁架的计算自由度数，既可按式(14-1)计算，也可按式(14-2)计算，一般讲，后者较方便。

例 14-2 试计算图 14-8 所示体系的计算自由度数。

解 此体系结点数 $j=7$，杆件数 $b=12$，支链杆数 $r=3$。按式(14-2)计算，得

$$W=2j-b-r=2\times7-12-3=-1$$

若用式(14-1)计算，$m=12$，$h=17$，$r=3$，可得计算自由度为

$$W=3\times12-17\times2-3=-1$$

显然用式(14-1)比用式(14-2)计算复杂。所以计算桁架的计算自由度时，一般用式(14-2)。

图 14-8

由上面两例计算知，按式(14-1)、式(14-2)计算体系的计算自由度，所得结果有以下三种情况：

(1) $W=0$，表明体系具有几何不变的必要条件。

(2) $W>0$，表明体系缺少必要的约束，此体系必是几何可变的。

(3) $W<0$，表明体系具有多余约束，具有几何不变的必要条件。

由此可知，一个几何不变体系必须满足计算自由度 $W\leqslant0$ 的必要条件。但只满足必要条件不足以说明此体系一定是几何不变的，这是因为，尽管约束的数目足够，甚至还有多余约束，但由于布置不当，体系仍有可能是几何可变的。

如图 14-9 所示的两个体系，杆件、约束数均相同，计算自由度 $W=6\times2-9-3=0$，显然图 14-9a 是几何不变体系，而图 14-9b 是几何可变体系。因此，欲判断体系的几何不变性，一方面要检查是否符合 $W\leqslant0$ 的条件，另一方面还需检查杆件排列方式是否符合几何不变的组成规则，而且主要是后者。

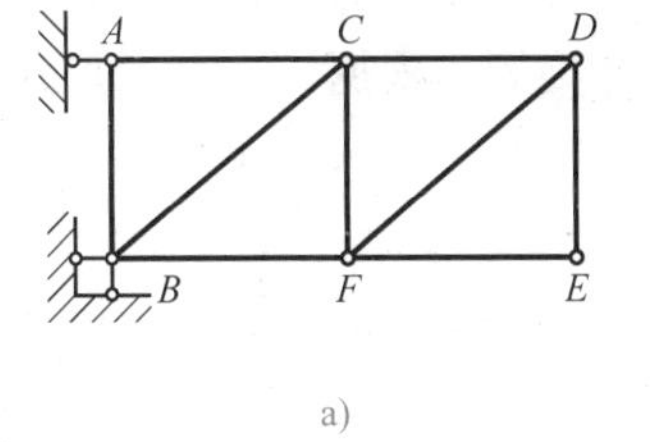

a)

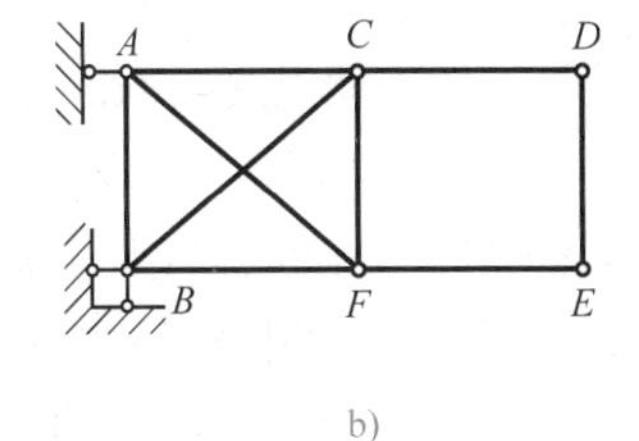

b)

图 14-9

对于几何组成分析，目前常采取的做法是：对于杆件结构，当杆件较少时一般不计算计算自由度，而直接进行几何组成分析；对于杆件较多的杆件结构，当不便进行几何组成分析时，先计算计算自由度，当符合 $W\leqslant0$ 条件后，再进行几何组成分析；若不满足条件 $W\leqslant0$，那就不必再进行几何组成分析了，可直接判定该体系为几何常变体系。在实际工作中，对于比较简单的体系，一般不用计算计算自由度，而直接进行几何组成分析。

第三节　平面几何不变体系的组成规则

如果将三根木片用三个铆钉铆住(图14-10a)，所得三角形是几何不变的，且无多余约束，其简化图如图14-10b所示。这是一个最简单、最基本、且无多余约束的铰接三角形几何不变体，其他几何不变体系都可用它推演出来。若将杆件AB视作刚片，则变成图14-11a所示。在力学中，将用两根不共线的链杆构成一个铰结点C的装置，称为二元体。显然在平面内增加一个二元体即增加了两个自由度，但增加两根不共线的链杆也增加了两个约束。

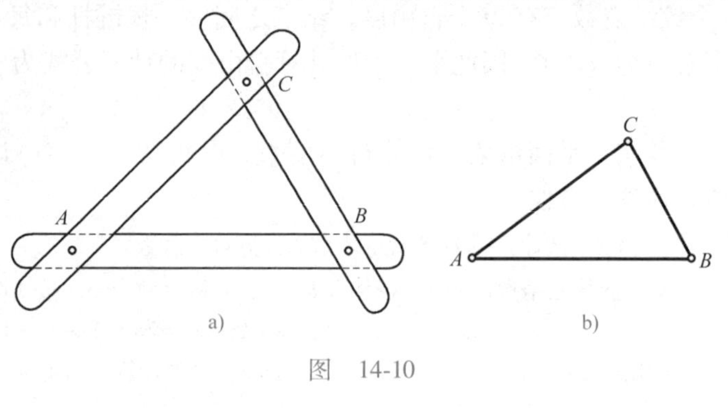

图　14-10

由此可知，在一个已知体系上依次增加或撤去二元体，不会改变原体系的自由度数。于是得到如下规则：

规则Ⅰ(二元体规则)　在已知体系上，增加或撤去二元体，不影响原体系的几何不变性。换言之，已知体系是几何不变的，增加或撤去二元体，体系仍然是几何不变的；已知体系是几何可变的，增加或撤去二元体，体系仍然是几何可变的。

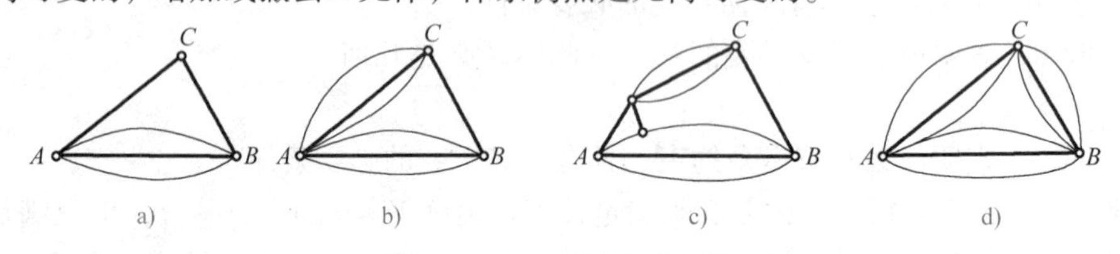

图14-11　规则推演示意图

若将图14-11a中的杆AC视为刚片，则变成如图14-11b所示的体系。它是由两个刚片用一铰与一根不通过此铰的链杆相连接的，根据铰接三角形几何不变规则，显然它是几何不变的。

规则Ⅱ(两刚片规则)　两刚片用一个铰和一根不通过此铰的链杆相连接，所构成的体系是几何不变的，且无多余约束。

因一个铰相当于两根链杆，图14-11b又可变为图14-11c所示体系。因此又得两刚片规则的另一种形式，即两刚片用三根既不相互平行又不汇交一点的链杆相连接，所构成的体系是几何不变的，且无多余约束。

小故事：搭脚手架的学问

若再将14-11b中杆BC视作刚片，则变成如图14-11d所示的体系。它是由三个刚片用三个不在同一直线上的铰相连接的，根据铰接三角形几何不变规则，显然它也是几何不变的。由此又得如下规则。

规则Ⅲ(三刚片规则)　三刚片用三个不在同一直线上的铰两两相连接，所构成的体系是几何不变的，且无多余联系。

以上三个几何不变体系的组成规则，既规定了刚片之间所必不可少的最小约束数目，又规定了它们之间应遵循的连接方式，因此它们是构成几何不变体系的必要与充分条件。

由推演过程知，这三个几何不变体系组成规则，是相互沟通、相互联系的，对于同一个体系可用不同的规则进行几何组成分析，其结果是相同的。因此，用它们进行几何组成分析时，不必拘泥于用哪个规则，而是哪个规则方便就采用哪个规则。如对图 14-12a 所示体系进行几何组成分析，该体系有 5 根支链杆与基础相连，故将基础作为刚片分析较容易。先考虑刚片 *AB* 与基础连接，显然它符合两刚片规则的另一种形式（图 14-12b），故它是几何不变的。现将它们合成一个大刚片（图 14-12c），然后将 *CDE* 视为刚片Ⅲ（图 14-12d），三刚片用三个不在同一直线上的铰相连接，符合三刚片规则，故知该体系是几何不变的。

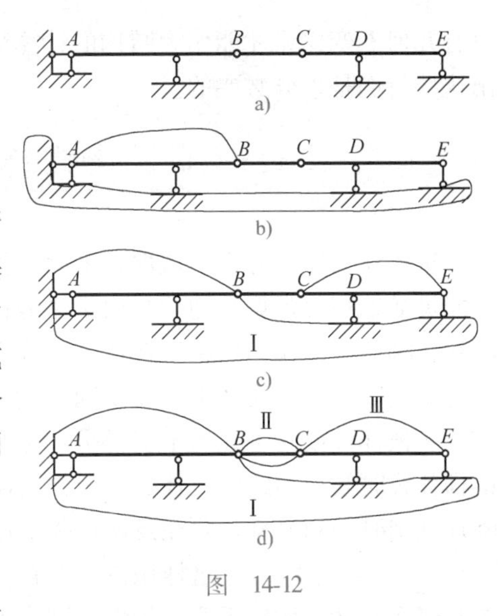

图　14-12

在讨论两刚片规则和三刚片规则时，都曾提出一些应避免的情况，如连接两刚片的三根链杆既不能同时相交于一点，也不能平行；连接三刚片的三个铰不能在同一直线上等。如果出现了这些情形，那又当如何呢？

如图 14-13a 所示，三根链杆同时交于 *O* 点，这样 *A*、*B* 两刚片可以绕 *O* 点作微小的相对转动，当转动一个小角度后，这三根链杆不再同时相交一点，从而无法继续转动，根据瞬变体系定义知，它是瞬变体系。

若三根链杆相互平行，但不等长（图 14-13b），则仍为瞬变体系。其理由为，当三根不等长链杆相互平行时，也可以认为这三根链杆同时相交于一点，不过交点在无穷远处而已。若刚片 *B* 相对刚片 *A* 发生转动，则三根平行链杆不再平行了，也不相交于一点了，故此体系也为瞬变体系。

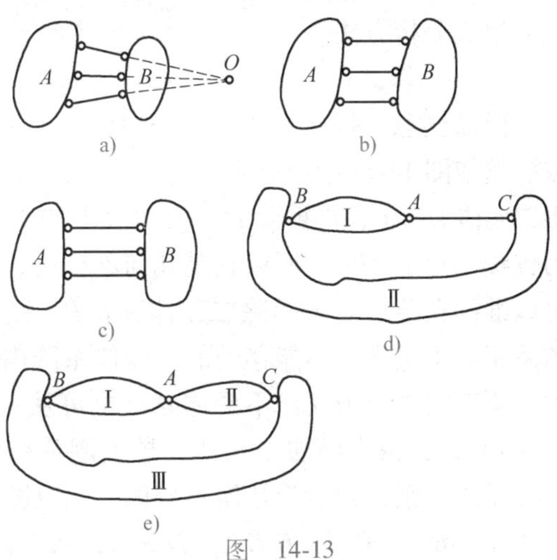

图　14-13

若三根链杆平行且等长（图 14-13c），则 *A*、*B* 两刚片发生相对运动后，此三根链杆仍相互平行，即在任何时刻、任何位置，这三链杆都是平行的，所以在任何时刻都能发生相对运动，因此它为常变体系。

若两刚片用一铰与通过此铰的链杆相连接（图 14-13d），则 *A* 点可作上下微小运动，当产生微小运动后，链杆 *CA* 不再通过 *B* 点，符合两刚片规则，仍是几何不变的，故知此体系为瞬变体系。

现在再研究连接三刚片的三个铰在同一直线上的情形。如图 14-13e 所示，三刚片Ⅰ、Ⅱ、Ⅲ用同一直线上的 *A*、*B*、*C* 三铰相连接，则铰 *A* 将在以 *B* 点为圆心、以 *BA* 为半径，及以铰 *C* 为圆心、以 *CA* 为半径的两圆弧的公切线上，而 *A* 点即为公切点，故 *A* 点可以在此公切线上作微小的上下运动。当产生一微小的运动后，*A*、*B*、*C* 三点不在同一直线上，故不会再发生运动，根据瞬变体系定义可知它是一个瞬变体系。

由上述推演过程又一次得知，几何瞬变体系与几何常变体系都不能作为结构计算简图，只有几何不变体系才能作为结构的计算简图，所以在定义什么是几何不变体系的规则时，指出这些特例是十分必要的。

第四节 平面体系的几何组成分析示例

进行几何组成分析的依据是平面几何不变体系的三个组成规则。这三个规则看似简单，却能灵活地解决常见结构的几何组成分析问题。其关键在于，能否灵活地选择哪些部分作为刚片，哪些杆件作为约束。在这个过程中，一定要注意能否用规则判定其几何不变性，如果不注意这一点，往往会走进死胡同。通常可作以下选择：

一根杆件或某个几何不变部分(包括地基)都可选作刚片；体系中的铰都是约束，至于链杆什么时候作为约束，什么时候作为刚片，不能泛泛而论，要具体问题具体分析。当用三刚片规则时，划分刚片要注意两两相交原则。所谓两两相交原则，是指划分的刚片与刚片之间的链接为两个约束。这样做的目的在于，便于用几何不变体系的三刚片规则，来判定体系的几何不变性。如少于两个约束，则表示约束不够，那一定是几何常变体；如果多于两个约束，则表明约束多余，此体系可能是具有多余约束的几何不变体系。由几何组成分析的经验知，体系的几何组成分析方法尽管灵活多样，但也不是无规律可循的。下面介绍几种常见的几何组成分析方法。

1. 当体系上有二元体时，应首先去掉二元体，然后再进行几何组成分析

但需注意，每次只能依次去掉体系外围的二元体而不能从中间任意抽取。例如图 14-14 中结点 *F* 处有一个二元体 *D-F-E*，拆除后，节点 *E* 处暴露出二元体 *D-E-C*，再拆除后，又可在节点 *D* 处暴露出二元体 *A-D-C*，剩下为铰接三角形 *ABC*。所以它是几何不变的，故原体系为几何不变体系。也可以继续在节点 *C* 处拆除二元体 *A-C-B*，则剩下的只是基础了，这说明原体系相对于基础是不能移动的。此体系既内部几何不变，又对基础固定不动，所以它一定为几何不变体系。也可从一个刚片(例如地基或铰结三角形等)开始，依次增加二元体，扩大刚片范围，使之变成原体系，便可应用二元体规则，判定为几何不变体。仍以图 14-14 为例，将地基视为一个刚片，依次增加二元体 *A-C-B*、*A-D-C*、*D-E-C*、*D-F-E*，从而得到原体系，根据二元体规则，可判定此体系是几何不变体系，且无多余约束。

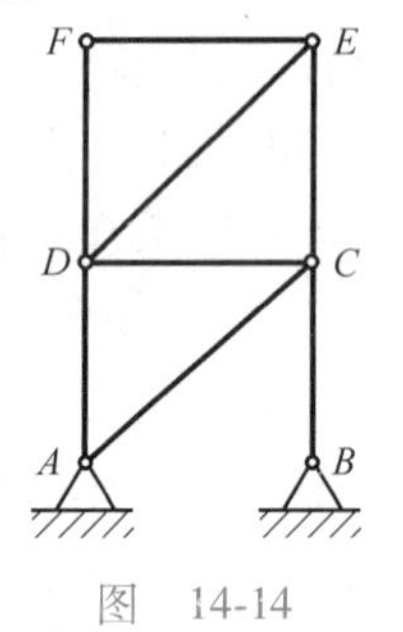

图 14-14

2. 当体系用三根支链杆按规则Ⅱ与基础相连接时，可以先去掉三根支链杆，只对体系本身进行几何构成分析

如图 14-15a 所示体系，可先去掉三根支链杆变成图 14-15b 所示体系，然后再对此体系进行几何构成分析。

根据两两相交原则，划分成图 14-15c 所示的刚片体系，根据规则Ⅲ，此体系是几何不变的，且无多余联系。故原体系也是几何不变的，且无多余约束。

小贴士：几何组成分析易出错的地方

在此需要指出的是，当体系的支链杆多于三根时，不能去掉支链杆单独进行几何构成分析，只能以整个体系进行几何构成分析。

如图 14-16a 所示的体系，由于有四根支链杆，因此就不能去掉这四根支链杆而变成图 14-16b所示的体系进行几何组成分析。可以依次去掉二元体 *E-F-C*、*B-C-G*、*A-D-E*、*A-E-B*、

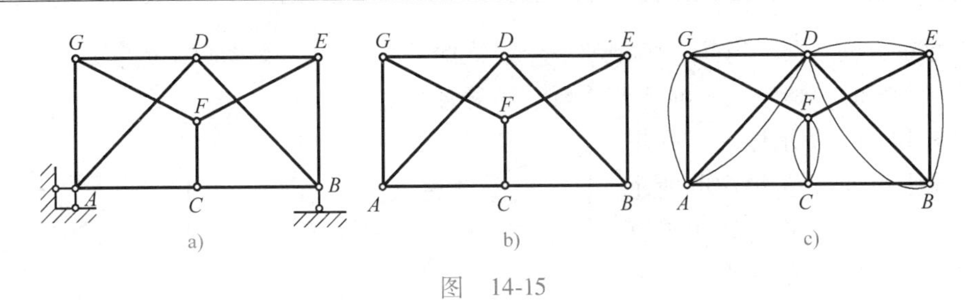

图　14-15

A-B-H、J-A-I，即只剩下基础了，因此可判定此体系是几何不变的，且无多余约束。

3. 利用等效代换进行几何构成分析

对图 14-17a 所示体系作几何构成分析，由观察可见，T 形杆 BDE 可作为刚片Ⅰ。折杆 AD 也是一个刚片，但由于它只用两只铰 A、D 分别与地基和刚片Ⅰ相连，其约束作用与通过 A、D 铰的一根直链杆完全等效，如图 14-17a 中虚线所示。因此，可用直链杆 AD 等效代换折杆 AD。同理，可用直链杆 CE 等效代换折杆 CE。于是，图 14-17a 所示体系可由图 14-17b 所示体系等效代换。

由图 14-17b 可见，刚片Ⅰ与地基用不交于同一点的三根链杆 AD、BH、EC 相连接，根据两刚片规则，该体系为几何不变体系，且无多余联系。

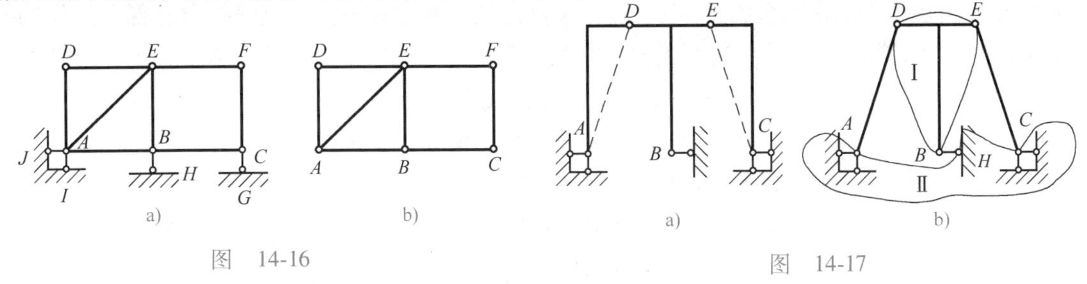

图　14-16　　　　图　14-17

4. 有一个无限远虚铰的分析方法

前面已述，由两根杆件延长线相交形成的铰，称为虚铰。如进一步细分，虚铰又分为有限远虚铰和无限远虚铰。图 14-18 所示杆件 AB、CD 延长线所形成的虚铰 K，即为有限远虚铰；两平行杆 EF、GH 在无限远处形成的虚铰为无限远虚铰。实践证明，有限远虚铰和无限远虚铰在几何组成分析中作用是相同的。那么，在体系中若有一个无限远虚铰又该怎样判定它的几何不变性或可变性呢？用下例说明。

在图 14-19a 所示体系中，刚片Ⅰ、Ⅱ、Ⅲ分别用 A、B、C 三铰两两相连，其中虚铰 A 为无限远虚铰。分析时，可将刚片Ⅲ用链杆 BC 代替，于是图 14-19a 变成图 14-19b 所示的体系。由规则Ⅱ知，此体系是几何不变的，且无多余约束。

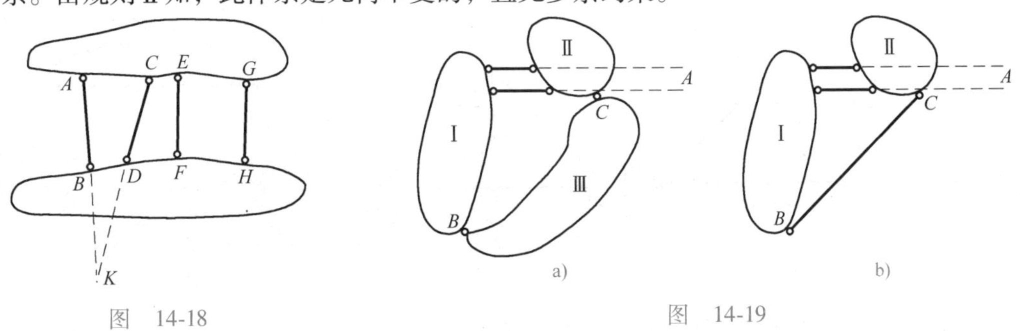

图　14-18　　　　图　14-19

由此可知，若三刚片用两个实铰与一无限远虚铰相连接，且形成虚铰的二平行链杆不与两实铰连线平行时，则组成几何不变体系，且无多余约束。

例如图14-20a所示体系，根据两两相交原则可变成图14-20b所示刚片体系。刚片Ⅰ与Ⅱ之间用链杆*AB*、*EF*连接，其虚铰在*A*点；刚片Ⅰ与Ⅲ之间用链杆*GH*、*ED*连接，其虚铰在*D*点；刚片Ⅱ与Ⅲ之间用相互平行的链杆*FH*、*CD*连接，其铰在无限远处。此三刚片用三个不在同一直线上的虚铰相连接，符合三刚片规则，故此体系为几何不变体系，且无多余约束。

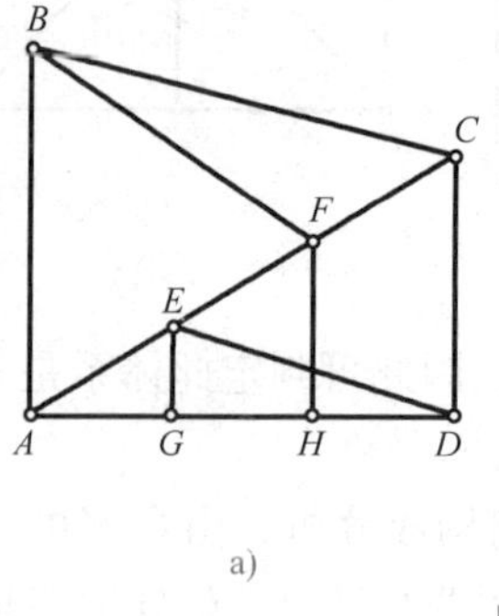

a)

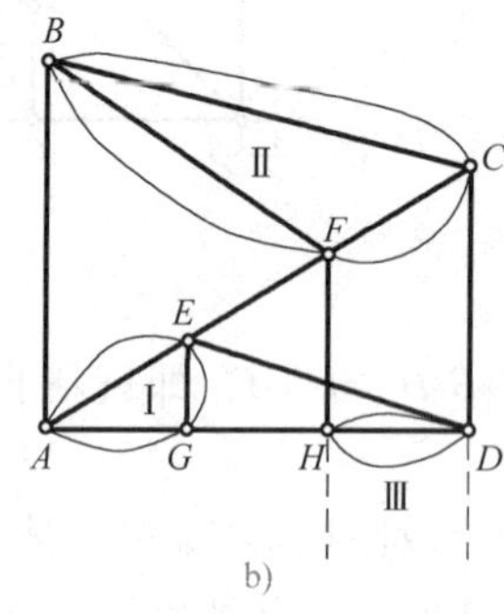

b)

图　14-20

以上是在体系进行几何构成分析过程中常采用的一些方法，事实上并不止这些，例如，可将可一眼看出的几何不变部分先划成刚片（但在划分刚片时要注意两两相交原则）；再如，当体系分为基本部分与附属部分时，可先分析基本部分，然后再分析附属部分等。实际问题千变万化，不能简单套用上述方法，其关键是灵活运用上述各种方法，迅速找出各部分之间的连接方式，用规则判断它们的几何不变性。实践证明，当几何组成分析进行不下去时，大多是由于所选的刚片或约束不恰当造成的，应重新调整思路再进行试分析，直到分析出来为止。

为了进一步说明几何组成分析的思路，下面再举几个示例。

例14-3　试对图14-21a所示体系进行几何组成分析。

解　（1）自由度计算　铰结点$j=7$个，链杆$b=11$个，支链杆$r=3$个。代入公式(14-2)得

$$W=2\times7-11-3=0$$

即该体系具有几何不变的必要条件。

（2）几何组成分析　先去掉二元体，再用两刚片规则分析。首先将二元体*A-C-D*、*F-G-B*、*D-F-B*去掉，如图14-21b所示，再将*AEBD*及其基础作为刚片，利用两刚片规则，可判定此体系是几何不变的，且无多余联系。

这是完整的几何组成分析过程，对于简单问题不必要计算自由度，只进行几何组成分析就行了。

例14-4　试对图14-22所示体系进行几何组成分析。

解　先划分三个刚片，再进行连接分析。

分别将图14-22中的*AC*、*BD*和基础分别视为刚片Ⅰ、Ⅱ、Ⅲ，刚片Ⅰ和Ⅲ以铰*A*相连，刚片Ⅱ和Ⅲ用铰*B*连接，刚片Ⅰ和刚片Ⅱ用*CD*、*EF*两链杆相连，相当于一个虚铰*O*。连接三刚片的三个铰*A*、*B*、*O*不在一条直线上，符合三刚片规则，故该体系为几何不变体系，且无多余约束。

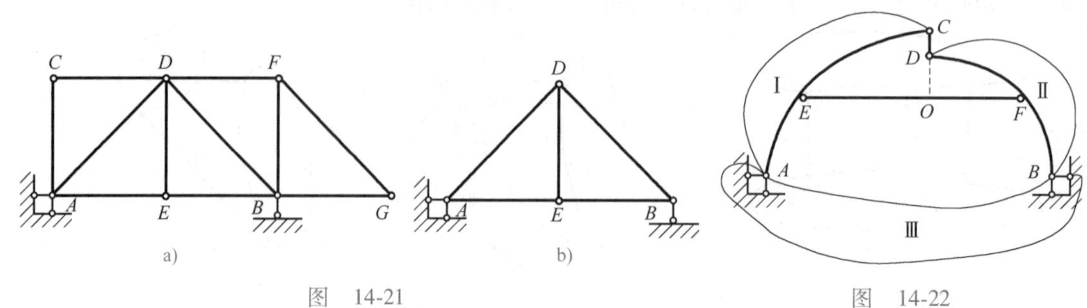

图　14-21

图　14-22

例14-5　试对图14-23所示体系进行几何组成分析。

解　将 AB 视为刚片与地基用三根链杆相连接，符合两刚片规则，该体系为几何不变体。在其上增加二元体 A-C-E、B-D-F，又成为一个大的几何不变体，显然 CD 链杆是多余约束。故此体系是几何不变的，且有一个多余约束。

例 14-6　试对图 14-24 所示体系进行几何组成分析。

解　利用两两相交原则画出三个刚片，找出刚片间约束，将 $ADEB$、CF 杆及基础分别看做刚片Ⅰ、Ⅱ、Ⅲ，三刚片分别由 O_1、O_2、A 铰相连，三铰不共线，根据三刚片规则知，该体系几何不变，且无多余联系。也可根据有一个无限远虚铰的分析方法，判断此体系是几何不变的，且无多余联系。

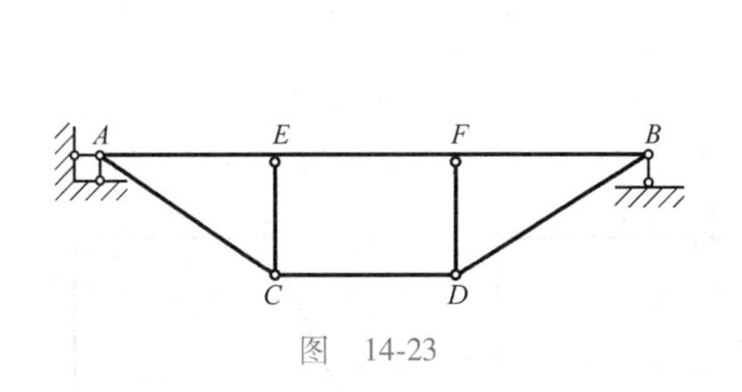

图　14-23

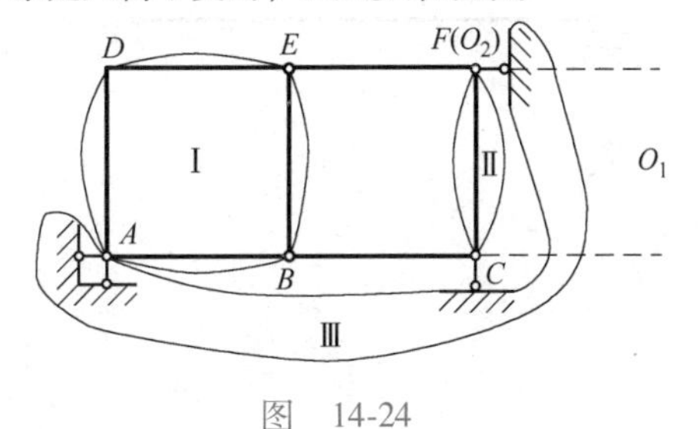

图　14-24

第五节　体系的几何特性与静定性的关系

体系的几何特性与静定性之间存在以下关系。

1. 无多余约束的几何不变体系是静定结构

其静力特征是：在任意荷载作用下，所有内力与支座约束力都可由平衡条件求出，且其值是唯一的。例如，图 14-25a 所示简支梁是一个无多余约束的几何不变体系，其每个约束都是必要约束，无论去掉哪一个约束，体系都会成为几何可变体系，在外力作用下就会发生运动。因此，约束力就是阻止物体发生运动的条件，可以运用平衡条件求出约束力。例如，图 14-25a 中去掉支杆 B，代以约束力 $\boldsymbol{F}_B$（图 14-25b），这种体系就可绕 A 点转动，其支座约束力 $\boldsymbol{F}_B$ 可由平衡条件确定，即

$$F_B=\frac{Fa}{l}$$

其中，F_B 是个有限值，并且是唯一确定的值。

2. 有多余约束的几何不变体系是超静定结构

其静力特征是：仅由平衡条件，不能求出全部内力及约束力。例如，图 14-26a 所示梁有一个多余约束，去掉支座 B 后（图 14-26c），仍保持几何不变。因此，$\boldsymbol{F}_B$ 不能仅由平衡条件确定。要想确定它，还须考察变形连续条件。

3. 瞬变体系不能作为结构

在一般荷载作用下，瞬变体系在原位置是不能平衡的；但当发生微小的变形后是可以平衡的，但会产生很大的内力，这种体系是不能作为结构的。但在特殊力作用下，瞬变体系也能平衡，且其内力是超静定的，如图 14-27 所示。

4. 常变体系根据受力的不同可以平衡，也可以不平衡

常变体系在一般荷载作用下是不能平衡的，如图 14-28a 所示。其内力与约束力由运动方程确定，这里不予研究。但在特殊力作用下，常变体系也能平衡，且其内力是静定的，如图 14-28b 所示。

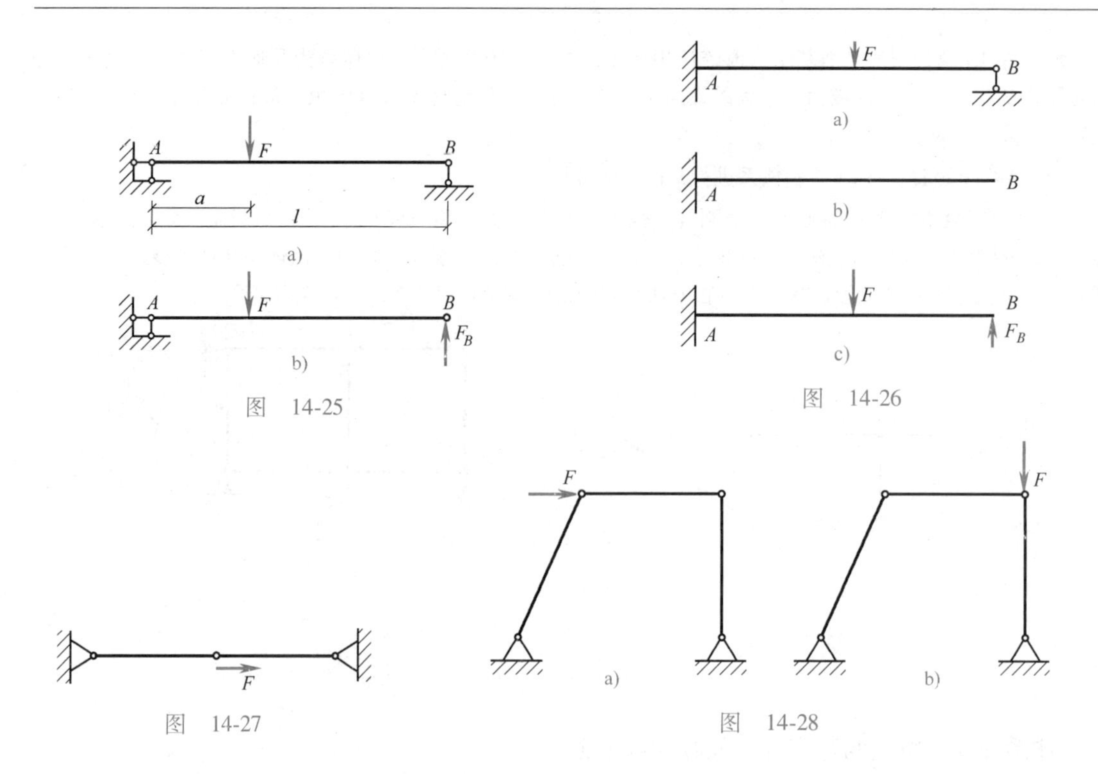

图 14-25

图 14-26

图 14-27

图 14-28

思 考 题

14-1 何谓几何不变体系和几何可变体系？何谓几何组成分析？

14-2 什么是瞬变体系和常变体系？什么样的体系能用于结构？

14-3 何谓自由度？何谓计算自由度？计算自由度的用途是什么？

14-4 何谓两两相交原则？它在几何组成分析中有什么作用？

14-5 几何组成分析的常见方法有哪几种？

14-6 试对图 14-29 所示体系进行几何组成分析，其中几何不变体系是________，几何瞬变体系是________，几何常变体系是________。

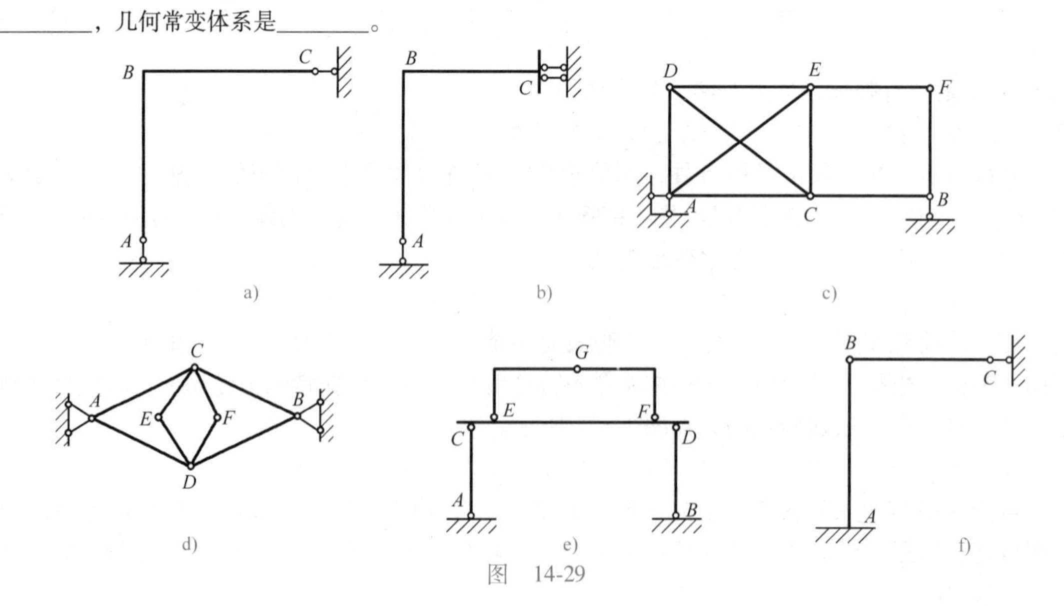

图 14-29

练　习　题

14-1　试用二元体规则对图 14-30 所示平面体系进行几何组成分析。

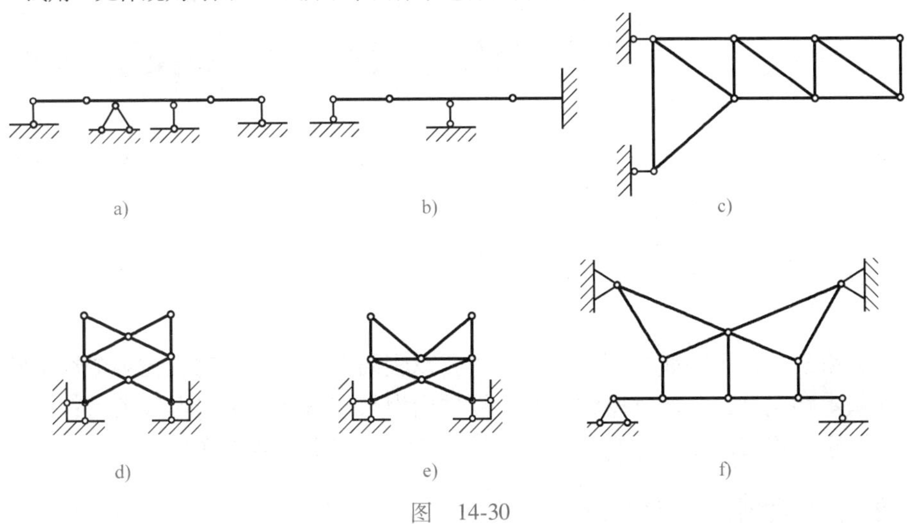

图　14-30

14-2　试用两刚片规则或三刚片规则，对图 14-31 所示平面体系进行几何组成分析。

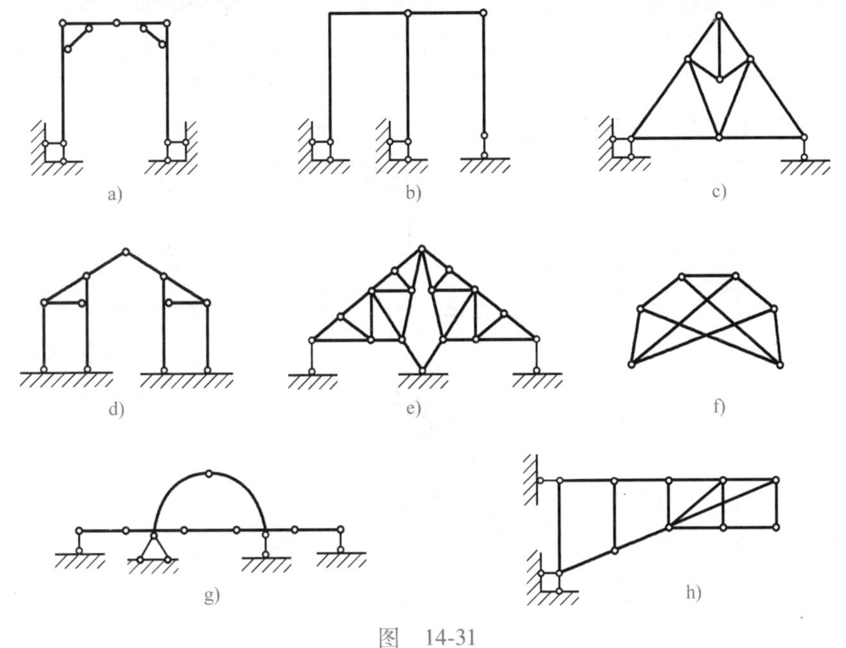

图　14-31

学习目标

第十五章 静定平面刚架、拱及桁架的内力分析

静定结构的内力计算是静定结构位移计算和超静定结构内力计算的基础。本章重点讲解静定结构内力的分析方法及内力图画法。

第一节 静定平面刚架

静定平面刚架是若干轴线共面的直杆，主要以刚结点连接而成的、无多余约束的几何不变体系。其基本特点是：全部支座约束力、杆件内力都能由静力平衡方程求出；杆件的变形以弯曲为主；刚性连接的杆件之间的夹角在结构变形过程中保持不变。

一、静定平面刚架的常见类型

静定平面刚架有悬臂刚架、简支刚架、三铰刚架和多跨静定刚架四大类。

悬臂刚架是先由若干杆件以刚结点为主连接成无多余约束的几何不变体系，再用一个固定端支座连在“基础”上而成的静定平面结构。如火车站月台雨篷支架(图 15-1a)、球场看台雨篷支架(图 15-1b)和市场摊位雨篷支架(图 15-1c)都是静定平面悬臂刚架。

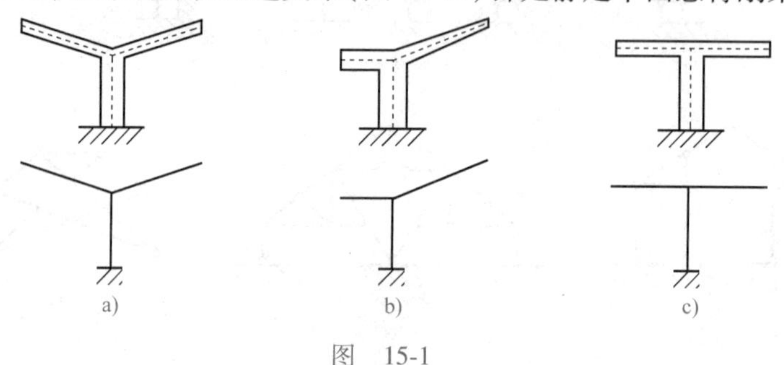

图 15-1

简支刚架是先由若干杆件以刚结点为主连接成无多余约束的几何不变体系，再与“基础”由一固定铰支座和一可动铰支座按两刚片规则连成的静定平面结构，如图 15-2 所示。

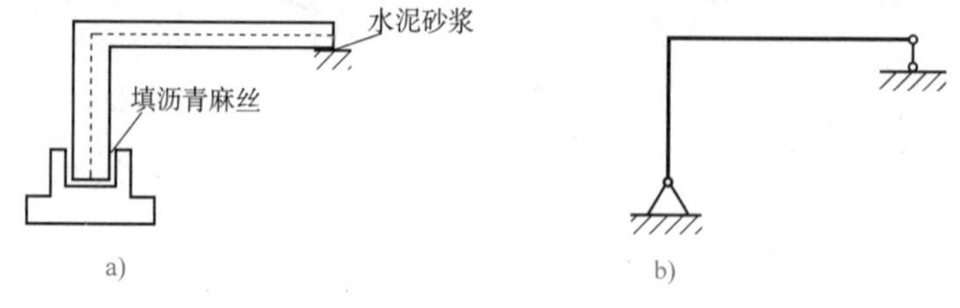

图 15-2

三铰刚架是先由若干杆件以刚结点为主连接成两个无多余约束的几何不变体系，这两个部分再与“基础”按三刚片规则以三个不共线的铰两两相连而成的静定平面结构，如图 15-3 所示。

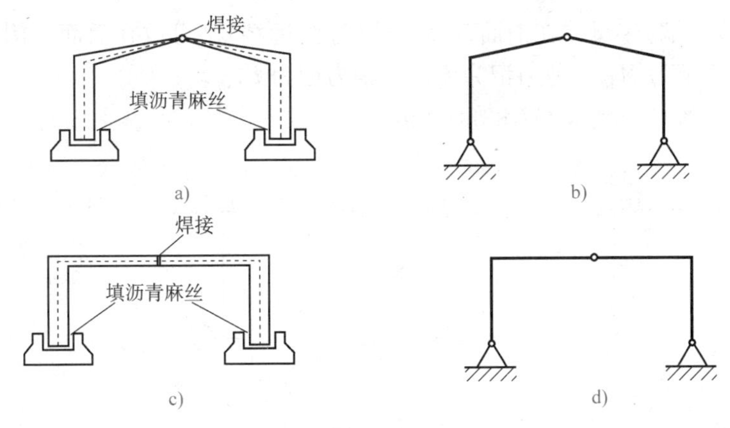

图　15-3

多跨静定刚架是先由若干杆件主要以刚结点连接成若干个无多余约束的几何不变部分，再与其他杆件或基础连成的多跨静定结构，桥梁中的 T 形刚构桥计算简图即为多跨静定刚架。

二、静定平面刚架的内力计算

平面刚架杆件横截面上的内力一般有三种：弯矩 M、剪力 F_{Q} 和轴力 F_{N}。由于我们讨论的是静定结构，因此其全部支座约束力和内力都可由静力平衡方程来求解。同前面一样，内力计算的成果是刚架结构的内力图，即弯矩图、剪力图和轴力图。计算刚架时，剪力、轴力的正负按以前规定确定。弯矩的正负可自行确定，但一般以刚架内侧受拉为正。

静定平面刚架的内力计算的步骤是：

（1）求结构的支座约束力　计算悬臂刚架时，如果始终取用悬臂端来计算内力，可不求支座约束力。

（2）分段　将全部刚架杆件划分为若干无载段、均载段和单个集中力作用段。

（3）计算弯矩　用截面法计算出各杆段端截面弯矩值，并画在刚架简图相应截面的受拉侧。无载段用直线连接两端弯矩即可。均载段先以虚线连接两端弯矩，再叠加等效简支梁受均布荷载的弯矩抛物线（其跨中截面值为 $ql^2/8$）。单个集中力段先以虚线连接两端弯矩，再叠加等效简支梁受集中力的弯矩三角形（集中力作用截面值为 Fab/l）。逐一作出各杆段弯矩图，即得全刚架弯矩图。

（4）计算剪力　取杆段分析，根据杆段荷载和杆段端弯矩求出杆段端截面剪力值，并画在刚架简图相应截面的某侧。无载段过一端剪力作出杆轴平行线，标明正负即可。均载段以直线连接两端剪力，标明正负即可。逐一作出各杆段剪力图即得全刚架剪力图。通常横杆正剪力画在上侧，竖杆正剪力可画在任一侧，但都必须注明正负。

（5）计算轴力　取结点（有时也会取杆段）分析，根据已知剪力和荷载值，求出杆段端截面轴力值（因为只涉及横向荷载，只需求一端即可）并画在刚架简图相应截面的某侧。过一端轴力作出杆轴平行线，标明正负即可。逐一作出各杆段轴力图即得到刚架轴力图。通常横杆正轴力画在上侧，竖杆正轴力可画在任一侧，但应标明正负。

（6）校核计算结果　取刚架的尚未分析部分（或杆件、结点）分析，验算其外力、内力是否满足平衡条件。若满足，说明计算结果正确。

分析时，杆段端部横截面内力（简称杆端内力）常用杆段两端的两个字母一起作下标：

截面所在端(称为近端)字母放在前面，另一端(称为远端)字母放在后面。例如，AB杆段A端横截面上的弯矩记为M_{AB}，剪力记为F_{QAB}，轴力记为F_{NAB}。

例15-1　试绘出图15-4a所示悬臂刚架的内力图。

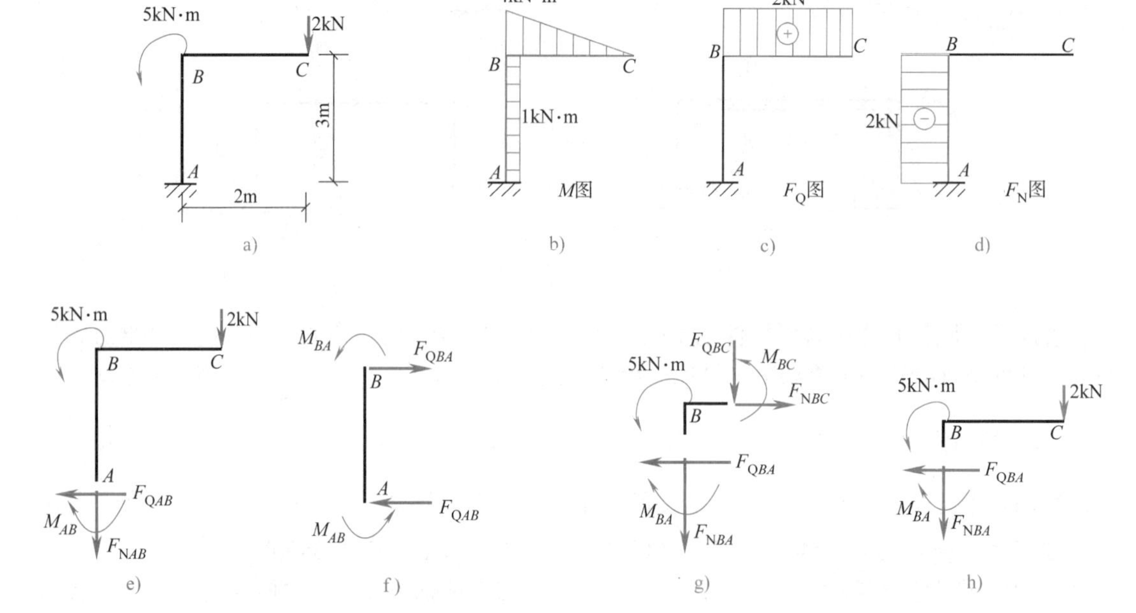

图　15-4

解　由于是悬臂刚架，计算内力时只取悬臂端，可不计算支座约束力。刚架分成AB、BC两个无载段。

(1) 计算杆端截面弯矩，作弯矩图　两杆段均为无载段，弯矩图为斜直线，应求出每杆两端弯矩。去掉支座，取上部分析，如图15-4e所示。设弯矩以内侧受拉为正，各内力均应画为正，下同。则

对AB杆：

$$M_{AB}=5\text{kN}\cdot\text{m}-2\text{kN}\times2\text{m}=1\text{kN}\cdot\text{m}(\text{内侧受拉})$$

画在截面内侧。同理，$M_{BA}=5\text{kN}\cdot\text{m}-2\text{kN}\times2\text{m}=1\text{kN}\cdot\text{m}$(内侧受拉)，画在截面内侧。直线连接，为一矩形，即为AB杆的弯矩图。

对BC杆：

$$M_{BC}=-2\text{kN}\times2\text{m}=-4\text{kN}\cdot\text{m}(\text{外侧受拉})$$

画在截面上侧。$M_{CB}=0$。直线连接，为三角形，即为BC杆的弯矩图。

(2) 计算杆端截面剪力，作剪力图　两杆段均为无载段，剪力图均为杆轴平行线，每杆只求一端剪力即可。取AB杆(也可取图e所示整个上部)分析，如图15-4f(计算剪力时,图中可不画轴力,下同)所示。则

$$F_{QAB}=\frac{M_{AB}+M_{BA}}{l}=0$$

不用画图。同理，取BC杆分析，则$F_{QBC}=2\text{kN}$，画在上侧并作杆轴平行线，即为BC杆剪力图。

(3) 计算杆端截面轴力，作轴力图　轴力图为杆轴平行线，每杆只求一端即可。取结点B分析，如图15-4g所示，则由平衡条件得

$$\sum F_x=0,\ F_{NBC}-F_{QBA}=0,\ F_{NBC}=0(\text{说明}BC\text{杆无轴力})。$$

$$\sum F_y=0,\ -F_{NBA}-F_{QBC}=0,\ F_{NBA}=-2\text{kN}(\text{受压})，\text{平行线画在}BC\text{杆外侧}。$$

(4) 结果校核　取尚未用过的图15-4h所示带B结点的BC杆分析，画出受力图(注意:此时内力已知了,可不设为正而按实际画,以后不再说明)。则对B点取矩：

$\sum M_B=5\text{kN}\cdot\text{m}-2\text{kN}\times2\text{m}-M_{BA}=5\text{kN}\cdot\text{m}-2\text{kN}\times2\text{m}-1\text{kN}\cdot\text{m}=0$，在竖向投影$\sum F_y=-F_{NBA}-2\text{kN}=-(-2)$

kN−2kN=0，可证结果无误。也可由 B 结点上力偶矩平衡 $\sum M=5\text{kN}\cdot\text{m}-M_{BA}+M_{BC}=5\text{kN}\cdot\text{m}-1\text{kN}\cdot\text{m}-4\text{kN}\cdot\text{m}=0$，判断计算结果无误。

例 15-2　计算图 15-5a 所示简支刚架的内力并作出内力图。

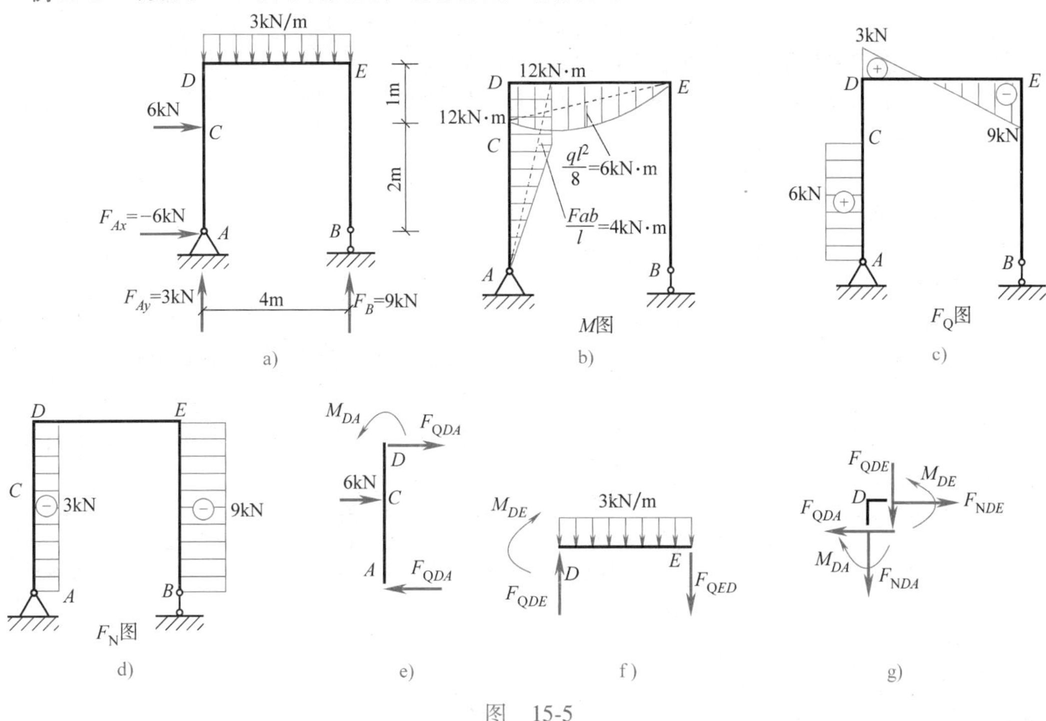

图　15-5

解　由于是简支刚架，应先求出支座约束力。

（1）求支座约束力　取刚架的整体分析，受力图如图 15-5a 所示。

$$\sum F_x=0,\ F_{Ax}+6\text{kN}=0,\ F_{Ax}=-6\text{kN}（负号表示真实方向向左）$$

$$\sum M_A=0,\ F_B\times4\text{m}-3\text{kN/m}\times4\text{m}\times2\text{m}-6\text{kN}\times2\text{m}=0,\ F_B=9\text{kN}$$

$$\sum F_y=0,\ F_{Ay}+F_B-3\text{kN/m}\times4\text{m}=0,\ F_{Ay}=3\text{kN}$$

（2）计算弯矩，作弯矩图　全刚架划分为单个集中力作用段 AD、均载段 DE 和无载段 EB。设弯矩使刚架内侧受拉为正，由截面法计算各杆端弯矩如下。

取 A 截面以下外力计算，则 $M_{AD}=0$。取水平 D 截面以下外力计算，$M_{DA}=-F_{Ax}\times3\text{m}-6\text{kN}\times1\text{m}=-(-6)\text{kN}\times3\text{m}-6\text{kN}\times1\text{m}=12\text{kN}\cdot\text{m}$（内侧受拉）。由 D 结点平衡知：$M_{DE}=M_{DA}=12\text{kN}\cdot\text{m}$（内侧受拉）。取水平 E 截面以下外力计算：$M_{EB}=0$，同理 $M_{BE}=0$。由 E 结点平衡知：$M_{ED}=M_{EB}=0$。

将这些弯矩值画在刚架简图上相应截面的受拉侧，如图 15-5b 所示。AD 段：先以虚线连成三角形，再在 C 截面处向内叠加 $Fab/l=6\text{kN}\times2\text{m}\times1/3=4\text{kN}\cdot\text{m}$，然后将此点与 $M_{AD}=0$、$M_{DA}=12\text{kN}\cdot\text{m}$ 两点分别以直线连接即得该段弯矩图。DE 段：同样先以虚线连成三角形，再在跨中截面向下叠加 $ql^2/8=3\text{kN/m}\times(4\text{m})^2/8=6\text{kN}\cdot\text{m}$，此点与 $M_{DE}=12\text{kN}\cdot\text{m}$、$M_{ED}=0$ 以抛物线连接即得该段弯矩图。EB 段无弯矩图。全刚架弯矩图如图 15-5b 所示。

（3）计算剪力，作剪力图　取 AD 段分析，其受力图如图 15-5e 所示。

由 $\sum M_D=0$，$M_{DA}+6\text{kN}\times1\text{m}-F_{QAD}\times3\text{m}=0$，得 $F_{QAD}=6\text{kN}$（也可取 A 结点分析得此结果）。在 A 截面画出 F_{QAD} 并作 AC 杆轴平行线至 C 截面，然后向右突变 6kN，已与 CD 杆轴线重合，即该段剪力图为杆轴线。

DE 段为均载段，剪力图为斜直线。取 DE 分析，受力图如图 15-5f 所示。

由 $\sum M_D=0$，$-F_{QED}\times4\text{m}-3\text{kN/m}\times4\text{m}\times2\text{m}-M_{DE}=0$，得 $F_{QED}=-9\text{kN}$（也可用叠加法得此结论）。

由 $\sum F_y=0$，$F_{QDE}-3\text{kN/m}\times4\text{m}-F_{QED}=0$，得 $F_{QDE}=3\text{kN}$。将此二剪力标出并以直线连接即得该段剪力图。

EB 段无剪力，即不受剪。全刚架剪力图如图 15-5c 所示。

（4）计算轴力，作轴力图 取 D 结点分析，其受力图如图 15-5g 所示。

$$\sum F_x=0,\ F_{NDE}-F_{QDA}=0,\ F_{NDE}=0。$$

$$\sum F_y=0,\ -F_{NDA}-F_{QDE}=0,\ F_{NDA}=-F_{QDE}=-3\text{kN}。$$

标出 F_{NDA}，作 AD 杆轴平行线，即为该杆轴力图。DE 杆无轴力。

同理，取 E 结点分析可知，$F_{NEB}=-9\text{kN}$，标出之并作 EB 段平行线，即为该段轴力图。全刚架轴力图如图 15-5d 所示。

（5）结果校核 取尚未用过杆 CD 段分析，画出受力图，此时其上内力都已知，验算 $\sum F_x$、$\sum F_y$ 和 $\sum M_C$ 是否为 0，即可判断结果正误（略，读者自己完成）。

例 15-3 试计算并作出图 15-6 所示三铰刚架的弯矩图。

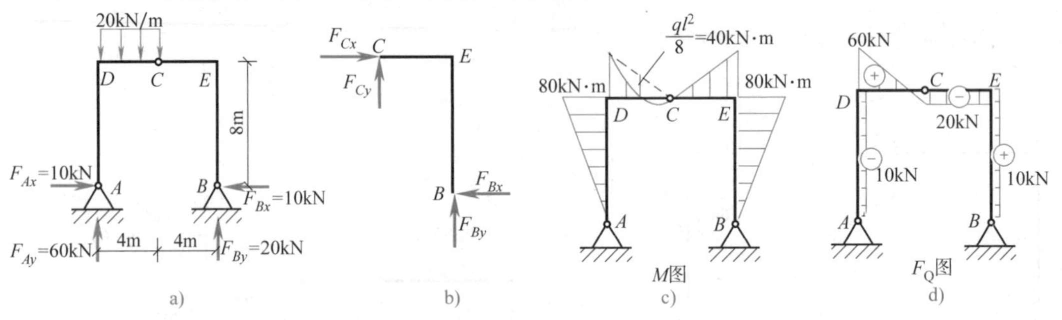

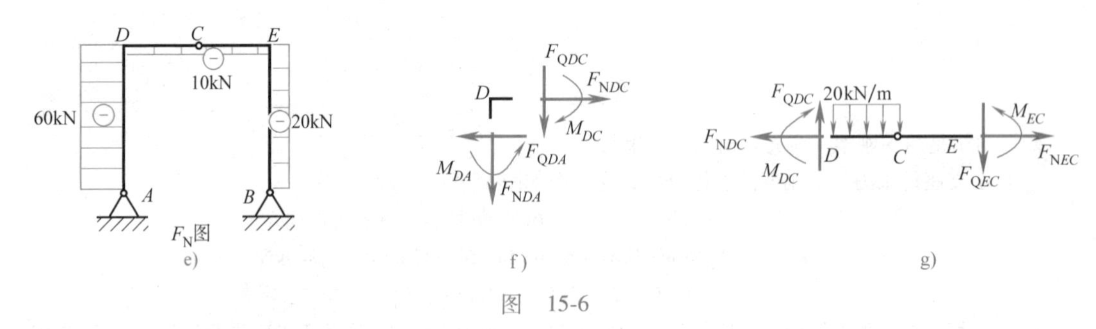

图 15-6

解 计算三铰刚架必须先求出支座约束力。

（1）求支座约束力 三铰刚架的支座约束力分成两步计算：

1）取刚架整体分析，如图 15-6a 所示，则由平衡条件得

$$\sum M_B=0,\ -F_{Ay}\times 8\text{m}+20\text{kN/m}\times 4\text{m}\times 6\text{m}=0 \quad ①$$

$$\sum F_y=0,\ F_{Ay}+F_{By}-20\text{kN/m}\times 4\text{m}=0 \quad ②$$

$$\sum F_x=0,\ F_{Ax}-F_{Bx}=0 \quad ③$$

解得 $F_{Ay}=60\text{kN}(\uparrow)$，$F_{By}=20\text{kN}(\uparrow)$。

2）取 CB 部分分析，如图 15-6b 所示，则由平衡条件得

$$\sum M_C=0,\ -F_{Bx}\times 8\text{m}+F_{By}\times 4\text{m}=0 \quad ④$$

解得 $F_{Bx}=10\text{kN}(\leftarrow)$。

将 F_{Bx} 之值代入式③得 $F_{Ax}=10\text{kN}(\rightarrow)$。

（2）计算弯矩值，作弯矩图 将刚架划分为 AD、DC、CE 和 EB 四段，只有 DC 是均载段，其他三段无荷载。

AD 段：$M_{AD}=0$。再取水平 D 截面以下外力计算，$M_{DA}=-F_{Ax}\times 8\text{m}=-10\text{kN}\times 8\text{m}=-80\text{kN}\cdot\text{m}$（外侧受拉）。画出 M_{DA} 并与 A 点连线即为该段弯矩图。

EB 段：$M_{BE}=0$。再取水平 *D* 截面以下外力计算，$M_{EB}=-F_{Bx}\times 8\text{m}=-10\text{kN}\times 8\text{m}=-80\text{kN}\cdot\text{m}$（外侧受拉）。画出 M_{EB} 并与 *B* 点连线即为该段弯矩图。

CE 段：因 *C* 点为铰，故 $M_C=M_{CD}=M_{CE}=0$。结点 *E* 上力偶矩平衡，故 $M_{EB}=M_{EC}=-80\text{kN}\cdot\text{m}$（外侧受拉）。画出 M_{EC} 并与 *C* 点连线即为该段弯矩图。

DC 段：结点 *D* 上力偶矩平衡，故 $M_{DA}=M_{DC}=-80\text{kN}\cdot\text{m}$（外侧受拉）。画出 M_{DC} 并与 *C* 点虚线连接，再在中点向下叠加 $ql^2/8=20\text{kN/m}\times(4\text{m})^2/8=40\text{kN}\cdot\text{m}$，此点与 M_{DC}、*C* 点以抛物线连接即得该段弯矩图。全刚架弯矩图如图 15-6c 所示。

（3）计算剪力，作剪力图　*AD*、*BE*、*CE* 段无荷载，其剪力图均为杆轴平行线，*DC* 是均载段，剪力图为斜直线。取由 *A* 截面以下外力可简便得到：$F_{QAD}=-F_{Ax}=-10\text{kN}$。同理，$F_{QBE}=F_{Bx}=10\text{kN}$。由此，可作出 *AD*、*BE* 段剪力图（图 15-6d）。取 *DC* 段分析，受力图如图 15-6b 所示，则由 $\sum M_C=0$：$-M_{DC}-F_{QCD}\times 4\text{m}-20\text{kN/m}\times 4\text{m}/2\text{m}=0$，得 $F_{QCD}=-20\text{kN}$。由 $\sum F_y=0$：$F_{QDC}-20\times 4-F_{QCD}=0$，得 $F_{QDC}=60\text{kN}$。画出 F_{QDC}、F_{QCD} 并连成直线即为 *DC* 段的剪力图。过 F_{QCD} 作杆轴平行线至 *E* 截面即为 *CE* 段的剪力图。全刚架剪力图见图 15-6d。

（4）计算轴力，作轴力图　只有 *DC* 是均载段且为横向荷载，*AD*、*BE*、*CE* 三杆段上均无荷载（即各杆均无斜向分布力），故各杆轴力图均为杆轴平行线。

取 *D* 结点分析，受力图如图 15-6f 所示。由 $\sum F_x=0$：$F_{NDC}-F_{QDA}=0$，得 $F_{NDC}=F_{QDA}=-10\text{kN}$。$\sum F_y=0$：$-F_{NDA}-F_{QDC}=0$，得 $F_{NDA}=-F_{QDC}=-60\text{kN}$。标出 F_{NDA}、F_{NDE}，作杆轴平行线，即得此二杆轴力图（图 15-6e）。同理，取 *E* 结点分析，得 $F_{NEB}=-20\text{kN}$，画出之并作 *BE* 杆轴的平行线，即得 *BE* 杆的轴力图。全刚架轴力图如图 15-6e 所示。

（5）结果校核　计算过程未涉及 *DE* 部分的平衡，可用其校核计算结果。其受力图如图 15-6g 所示，各内、外力均已知。$\sum F_y=F_{QDC}+F_{QEC}-20\text{kN/m}\times 4\text{m}=0$，可见计算结果正确。也可计算 $\sum M_D=M_{DC}-M_{EC}+F_{QEC}\times 8\text{m}-20\text{kN/m}\times 4\text{m}\times 2\text{m}=80\text{kN}\cdot\text{m}-80\text{kN}\cdot\text{m}+20\text{kN}\times 8\text{m}-160\text{kN}\cdot\text{m}=0$，可见计算结果正确。

第二节　三　铰　拱

小贴士：关于对称结构

一、拱的概念

拱是土木工程结构的类型之一，图 15-7 所示为工程中的三种典型拱计算简图。拱结构必须具备两大特点：①含有拱形杆——称为构造特点；②在竖向荷载作用下会产生水平约束力——称为受力特点。

工程上常将拱在竖向荷载作用下产生的水平约束力叫做水平推力（如图 15-7 中的 $\boldsymbol{F}_{Ax}$、$\boldsymbol{F}_{Bx}$），记作 $\boldsymbol{F}_{\text{H}}$。

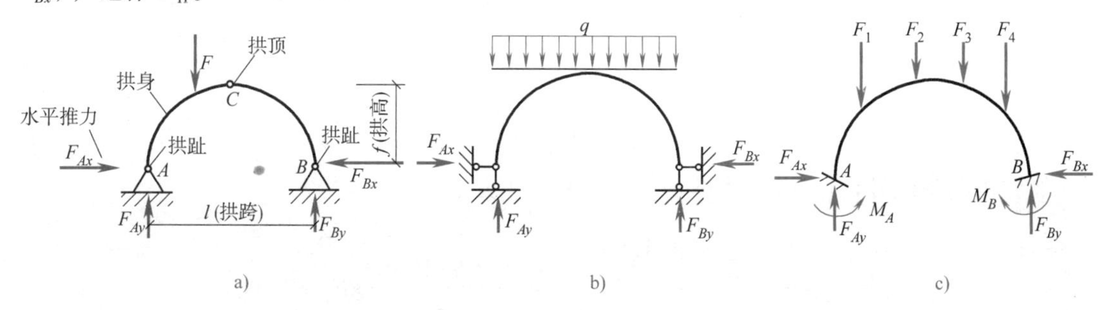

图　15-7

如图 15-7a 所示，拱结构的最高点称为**拱顶**，拱形杆称为**拱身**，支座连接处称为**拱趾**（或**拱脚**）。两支座的水平距离称为**拱跨**。拱顶到两拱趾连线的垂直距离 f 称为**拱高**（或**矢高**）。拱高与跨度之比称为拱的**高跨比**（或**矢跨比**）。拱的高跨比对拱的主要受力性能影响很大。图 15-7a 所示拱称为三铰拱，是无多余约束的几何不变体系，为静定结构。图 15-7b 所示拱称为两铰拱，是多余一个约束的几何不变体系，故为一次超静定结构。图 15-7c 所示拱称为无铰拱，是多余三个约束的几何不变体系，故为三次超静定结构。本节我们只讨论三铰拱。

二、三铰拱的计算

下面以图 15-8a 所示三铰拱为例来讨论三铰拱的计算。已知拱轴抛物线方程为 $y=4fx(l-x)/l^2$。此处所讨论的必须是**两支座铰位于同一水平线、第三铰位于拱顶的三铰拱**。

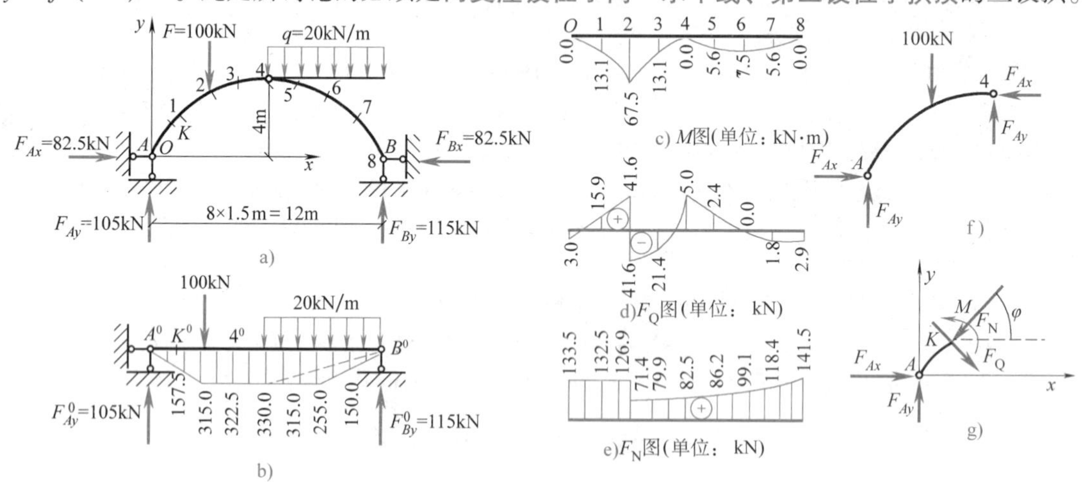

图 15-8

1. 三铰拱支座约束力的计算

三铰拱的支座约束力计算方法与三铰刚架相同。先取整体分析，受力图如图 15-8a 所示。由平衡条件解得（求解过程繁琐，此略）：

$$\left.\begin{aligned}F_{Ay}&=\frac{F\times 9\text{m}+q\times 6\text{m}\times 3\text{m}}{l}=\frac{100\times 9+20\times 6\times 3}{12}\text{kN}=105\text{kN} \quad ①\\F_{By}&=\frac{F\times 3\text{m}+q\times 6\text{m}\times 9\text{m}}{l}=\frac{100\times 3+20\times 6\times 9}{12}\text{kN}=115\text{kN} \quad ②\\F_{Ax}&=F_{Bx} \quad ③\end{aligned}\right\}$$

故可令

$$F_{Ax}=F_{Bx}=F_{\text{H}} \quad ④$$

然后再取半拱分析，如图 15-8f 所示。对点 4 取矩，可得：

$$F_{\text{H}}=F_{Ax}=\frac{F_{Ay}\times\dfrac{l}{2}-F\times(1.5\text{m}\times 2)}{f}=\frac{105\times 6-100\times 3}{4}\text{kN}=82.5\text{kN} \quad ⑤$$

为了得到三铰拱支座约束力计算的简便方法，我们取一与三铰拱跨度相同、荷载相同的简支梁(称为该三铰拱的代梁)来分析，如图15-8b所示。由平衡条件易得：

$$\left.\begin{aligned}F_{Ay}^{0}&=\frac{F\times9\text{m}+q\times6\text{m}\times3\text{m}}{l}=\frac{100\times9+20\times6\times3}{12}\text{kN}=105\text{kN}\\F_{By}^{0}&=\frac{F\times3\text{m}+q\times6\text{m}\times9\text{m}}{l}=\frac{100\times3+20\times6\times9}{12}\text{kN}=115\text{kN}\end{aligned}\right\}\quad ⑥⑦$$

$$M_{C}^{0}=F_{Ay}^{0}\times6\text{m}-F\times3\text{m}=(105\times6-100\times3)\text{kN}=330\text{kN}\quad ⑧$$

将代梁支座约束力F_{Ay}^{0}、F_{By}^{0}与三铰拱支座约束力比较，可得：

$$F_{Ay}=F_{Ay}^{0},\quad F_{By}=F_{By}^{0}\tag{15-1}$$

代入式⑤得：

$$F_{\text{H}}=\frac{F_{Ay}^{0}\times\dfrac{l}{2}-F\times(1.5\text{m}\times2)}{f}=\frac{330}{4}\text{kN}=82.5\text{kN}\quad ⑨$$

比较式⑧、式⑨可得：

$$F_{\text{H}}=\frac{M_{C}^{0}}{f}\tag{15-2}$$

可以证明，式(15-1)、式(15-2)对所讨论类型的任何三铰拱都适用。今后，计算三铰拱的水平推力和竖向支座约束力时，就可先计算很简单的代梁支座约束力F_{Ay}^{0}、F_{By}^{0}和三铰拱顶铰对应的代梁横截面弯矩M_{C}^{0}，然后代入式(15-1)、式(15-2)即可。

三铰拱的荷载、跨度及拱顶位置一定时，M_{C}^{0}就是定值。由式(15-2)知：这种情况下，拱高f愈大(即拱愈陡)，推力愈小；反之，拱高f愈小(即拱愈平)，推力愈大。$f\to0$时，推力$F_{\text{H}}\to\infty$，任何支座或拉杆也无法承受如此巨大的推力作用。加之此时三铰共线，体系成为瞬变体系，不能作为结构使用，故工程上禁止出现这种情况。

2. 三铰拱内力计算

由于拱的轴线是曲线，故拱的横截面方位是不断变化的，而不像水平梁的横截面那样总是竖直的。因此，拱即使只受竖向荷载作用，横截面上也可能同时产生三种内力：弯矩、剪力和轴力。这一点与平梁横截面只有弯矩和剪力有较大差异。

分析图15-8a所示三铰拱中任一横截面K，其位置坐标为(x,y)，该处拱轴的切线与x轴正向夹角为φ。设该横截面上弯矩为M(以使拱内侧受拉为正)，剪力为F_{Q}(以使脱离体有顺时针转动趋势的为正)，轴力为F_{N}(以使截面受压为正)。取K以左部分(AK段)分析，受力图如图15-8g所示。

(1) 弯矩的计算　由AK部分平衡条件$\sum M_{K}=0$得：$M+F_{Ax}y-F_{Ay}x=0$，解得$M=F_{Ay}x-F_{Ax}y$。因为$F_{Ay}x=F_{Ay}^{0}x$，代梁上与K对应的K^{0}截面上的弯矩为M^{0}，而由式④知$F_{Ax}=F_{\text{H}}$，故

$$M=M^{0}-F_{\text{H}}y\tag{15-3}$$

可以证明，该式也适用于所讨论类型的任何三铰拱情况。说明三铰拱任一横截面的弯矩等于代梁对应横截面的弯矩值减去推力对截面形心的力矩。由此可见，由于推力的存在，三铰拱横截面上的弯矩比同跨同荷简支梁对应横截面上的弯矩小。不难推知，如果将y调到适当值，可以使拱横截面弯矩为零，从而使拱不受弯(详见本节“三铰拱的合理拱轴线”部分)。

(2) 剪力的计算　由AK部分平衡条件可解得$F_{\text{Q}}=F_{Ay}\cos\varphi-F_{Ax}\sin\varphi$，同样因$F_{Ay}=F_{\text{Q}}^{0}$，

$F_{Ax}=F_{H}$，故

$$F_{Q}=F_{Q}^{0}\cos\varphi-F_{H}\sin\varphi \tag{15-4}$$

同样可以证明，该式对三铰拱任何情况都适用。说明三铰拱任一横截面上的剪力等于代梁对应横截面上的剪力乘以拱横截面方位角的余弦减去推力与该方位角正弦之积。注意，对于右半拱的横截面，φ 为钝角。此时若取拱轴线切线与 x 轴所夹锐角来计算，则应取负值。

（3）轴力计算　由 AK 部分平衡条件可解得 $F_{N}=F_{Ay}\sin\varphi+F_{Ax}\cos\varphi$，同样因 $F_{Ay}=F_{Q}^{0}$，$F_{Ax}=F_{H}$，于是：

$$F_{N}=F_{Q}^{0}\sin\varphi+F_{H}\cos\varphi \tag{15-5}$$

也可以证明，该式对所讨论类型三铰拱任何情况都适用。说明三铰拱任一横截面上的轴向压力等于代梁上对应横截面上的剪力乘以拱横截面方位角的正弦加上推力与方位角余弦之积。

3. 三铰拱内力图绘制

绘制三铰拱内力图的步骤是：

1）将拱跨等分为若干段，段长以 1~2m 左右为宜，集中力或集中力偶作用点、均布荷载起止点一般也应作为分段点。

2）按式(15-1)~式(15-5)列表计算出各分段点处拱横截面内力值。

3）绘制拱内力图。

拱内力图有两种绘制方式：一是以拱轴线为基线绘制。此时内力值必须在横截面延长线上点绘。因此内力分布线不像梁或刚架是平行，而是呈扇形的。二是以代梁为基线绘制，即把算出的内力值点绘在代梁对应横截面位置，作出内力图。当然它并不是代梁的内力图。

本例将拱分为八等份，每段 1.5m。各等分点拱横截面上的内力计算结果见表 15-1。为简便起见，本例在以代梁为基线上绘制出拱的弯矩图、剪力图和轴力图，分别如图 15-8c、d、e 所示。图 15-8b 是代梁自身的弯矩图，与拱的弯矩图 15-8c 比较，两者的差别是很大的。读者可以试以拱轴为基线作出拱的内力图，并与图 15-8c、d、e 进行比较。

为了说明拱内力的计算方法和表中数据的得出过程，在此以典型的 1、2 横截面内力计算为例介绍。

横截面 1 是普通横截面，其横坐标 $x_1=1.5$m。由拱轴线方程计算出纵坐标为

$$y_1=4fx_1(l-x_1)/l^2=[4\times4\times1.5\times(12-1.5)/12^2]\text{m}=1.75\text{m}$$

其切线斜率为 $\tan\varphi_1=\left.\dfrac{\mathrm{d}y}{\mathrm{d}x}\right|_{x=1.5}=\left.\dfrac{4f(l-2x)}{l^2}\right|_{x=1.5}=4\times4\times(12-2\times1.5)/12^2=1$，所以 $\varphi_1=45°$，$\sin\varphi_1=\cos\varphi_1=0.707$。因 $M_1^0=105\text{kN}\times1.5\text{m}=157.5\text{kN}\cdot\text{m}$，$F_{Q1}^0=105\text{kN}$，根据式(15-3)、式(15-4)、式(15-5)求得该截面弯矩、剪力和轴力分别为

$$M_1=M_1^0-F_Hy_1=157.5\text{kN}\cdot\text{m}-82.5\text{kN}\times1.75\text{m}=13.1\text{kN}\cdot\text{m}$$

$$F_{Q1}=F_{Q1}^0\cos\varphi_1-F_H\sin\varphi_1=105\text{kN}\times0.707-82.5\text{kN}\times0.707=15.9\text{kN}$$

$$F_{N1}=F_{Q1}^0\sin\varphi_1+F_H\cos\varphi_1=105\text{kN}\times0.707+82.5\text{kN}\times0.707=132.5\text{kN}$$

横截面 2 为集中力作用截面，横坐标 $x_2=3.0$m。由拱轴线方程计算出纵坐标为

$$y_2=4fx_2(l-x_2)/l^2=(4\times4\times3.0\times(12-3.0)/12^2)\text{m}=3\text{m}$$

同上可计算出其切线斜率为　$\tan\varphi_2=0.667$，所以 $\varphi_2=33.69°$，$\sin\varphi_2=0.555$，$\cos\varphi_2=0.832$。由于有集中力作用，横截面左右两侧的剪力与轴力不会相等，而有突变，故应分别计算。对

代梁：$M_2^0=105\text{kN}\times3.0\text{m}=315\text{kN}\cdot\text{m}$，$F_{Q2左}^0=105\text{kN}$，$F_{Q2右}^0=105\text{kN}-100\text{kN}=5\text{kN}$。根据公式求得该截面弯矩、剪力和轴力分别为：

$$M_2=M_2^0-F_Hy_2=(315-82.5\times3)\text{kN}\cdot\text{m}=67.5\text{kN}\cdot\text{m}$$

$$F_{Q2左}=F_{Q2左}^0\cos\varphi_2-F_H\sin\varphi_2=(105\times0.832-82.5\times0.555)\text{kN}=41.6\text{kN}$$

$$F_{Q2右}=F_{Q2右}^0\cos\varphi_2-F_H\sin\varphi_2=(5\times0.832-82.5\times0.555)\text{kN}=-41.6\text{kN}$$

$$F_{N2左}=F_{Q2左}^0\sin\varphi_2+F_H\cos\varphi_2=(105\times0.555+82.5\times0.832)\text{kN}=126.9\text{kN}$$

$$F_{N2右}=F_{Q2右}^0\sin\varphi_2+F_H\cos\varphi_2=(5\times0.555+82.5\times0.832)\text{kN}=71.4\text{kN}$$

表 15-1　三铰拱内力计算表

拱轴分点	纵坐标 y/m	$\tan\varphi$	φ	$\sin\varphi$	$\cos\varphi$	F_Q^0
0	0	1.333	53°7′	0.800	0.599	105.0
1	1.75	1.000	45°	0.707	0.707	105.0
2 左/右	3	0.667	33°42′	0.555	0.832	105.0/5.0
3	3.75	0.333	18°25′	0.316	0.948	5.0
4	4	0.000	0°	0.000	1.000	5.0
5	3.75	-0.333	-18°25′	-0.316	0.948	-25.0
6	3	-0.667	-33°42′	-0.555	0.832	-55.0
7	1.75	-1.000	-45°	-0.707	0.707	-85.0
8	0	-1.333	-53°7′	-0.800	0.599	-115.0

拱轴分点	弯矩/(kN·m)			剪力/kN			轴力/kN		
	M^0	$-F_Hy$	M	$F_Q^0\cos\varphi$	$-F_H\sin\varphi$	F_Q	$F_Q^0\sin\varphi$	$F_H\cos\varphi$	F_N
0	0.00	0.00	0.00	63.0	-66.0	-3.0	84.0	49.5	133.5
1	157.5	-144.4	13.1	74.2	-58.3	15.9	74.2	58.3	132.5
2 左/右	315.0	-247.5	67.5	87.4/4.2	-45.8	41.6/-41.6	58.3/2.8	68.6	126.9/71.4
3	322.5	-309.4	13.1	4.7	-26.1	-21.4	1.6	78.3	79.9
4	330.0	-330.0	0.00	5.0	0.00	5.0	0.00	82.5	82.5
5	315.0	-309.4	5.6	-23.7	26.1	2.4	7.9	78.3	86.2
6	255.0	-247.5	7.5	-45.8	45.8	0.00	30.5	68.6	99.1
7	150.0	-144.4	5.6	-60.1	58.3	-1.8	60.1	58.3	118.4
8	0.00	0.00	0.00	-68.9	66.0	-2.9	92.0	49.5	141.5

三、三铰拱的合理拱轴线

小知识：鸡蛋、电灯泡也能受大外力

由前部分可知，三铰拱横截面上一般存在着三种内力：弯矩、剪力和轴力。但设计拱时可以让拱横截面形心纵坐标 y 取某一适当值，从而使其弯矩取零，剪力亦随之取零(读者可自己去验证此结论)，于是横截面上只有轴力。如果全拱各横截面上弯矩均为零，则全拱各横截面上内力都只有轴力(为压力)，各处材料能同等程度地起作用，且拱不会横向开裂。这时的拱轴线称为合理拱轴线。具有合理拱轴线的拱，可采用抗压能力强而抗拉能力弱的砖、石和混凝土砌块等脆性材料砌筑而成，从而扬长避短，充分发挥这些材料的作用。

为了确定合理拱轴线方程，可令式(15-3)中 $M=0$，则 $y=M^0/F_H$，其中 M^0 为代梁任一横截面的弯矩，它是截面位置坐标 x 的函数。而推力 $\boldsymbol{F}_H$ 由荷载与拱高决定，对同一拱而言为定值。因而此式表明了合理拱轴线纵坐标 y 随截面位置坐标 x 而变化的规律 $y=y(x)$，可写成如下形式：

$$y(x)=\frac{M^0(x)}{F_H} \tag{15-6}$$

式(15-6)称为合理拱轴线方程。

例 15-4 试确定图 15-9 所示对称三铰拱在均布荷载 q 作用下的合理拱轴线。

解 由式(15-6)知，要确定 $y(x)$ 必先求出推力 $\boldsymbol{F}_H$ 和代梁弯矩方程 $M^0(x)$。而由式(15-2)知，要求 $\boldsymbol{F}_H$ 就应先求出代梁上与三铰拱顶铰 C 对应截面的弯矩 M_C^0。因此，先画出该三铰拱的代梁，如图 15-9b 所示，跨中截面弯矩为 $M_C^0=ql^2/8$，代入式(15-2)得

$$F_H=\frac{ql^2}{8f} \quad ①$$

而代梁弯矩方程为

$$\begin{aligned}M_{(x)}^0&=F_{Ay}^0x-\frac{1}{2}qx^2\\&=\frac{1}{2}qlx-\frac{1}{2}qx^2\\&=\frac{1}{2}qx(l-x) \quad ②\end{aligned}$$

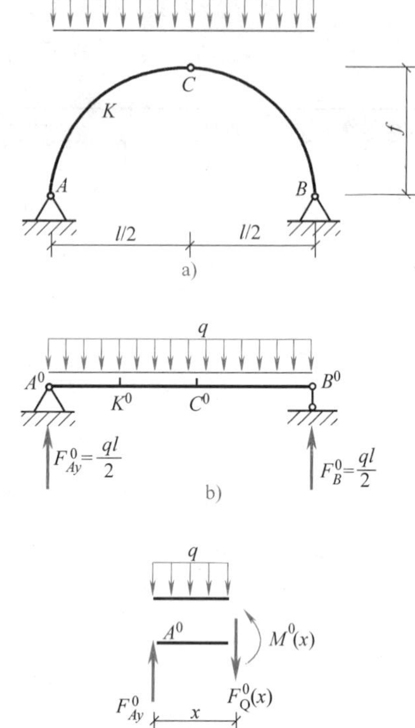

图 15-9

将式①、式②代入式(15-6)得

$$y(x)=\frac{\frac{1}{2}qx(l-x)}{\frac{ql^2}{8f}}=\frac{4f}{l^2}x(l-x) \quad ③$$

式③就是对称三铰拱在均布线荷载作用下的合理拱轴线方程，它是一条二次抛物线。

例 15-5 试确定图 15-10 所示三铰拱在沿拱轴曲率半径方向的均布荷载 q 作用下的合理拱轴。

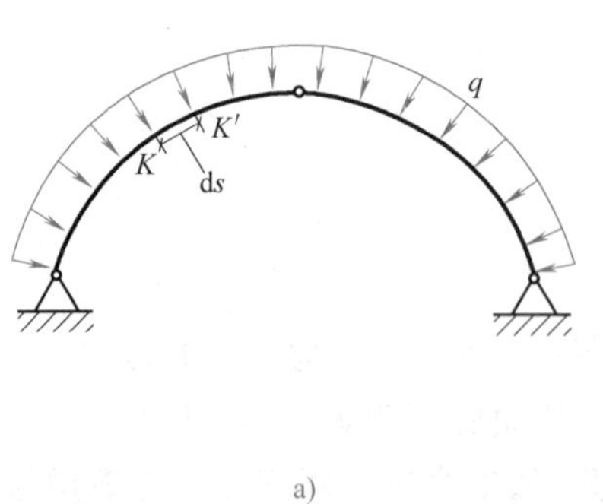

图 15-10

解 要成为合理拱轴线，拱各横截面上应只有轴力而无剪力与弯矩。在拱中取出一微段 ds 分析，其受力图如图 15-10b 所示。设其两端截面轴力分别为 F_N 和 F_N+dF_N，则由微段平衡，可得 $\sum M_O=0$(微段上所有各力对曲率中心 O 的力矩代数和零)。设微段曲率半径为 ρ，则因微段上荷载合力 $q$ds 通过曲率中心，故有

$$(F_N+dF_N)\rho-F_N\rho=0$$

由此解得 $dF_N=0$，故

$$F_N=\text{常量} \qquad ①$$

即全拱各截面轴力相等。

以微段左端为原点建立直角坐标系 mKn。则由微段平衡知，微段上所有外力在 m 轴上投影代数和为零，即 $\sum F_m=0$。因 $dF_N=0$，故有

$$F_N\sin d\varphi-q ds\cos\frac{d\varphi}{2}=0$$

因 $d\varphi$ 是微量，故 $\sin d\varphi\approx d\varphi$，$\cos\frac{d\varphi}{2}=1$。而 $ds=\rho d\varphi$，所以得

$$\rho=F_N/q \qquad ②$$

由式①得知 F_N 为常数，而由题设条件知全拱荷载 q 为常数，故由式②知：全拱曲率半径 ρ 也为常数，即

$$\rho=\text{常数} \qquad ③$$

这就是在题设条件下的合理拱轴方程。它是一个以极坐标表示的圆方程，说明在题设条件下的合理拱轴线为一圆弧。

同理，也可导出图 15-11 所示荷载下三铰拱的合理拱轴是悬链线。设任一截面上的荷载为 $q=q_C+\gamma y$，其中 γ 为常数（比如桥拱圈上的填土重度）。若拱支座上的水平推力为 F_H，则该三铰拱合理拱轴的悬链线方程为

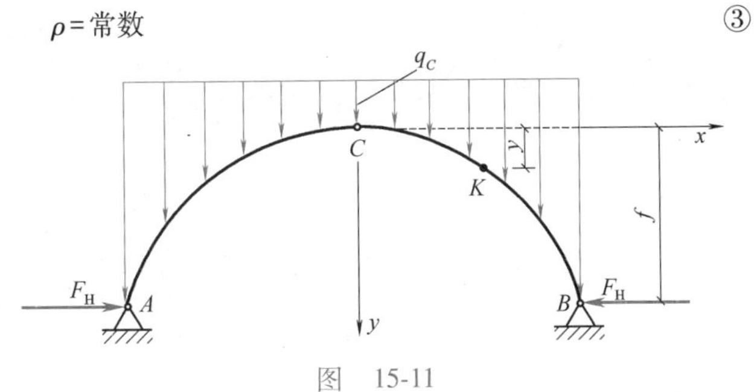

图　15-11

$$y=\frac{q_C}{\gamma}\left(\text{ch}\sqrt{\frac{\gamma}{F_H}}x-1\right)$$

由以上可知，三铰拱的合理拱轴形式与荷载形式紧密相关。不可能找到一种任何荷载下都“合理”的拱轴。如果荷载不连续，“合理拱轴线”只能分段确定。而对承受移动荷载的桥梁拱，则不存在所谓“合理拱轴线”。实际工程中，我们只能确定相对“合理”的拱轴，使拱横截面弯矩尽可能小些。

第三节　静定平面桁架

一、桁架的特征及分类

小知识：李春和他的赵州桥

桁架是土木工程中广泛使用的一种结构形式，通常被用作大跨度结构。图 15-12a、b、c 都为桁架实例，其中图 a 为钢屋架，图 b 为钢筋混凝土屋架，图 c 为钢桁架桥梁。

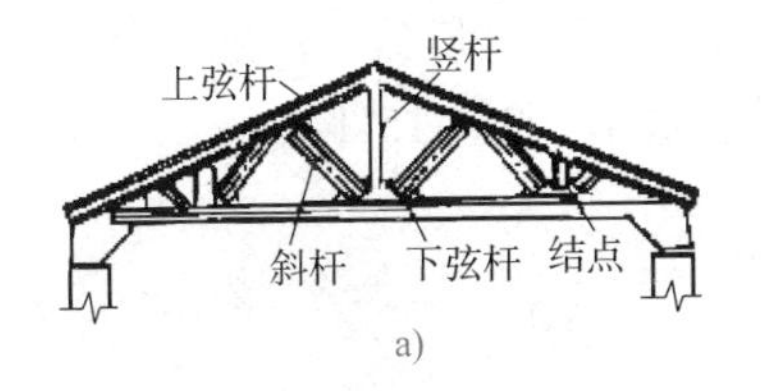

a)

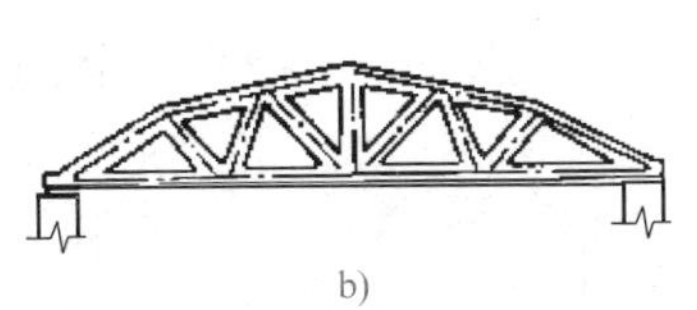

b)

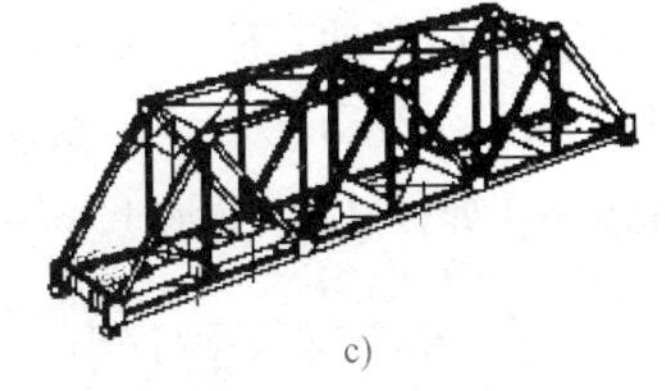

c)

图　15-12

桁架的特点是：杆件都是直杆，荷载都作用于结点上，结点“刚性”相对较低(可能是结点部位强度不足导致)，阻止不了外荷载作用引起的结点上各杆件之间夹角的变化。在这种情况下，结构试验和理论分析都表明，各杆的内力主要是轴力，弯矩和剪力则相对很小，可以忽略。因此桁架的计算简图可以这样来假定：桁架全部杆件都是等截面二力杆，所有结点都是理想铰结点(光滑无摩擦)，结点上各杆轴线汇交于铰心，其所受外力全部作用在铰结点上。

静定平面桁架则是所有杆件的轴线都位于同一平面内的无多余约束的桁架结构。图15-12a、b、c中的实际桁架在计算时都简化成静定平面桁架，其计算简图分别如图15-13a、b、c所示。一个平面桁架常叫一榀。图15-12c所示实际桁架就是由两榀图15-13c简图所示桁架通过上部的横向联系、纵向联系和底部的横梁、纵梁、轨枕等连接而成的。

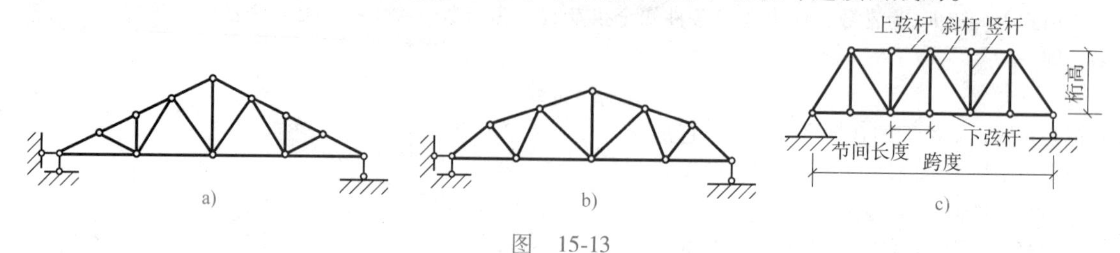

图 15-13

桁架中的杆件可按所处位置分为**弦杆**(即上下外围杆,上边的叫**上弦杆**,下边的叫**下弦杆**)和腹杆(即上下弦杆内的杆,倾斜的叫**斜杆**,竖直的叫**竖杆**)。弦杆上两相邻结点间的区间叫**节间**，其长度称为**节间长度**，如图15-13c所示。

图15-14所示为常见静定桁架形式。

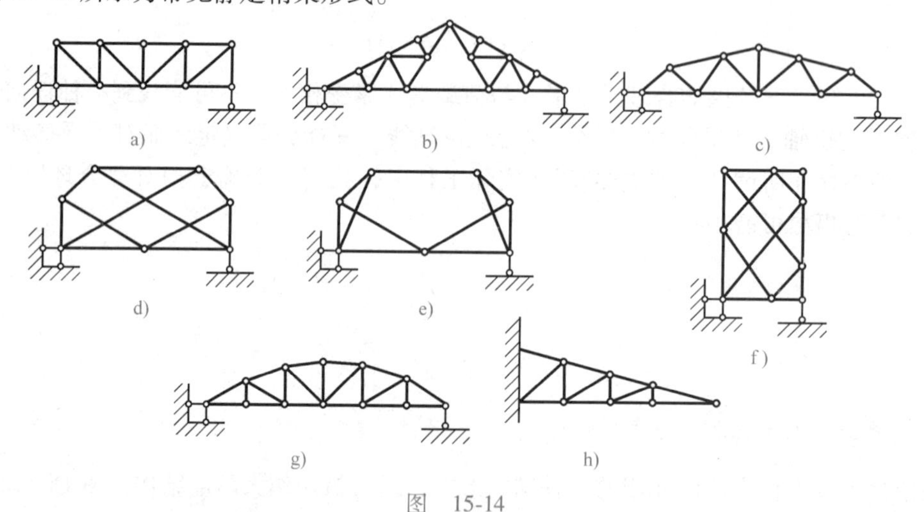

图 15-14

平面桁架按外轮廓形状可分为平行弦桁架(上下弦平行,如图15-14a所示)、三角形桁架(上弦呈人字坡,下弦水平,如图15-14b所示)、折线形桁架(上弦呈折线,下弦水平,如图15-14c所示)、抛物线桁架(上弦节点位于一抛物线上,下弦水平,如图15-14g所示)和其他桁架(如图15-14d、e、f、h所示)。

二、静定平面桁架的内力计算

桁架内力就是指桁架各杆的内力。由于桁架各杆都是二力杆，内力只有轴力，故桁架内力也就是指各杆的轴力。

桁架内力计算的方法主要有结点法和截面法。以前工程计算中也曾使用图解法，但由于作图繁琐，而且精度有限，在计算工具大大改善的今天已很少运用。

1. 结点法

这种方法是取桁架的铰结点为分析对象，画出其受力图，并据此建立平衡方程来求解桁架杆件的轴力。由于桁架的外力(荷载和支座约束力)都作用于结点上，而各杆件轴线又都汇交于铰心，故铰结点所受的各力(不论是荷载、支座约束力还是杆件轴力)构成一平面汇交力系。因此，以铰结点为分析对象时，最多只能求出两个未知轴力。故用结点法计算桁架内力时，所选取的分析结点上未知力不能超过两个。另外，画受力图时，未知轴力必须设为拉力，以避免所得轴力正负号与轴力拉压性质相矛盾的情况。

例 15-6　试计算图 15-15 所示静定平面桁架各杆的轴力。

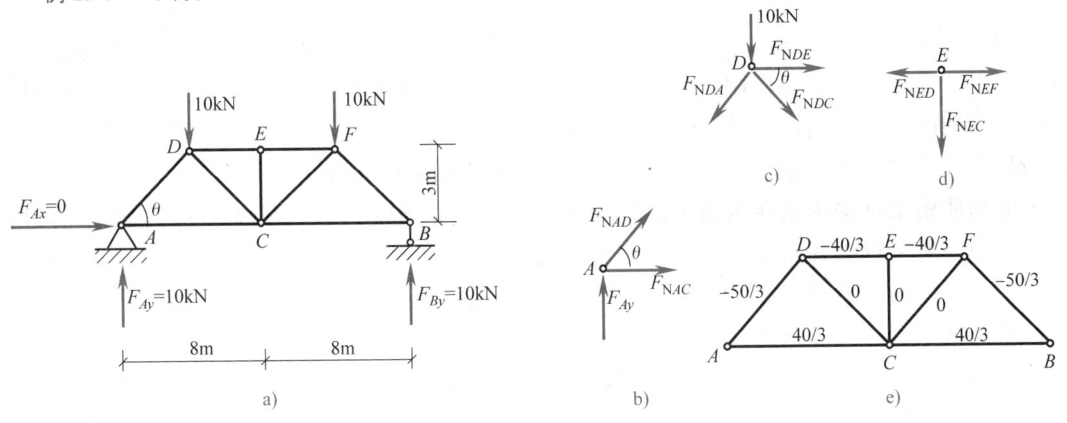

图　15-15

解　这是一个简支平行弦桁架。在求解前，任一结点上未知力都不止两个。如 A 结点上两个支座约束力及杆 AC 与杆 AD 的轴力都未知，有四个未知力。B 结点上有一个支座约束力及杆 BC 与 BF 的两个轴力共三个未知力。D、E、F 结点各有三个未知轴力杆。C 结点五个杆轴力都未知。因此，通过分析，本题应先取整体为分析对象，求出三个支座约束力。然后再取结点分析，求杆件轴力。

(1) 求支座约束力　取整个桁架为分析对象，画出受力图如图 15-15a 所示。列出平衡方程

$$\sum F_x=0,\ F_{Ax}=0$$

$$\sum M_A=0,\ F_{By}\times16\text{m}-10\text{kN}\times4\text{m}-10\text{kN}\times12\text{m}=0$$

$$\sum F_y=0,\ F_{Ay}+F_{By}-20\text{kN}=0$$

解得 $F_{Ax}=0$，$F_{Ay}=10\text{kN}(\uparrow)$，$F_{By}=10\text{kN}(\uparrow)$。这个结果由结构及荷载的对称性也可直接得出。

(2) 求桁架内力　由于该桁架结构及其荷载都正对称，故只需计算一半桁架杆件。另一半桁架的杆件轴力由对称性即可得到。也就是说，这里只需计算 AC、AD、CD、DE 和 CE 五杆的轴力。

1) 先取结点 A 分析，受力图如图 15-15b 所示，则由平衡关系得

$$\sum F_x=0,\ F_{NAC}+F_{NAD}\cos\theta=0$$

$$\sum F_y=0,\ F_{NAD}\sin\theta+F_{Ay}=0$$

因 $\sin\theta=\dfrac{3}{5}$，$\cos\theta=\dfrac{4}{5}$，故解得

$$F_{NAC}=\frac{40}{3}\text{kN(拉)}\qquad F_{NAD}=-\frac{50}{3}\text{kN(压)}$$

2) 再取结点 D 分析，受力图如图 15-15c 所示，同理可解得

$$F_{NDE}=-\frac{40}{3}\text{kN}(拉)\qquad F_{NDC}=0$$

3）取结点 E 分析，受力图如图 15-15d 所示，解得

$$F_{NEF}=-\frac{40}{3}\text{kN}\qquad F_{NEC}=0$$

由对称性可得

$$F_{NBF}=F_{NAD}=-\frac{50}{3}\text{kN}(压)$$

$$F_{NBC}=F_{NAC}=\frac{40}{3}\text{kN}(拉)$$

$$F_{NFC}=F_{NDC}=0$$

根据工程习惯，计算出的桁架各杆件轴力通常标注在桁架简图上的相应杆件旁，如图 15-15e 所示。

2. 零杆与等力杆

（1）零杆　桁架中轴力为零的杆称为零杆。例 15-6 中 DC、EC、FC 三杆均为零杆。从理论上讲，零杆不承受力作用，是多余的。而实际上，静定桁架的零杆是绝对不能省略的，超静定桁架的零杆有的也不能省略。一方面，实际桁架中“零杆”轴力并非为零。因为实际桁架有许多“先天缺陷”，与计算简图所表达的理想模型之间有一定差距。另一方面，零杆可能是使桁架结构体系在构造上保持几何不变的必要约束，是不可或缺的。当然，在超静定桁架中，若零杆恰好是多余约束，则可以去掉。

在桁架内力计算时，如果预先不计算即能判断出零杆，则可以简化计算过程。下面介绍几种特殊结点上的零杆判定规律。

1）**V 结点不受外力时，两杆均为零杆**。所谓 V 结点，即二元体结点，因其像某个方位的“V”字而得名。如图 15-16a 所示，取 V 结点分析，由 $\sum F_y=0$ 得 $F_{N1}\sin\theta=0$。因 $\sin\theta\neq 0$，故 $F_{N1}=0$。由 $\sum F_x=0$ 得 $F_{N2}+F_{N1}\cos\theta=0$，将 $F_{N1}=0$ 代入得 $F_{N2}=0$。

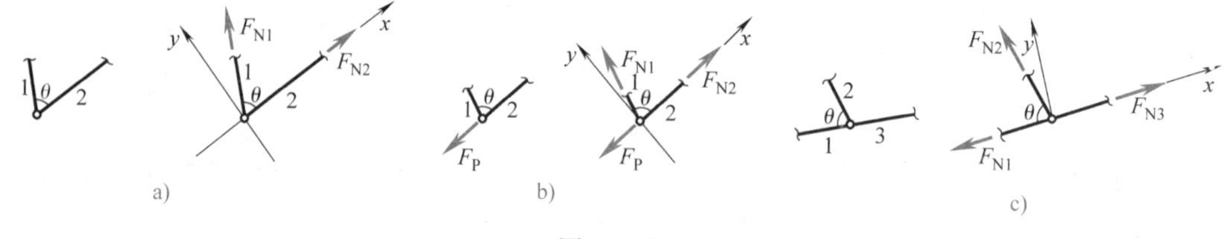

图　15-16

2）**V 结点上受一外力作用，且外力沿其中一杆，则另一杆必为零杆**。外力所沿的杆有轴力，且轴力绝对值等于外力的大小，轴力是拉(或压)相应于外力使结点的运动趋势是离开(或压紧)该杆。

如图 15-16b 所示，V 结点受沿杆 2 的外力 F_P 作用。取结点分析，由 $\sum F_y=0$ 得 $F_{N1}\sin\theta=0$。同样，因 $\sin\theta\neq0$，故 $F_{N1}=0$。由 $\sum F_x=0$ 得 $F_{N2}+F_{N1}\cos\theta-F_P=0$，将 $F_{N1}=0$ 代入，得 $F_{N2}=F_P$(拉，F_P 使结点有离开 2 杆的趋势)。

3）**y 结点不受外力时，则支杆必为零杆**。所谓 y 结点，是指三杆汇交于一结点，且其中二杆共线，形成某一方位的“y”字。如图 15-16c 所示，取 y 结点分析，由 $\sum F_y=0$得 $F_{N2}\sin\theta=0$。同理，因 $\sin\theta\neq0$ ，故 $F_{N2}=0$ 。

（2）等力杆　桁架中，轴力绝对值相等的杆称为等力杆。例 15-6 中 AC 杆与 BC 杆、AD 杆与 BF 杆、DE 杆与 EF 杆、DC 杆与 CF 杆均分别为等力杆。在桁架内力计算时，若能

先判定出等力杆，同样能简化计算过程。如在例 15-6 中，根据对称性判断出等力杆后，使计算工作量节省了一半。

下面介绍几种特殊结点上等力杆的判定规律。

1）**X 结点不受外力，则每对共线杆都为等力杆，且每对等力杆的轴力拉、压性质相同**。所谓 X 结点，是指四杆交于一结点，且两两共线，形成某一方位的“X”字。

如图 15-17a 所示，取 X 结点分析，由 $\sum F_y=0$得 $F_{N3}\sin\theta-F_{N4}\sin\theta=0$，故 $F_{N3}=F_{N4}$，说明 3、4 杆为等力杆，且轴力符号相同。又由 $\sum F_x=0$，$F_{N2}+F_{N3}\cos\theta-F_{N1}-F_{N4}\cos\theta=0$ 得 $F_{N1}=F_{N2}$，说明 1、2 杆为等力杆，且轴力符号相同。

2）**K 结点不受外力，则同侧两杆为等力杆，且轴力符号相反**。所谓 K 结点，是指四杆汇交于一结点，其中两杆共线，另外两杆位于同侧且与两共线杆夹角相等，形成某一方位的“K”字。如图 15-17b 所示，取 K 结点分析，由 $\sum F_y=0$得 $F_{N1}\sin\theta+F_{N2}\sin\theta=0$，故 $F_{N1}=-F_{N2}$，说明 1、2 杆为等力杆且轴力符号相反。

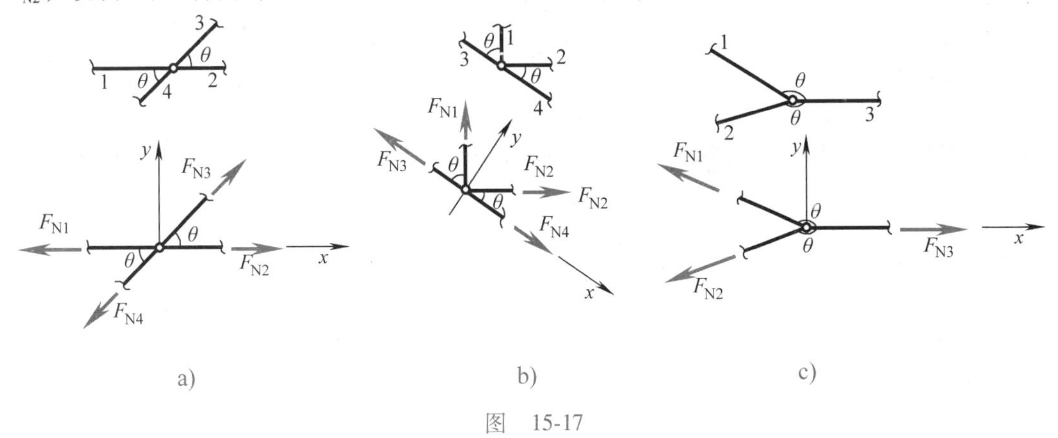

图　15-17

3）**Y 结点不受外力，则两对称杆为等力杆，且轴力符号相同**。所谓 Y 结点，是指三杆汇交于一结点，其中两杆与第三杆夹角相同，形成某一方位的“Y”字。如图 15-17c 所示，取 Y 结点分析，由 $\sum F_y=0$得 $F_{N1}\sin(180-\theta)-F_{N2}\sin(180-\theta)=0$，故 $F_{N1}=F_{N2}$，说明 1、2 杆为等力杆且轴力符号相同。

3. 截面法

这种方法是用一截面（可为平面，也可为曲面）截取桁架的一部分为分析对象，画出其受力图，并据此建立平衡方程来求解桁架杆件的轴力。截面法的分析对象是桁架的一部分，它可以是一个铰或一根杆，也可以是联系在一起的多个铰或多根杆。所谓“截取”，就是要截断所选定部分与周围其余部分联系的杆件并取出分析对象。

如果截面法只截取了单个铰为分析对象，则其受力图与结点法相似。其差别有两点：①结点法的分析对象是理想铰，而截面法截取出的铰上却留有余下的短杆段。②结点法受力图画出的是杆件对铰的约束（反）力，因其与相应杆件的轴力大小相等、拉压性质相同，故有时不加区分地把计算出的杆件约束力“当做”杆件轴力。而截面法受力图画出的是被截断杆件的轴力，计算结果就是杆件轴力，显得更直接。

不过，截面法截取的分析对象通常不宜是单个铰，而应是含有铰和杆件的更大的部分，这样才能发挥自身的优势。这种情况下，所取分析对象受的力系通常是平面一般力系，故最多可求解出3个未知力。因此，一般情况下截面法所取的分析对象上未知轴力不宜超过3个。截面法通过选择适当方位的投影轴与矩心，可使一个平衡方程只含1个未知量，从而简化计算过程。

如果截面法分析对象上未知轴力超过了3个，则除特殊力系(如含有n个未知力的平面力系中$n-1$个未知力汇交于一点或相互平行)外，一般要另取其他分析对象同时分析，建立含3个以上方程的联立方程组来求解。在计算桁架时应尽量避免这种情况出现。

例15-7　已知桁架荷载及尺寸如图15-18所示。试计算杆件1、2、3的轴力。

解　这是一个简支桁架，应先求出支座约束力。否则，无论取哪个结点，未知力都超过2个，从而无法求解。

(1) 求支座约束力　取桁架整体分析，画出受力图如图15-18a所示。由平衡条件得

$$\sum F_x=0,\qquad F_{Ax}=0$$

$$\sum M_A=0,\qquad F_B\times15\text{m}-10\text{kN}\times3\text{m}-20\text{kN}\times12\text{m}=0$$

解得 $F_B=18\text{kN}(\uparrow)$。

$$\sum F_y=0,\qquad F_{Ay}+F_B-10\text{kN}-20\text{kN}=0$$

解得 $F_{Ay}=12\text{kN}(\uparrow)$。

验算：$\sum M_B=-F_{Ay}\times15\text{m}+10\text{kN}\times12\text{m}+20\text{kN}\times3\text{m}=0$，说明约束力计算无误。

(2) 求杆件轴力　用m-m截面将1、2、3杆截断，取桁架左部分为分析对象，画出受力图如图15-18b所示。建立平衡方程

$$\sum M_E=0,\ -12\text{kN}\times6\text{m}+10\text{kN}\times3\text{m}-F_{\text{N1}}\times2\text{m}=0$$

解得　$F_{\text{N1}}=-21\text{kN}$(压力)

$$\sum M_C=0,\ -12\text{kN}\times7.5\text{m}+10\text{kN}\times4.5\text{m}+F_{\text{N3}}\times2\text{m}=0$$

解得　$F_{\text{N3}}=22.5\text{kN}$(拉力)

$$\sum F_y=0,\ 12\text{kN}-10\text{kN}+F_{\text{N2}}\sin\alpha=0$$

因 $\sin\alpha=4/5$，解得　$F_{\text{N2}}=-2.5\text{kN}$(压力)。

例15-8　求图15-19a所示桁架中杆ED的轴力。已知$ABCD$为正方形，$EH/\!/AC$，$HG/\!/AB$，C、E、G、B四点共线，荷载$\boldsymbol{F}$竖直向下。

解　通过认真分析，以图示闭合截面截取三角形EHG为分析对象，画出受力图如图15-19b所示。延长F_{NAH}的作用线交EG杆于O。由几何关系知，O为等腰直角三角形EHG斜边的中点。设$\angle EDC=\theta$，由平衡条件

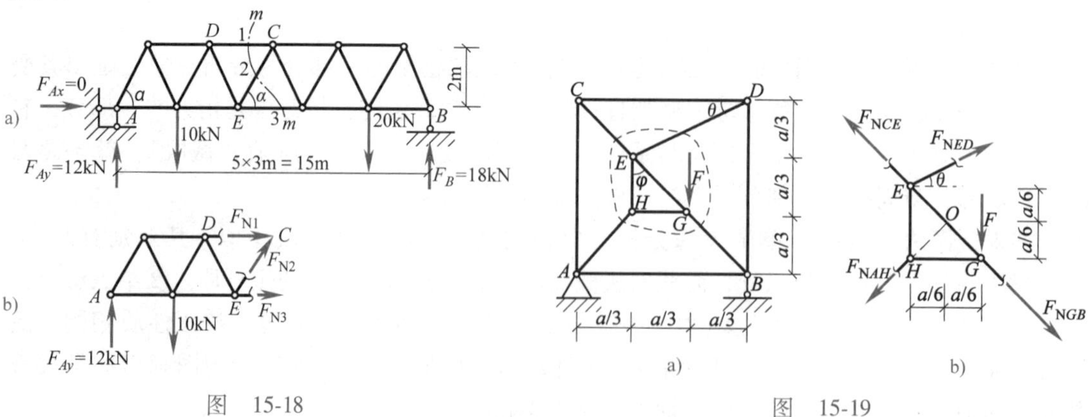

图　15-18　　　　　　　　图　15-19

$$\sum M_O=0,\ -F\times\frac{a}{6}-F_{NED}\cos\theta\times\frac{a}{6}-F_{NED}\sin\theta\times\frac{a}{6}=0$$

代入 $\sin\theta=\frac{1}{\sqrt{5}}$，$\cos\theta=\frac{2}{\sqrt{5}}$，解得 $F_{NED}=-\frac{\sqrt{5}}{3}F$（压力）。

本例所截取的分析对象上，有4个未知力，我们仍然求出了所需的杆件轴力。这是因为除欲求的未知轴力 $\boldsymbol{F}_{NED}$ 外，其余三个未知轴力汇交于 O，在以 O 点为矩心的力矩平衡方程中只含未知轴力 $\boldsymbol{F}_{NED}$。

一般地，若力系中有 n 个未知力，其中 $n-1$ 个汇交于一点，则以该汇交点为矩心列出力矩平衡方程必能求解出第 n 个不汇交于该点的未知力。

例 15-9　求上例桁架中杆 EG 的轴力。

解　以水平截面截取桁架的上半部分为分析对象，画出受力图，如图15-20所示。设 $\angle HEG=\varphi$，由平衡条件 $\sum F_x=0$ 得　$F_{NEG}\sin\varphi=0$。因 $\sin\varphi\neq 0$，可得 $F_{NEG}=0$。

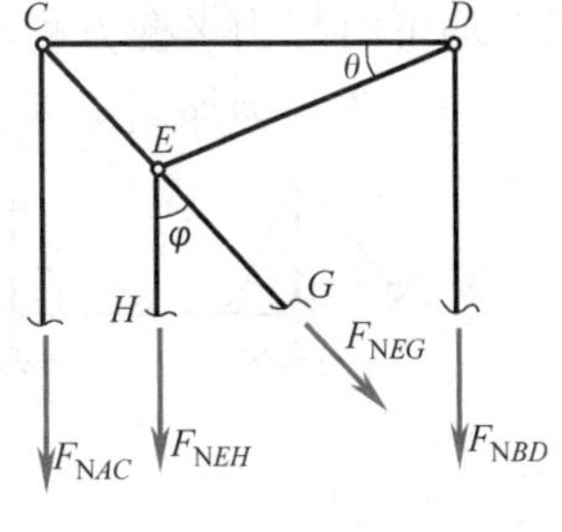

图　15-20

本例所截取的分析对象上面，也有4个未知轴力。我们仍然求出了所需的杆件轴力。这是因为除欲求的未知轴力 $\boldsymbol{F}_{NEG}$ 外，其余三个未知轴力相互平行。

一般地，若力系中有 n 个未知力，其中 $n-1$ 个相互平行，则列出力系在平行方向的投影平衡方程必能求解出第 n 个不平行的未知力。

4. 结点法与截面法的联合应用

结点法和截面法各有优点。两种方法联合应用，会相得益彰，使桁架杆的轴力计算变得更加方便、快捷、灵活、高效。

例 15-10　试求图15-21所示桁架中杆件1、2、3和4的轴力。

解　这也是简支桁架，应先求出支座约束力，再计算杆件轴力。

（1）求支座约束力　取桁架整体分析，画出受力图如图15-21a所示，则由 $\sum F_x=0$　得 $F_{Ax}=0$。未知约束力只剩下 F_{Ay}、F_B，由正对称性可得 $F_{Ay}=F_B=2F(\uparrow)$。

（2）求杆件轴力

1）以Ⅰ-Ⅰ截面截取桁架左部分分析，受力图如图15-21b所示，则由平衡条件

$$\sum M_C=0,\ -F_{N1}\times a+\frac{F}{2}\times a-2F\times \alpha=0$$

解得 $F_{N1}=-\frac{3}{2}F$（压）。

$$\sum F_y=0,\ F_{N1}+F_{N4}=0$$

代入 F_{N1} 之值得　$F_{N4}=\frac{3}{2}F$（拉）。

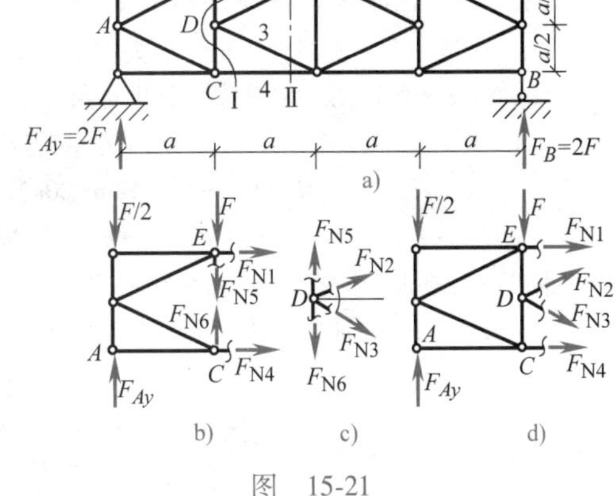

图　15-21

2）取结点 D 分析，受力图如图15-21c所示。因该结点是“K”形结点，且无荷载，故 $F_{N2}=-F_{N3}$。

3）以Ⅱ-Ⅱ截面截取左部分分析，受力图如图15-21d所示，则由平衡条件

$$\sum F_y=0,\ 2F-\frac{1}{2}F-F+F_{N2}\sin\alpha-F_{N3}\sin\alpha=0$$

将 $F_{N2}=-F_{N3}$ 和 $\sin\alpha=\frac{1}{\sqrt{5}}$ 代入可解得

$$F_{N2}=-F_{N3}=-\frac{\sqrt{5}}{4}F\quad（F_{N2}取负为压力,F_{N3}取正为拉力）$$

第四节　静定组合结构的内力

所谓组合结构是指结构体系中既包含二力杆又包含受弯杆，是桁架结构与刚架结构的组合。如果这种体系又是无多余约束的几何不变体系，则称为静定组合结构，其全部约束力和内力均可由静力平衡方程求出。图15-22所示结构均为静定组合结构，其中图a为简易斜拉桥结构，图b为加固工程中常采用的结构，图c为下撑式五角形屋架结构。

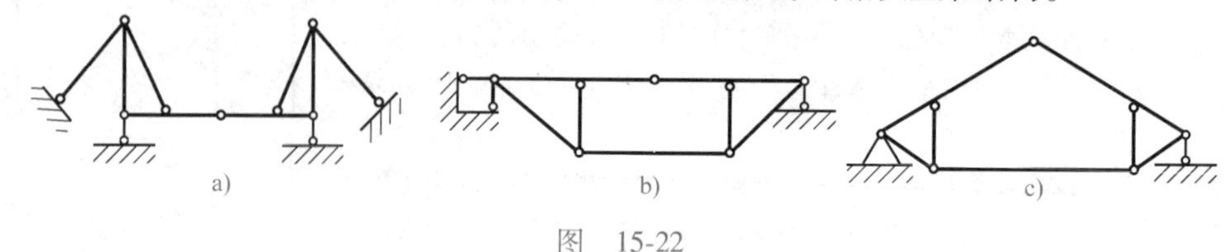

图　15-22

计算组合结构的内力，也是以截面法和结点法为计算工具。具体计算时，应注意以下几点：

1）用结点法时，不取组合结点或受弯杆端部铰结点为分析对象。因为此类结点上有梁式杆，分析起来很不方便。

2）用截面法时，不截断受弯杆。因为受弯杆横截面上一般有剪力、弯矩和轴力三种内力，截断后未知内力太多，增加计算难度。

3）在取脱离体时，组合结点应采用拆开的办法，二力杆则可直接截断。

4）受弯杆按梁和刚架的计算方法求内力，画出内力图(包括弯矩图、剪力图和轴力图)。二力杆求出轴力即可，也可标注在结构图中相应杆的旁边。

例15-11　试计算图15-23所示组合结构的内力。

解　这是一个简支组合结构。应先求出支座约束力，再计算杆件内力。

（1）求支座约束力　取整体为分析对象，受力图如图15-23a所示，则

$$\sum F_x=0，F_{Ax}=0$$

$$\sum M_B=0，-F_{Ay}\times12\text{m}-20\text{kN/m}\times12\text{m}\times6\text{m}=0\quad 得\ F_{Ay}=120\text{kN}(\uparrow)$$

$$\sum F_y=0，F_{Ay}+F_B-20\text{kN/m}\times12\text{m}=0\quad 得\ F_B=120\text{kN}(\uparrow)$$

也可由对称性平衡直接得 $F_{Ay}=F_B=120\text{kN}(\uparrow)$。

（2）求二力杆的轴力　从以下三方面分析。

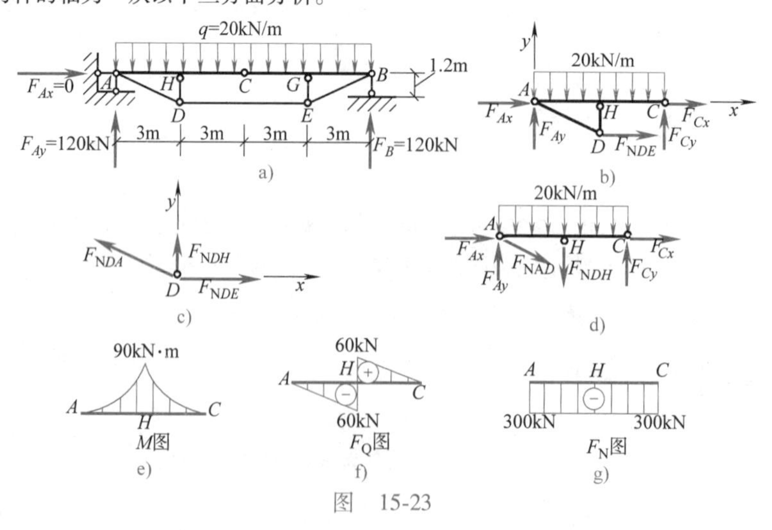

图　15-23

1）拆开铰 C，截断杆 DE，取其左部分结构分析，受力图如图 15-23b 所示，则

$$\sum M_C=0,\ F_{NDE}\times1.2\text{m}+20\text{kN/m}\times6\text{m}\times3\text{m}-F_{Ay}\times6\text{m}=0$$

解得　$F_{NDE}=300\text{kN}$（拉）。

$$\sum F_x=0,\ F_{Cx}+F_{NDE}=0\qquad 解得\quad F_{Cx}=-300\text{kN}(\leftarrow)。$$

$$\sum F_y=0,\ F_{Cy}+F_{Ay}-20\text{kN/m}\times6\text{m}=0\qquad 解得\quad F_{Cy}=0。$$

2）取结点 D 分析，受力图如图 15-23c 所示，则

$$\sum F_x=0,\ 300\text{kN}-F_{NDA}\cos\theta=0$$

因 $\cos\theta=\dfrac{3}{3.231}$，解得 $F_{NDA}=323.1\text{kN}$（拉）。

$$\sum F_y=0,\ F_{NDH}+F_{NDA}\sin\theta=0$$

因 $\sin\theta=\dfrac{1.2}{3.231}$，解得 $F_{NDH}=-120\text{kN}$（压）。

3）由对称性知：$F_{NEB}=F_{NDA}=323.1\text{kN}$（拉），$F_{NEG}=F_{NDH}=-120\text{kN}$（压）。

（3）计算并绘制受弯杆的内力图　由于结构与荷载均对称，故只需计算并绘制一半结构的内力图即可。因此取左半结构 AC 分析，受力图如图 15-23d 所示，注意除横向力外还有轴向力和斜向力。内力图分为 AH、HC 两个均载段绘制。经计算，绘制出 AC 段的弯矩图、剪力图和轴力图分别如图 15-23e、f、g 所示。值得注意的是因为有轴向力和斜向力存在，故轴力不为零，有轴力图。

第五节　静定结构的特性

如前所述，一方面，从静力特性看，静定结构是全部约束力个数等于其独立平衡方程个数的结构。因此，其全部约束力及内力都可由平衡方程唯一确定。另一方面，从几何组成看，静定结构体系是无多余约束的几何不变体系。

为了更好地认识与理解静定结构，我们将静定结构的特性归纳如下：

1）静定结构平衡方程有解且解答唯一。静定结构独立平衡方程的个数恰好等于未知约束力的个数。不难推知，计算时不管怎样截、拆静定结构，所得全部分析对象上的未知量（约束力或内力）总个数与能列出的独立平衡方程个数恒相等。因此静定结构的静力平衡方程组存在唯一的一组解答。

2）静定结构的约束力和构件内力与构件的材料性质和截面形状尺寸等无关。静定结构的约束力、内力只需用静力平衡方程即可解出。这说明它们只由静力平衡条件确定。而静力平衡条件只与结构的整体形状及尺寸、荷载等有关，而与各构件横截面形状及尺寸、材料种类等无关。因此，静定结构约束力及构件内力的大小和方向与构件材料性质和截面形状尺寸无关。

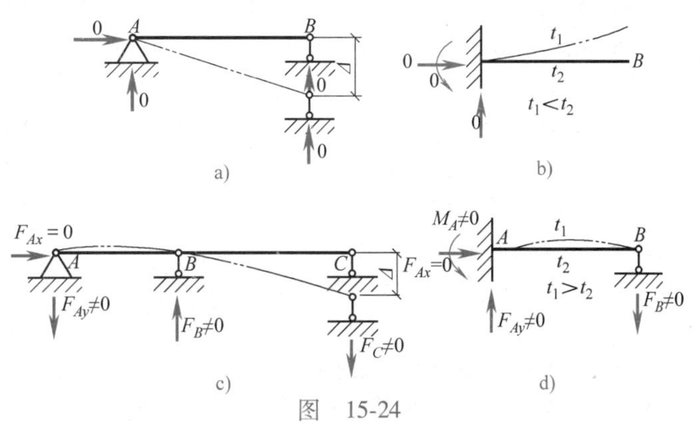

图　15-24

3）静定结构不会因支座变位、温差和制造误差等因素而引起支座约束力和内力。静定结构是无多余约束的几何不变体系。因此，支座变位、温差和制造误差等因素只能引起结构体系的变位而不会引起支座约束力和内力，如图 15-24a、b

所示。

对于超静定结构，由于是有多余约束的几何不变体系，则这些因素会使结构构件产生变形，从而引起支座约束力和内力，如图 15-24c、d 所示。

4）静定结构的某一几何不变部分受到平衡力系作用时，则只有该部分内的构件产生内力，其余部分内力为零，且不会引起支座约束力，如图15-25a、b 所示。

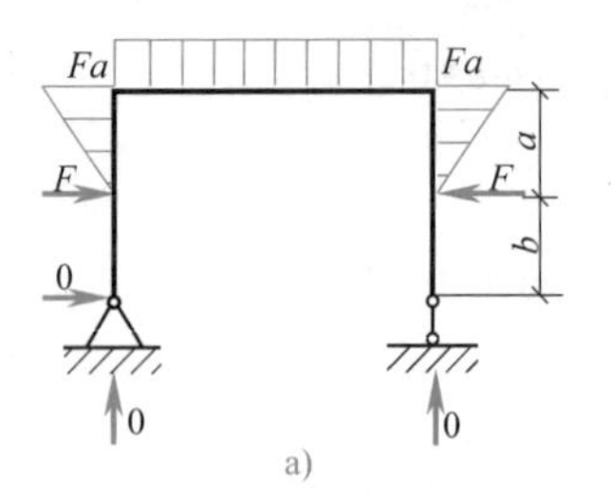

a)

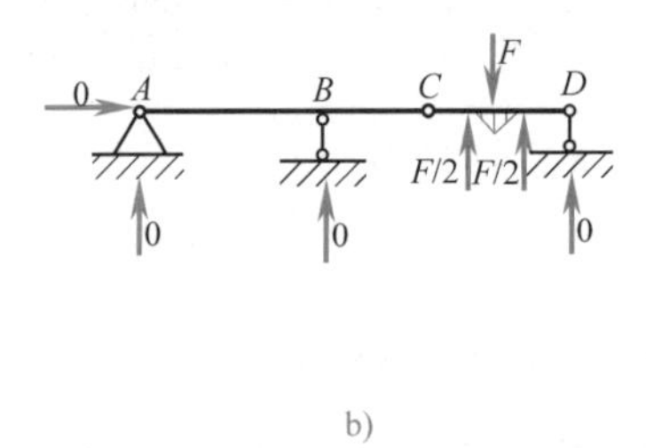

b)

图　15-25

5）静定结构的某一几何不变部分上的单个外力或外力系被代之以等效力系时，仅引起该部分内构件的内力发生变化，其余部分内力不变，如图 15-26a、b 所示。

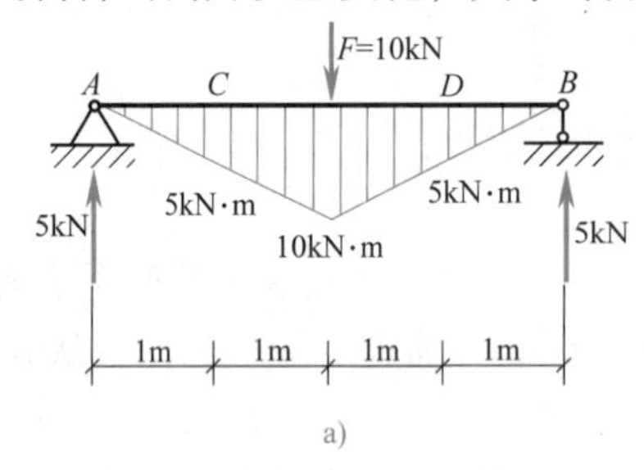

a)

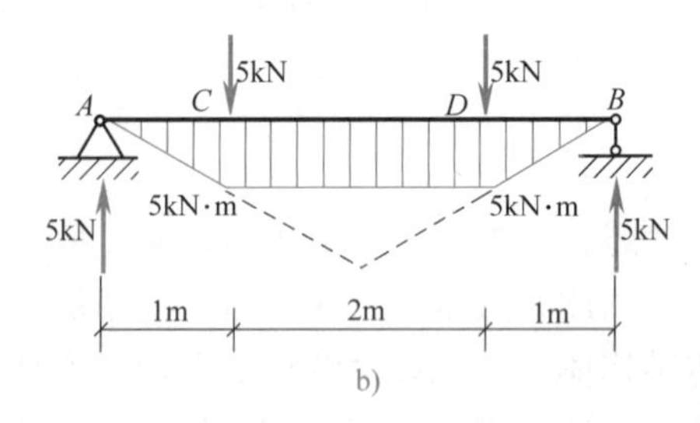

b)

图　15-26

思　考　题

15-1　什么是刚架？什么是平面刚架？什么是静定平面刚架？常见静定平面刚架有几种？你能举出几种刚架结构实例吗？

15-2　静定平面刚架内力计算有哪些特点？计算结果如何校核？

15-3　拱结构有什么特点？拱与梁、刚架有什么区别？常见拱有哪几种？

15-4　三铰拱内力计算有哪些特点？如何绘制三铰拱内力图(两种方式的主要区别)？

15-5　什么是合理拱轴线？实际工程的拱轴线有合理拱轴线吗？

15-6　桁架结构有什么特点？桁架结构与梁结构、刚架结构、拱结构有什么区别？

15-7　什么是静定平面桁架结构？其常见类型有几种？其内力计算有什么特点？

15-8　如何判定平面桁架结构中的零杆和等力杆？建造桁架结构时，能否省掉零杆？

15-9　桁架结构内力计算时，哪些情况脱离体受力图上内力数超过平衡方程数时也能解出部分内力？

15-10　何谓组合结构？静定平面组合结构的特点有哪些？其计算有什么特点？

15-11　静定结构有哪些特性？

练　习　题

15-1　作出图 15-27 所示静定平面刚架内力图，并写出主要计算步骤。

15-2　计算图 15-28 所示圆弧三铰拱横截面 K 的内力。

15-3　作出图 15-29 所示抛物线三铰拱的内力图。已知拱轴抛物线方程为$y=4fx(l-x)/l^2$。

15-4　试确定图 15-30 所示对称三铰拱在满跨均布荷载 $q=10\text{kN/m}$ 作用下的合理拱轴线形状(因形状未定,故图中画为虚线)。要求写出确定合理拱轴线方程全过程，不能直接代已有公式。

15-5　试计算图 15-31 所示静定平面桁架上指定杆件的内力。

15-6　试计算图 15-32 所示静定组合结构的内力。

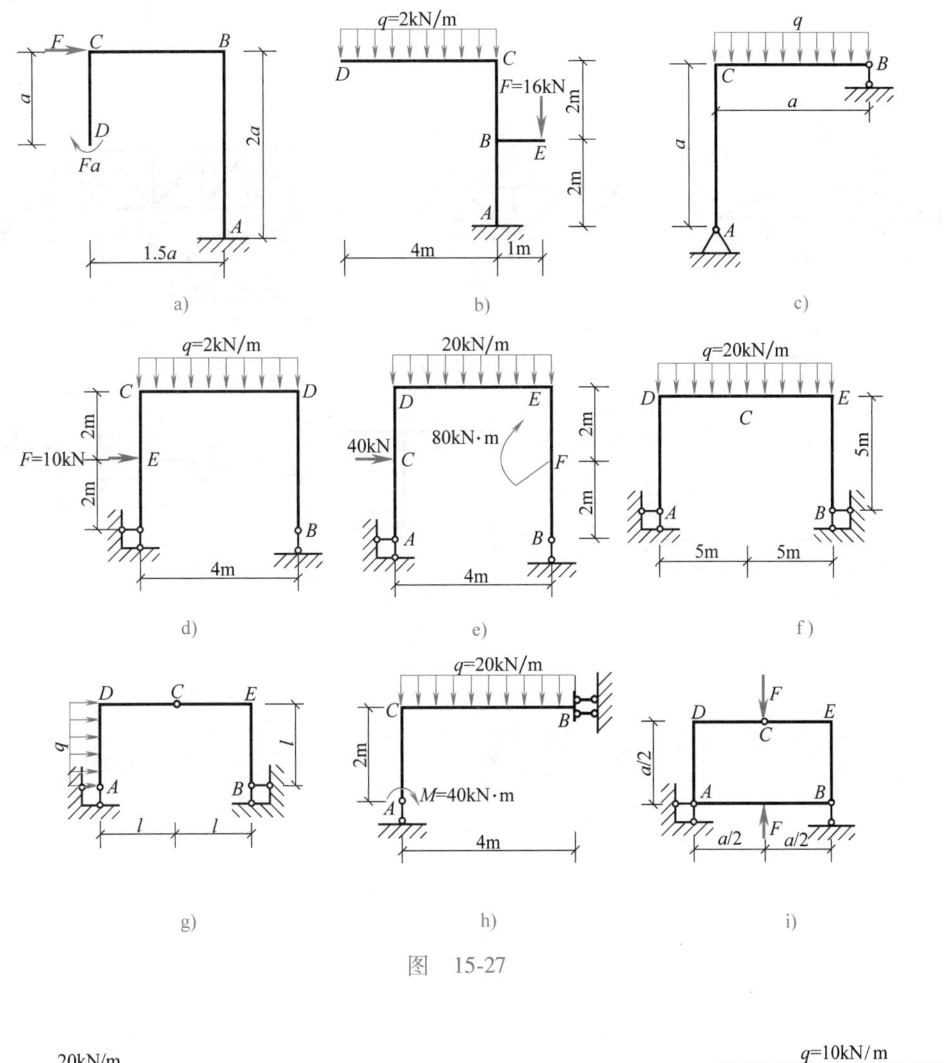

图　15-27

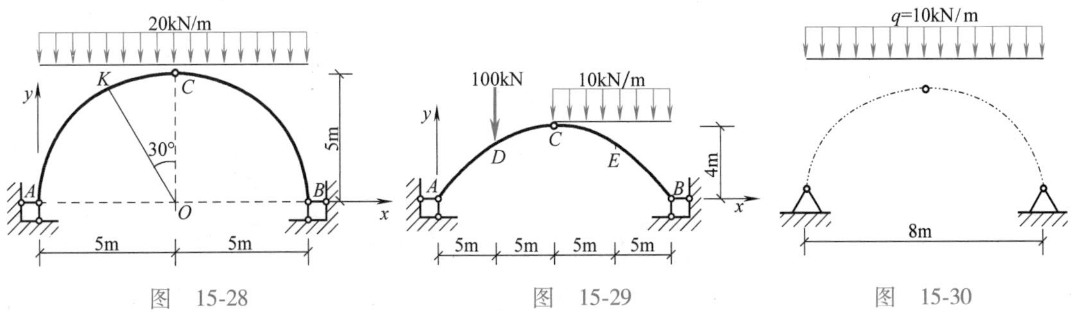

图　15-28　　图　15-29　　图　15-30

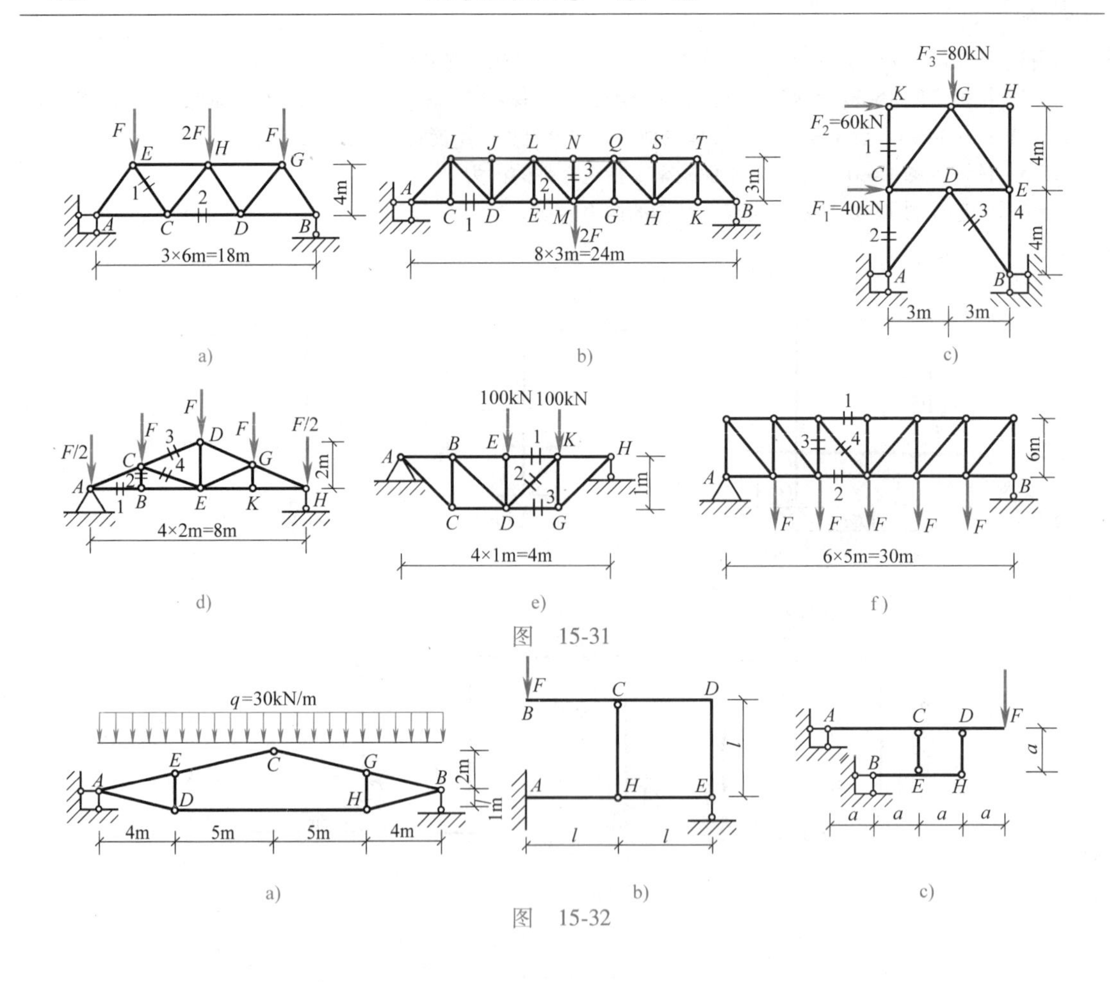
F
2F
F
E
H
G
1
2
4m
A
C
D
B
3×6m=18m
a)
I J L N Q S T
3
3m
A
C 1 D
2
E M
G H K
B
2F
8×3m=24m
b)
F_3=80kN
K G H
F_2=60kN
1
4m
C
D
E
F_1=40kN
3
4
2
4m
A
B
3m 3m
c)
F
F/2
F
D
F
F/2
3
C
4
G
2m
A
2
B
E
K
H
1
4×2m=8m
d)
100kN 100kN
A
B
E
1
K
H
2
1m
3
C
D
G
4×1m=4m
e)
1
3
4
6m
A
2
B
F F F F F
6×5m=30m
f)
图　15-31
q=30kN/m
E
C
G
2m
A
D
H
B
1m
4m 5m 5m 4m
a)
F
C
D
B
l
A
H
E
l l
b)
A
C
D
F
a
B
E
H
a a a a
c)
图　15-32

第十六章 静定结构的位移计算与刚度校核

学习目标

静定结构的位移计算是本书中的一个重要内容，其研究思路为：先研究结构位移的概念，变形体的虚功原理；再过渡到单位荷载法、图乘法计算静定结构的位移；最后研究梁的刚度校核等。

第一节 结构位移的概念

梁在竖向荷载作用下会产生挠度，钢筋在温度升高时会伸长，建筑物在基础沉降时会倾斜，这些都属于结构的变形问题。由于组成结构的材料都是可以变形的，所以结构在受到荷载等作用时，也都会产生变形和位移。变形是指结构的形状发生改变，而位移是指结构某点位置的改变。如图 16-1 所示，简支梁在荷载作用下形状由直线变为曲线，这就叫梁发生了变形；而梁上截面 K 的形心由原来位置 K 移动到新的位置 K'，称该截面发生了位移。K、K'之间的距离就是该点的**线位移**；同时，截面 K 还转动了一个角度 θ，称为截面 K 的**角位移**。

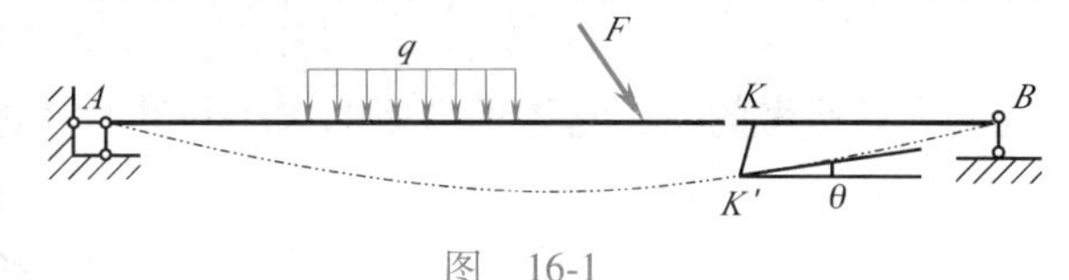

图 16-1

引起结构位移的主要原因有荷载作用、温度变化、支座移动以及材料收缩和制造误差等。

进行结构位移计算的目的为：

（1）**结构刚度校核** 结构刚度校核就是要验算结构在荷载等作用下，它的位移是否能够满足结构正常运行的要求。例如，吊车梁挠度过大，吊车将无法正常工作；桥梁的变形过大，就会引起列车过大的冲击和振动；风中的高层建筑水平位移过大，即使结构不会破坏，也会使工作和居住的人感到不适。所以，在各种结构相应的规范中，都对结构规定了必须满足的刚度要求。例如，吊车梁的允许最大挠度规定为跨度的 1/600；高层框架剪力墙结构的顶点水平位移不宜超过高度的 1/800 等。

（2）**为结构施工提供位移数据** 例如在跨度较大的结构中，为了避免建成后产生显著下垂，可预置拱度，先将结构做成与挠度相反的拱形，称为**起拱**，起拱高度须根据结构位移来确定。

（3）**为超静定结构计算打下基础** 实际结构除静定结构外，更多的是超静定结构。进行超静定结构受力分析时，需要同时考虑结构的平衡条件和变形协调条件，因此要进行超静定结构计算，必须先会静定结构的位移计算。

另外，在结构动力计算和结构稳定分析中，也要用到结构的位移计算。

结构位移计算是以虚功原理为基础的，本章将在介绍功能原理的基础上推导结构位移计算的一般公式，进而讨论梁、刚架和桁架等结构的位移计算。

第二节 变形体的虚功原理

一、功、广义力与广义位移

如图16-2所示，设物体上A点受到静力F的作用时，从A点移到A'点，发生了Δ的线位移，则力F在发生位移Δ的过程中所做的功为

$$W=F\Delta\cos\theta \tag{16-1}$$

式中，θ为力F与线位移Δ之间的夹角。

功是标量，其单位用N·m或kN·m表示。

如图16-3a所示，为一绕O点转动的轮子。在轮子边缘作用着力F。设力F的大小不变而方向改变，但始终沿着轮子的切线方向。当轮缘上的一点A在力F的作用下转到点A'，即轮子转动了角度φ时，力F所做的功为

$$W=FR\varphi$$

式中，FR为F对O点的力矩，以M来表示，则有

$$W=M\varphi$$

此为力矩所做的功，它等于力矩的大小和其所转过角度的乘积。

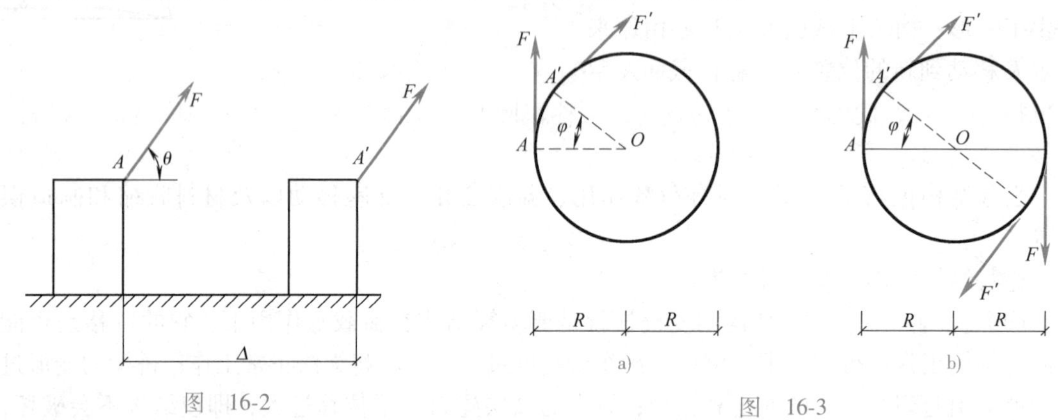

图 16-2

图 16-3

在图16-3b中，若在轮子上作用有F及F'两个力，当轮子转动了角度φ后，$\boldsymbol{F}$及$\boldsymbol{F}'$所做的功为

$$W=FR\varphi+F'R\varphi$$

若$F=F'$，则有

$$W=2FR\varphi$$

$2FR$即为F及F'所构成的力偶，用M'表示，则有

$$W=M'\varphi \tag{16-2}$$

为了计算方便，现将式(16-1)和式(16-2)统一写成

$$W=F\Delta \tag{16-3}$$

式中，若F为集中力，则Δ就为线位移；若F为力偶，则Δ就为角位移。F称为广义力，它可以是一个集中力或集中力偶，还可以是一对力或一对力偶等；Δ称为广义位移，它可以是线位移，也可以是角位移。

另外，对于功除注重基本概念外，还需注意功的正负号。功可以为正，也可以为负，还可以为零。当 $\boldsymbol{F}$ 与 Δ 方向相同时为正；反之则为负。若 $\boldsymbol{F}$ 与 Δ 方向相互垂直时，则功为零。

二、实功与虚功

1. 实功

如图 16-4a 所示简支梁，当荷载 $\boldsymbol{F}$ 作用在其上时，位移的大小将随力的增加而线性增加。在弹性范围内，任一位移 $\boldsymbol{\Delta}$ 和作用力 $\boldsymbol{F}$ 之间为线性关系(图 16-4b)，即

$$F=k\Delta$$

式中，k 为比例常数，是使结构 K 处发生单位位移所需要的力。根据微积分概念，在某一微小位移 $\mathrm{d}\Delta$ 上，作用力 F 可以看成常数，所做元功为

$$\mathrm{d}W=F\mathrm{d}\Delta$$

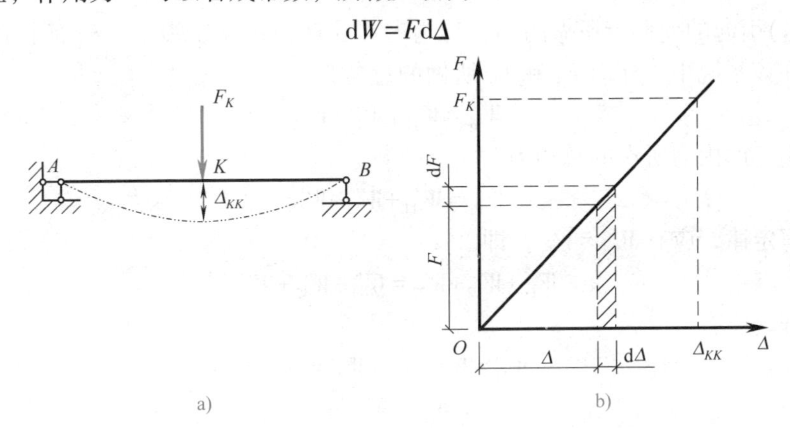

图　16-4

作用力从零增加到 F_K 过程中所做功为

$$W=\int_0^{\Delta_{KK}}F\mathrm{d}\Delta=\int_0^{\Delta_{KK}}k\Delta\mathrm{d}\Delta=\frac{1}{2}k\Delta_{KK}^2=\frac{1}{2}F_K\Delta_{KK} \tag{16-4}$$

式(16-4)表明，线弹性体系的外力功等于外力与其相应的位移乘积的一半。上述力做功的特点是，力自己在自身引起的位移上所做功，在力学上称为外力实功。当体系上有若干个外力共同作用时，总的外力实功按下式计算

$$\sum\frac{1}{2}F_K\Delta_{KK}=\frac{1}{2}\sum F_K\Delta_{KK} \tag{16-5}$$

2. 虚功

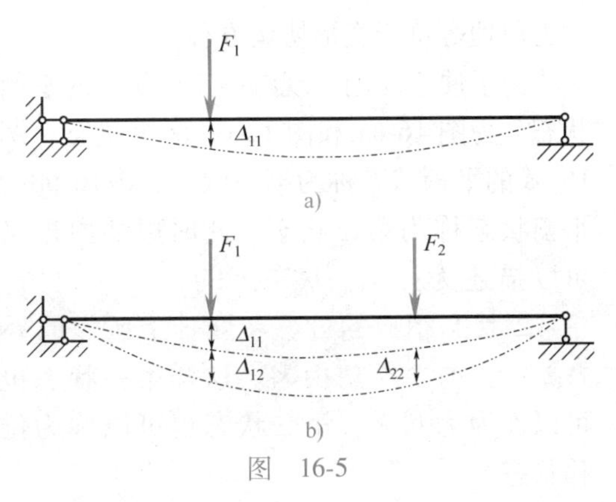

图　16-5

如图 16-5a 所示简支梁，在静力荷载 F_1 的作用下，结构发生了图 16-5a 中虚线所示变形，达到平衡状态。当 F_1 由零缓慢地逐渐地加到其最终值时，其作用点沿 F_1 方向产生了位移 Δ_{11}，此时 F_1 所做的实功 $W_{11}=\dfrac{1}{2}F_1\Delta_{11}$；若在此基础上，又在梁上施加另外一个静力荷载 F_2，梁就会达到新的平衡状态，如图 16-5b 所示。F_1 的作用点沿 F_1 方向又产生了位移 Δ_{12}，此时 F_1 不

再是静力荷载，而是一个恒力，F_2 的作用点沿 F_2 方向产生了位移 Δ_{22}，此时 F_2 所做的实功 $W_2=\dfrac{1}{2}F_2\Delta_{22}$。由于 F_1 不是产生 Δ_{12}的原因，所以 $W_{12}=F_1\Delta_{12}$就是 F_1 所做的虚功，称为外力虚功；此处功之所以用“虚”字，只是强调做功的力与做功的位移无关，以示与实功的区别。在这里，功和位移的表达符号都出现了两个下标，第一个下标表示位移发生的位置，第二个下标表示引起位移的原因，这种表示方法称为功和位移的双下标表示法。

三、变形体的虚功原理

前面所讲到的简支梁，在力 F_1 作用下引起内力，内力在其本身引起的变形上所做的功，称为内力实功，用 W'_{11}表示。F_1 所做的功 W_{11}称为外力实功。力 F_1 作用下引起的内力在其他原因(比如 F_2)引起的变形上所做的功，称为内力虚功，用 W'_{12}表示。F_1 所做的功 W_{12}称为外力虚功。在该系统中，外力 F_1 和 F_2 所做的总功为

$$W_{外}=W_{11}+W_{12}+W_{22}$$

而 F_1 和 F_2 引起的内力所作的总功为

$$W_{内}=W'_{11}+W'_{12}+W'_{22}$$

根据能量守恒定律，应有 $W_{外}=W_{内}$，即

$$W_{11}+W_{12}+W_{22}=W'_{11}+W'_{12}+W'_{22}$$

根据实功原理，应有

$$W_{11}=W'_{11}\qquad W_{22}=W'_{22}$$

所以有

$$W_{12}=W'_{12}\tag{16-6}$$

在上述情况下，F_1 视为第一组力先加在结构上；F_2 视为第二组力后加在结构上，两组力 F_1 与 F_2 是彼此独立无关的。式(16-6)称为虚功原理。它表明，结构的第一组外力在第二组外力所引起的位移上所做的外力虚功，等于第一组内力在第二组内力所引起的变形上所做的内力虚功。简言之

外力虚功=内力虚功

虚功原理有两种表达形式，分别为：

(1) 虚位移原理　虚设约束允许的可能位移，求结构中实际产生的力(支座反力、内力)。虚位移方程等价于静力平衡方程。

(2) 虚力原理　虚设外力，求结构实际发生的位移，也就是本节所讲虚功原理的目的。虚力原理等价于变形协调方程。

为了便于应用，现将图 16-5b 中的平衡状态分为图 16-6a 和图 16-6b 两个状态。图 16-6a 的平衡状态称为第一状态，图16-6b的平衡状态称为第二状态。此时虚功原理又可以描述为：第一状态上的外力和内力，在第二状态相应的位移和变形上所做的外力虚功和内力虚功相等。这样第一状态也可以称为力状态，第二状态也可以称为位移状态。

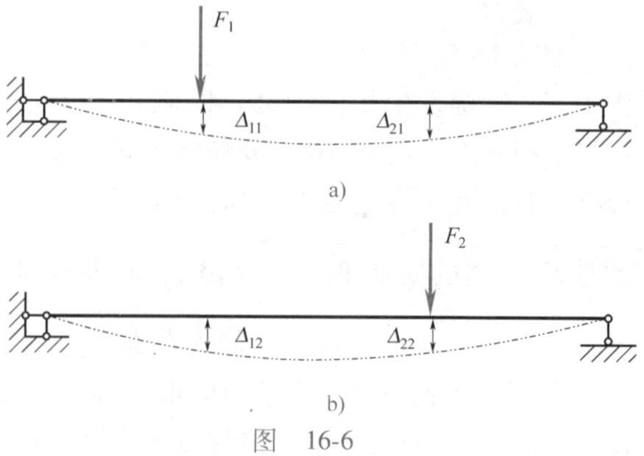

图　16-6

虚功原理既适用于静定结构，也适用于超静定结构。

小贴士：静定结构位移计算的思路

第三节　结构位移计算的一般公式及单位荷载法

第二节推演出变形体的虚功原理，即外力虚功等于内力虚功。推演本原理的目的在于，利用它计算结构的位移。那么，具体怎样利用上述原理来计算结构的位移呢？其基本思路是，利用变形体的虚功原理，推演出结构位移的一般公式。

设图 16-7a 所示平面杆系结构，由于荷载、支座移动等因素引起了如图所示变形，试求某一指定点 K 沿某一指定方向 K-K' 上的位移 $\Delta_{KK'}$。

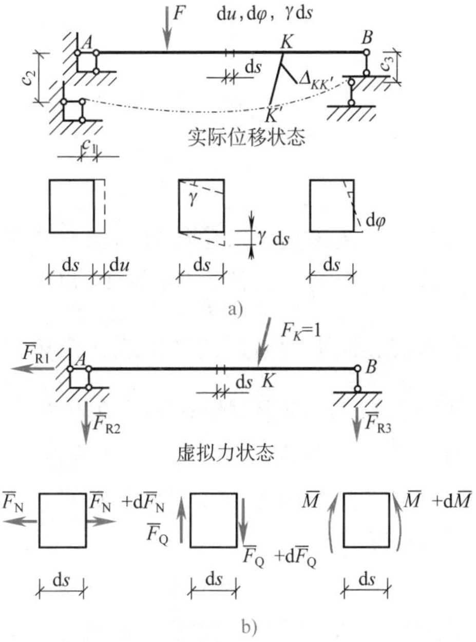

应用虚功原理需要有两个状态：力状态和位移状态。所要求的位移是由给定的荷载及支座移动等因素引起的，故应以此实际状态作为结构的位移状态，然后根据计算位移的需要建立一个虚拟的力状态。由于力状态与位移状态是彼此独立无关的，因此力状态可以根据计算的需要来假设。为了使力状态中的外力能在位移状态中的所求位移 $\Delta_{KK'}$ 上做虚功，就在 K 点沿 K–K' 方向加一个集中荷载 F_K。为了计算方便，令 $F_K=1$，如图 16-7b 所示，以此作为结构的虚拟力状态。

图　16-7

虚拟力状态的外力在实际位移状态相应位移上所做的虚功，包括荷载和支座反力所做的虚功。设在虚拟力状态中，由单位荷载 $F_K=1$ 引起的支座反力为 $\overline{F}_{R_1}$、$\overline{F}_{R_2}$、$\overline{F}_{R_3}$，而在实际位移状态中相应的支座位移为 c_1、c_2、c_3，则在虚功状态的外力在实际状态位移上所做的总外力虚功为

$$\begin{aligned}W_{外}&=1\Delta_k+\overline{F}_{R1}c_1+\overline{F}_{R2}c_2+\overline{F}_{R3}c_3\\&=\Delta_k+\sum\overline{F}_{R}c\end{aligned}$$

由虚功原理 $W_{外}=W_{内}$，有

$$\Delta_K=\sum\int\overline{F}_{N}du+\sum\int\overline{M}d\varphi+\sum\int\overline{F}_{Q}\gamma ds-\sum\overline{F}_{R}c \tag{16-7}$$

式中，$\overline{F}_N$，$\overline{M}$，$\overline{F}_Q$ 为单位力 $F_K=1$ 作用引起的某微段上的内力；du，$d\varphi$，ds 为实际状态中微段相应的变形，于是总的内力虚功为

$$W_{内}=\sum\int\overline{F}_{N}du+\sum\int\overline{M}d\varphi+\sum\int F_{Q}\gamma ds$$

式(16-7)即为平面杆件结构位移计算的一般公式。这种计算位移的方法称为单位荷载法。

设置单位荷载时，应注意下面两个问题：

(1) 虚拟单位力 $F=1$ 必须与所求位移相对应。欲求结构上某一点沿某个方向的线位

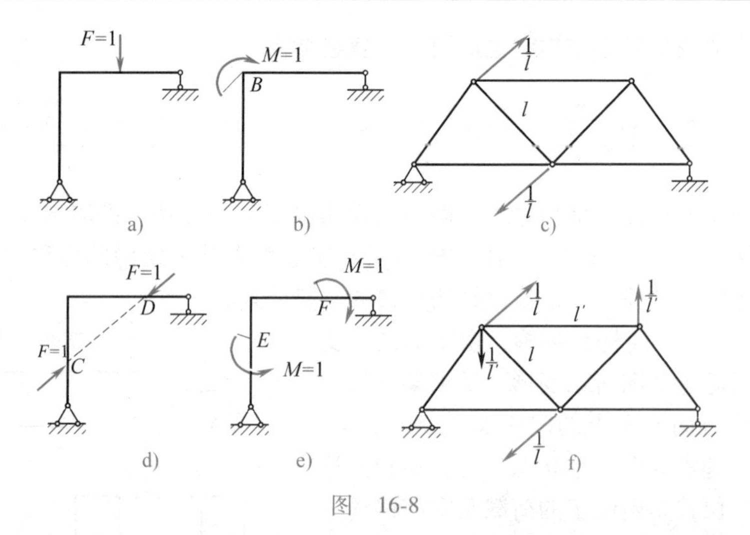

图　16-8

移，则应在该点所求位移方向加一个单位力(图 16-8a)；欲求结构上某一截面的角位移，则在该截面处加一单位力偶(图 16-8b)；欲求桁架某杆的角位移时，在该杆两端加一对与杆轴垂直的反向平行力，使其构成一个单位力偶，力偶中每个力等于$\frac{1}{l}$(图 16-8c)；欲求结构上某两点 C、D 的相对位移时，在此两点连线上加一对方向相反的单位力(图 16-8d)；欲求结构上某两个截面 E、F 的相对角位移时，在此两截面上加一对转向相反的单位力偶(图 16-8e)；欲求桁架某两杆的相对角位移时，在此两杆上加两个转向相反的单位力偶(图16-8f)。

(2) 因为所求的位移方向是未知的，所以虚拟单位力的方向可以任意假定。若计算结果为正，则表示实际位移的方向与虚拟方向一致；反之，则表示实际位移的方向与虚拟力的方向相反。

第四节　荷载作用下的位移计算

利用虚功原理计算结构在荷载作用下的位移时，两种状态分别为荷载引起的实际位移状态和虚拟单位力作用下的平衡力状态。在线弹性体系小变形情况下，实际位移状态下各微段上内力 M、F_N、F_Q 引起的微段上的变形为

$$d\varphi=\frac{M ds}{EI}\qquad du=\frac{F_N ds}{EA}\qquad \gamma ds=\frac{kF_Q ds}{GA}$$

代入式(16-7)，得

$$\Delta_{KF}=\sum\int\frac{\overline{M}M}{EI}ds+\sum\int\frac{\overline{F}_N F_N}{EA}ds+\sum\int\frac{k\ \overline{F}_Q F_Q}{GA}ds \tag{16-8}$$

式中，$\overline{M}$、$\overline{F}_N$、$\overline{F}_Q$ 为虚设单位力引起的内力；M、F_N、F_Q 为实际荷载引起的内力；EI、EA、GA 分别是杆件的抗弯刚度、抗拉(压)刚度、抗剪刚度；k 为切应力不均匀系数。其值与截面形状有关，对于矩形截面 $k=1.2$；圆形截面 $k=\frac{10}{9}$；工字形截面 $k\approx\frac{A}{A'}$(A 为截面的总面

积,A'为腹板截面面积)。

这就是结构在荷载作用下的位移计算公式。式(16-8)右边三项分别代表虚拟状态下的内力在实际状态相应的变形上所做的虚功。

在实际计算中，可根据结构的具体情况，对式(16-8)进行简化。

(1) 梁和刚架　其位移主要是由弯矩引起的，其位移简化公式为

$$\Delta_{KF}=\sum\int\frac{\overline{M}M}{EI}\mathrm{d}s \tag{16-9}$$

在此值得提示的是，此公式也适合一般拱的位移计算，但对于扁平拱(除弯矩外)有时也要考虑轴向变形对位移的影响，故此公式不适用。对于直杆 ds 可用 dx 替代。

(2) 桁架　因为只有轴力，若同一杆件的轴力$\overline{F}_N$、F_N 及 EA 沿杆长 l 均为常数，故式(16-8)可简化为

$$\Delta_{KF}=\sum\frac{\overline{F}_N F_N l}{EA} \tag{16-10}$$

(3) 组合结构　组合结构由梁式杆与桁架杆组成，对于梁式杆只考虑弯矩 M 的影响，而对于桁架杆只考虑轴力 F_N 的影响，故式(16-8)可简化为

$$\Delta_{KP}=\sum\int\frac{\overline{M}M}{EI}\mathrm{d}s+\sum\frac{\overline{F}_N F_N l}{EA} \tag{16-11}$$

例 16-1　求图 16-9a 所示简支梁 C 截面的挠度 Δ_{CV}。

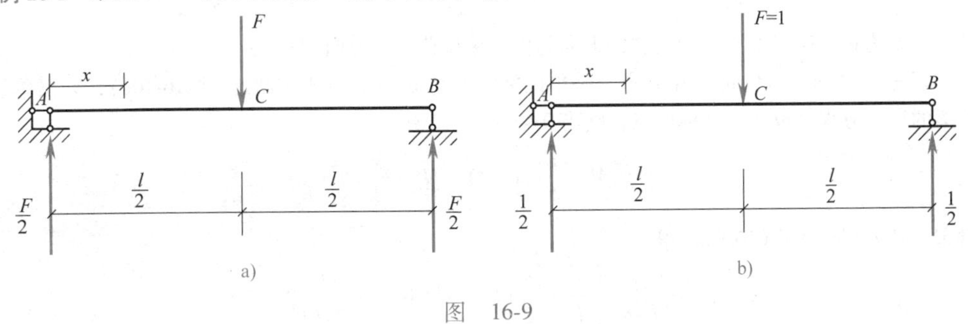

图　16-9

解　根据所求位移，在 C 点加相应单位竖向荷载，根据所选坐标分别列出 $\overline{M}$、M 弯矩方程，代入式(16-9)积分。

(1) 加单位力　因求 C 截面的挠度，故在 C 截面加竖向单位力 $F=1$，如图 16-9b 所示。

(2) 分段列出 $\overline{M}$、M 方程　选取铰 A 为坐标原点，x 坐标向右，当 $0\leqslant x\leqslant\frac{l}{2}$时，有

$$\overline{M}=\frac{1}{2}x \qquad M=\frac{1}{2}Fx$$

(3) 计算位移　将 $\overline{M}$ 和 M 代入式(16-9)，因为对称，故有

$$\Delta_{CV}=2\int_0^{\frac{l}{2}}\frac{1}{EI}\cdot\frac{1}{2}x\cdot\frac{1}{2}Fx\mathrm{d}x=\frac{F}{2EI}\int_0^{\frac{l}{2}}x^2\mathrm{d}x$$

$$=\frac{Fl^3}{48EI}(\downarrow)$$

计算结果为正，说明位移与虚拟单位力方向一致。括号内所示方向为实际位移方向。

例 16-2　试求图 16-10a 所示等截面简支梁中点 C 的竖向位移 Δ_{CV} 及 B 截面的转角 θ_B。EI = 常数。

解　根据所求位移，首先设虚拟状态，然后分别求出实际状态与虚拟状态内力表达式，代入式(16-9)进行积分。

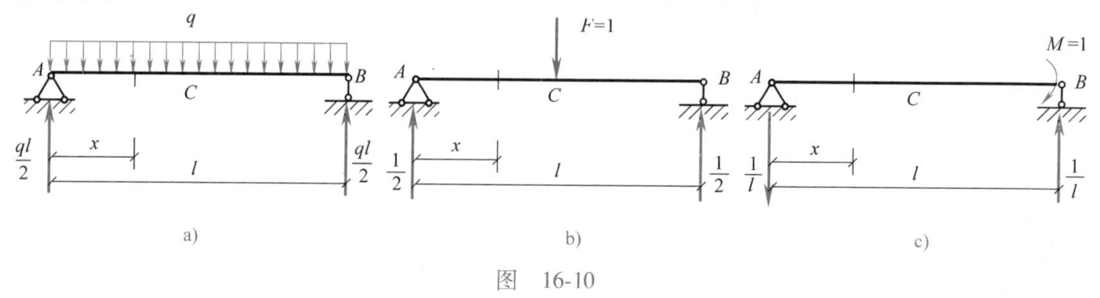

图　16-10

（1）求梁中点 C 的竖向位移　在 C 点加一竖向单位荷载 $F=1$ 作为虚拟状态(图 16-10b)，分段列出单位荷载作用下梁的弯矩方程。设 A 点为坐标原点，则当 $0\leqslant x\leqslant\dfrac{l}{2}$ 时，有

$$\overline{M}=\frac{1}{2}x$$

实际状态下(图 16-10a)杆的弯矩方程为

$$M=\frac{q}{2}\ (lx-x^2)$$

因为结构对称，所以由式(16-9)得

$$\Delta_{CV}=2\int_0^{\frac{l}{2}}\frac{1}{EI}\cdot\frac{x}{2}\cdot\frac{q}{2}(lx-x^2)\,\mathrm{d}x=\frac{q}{2EI}\int_0^{\frac{l}{2}}(lx^2-x^3)\,\mathrm{d}x=\frac{5ql^4}{384EI}(\downarrow)$$

计算结果为正，说明 C 点竖向位移的方向与虚拟单位荷载的方向相同。

（2）求梁 B 截面的转角 θ_B　在 B 点加一单位集中力偶 $M=1$ 作为虚拟状态(图 16-10c)，列出单位弯矩作用下梁的弯矩方程。设 A 为坐标原点，则当 $0\leqslant x\leqslant l$ 时，有

$$M=\frac{q}{2}(lx-x^2)\qquad \overline{M}=-\frac{x}{l}$$

将 M、$\overline{M}$ 方程代入式(16-9)，得

$$\theta_B=\frac{1}{EI}\int_0^l-\frac{x}{l}\cdot\frac{q}{2}(lx-x^2)\,\mathrm{d}x=-\frac{ql^3}{24EI}(\circlearrowleft)$$

计算结果为负，说明 B 截面的转角与虚拟单位力偶转向相反。

例 16-3　求图 16-11a 所示刚架 C 端的竖向位移 Δ_{CV}。

解　根据所求位移，首先设虚拟状态，然后分别求出实际状态与虚拟状态内力表达式，代入式(16-9)进行积分。

（1）加单位力　于 C 点加竖向单位荷载 $F=1$，如图 16-11b 所示。

（2）分别列出 $\overline{M}$、M 方程。

CB 杆：以 C 点为坐标原点，x 坐标以向左为正向，则

$$\overline{M}=-x$$

$$M=-\frac{1}{2}qx^2$$

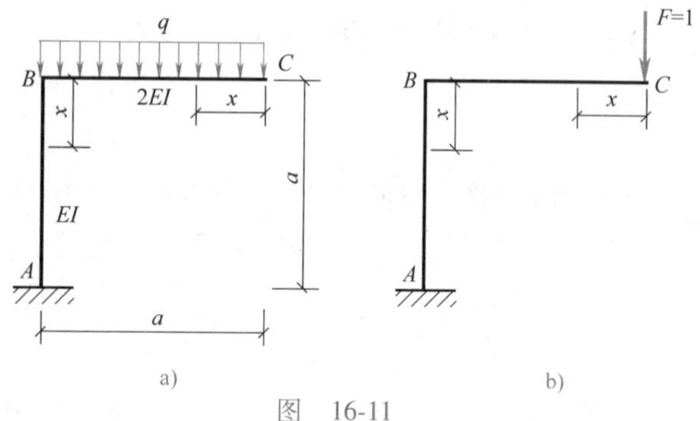

图　16-11

BA 杆：以 B 点为坐标原点，x 坐标以向下

为正向，则

$$\overline{M}=-a$$

$$M=-\frac{1}{2}qa^2$$

（3）计算位移　因结构由 CB 杆及 BA 杆组成，故应对各杆分别进行积分再求和。

$$\Delta_{CV}=\frac{1}{2EI}\int_0^a(-x)\left(-\frac{1}{2}qx^2\right)\mathrm{d}x+\frac{1}{EI}\int_0^a(-a)\left(-\frac{1}{2}qa^2\right)\mathrm{d}x$$

$$=\frac{1}{2EI}\left(\frac{1}{8}qa^4\right)+\frac{1}{EI}\left(\frac{1}{2}qa^4\right)=\frac{9qa^4}{16EI}(\downarrow)$$

例 16-4　如图 16-12a 所示，已知桁架各杆 EA=常数，求节点 C 的竖向位移 Δ_{CV}。

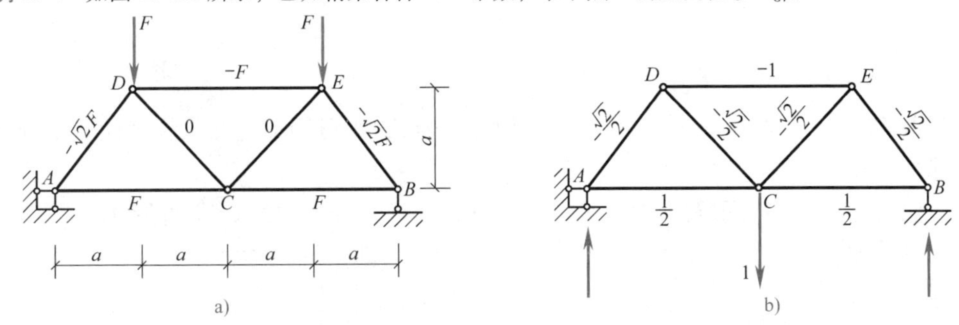

图　16-12

解　根据所求位移虚设单位荷载，然后分别计算两种状态下轴力并代入式(16-10)求解。

（1）为求 C 点的竖向位移　在 C 点加一竖向单位力，并求出 $F=1$ 引起的各杆轴力$\overline{F}_N$(图 16-12b)。

（2）求出实际状态下各杆的轴力 F_N(图 16-12a)。

（3）将各杆$\overline{F}_N$、F_N 及其长度列入表 16-1 中，再运用公式进行运算　因为该桁架是对称的，所以由式(16-10)得

$$\Delta_{CV}=\sum\frac{\overline{F}_N F_N l}{EA}=\frac{Fa}{EA}\left(2\sqrt{2}+2+2+0\right)$$

$$=\frac{2Fa}{EA}(\sqrt{2}+2)=6.83\frac{Fa}{EA}(\downarrow)$$

计算结果为正，说明 C 点的竖向位移与假设的单位力方向相同。

表　16-1

杆　　件	$\overline{F}_N$	F_N	l	$\overline{F}_N F_N l$
AD	$-\frac{\sqrt{2}}{2}$	$-\sqrt{2}F$	$\sqrt{2}a$	$\sqrt{2}aF$
AC	$\frac{1}{2}$	F	$2a$	Fa
DE	-1	$-F$	$2a$	$2Fa$
DC	$-\frac{\sqrt{2}}{2}$	0	$\sqrt{2}a$	0

当桁架中有较多的杆件内力为零且计算较为简单时，可不用列表，直接代入公式进行计算。

第五节　图　乘　法

在荷载作用下，计算梁和刚架的位移时，须进行如下积分运算

$$\Delta_{KP} = \sum \int \frac{\overline{M}M}{EI}\mathrm{d}s$$

其中，$\overline{M}$ 表示单位荷载弯矩表达式，M 为荷载弯矩表达式。

当荷载较复杂时，要写出上述弯矩表达式是比较麻烦的，积分也很困难。但若结构的各杆段符合下列条件：

（1）杆轴为直线；

（2）EI 为常数；

（3）$\overline{M}$ 和 M 两个弯矩图中至少有一个是直线图形，则可用下述图乘法来代替积分运算，以简化计算工作。

在工程实际中，梁、刚架大都满足上述条件，这样积分式中的 ds 就可用 dx 代替，EI 可提到积分号外面，即

$$\int \frac{\overline{M}M}{EI}\mathrm{d}s = \frac{1}{EI}\int \overline{M}M\mathrm{d}x$$

积分号内为弯矩 $\overline{M}$ 与 M 的乘积。

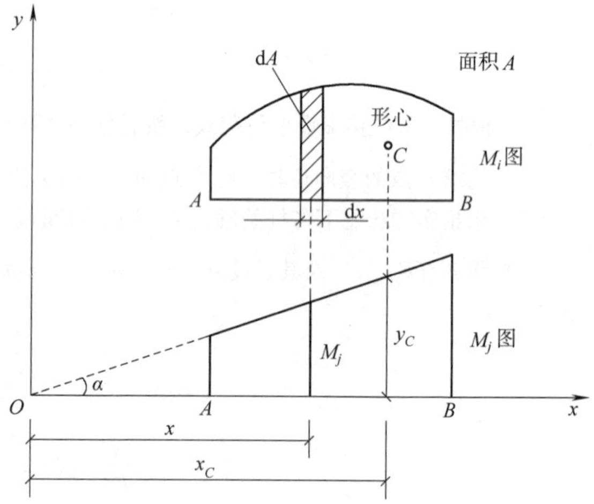

图 16-13 所示为等截面直杆 AB 段上的 $\overline{M}$ 图和 M 图，设两弯矩图中由直线段构成的弯矩图形为 M_j 图，任意形状的图形为 M_i 图。现以杆轴为 x 轴，以 M_j 图的延长线与 x 轴的交点 O 为原点，并设置 y 轴。因 M_j 为直线变化，有 $M_j = x \cdot \tan\alpha$，故上面的积分式成为

图　16-13

$$\begin{aligned}\frac{1}{EI}\int \overline{M}M\mathrm{d}x &= \frac{1}{EI}\int M_iM_j\mathrm{d}x \\ &= \frac{1}{EI}\int x \cdot \tan\alpha M_i\mathrm{d}x \\ &= \frac{\tan\alpha}{EI}\int xM_i\mathrm{d}x = \frac{\tan\alpha}{EI}\int x\mathrm{d}A\end{aligned}$$

式中，$\mathrm{d}A = M_i\mathrm{d}x$ 为 M_i 图中有阴影线的微段面积，故 $x\mathrm{d}A$ 为微面积 $\mathrm{d}A$ 对 y 轴的面积矩。积分 $\int x\mathrm{d}A$ 为整个 AB 段上 M_i 图的面积对 y 轴的面积矩。根据面积矩定理，它应等于 AB 段上 M_i 图的面积 A 乘以其形心到 y 轴的距离 x_C，因此有

$$\frac{\tan\alpha}{EI}\int_A^B x\mathrm{d}A = \frac{\tan\alpha}{EI}Ax_C = \frac{1}{EI}A(\tan\alpha x_C) = \frac{1}{EI}Ay_C$$

式中，y_C 为 M_i 图的形心处对应的 M_j 的纵矩。所以，

$$\int \frac{\overline{M}M}{EI}\mathrm{d}s = \frac{1}{EI}\int \overline{M}M\mathrm{d}x = \frac{1}{EI}Ay_C$$

$$\Delta_{KP} = \sum \int \frac{\overline{M}M}{EI}\mathrm{d}s = \sum \frac{Ay_C}{EI}\mathrm{d}s \tag{16-12}$$

式(16-12)就是图乘公式。图乘法将求位移计算中的积分运算转化为一个弯矩图的面积 A 与该弯矩图形心处对应的另一个直线弯矩图的纵矩 y_C 的乘积，使得位移计算更简易。

在应用图乘法计算结构位移时应注意下列几点：

（1）必须符合应用条件，即杆件应是等截面直杆，两个图形中至少有一直线图形，而且 y_C 应取自直线图形。如果两个图形均为直线图形，纵矩 y_C 可取自其中任一直线图形。

（2）若面积 A 和纵矩 y_C 在杆件的同侧，则乘积 Ay_C 取正号；反之，取负号。

（3）常用的几种简单图形的面积及形心位置如图 16-14 所示。在各抛物线图形中，顶点是指其切线平行于基线的点，若图形的顶点在中点或端点，则称为标准抛物线图形。

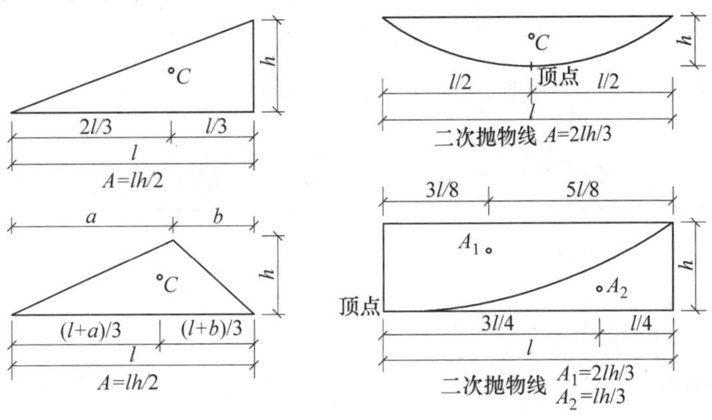

图　16-14

（4）当图形的面积或形心位置不易确定时，可将其分解为几个简单的图形，然后用简单的图形分别与另一图形相乘，最后把所得结果相加。

例如，图 16-15 所示两个梯形弯矩图图乘时，梯形的形心位置不易确定，可将其分解成两个三角形(也可分为一个矩形与一个三角形)，分别用图乘法，并将计算结果相加。

$$\frac{1}{EI}\int M_iM_j\mathrm{d}x = \frac{1}{EI}(A_1y_1 + A_2y_2) \quad \text{(a)}$$

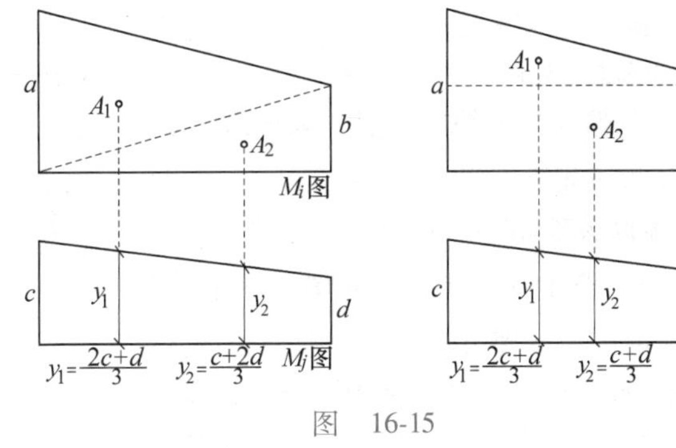

图　16-15

当 a 和 b 不在基线的同一侧时(图 16-16)，仍然可分为两个三角形，只是这两个三角形分别在基线的两侧，a 和 b 有不同的正负号，式(a)仍可适用。

又如，在均布荷载作用下的直杆中，如图 16-17 所示，其弯矩图是一个两端弯矩组成的梯形与简支梁受均布荷载产生的一个标准二次抛物线图形的叠加，因此可将其分解为两个简单图形：一个梯形与一个标准二次抛物线。

（5）当直线图形不是由一段直线而是由若干段直线段组成

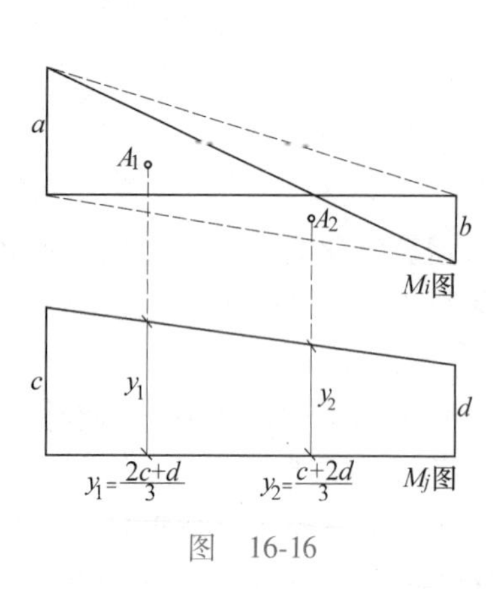

图　16-16

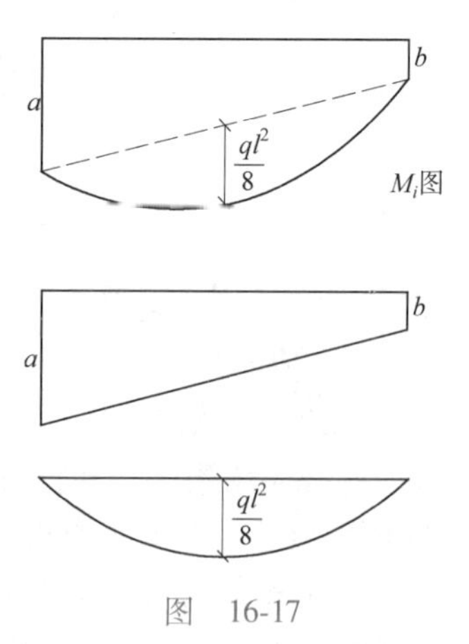

图　16-17

时(图16-18)，由于各段具有不同的倾角，应分段进行计算。

$$\frac{1}{EI}\int \overline{M}M\mathrm{d}x=\frac{1}{EI}(A_1y_1+A_2y_2+A_3y_3) \tag{b}$$

（6）当直杆各段的截面不相等，即 EI 不同时(图16-19)，应分段进行计算。

$$\int \frac{\overline{M}M}{EI}\mathrm{d}x=\frac{A_1y_1}{EI_1}+\frac{A_2y_2}{EI_2}+\frac{A_3y_3}{EI_3} \tag{c}$$

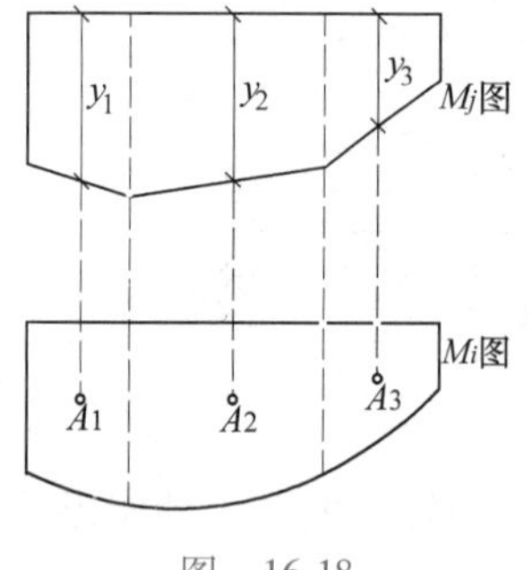

图　16-18

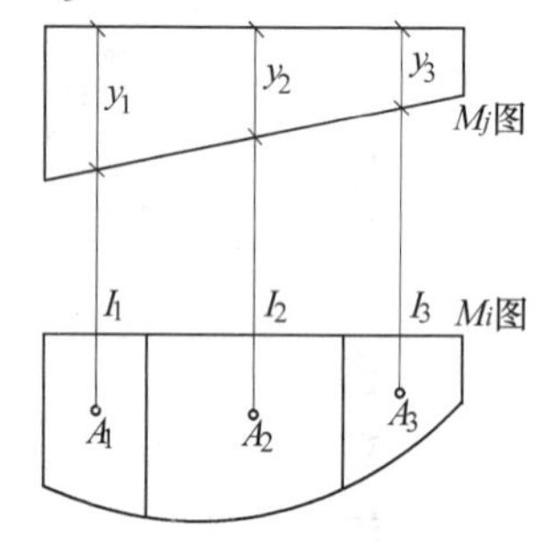

图　16-19

例16-5　试用图乘法计算图16-20所示简支梁在均布荷载 q 作用下中点的挠度。

解　根据所求位移加单位力，设虚拟状态，并作 $\overline{M}$、M 弯矩图，再图乘。

作虚拟状态如图16-20b 所示，分别作出实际状态的 M 图和虚拟状态的 $\overline{M}$ 图，分别如图16-20a、b所示。$\overline{M}$ 图由两段直线组成，因此图乘时应分段进行。将 M 图从中点分开，由于两边对称，因此该图形为标准二次抛物线图形。

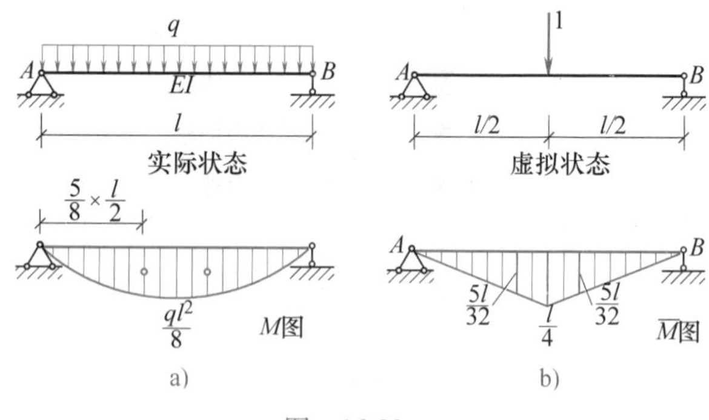

图　16-20

$$\Delta_{\max}=\int \frac{\overline{M}M}{EI}\mathrm{d}x=\frac{A_1y_1}{EI}+\frac{A_2y_2}{EI}$$

$$=2\times\left(\frac{2}{3}\times\frac{l}{2}\times\frac{ql^2}{8}\right)\times\frac{5l}{32}\frac{1}{EI}=\frac{5ql^4}{384EI}(\downarrow)$$

与例16-2利用积分法计算相比，显然图乘法要简单些。

例 16-6　求图 16-21a 所示悬臂梁 B 截面的转角 θ_B 及 B 点、C 点的竖向位移 Δ_{BV} 和 Δ_{CV}。

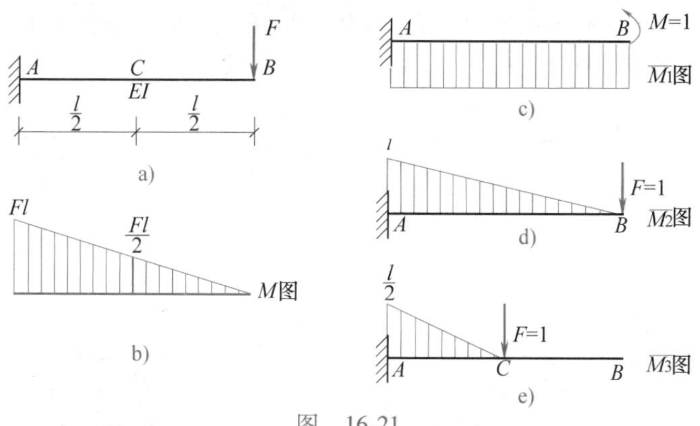

图　16-21

解　根据所求位移加单位力，设虚拟状态，作 $\overline{M}$、M 弯矩图，再图乘。

（1）求 B 点的转角 θ_B　首先作荷载作用下的弯矩图 M（图 16-21b）。然后于 B 点加单位力偶 $M=1$，作出单位弯矩图 $\overline{M}_1$ 图（图 16-21c）。由于两个图形均为直线，可任取一个作为面积 A。现将 M 看做 A，则有

$$A=\frac{1}{2}\cdot Fl\cdot l=\frac{Fl^2}{2}$$

$$y_C=1$$

由图 16-21b 和图 16-21c 图乘，得

$$\theta_B=\frac{-1}{EI}\left(\frac{Fl^2}{2}\times 1\right)=-\frac{Fl^2}{2EI}(\curvearrowright)$$

因为图 16-21b 与图 16-21c 在梁的异侧，故取负值，即所得结果为负，说明实际转角与虚设 M 相反，为顺时针。

（2）求 B 点的竖向位移 Δ_{BV}　于 B 点加竖单位力 $F=1$，并作出 $\overline{M}_2$ 图（图 16-21d），将 M 图作为面积 A，容易算得

$$A=\frac{1}{2}\cdot l\cdot Fl=\frac{Fl^2}{2}$$

$$y_C=\frac{2}{3}l$$

由图 16-21b 和图 16-21d 图乘，得

$$\Delta_{BV}=\frac{1}{EI}\left(\frac{Fl^2}{2}\times\frac{2}{3}l\right)=\frac{Fl^3}{3EI}\ (\downarrow)$$

（3）求 C 点的竖向位移 Δ_{CV}　于 C 点加竖向单位力 $F=1$，作出单位弯矩图 $\overline{M}_3$（图 16-21e），将 AC 段 $\overline{M}_3$ 作为面积 A，其起点和终点所对应的 M 图是直线，故可应用图乘法公式，得

$$A=\frac{1}{2}\times\frac{l}{2}\times\frac{1}{2}=\frac{l^2}{8}$$

$$y_C=\frac{2}{3}Fl+\frac{1}{3}\cdot\frac{Fl}{2}=\frac{5}{6}Fl$$

由图 16-21b 和图 16-21e 图乘，得

$$\Delta_{CV}=\frac{1}{EI}Ay_C=\frac{1}{EI}\times\frac{l^2}{8}\times\frac{5}{6}Fl=\frac{5Fl^3}{48EI}\ (\downarrow)$$

可以自行考虑，如果把 M 看做 A，y_C 取自图 16-21e，那么又该如何进行图乘呢？

例 16-7　求图 16-22a 所示外伸梁外伸端 C 点的竖向位移 Δ_{CV}

解　根据所求位移加单位力，设虚拟状态，作 $\overline{M}$、M 弯矩图，再图乘。

作出荷载作用下的弯矩 M 图（图 16-22b）。事实上，图 16-22b 等于图 16-22d 与图 16-22e 的叠加。为求 Δ_{CV}，在 C 处加单位力 $F=1$，并作出 $\overline{M}$ 图（图 16-22c）。因 $\overline{M}$ 图包括两段直线，故整个梁应分为 AB 和 BC 两段，分别应用图乘法。AB 段的 M 图可分解为 A_1（图 16-22d）与 A_2（图 16-22e）相叠加。由图 16-22d、e、c 算得

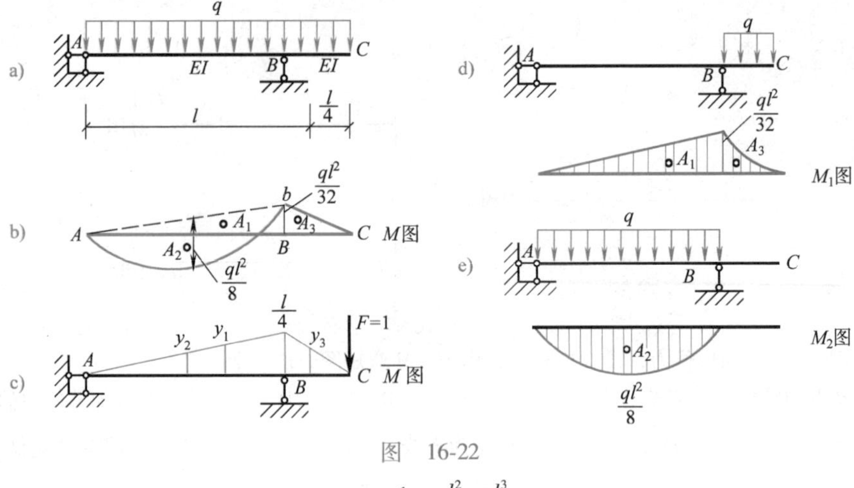

图　16-22

三角形面积

$$A_1=\frac{1}{2}l\times\frac{ql^2}{32}=\frac{ql^3}{64}$$

对应 $\overline{M}$ 的竖标

$$y_1=\frac{2}{3}\times\frac{l}{4}=\frac{l}{6}$$

抛物线面积

$$A_2=\frac{2}{3}l\times\frac{1}{8}ql^2=\frac{ql^3}{12}$$

对应 $\overline{M}$ 的竖标

$$y_2=\frac{1}{2}\times\frac{l}{4}=\frac{l}{8}$$

BC 段为抛物线，因 C 端 $F_Q=0$，故知是标准二次抛物线，其面积为

$$A_3=\frac{1}{3}\times\frac{l}{4}\times\frac{ql^2}{32}=\frac{ql^3}{384}$$

对应 $\overline{M}$ 的竖标

$$y_3=\frac{3}{4}\times\frac{l}{4}=\frac{3l}{16}$$

由此可得

$$\Delta_{CV}=\frac{1}{EI}\left(\frac{ql^3}{64}\times\frac{1}{6}-\frac{ql^3}{12}\times\frac{l}{8}+\frac{ql^3}{384}\times\frac{3l}{16}\right)$$

$$=-\frac{15ql^4}{2048EI}\ (\uparrow)$$

例 16-8　求图 16-23a 所示刚架的 C 点的水平位移 Δ_{CH}。已知 EI=常数。

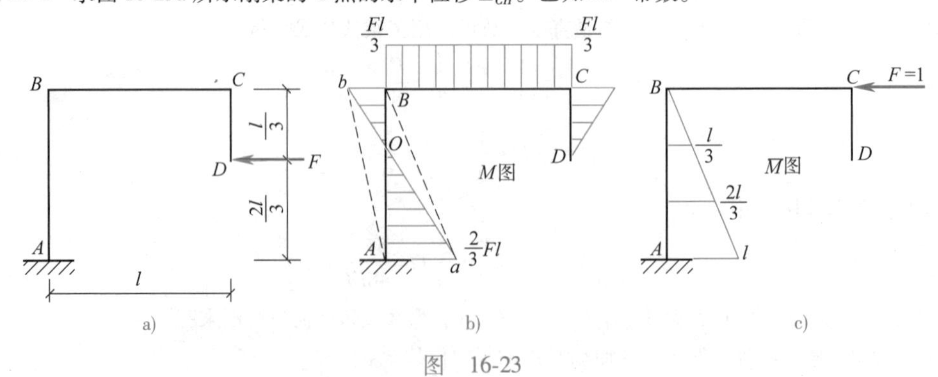

图　16-23

解　根据所求位移加单位力，设虚拟状态，作 $\overline{M}$、M 弯矩图，再图乘。

于 C 点加水平力 $F=1$，作 M 图及 $\overline{M}$ 图分别如图 16-23b、c 所示。AB 杆的 M 图有正负两部分，图乘时不宜分为两个三角形 $\triangle aOA$ 和 $\triangle bOB$，而应根据叠加原理，把 M 看做是 $\triangle aAB(A_1)$ 和 $\triangle bAB(A_2)$ 相叠加。这样，不但面积容易计算，而且对应竖标 y_1、y_2 也容易算出。

由图 16-23b、c 可以算得

$$A_1=\frac{1}{2}\times l\times\frac{2}{3}\times Fl=\frac{Fl^2}{3},\qquad y_1=\frac{2l}{3}$$

$$A_2=\frac{1}{2}\times l\times\frac{1}{3}\times Fl=\frac{Fl^2}{6},\qquad y_2=\frac{l}{3}$$

所以

$$\Delta_{CH}=\frac{1}{EI}\left(\frac{Fl^2}{3}\times\frac{2l}{3}-\frac{Fl^2}{6}\times\frac{l}{3}\right)=\frac{Fl^3}{6EI}\ (\leftarrow)$$

例 16-9　试用图乘法求图 16-24a 所示刚架 A、B 截面的竖向相对线位移。已知各杆 EI 为常数。

解　根据所求位移加单位力，设虚拟状态，作 $\overline{M}$、M 弯矩图，再图乘。

先计算 A、B 之间的竖向相对线位移，在 A、B 上加一对方向相反的竖向单位力，分别作出实际状态的 M 图和虚拟状态的 $\overline{M}$ 图，如图 16-24b、c 所示。由图乘法得

$$\Delta_{ABV}=\sum\frac{Ay_C}{EI}$$

$$=2\left[\left(\frac{1}{2}Fh\times h\right)\times\frac{l}{2}+\left(\frac{1}{2}\times\frac{l}{2}\times2Fh\right)\times\frac{2}{3}\times\frac{l}{2}\right]\frac{1}{EI}$$

$$=\frac{Flh\ (3h+l)}{6EI}$$

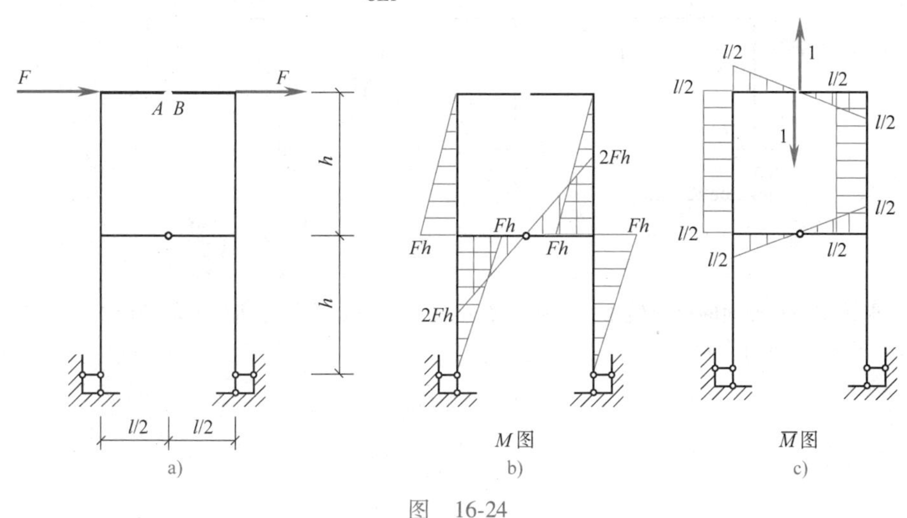

图　16-24

计算结果为正，说明 A、B 之间的竖向相对线位移与虚拟广义力的方向相同。

第六节　静定结构支座移动时的位移计算

对于静定结构，支座移动并不引起内力，因而杆件不会发生变形。此时结构产生的位移为刚体位移。

据式(16-7)，有

$$\Delta_K=-\sum\overline{F}_{R}c \tag{16-13}$$

这就是静定结构在支座移动时位移计算的一般公式。式中，c 为实际位移状态中的支座

位移，$\overline{F}_R$ 为虚拟单位力状态对应的支座反力。$\sum\overline{F}_Rc$ 为反力虚功，当反力$\overline{F}_R$ 与实际支座位移 c 方向一致时为正值，两者方向相反时为负值。若计算结果 Δ_K 为正，则说明所求位移与所设单位力的方向一致。

例 16-10 图 16-25a 所示三铰刚架，支座 B 下沉 a，向右移动 b，求截面 E 的角位移 θ_E。

解 根据所求位移加相应单位荷载，求出支座约束力，按式(16-13)进行计算。

虚拟状态如图 16-25b 所示。在截面 E 加单位力偶，并求出支座 B 的竖向及水平方向的约束力，根据(16-13)，得

$$\theta_E=-\sum F_Rc=-\left(-\frac{a}{l}+\frac{b}{2h}\right)=\frac{a}{l}-\frac{b}{2h}$$

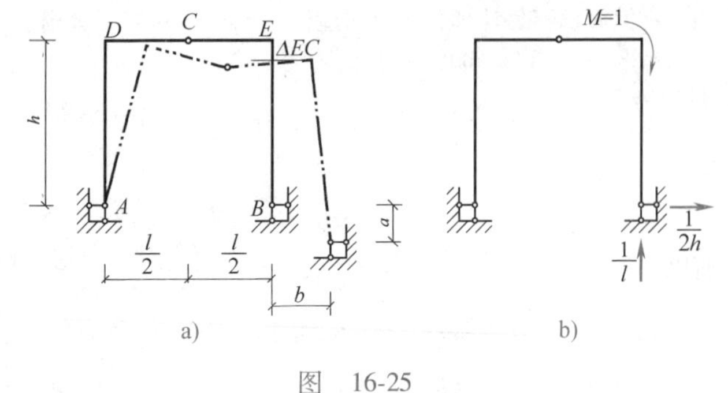

图 16-25

例 16-11 某刚架支座 A 的位移如图 16-26a 所示，试求 B 点的竖向位移和铰 C 左右两侧截面的相对转角。已知 $a=4\text{cm}$，$b=2\text{cm}$，$\theta=0.002$。

解 根据所求位移，加相应单位荷载，求出支座约束力，按式(16-13)进行计算。

(1) 欲求 B 点的竖向位移，应在 B 点沿竖向加上单位力，求出相应支座约束力，如图 16-26b 所示。由式(16-13)，有

$$\begin{aligned}\Delta_{By}&=-\sum\overline{F}_Rc\\&=-(1\cdot a-1\cdot b-12\text{m}\cdot\theta)\\&=0.4\text{cm}(\downarrow)\end{aligned}$$

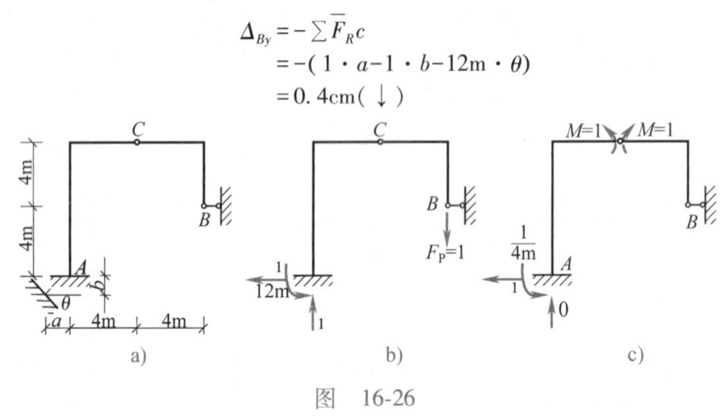

图 16-26

(2) 欲求铰 C 左右截面的相对转角，应在 C 点左右加上一对单位力偶，求出相应支座约束力，如图 16-26c 所示。由式(16-13)，有

$$\begin{aligned}\Delta_{By}&=-\sum\overline{F}_Rc\\&=-\left(\frac{1}{4\text{m}}\cdot a+0-1\cdot\theta\right)\\&=-0.008\text{rad}(\curvearrowleft\curvearrowright)\end{aligned}$$

第七节 梁的刚度校核

一、梁的刚度条件

构件不仅要满足强度条件，还要满足刚度条件。对梁而言，校核梁的刚度是为了检查梁在荷载作用下产生的位移是否超过许用值。在建筑工程中，一般只校核在荷载作用下梁截面的竖向位移，即挠度。与梁的强度校核一样，梁的刚度校核也有相应的标准，这个标准就是

挠度的许用值f与跨度l的比值，用$\left[\frac{f}{l}\right]$表示。梁在荷载作用下产生的最大挠度y_{max}与跨度l的比值不能超过$\left[\frac{f}{l}\right]$，即

$$\frac{y_{max}}{l}\leqslant\left[\frac{f}{l}\right] \tag{16-14}$$

式(16-14)就是梁的刚度条件。根据梁的不同用途，相对许用挠度可从有关结构设计规范查出，一般钢筋混凝土梁的$\left[\frac{f}{l}\right]=\frac{1}{200}\sim\frac{1}{300}$；钢筋混凝土吊车梁的$\left[\frac{f}{l}\right]=\frac{1}{600}\sim\frac{1}{500}$。

土建工程中的梁，一般都是先按强度条件选择梁的截面尺寸，然后再按刚度条件进行验算，梁的转角可不必校核。

例 16-12　一承受均布荷载的简支梁如图 16-27 所示，已知$l=6\text{m}$，$q=4\text{kN/m}$，$\left[\frac{f}{l}\right]=\frac{1}{400}$，若采用 22a 工字钢，其惯性矩$I=0.34\times10^{-4}\text{m}^4$，弹性模量$E=2\times10^5\text{MPa}$，试校核梁的刚度。

解　先求最大挠度y_{max}，再求$\frac{y_{max}}{l}$，若满足式(16-14)，则满足刚度条件。

由例 16-5 知承受满均布荷载的简支梁，最大挠度发生在跨中点截面处，应取跨中点处挠度作为校核对象。梁的最大挠度为

$$y_{max}=\frac{5ql^4}{384EI}=\frac{5\times4\times10^3\times6^4}{384\times2\times10^{11}\times0.34\times10^{-4}}\text{m}\approx0.01\text{m}$$

$$\frac{y_{max}}{l}=\frac{0.01}{6}=\frac{1}{600}<\frac{1}{400}$$

故选用 22a 工字钢能满足刚度要求。

例 16-13　图 16-28 所示简支梁，已知截面为 No32a 工字钢，在梁中点作用力$F=20\text{kN}$，$E=210\text{GPa}$，梁长$l=9\text{m}$，梁的相对许用挠度$\left[\frac{f}{l}\right]=\frac{1}{500}$，试进行刚度校核。

解　先求最大挠度y_{max}，再求$\frac{y_{max}}{l}$，若满足式(16-14)，则满足刚度条件。

(1) 求最大挠度y_{max}　由例 16-1 知，中点承受集中荷载的简支梁，最大挠度发生在中点，其值为

$$y_{max}=\frac{Fl^3}{48EI}=\frac{20\times10^3\times(9\times10^3)^3}{48\times210\times10^3\times11075.5\times10^4}\approx13\text{mm}$$

(2) $\frac{y_{max}}{l}=\frac{1}{692}<\left[\frac{f}{l}\right]=\frac{1}{500}$

满足刚度条件。

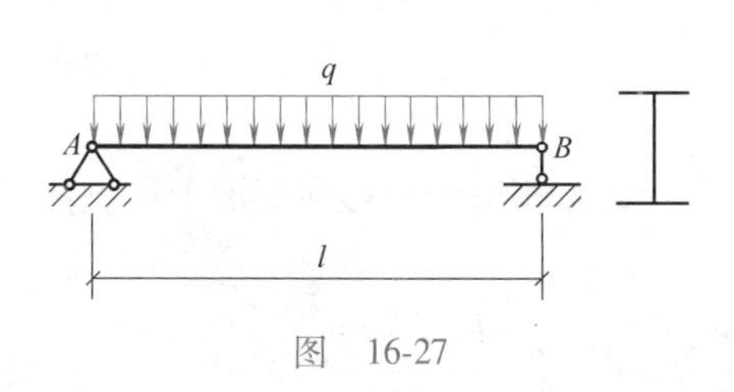

图　16-27

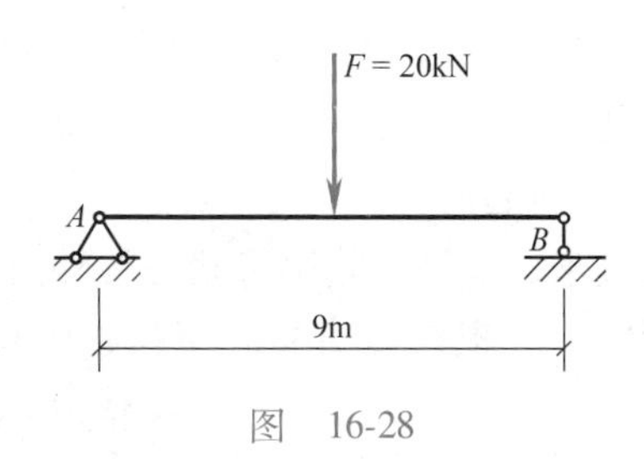

图　16-28

二、提高梁刚度的措施

根据梁的挠度计算知，梁的最大挠度与梁的荷载、跨度 l、抗弯刚度 EI 等情况有关，因此，要提高梁的刚度，需从以下几方面考虑。

1. 提高梁的抗弯刚度 EI

梁的变形与 EI 成反比，增大梁的 EI 将会使梁的变形减小。同类材料的弹性模 E 值是不变的，因而只能设法增大梁横截面的惯性矩 I。在面积不变的情况下，采用合理的截面形状，如采用工字形、箱形及圆环等截面，可提高惯性矩 I，从而提高抗弯刚度 EI。

2. 减小梁的跨度

由梁的位移计算知，梁的变形与梁的跨长 l 的 n 次幂成正比。若设法减小梁的跨度，则会有效地减小梁的变形。例如，将简支梁的支座向中间适当移动变成外伸梁，或在简支梁的中间增加支座，都是减小梁变形的有效措施。

3. 改善荷载的分布情况

在结构允许的条件下，合理地改变荷载的作用位置及分布情况，可降低最大弯矩，从而减小梁的变形。例如，将集中荷载分散作用，或改为分布荷载都可起到降低弯矩，减小变形的目的。

第八节　线弹性结构的互等定理

本节介绍三个线弹性结构的互等定理，其中最基本的定理是功的互等定理，其他两个定理都可由此推导出来。

一、功的互等定理

设有两组外力 F_1 和 F_2 分别作用于同一线弹性结构上，如图 16-29a、b 所示，分别称为结构的第一状态和第二状态。如果我们来计算第一状态的外力和内力，在第二状态相应的位移和变形上所做的虚功 W_{12}和 W'_{12}，并根据虚功原理 $W_{12}=W'_{12}$，则有

$$F_1\Delta_{12}=\sum\int\frac{M_1M_2\mathrm{d}s}{EI}+\sum\int\frac{F_{\mathrm{N}1}F_{\mathrm{N}2}\mathrm{d}s}{EA}+\sum\int k\frac{F_{\mathrm{Q}1}F_{\mathrm{Q}2}\mathrm{d}s}{GA}\tag{a}$$

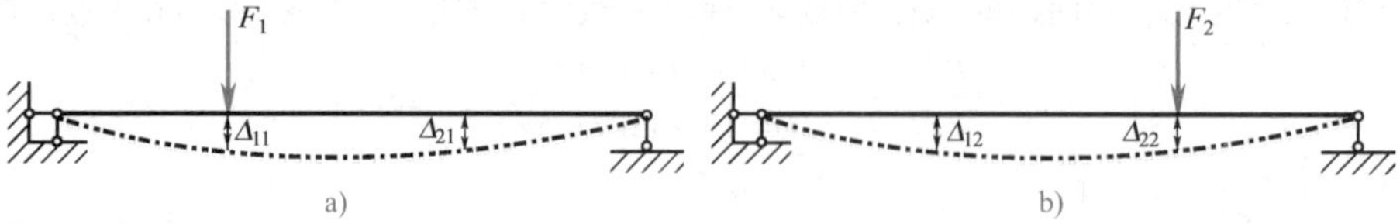

a)　　b)

图　16-29

这里，位移 Δ_{12}的两个下标的含义与前相同：第一个下标“1”表示位移的地点和方向，即该位移是 F_1 作用点沿 F_1 方向上的位移；第二个下标“2”表示产生位移的原因，即该位移是由于 F_2 所起的。

反过来，如果计算第二状态的外力和内力，在第一状态相应的位移和变形上所做的虚功 W_{21}和 W_{12}，并根据虚功 $W_{21}=W'_{21}$，则有

$$F_2\Delta_{21}=\sum\int\frac{M_2M_1\mathrm{d}s}{EI}+\sum\int\frac{F_{\mathrm{N}_2}F_{\mathrm{N}_1}\mathrm{d}s}{EA}+\sum\int k\frac{F_{\mathrm{Q}_2}F_{\mathrm{Q}_1}\mathrm{d}s}{GA}\tag{b}$$

式(a)、式(b)的右边是相等的，因此左边也应相等，故有

$$F_1\Delta_{12}=F_2\Delta_{21} \tag{16-15}$$

或写为

$$W_{12}=W_{21} \tag{16-16}$$

式(16-15)或式(16-16)表明,第一状态的外力在第二状态的位移上所做的虚功,等于第二状态的外力在第一状态的位移上所做的虚功。这就是功的互等定理。

二、位移互等定理

现在应用功的互等定理来研究一种特殊情况。如图16-30所示,假设两个状态中的荷载都是单位力,即 $F_1=1$、$F_2=1$,则由功的互等定理,即式(16-15)有

$$1\cdot\Delta_{12}=1\cdot\Delta_{21}$$

$$\Delta_{12}=\Delta_{21}$$

此处 Δ_{12} 和 Δ_{21} 都是由于单位力所引起的位移，为了区别一般力与单位力引起的位移，现将单位力引起的位移，改用小写字母 δ_{12} 和 δ_{21} 表示，于是上式写成

$$\delta_{12}=\delta_{21} \tag{16-17}$$

这就是位移互等定理。它表明，**第二个单位力，在第一个单位力作用点沿其方向引起的位移，等于第一个单位力，在第二个单位力作用点沿其方向引起的位移。**

三、反力互等定理

这个定理也是功的互等定理的一种特殊情况。它用来说明在超静定结构中，假设两个支座分别产生单位位移时，两个状态中反力的互等关系。图16-31表示支座1发生单位位移 $\Delta_1=1$ 的状态，此时支座2产生的反力为 r_{21}；图16-31b表示支座2发生单位位移 $\Delta_2=1$ 的状态，此时支座1产生的反力为 r_{12}。根据功的互等定理，即式(16-15)有

$$r_{21}\cdot\Delta_2=r_{12}\cdot\Delta_1$$

令 $\Delta_1=\Delta_2=1$，则有

$$r_{21}=r_{12} \tag{16-18}$$

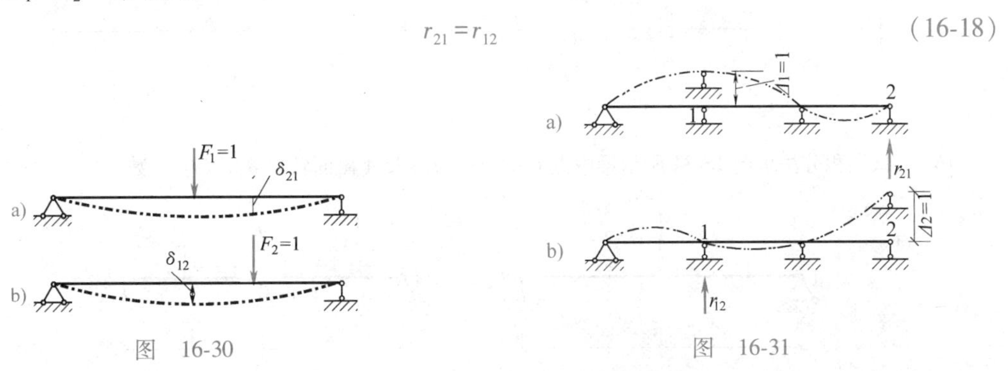

图　16-30　　　　图　16-31

这就是反力互等定理。它表示，**支座1发生单位位移时在支座2产生的反力，等于支座2发生单位位移时在支座1产生的反力。**

思　考　题

16-1　何谓结构的位移？为什么要计算结构的位移？

16-2　何谓广义力？何谓广义位移？

16-3　何谓功？何谓实功？何谓虚功？它们的正负号是如何确定的？

16-4　简言之，变形体的虚功原理是什么？

16-5　何谓单位荷载法？试问单位荷载怎样添加？

16-6　试写出积分法求梁、刚架和桁架的位移计算公式，并说明每个符号的意义。

16-7　试写出图乘法求梁、刚架的位移计算公式，并说明每个符号的意义。

16-8　运用图乘法求梁、刚架位移的条件是什么？注意事项有哪些？

16-9　应用图乘法为什么要分段？什么情况下分段？什么情况下不分段？

16-10　应用图乘法图乘时，正负号如何确定？

16-11　图16-32所示图乘是否正确？如不正确，请改正之。

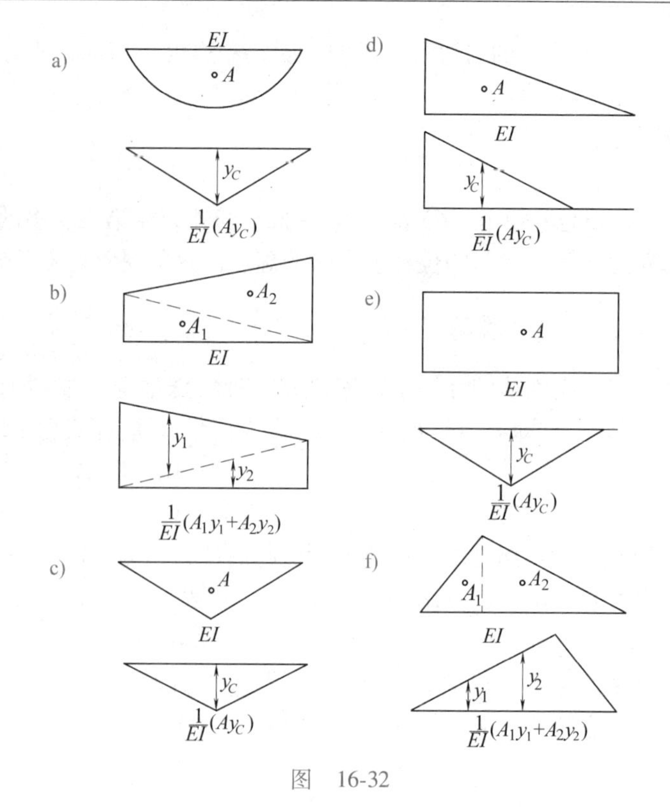

图　16-32

练　习　题

16-1　试用积分法求图16-33所示悬臂梁 B 端的竖向位移 Δ_{BV} 及角位移 θ_B。EI=常数。

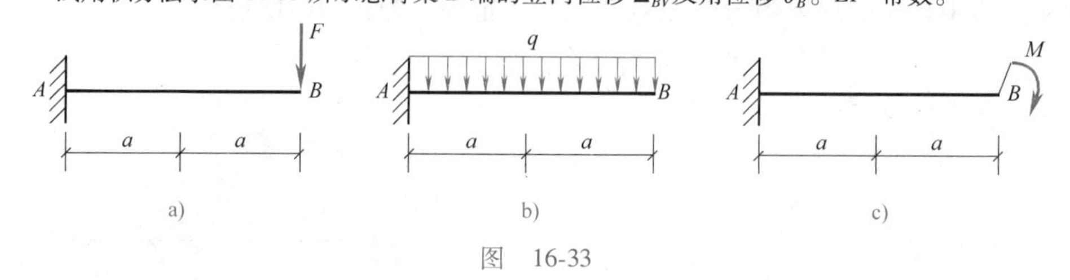

图　16-33

16-2　试用积分法求图16-34所示梁中点 C 的竖向位移及 A 截面转角 θ_A。EI=常数。

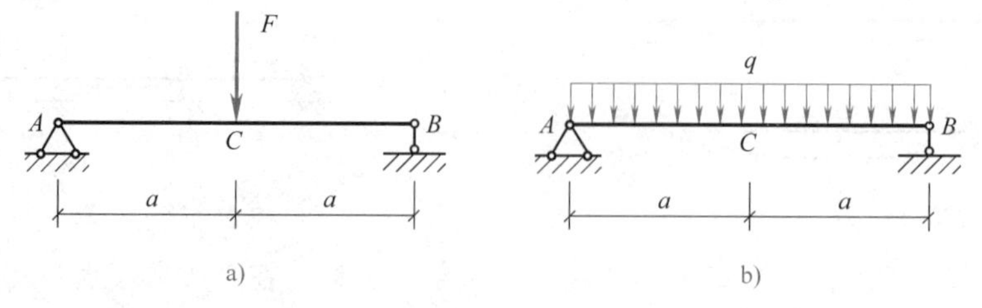

图　16-34

16-3　试用识分法计算图16-35所示刚架 A 点的竖向位移 Δ_{AV}。

16-4　试求图16-36所示桁架 D 点的竖向位移 Δ_{DV}。各杆 EA=常数。

16-5　图16-37所示桁架中各杆的 EA 为常数，试求 A 点的竖向位移 Δ_{AV} 及水平位移 Δ_{AH}。

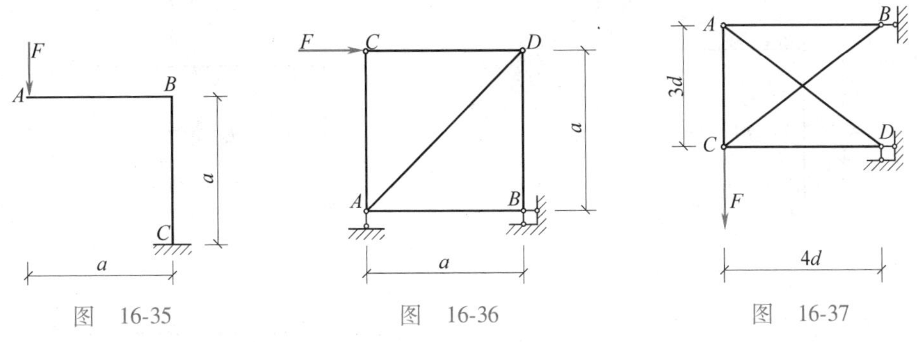

图　16-35　　　图　16-36　　　图　16-37

16-6　图 16-38 所示桁架中已求得上弦杆 AC 和 CB 缩短 1.2cm，CD 和 CE 杆缩短 0.8cm，而下弦杆 AD、DE、EB 伸长 1.0cm。试求 C 点的竖向位移 Δ_{CV} 和 B 点的水平位移 Δ_{BH}。

16-7　图 16-39 所示桁架中已知各杆的截面积均为 $A=1000\text{mm}^2$，$E=200\text{kN/mm}^2$，$F=20\text{kN}$，试求 D 点的水平线位移 Δ_{DH}。

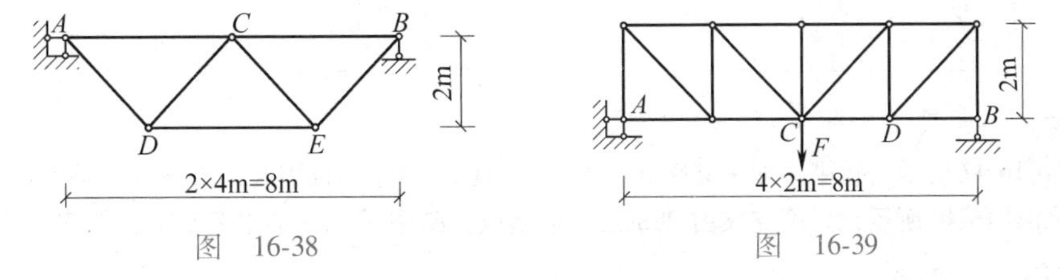

图　16-38　　　图　16-39

16-8　图 16-40 所示梁的 EI 为常数，试用图乘法求 C 点的竖向位移 Δ_{CV} 及 B 点的角位移 θ_B。

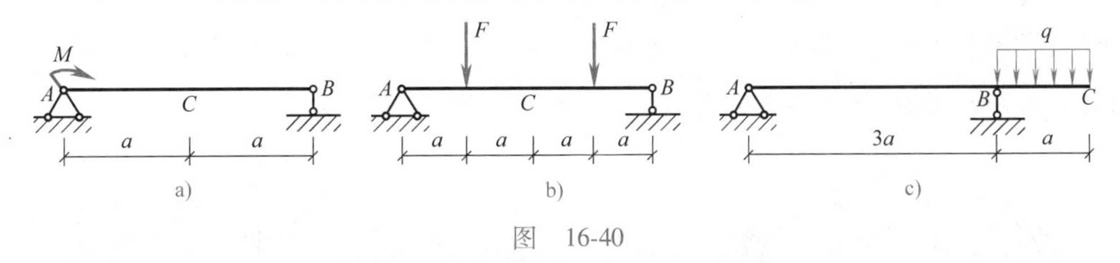

图　16-40

16-9　图 16-41 所示结构 EI=常数，试求 A 点的竖向位移 Δ_{AV}。

16-10　图 16-42 所示结构，求铰 C 两侧的相对转角。

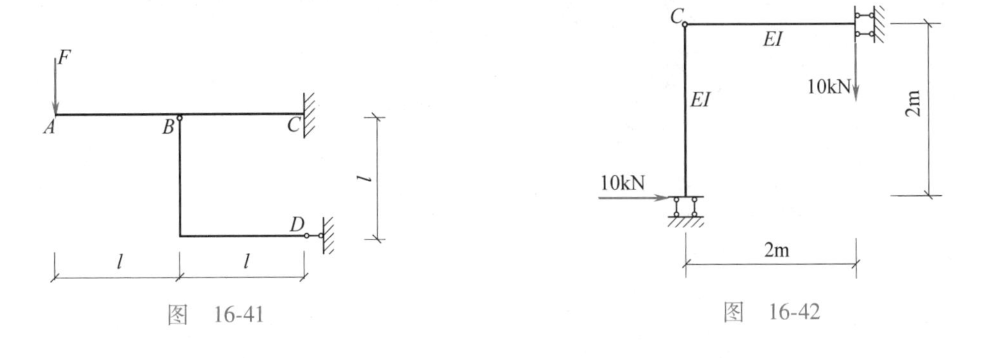

图　16-41　　　图　16-42

16-11　图 16-43 所示刚架，求 B 点的水平位移 Δ_{BH}、竖向位移 Δ_{BV} 及角位移 θ_B，已知 $F=2qa$。

16-12　求图 16-44 所示三铰刚架铰 C 处的竖向位移 Δ_{CV}。

16-13　图 16-45 所示悬臂刚架，如果支座 A 发生图示支座位移，试求由此引起的 C 点的竖向位移 Δ_{CV}。

16-14　图 16-46 所示刚架，如果支座 A 发生图示支座位移，试求由此引起的 B 点的竖向位移 Δ_{BV}。

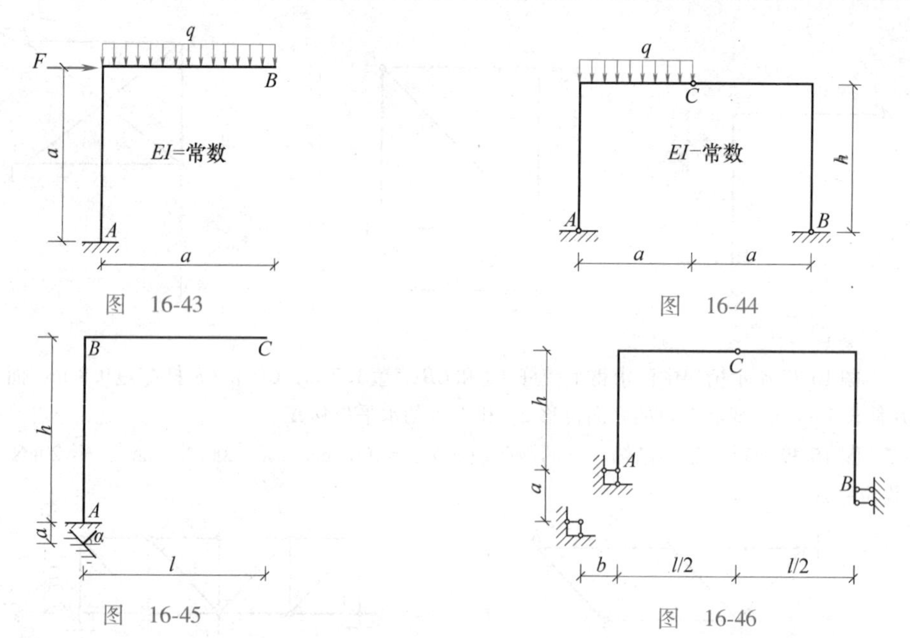

图 16-43　　图 16-44

图 16-45　　图 16-46

16-15　图 16-47 所示三铰拱，如果支座 A 发生图示沉陷，试求由此引起的支座 B 处截面的转角 θ_B。

16-16　如图 16-48 所示，一简支梁由 28b 工字钢制成，跨中承受一集中荷载，已知 $F=20\text{kN}$，$l=9\text{m}$，$E=210\text{GPa}$，$\left[\dfrac{f}{l}\right]=\dfrac{1}{500}$，试校核梁的刚度。

16-17　如图 16-49 所示，某桥式起重机的最大载荷为 $F=20\text{kN}$，起重机大梁为 32a 号工字钢，已知$E=210\text{GPa}$，$l=8.76\text{m}$，设计要求许用挠度$\left[\dfrac{f}{l}\right]=\dfrac{1}{500}$。试校核起重机梁的刚度。

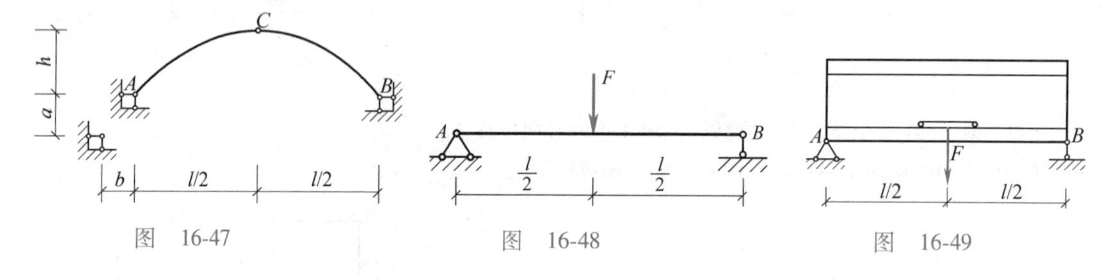

图 16-47　　图 16-48　　图 16-49

第四篇　超静定结构的内力分析

引　言

超静定结构，是目前工程中用得比较广泛的一种结构形式，其内力分析方法很多，但最基本的方法只有两种——力法、位移法。

力法是以多余未知约束力(约束反力和约束反力偶矩)作为基本未知量，先把多余约束力算出来，将原结构变成静定结构，而后，运用静定结构内力计算方法，算出原结构所需内力。

位移法是以位移(结点线位移和角位移)作为基本未知量，先求出位移，然后再利用位移与内力的关系，算出原结构所需内力。

其实，无论力法或是位移法，其处理问题的基本思路是一致的，都是把难度大的超静定结构，通过简便的基本结构来解决内力计算问题，只是途径不同罢了。二者计算步骤概括为：

1. 取基本结构　力法的基本结构是，去掉多余约束，使之成为几何不变的静定结构；位移法的基本结构是，增加附加约束，使之成为相互独立的单跨超静梁的组合体。

2. 消除基本结构与原结构之间的差别　力法的消除方法是，列表示变形连续条件的一组代数方程；位移法的消除方法是，列表示平衡条件的一组代数方程。解之求出基本未知量，再依基本未知量求出其他所需的未知量，然后依此数据画出内力图。

选用这两种方法的基本原则是：对于超静定次数少而结点位移多的超静定结构，选用力法较简便；对于超静定次数多而结点位移少的超静定结构，选用位移法较简便。但对于高层多跨框架，这两种方法都不简便，常用的方法是渐近法、近似法和电算法等。

渐近法是以位移法为基础的超静定结构计算方法。渐近法采取逐步修正，逐次渐近的方法，可以直接求出杆端弯矩，而无需解联立方程。常见的渐近法有三种，即力矩分配法、无剪力分配法和迭代法，本篇只研究力矩分配法。

关于梁和刚架的极限概念在建筑规范中早已应用，在目前设计、施工中也是常遇到的问题，作为一名建设者必须有所了解。

本篇重点内容是，用力法、位移法与力矩分配法，计算简单、常用的超静定梁、超静定刚架和超静定桁架的内力并作其内力图。

学习目标

第十七章 力　法

超静定结构是土木工程中普遍采用的一种结构形式，力法是计算超静定结构的基本方法之一。本章在简要介绍超静定结构的概念后，重点讨论如何选择力法的基本未知量、基本体系和如何根据变形连续条件建立力法方程；然后，介绍用力法计算超静定梁、刚架、排架、桁架、组合结构等问题。

第一节 概　述

一、超静定结构的概念

前面各章研究了静定结构的内力和位移计算方法。图 17-1a 所示的 AB 梁从受力角度来看，静定结构的支座反力和内力仅根据平衡方程就可以完全确定；从几何构造角度来看，静定结构是几何不变且无多余约束的结构。但是，在实际工程中还存在有另一类结构(图 17-1b)，从受力角度来看，其支座反力和内力仅用平衡方程无法完全确定；从几何构造来看，这类结构为具有多余约束的几何不变结构，此类结构称为超静定结构。

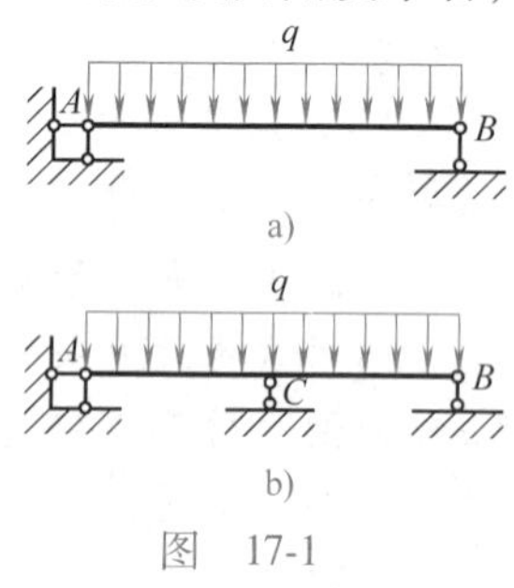

图　17-1

二、超静定结构的常见类型

按照组成超静定结构的杆件的主要变形特征，超静定结构的常见类型有：超静定梁(图 17-2)、超静定刚架(图 17-3)、超静定排架(图 17-4)、超静定拱(图 17-5)、超静定桁架(图 17-6)、超静定组合结构(图 17-7)等。本章中将讨论如何应用**力法**来计算此类结构。

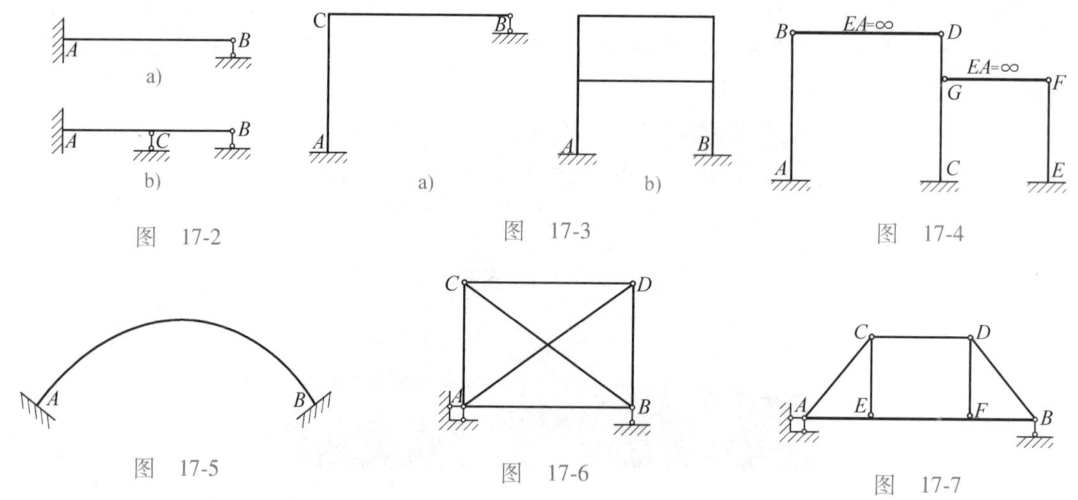

图　17-2　　图　17-3　　图　17-4

图　17-5　　图　17-6　　图　17-7

三、超静定次数确定方法

在力法计算中首先就要正确判定超静定次数。由于超静定结构是具有多余约束的几何不变结构体系，所以超静定次数就是指超静定结构中多余联系的个数。

确定超静定次数最直观、简便的方法就是撤除多余约束法。设某个结构撤除 n 个多余约束后，剩下部分成为一个几何不变且静定的结构体系，则可以判定原结构为 n 次超静定结构，同时把撤除多余约束后的体系称为基本体系，所撤除的多余约束的约束力常记为 x_i，并称其为多余未知力。

具体讨论各类超静定结构的超静定次数时，可能会遇到下面几种情况。

（1）撤除一个支座链杆或切断一根链杆，相当于去掉一个多余约束(图 17-8)。

（2）撤除一个固定铰支座或内部连接单铰，相当于去掉二个多余约束(图 17-9)。

（3）撤除一个固定插入端支座或切断一根连续的梁式杆，相当于去掉三个多余约束(图 17-10)。

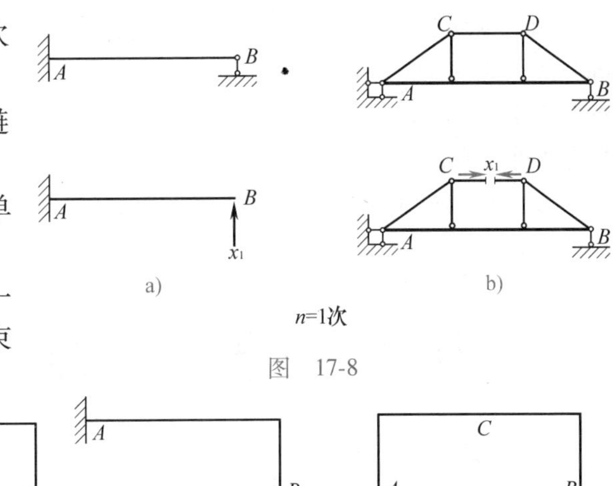

a)　　b)

n=1次

图　17-8

a)　　b)

n=2次

图　17-9

a)　　b)

n=3次

图　17-10

（4）把刚性连接处改为单铰连接或把固定端支座改为固定铰支座，相当于去掉一个约束(图 17-11)。

n=1次　　n=1次

a)　　b)

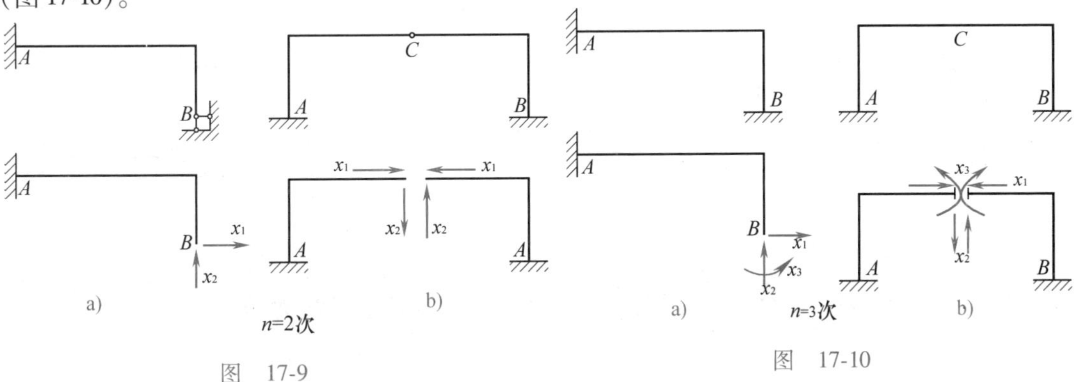

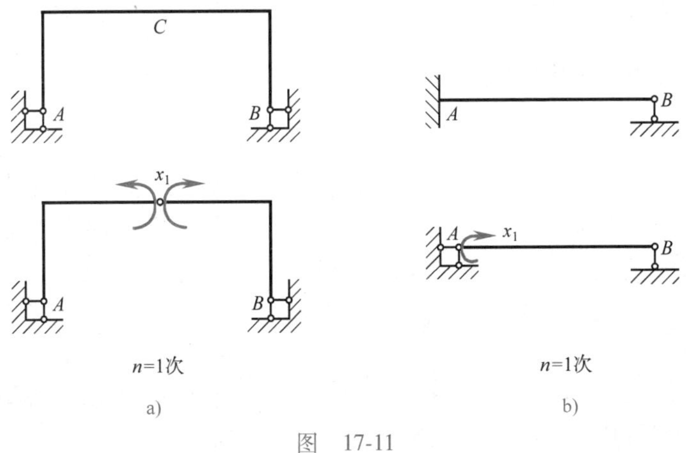

图　17-11

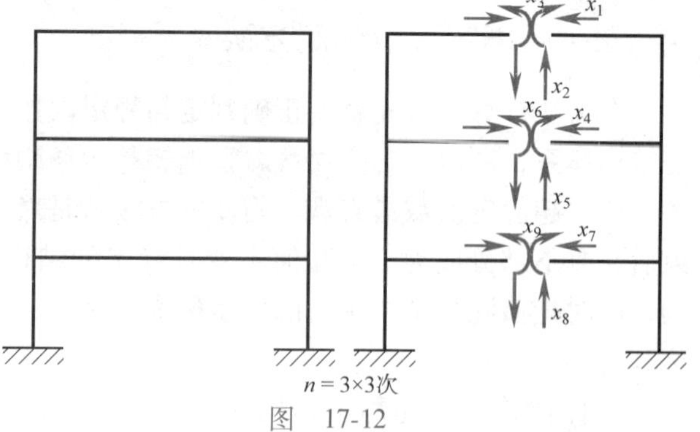

图　17-12

（5）具有封闭格框的结构，因为每一个格框的超静定次数是3，则整个结构的超静定次数为格框数的3倍(图17-12)。

需要再次强调指出，对于同一超静定结构可以按不同的方式撤消多余约束，从而得到不同形式的基本结构，但无论采用何种形式，超静定的次数是不变的。在选择基本结构时应注意两点：

（1）基本结构必须是几何不变体系，即只能撤除多余链杆约束，而不可撤除维持几何不变所需的必要链杆约束。图17-13a中可选用图17-13b、c、d为基本结构，显然超静定的次数 $n=1$ 次。但图17-13e不可，因为 A、B 支座处三根链杆交汇到一点，所以它为瞬变体系，不能作为基本体系。

（2）因为基本结构一般应是静定的，所以应撤除外部支座及内部全部多余约束。如图17-14所示，该结构的超静定次数应为7次。

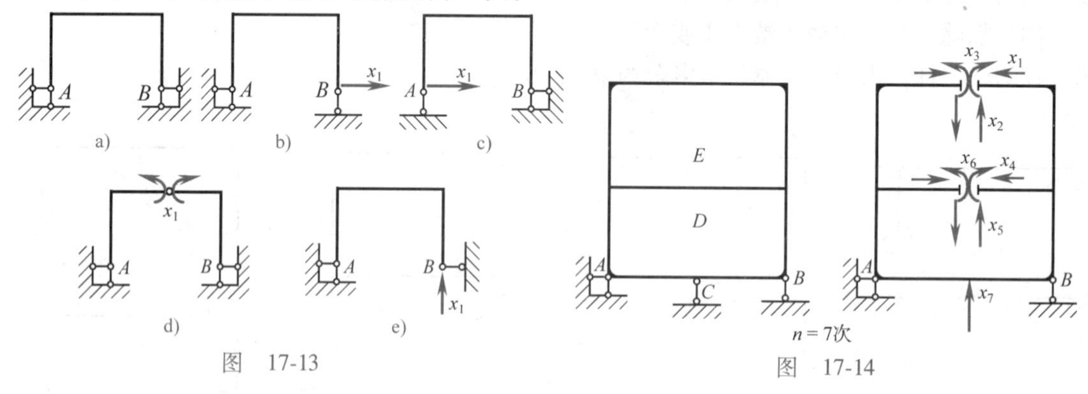

图　17-13　　　　图　17-14

第二节　力法的基本原理和典型方程

力法是计算超静定结构的最基本方法，其基本思想是通过位移协调条件先设法求出多余未知力，然后用静定结构的计算方法求出超静定结构的内力图。下面用图17-15a所示的单跨超静定梁来说明其概念和原理。

一、力法中的基本未知量和基本体系

图17-15a中所示的单跨超静梁 AB，撤除 B 支座链杆多余约束，并设其反力为 x_1，则得到图17-15b所示的静定结构。不难设想，当 x_1 为某一特定值时，该静定梁的受力和变形与原结构相同。因此在力法中多余未知力 x_1 是基本的未知量。同时，常把包含多余未知力和荷载的静定结构(图17-15b)称为原超静定结构的基本体系。

二、力法的基本方程

要确定基本未知量 x_1 需应用到位移条件。图17-15a所示的原超静定结构 B 点处竖向位移为零，对比原结构与基本体系，可见图17-15b所示悬臂梁 B 点在某一特定值 x_1 和荷载共同作用下，其竖向位移也应为零。因此，确定多余未知力 x_1 的位移条件应记为(设沿 x_1 方向位移为 Δ_1)

$$\Delta_1=0 \qquad \text{(a)}$$

如图 17-15c、d 所示，若以 Δ_{11} 和 Δ_{1p} 分别表示悬臂梁在 x_1 和荷载 q 单独作用时，B 点所产生竖向位移，则按叠加原理有

$$\Delta_1=\Delta_{11}+\Delta_{1p}=0 \qquad \text{(b)}$$

再令图 17-15e 所示 δ_{11} 表示 $\overline{x}_1=1$(单位多余未知力)引起 B 点的竖向位移，则对线弹性结构有

$$\Delta_{11}=\delta_{11}x_1 \qquad \text{(c)}$$

把式(c)代入式(b)得到

$$\delta_{11}x_1+\Delta_{1p}=0 \qquad (17\text{-}1)$$

式(17-1)就是此单跨超静定梁的力法基本方程。从上讨论可以看出，力法基本方程的物理本质是位移条件，此处具体含义是指在多余未知力和荷载共同作用下，B 点沿 x_1 方向(竖直方向)位移为零。

要求得式(17-1)中 x_1，应首先求得 δ_{11} 和 Δ_{1p}。从图 17-15 看出，δ_{11} 和 Δ_{1p} 都是静定结构 B 点在已知外力作用下的位移计算问题，它们都可以按已学过的单位荷载法求得。

分别画出在 $\overline{x}_1=1$ 和荷载 q 作用下的弯矩图 $\overline{M}_1$ 图和 M_p 图，如图 17-16a、b 所示。按图乘法可求得

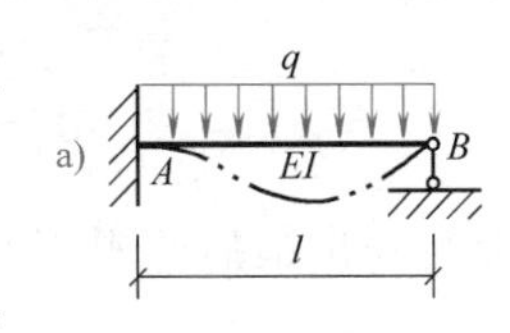

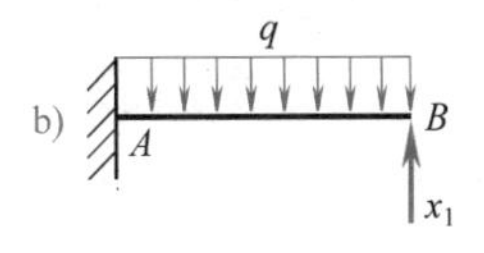

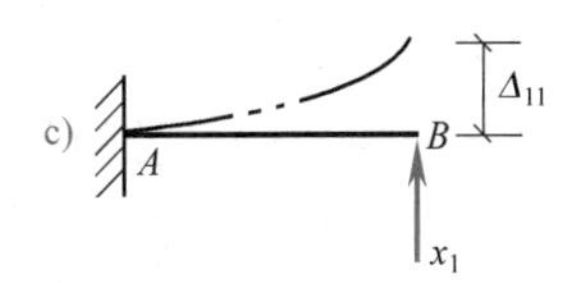

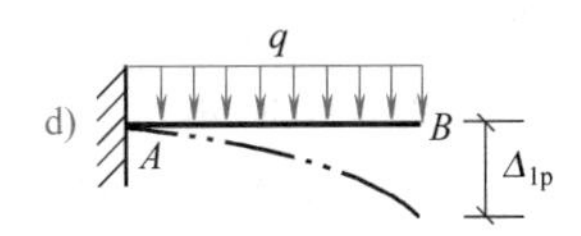

图　17-15

$$\delta_{11}=\sum\int\frac{\overline{M}_1^2\,\mathrm{d}s}{EI}=\frac{1}{EI}\left(\frac{1}{2}l\times l\times\frac{2}{3}l\right)=\frac{l^3}{3EI}$$

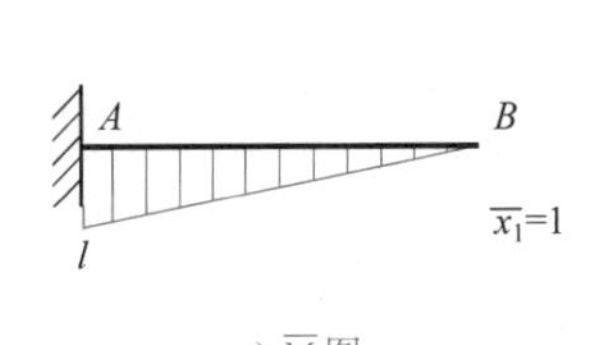

a) $\overline{M}_1$图

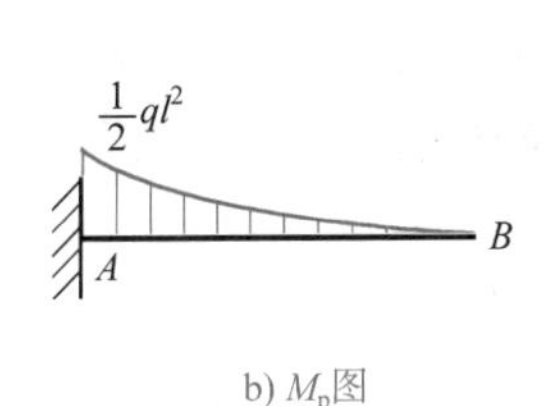

b) M_p图

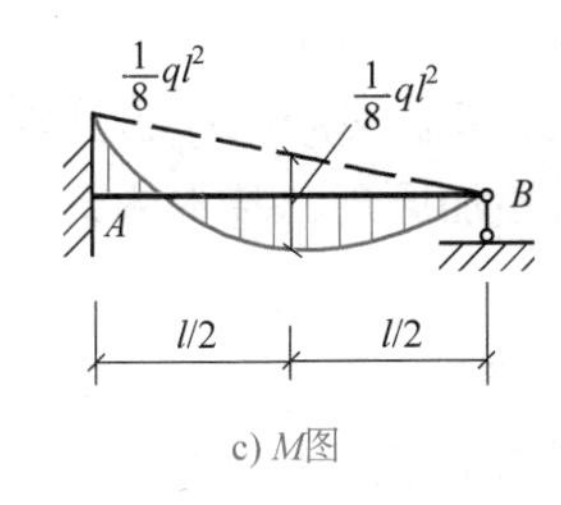

c) M图

图　17-16

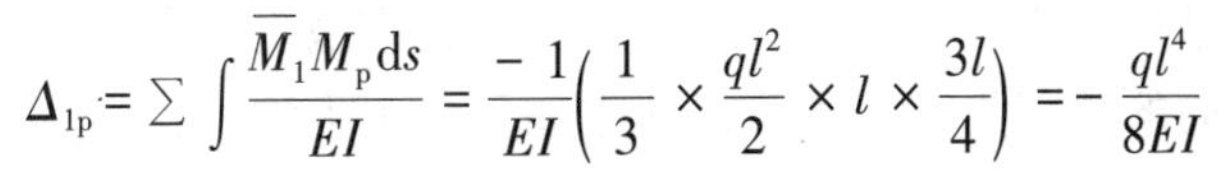

$$\Delta_{1p}=\sum\int\frac{\overline{M}_1M_p\,\mathrm{d}s}{EI}=\frac{-1}{EI}\left(\frac{1}{3}\times\frac{ql^2}{2}\times l\times\frac{3l}{4}\right)=-\frac{ql^4}{8EI}$$

把 δ_{11}、Δ_{1p} 代入式(17-1)求得多余未知力

$$x_1=-\frac{\Delta_{1p}}{\delta_{11}}=-\left(-\frac{ql^4}{8EI}\right)\Big/\frac{l^3}{3EI}=\frac{3}{8}ql(\uparrow)$$

上式为正值，表示 x_1 的实际方向与假定相同，即竖直向上。

多余未知力 x_1 求出后，其余所有反力和内力从基本体系可看出都属于静定结构计算问题。绘制弯矩图则可以应用已画出的 $\overline{M}_1$、M_p 图，应用叠加法较方便。即有

$$M=\overline{M}_1x_1+M_p \qquad (17\text{-}2)$$

例如，A、B 截面弯矩值分别为

$$M_A = l\times\left(\frac{3}{8}ql\right)+\left(-\frac{1}{2}ql^2\right) = -\frac{1}{8}ql^2（上侧受拉） \quad M_B = 0$$

于是可作出最后弯矩 M 图，如图 17-16c 所示。

三、力法的典型方程

上面列举了简单的一次超静定结构用力法求解的全过程。可以看出，关键的步骤是按位移条件建立力法方程式，以求解多余未知力。下面进一步用图 17-17a 所示的二次超静定刚架为例，说明如何建立多次超静定结构的力法基本方程，即力法的典型方程。

撤除原结构 B 端约束，以相应的多余未知力 x_1、x_2 来代替原固定铰支座约束作用，可得基本体系如图 17-17b 所示。

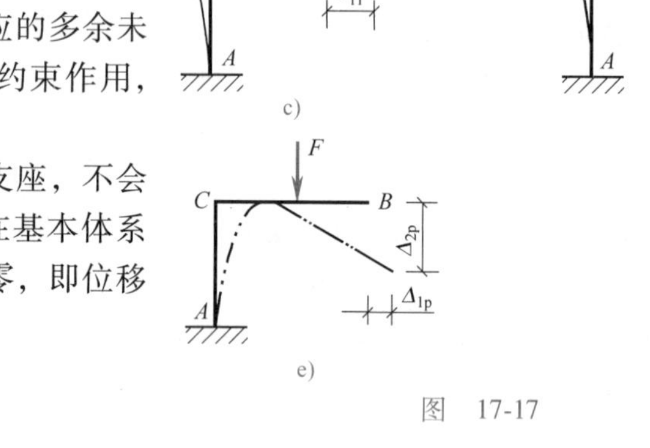

图 17-17

原结构在支座 B 处是固定铰支座，不会产生水平、竖向线位移，因此，在基本体系上 B 点沿 x_1、x_2 方向位移也应为零，即位移条件应为

$$\Delta_1 = 0$$
$$\Delta_2 = 0$$

与上面讨论一次单跨超静定梁相似，设单位多余未知力 $\overline{x}_1 = 1$、$\overline{x}_2 = 1$ 和荷载 F 分别单独作用在基本结构上时，B 点沿 x_1 方向产生的位移记为 δ_{11}、δ_{12} 和 Δ_{1p}；B 点沿 x_2 方向产生的位移记为 δ_{21}、δ_{22} 和 Δ_{2p}，分别如图 17-17c、d、e 所示。

按叠加原理，基本体系应满足的位移条件可表示为

$$\begin{aligned}\delta_{11}x_1+\delta_{12}x_2+\Delta_{1p}&=0\\ \delta_{21}x_1+\delta_{22}x_2+\Delta_{2p}&=0\end{aligned} \tag{17-3}$$

这就是求解多余未知力 x_1、x_2 所要建立的力法基本方程式，解该线性方程组即可求得多余未知力。

对于 n 次超静定结构，则必有 n 个多余未知力，相应地也就有 n 个已知位移条件，假如原结构在多余约束方向的位移为零，则可以建立如下 n 个力法方程。

$$\left.\begin{aligned}\delta_{11}x_1+\delta_{12}x_2+\cdots+\delta_{1i}x_i+\cdots+\delta_{1n}x_n+\Delta_{1p}&=0\\ &\vdots\\ \delta_{i1}x_1+\delta_{i2}x_2+\cdots+\delta_{ii}x_i+\cdots+\delta_{in}x_n+\Delta_{ip}&=0\\ &\vdots\\ \delta_{n1}x_1+\delta_{n2}x_2+\cdots+\delta_{ni}x_i+\cdots+\delta_{nn}x_n+\Delta_{np}&=0\end{aligned}\right\} \tag{17-4}$$

式(17-4)就是求解 n 次超静定结构的力法方程式。这一组方程组的物理本质仍然是位移条件，其含义是指：**基本结构在全部多余未知力和荷载共同作用下，在撤除多余约束处沿各多余未知力方向的位移，应与原结构相应位移相等(此处为零)。**

在上面方程组式(17-4)中，多余未知力前面的系数组成了 n 行 n 列的一个数表。从左上

到右下方对角线上系数 $\delta_{ii}(i=1,2,\cdots,n)$ 称为**主系数**，它是单位多余未知力 $\overline{x_i}=1$ 单独作用所引起的沿自身方向的位移；其他系数 $\delta_{ij}(i\neq j)$ 称为**副系数**，它是单位多余未知力 $\overline{x_j}=1$ 单独作用所引起的沿 x_i 方向位移；最后一项 Δ_{ip} 称为**自由项**，它是荷载单独作用时，所引起沿 x_i 方向位移。

显然由物理概念可推知，主系数恒为正值，且不会为零。副系数和自由项则可能为正、负或零。而且按位移互等定理，有以下关系

$$\delta_{ij}=\delta_{ji}$$

上述力法基本方程组具有一定规律性，无论超静定结构是何种类型，以及所选择的基本结构采用何种形式，在荷载作用下所建立的力法方程组都具有如式(17-4)所示的相同形式，故称其为**力法的典型方程**。

典型方程中的主、副系数和自由项都是基本结构在已知力作用下的位移，均可用求静定结构位移的方法求得，解方程组进而求得全部多余未知力。超静定结构最后弯矩图则可按叠加原理求得

$$M=\overline{M}_1x_1+\overline{M}_2x_2+\cdots+\overline{M}_nx_n+M_P \tag{17-5}$$

对梁和刚架，当要作剪力图和轴力图时，不妨把全部多余未知力代回基本体系，按静定结构作剪力图、轴力图的方法来作超静定结构的剪力图、轴力图，反而方便。

第三节　用力法计算超静定梁、刚架和排架结构

一般说来，力法计算超静定结构的步骤可归纳如下：

(1) 撤除多余约束，假设出多余未知力，加上荷载，绘出基本体系；

(2) 将基本体系和原结构相比较，按位移条件建立力法典型方程；

(3) 绘出基本结构的单位弯矩图和荷载弯矩图(或写出内力表达式)，用**单位荷载法**求出主、副系数和自由项；

(4) 解力法典型方程，求解全部多余未知力；

(5) 按叠加法或平衡条件方法作出内力图。

下面举例来具体说明用力法求解超静定梁、刚架和排架结构的过程。

一、超静定梁和刚架

计算超静定梁和刚架仍然遵循上面所归纳的步骤，但在计算主、副系数和自由项时，通常略去剪力和轴力影响，只计入弯矩的影响，从而使计算简化。而且，一般常应用图乘法求主、副系数和自由项。

例 17-1　试用力法计算图 17-18a 所示的两端固定单跨超静定梁，并绘出弯矩图。设 EI=常数。

解　(1) 选取基本体系　此梁为三次超静定结构，取悬臂梁为基本结构，基本体系如图 17-18b 所示。

(2) 建立力法典型方程　因为原结构 B 端支座竖直方向、水平方向线位移及转角为零，故典型方程为

$$\delta_{11}x_1+\delta_{12}x_2+\delta_{13}x_3+\Delta_{1p}=0$$
$$\delta_{21}x_1+\delta_{22}x_2+\delta_{23}x_3+\Delta_{2p}=0$$
$$\delta_{31}x_1+\delta_{32}x_2+\delta_{33}x_3+\Delta_{3p}=0$$

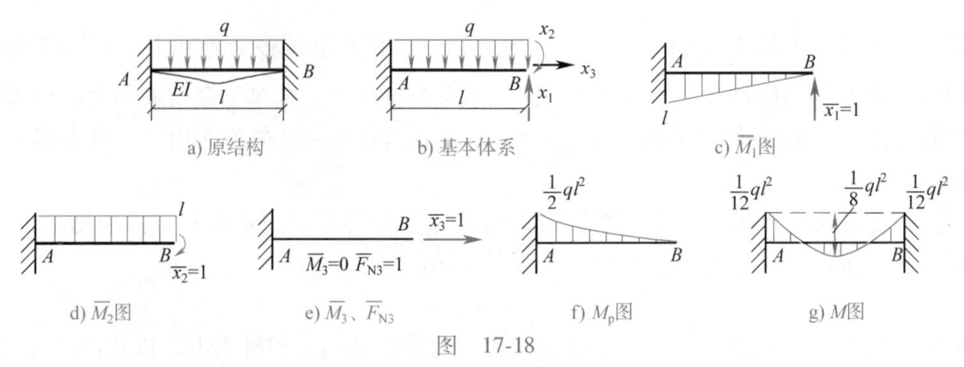

a) 原结构　b) 基本体系　c) $\overline{M}_1$图　d) $\overline{M}_2$图　e) $\overline{M}_3$、$\overline{F}_{N3}$　f) M_p图　g) M图

图　17-18

（3）求典型方程主、副系数和自由项　绘出单位弯矩图$\overline{M}_1$、$\overline{M}_2$、$\overline{M}_3$及荷载弯矩图M_P（图17-18c、d、e、f）。按图乘法，各主、副系数和自由项计算如下

$$\delta_{11}=\frac{1}{EI}\left(\frac{1}{2}\times l\times l\times\frac{2}{3}l\right)=\frac{l^3}{3EI},\ \delta_{22}=\frac{1}{EI}(1\times l\times 1)=\frac{l}{EI},\ \delta_{33}=\int\frac{\overline{M}_3^2\mathrm{d}s}{EI}+\int\frac{\overline{F}_{N3}^2\mathrm{d}s}{EA}=\frac{l}{EA},$$

$$\delta_{12}=\delta_{21}=-\frac{1}{EI}\left(\frac{1}{2}\times l\times l\times 1\right)=-\frac{l^2}{2EI},\ \delta_{13}=\delta_{31}=0,\ \delta_{23}=\delta_{32}=0$$

$$\Delta_{1P}=-\frac{1}{EI}\left(\frac{1}{3}\times l\times\frac{ql^2}{2}\times\frac{3l}{4}\right)=-\frac{ql^4}{8EI},\ \Delta_{2P}=\frac{1}{EI}\left(\frac{1}{3}\times l\times\frac{ql^2}{2}\times 1\right)=\frac{ql^3}{6EI}$$

（4）求解多余未知力　将上面各主、副系数和自由项代入典型方程，则典型方程成为

$$\frac{l^3}{3EI}x_1-\frac{l^2}{2EI}x_2-\frac{ql^4}{8EI}=0$$

$$-\frac{l^2}{2EI}x_1+\frac{l}{EI}x_2+\frac{ql^3}{6EI}=0$$

$$\frac{l}{EA}x_3=0$$

联解得　$x_1=\frac{1}{2}ql(\uparrow)$，$x_2=\frac{1}{12}ql^2(\circlearrowright)$，$x_3=0$

可以看出，在小变形的条件下超静定梁若受到垂直于梁轴线的荷载，则梁沿轴线方向所受到约束力恒为零，自然梁也不存在轴力。

（5）绘弯矩图　按叠加法$M=\overline{M}_1x_1+\overline{M}_2x_2+M_p$可以计算梁端弯矩，最后弯矩图如图17-18g所示。

例17-2　用力法计算图17-19a所示的刚架，并绘出弯矩图。设各杆EI=常数。

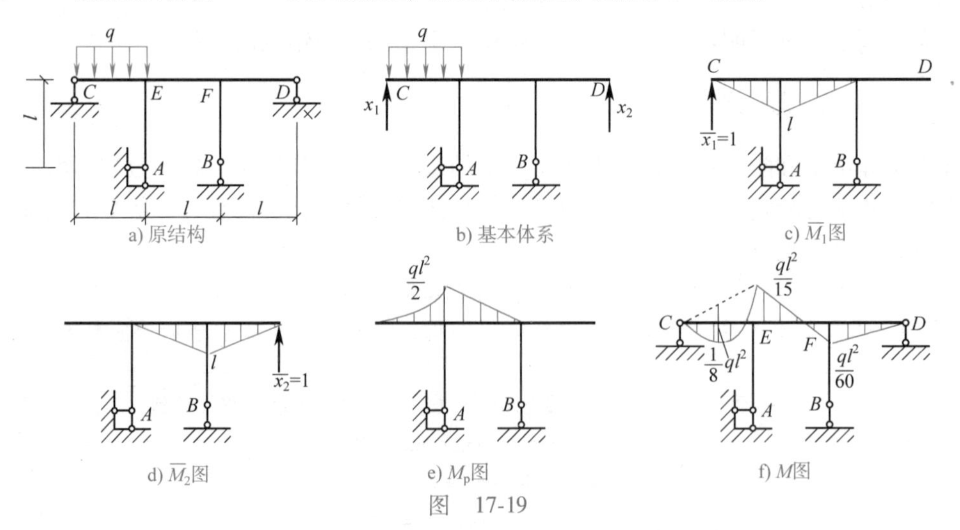

a) 原结构　b) 基本体系　c) $\overline{M}_1$图　d) $\overline{M}_2$图　e) M_p图　f) M图

图　17-19

解 (1) 选取如图 17-19b 所示的基本体系，显然此处选简支刚架为基本结构，超静定次数为二次。

(2) 建立力法典型方程 按原结构 C、D 支座竖向位移为零，则有

$$\delta_{11}x_1+\delta_{12}x_2+\Delta_{1p}=0$$
$$\delta_{21}x_1+\delta_{22}x_2+\Delta_{2p}=0$$

(3) 求主、副系数和自由项 绘出$\overline{M}_1$、$\overline{M}_2$、M_P 图分别如图 17-19c、d、e 所示，由图乘法可得

$$\delta_{11}=\sum\int\frac{\overline{M}_1{}^2}{EI}\mathrm{d}s=\frac{1}{EI}\left(\frac{1}{2}\times l\times l\times\frac{2}{3}l\right)\times 2=\frac{2l^3}{3EI}$$

$$\delta_{22}=\sum\int\frac{\overline{M}_2{}^2}{EI}\mathrm{d}s=\frac{1}{EI}\left(\frac{1}{2}\times l\times l\times\frac{2}{3}l\right)\times 2=\frac{2l^3}{3EI}$$

$$\delta_{12}=\delta_{21}=\sum\int\frac{\overline{M}_1\ \overline{M}_2}{EI}\mathrm{d}s=\frac{1}{EI}\left(\frac{1}{2}\times l\times l\times\frac{l}{3}\right)=\frac{l^3}{6EI}$$

$$\Delta_{1P}=\sum\int\frac{\overline{M}_1M_P}{EI}\mathrm{d}s=-\frac{1}{EI}\left(\frac{1}{3}\times\frac{ql^2}{2}\times l\times\frac{3}{4}\times l+\frac{1}{2}\times l\times\frac{ql^2}{2}\times\frac{2}{3}\times l\right)=-\frac{7ql^4}{24EI}$$

$$\Delta_{2P}=\sum\int\frac{\overline{M}_2M_P}{EI}\mathrm{d}s=-\frac{1}{EI}\left(\frac{1}{2}\times l\times\frac{ql^2}{2}\times\frac{1}{3}l\right)=-\frac{9ql^4}{12EI}$$

(4) 求解多余未知力 把上面求得主、副系数和自由项代回力法典型方程，消去公因子$\left(\frac{l^3}{EI}\right)$，则有

$$\frac{2}{3}x_1+\frac{1}{6}x_2-\frac{7}{24}ql=0$$

$$\frac{1}{6}x_1+\frac{2}{3}x_2-\frac{1}{12}ql=0$$

解得

$$x_1=\frac{13}{30}ql(\uparrow),\ x_2=\frac{ql}{60}(\uparrow)$$

可以看出，在荷载作用下多余未知力的大小，只与各杆抗弯刚度 EI 的相对值有关，而与其绝对值无关。

(5) 绘内力图 最后弯矩图可按叠加法求出，即 $M=\overline{M}_1x_1+\overline{M}_2x_2+M_p$，如图 17-19f 所示。剪力图和轴力图的作法，只需把求得的多科未知力 x_1、x_2 代回基本体系(图 17-19b)，按一般静定刚架内力图作法即可求得，在此从略。

例 17-3 用力法计算图 17-20a 所示刚架，并绘出弯矩 M 图。设 EI=常数。

解 (1) 取基本体系，如图 17-20b 所示。

(2) 建立力法典型方程 由于 C 铰处沿 x_1、x_2 方向相对线位移为零，因此有

$$\delta_{11}x_1+\delta_{12}x_2+\Delta_{1P}=0$$
$$\delta_{21}x_1+\delta_{22}x_2+\Delta_{2P}=0$$

(3) 画出$\overline{M}_1$、$\overline{M}_2$、M_P 图分别如图 17-20c、d、e 所示，求得主、副系数和自由项为

$$\delta_{11}=\frac{1}{EI}\left(\frac{1}{2}\times6\times6\times\frac{2}{3}\times6\right)\times2=144/EI$$

$$\delta_{22}=\frac{1}{EI}\left(\frac{1}{2}\times3\times3\times\frac{2}{3}\times3+3\times6\times3\right)\times2=126/EI$$

$$\delta_{12}=\delta_{21}=\frac{1}{EI}\left(\frac{1}{2}\times6\times6\times3-\frac{1}{2}\times6\times6\times3\right)=0$$

$$\Delta_{1P}=\frac{1}{EI}\left(\frac{1}{2}\times6\times6\times45\right)\times2=1620/EI$$

$$\Delta_{2P}=\frac{1}{EI}\left(\frac{1}{3}\times3\times45\times\frac{3}{4}\times3+3\times6\times45-\frac{1}{3}\times3\times45\times\frac{3}{4}\times3-3\times6\times45\right)=0$$

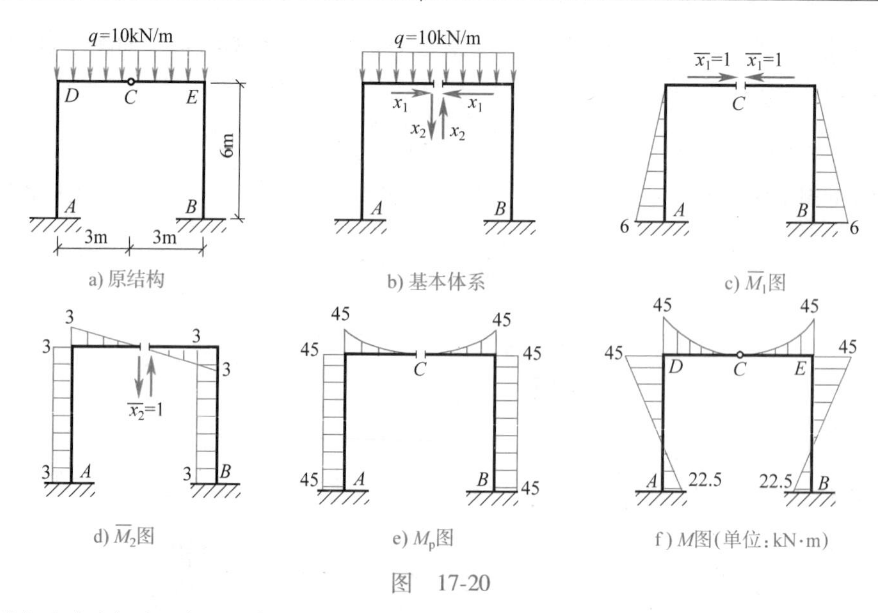

a) 原结构　b) 基本体系　c) $\overline{M}_1$图

d) $\overline{M}_2$图　e) M_P图　f) M图(单位：kN·m)

图　17-20

(4) 求解多余未知力　把上面主、副系数和自由项代回力法典型方程，则有

$$144x_1+1620=0$$

$$126x_2=0$$

解出　$x_1=-1620/144\text{kN}=-11.25\text{kN}$(压力)，$x_2=0$

(5) 绘 M 图　由 $M=\overline{M}_1x_1+M_P$ 可作出 M 图如图 17-20f 所示。

需要指出，由此例可以看出对称结构在对称荷载作用下，当选用对称的基本结构时，反对称的多余未知力 x_2 为零，最后 M 图也呈正对称。所以利用对称性常可以使一些副系数和自由项为零，以简化计算。关于对称性的利用在本章第五节中将作详细讨论，在此通过具体的数值计算使读者有一初步感性认识。

二、铰结排架

在单层工业厂房中常采用铰结排架结构体系。屋架(或屋面大梁)和柱顶设计为铰结，屋架对柱顶仅起联系作用。由于屋架面内纵向刚度很大，常简化为抗拉压刚度为无限大($EA=\infty$)的刚性链杆。同时为了支承吊车梁，立柱也常设计为变截面阶梯柱，上下段抗弯刚度不同。此类结构常用力法计算，且只需绘出立柱的内力图。

例 17-4　试用力法计算图 17-21a 所示铰结排架结构弯矩图。设阶梯柱上下段的抗弯刚度分别为 EI_1 和 EI_2，且 $EI_2=7EI_1$。已知柱子受到起重机传来水平制动力 $F=20\text{kN}$。

解　(1) 切断刚性链杆 CD，以一对轴力作为多余未知力 x_1，选取如图 17-21b 所示的基本体系。

(2) 建立力法方程　因为 CD 为连续杆件，所以切口处相对轴向线位移应为零，即有

$$\delta_{11}x_1+\Delta_{1P}=0$$

(3) 求主系数和自由项　绘出 $\overline{M}_1$、M_P 图分别如图 17-21c、d 所示。按阶梯柱抗弯刚度不同分段图乘，可得

$$\delta_{11}=\frac{1}{EI_1}\left(\frac{1}{2}\times3\times3\times\frac{2}{3}\times3\right)\times2+\frac{1}{EI_2}\left(\frac{1}{2}\times3\times9\times6+\frac{1}{2}\times12\times9\times9\right)\times2=\frac{18}{EI_1}+\frac{1134}{EI_2}$$

$$=\frac{1}{EI_2}\left(18\times\frac{I_2}{I_1}+1134\right)=1260\times\frac{1}{EI_2}$$

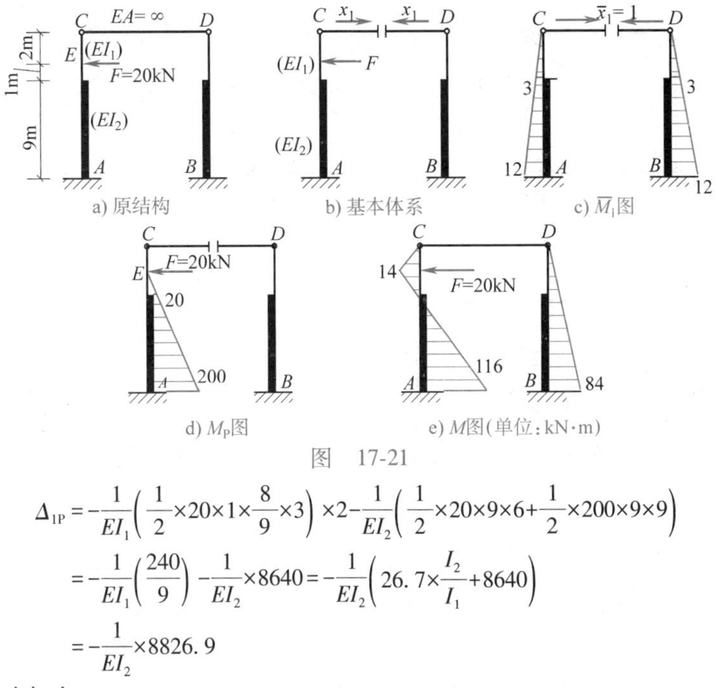

a) 原结构　b) 基本体系　c) $\overline{M}_1$图

d) M_P图　e) M图(单位：kN·m)

图　17-21

$$\Delta_{1P}=-\frac{1}{EI_1}\left(\frac{1}{2}\times20\times1\times\frac{8}{9}\times3\right)\times2-\frac{1}{EI_2}\left(\frac{1}{2}\times20\times9\times6+\frac{1}{2}\times200\times9\times9\right)$$

$$=-\frac{1}{EI_1}\left(\frac{240}{9}\right)-\frac{1}{EI_2}\times8640=-\frac{1}{EI_2}\left(26.7\times\frac{I_2}{I_1}+8640\right)$$

$$=-\frac{1}{EI_2}\times8826.9$$

（4）求解多余未知力。

$$x_1=-\frac{\Delta_{1P}}{\delta_{11}}=-\frac{-8826.9/EI_2}{1260/EI_2}\text{kN}\approx7\text{kN}$$

（5）绘内力图　按叠加法 $M=\overline{M}_1x_1+M_P$ 可以作出立柱的弯矩图，如图 17-21e 所示。

第四节　用力法计算超静定桁架和组合结构

一、超静定桁架结构

由于桁架结构是由两端带铰的链杆组成，其特点是桁架结构中各杆仅有轴力 F_N，故基本结构中的位移都是由于杆件轴向变形引起的，因此力法典型方程中主、副的系数和自由项，应按静定结构位移计算章节中关于桁架的公式计算，即

$$\delta_{ii}=\sum\frac{\overline{F}_{Ni}^2l}{EA}\qquad\delta_{ij}=\sum\frac{\overline{F}_{Ni}\overline{F}_{Nj}l}{EA}\qquad\Delta_{ip}=\sum\frac{\overline{F}_{Ni}F_{Np}l}{EA}$$

例 17-5　试用力法计算图 17-22a 所示的超静定桁架，求出各杆的轴力。设各杆 EA=常数。

解　（1）切断上弦杆，以一对多余未知力 x_1 代替其作用效应，同时考虑荷载 F，建立基本体系如图 17-22b 所示。

（2）建立力法典型方程　因为切口处原为连续杆件截面，其相对轴向线位移应为零，所以力法方程为

$$\delta_{11}x_1+\Delta_{1p}=0$$

（3）计算主系数、自由项　首先应用结点法计算出在 $\overline{x}_1=1$ 和荷载 F 分别单独作用下各杆内力值，已示于图 17-22c、d 中，请读者加以校核。按桁架位移计算公式有

$$\delta_{11}=\sum\frac{\overline{F}_{N1}^2\cdot l}{EA}=\frac{1}{EA}[1^2\times l\times4+(-\sqrt{2})^2\times\sqrt{2}l\times2]=\frac{1}{EA}4(1+\sqrt{2})\cdot l$$

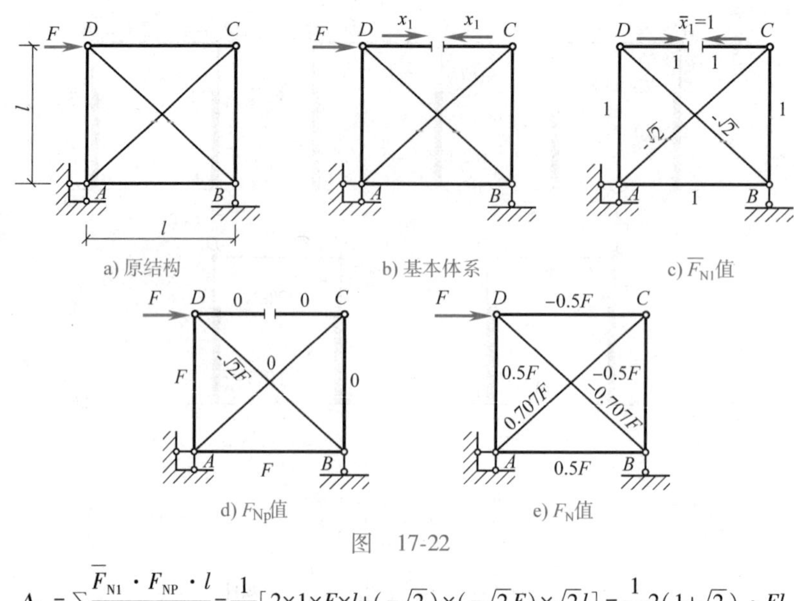

a) 原结构　b) 基本体系　c) $\overline{F}_{N1}$值

d) F_{Np}值　e) F_N值

图 17-22

$$\Delta_{1p}=\sum\frac{\overline{F}_{N1}\cdot F_{NP}\cdot l}{EA}=\frac{1}{EA}[2\times1\times F\times l+(-\sqrt{2})\times(-\sqrt{2}F)\times\sqrt{2}l]=\frac{1}{EA}2(1+\sqrt{2})\cdot Fl$$

（4）求解多余未知力。

$$x_1=-\frac{\Delta_{1p}}{\delta_{11}}=-\frac{2(1+\sqrt{2})Fl/EA}{4(1+\sqrt{2})l/EA}=-\frac{F}{2}\qquad（压力）$$

（5）计算各杆最后内力　利用叠加法较方便，按已经计算出的各杆$\overline{F}_{N1}$值和F_{NP}值，则各杆轴力为

$$F_N=\overline{F}_{N1}x_1+F_{NP}$$

其中

$$F_{NAB}=1\times\left(-\frac{F}{2}\right)+F=0.5F\qquad（拉力）$$

$$F_{NAC}=(-\sqrt{2})\times\left(-\frac{F}{2}\right)+0=\frac{\sqrt{2}}{2}F\approx0.707F\qquad（拉力）$$

$$\vdots$$

各杆轴力值如图 17-22e 图所示。

二、超静定组合结构

组合结构是由不同工作特性的基本构件组成的，既含有链式杆，又含有梁式杆。所以在计算力法典型方程中的主、副系数和自由项时，对链杆系统只考虑轴力影响；对梁式杆系统通常略去轴力及剪力的微小影响，只考虑弯矩影响。即

$$\delta_{ii}=\sum\int\frac{\overline{M}_i^2}{EI}ds+\sum\frac{\overline{F}_{Ni}^2\cdot l}{EA}$$

$$\delta_{ij}=\sum\int\frac{\overline{M}_i\overline{M}_j}{EI}ds+\sum\frac{\overline{F}_{Ni}\cdot\overline{F}_{Nj}\cdot l}{EA}$$

$$\Delta_{iP}=\sum\int\frac{\overline{M}_iM_P}{EI}ds+\sum\frac{\overline{F}_{Ni}\cdot F_{NP}\cdot l}{EA}$$

上式中第一个集和号是对全部梁式杆求和，第二个集和号是对全部链式杆求和。

例 17-6　试用力法计算图 17-23a 所示组合结构，绘出梁 AB 的 M 图，求出各链杆的轴力。已知梁式杆 $EI=1.5\times10^4\text{kN}\cdot\text{m}^2$，链杆 AD 和 BD 的 $EA_1=2.6\times10^5\text{kN}$，链杆 CD 的 $EA_2=2.0\times10^5\text{kN}$。

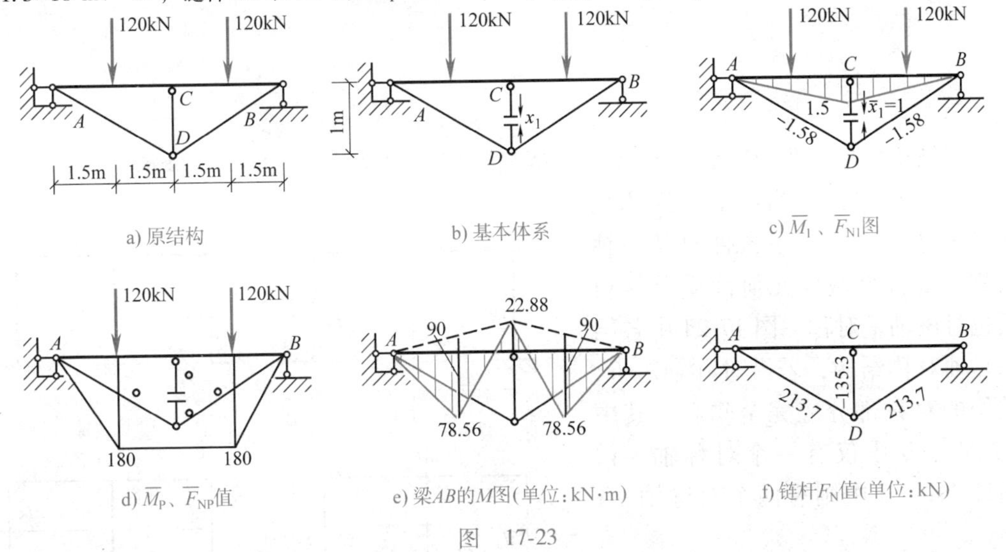

a) 原结构　b) 基本体系　c) $\overline{M}_1$、$\overline{F}_{N1}$图

d) $\overline{M}_P$、$\overline{F}_{NP}$值　e) 梁AB的M图(单位：kN·m)　f) 链杆F_N值(单位：kN)

图　17-23

解　(1) 切断 CD 链杆，建立基本体系如图 17-23b 所示。

(2) 建立力法典型方程　按切断口处相对轴向线位移为零条件，得

$$\delta_{11}x_1+\Delta_{1p}=0$$

(3) 计算主系数及自由项　首先计算出$\overline{x}_1=1$ 及荷载分别单独作用下各链杆的轴力和梁 AB 弯矩图，分别示于图 17-23c、d 中。则有

$$\delta_{11}=\sum\int\frac{\overline{M}_1^2}{EI}\mathrm{d}s+\sum\frac{\overline{F}_{N1}^2\cdot l}{EA}$$

$$=\frac{1}{EI}\left(\frac{1}{2}\times3\times1.5\times\frac{2}{3}\times1.5\right)\times2+\frac{1}{EA_1}[(-1.58)^2\times\sqrt{10}]+\frac{1}{EA_2}(1^2\times1)$$

$$=\frac{4.5}{EI}+\frac{15.79}{EA_1}+\frac{1}{EA_2}=\left(\frac{4.5}{1.5\times10^4}+\frac{15.79}{2.6\times10^5}+\frac{1}{2.0\times10^5}\right)\text{m/kN}=3.66\times10^{-4}\text{m/kN}$$

$$\Delta_{1p}=\sum\int\frac{\overline{M}_1\cdot M_P}{EI}\mathrm{d}s+\sum\frac{\overline{F}_{N1}\cdot F_{NP}\cdot l}{EA}$$

$$=\frac{2}{EI}\left[\frac{1}{2}\times1.5\times180\times\frac{2}{3}\times\frac{3}{4}+1.5\times180\times\frac{1}{2}\ \left(\frac{3}{4}+\frac{3}{2}\right)\right]+\frac{1}{EA}(0+0+0)$$

$$=\left(\frac{2}{1.5\times10^4}\times371.25\right)\text{m}=495\times10^{-4}\text{m}$$

(4) 计算多余未知力。

$$x_1=-\frac{\Delta_{1p}}{\delta_{11}}=\left(-\frac{495\times10^{-4}}{3.66\times10^{-4}}\right)\text{kN}=-135.25\text{kN}\qquad(\text{压力})$$

(5) 计算内力　按叠加法有

$$M=\overline{M}_1x_1+M_P$$

$$F_N=\overline{F}_{N1}x_1+F_{NP}$$

最后求得梁 AB 的弯矩图及链杆轴力值如图 17-23e、f 所示。

小知识：关于对称性

第五节　对称性利用

一、结构及荷载对称性

工程结构中出于受力及美观考虑，很多结构都具有对称性，如图17-24所示。

所谓对称结构是指：①结构的几何形状尺寸和支座支承条件对某一轴呈对称；②杆件截面几何性质及材料性质也对该轴呈对称。图17-24中各结构都是轴对称结构，若沿对称轴对折，则结构的对称部分应完全吻合。其中图17-24a、b中仅有一个对称轴 y-y，而图17-24c、d中则有两个对称轴 x-x 及 y-y。

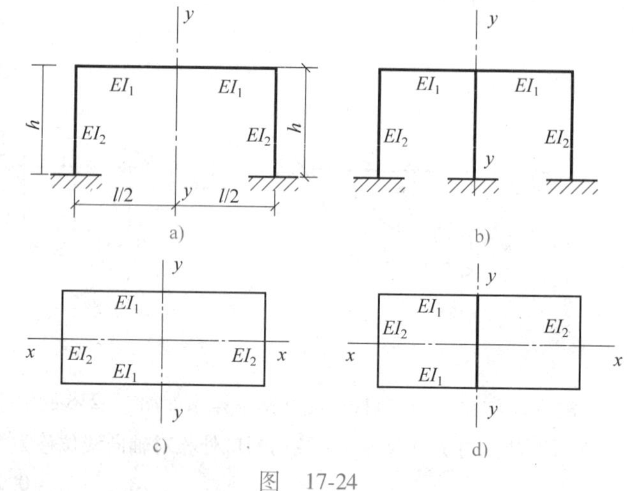

图　17-24

作用在结构上的荷载有时也具有对称性。例如图17-25a所示的荷载，沿对称轴对折后左右两荷载作用点、量值大小和方向三要素完全一致，称此类荷载为**正对称荷载**；反之，如图17-25b所示荷载，其沿对称轴对折后，作用点、量值相同，但方向相反，称此类荷载为**反对称荷载**。

需要指出，作用在结构上任意荷载都可以分解为正对称荷载及反对称荷载的组合，如图17-25c所示。

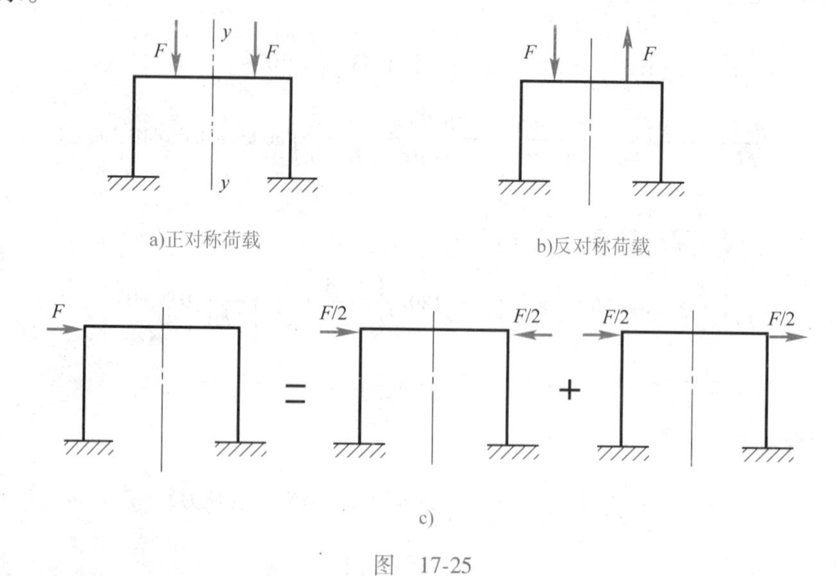

图　17-25

应用力法计算高次超静定结构时，考虑结构及荷载对称性可以使力法典型方程中的一些副系数或自由项为零，从而达到简化计算、减轻工作量的目的。

利用对称性常采用选取对称基本结构和等代结构的技巧，现分别介绍如下。

二、选取对称基本结构

1. 对称结构承受正对称荷载

现用图 17-26a 所示对称刚架承受一对正对称竖向集中力来讨论。为保持其对称性，在对称轴上 C 点处切开，选取左右两个独立对称的悬臂刚架为基本结构，基本体系如图17-26b 所示，按 C 截面位移连续条件，力法典型方程为

$$\left.\begin{aligned}\delta_{11}x_1+\delta_{12}x_2+\delta_{13}x_3+\Delta_{1p}=0\\ \delta_{21}x_1+\delta_{22}x_2+\delta_{23}x_3+\Delta_{2p}=0\\ \delta_{31}x_1+\delta_{32}x_2+\delta_{33}x_3+\Delta_{3p}=0\end{aligned}\right\}\qquad(a)$$

画出$\overline{M}_1$、$\overline{M}_2$、$\overline{M}_3$、M_p 图分别如图 17-26c、d、e、f 所示。显然，$\overline{M}_1$、$\overline{M}_2$、M_p 图是正对称的，$\overline{M}_3$ 图是反对称的。据此可以求得

$$\delta_{13}=\delta_{31}=\sum\int\frac{\overline{M}_1\overline{M}_3}{EI}ds=0,\quad \delta_{23}=\delta_{32}=\sum\int\frac{\overline{M}_2\overline{M}_3}{EI}ds=0$$

$$\Delta_{3p}=\sum\int\frac{\overline{M}_3M_p}{EI}ds=0$$

代入式(a)，考虑到 $\delta_{33}\neq0$，则有

$$\left.\begin{aligned}\delta_{11}x_1+\delta_{12}x_2+\Delta_{1p}=0\\ \delta_{21}x_1+\delta_{22}x_2+\Delta_{2p}=0\\ x_3=0\end{aligned}\right\}\qquad(b)$$

由上式联解出 x_1 和 x_2，按叠加法求出 $M=\overline{M}_1x_1+\overline{M}_2x_2+M_p$，最后弯矩图也必然呈正对称性。

综上讨论，可以得到如下结论：**对称结构受到对称荷载作用，若在对称轴处切开选取对称的基本结构，则在该截面上将仅有正对称的多余未知力(x_1 和 x_2)，反对称的多余未知力(x_3)必然为零，而且结构的内力和位移亦将是正对称的。**

2. 对称结构承受反对称荷载

现对与图 17-26a 所示相同的对称刚架在受反对称竖向集中力的情况(图 17-27a)进行讨论。仍然在对称轴上 C 点切开，多余未知力编号同上，则$\overline{M}_1$、$\overline{M}_2$、$\overline{M}_3$ 图仍同上面图 17-26c、d、e图所示。由于荷载不同，M_p 图(图 17-27b)呈反对称，则必然有

$$\delta_{13}=\delta_{31}=0,\ \delta_{23}=\delta_{32}=0,\ \Delta_{1p}=0,\ \Delta_{2p}=0$$

代入上面力法典型方程式(a)得

$$\left.\begin{aligned}\delta_{11}x_1+\delta_{12}x_2=0\\ \delta_{21}x_1+\delta_{22}x_2=0\\ \delta_{33}x_3+\Delta_{3p}=0\end{aligned}\right\}\qquad(c)$$

由式(c)可解得：$x_1=0$，$x_2=0$，$x_3=-\dfrac{\Delta_{3p}}{\delta_{33}}$。按 $\overline{M}=\overline{M}_3\cdot x_3+M_p$，可推知 M 图也必然呈反对称。

综上分析可得：**对称结构受到反对称荷载作用，若在对称轴处切开选取对称的基本结**

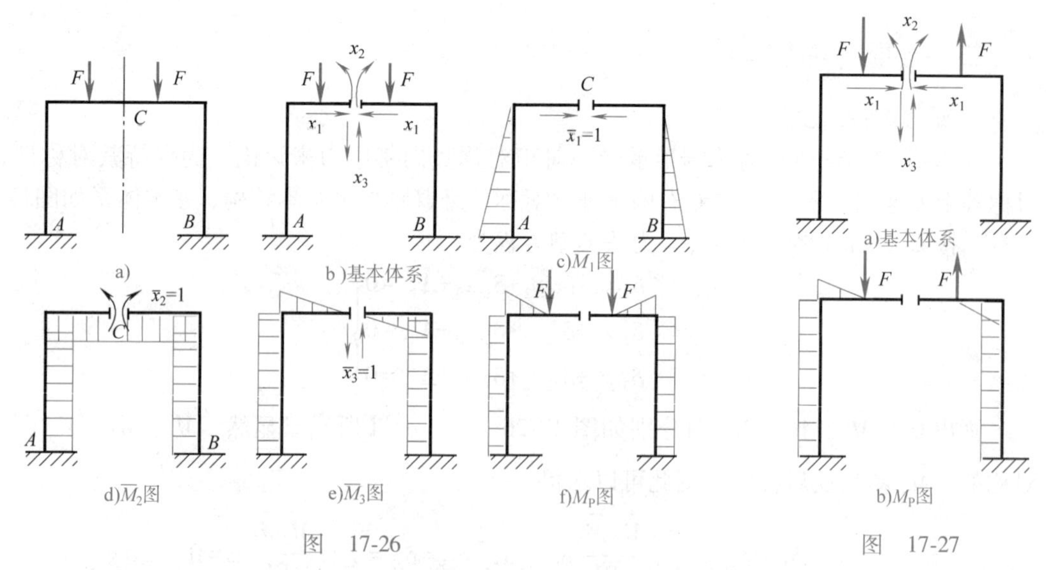

图　17-26　　　　图　17-27

构，则在该截面上将仅有反对称的多余未知力(x_3)，对称的多余未知力(x_1, x_2)必然为零，而且结构的内力和位移亦将是反对称的。

三、选取等代结构代替原结构

当对称结构承受正对称或反对称荷载作用时，可以截取原结构半部分(或四分之一部分)来分析，并称此为原结构的等代结构。正确地选取等代结构要视跨度布置及荷载情况而定。

1. 奇数跨对称结构

(1) 承受正对称荷载作用　图17-28a所示单跨门式刚架承受正对称荷载作用。从上面讨论可知，其内力和位移也应呈正对称。在对称轴上C截面，从受力角度看仅有轴力和弯矩，没有剪力；从变形角度看将不会产生水平线位移和转角。因此取其一半来计算时，在C处可设想有一个定向支座，来模拟原结构的传力和变形机制，从而可得到如图17-28b所示的等代结构。

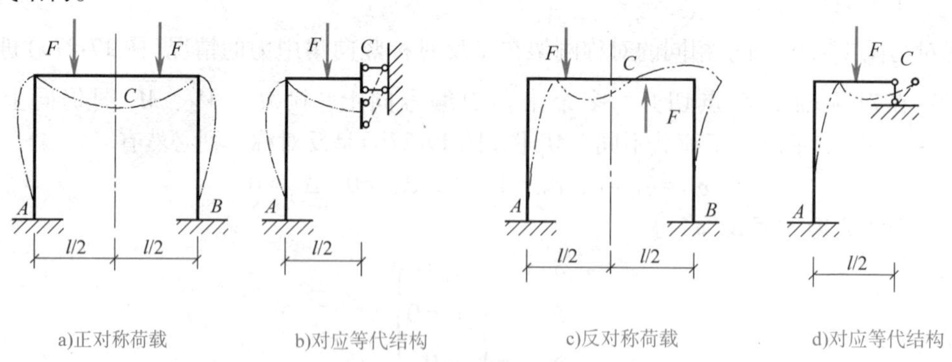

图　17-28

(2) 承受反对称荷载作用　图17-28c所示的单跨刚架承受反对称荷载作用。从上讨论可知，其内力和变形也应呈反对称。同样在对称轴上C截面，从受力角度将仅有剪力，没有轴力和弯矩；从变形角度看将不会产生竖向线位移。因此取其一半来计算时，在C处可设想有一个由竖向链杆所构成活动铰支座，以此来模拟传力和变形机制，从而可得如图17-28d所示的等代结构。

2. 偶数跨对称结构

（1）承受正对称荷载作用　图17-29a为在正对称荷载作用下两跨刚架，从受力看在对称C截面必然有轴力、弯矩，同时中间立柱将产生竖直约束力；从变形角度看将不会产生水平线位移和转角，同时略去中间立柱微小轴向变形，即认为C点也不产生竖向线位移。因此可将C处改为固定端支座，截取一半得到如图17-29b所示等代结构。

（2）承受反对称荷载作用　图17-30a为反对称荷载作用下两跨刚架，可以设想中间立柱CD为由相距为零的两个分柱组成，分柱抗弯刚度为$EI/2$，如图17-30b所示。现按三跨(奇数)结构取一半，则得图17-30c所示半部结构。活动铰支座约束力沿杆轴线方向，不产生弯矩可去掉。若略去中柱轴向变形，最后可得等代结构计算简图如图17-30d所示。需要指出，原立柱内力为两分柱内力之和。因左右两分柱弯矩、剪力相同，轴力绝对值相同符号相反，故原中柱CD弯矩、剪力为分柱值的两倍，轴力值相互抵消为零。

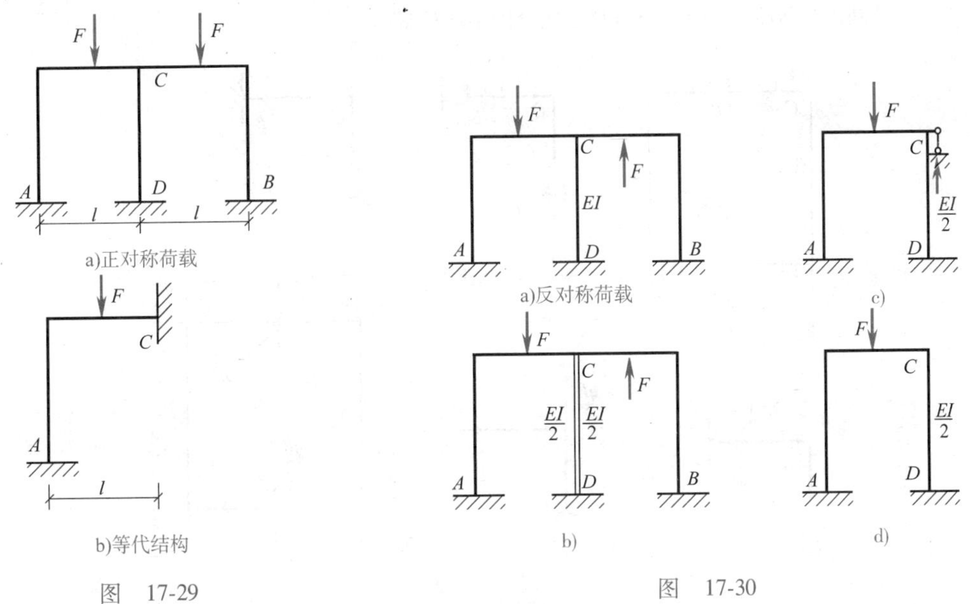

图　17-29　　　　图　17-30

按上述讨论取出等代结构后，即可按力法计算出内力图，再按对称关系绘出另一半内力图。

例17-7　试利用对称性计算图17-31a所示刚架弯矩图。

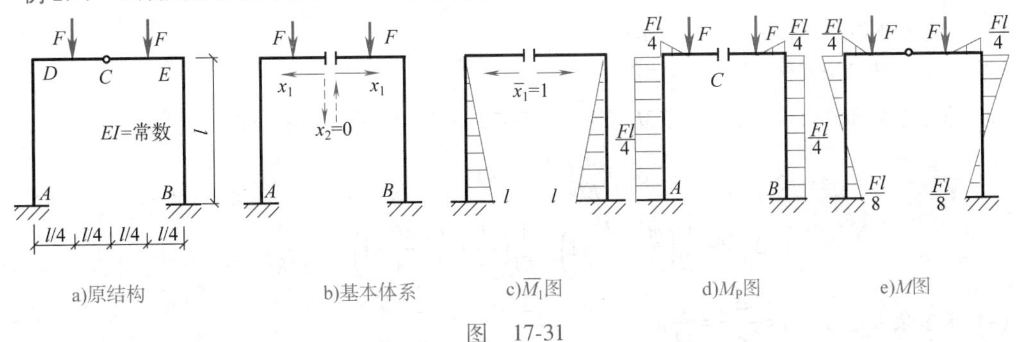

图　17-31

解　此刚架为承受正对称荷载的对称刚架，现用选取对称基本结构方法来计算。

（1）选取基本体系　撤除中间铰 C，可判定反对称的多余未知力 $x_2=0$，为一次超静定结构，基本体系如图17-31b所示。

（2）建立力法典型方程。

$$\delta_{11}x_1+\Delta_{1p}=0$$

（3）求主系数、自由项　画出$\overline{M}_1$、M_p图，分别如图17-31c、d所示。则有

$$\delta_{11}=\frac{1}{EI}\left(\frac{1}{2}\times l\times l\times\frac{2}{3}l\right)\times 2=\frac{2l^3}{3EI}$$

$$\Delta_{1p}=-\frac{1}{EI}\left(\frac{1}{2}\times l\times l\times\frac{Fl}{4}\right)\times 2=-\frac{Fl^3}{4EI}$$

（4）求多余未知力　$x_1=-\frac{\Delta_{1p}}{\delta_{11}}=\frac{3F}{8}$（压力）

（5）绘制最后弯矩图　按 $M=\overline{M_1}\cdot x_1+M_p$ 可作出最后弯矩图，如图17-31e所示。显然最后弯短 M 图也是对称的。

例17-8　试利用对称性计算图17-32a所示闭合刚架弯矩图。

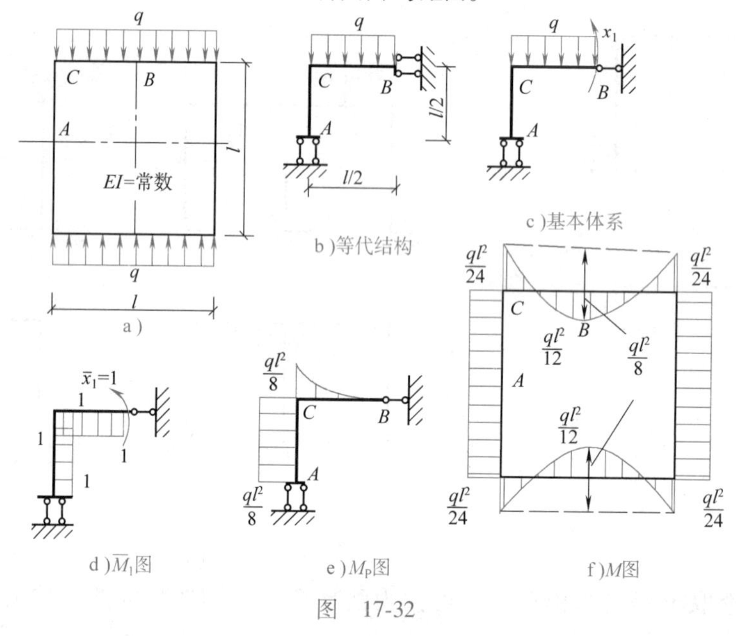

图　17-32

解　该闭合刚架为承受对称荷载且具有两个对称轴的结构，可取四分之一部分作为等代结构来计算，如图17-32b所示。

（1）选取基本体系，如图17-32c所示。

（2）建立力法典型方程　$\delta_{11}x_1+\Delta_{1p}=0$。

（3）求主系数和自由项　画出$\overline{M}_1$、M_p图如图17-32d、e所示。利用图乘法有

$$\delta_{11}=\frac{1}{EI}\left(\frac{1}{2}l\times 1\times 1\right)\times 2=\frac{l}{EI}$$

$$\Delta_{1p}=-\frac{1}{EI}\left(\frac{ql^2}{8}\times\frac{l}{2}\times 1\right)-\frac{1}{EI}\left(\frac{1}{3}\times\frac{l}{2}\times\frac{ql^2}{8}\times 1\right)=-\frac{ql^3}{12EI}$$

（4）求多余未知力　$x_1=-\frac{\Delta_{1p}}{\delta_{11}}=\frac{1}{12}ql^2$

（5）最后弯矩图　按 $M=\overline{M}_1\cdot x_1+M_p$ 可作出 ABC 部分弯矩图，按对称性可绘出全部刚架的最后弯矩图如图 17-32f 所示。

例 17-9　试利用对称性计算图 17-33a 所示刚架结构，并绘出 M 图。设 EI= 常数。

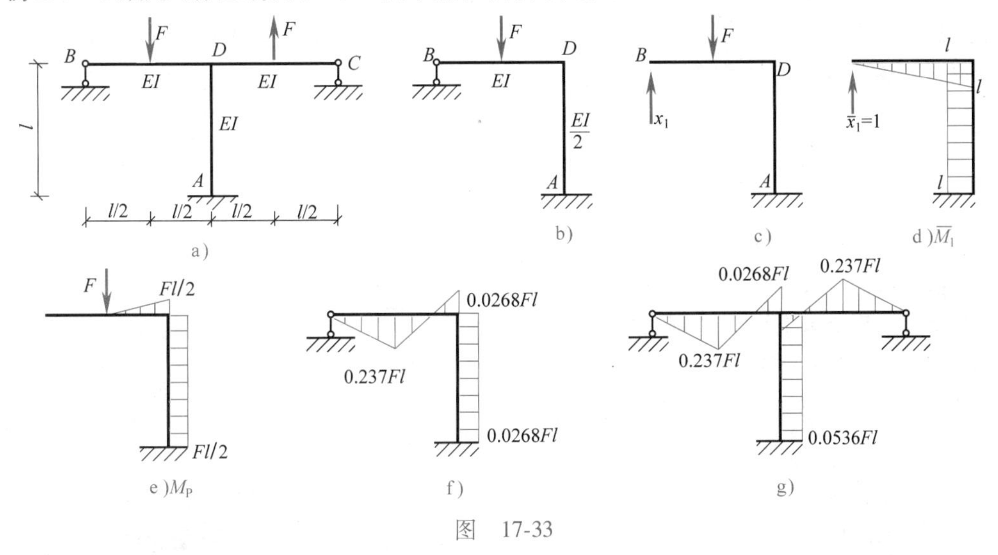

图　17-33

解　该刚架结构对称，且承受反对称荷载，可取如图 17-33b 所示一半作为等代结构。

（1）选基本体系如图 17-33c 所示，为一次超静定结构。

（2）力法典型方程：$\delta_{11}x_1+\Delta_{1p}=0$。

（3）求主系数和自由项　绘出如图 17-33d、e 所示的 $\overline{M}_1$、M_p 图，则有

$$\delta_{11}=\frac{1}{EI}\left(\frac{1}{2}\times l\times l\times\frac{2l}{3}\right)+\frac{2}{EI}(l\times l\times l)=\frac{7l^3}{3EI}$$

$$\Delta_{1p}=-\frac{1}{EI}\left(\frac{l}{2}\times\frac{Fl}{2}\times\frac{l}{2}\times\frac{5l}{6}\right)-\frac{2}{EI}\left(\frac{Fl}{2}\times l\times l\right)=-\frac{106Fl^3}{96EI}$$

（4）求多余未知力：$x_1=-\dfrac{\Delta_{1p}}{\delta_{11}}=\dfrac{106}{224}F$。

（5）绘最后弯矩图　按叠加法 $M=\overline{M}_1\cdot x_1+M_p$，可得左半刚架的弯矩图如图 17-33f 所示。绘全刚架弯矩图时，应考虑到在反对称荷载作用下弯矩应呈反对称分布，且中柱弯矩值应为其二倍，故最后弯矩图如图 17-33g 所示。

第六节　超静定结构位移计算与最后内力图校核

一、超静定结构位移计算

超静定结构在荷载作用下，必然也会产生变形和位移。工程设计中当需要对超静定结构进行刚度校核时，就必须计算其位移。而且它也是按位移条件校核最后内力图的手段。在求静定结构位移中所介绍的“单位荷载法”对超静定结构仍然是适用的。例如，对梁和刚架，当不计算剪力和轴力影响时，结构上任一点 K 的位移为

$$\Delta_{Kp}=\sum\int\frac{\overline{M}_K M_p}{EI}\mathrm{d}s$$

这一结论无论对静定梁和刚架，还是对超静定梁和刚架都是正确的。由力法的基本原理可知，基本结构在荷载和多余未知力共同作用下所形成的基本体系，与原结构是相当的。当应用力法方程把多余未知力求出以后，基本体系的内力和位移也就是原结构的内力和位移。也就是说，求原超静定结构位移问题可以归结为求基本体系的位移问题，而且原超静定结构的内力和位移并不因所选取的基本结构不同而改变，所以在应用“单位荷载法”求位移时，虚拟单位力可以施加在任何一种基本结构上，作为虚拟状态。

下面以图 17-34a 所示的单跨超静定梁为例，说明如何求跨中 C 点的竖向位移 Δ_{Cy}。该梁的最后弯矩图就是实际的荷载弯矩图 $M_{\rm p}$，如图 17-34a 所示。

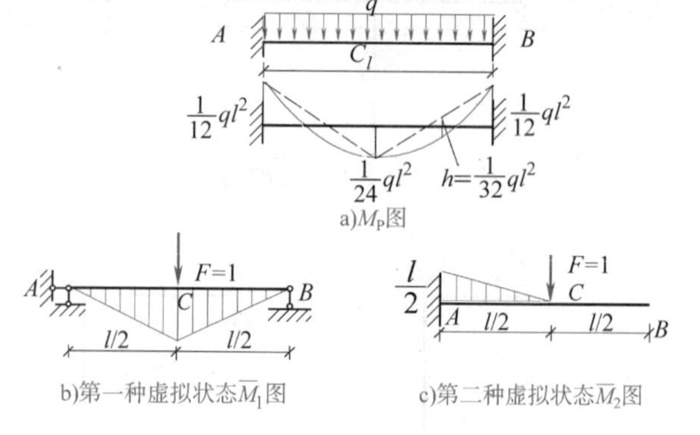

图　17-34

选用简支梁为基本结构，建立虚拟状态画出弯矩图$\overline{M}_1$ 如图 17-34b。则有

$$\Delta_{Cy}=\sum\int\frac{\overline{M}_1M_{\rm p}}{EI}{\rm d}s$$
$$=\frac{1}{EI}\left(\frac{1}{2}\times\frac{l}{2}\times\frac{ql^2}{24}\times\frac{2}{3}\times\frac{l}{4}-\frac{1}{2}\times\frac{l}{2}\times\frac{ql^2}{12}\times\frac{1}{3}\times\frac{l}{4}+\frac{2}{3}\cdot\frac{ql^2}{32}\times\frac{l}{2}\times\frac{l}{8}\right)\times 2$$
$$=\frac{ql^4}{384EI}$$

若另选悬臂梁为基本结构，建立虚拟状态画出弯矩图$\overline{M}_2$ 如图 17-34c 所示，则

$$\Delta_{Cy}=\sum\int\frac{\overline{M}_2M_{\rm p}}{EI}{\rm d}s$$
$$=\frac{1}{EI}\left(\frac{1}{2}\times\frac{l}{2}\times\frac{ql^2}{12}\times\frac{2}{3}\times\frac{l}{2}-\frac{1}{2}\times\frac{l}{2}\times\frac{ql^2}{24}\times\frac{1}{3}\times\frac{l}{2}-\frac{2}{3}\times\frac{l}{2}\times\frac{ql^2}{32}\times\frac{l}{4}\right)\times 2$$
$$=\frac{ql^4}{384EI}$$

由上计算表明，选用不同的基本结构建立虚拟状态求得的位移是一致的。同时也看出超静定梁的刚度较大，跨中挠度仅为同跨同荷载简支梁挠度的五分之一。

综上所述，计算超静定结构位移的步骤应为：

（1）解算超静定结构，绘出最后弯矩图，并把它视作荷载弯矩图。

（2）任选一种基本结构，加上虚拟单位力，绘出虚拟状态弯矩图。

（3）按图乘法就可以求出指定的超静定结构位移。

二、最后内力图的校核

用力法计算超静定结构步骤多，尤其当超静定次数较高时易出错，而最后的内力图又是设计截面的依据，所以应加以校核。正确的内力图应同时满足平衡条件和位移条件，因此校核工作也应涉及这两个方面。

1. 平衡条件校核

正确的内力图应满足平衡条件，即从结构中截取任何一部分为隔离体，其受力应满足平衡条件。同静定结构校核方法一样，通常截取刚结点来检查 M 图，截取部分杆件来检查 F_Q 和 F_N 图。

如图 17-35a 所示的超静定刚架，设选取图 17-35b 所示基本体系，应用力法已算得：$x_1=\dfrac{9}{80}F$，$x_2=\dfrac{3}{80}Fl$，并用叠加法（或返回基本体系）求得 M、F_Q、F_N 图分别如图 17-35c、d、e 所示。

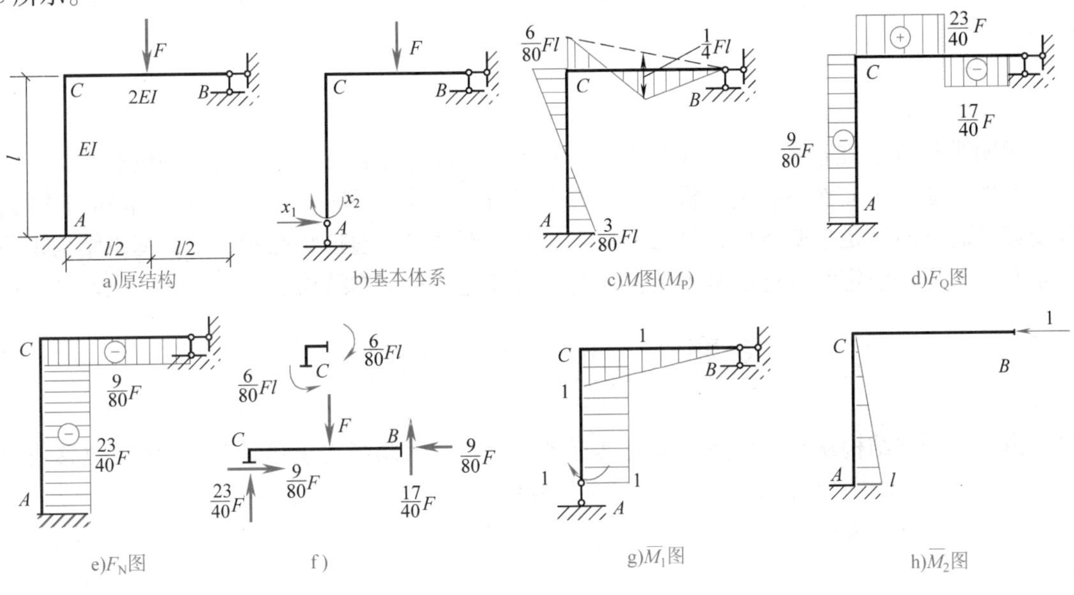

图　17-35

平衡条件校核如下：

（1）截取结点 C，画出截面上弯矩，剪力和轴力暂不画，显然

$$\sum M_C=\frac{6}{80}Fl-\frac{6}{80}Fl=0$$

（2）截取出 CB 杆（连同所受荷载），画出截向剪力和轴力，弯矩暂不画，显然

$$\sum F_x=\frac{9}{80}F-\frac{9}{80}F=0$$

$$\sum F_y=\frac{23}{40}F+\frac{17}{40}F-F=0$$

说明内力图满足平衡条件。

2. 位移条件校核

仅满足平衡条件尚不能说明内力图就一定正确，还应对多余未知力的正确性加以校核。从力法原理可知，多余未知力是由力法方程（位移协调条件）求得的，所以还需应用位移条件来对其加以校核。

具体做法为：把最后弯矩图视作为实际荷载弯矩图，检查各多余约束处的位移是否与已知的实际位移相符合。

例如，图 17-35a 中 A 端为刚性固定端，现在应用求超静定结构位移方法求其转角 φ_A。选用简支刚架基本结构，加单位力偶画出虚拟状态弯矩图 $\overline{M_1}$ 图如图 17-35g 所示，则

$$\varphi_A=\frac{1}{EI}\left[-l\times1\times\frac{1}{2}\left(\frac{6Fl}{80}-\frac{3Fl}{80}\right)\right]+\frac{1}{2EI}\left(-\frac{1}{2}\times l\times1\times\frac{2}{3}\times\frac{6Fl}{80}+\frac{1}{2}\times l\times\frac{Fl}{4}\times\frac{1}{2}\right)$$
$$=-\frac{3Fl^2}{160EI}-\frac{Fl^2}{80EI}+\frac{5Fl^2}{160EI}=0$$

说明满足 A 端转角为零的位移条件。

另选悬臂刚架，并在其上建立虚拟状态，画出虚拟弯矩图 $\overline{M}_2$ 如图 17-35h 所示，则有

$$\Delta_{Bx}=\frac{1}{EI}\left(\frac{1}{2}\times l\times\frac{3Fl}{80}\times\frac{2}{3}\times l-\frac{1}{2}\times l\times\frac{6Fl}{80}\times\frac{1}{3}\times l\right)=\frac{Fl^3}{80EI}-\frac{Fl^3}{80EI}=0$$

说明满足 B 点在水平方向的位移条件，B 点为刚性链杆支承，限制其水平位移。

一般说来对于 n 次超静定结构只需抽查 1~2 个位移条件即可，因为各多余未知力之间，与荷载一起同时满足平衡条件，量值上相互制约。而且建立虚拟状态所选用的基本结构也不一定与求解原超静定时所选的基本结构相同，可任选一种基本结构。

第七节　支座移动时超静定结构的内力计算

小贴士：超静定结构内力计算法学习建议

由于超静定结构从几何构造上来说具有多余约束，因此当支座移动时(产生线位移或角位移)，将导致结构产生内力，这是超静定结构的一个重要特性。下面举例加以说明。

例 17-10　图 17-36a 所示等截面单跨超静定梁，已知支座 B 下沉的竖向位移为 Δ，试求该梁的弯矩图和剪力图。

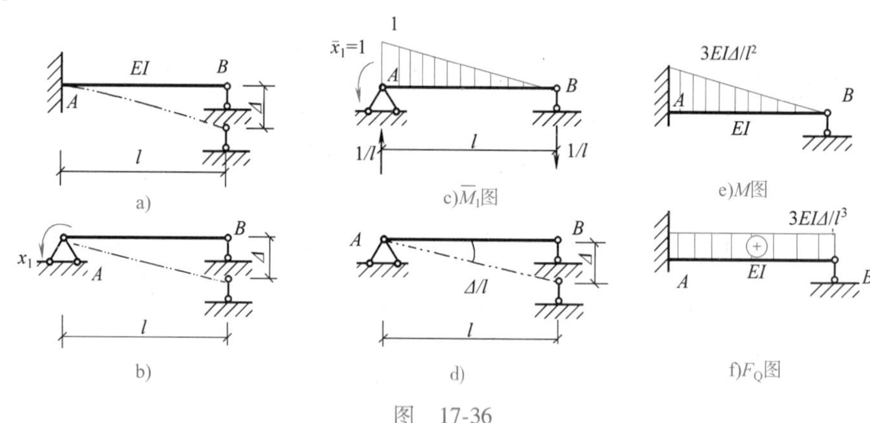

图　17-36

解　(1) 取基本体系　此梁为一次超静定结构，取简支梁为基本结构，如图 17-36b 所示。

(2) 建立力法典型方程　按基本体系中 x_1 方向位移与原结构相同，则有

$$\delta_{11}x_1+\Delta_{1C}=0$$

式中 Δ_{1C} 为基本结构因支座移动引起的 x_1 方向位移。

(3) 求主系数和自由项　按图 17-36c、d 有

$$\delta_{11}=\frac{1}{EI}\left(\frac{1}{2}\times l\times1\times\frac{2}{3}\times1\right)=\frac{l}{3EI}$$

$$\Delta_{1C}=-\sum\overline{F}_{\mathrm{R}}\cdot C=-\frac{\Delta}{l}$$

（4）求出多余未知力　$x_1=-\dfrac{\Delta_{1C}}{\delta_{11}}=-\dfrac{\left(-\dfrac{\Delta}{l}\right)}{l/3EI}=\dfrac{3EI}{l^2}\Delta$

（5）画最后弯矩、剪力图　因为基本结构是静定结构，支座移动不引起内力，所以最后弯矩仅由多余未知力引起，则 $M=\overline{M}_1x_1=\dfrac{3EI\Delta}{l^2}\cdot\overline{M}_1$，$M$ 如图 17-36e 所示。当弯矩图求得后，按一般平衡条件即可绘出剪力图，如图 17-36f 所示。

例 17-11　图 17-37a 所示两端固定等截面单跨超静定梁，设 A 端支座发生了转角 φ，试用力法求其弯矩图和剪力图。

解　（1）取基本体系　取简支梁为基本结构，与讨论荷载作用时一样，同理可证$x_3=0$，只需求出 x 及 x_2 即可，基本体系如图 17-37b 所示。

（2）力法典型方程　基本体系与原结构相比较，可列出

$$\delta_{11}x_1+\delta_{12}x_2+\Delta_{1C}=\varphi$$

$$\delta_{21}x_1+\delta_{22}x_2+\Delta_{2C}=0$$

（3）求主、副系数和自由项　画$\overline{M}_1$、$\overline{M}_2$图，并求出相应约束力，如图 17-37c、d 所示，可以计算出

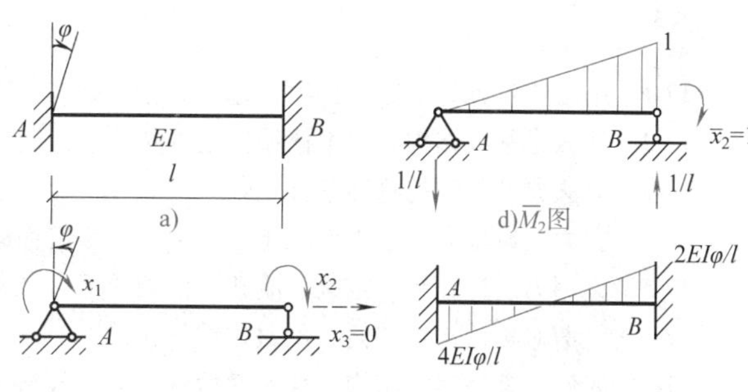

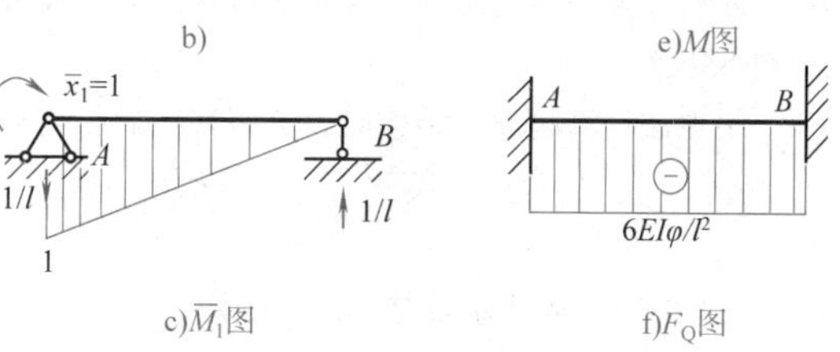

图　17-37

$$\delta_{11}=\frac{l}{3EI},\ \delta_{22}=\frac{l}{3EI},\ \delta_{12}=\delta_{21}=-\frac{l}{6EI}$$

$\Delta_{1\Delta}=0$，$\Delta_{2\Delta}=0$

（4）求多余未知力　把主、副系数和自由项代入力法典型方程，可解得

$$x_1=\frac{4EI}{l}\varphi,\ x_2=\frac{2EI}{l}\varphi$$

（5）最后内力图　由 $M=\overline{M}_1x_1+\overline{M}_2x_2$ 可求得弯矩图，按一般方法可求得剪力图，分别如图 17-37e、f 所示。

由上面例子可以看出，超静定结构由于支座移动所引起的内力与杆件的抗弯刚度 EI 的绝对值成正比，该点与通常荷载作用结果有所不同。

第八节　超静定结构的特性

超静定结构与静定结构相比具有一些重要特性，深刻认识理解这些特性对工程实践是十分有意义的。

（1）在超静定结构中，除荷载作用外，支座移动、温度变化、材料收缩等因素都会在结构中引起内力。这是因为超静定结构存在多余约束，当受到这些因素影响而发生位移时，将受到多余约束的作用，因而相应地产生内力。工程中，连续梁可能由于地基的不均匀沉降而产生有害的附加内力。反之，在桥梁施工中可以通过改变支座高度来调整其内力，使之得到合理分布。

（2）超静定结构内力仅由平衡条件是无法完全确定的，还必须考虑位移条件才能得出解答，故与结构的材质和截面尺寸有关。所以在设计超静定结构时应当先参照类似结构或凭经验初步拟定各杆截面尺寸或其相对值，按解超静定结构方法加以计算，然后再按算出内力

选择截面，反复修正调整，直至满意为止。

（3）超静定结构由于具有多余约束，内力分布较均匀，变形较小，整体刚度比相应静定结构大。

（4）从军事及抗震方面看，超静定结构具有较强防御能力。这是因为超静定结构在多余约束破坏后，仍能维持几何不变，而不至于马上坍塌。

小贴士：力法易出错的地方

思 考 题

17-1 用力法计算超静定结构时，超静定次数如何确定？

17-2 什么是基本结构、基本体系？基本结构应当满足什么条件？

17-3 力法典型方程的物理意义是什么？

17-4 在力法典型方程中为什么主系数恒大于零，而副系数与自由项则可正、可负、可为零？

17-5 应用力法计算超静定梁、刚架、桁架及组合结构时，各有何特点和注意事项？

17-6 何谓对称结构？如何利用对称性简化计算？

17-7 如何计算超静定结构位移？最后内力图的校核包含哪些内容？已经满足平衡条件为什么还要进行位移条件校核？

17-8 用力法计算超静定结构时，支座移动的影响与荷载作用的影响在计算过程中有何异同？

练 习 题

17-1 试确图17-38所示各结构的超静定次数。

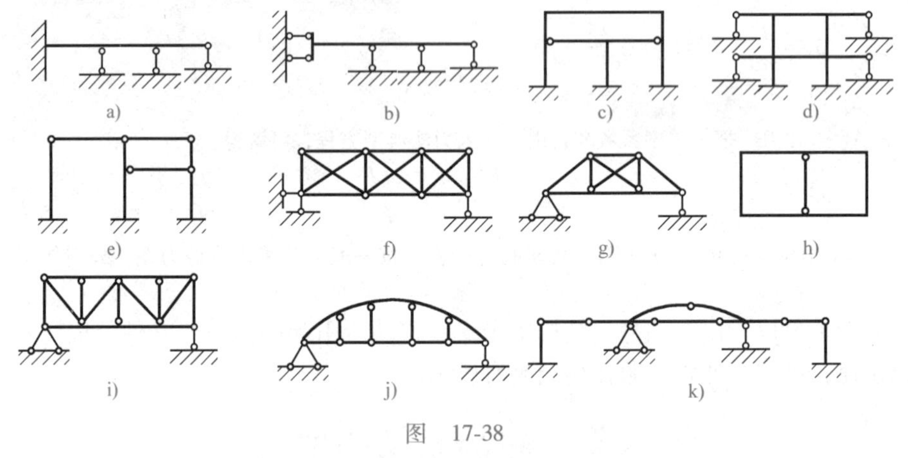

图 17-38

17-2 试用力法计算图17-39所示各超静定梁的弯矩图。

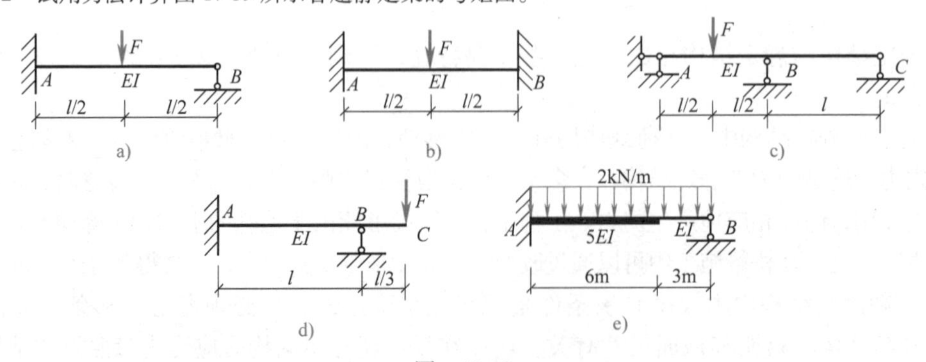

图 17-39

17-3　试用力法计算图 17-40 所示各刚架的弯矩图。

17-4　试用力法计算图 17-41 所示各超静定桁架中各杆的轴力。设 EA = 常数。

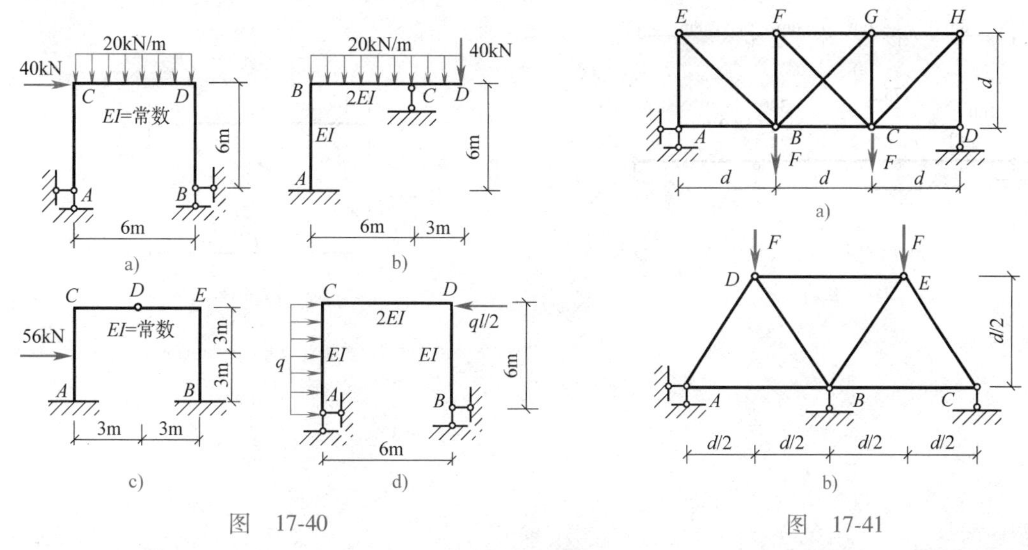

图　17-40　　　　图　17-41

17-5　试用力法计算图 17-42 所示组合结构，绘出横梁弯矩图，并求出各链杆轴力。设横梁 AB 抗弯刚度 $EI=1\times10^4\text{kN}\cdot\text{m}^2$，各链杆 $EA=2\times10^5\text{kN}$。

17-6　试用力法计算图 17-43 所示排架，绘出两立柱的弯矩图。

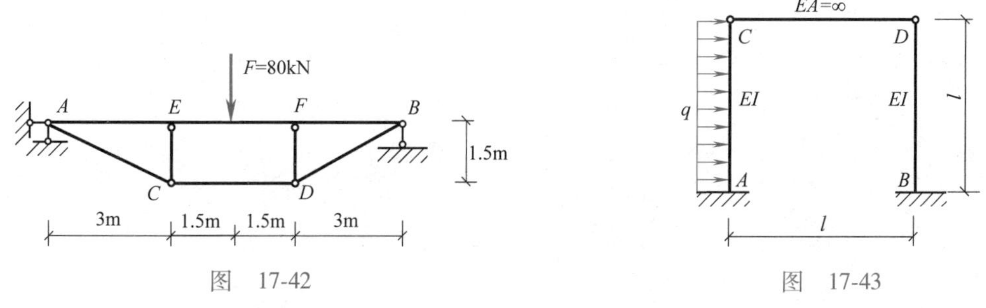

图　17-42　　　　图　17-43

17-7　试利用对称性计算图 17-44 所示各结构，并画出 M 图。

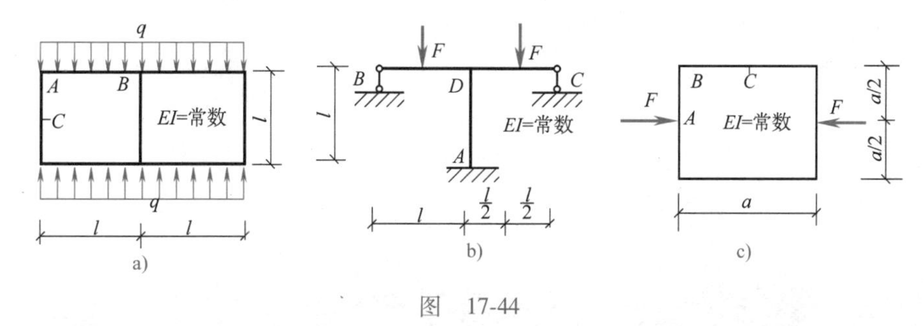

图　17-44

17-8　已知图 17-45a 所示的连续梁 M 图，试求：(1)按位移条件校核此 M 图的正确性；(2)求 E 截面竖向位移 Δ_{Ey}；(3)求 C 截面转角 φ_C。

17-9　试用力法作图 17-46 所示单跨超静定梁的弯矩、剪力图。设 EI = 常数。

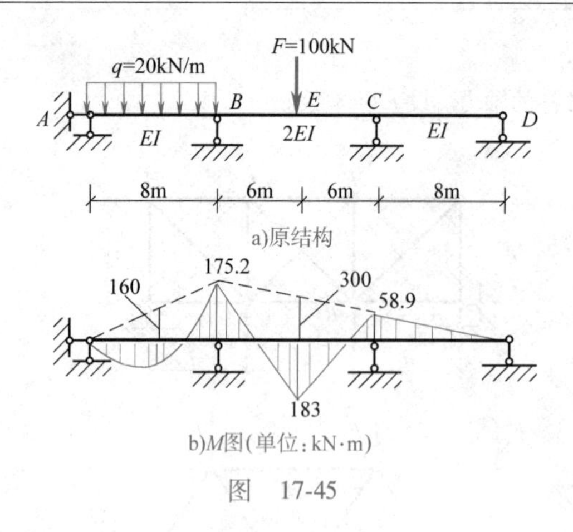

F=100kN
q=20kN/m
A
B
E
C
D
EI
2EI
EI
8m
6m
6m
8m
a)原结构
160
175.2
300
58.9
183
b)M图(单位：kN·m)

图　17-45

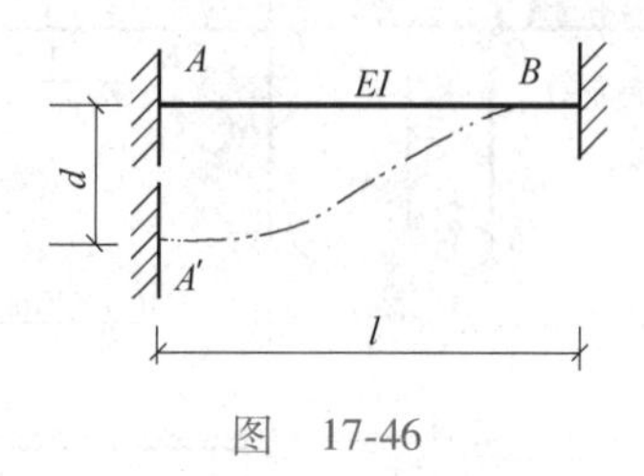

A
EI
B
d
A′
l

图　17-46

第十八章 位 移 法

位移法亦是计算超静定结构的基本方法。它与力法的不同在于，力法的基本未知量是多余未知力，而位移法的基本未知量是结点位移；力法的基本方程是位移协调条件，而位移法的基本方程是平衡条件。本章研究的内容是位移法的基本概念，基本未知量与基本结构的确定，位移法的基本方程及其应用等。

第一节 概 述

几何不变结构体系在荷载作用下，外力荷载与内力、内力与位移之间总是保持着一定的线性关系的，也就是说确定的荷载必然产生对应的确定内力和位移。上章介绍的**力法**是以多余未知力为基本未知量，通过位移条件求出多余未知力、内力，继而可求出位移；本章将介绍的位移法则以位移为基本未知量，通过平衡条件求出位移、内力分布。

一些结构适合用力法计算，但有些高次超静定结构若使用位移法计算，则基本未知量个数较少，可以减轻工作量。而且位移法计算过程较为规范，不像力法中由于基本结构选取灵活多变，使求解途径五花八门，因而位移法计算流程容易编写为计算机程序，所以在土建工程结构分析的程序设计中位移法原理得到广泛应用。

下面以图 18-1a 所示的刚架为例来说明位移法的基本概念。

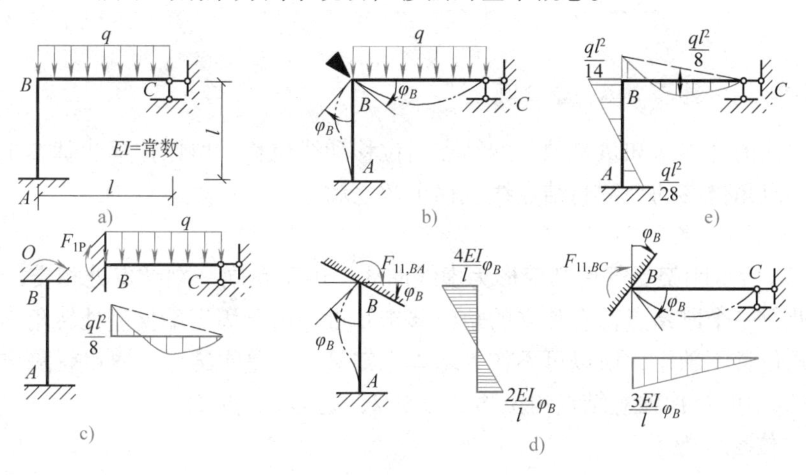

图 18-1

设忽略各杆件微小的轴向变形，则变形前后 AB、BC 杆长度不发生变化，因此结点 B 不发生线位移，只发生转角位移 φ_B，如图 18-1b 所示，位移法就是以这样的位移作为基本未知量的。要计算该转角可以作以下考虑：

（1）假想在结点 B 施加一个附加约束，限制其转动，则原结构被折分为两个单跨超静梁，AB 梁没有荷载，只有 BC 梁受均布荷载，如图 18-1c 所示，则不难用力法计算出附加约

束支座约束力偶，记为

$$F_{1\mathrm{p}}=-\frac{ql^2}{8}$$

（2）为使变形情况与实际情况一致，强制性使附加约束夹住梁端转动 φ_B 角（图 18-1d），则 AB 梁、BC 梁附加约束支座约束力偶同样可用力法计算杆端弯矩，记为

$$F_{11,BA}=\frac{4EI}{l}\varphi_B,\qquad F_{11,BC}=\frac{3EI}{l}\varphi_B$$

（3）将两单跨超静定梁组合起来，应与原结构一致。而实际原结构 B 点无附加约束，自然也无约束力矩。故可推知在附加约束中由荷载及角位移 φ_B 所引起的约束力偶矩应自相平衡，即

$$F_1=(F_{11,BA}+F_{11,BC})+F_{1\mathrm{p}}=0$$

即

$$\left(\frac{4EI}{l}+\frac{3EI}{l}\right)\varphi_B-\frac{ql^2}{8}=0$$

$$\varphi_B=\frac{ql^3}{56EI}(\curvearrowright)$$

把 φ_B 代入上面各杆端弯矩表达式，计算出杆端弯矩，可绘出 M 图如图 18-1e 所示。

从这个简单例子可以看出位移法的一些特征。首先，位移法是以结点的位移作为基本未知量；其次，用附加约束方法把原结构分割为若干单跨超静定梁，应用力法的相关结论逐一对其分析；最后，再把各单跨梁组合起来，应用平衡条件建立包含位移的方程，解出位移，求出内力。

第二节　位移法的基本未知量及基本结构

一、位移法的基本未知量个数的确定

因为位移法的基本未知量是独立的结点角位移和线位移，所以位移法基本未知量的个数就是独立的结点角位移的个数与结点线位移个数之和。

1. 结点角位移个数

设图 18-2a 所示刚架受载后其变形为虚线曲线，由于在同一刚结点处相交汇的各杆端转角相等，因此每一个刚结点都有独立的角位移未知量。由于固定端支座处转角为零，铰结点或铰支座处角位移不独立，所以可不作为基本未知量，于是刚结点的数目就是结点角位移的个数。图 18-2a中的结构独立结点角位移个数是 2，记为 Z_1 和 Z_2。

2. 结点线位移个数

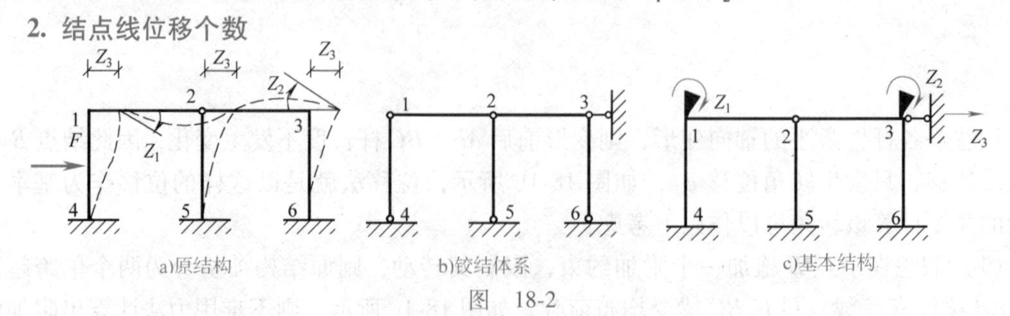

图　18-2

在确定独立的结点线位移个数时，常常作如下假设：略去微小的杆件轴向变形；弯曲变形亦很微小，可以认为受弯杆件变形后曲线弧长与变形前直线长度相等。于是在图 18-2a 中，立柱顶点 1、2、3 点均无竖向位移，只产生水平线位移。再考虑到上面两根横梁亦保持其长度不变，故该三点的水平线位移相同。因此，只有一个独立结点线位移，记为 Z_3。

归总起来，图 18-2a 所示的结构按位移法计算时，独立的基本未知量个数为 3。

由于引进杆件受弯后曲线弧长与原直杆长度相等，即杆件两端距离保持不变，因此在此处介绍一个简便的分析结点线位移方法：将所有刚性结点(包括固定端支座)都改为铰结点，形成一个铰结体系(图 18-2b)。若此铰结体系几何不变，则可推知原结构所有结点均无线位移；若此铰结体系几何可变，则为保证其几何不变，所需添加的最少支座链杆数就是原结构的独立结点线位移的个数。显然，在图 18-2b 中应在 3 或 1 点处增添一个链杆，故独立结点线位移为 1 个。

二、位移法的基本结构

用位移法计算超静定梁时，需要附加上一些约束，把所有结构分割成若干个单跨超静定梁，以方便地应用力法所得到的一些结论。这些附加约束有两类：刚臂，用符号“▼”表示，它能阻止刚结点转动(但允许移动)；链杆，用符号“○—○”表示，它能阻止结点发生线位移（但允许绕铰转动)。对图 18-2a 所示的结构，在产生结点角位移处，亦即刚结点 1、3 处加以刚臂，在结点 3 处加上水平支座链杆，如图 18-2c 所示。

添加刚臂或链杆，把原超静定结构分割为若干单跨超静定梁的组合体，称此为**位移法基本结构**。可以看出与力法不同，力法的基本结构是撤除多余约束，使其成为几何不变静定体系，而位移法与之正相反。

下面给出了几种结构按位移法求解时基本未知量的个数，请读者校核：图 18-3 中，基本未知量的个数是 1；图 18-4 中，基本未知量的个数是 5。

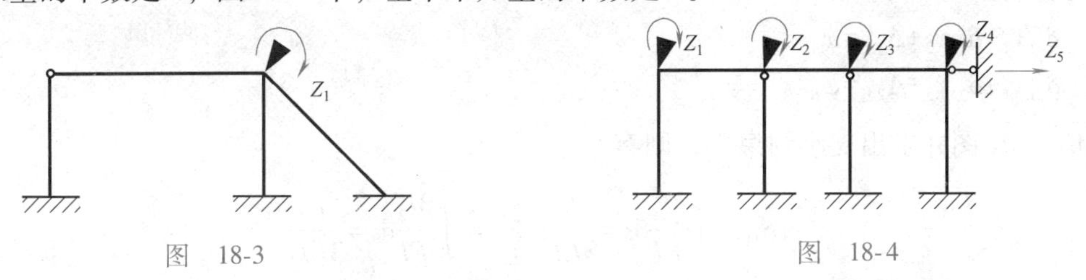

图　18-3　　　　图　18-4

第三节　转角位移方程、形常数和载常数

由本章第二节讨论可知，位移法是用附加刚臂或链杆把超静定结构分割为若干单跨超静定梁的组合体。为此，有必要先研究单跨超静定梁在梁端发生位移及荷载同时作用时，杆端力如何计算。

一、位移法中杆端位移及杆端力正负规定

图 18-5a 表示两端固定梁除受荷载作用外，A、B 两端支座还发生了角位移 φ_A、φ_B，且两端在垂直于杆轴方向产生了相对线位移(侧移)Δ_{AB}；杆端弯矩及剪力分别记为 M_{AB}、M_{BA}、

F_{QAB}和F_{QBA}。

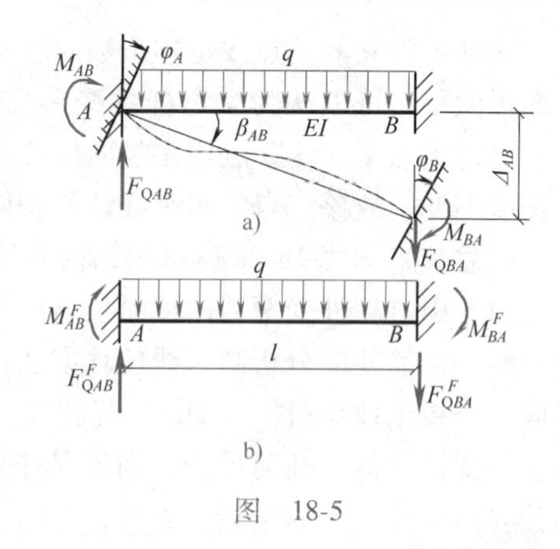

图　18-5

位移法规定：杆端转角位移φ_A、φ_B以顺时针方向旋转为正，反之为负；杆端相对线位移Δ_{AB}（或弦转角$\beta_{AB}=\Delta_{AB}/l$）使整个杆件顺时转动为正，反之为负；与上述规定相关，杆端弯矩M_{AB}、M_{BA}亦以顺时针方向为正负，反之为负；杆端剪力F_{QAB}、F_{QBA}规定同前。

图18-5b中表示单跨两端固定梁，在两端支座不发生位移仅由荷载作用时，在两端处产生的弯矩和剪力，分别称为**固端弯矩**和**固端剪力**，记为M^F、F_Q^F，它们也可以由力法求出。

二、转角位移方程

当单跨超静定梁两端发生角位移、相对线位移，且同时受到荷载作用时，杆端弯矩与这些位移及荷载的关系式，通常称为**转角位移方程**。自然它与单跨超静定梁两端支座形式及荷载有关，均可以用力法一一导出。

1. 两端固定梁

图18-6a所示的两端固定梁，先暂不考虑横向荷载F，仅研究由于支座位移所产生的杆端弯矩，取简支梁为基本结构，按x_1、x_2方向位移条件，建立力法典型方程(图18-6b)。

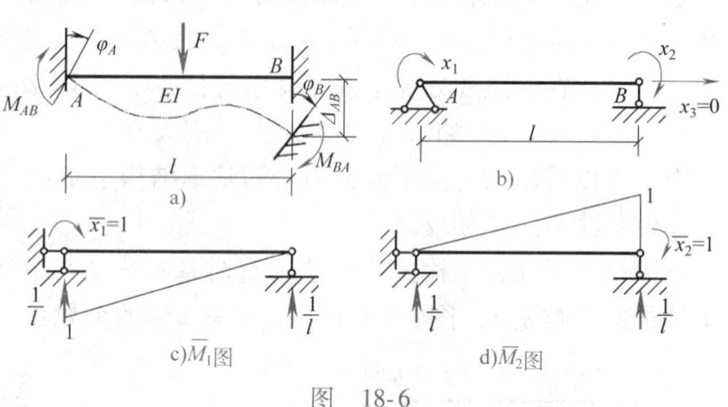

图　18-6

$$\delta_{11}x_1+\delta_{12}x_2+\Delta_{1\Delta}=\varphi_A$$
$$\delta_{21}x_1+\delta_{22}x_2+\Delta_{2\Delta}=\varphi_B$$

作出$\overline{M}_1$、$\overline{M}_2$图并求出支座约束力，则有

$$\delta_{11}=\int\frac{\overline{M}_1^2}{EI}\mathrm{d}s=\frac{l}{3EI},\quad \delta_{22}=\int\frac{\overline{M}_2^2}{EI}\mathrm{d}s=\frac{l}{3EI}$$

$$\delta_{12}=\delta_{21}=\int\frac{\overline{M}_1\overline{M}_2}{EI}\mathrm{d}s=-\frac{l}{6EI},\quad \Delta_{1\Delta}=\Delta_{2\Delta}=-(\sum\overline{F}_{\mathrm{R}}c)=-\left(-\frac{\Delta_{AB}}{l}\right)=\frac{\Delta_{AB}}{l}$$

代入典型方程可解

$$x_1=\frac{4EI}{l}\varphi_A+\frac{2EI}{l}\varphi_B-\frac{6EI}{l^2}\Delta_{AB}$$
$$x_2=\frac{4EI}{l}\varphi_B+\frac{2EI}{l}\varphi_A-\frac{6EI}{l^2}\Delta_{AB}$$

然后再叠加上由于荷载作用产生的固端弯矩，则可得两端固定梁的转角位移方程为(令$i=EI/l$并称为线刚度)

$$\left.\begin{aligned}M_{AB}&=4i\varphi_A+2i\varphi_B-\frac{6i}{l}\Delta_{AB}+M_{AB}^F\\M_{BA}&=4i\varphi_B+2i\varphi_A-\frac{6i}{l}\Delta_{AB}+M_{BA}^F\end{aligned}\right\}\tag{18-1}$$

2. 一端固定另端铰支梁

图 18-7 为一端固定另一端为铰支的单跨超静定梁，设 A 端发生角位移 φ_A，两端产生相对线位移为 Δ_{AB}，同时受到荷载作用。仍然可以用力法求得杆端弯矩为

$$\left.\begin{aligned}M_{AB}&=3i\varphi_A-\frac{3i}{l}\Delta_{AB}+M_{AB}^F\\M_{BA}&=0\end{aligned}\right\}\tag{18-2}$$

3. 一端为固定端另一端为定向滑动支座梁

图 18-8 为一端固定另一端为定向滑动支座单跨超静定梁，设 A 端转角为 φ_A，同时受到荷载作用，则仍然可用力法得到

$$\left.\begin{aligned}M_{AB}&=i\varphi_A+M_{AB}^F\\M_{BA}&=-i\varphi_A+M_{BA}^F\end{aligned}\right\}\tag{18-3}$$

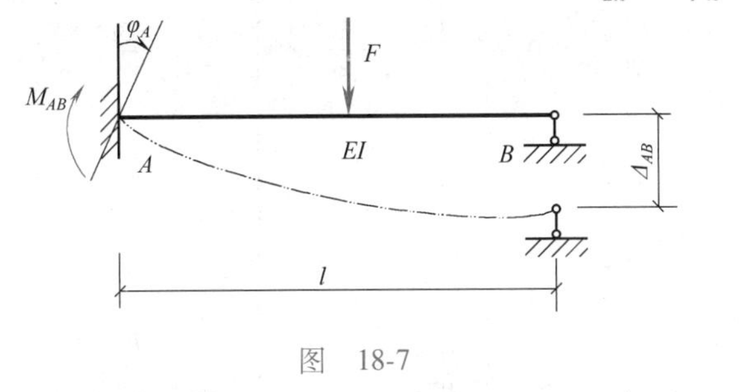

图 18-7

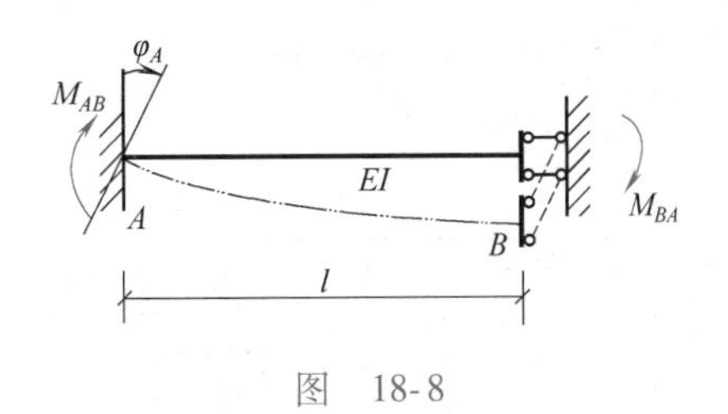

图 18-8

三、形常数和载常数

所谓形常数是指，当单跨超静定梁仅在梁端发生单位位移时，在该梁两端所引起的杆端弯矩与杆端紧力。图 18-9a 所示两端固定梁，设仅 A 端产生 $\varphi_A=1$，其他杆端位移为零且无荷载作用，则按式(18-1)转角位移方程有

$$M_{AB}=4i,\qquad M_{BA}=2i$$

按平衡条件可导出

$$F_{QAB}=-\frac{6i}{l},\quad F_{QBA}=-\frac{6i}{l}$$

图 18-9b 所示一端固定另一端为铰的支架梁，令 $\varphi_A=1$，其他位移为零且无荷载作用，按式(18-2)则有

$$M_{AB}=3i,\quad M_{BA}=0$$

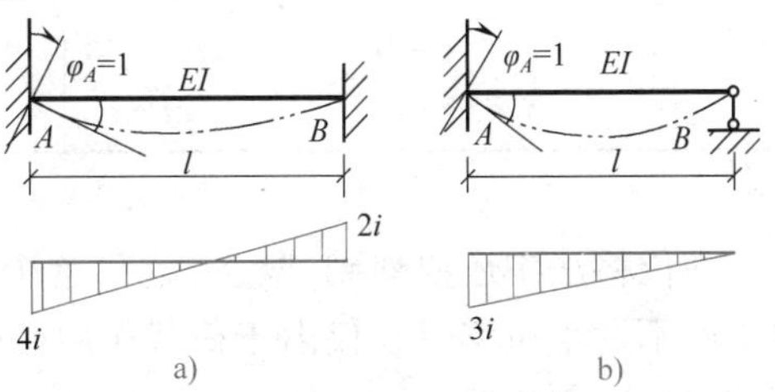

a) b)

图 18-9

可推演出

$$F_{QAB}=-\frac{3i}{l},\qquad F_{QBA}=-\frac{3i}{l}$$

由上看出，由梁端单位位移引的杆端内力，仅与梁的支承情况、几何尺寸、材料特性有

关，故称其为形常数。表18-1列出了常见等截面单跨超静定梁的形常数，以供查用。

表18-1 等截面单跨超静定梁形常数

序号	支座位移简图及弯矩图	杆端弯矩		杆端剪力	
		M_{AB}	M_{BA}	F_{QAB}	F_{QBA}
1	$\varphi_A=1$, $i=EI/l$, A, B, l, 4i, 2i	$4i$	$2i$	$-\frac{6i}{l}$	$-\frac{6i}{l}$
2	i, A, B, 1, l, $\frac{6i}{l}$, $\frac{6i}{l}$	$-\frac{6i}{l}$	$-\frac{6i}{l}$	$\frac{12i}{l^2}$	$\frac{12i}{l^2}$
3	$\varphi_A=1$, i, A, B, l, 3i	$3i$	0	$-\frac{3i}{l}$	$-\frac{3i}{l}$
4	A, i, B, 1, l, 3i	$-\frac{3i}{l}$	0	$\frac{3i}{l^2}$	$\frac{3i}{l^2}$
5	$\varphi_A=1$, A, i, B, l, i, i	i	$-i$	0	0

在位移法中还要遇到“载常数”这个概念。所谓“载常数”是指，当单跨超静定梁两端支座不发生位移时，仅由于荷载作用而引起的杆端弯矩和剪力。它实际上就是上面所讲的固端弯矩和固端剪力。

显然对上述图18-5b所示两端固定梁受均布荷载作用，若考虑位移法对杆端力正负规定，则有

$$M_{AB}^F=-\frac{1}{12}ql^2,\qquad M_{BA}^F=\frac{1}{12}ql^2$$

$$F_{QAB}^{F}=\frac{1}{2}ql, \qquad F_{QBA}^{F}=-\frac{1}{2}ql$$

可以看出，固端弯矩及固端剪力只与荷载作用形式及支承情况有关，故称为载常数。表18-2列出了常见等截面单跨超静定梁的载常数，以供查用。

表 18-2 等截面单跨超静定梁载常数

序号	支座位移简图及弯矩图	杆端弯矩		杆端剪力	
		M_{AB}	M_{BA}	F_{QAB}	F_{QBA}
1		$-\frac{1}{12}ql^2$	$\frac{1}{12}ql^2$	$\frac{1}{2}ql$	$-\frac{1}{2}ql$
2		$-\frac{Fab^2}{l^2}$	$\frac{Fa^2b}{l^2}$	$\frac{Fb^2(l+2a)}{l^3}$	$-\frac{Fa^2(l+2b)}{l^3}$
		当 $a=b=\frac{l}{2}$，$-\frac{Fl}{8}$	$\frac{Fl}{8}$	$\frac{F}{2}$	$-\frac{F}{2}$
3		$-\frac{Fab(l+b)}{2l^2}$	0	$\frac{Fb(3l^2-b)}{2l^3}$	$-\frac{Fa^2(2l+b)}{2l^3}$
		当 $a=b=\frac{l}{2}$，$-\frac{3Fl}{16}$	0	$\frac{11F}{16}$	$-\frac{5F}{16}$
4		$-\frac{ql^2}{8}$	0	$\frac{5ql}{8}$	$-\frac{3ql}{8}$
5		$\frac{M}{2}$	M	$-\frac{3M}{2l}$	$-\frac{3M}{2l}$
6		$-\frac{Fa}{2l}(2l-a)$	$-\frac{Fa^2}{2l}$	F	0
		当 $a=\frac{l}{2}$，$-\frac{3Fl}{8}$	$-\frac{Fl}{8}$	F	0
7		$-\frac{1}{3}ql^2$	$-\frac{1}{6}ql^2$	ql	0

第四节 位移法基本原理和典型方程

一、位移法基本原理

下面以图 18-10a 所示刚架为例说明位移法基本原理。显然，该刚架具有两个基本未知量，在刚结点处加附加刚臂，在 2 点处加一个附加链杆，同时令刚臂发生转角 Z_1，水平链杆发生线位移 Z_2，得到如图 18-10b 所示的基本体系。

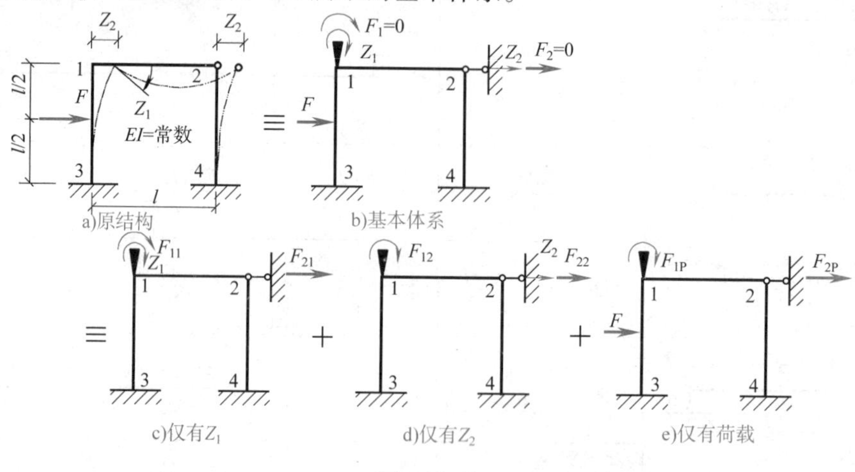

图 18-10

显然，在荷载作用和结点位移共同影响下，基本体系与原结构变形是一致的。现在从受力方面再作一比较，原结构在 1、2 点无附加约束，自然也不存在附加约束的反力矩或反力。所以要使基本体系与原结构在受力方向保持一致，则势必要求基本体系上附加刚臂及链杆中的约束反力矩或反力为零。即有平衡条件

$$F_1=0 \quad F_2=0 \tag{a}$$

设如图 18-10c、d、e 所示，把受力过程分别分解为仅有 Z_1、Z_2 和荷载作用于结构上情况，由于位移 Z_1、Z_2 和荷载 F 所引起刚臂上反力矩分别为 F_{11}、F_{12}、F_{1p}，所引起链杆上的反力分别为 F_{21}、F_{22}、F_{2p}。则按叠加原理上述平衡条件可写为

$$\begin{aligned} F_1&=F_{11}+F_{12}+F_{1p}=0 \\ F_2&=F_{21}+F_{22}+F_{2p}=0 \end{aligned} \tag{b}$$

再设单位位移$\overline{Z}_1=1$、$\overline{Z}_2=1$ 所引起刚臂上反力矩分别为 r_{11}、r_{12}，所引起的链杆上反力分别为 r_{21}、r_{22}。对线弹性结构有以下关系

$$F_{11}=r_{11}Z_1,\ F_{12}=r_{12}Z_2,\ F_{21}=r_{21}Z_1,\ F_{22}=r_{22}Z_2 \tag{c}$$

把式(c)代入式(b)，则

$$\left.\begin{aligned} r_{11}Z_1+r_{12}Z_2+F_{1p}=0 \\ r_{21}Z_1+r_{22}Z_2+F_{2p}=0 \end{aligned}\right\} \tag{d}$$

式(d)就是求解基本未知量的位移法基本方程，也是有二个基本未知量时位移法的典型方程。它的物理意义是：在荷载作用及结点位移共同影响下，基本体系上每一个附加联系(附加刚臂与附加链杆)中的约束反力矩或反力应为零。因此，位移法基本方程实质上反映

的是原结构静力平衡条件。

从式(d)看出，要求解出 Z_1、Z_2，应计算出系数和自由项。先分别绘出单位位移引起的弯矩图$\overline{M}_1$、$\overline{M}_2$，及荷载引起的弯矩图 M_P，由于基本结构各杆件都是单跨超静定梁，按表18-1、表18-2即可绘制。然后，从结构中截取出适当的隔离体(刚结点或部分杆件)，利用平衡方程即可求出各系数和自由项。求出系数和自由项后，代入式(d)，就可解出位移法基本未知量 Z_1、Z_2。最后弯矩图可应用已绘出单位弯矩图及荷载弯矩图进行叠加而得到

$$M=\overline{M}_1Z_1+\overline{M}_2Z_2+M_P$$

二、位移法典型方程

对于具有 n 个基本未知量的结构，相应地需要加上 n 个附加约束(刚臂或链杆)，同理按每个附加约束中的约束力为零的平衡条件，可以列出

$$\begin{cases} r_{11}Z_1+\cdots+r_{1i}Z_i+\cdots+r_{1n}Z_n+F_{1P}=0 \\ \vdots \\ r_{i1}Z_1+\cdots+r_{ii}Z_i+\cdots+r_{in}Z_n+F_{iP}=0 \\ \vdots \\ r_{n1}Z_1+\cdots+r_{ni}Z_i+\cdots+r_{nn}Z_n+F_{nP}=0 \end{cases} \tag{18-4}$$

上述方程无论结构类型如何，只要基本未知量个数为 n，则都具有同一形式，故称为位移法典型方程。

在典型方程中，主对角线上的系数 r_{11}、r_{22}、…、r_{nn}称为主系数，非零恒正；主对角线以外其他系数 r_{12}、r_{13}、…、r_{1n}等称为副系数，可正、可负、可为零，而且满足关系 $r_{ij}=r_{ji}$(反力互等定理)；F_{1P}、F_{2P}、…、F_{nP}称为自由项，可正、可负、可为零。

为求得典型方程中主、副系数和自由项，应分别绘出单位位移引起弯矩图$\overline{M}_1$、$\overline{M}_2$、$\overline{M}_3$、…、$\overline{M}_n$ 及荷载弯矩图 M_P，截取适当隔离体利用平衡条件即可求出；然后，由式(18-4)即可解出基本未知量 Z_1、Z_2、…、Z_n；最后弯矩图由叠加法作出

$$M=\overline{M}_1Z_1+\overline{M}_2Z_2+\overline{M}_3Z_3+\cdots+\overline{M}_nZ_n+M_P \tag{18-5}$$

第五节　用位移法计算超静定梁、刚架及排架

位移法的计算步骤如下：

1）确定基本体系。在有独立角位移刚结点上加上附加刚臂“▼”，在有独立线位移方向加上附加链杆“o—o”，并按正方向假设基本未知量，同时应画上外力荷载。

2）根据在荷载作用及结点位移共同影响下附加约束中反力为零，建立位移法典型方程。

3）画出单位位移所引起弯矩图及荷载弯矩图(按表18-1、表18-2所列形常数、载常数)，截取适当隔离体，利用平衡条件求出主、副系数及自由项。

4）解位移法典型方程，求出基本未知量。

5）按叠加法作出最后弯矩图，然后由弯矩图作剪力图等。

下面举例说明位移法的具体应用。

一、用位移法计算无侧移刚架、连续梁

例 18-1　试用位移法计算图 18-11a 所示刚架，绘出弯矩图。

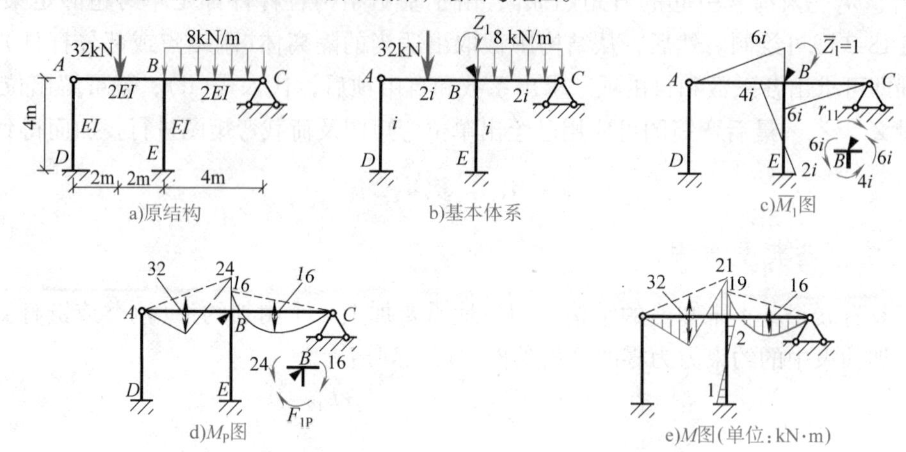

图　18-11

解　(1) 确定基本体系　可以判定该刚架只有一个基本未知量，在 B 点加上刚臂，设转角为 Z_1，再加上荷载，基本体系如图 18-11b 所示。求出线刚度：令 $\frac{EI}{4}=i$，$i_{AB}=i_{BC}=2i$，$i_{AD}=i_{BE}=i$。

(2) 建立位移法典型方程　按在荷载与结点位移共同影响下，附加刚臂上反力矩为零，可列出

$$r_{11}Z_1+F_{1P}=0$$

(3) 求主系数和自由项　绘出 $\overline{Z}_1=1$ 和荷载作用下弯矩图 $\overline{M}_1$、M_P(图 18-11c、d)。分别从 $\overline{M}_1$ 图和 M_P 中截取出 B 结点的隔离体，建立平衡条件 $\sum M_B=0$，即可得

$$r_{11}=6i+4i+6i=16i,\ F_{1P}=(24-16)\,\text{kN}\cdot\text{m}=8\text{kN}\cdot\text{m}$$

(4) 求基本未知量　将上面主系数和自由项代入位移法典型方程，则有

$$Z_1=-\frac{F_{1P}}{r_{11}}=-\frac{8}{16i}=-\frac{1}{2i}$$

(5) 绘最后弯矩图　用叠加法 $M=\overline{M}_1Z_1+M_P$，则各杆端弯矩应为

$$M_{BA}=\left[6i\times\left(-\frac{1}{2i}\right)+24\right]\ \text{kN}\cdot\text{m}=21\text{kN}\cdot\text{m}\text{（上侧拉）}$$

$$M_{BC}=\left[6i\times\left(-\frac{1}{2i}\right)-16\right]\ \text{kN}\cdot\text{m}=-19\text{kN}\cdot\text{m}\text{（上侧拉）}$$

$$M_{BE}=\left[4i\times\left(-\frac{1}{2i}\right)+0\right]\ \text{kN}\cdot\text{m}=-2\text{kN}\cdot\text{m}\text{（右侧拉）}$$

$$M_{EB}=\left[2i\times\left(-\frac{1}{2i}\right)+0\right]\ \text{kN}\cdot\text{m}=-1\text{kN}\cdot\text{m}\text{（左侧拉）}$$

据此可绘出最后弯矩图，如图 18-11e 所示。

例 18-2　试用位移法计算图 18-12a 所示连续梁弯矩图。

解　(1) 确定基本体系　可以判定此连续梁有两个独立的角位移，无线位移。确定基本体系如图 18-12b。

(2) 建立位移法典型方程　两个基本未知量典型方程如下

$$r_{11}Z_1+r_{12}Z_2+F_{1P}=0$$
$$r_{21}Z_1+r_{22}Z_2+F_{2P}=0$$

(3) 求主、副系数和自由项　绘出单位位移引起的 $\overline{M}_1$、$\overline{M}_2$ 图和荷载弯矩图 M_P，如图 18-12c、d、e 所

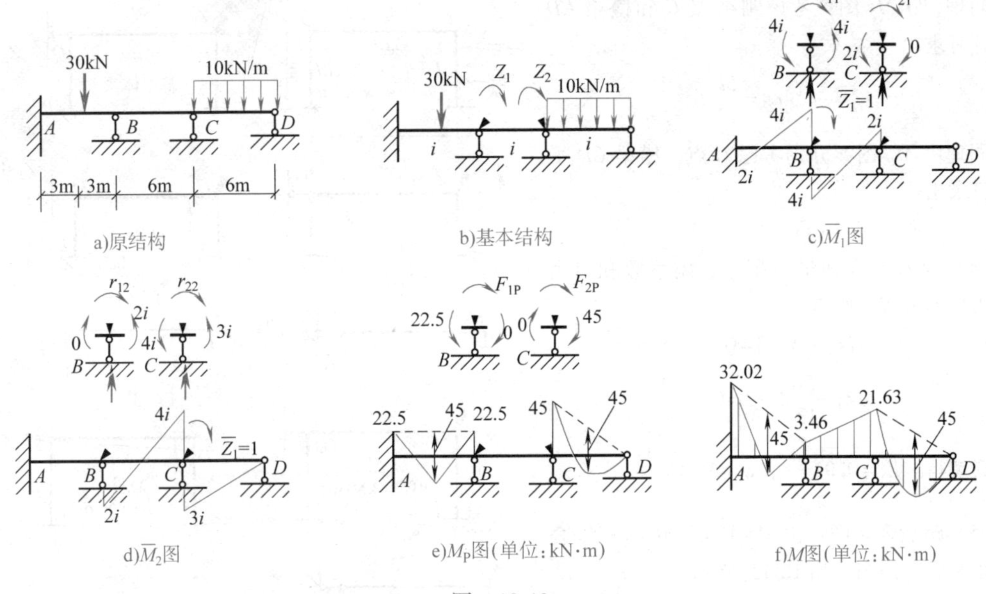

图　18-12

示。从$\overline{M}_1$、$\overline{M}_2$、M_P 图截取出 B、C 结点隔离体，由平衡条件$\sum M=0$可求得

$$r_{11}=4i+4i=8i\ ,\ r_{21}=2i\ ,\ r_{12}=2i\ ,$$

$$r_{22}=4i+3i=7i\ ,\ F_{1P}=22.5\ \text{kN}\cdot\text{m}\ ,\ F_{2p}=-45\text{kN}\cdot\text{m},$$

（4）求基本未知量　把主、副系数及自由项代入典型方程得

$$8iZ_1+2iZ_2+22.5=0$$

$$2iZ_1+7iZ_2-45=0$$

解得
$$Z_1=-4.76\frac{1}{i}(\curvearrowright),\ Z_2=7.79\frac{1}{i}(\curvearrowleft)$$

（5）绘最后弯矩图　按 $M=\overline{M}_1Z_1+\overline{M}_2Z_2+M_P$，最后弯矩图如图 18-12f 所示。其中杆端弯矩值计算举例如下

$$M_{BA}=\left[4i\times\left(-4.76\frac{1}{i}\right)+0+22.5\right]\ \text{kN}\cdot\text{m}=3.46\text{kN}\cdot\text{m}\ (\text{上侧拉})$$

$$M_{BC}=\left[4i\times\left(-4.76\frac{1}{i}\right)+2i\times\left(7.79\frac{1}{i}\right)+0\right]\ \text{kN}\cdot\text{m}=-3.46\text{kN}\cdot\text{m}(\text{上侧拉})$$

二、用位移法计算有侧移刚架、排架

例 18-3　试用位移法计算图 18-13a 所示刚架，绘出 M 图。

解　（1）确定基本体系　可以看出，该结构独立基本未知量个数是两个：一个是刚结点 C 的角位移，另一个是 C、D 结点的水平线位移，在 C 点加刚臂，在 D 处加一水平链杆，得到基本体系如图 18-13b 所示。今后把有结点线位移刚架称为有侧移刚架。同时，令 $i=EI/6$。

（2）列出位移典型方程。按刚臂及链杆中约束力为零，可写出

$$r_{11}Z_1+r_{12}Z_2+F_{1P}=0$$

$$r_{21}Z_1+r_{22}Z_2+F_{2P}=0$$

（3）求主、副系数和自由项。按形常数、载常数绘出$\overline{M}_1$、$\overline{M}_2$ 及 M_P 图，如图 18-13c、d、e 所示。

由$\overline{M}_1$ 图：截取刚结点 C，由$\sum M_C=0$，求出 $r_{11}=4i+3i=7i$。

截取出上面横梁 CD，各柱的柱顶剪力可由表 18-1 查出或由各立柱平衡条件求出，由投影方程$\sum F_x=0$，求出 $r_{21}=-i$。

同理，由$\overline{M}_2$图：考虑刚结点 C 和横梁 CD 平衡，可求出

$$r_{12}=-i\ ,\ r_{22}=\frac{5i}{12}$$

同理由 M_P 图：分别考虑 C 点、横梁 CD 平衡，可求出

$$F_{1P}=3\text{kN}\cdot\text{m}\ ,\ F_{2P}=-3\text{kN}$$

（4）求基本未知量　把主、副系数和自由项代入典型方程，则有

$$7iZ_1-iZ_2+3=0$$

$$-iZ_1+\frac{5i}{12}Z_2-3=0$$

联解得　$Z_1=0.91\dfrac{1}{i}$，$Z_2=9.37\dfrac{1}{i}$

（5）最后弯矩图　由 $M=\overline{M}_1Z_1+\overline{M}_2Z_2+M_P$ 叠加可得最后弯矩图，如18-13f所示。

由上面计算过程看出，对于有侧移的结构应当截取横梁为隔离体，沿着侧移未知量方向建立投影平衡方程来计算系数和自由项，实际上最终形成的位移法方程也是附加链杆方向的约束力为零。

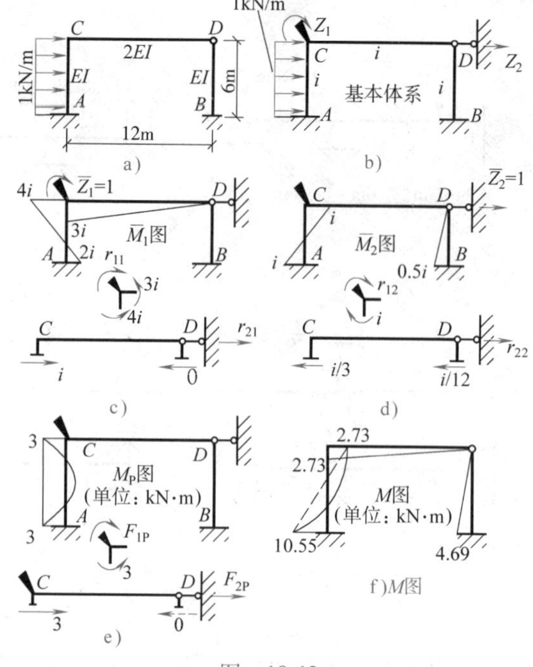

图　18-13

例18-4　用位移法计算图18-14a所示铰结排架弯矩图。

解　（1）确定基本体系　判定该结构仅有一个独立线位移，在 F 点加一个水平链杆，基本体系如图18-14b所示。

（2）建立位移法典型方程　该体系仅有一个基本未知量，其典型方程为

$$r_{11}Z_1+F_{1P}=0$$

（3）求主系数和自由项　画出$\overline{M}_1$、M_P 图如图18-14c、d所示。由$\overline{M}_1$、M_P 求出柱顶剪力，取横梁 DEF 为隔离体，由 $\sum F_x=0$，可求出

$$r_{11}=3\times\frac{3i}{h^2}=\frac{9i}{h^2}\ ,\ F_{1P}=-\frac{3}{8}qh$$

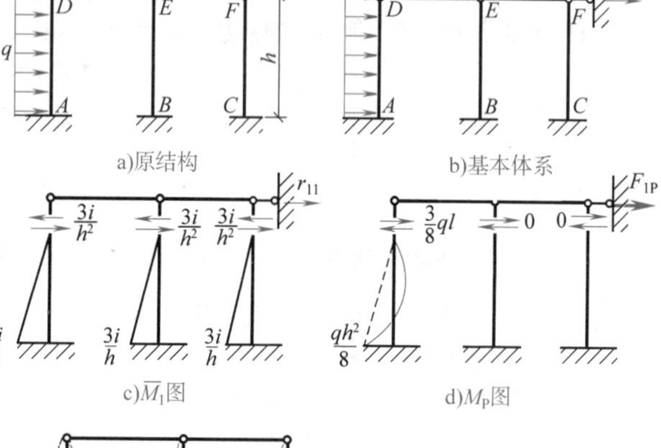

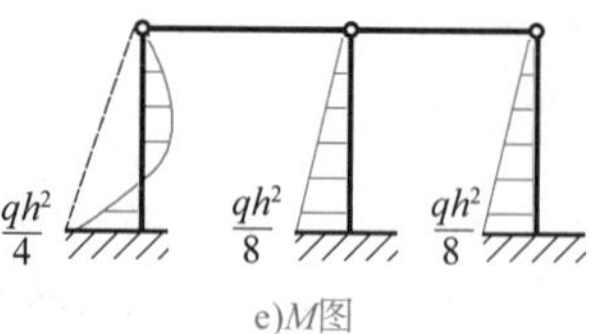

图　18-14

（4）求基本未知量　代入典型方程

$$\frac{9i}{h^2}Z_1-\frac{3}{8}qh=0,$$

解得

$$Z_1=\frac{qh^3}{24i}\ (\rightarrow)$$

（5）求最后弯矩图　按 $M=\overline{M}_1Z_1+M_P$，绘出 M 图，如图18-14e所示。

三、对称性在位移法中的利用

对称结构在正对称荷载作用下，内力和变形呈对称分布；在反对称荷载作用下，内力和变形呈反对称分布。这些性质是对称结构固有的静力特征，它并不因计算方法的不同而改

变，所以，在位移法中仍然可以利用其对称性以简化计算。通常截取二分之一（或四分之一）作为等代结构，然后再用位移法计算，现举例说明。

例 18-5　试利用对称性，用位移法计算图 18-15a 所示的结构。

解　图 18-15a 所示闭合刚架具有水平和竖直两个对称轴，且在水平方向为偶数跨，在竖直方向可看为奇数跨，故截取四分之一作为等代结构，如图 18-15b 所示。

（1）确定基本体系　因为只有一个基本未知量，所以在 A 点加刚臂，基本体系如图 18-15c 所示。

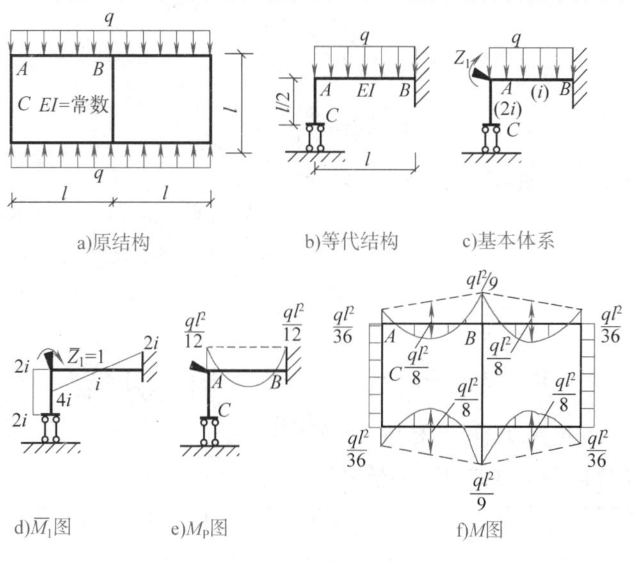

图　18-15

（2）建立位移法典型方程。

$$r_{11}Z_1+F_{1P}=0$$

（3）求主系数和自由项　画 $\overline{M}_1$、M_P 图分别如图 18-15d、e 所示，截取 A 刚性结点（图略），可得

$$r_{11}=2i+4i=6i\ ,\ \ F_{1P}=-\frac{1}{12}ql^2$$

（4）求基本未知量。

$$Z_1=-\frac{F_{1P}}{r_{11}}=\frac{ql^2}{72i}(\curvearrowright)$$

（5）画 M 图　由 $M=\overline{M}_1Z_1+M_P$ 可得四分之一部分弯矩图，沿水平及竖直方向对称扩展，可得全刚架弯矩图，如图 18-15f 所示。

第六节　直接利用平衡条件建立位移法基本方程

先将结构分解为若干个单个杆件，根据已介绍过的转角位移方程写出杆端力和杆端位移之间的物理关系；然后，将各杆在结点处连接起来，使之满足位移及平衡条件，即截取刚结点或横梁为隔离体，直接由平衡条件组成位移法方程；最后，解出结点位移并计算杆端力。由于在计算过程主要应用了转角位移方程，故亦称转角位移法。现举例说明其计算步骤。

例 18-6　试用转角位移法求图 18-16a 所示刚架的弯矩图。

解　（1）确定基本未知量　此刚架刚结点 B 的角位移为一个唯一基本未知量，设 Z_1 为顺时针转动。

（2）应用转角位移方程写出各杆端弯矩

$$M_{AB}=0,\ M_{BA}=3\times i_{AB}\times Z_1+M_{BA}^F=6Z_1+\frac{ql^2}{8}$$

$$M_{BC}=4i_{BC}\times Z_1=12Z_1,\ M_{CB}=2\times i_{BC}\times Z_1=6Z_1$$

$$M_{BD}=i_{BD}\times Z_1=3Z_1,\ M_{DB}=-i_{BD}\times Z_1=-3Z_1$$

(3) 直接按平衡条件建立位移法方程　取刚结点 B，如图 18-16b 所示。

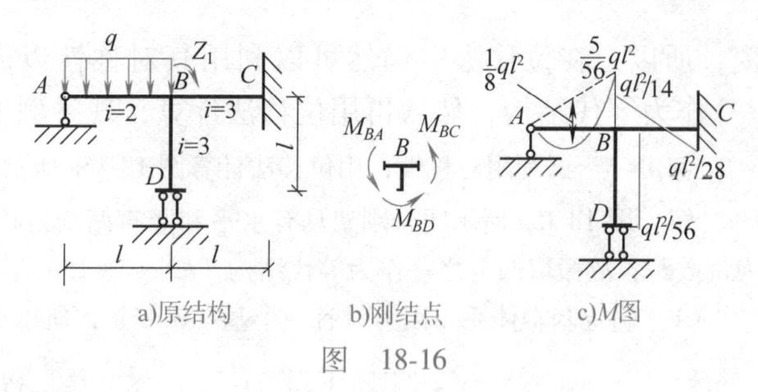

a)原结构　b)刚结点　c)M图

图　18-16

$$\sum M_B=0,\ M_{BA}+M_{BD}+M_{BC}=0$$

代入杆端弯矩有　$21Z_1+\frac{1}{8}ql^2=0$

所以　$Z_1=-\frac{ql^2}{168}(\curvearrowleft)$

(4) 计算杆端弯矩，画 M 图　把 Z_1 值代回各杆端弯矩表达式，有

$$M_{AB}=0,\ M_{BA}=6\times\left(-\frac{ql^2}{168}\right)+\frac{ql^2}{8}=\frac{5ql^2}{56}$$

$$M_{BC}=12\times\left(-\frac{ql^2}{168}\right)=-\frac{ql^2}{14},\ M_{CB}=6\times\left(-\frac{ql^2}{168}\right)=-\frac{ql^2}{28}$$

$$M_{BD}=3\times\left(-\frac{ql^2}{168}\right)=-\frac{ql^2}{56},\ M_{DB}=-3\times\left(-\frac{ql^2}{168}\right)=\frac{ql^2}{56}$$

按上述值把弯矩画在受拉侧边，可得图 18-16c 所示 M 图。

例 18-7　试用转角位移求图 18-17 所示刚架 M 图。

解　(1) 确定基本未知量　首先，按力的平移定理把外力 F 平移到 D 点，并附加上集中力偶，竖向集中力不引起弯矩(未画)，如图 18-17b 所示。显然只有一个角位移 Z_1 和一个线位移 Z_2。令 $i=\frac{EI}{a}$，则 $i_{AC}=i_{BD}=i$，$i_{CD}=2i$。

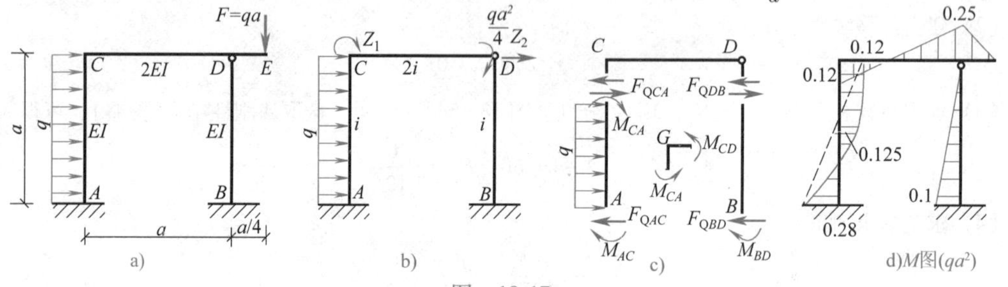

a)　b)　c)　d)M图(qa^2)

图　18-17

(2) 应用转角位移方程写出各杆端弯矩表达式

$$M_{AC}=2iZ_1-6i\frac{Z_2}{a}-\frac{1}{12}ql^2$$

$$M_{CA}=4iZ_1-6i\frac{Z_2}{a}+\frac{1}{12}ql^2$$

$$M_{CD}=3(2i)Z_1+\frac{1}{2}\left(\frac{qa^2}{4}\right)=6iZ_1+\frac{qa^2}{8}$$

$$M_{DC}=\frac{1}{4}qa^2$$

$$M_{BD}=-3i\frac{Z_2}{a}$$

(3) 建立位移法典型方程　截取刚结点 C 和横梁 CD，如图 18-17c 所示。对 C 点列出：$\sum M_C=0$，$M_{CA}+M_{CD}=0$，代入以上杆端弯矩并化简得

$$10iZ_1-\frac{6i}{a}Z_2+\frac{5}{24}qa^2=0 \qquad (a)$$

对横梁列出：$\sum F_x=0$，$F_{QCA}+F_{QDB}=0$，且

$$F_{QCA}=-\frac{1}{a}\left(M_{CA}+M_{AC}+\frac{1}{2}qa^2\right)=-\frac{1}{a}\left(6iZ_1-12i\frac{Z_2}{a}\right)-\frac{1}{2}qa$$

$$F_{QDB}=-\frac{1}{a}M_{BD}=3i\frac{Z_2}{a^2}$$

代入化简有

$$-6i\frac{Z_1}{a}+15i\frac{Z_2}{a^2}-\frac{1}{2}qa^2=0 \tag{b}$$

联解式(a)、式(b)得　$Z_1=\dfrac{-qa^2}{912i}$(↶)，$Z_2=\dfrac{5qa^3}{152i}$(→)

(4) 计算杆端弯矩　画 M 图如图 18-17d 所示。

思　考　题

18-1　位移法中对杆端力、杆端位移的正负号有何规定？

18-2　位移法中基本未知量(角位移和线位移)是用什么方法确定的？

18-3　试简述位移法中的基本体系、位移法典型方程与力法中对应内容有何不同。

18-4　位移法在具体建立典型方程时有哪种途径？它们有无本质的不同，为什么？

18-5　试简述位移法解题的步骤。

练　习　题

18-1　试确定图 18-18 中各结构用位移法计算时基本未知量个数，并绘出基本结构。

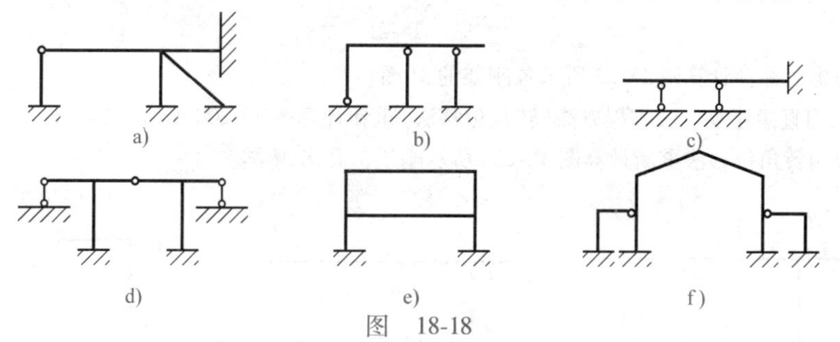

图　18-18

小贴士：位移法易出错的地方

18-2　试画出图 18-19 中各结构的基本体系，并作出基本体系单位弯矩图 $\overline{M}$ 和荷载弯矩图 M_P。

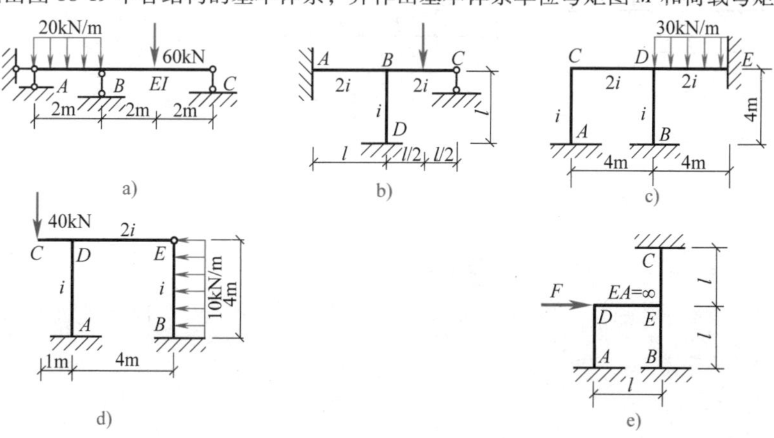

图　18-19

18-3　试用位移法计算图18-20所示连续梁和无侧移刚架的M图。

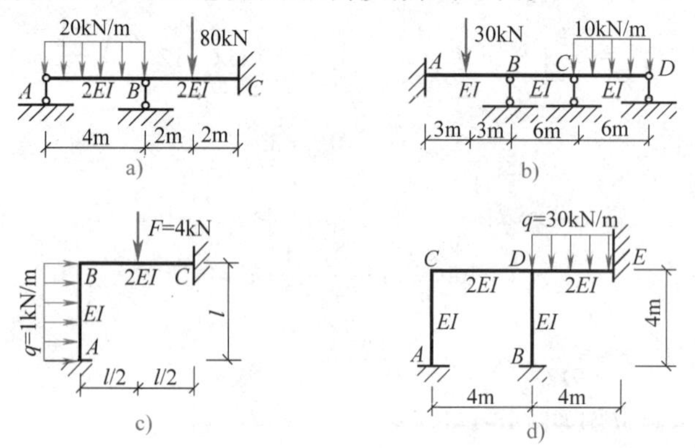

图　18-20

18-4　试用位移法计算图18-21所示各有侧移刚架的M图。

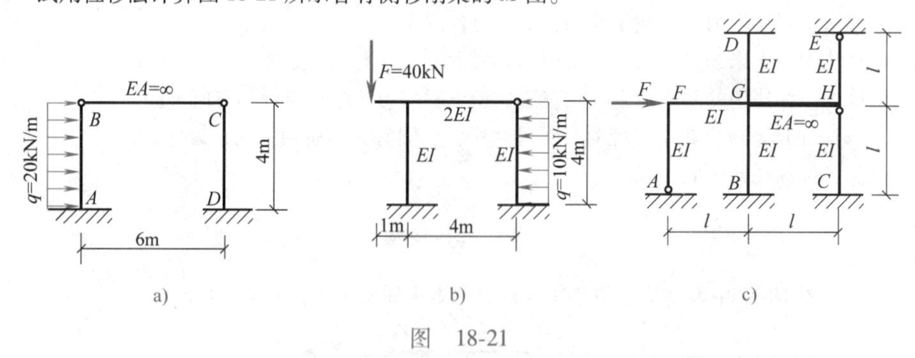

图　18-21

18-5　试考虑对称性计算图18-22所示各刚架的M图。

18-6　试应用直接建立位法方程方法(转角位移法)重新计算图18-20d所示刚架，作出其M图。

18-7　试应用转角位移法重新计算图18-22c所示刚架，画出M图。

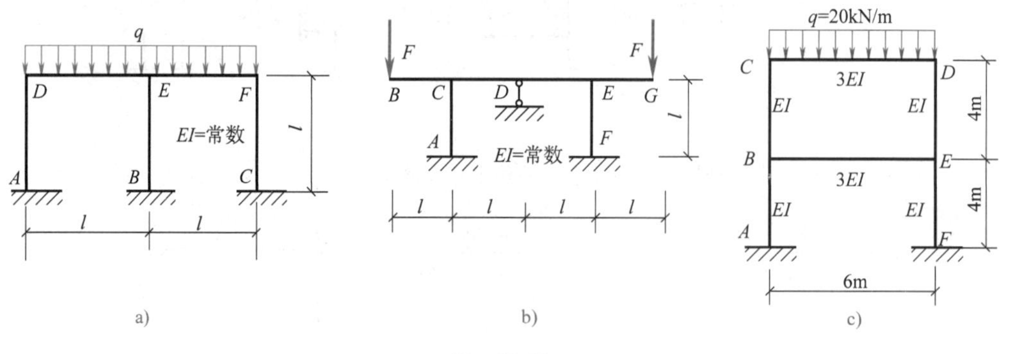

图　18-22

第十九章 用力矩分配法计算连续梁与无侧移刚架

学习目标

力矩分配法是在位移法的基础上发展起来的一种实用计算方法，它不需要解联立方程组，而且可以直接求得杆端弯矩，特别适用于连续梁和无结点线位移刚架的内力计算，因此，在这两种结构计算中得到了广泛的应用。

小知识：渐近法

第一节 力矩分配法的基本概念

设有图 19-1a 所示两跨连续梁 ABC，承受一个集中荷载 F。用力矩分配法计算时，首先，要取基本结构，其基本结构的取法与位移法完全相同，即图 19-1a 所示结构，可以看做只有一个可以转不能移动的结点 B(注意：铰结点 C 不需考虑)，因此只需在结点 B 加一个附加刚臂“▾”，得如图 19-1b 所示的基本结构；其次，将荷载置于基本结构上，求 AB、BC 两段杆件的固端弯矩，并利用结点 B 的力矩平衡条件求得 B 点处的约束力矩 M_B(亦称不平衡力矩)；最后，通过转动结点 B 消除 M_B，使基本结构变为实际结构。由此可知，力矩分配法与位移法的计算原理完全相同，只是在消除 M_B 的方法上有所不同而已。

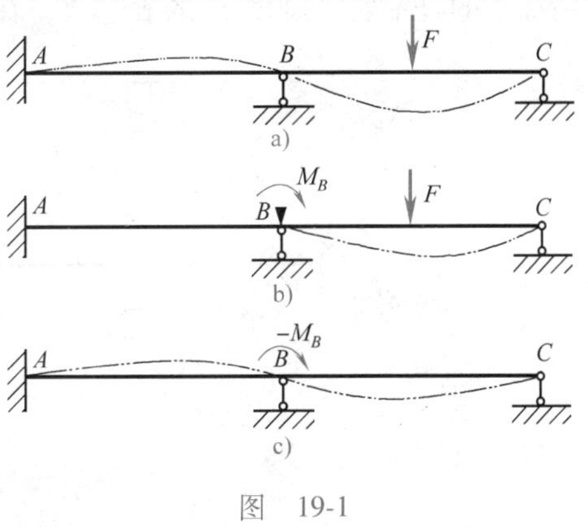

图 19-1

在结点 B 施加与 M_B 大小相等而方向相反的力矩 $-M_B$，强迫连续梁产生如图 19-1c 所示的变形，同时使两个杆端产生新的弯矩。把图 19-1c 情况下的弯矩与图 19-1b 情况下的弯矩叠加，即可得到实际结构(图 19-1a)的弯矩。

由此可知，用力矩分配法解题的基本思路是：首先，在刚结点处设置约束转动的附加刚臂，使之产生约束力矩，以阻止转动；然后，放松约束，即在刚结点处施加与约束力矩大小相等而方向相反的力矩，以抵消约束力矩的影响，使其恢复为原结构。

图 19-1a 所示连续梁只有一个结点，放松约束后即完成了计算。对于多结点情况，要多次反复设置约束及放松约束，才能完成最终计算。

由于力矩分配法是以位移法为基础的，因此，本章中的基本结构及有关的正负号规定等，均与位移法相同。例如，杆端弯矩正负仍规定为：对杆端而言，以顺时针转动为正，逆时针转动为负；对结点或支座而言，则以逆时针转动为正，顺时针转动为负；结点上的外力矩、约束力矩仍以顺时针转动为正，逆时针转动为负等。

上面讲了力矩分配法的基本思路，为了能够具体进行计算，下面首先介绍转动刚度、分配系数与传递系数三个要素。

1. 转动刚度

对于任意支承形式的单跨超静定梁 iK，为使某一端（设为 i 端）产生角位移 θ_i，则须在该端施加一力矩 M_{iK}。当 $\theta_i=1$ 时所须施加的力矩，称为 iK 杆在 i 端的**转动刚度**，并用 S_{iK} 表示。其中 i 端为施力端，称为近端；K 端则称为远端，如图19-2a所示。同理，使 iK 杆 K 端产生单位转角位移 $\theta_K=1$ 时，所须施加的力矩应为 iK 杆 K 端的转动刚度，并用 S_{Ki} 表示，如图19-2b所示。

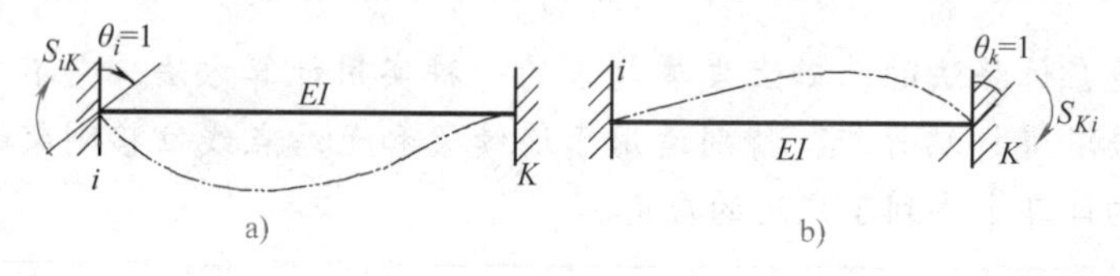

图　19-2

当近端转角 $\theta_i\neq1$（或 $\theta_K\neq1$）时，则必有 $M_{iK}=S_{iK}\theta_i$（或 $M_{Ki}=S_{Ki}\theta_K$）。

由位移法所建立的单跨超静定梁的转角位移方程知，杆件的转动刚度 S_{iK} 除与杆件的线刚度 i 有关外，还与杆件的远端（即 K 端）的支承情况有关。图19-3中分别给出不同远端支承情况下的杆端转动刚度 S_{Aj} 的表达式，在应用中可以查用。

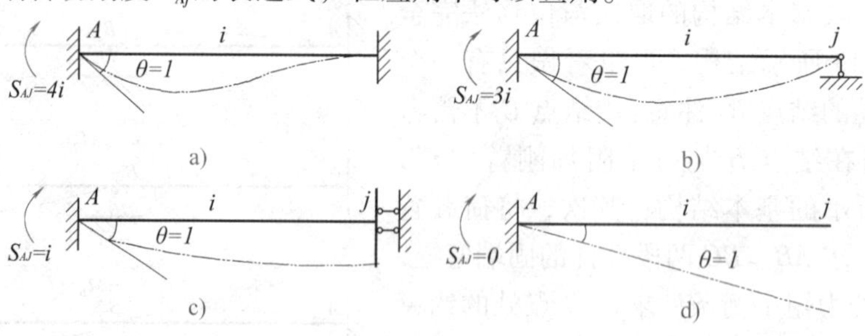

图　19-3

2. 分配系数

在结点上施加力矩强迫结点转动时，与此结点连接的各杆必将发生变形和内力。为了计算此时各杆的端弯矩，引入分配系数的概念。图19-4所示为只有一个结点的简单刚架，设有力矩 M_A 施加于刚结点 A，并使其发生转角 θ_A，然后达到平衡状态。由转动刚度的定义知，各杆在 A 端的弯矩为

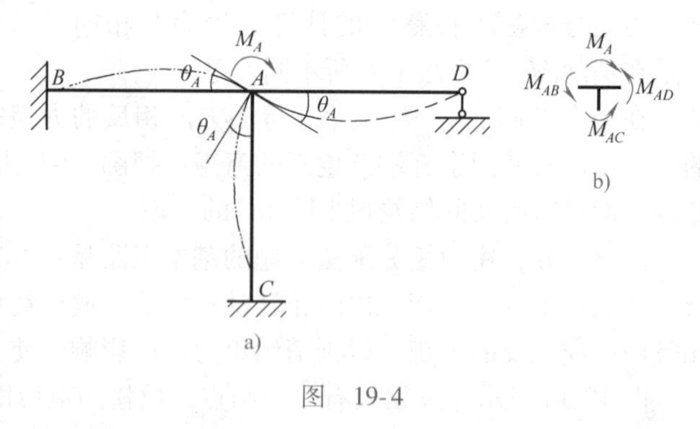

图　19-4

$$\left.\begin{aligned}M_{AB}&=S_{AB}\theta_A=4i_{AB}\theta_A\\M_{AC}&=S_{AC}\theta_A=4i_{AC}\theta_A\\M_{AD}&=S_{AD}\theta_A=3i_{AD}\theta_A\end{aligned}\right\}\qquad\text{(a)}$$

由结点 A 的力矩平衡得

$$S_{AB}\theta_A+S_{AC}\theta_A+S_{AD}\theta_A=M_A$$

故有

$$\theta_A=\frac{M_A}{\sum S_A} \tag{19-1}$$

式中，$\sum S_A$ 表示汇交于 A 点各杆的转动刚度之和。有了 θ_A 值，即可由式(a)求出各杆 A 端弯矩

$$\left.\begin{aligned}M_{AB}&=\frac{S_{AB}}{\sum S_A}M_A\\M_{AC}&=\frac{S_{AC}}{\sum S_A}M_A\\M_{AD}&=\frac{S_{AD}}{\sum S_A}M_A\end{aligned}\right\} \tag{19-2}$$

或写作

$$M_{Ai}=\mu_{Ai}M_A \tag{19-3}$$

其中，μ_{Ai}按下式计算

$$\mu_{Ai}=\frac{S_{Ai}}{\sum S_A} \tag{19-4}$$

μ_{Ai}称为**力矩分配系数**。例如，μ_{AB}为 AB 杆在结点 A 的分配系数，它等 AB 杆 A 端的转动刚度除以汇交于 A 点的诸杆转动刚度之和。显然它只依赖于各杆的转动刚度的相对值，而与施加于结点上的力矩大小及正负无关。由此看来，各杆在 A 端的弯矩值与其转动刚度成正比，并且它们的和等于在结点上施加的外力矩。力矩分配时，各杆所得到的 A 端弯矩称为分配力矩。所谓**分配力矩**，就是为使结点转动而在结点上所施加的力矩，按各杆件的转动刚度之比分配到各杆端的力矩。

综上所述，在力矩分配时只要知道各杆的转动刚度，即可按式(19-4)算出各杆的力矩分配系数，然后由式(19-3)求出各分配力矩(注:在此力矩即弯矩,以下称力矩为弯矩)。

在此值得指出的是，一个结点，例如结点 A，各杆的分配系数应满足下式

$$\sum\mu_{Ai}=1$$

也就是说，在该结点处的各分配系数之和等于 1。

3. 传递系数

对于单跨超静定梁而言，当一端发生转角而产生弯矩(称为近端弯矩)时，其另一端(即远端)一般也将产生弯矩(称为远端弯矩)，如图 19-5 所示。通常将远端弯矩同近端弯矩的比值，称为杆件由近端向远端的**传递系数**，并用 C 表示。图 19-5 所示梁 AB 由 A 端向 B 端的传递系数为

$$C_{AB}=\frac{M_{BA}}{M_{AB}}=\frac{2i\varphi_A}{4i\varphi_A}=\frac{1}{2}$$

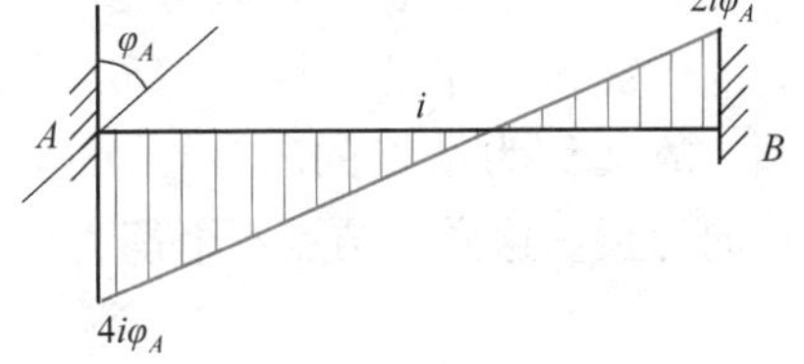

图　19-5

显然，对不同的远端支承情况，其传递系数也将不同，见表 19-1。

表　19-1

单跨梁 A 端产生单位转角时 M 图	远端支承情况	传递系数 C_{AB}
A　$2i_{AB}$　B　$4i_{AB}$	固定	$\frac{1}{2}$

（续）

单跨梁 A 端产生单位转角时 M 图	远端支承情况	传递系数 C_{AB}
A B $3i_{AB}$	铰支	0
A B i_{AB} i_{AB}	滑动	-1

分配弯矩由传递系数传到远端的弯矩，称为传递弯矩，用符号 M_{BA}^{C} 表示。即

$$M_{BA}^{C}=CM_{AB}^{\mu} \tag{19-5}$$

其中，M_{AB}^{μ}称为分配弯矩。

第二节 单结点的力矩分配法

力矩分配法按其计算方法来分，可分为单结点的力矩分配法与多结点的力矩分配法，其基本思路都是一样的。下面通过图 19-6 所示两跨连续梁，具体说明单结点力矩分配法的计算步骤。

首先，在结点 B 加一阻止其转动的附加刚臂，然后承受荷载的作用(图 19-6b)，这样将原结构分隔成两个单跨超静定梁 AB 和 BC。这时各杆杆端将产生固端弯矩，其值可由表 18-2 查得。取结点 B 为脱离体(图 19-6c)，由结点 B 的力矩平衡条件，即可求得附加刚臂阻止结点 B 的转动而产生的约束力矩为

$$M_B=M_{BA}+M_{BC}$$

写成一般形式为

$$M_B=\sum M_{Bj} \tag{19-6}$$

即约束力矩等于汇交于结点 B 的各杆端的固端弯矩的代数和，亦是各固端弯矩所不能平衡的差额，故又称为结点的不平衡力矩，规定以顺针转向为正。这样，结点不平衡力矩用文字表达为

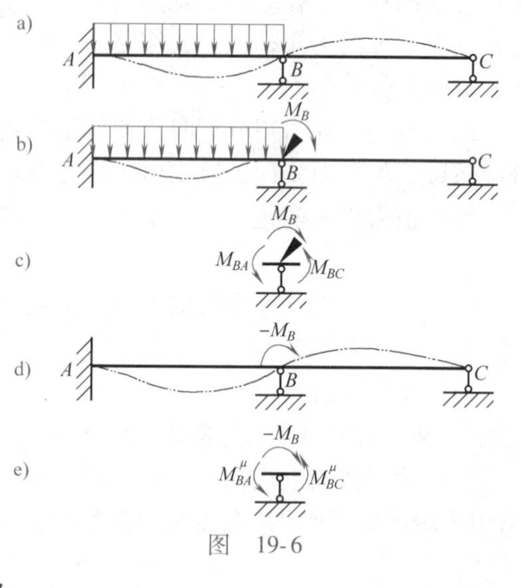

图 19-6

结点不平衡力矩=结点各杆固端弯矩的代数和

其次，比较图 19-6b 与原结构的受力情况，其差别仅在于结点 B 多了一个不平衡力矩 M_B，为使它的受力情况与原结构一致，必须在结点 B 加一个反向的力矩以消除不平衡力矩 M_B，如图 19-6d 所示(图中用$-M_B$ 表示)。此时，分配弯矩(图 19-6e)为

$$M_{BA}^{\mu}=\mu_{BA}(-M_B)$$

$$M_{BC}^{\mu}=\mu_{BC}(-M_B)$$

写成一般形式为

$$M_{Bj}^{\mu}=\mu_{Bj}(-M_B) \tag{19-7}$$

式(19-7)用文字表达为

分配弯矩=分配系数×不平衡弯矩的负值

而传递弯矩为

$$M_{AB}^{C}=C_{BA}M_{BA}^{\mu}$$
$$M_{CB}^{C}=C_{BC}M_{BC}^{\mu}$$

写成一般形式为

$$M_{kB}^{C}=C_{Bk}M_{Bk}^{\mu} \tag{19-8}$$

式(19-8)用文字表达为

传递弯矩=传递系数×分配弯矩

由上述分析可知：图19-6a等于图19-6b与图19-6d相叠加，故原结构的各杆端最后弯矩，应等于各杆端相应的固端弯矩、分配弯矩与传递弯矩之代数和。其整个计算过程的关键在于“力矩分配”，故称这种方法为力矩分配法，或弯矩分配法。

单结点力矩分配的计算步骤，可以形象地归纳为以下三步：

1）固定(锁住)结点：即在刚结点处加上附加刚臂，此时各杆固定端有固端弯矩，而结点上有不平衡力矩，它暂时由刚臂承担。在此需指出的是，为了简化计算，也可不在刚结点处加附加刚臂，而只在意识中加了即可。

2）放松结点：即取消刚臂，使结构恢复到原来状态。这相当于在结点上加入一个反号的不平衡力矩，于是不平衡力矩被取消而结点获得平衡，此时各杆近端获得分配弯矩，而远端获得传递弯矩。

3）将各杆在固定时的同端弯矩与在放松时的分配弯矩、传递弯矩叠加起来，就得到原杆件的最终杆端弯矩。将最终杆端弯矩与将各杆看成是简支梁时在荷载作用下的弯矩相叠加，即得结构最终弯矩图。

下面用具体计算来说明。

例19-1　用力矩分配法作图19-7a所示连续梁的弯矩图。

解　先计算分配系数、固端弯矩和不平衡力矩，然后进行分配与传递，再计算最终杆端弯矩，画M图。将这些过程可在一张表格上进行，如图19-7a所示。

（1）计算分配系数　在荷载作用下，计算内力可以用相对刚度，设$EI=1$，则其转动刚度为

$$S_{BA}=4i_{BA}=\frac{4}{6}=\frac{2}{3} \qquad S_{BC}=3i_{BC}=\frac{3}{6}=\frac{1}{2}$$

分配系数为

$$\mu_{BA}=\frac{S_{BA}}{S_{BA}+S_{BC}}=\frac{\frac{2}{3}}{\frac{2}{3}+\frac{1}{2}}=0.571 \qquad \mu_{BC}=\frac{S_{BA}}{S_{BA}+S_{BC}}=\frac{\frac{1}{2}}{\frac{2}{3}+\frac{1}{2}}=0.429$$

校核　$\mu_{BA}+\mu_{BC}=0.571+0.429=1$，无误。

将各结点的分配系数写在杆端相应位置，如图19-7a所示计算表格的第一行。

（2）按表18-2计算固端弯矩

$$M_{AB}^{F}=-\frac{Fl}{8}=-\frac{200\times6}{8}\text{kN}\cdot\text{m}=-150\text{kN}\cdot\text{m}$$

$$M_{BA}^{F}=\frac{Fl}{8}=150\text{kN}\cdot\text{m}$$

$$M_{BC}^{F}=-\frac{ql^{2}}{8}=-\frac{20\times6^{2}}{8}\text{kN}\cdot\text{m}=-90\text{kN}\cdot\text{m}$$

$$M_{CB}^{F}=0$$

将各杆的固端弯矩记在各杆端相应位置，如图 19-7a 所示计算表格的第二行。

结点 B 的不平衡弯矩为

$$M_{B}=(150-90)\text{kN}\cdot\text{m}=60\text{kN}\cdot\text{m}$$

（3）计算分配弯矩和传递弯矩　分配弯矩为

$$M_{BA}^{\mu}=0.571\times(-60)\text{kN}\cdot\text{m}=-34.3\text{kN}\cdot\text{m}$$

$$M_{BC}^{\mu}=0.421\times(-60)\text{kN}\cdot\text{m}=-25.7\text{kN}\cdot\text{m}$$

将各分配弯矩写在各杆端，如图 19-7a 所示计算表格的第三行。

在结点分配弯矩下画一横线，表示该结点已放松，且达到了平衡。

传递弯矩为

$$M_{BA}^{C}=\frac{1}{2}\times(-34.3)\text{kN}\cdot\text{m}=-17.2\text{kN}\cdot\text{m}$$

在分配弯矩与传递弯矩之间画一水平方向的箭头，表示弯矩传递方向。

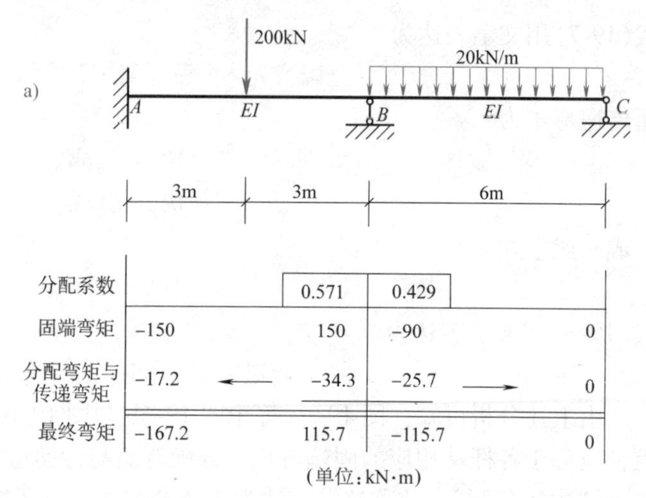

	A		B		C
分配系数			0.571	0.429	
固端弯矩	-150		150	-90	0
分配弯矩与传递弯矩	-17.2	←	-34.3	-25.7 →	0
最终弯矩	-167.2		115.7	-115.7	0

(单位:kN·m)

图　19-7

（4）计算最终的杆端弯矩　将以上各杆端弯矩叠加，即得最终杆端弯矩。

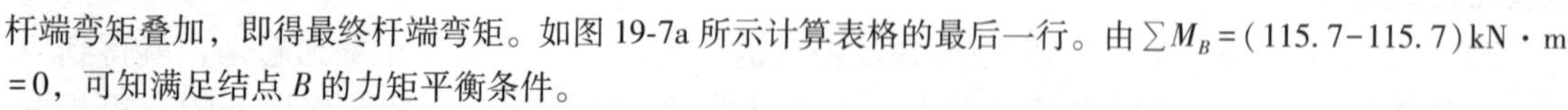

如图 19-7a 所示计算表格的最后一行。由 $\sum M_{B}=(115.7-115.7)\text{kN}\cdot\text{m}=0$，可知满足结点 B 的力矩平衡条件。

（5）画 M 图　根据最终杆端弯矩，由叠加法作 M 图，如图 19-7b 所示。

例 19-2　用力矩分配法计算图 19-8a 所示刚架，并绘 M 图。

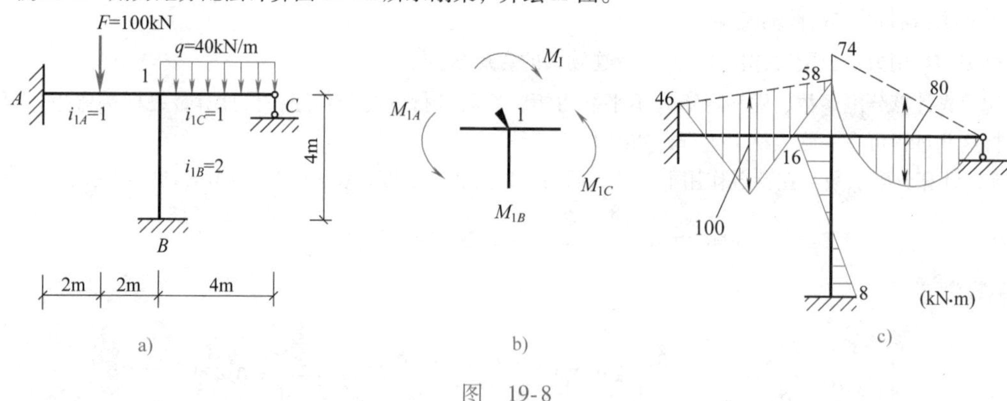

图　19-8

解　先计算分配系数、固端弯矩和不平衡力矩，再按单结点力矩分配，画 M 图。该结构只有一个刚结点，属于单结点力矩分配问题。

（1）求分配系数

$$\mu_{1A}=\frac{S_{1A}}{\sum S}=\frac{4i_{1A}}{4i_{1A}+3i_{1C}+4i_{1B}}=\frac{4\times1}{4\times1+3\times1+4\times2}=\frac{4}{15}$$

$$\mu_{1C}=\frac{S_{1C}}{\sum S}=\frac{3i_{1C}}{4i_{1A}+3i_{1C}+4i_{1B}}=\frac{3\times1}{4\times1+3\times1+4\times2}=\frac{3}{15}$$

$$\mu_{1B}=\frac{S_{1B}}{\sum S}=\frac{4i_{1B}}{4i_{1A}+3i_{1C}+4i_{1B}}=\frac{4\times2}{4\times1+3\times1+4\times2}=\frac{8}{15}$$

校核
$$\sum_{\mu}=\frac{4}{15}+\frac{3}{15}+\frac{8}{15}=1$$

（2）求固端力矩　按表 18-2 中给定的公式计算

$$M_{1A}^{F}=\frac{1}{8}Fl=\frac{1}{8}\times100\times4\text{kN}\cdot\text{m}=50\text{kN}\cdot\text{m}$$

$$M_{A1}^{F}=-\frac{1}{8}Fl=-50\text{kN}\cdot\text{m}$$

$$M_{1C}^{F}=-\frac{1}{8}ql^{2}=-\frac{1}{8}\times40\times4^{2}\text{kN}\cdot\text{m}=-80\text{kN}\cdot\text{m}$$

$$M_{C1}^{F}=0$$

$$M_{1B}^{F}=0$$

$$M_{B1}^{F}=0$$

结点 1 的不平衡力矩等于汇交在结点 1 上各杆固端力矩的代数和，即

$$M_{1}=M_{1A}^{F}+M_{1B}^{F}+M_{1C}^{F}=50\text{kN}\cdot\text{m}+0-80\text{kN}\cdot\text{m}=-30\text{kN}\cdot\text{m}$$

为使读者便于理解，再把其道理作如下说明：

取结点 1 为分离体（带有附加刚臂），如图 19-8b 所示，固端力矩 M_{1A}^{F}、M_{1C}^{F}均画成正向（绕结点逆时针为正），附加刚臂的反力矩也画成正向（顺时针为正），根据力矩平衡方程$\sum M_{1}=0$，有

$$M_{1}=M_{1A}^{F}+M_{1C}^{F}=50\text{kN}\cdot\text{m}+(-80)\text{kN}\cdot\text{m}=-30\text{kN}\cdot\text{m}$$

可见，不平衡力矩就是附加刚臂的约束力矩。在明确了它的物理概念后，可按固端力矩相加的办法直接算出。

（3）计算分配力矩与传递力矩　将不平衡力矩变号，被分配的力矩是正值，具体计算如下

$$M_{1A}^{\mu}=\mu_{1A}(-M_{1})=\frac{4}{15}\times30\text{kN}\cdot\text{m}=8\text{kN}\cdot\text{m}$$

$$M_{1B}^{\mu}=\mu_{1B}(-M_{1})=\frac{8}{15}\times30\text{kN}\cdot\text{m}=16\text{kN}\cdot\text{m}$$

$$M_{1C}^{\mu}=\mu_{1C}(-M_{1})=\frac{3}{15}\times30\text{kN}\cdot\text{m}=6\text{kN}\cdot\text{m}$$

传递力矩

$$M_{A1}^{C}=\frac{1}{2}M_{1A}^{\mu}=\frac{1}{2}\times8\text{kN}\cdot\text{m}=4\text{kN}\cdot\text{m}$$

$$M_{B1}^{C}=\frac{1}{2}M_{1B}^{\mu}=\frac{1}{2}\times16\text{kN}\cdot\text{m}=8\text{kN}\cdot\text{m}$$

$$M_{C1}^{C}=0$$

（4）计算杆端力矩

$$M_{1A}=M_{1A}^{F}+M_{1A}^{\mu}=(50+8)\text{kN}\cdot\text{m}=58\text{kN}\cdot\text{m}$$

$$M_{A1}=M_{A1}^{F}+M_{A1}^{\mu}=(-50+4)\text{kN}\cdot\text{m}=-46\text{kN}\cdot\text{m}$$

$$M_{1B}=M_{1B}^{\mu}=16\text{kN}\cdot\text{m}$$

$$M_{B1}=M_{B1}^{C}=8\text{kN}\cdot\text{m}$$

$$M_{1C}=M_{1C}^{F}+M_{1C}^{\mu}=(-80+6)\text{kN}\cdot\text{m}=-74\text{kN}\cdot\text{m}$$

$$M_{C1}=0$$

为方便起见，计算可以列表进行，详见表 19-2。列表时注意把同一结点的各杆端列在一起，以便于写分配力矩。

表 19-2 (单位:kN·m)

结点	A	1			B	C
杆端	A1	1A	1C	1B	B1	C1
分配系数		$\frac{4}{15}$	$\frac{3}{15}$	$\frac{8}{15}$		
固端力矩	-50	+50	-80	0	0	0
分配力矩和传递力矩	4	+8	6	+16	+8	0
最终杆端力矩	-46	+58	-74	+16	+8	0

(5) 绘弯矩图 先画出各杆的杆端力矩，两个竖标间连一虚直线，以此为基线叠加上横向荷载引起的简支梁的弯矩。最终 M 图如图 19-8c 所示。

知识延伸：有侧移刚架的内力计算

第三节 多结点的力矩分配法

前面介绍的是单结点的力矩分配法。先固定刚结点，然后再放松刚结点，只进行一次上述步骤就可使基本结构恢复为原来的状态。当然，力矩的分配与传递也是一次即告结束。

通常遇到的连续梁的中间支座不止一个。也就是说，结点转角未知量不止一个。如何把单结点的力矩分配方法推广运用到多结点的结构上，是本节将要讨论的问题。为了达到这一目的，必须人为地造成只有一个结点转角的情况。采取的办法是，首先固定全部刚结点，然后依次放松，每次只放松一个，当放松一个结点时，其他结点暂时固定，由于一个结点是在别的结点固定的情况下放松的，所以还不能恢复到原来的状态，这样一来，就需要将各结点反复轮流地固定、放松，以逐步消除结点的不平衡力矩，使结构逐渐接近其本来的状态。下面通过实例加以说明。

图 19-9a 所示三跨连续梁，在结点 B 和 C 处共有两个角位移。先设想在这两个结点处增设附加刚臂，约束 B、C 结点的转动，可得在荷载作用下各杆的固端弯矩为

$$M_{AB}^{F}=-\left(\frac{30\times2\times4^{2}}{6^{2}}+\frac{30\times2^{2}\times4}{6^{2}}\right)\text{kN}\cdot\text{m}$$

$$=-40\text{kN}\cdot\text{m}$$

$$M_{BA}^{F}=40\text{kN}\cdot\text{m}$$

$$M_{BC}^{F}=-\frac{40\times4}{8}\text{kN}\cdot\text{m}=-20\text{kN}\cdot\text{m}$$

$$M_{CB}^{F}=20\text{kN}\cdot\text{m}$$

$$M_{CD}^{F}=-\frac{8\times6^{2}}{8}\text{kN}\cdot\text{m}=-36\text{kN}\cdot\text{m}$$

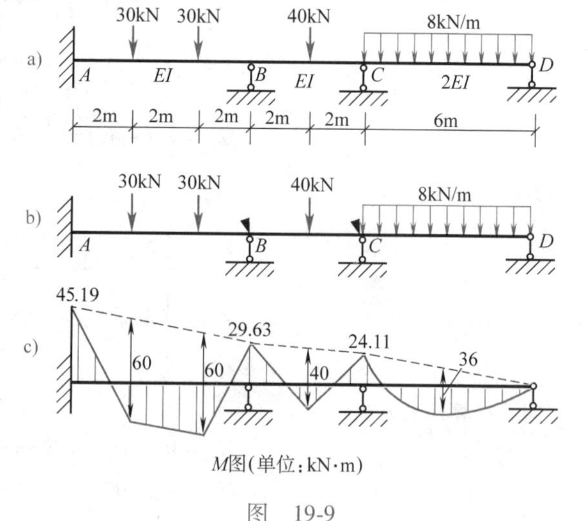

图 19-9

将上述各固端弯矩记入表 19-3 所示的固端弯矩一栏中。这时结点 B 和 C 的不平衡力矩分别为

$$M_{B}=\sum_{(B)}M_{Bj}^{F}=(40-20)\text{kN}\cdot\text{m}=20\text{kN}\cdot\text{m}$$

$$M_{C}=\sum_{(C)}M_{Cj}^{F}=(20-36)\text{kN}\cdot\text{m}=-16\text{kN}\cdot\text{m}$$

然后再设法消除这两个结点的不平衡力矩。在位移法中，是设想一次将结点 B 和 C 分别转动到它们的实际位置，使它们发生与实际结构相同的角位移。这样，就需要建立联立方程并求解它们。在力矩分配法中，首先设想只先放松一个结点，使该结点上的各杆端弯矩单独趋于平衡。此时由于其他结点仍固定，故可利用上述力矩分配和传递的办法消去该结点的不平衡力矩。现设想先放松结点 B 并进行力矩分配，为此，求出汇交于结点 B 的各杆端的分配系数为

$$\mu_{BA}=\frac{4\times\frac{EI}{6}}{4\times\frac{EI}{6}+4\times\frac{EI}{4}}=0.4 \qquad \mu_{BC}=\frac{4\times\frac{EI}{4}}{4\times\frac{EI}{6}+4\times\frac{EI}{4}}=0.6$$

通过力矩分配(即将不平衡力矩 M_B^F 反号乘以分配系数)，求得各相应杆端的分配弯矩为

$$M_{BA}^{\mu}=0.4\times(-20)\,\text{kN}\cdot\text{m}=-8\text{kN}\cdot\text{m}$$

$$M_{BC}^{\mu}=0.6\times(-20)\,\text{kN}\cdot\text{m}=-12\text{kN}\cdot\text{m}$$

表　19-3　（单位:kN · m）

分配系数		0.4	0.6	0.5	0.5	
固端弯矩	-40	40	-20	20	-36	
分配弯矩与传递弯矩	-4 ←	-8	-12 →	-6		
			5.50 ←	11	11 →	0
	-1.10 ←	-2.20	-3.30 →	-1.65		
			0.42 ←	0.83	0.83 →	0
	-0.09 ←	-0.17	-0.25 →	0.13		
				0.06	0.06	
最后弯矩	45.19	29.63	-29.63	24.11	-24.11	

这一分配过程列在表 19-3 所示的分配弯矩与传递弯矩栏的第一行中。画在这两个分配弯矩下的横线，表示该结点上的不平衡力矩已经消除，结点暂时达到平衡并随之转动一个角度(但未转动到最终位置,因为此时 C 结点还受到约束)。同时，应将弯矩向各自的远端传递，得传递弯矩为

$$M_{AB}^{C}=\frac{1}{2}\times(-8)\,\text{kN}\cdot\text{m}=-4\text{kN}\cdot\text{m}$$

$$M_{CB}^{C}=\frac{1}{2}\times(-12)\,\text{kN}\cdot\text{m}=-6\text{kN}\cdot\text{m}$$

这一传递过程也列在表 19-3 所示的分配弯矩与传递弯矩栏的第一行中，图中用箭头表示传递的方向。

放松结点 B 后，将暂时处于平衡的结点 B 在新的位置上重新用附加刚臂固定。此时放松结点 C，考虑到放松结点 B 时传至 CB 端的传递弯矩 $-6\text{kN}\cdot\text{m}$ 应计入结点 C 的不平衡力矩，其值为

$$M_C=\sum_{(C)}M_{Cj}^{F}=(20-36-6)\,\text{kN}\cdot\text{m}=-22\text{kN}\cdot\text{m}$$

放松结点 C 并将不平衡力矩反号。为此，计算结点 C 的有关各杆端的分配系数为

$$\mu_{CB}=\frac{4\times\frac{EI}{4}}{4\times\frac{EI}{4}+3\times\frac{2EI}{6}}=0.5 \qquad \mu_{CD}=\frac{4\times\frac{2EI}{6}}{4\times\frac{EI}{4}+3\times\frac{2EI}{6}}=0.5$$

其分配弯矩为

$$M_{CB}^{\mu}=M_{CD}^{\mu}=0.5\times(22)\text{kN}\cdot\text{m}=11\text{kN}\cdot\text{m}$$

同时将它们向各自的远端传递，得传递弯矩为

$$M_{BC}^{C}=\frac{1}{2}\times(11)\text{kN}\cdot\text{m}=5.5\text{kN}\cdot\text{m}\qquad M_{DC}^{C}=0$$

这一分配、传递过程列在表19-3的分配弯矩与传递弯矩栏的第二行中。这时结点 C 也已暂时获得平衡并随之转动了一个角度，然后将它在新的位置上重新用附加刚臂固定。

由于放松结点 C 时，结点 B 是被暂时固定的，传递弯矩 $M_{BC}^{C}=5.5\text{kN}\cdot\text{m}$ 成为结点 B 的新的不平衡力矩，为了消除这一新的不平衡力矩，又需将结点 B 放松，重新进行如上的分配和传递过程，如此反复将各结点轮流固定、放松，逐个结点进行力矩分配和传递，则各结点的不平衡力矩就愈来愈小，直至所需精度后(一般要经过三四轮)，便可停止计算。最后将各杆端的固端弯矩、历次的分配弯矩和传递弯矩相加，便得到各杆端的最后弯矩，据此可画出最后弯矩图，如图19-9c所示。

以上虽是以连续梁为例说明的，但所述方法同样可用于一般无结点线位移的刚架。综合以上分析知，在力矩法中是通过依次放松各结点以消去其上的不平衡力矩而修正各杆端的弯矩，从而使其逐步接近真实弯矩值的。所以，力矩分配法是一种渐近法。为了使计算过程收敛较快，通常从不平衡力矩绝对值较大的结点开始。归纳起来，运用力矩法计算一般连续梁和无结点线位移刚架的步骤如下：

（1）求出汇交于各结点每一杆端的分配系数 μ_{ik}，并确定各杆的传递系数 C_{ik}；

（2）计算各杆端的固端弯矩 M_{ik}^{F}；

（3）逐次循环交替地放松各结点以使弯矩平衡，每平衡一个结点时，按分配系数将不平衡力矩反号分配于各杆端，然后将各杆端所得的分配弯矩乘以传递系数传递到另一端，将此步骤循环运用至各结点的弯矩，直到小到可以略去不计时为止(一般三四轮)；

（4）将各杆端的固端弯矩与历次的分配弯矩和传递弯矩相加，即得各杆端的最后弯矩。

例19-3　用力矩分配法计算图19-10a所示的三跨对称连续梁，并作 M 图。

解　此题的计算思路是，利用对称性取等代结构，然后按等代结构进行计算。这个连续梁具有两个刚结点，利用其对称性，取等代结构(图19-10b)，此等代结构只有一个刚结点，可按单结点力矩分配计算。

现将图19-10b所示的等代结构放大，重示于图19-11，其计算过程如下：

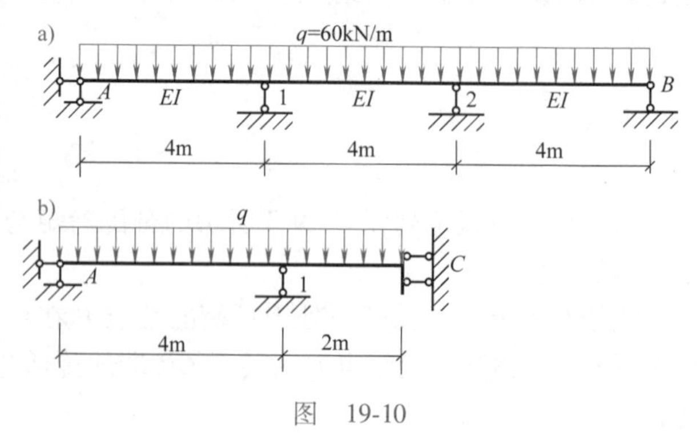

图　19-10

（1）求分配系数　在求分配系数时，可用各杆的绝对线刚度，也可以采用线刚度的相对值，本例中设 $\frac{EI}{l}=1$，相对线刚度 $i_{1A}=1$，$i_{1C}=\frac{EI}{\frac{l}{2}}=2$，则分配系数

$$\mu_{1A}=\frac{3i_{1A}}{3i_{1A}+i_{1C}}=\frac{3\times1}{3\times1+2}=0.600\qquad \mu_{1C}=\frac{i_{1C}}{3i_{1A}+i_{1C}}=\frac{2}{3\times1+2}=0.400$$

（2）求固端弯矩　当结点1固定时，形成两个单跨梁，按表18-2中给定的公式计算。梁为一端铰支，

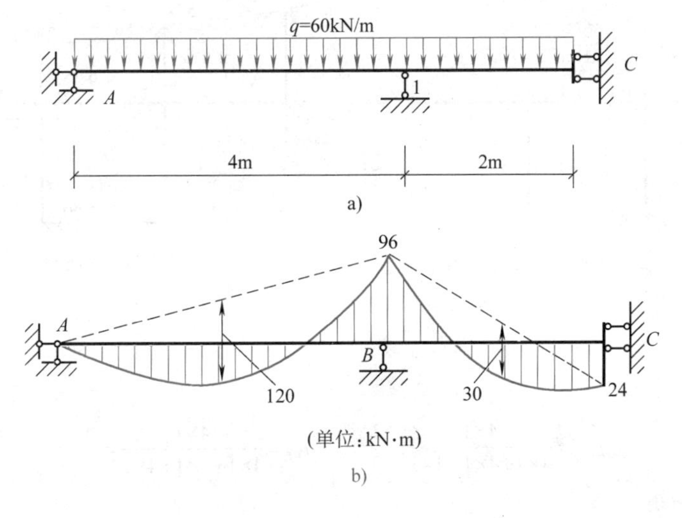

图　19-11

另一端定向，所以各固端弯矩为

$$M_{1A}^F=\frac{1}{8}ql^2=120\text{kN}\cdot\text{m}$$

$$M_{1C}^F=-\frac{1}{3}q\left(\frac{l}{2}\right)^2=-\frac{1}{12}ql^2=-80\text{kN}\cdot\text{m}$$

$$M_{C1}^F=-\frac{1}{6}q\left(\frac{l}{2}\right)^2=-40\text{kN}\cdot\text{m}$$

结点 1 的不平衡力矩为

$$M_1=(+120-80)\text{kN}\cdot\text{m}=40\text{kN}\cdot\text{m}$$

被分配的不平衡力矩为　$-M_1(-40\text{kN}\cdot\text{m})$

（3）分配与传递　将分配力矩与传递力矩记入表 19-4 中第三行。

表　19-4　（单位:kN·m）

分配系数	0.600		0.400	
固端力矩	0	+120	-80	-40
分配弯矩与传递弯矩	0	-24	-16　→	+16
最终杆端力矩	0	+96	-96	-24

（4）最终杆端力矩见表 19-4 末行。

（5）按叠加法绘 M 图，如图 19-11b 所示。

计算本题时，最容易发生的错误是误认为分割后的杆件 $1C$（图 19-11b）的线刚度$\left[\frac{EI}{l/2}=\frac{2EI}{l}\right]$仍为分割前的线刚度$\left(\frac{EI}{l}\right)$，如果这样，以后的计算就全部错了。

例 19-4　试用力矩分配法计算图 19-12a 所示刚架，并作弯矩图。各杆线刚度如图 19-12a 所示。

解　先计算转动刚度、分配系数和固端力矩，再按表 19-5 计算各杆最终杆端弯矩，并画 M 图。

（1）计算分配系数（设 $i=1$）

$$\mu_{BA}=\frac{4\times1}{4\times1+4\times1+4\times1}=\frac{1}{3}\qquad\mu_{BC}=\frac{4\times1}{4\times1+4\times1+4\times1}=\frac{1}{3}$$

$$\mu_{BE}=\frac{4\times1}{4\times1+4\times1+4\times1}=\frac{1}{3}\qquad\mu_{CB}=\frac{4\times1}{4\times1+4\times1+4\times1}=\frac{1}{3}$$

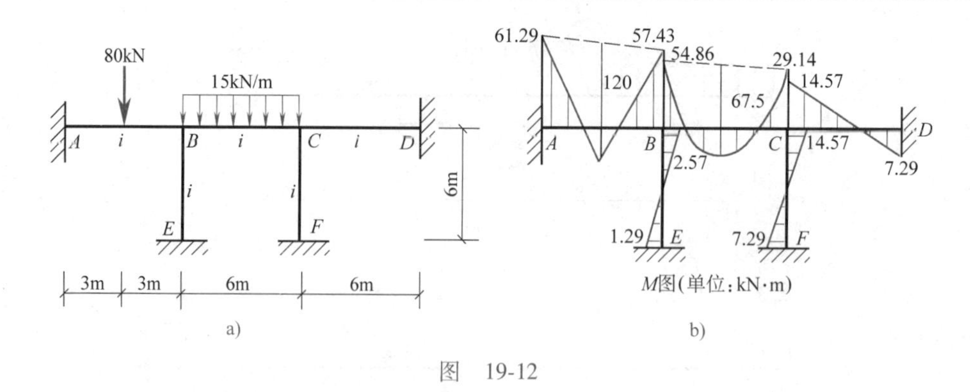

图　19-12

$$\mu_{CD}=\frac{4\times1}{4\times1+4\times1+4\times1}=\frac{1}{3}\qquad \mu_{CF}=\frac{4\times1}{4\times1+4\times1+4\times1}=\frac{1}{3}$$

（2）计算固端弯矩

$$M_{AB}^{F}=-M_{BA}^{F}=-\frac{1}{8}\times80\times6\text{kN}\cdot\text{m}=-60\text{kN}\cdot\text{m}$$

$$M_{BC}^{F}=-M_{CB}^{F}=-\frac{1}{12}\times80\times6^{2}\text{kN}\cdot\text{m}=-45\text{kN}\cdot\text{m}$$

其余均为零。将上述分配系数及固端弯矩均填入表 19-5 中。

（3）逐次对 B、C 结点进行分配与传递(详见表 19-5)。

（4）求最后杆端弯矩(见表 19-5 最末一行)。

（5）按叠加法作弯矩图，如图 19-12b 所示。

表　19-5　　（单位:kN・m）

节　点	E	A	B			C			D	F
杆端	EB	AB	BA	BE	BC	CB	CF	CD	DC	FC
分配系数	—	—	$\frac{1}{3}$	$\frac{1}{3}$	$\frac{1}{3}$	$\frac{1}{3}$	$\frac{1}{3}$	$\frac{1}{3}$	—	—
固端弯矩	0	-60. 0	+60. 0		-45. 0	+45. 0				
C 分配传递					-7. 5	-15. 0	-15. 0	-15. 0	-7. 5	-7. 5
B 分配传递	-1. 25	-1. 25	-2. 5	-2. 5	-2. 5	-1. 25				
C 分配传递					+0. 21	+0. 42	+0. 42	+0. 42	+0. 21	+0. 21
B 分配传递	-0. 04	-0. 04	-0. 07	-0. 07	-0. 07	-0. 04				
C 分配传递						+0. 01	+0. 01	+0. 01		
最后弯矩	-1. 29	-61. 29	+57. 43	-2. 57	-54. 86	+29. 14	-14. 57	-14. 57	-7. 29	-7. 29

第四节　连续梁的内力包络图

连续梁一般作用着恒载和活荷载，通常对恒载和活荷载的效应分别进行计算。因恒载产生的内力是固定不变的，故只作出内力图就行了，只有活荷载才作内力包络图。当活荷载作用下各截面的最大和最小内力求出后，再与恒载产生的相应内力叠加，即得连续梁在恒载和活荷载共同作用下的内力包络图。

作连续梁在活荷载作用下的内力包络图方法有两种：

第一种方法是利用连续梁的影响线确定最不利荷载位置，按最不利荷载位置(图 19-13)求出活荷载作用下各截面的最大内力和最小内力，把它们按一定比例尺用图形表示出来，这就是连续梁在活荷载作用下的内力包络图。显然，用这种方法作内力包络图的计算工作量是很大的，一般不予采用。

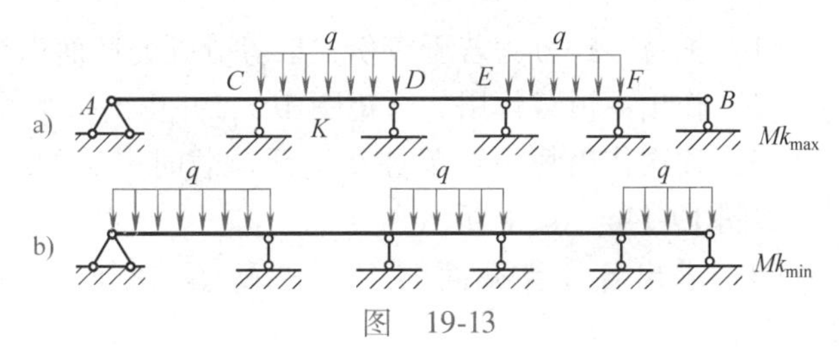

图　19-13

第二种方法是根据在均布活荷载作用下，连续梁各截面内力的最不利荷载位置是某些跨内布满均布活荷载，从而使最大和最小内力的计算得以简化。现以弯矩为例来说明。只要把每一跨单独布满活荷载时的弯矩图逐一作出，然后对每一截面将这些弯矩图中对应的最大弯矩值相加，就得到该截面在活荷载作用下的最大弯矩；将所对应的最小弯矩值相加，就得到该截面在活荷载作用下的最小弯矩；然后再将它们分别与恒载作用下对应的弯矩图相加，便得到某截面总的最大弯矩和最小弯矩，将这些弯矩分别表示出来，连以光滑曲线，即为连续梁的弯矩包络图。显然，这一方法比较简单，因此，在工程中通常采用。

下面以图 19-14a 所示连续梁为例，具体说明作连续梁内力包络图的步骤。

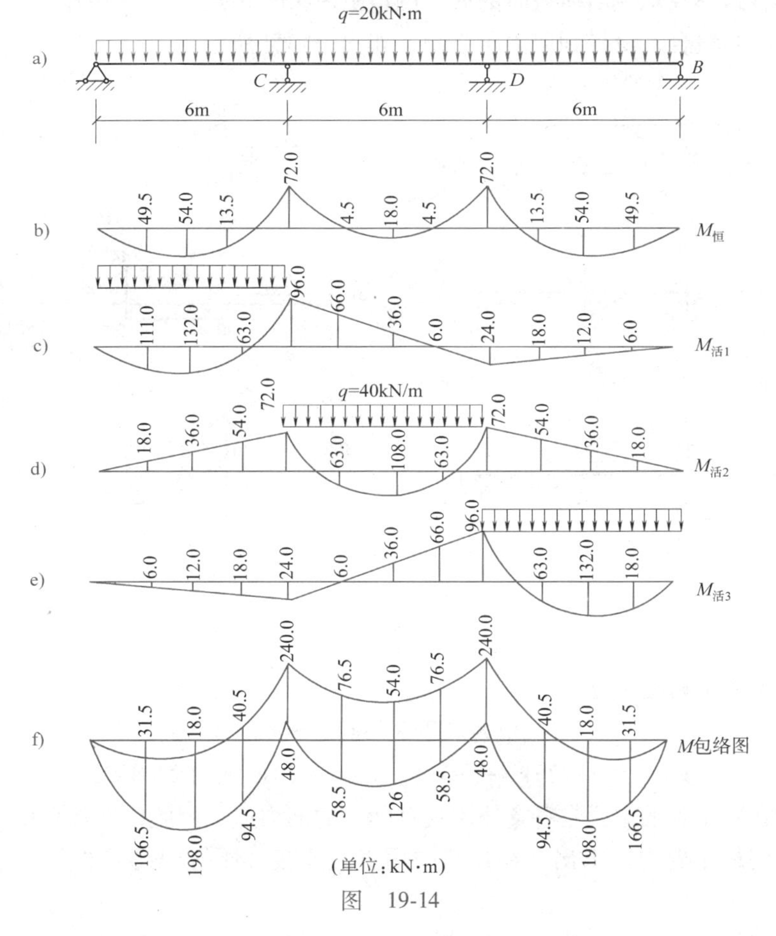

图　19-14

(1) 把每一跨分为若干等份，取等分处的截面作为计算截面(本题每跨分为4等份)。

(2) 作出由恒载作用的弯矩图 $M_{恒}$，并算出每个等分面的弯矩值，如图19-14b所示。

(3) 逐次作出每一跨单独布满活荷载时引起的弯矩图 $M_{活}$，并算出每个等分面的弯矩值，如图19-14c、d、e所示。

(4) 求出各计算截面的 M_{max} 和 M_{min}。对于任一截面 K 的最大弯矩和最小弯矩的计算式为

$$M_{K\max}=M_{K恒}+\sum_{(+)} M_{K活}$$

$$M_{K\min}=M_{K恒}+\sum_{(-)} M_{K活}$$

例如第1跨第2截面

$$M_{K\max}=(54.0+132.0+12.0)\,\text{kN}\cdot\text{m}=198.0\text{kN}\cdot\text{m}$$

$$M_{K\min}=(54.0-36.0)\,\text{kN}\cdot\text{m}=18.0\ \text{kN}\cdot\text{m}$$

(5) 将各截面的 M_{max} 值用纵坐标表示出来，用曲线连起来得 M_{max} 曲线；将各截面的 M_{min} 值用纵坐标表示出来，用曲线连起来得 M_{min} 曲线。这两条曲线即为连续梁的弯矩包络图，如图19-14f所示。

作连续梁剪力包络图的方法与作弯矩包络图方法类似。即先分别作出恒载作用下的剪力图(19-15b)及各跨单独承受活荷载时的剪力图(图19-15c、d、e)，然后像作弯矩包络图那样，进行剪力的最不利组合，便得到剪力包络图，如图19-15f所示。

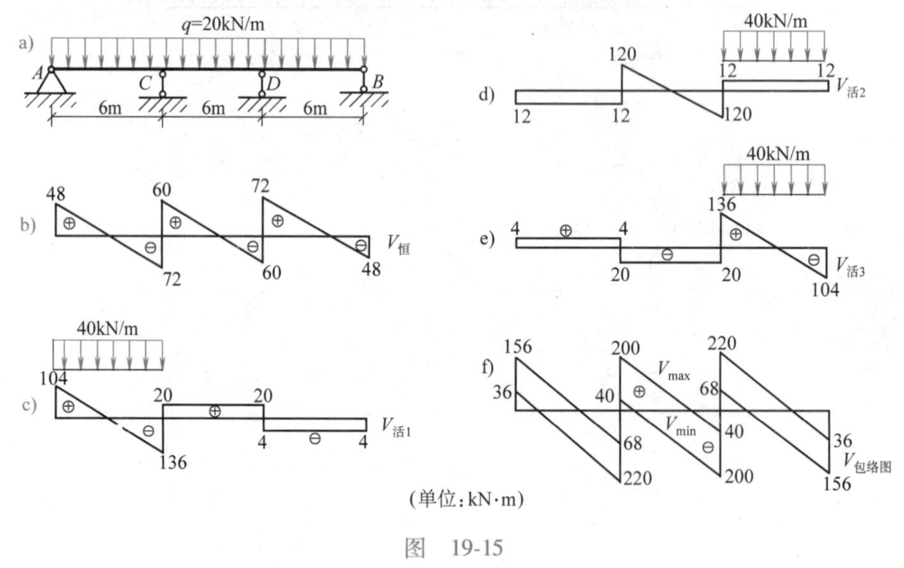

图 19-15

例如，C 支座左侧截面处

$$F_{QC\max}^{左}=-72\text{kN}+4\text{kN}=-68\text{kN}$$

$$F_{QC\min}^{左}=(-72)\,\text{kN}+(-136)\,\text{kN}+(-12)\,\text{kN}=-(220)\,\text{kN}$$

由于在设计中用到的主要是各支座附近截面上的剪力值，因此，通常只将支座两侧截面的最大剪力值与最小剪力值求出，在每跨中用直线连接，便得到近似的剪力包络图，如图19-15f所示。

连续梁内力包络图表示连续梁上各截面内力变化的极值，可以根据它合理地选择截面尺

寸，并在钢筋混凝土梁中合理地布置钢筋。

思　考　题

小贴士：力矩分配法解题常见错误

19-1　转动刚度的物理意义是什么？分配系数与转动刚度有何关系？

19-2　传递系数如何确定？常见的传递系数有哪几种？

19-3　在力矩分配法中，杆件的固端弯矩、杆端弯矩正负号是怎样规定的？

19-4　什么是固端弯矩？什么是不平衡力矩？为什么不平衡力矩必须反号后才能进行分配？

19-5　力矩分配法的基本运算分哪几步？每一步的物理意义是什么？

19-6　在多结点的力矩分配过程中，为什么一次只能放松一个结点？

19-7　用力矩分配法计算多结点结构时，应先从哪个结点开始？为什么？

19-8　用力矩分配法计算结构时，若结构对称，能否取半边结构计算？

19-9　如何绘制连续梁的内力包络图？

练　习　题

19-1　试用力矩分配法计算图 19-16 所示单结点连续梁，并作 M 图。

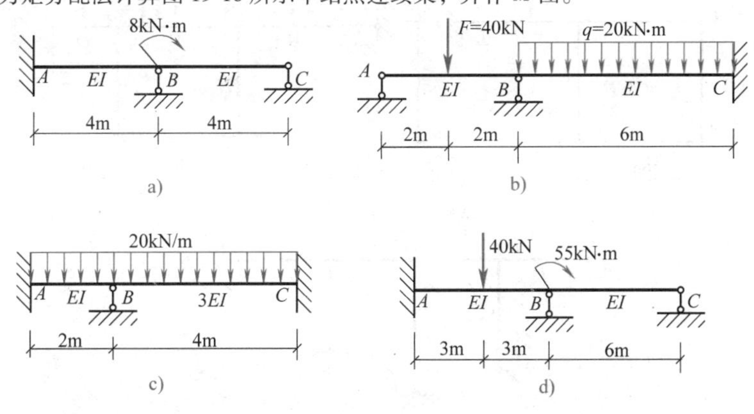

图　19-16

19-2　试用力矩分配法计算图 19-17 所示单结点刚架，并作 M 图。

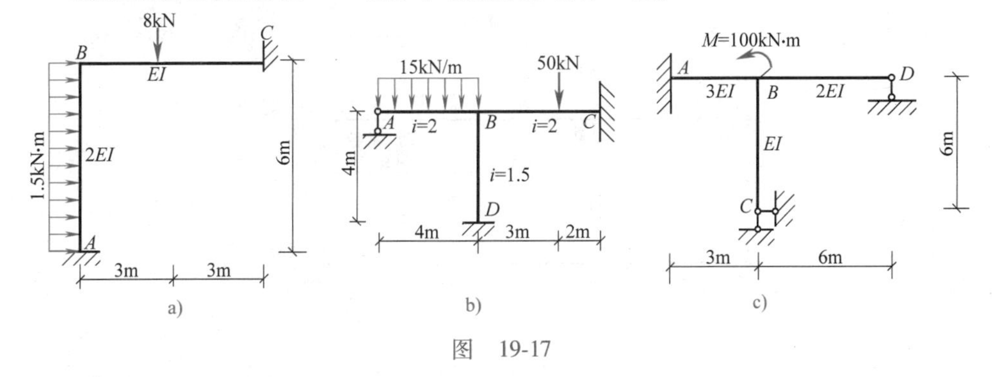

图　19-17

19-3　试用力矩分配法计算图 19-18 所示多结点连续梁，并作 M 图。

19-4　试用力矩分配法计算图 19-19 所示多结点刚架，并作 M 图。

19-5　图 19-20 所示三跨连续梁，每跨承受恒载 $q=20\text{kN/m}$，活载 $p=37.5\text{kN/m}$ 作用。试作其弯矩包络图和剪力包络图。$EI=$常数。建议每跨分四等份，恒载 M 图已给出。

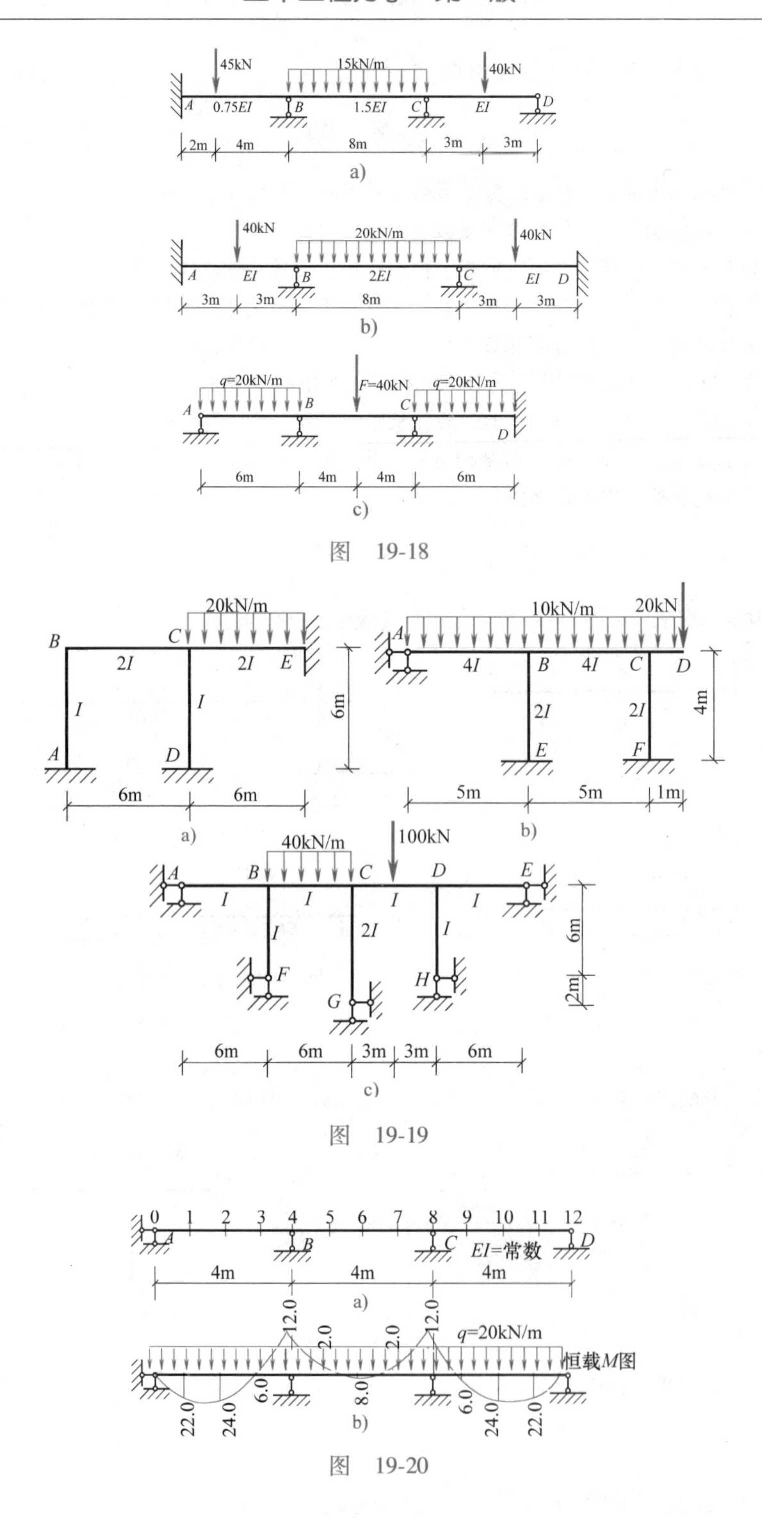

图　19-18

图　19-19

图　19-20

第二十章
梁和刚架塑性分析基础

前面各章限定构件在弹性变形范围内，并将构件发生塑性屈服认为是强度失效。这种强度设计方法，称为弹性设计。而实际上，大部分工程构件发生局部塑性变形后仍然能安全工作，因此弹性设计是一种以牺牲经济性为代价的偏安全的设计方法。

塑性变形在实际工程结构中普遍存在，而且也有其利用价值。在土建、机械工程中，压延成型正是利用金属的塑性变形加工所需的产品；由于材料发生塑性变形时可以吸收较多能量，因此，在抗震和防护工程中可以通过特别设计让一些构件发生塑性变形吸收能量，从而达到保护其他重要构件的目的。

无论是为了设计更经济的工程结构，还是要特意利用材料的塑性变形，都需要首先了解构件的弹塑性力学行为。本章讨论杆件发生弹塑性变形时的基本分析方法和相关基本概念。

第一节　结构塑性分析的基本概念

一、塑性分析概述

前面几章讨论了结构弹性分析的原理和计算方法，在讨论中，假定应力与应变之间呈线性关系，材料服从胡克定律。根据弹性分析，可以求得结构的最大应力 σ_{max}。按照弹性设计方法(也称许用应力设计方法)，结构和各部分尺寸应该保证其最大应力 σ_{max} 不大于材料的许用应力$[\sigma]$，即弹性分析的强度条件为

$$\sigma_{max} \leqslant [\sigma] = \frac{\sigma_b}{k}$$

式中，σ_b 为材料的强度极限。对于具有明显屈服点的塑性材料取其屈服极限 σ_s 作为强度极限；k 为应力安全因数。

关于许用应力的设计方法，至今在工程设计中仍然采用。但是，对于塑性材料结构，尤其是超静定结构，当某些局部应力达到屈服极限 σ_s 时其结构并不破坏。由此可见，采用许用应力的设计方法是不够经济合理的。

根据结构某些局部可以进入塑性阶段的工作思路，塑性设计时应该确定结构破坏时所能承担的荷载，这种荷载称为结构的极限荷载，并以 F_u 表示。寻求结构极限荷载的过程，称为结构的塑性分析。塑性分析的强度条件为

$$F \leqslant \frac{F_u}{K}$$

式中，F 为结构实际承受的荷载，K 为荷载安全因数。

基于塑性分析的结构设计，称为极限设计。这种设计思想，目前正被许多工程设计规范所接受，特别表现在钢结构和混凝土结构的设计中。

在结构塑性分析中，为简化计算通常假设材料具有理想弹塑性，采用图 20-1 所示应力-应变关系。在应力 σ 达到屈服极限 σ_s 以前，应力-应变为线性关系，即 $\sigma=E\varepsilon$，如图 20-1 中 OA 段。当应力达到屈服极限时，相应的应变 ε_s 称为屈服应变，材料进入塑性流动状态，如图 20-1 中 AB 段。如果塑性流动达到 C 点后发生卸载，则应力应变沿着与 OA 平行的直线 CD 下降。应力降至零时，有残余应变为 OD。

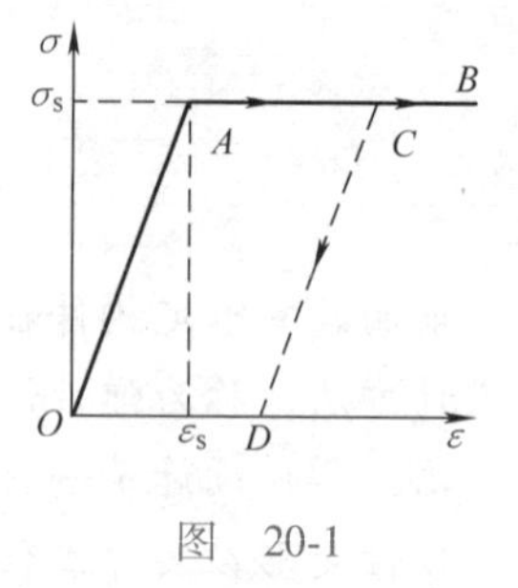

图 20-1

由此可见，材料在加载时是弹塑性的，卸载时是弹性的。同时也见，材料经历塑性变形后，应力与应变之间不再是单值对应关系，即同一个应力值可对应不同的应变值，同一个应变值也可对应不同的应力值。

应该指出，在结构塑性分析中，叠加原理不再适用，因此对于各种荷载组合都必须单独进行计算。

二、极限弯矩、极限状态与塑性铰

在进行结构塑性分析以前，先研究一个截面的塑性状态，如图 20-2 所示，它是由理想弹塑性材料组成的矩形截面梁。假设弯矩作用在纵向对称轴所在的平面内，当弯矩增加时，梁的各部分逐渐由弹性阶段过渡到塑性阶段。

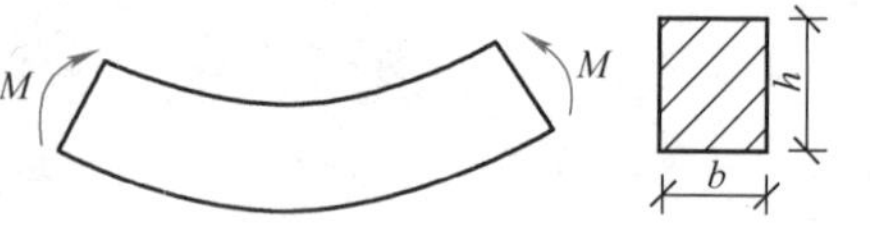

图 20-2

弹塑性计算与弹性计算的主要区别表现在，应力-应变关系方面，至于在几何关系和平衡关系方面，二者仍然相同。实验表明，无论在弹性阶段还是塑性阶段，都可以认为原来的平面在弯曲以后仍然保持为一平面。这样梁的纵向纤维的应变与曲率 K 之间的关系为

$$\varepsilon=Ky \tag{20-1}$$

其中，y 为纤维至中性轴的距离。

在平衡条件方面，截面上的应力 σ 仍满足下面的投影方程和力矩方程

$$\int_A \sigma dA = 0 \tag{20-2}$$

$$\int_A \sigma y dA = M \tag{20-3}$$

当梁由弹性阶段过渡到塑性阶段时，截面应力和应变以及塑性区的变化过程，如图 20-3 所示。当弯矩很小时，截面上全部纤维处于弹性阶段。纤维的法向应力为

$$\sigma=\frac{M_y}{I} \tag{20-4}$$

其中 I 为截面的惯性矩。应力沿截面为直线分布，如图 20-3a 所示。

当弯矩 M 增加到一定值时，上、下外侧纤维处的应力刚好达到屈服极限 σ_s，如图 20-3b 所示。此时截面上弯矩为

$$M_s=\frac{bh^2}{6}\sigma_s=W\sigma_s \tag{20-5}$$

M_s 称为屈服弯矩，或称弹性极限弯矩。W 为截面的弹性弯曲截面系数。

当弯矩 M 继续增大超过屈服弯矩 M_s 时，截面靠外部分有更多的纤维达到 σ_s，形成由外

向内逐渐扩展的塑性区，其应力为常量，即 $\sigma=\sigma_s$；在截面内部则仍为弹性区，称为弹性核，其应力为直线分布，即 $\sigma=\dfrac{y}{y_0}\sigma_s$。整个截面处于弹塑性状态，应力分布如图 20-3c 所示。

当弯矩 M 再增加时，截面上塑性区继续扩大，弹性核的高度逐渐减小，最后达到极限情形，即 $y_0\to 0$。此时截面处于塑性阶段，除极小的弹性区域以外，其余的区域均已屈服。为简化计算，常将这一极小部分的弹性核略去。这样，上下两部分塑性区连在一起；也就是说，认为整个截面上应力都达到屈服值，应力分布如图 20-3d 所示，相应的弯矩为

$$M_u=\frac{bh^2}{4}\sigma_s=W_u\sigma_s \tag{20-6}$$

这个弯矩 M_u 是该截面所能承受的最大弯矩，称为**极限弯矩**。W_u 称为**塑性弯曲截面系数**。这种状态称为此截面的**极限状态**。

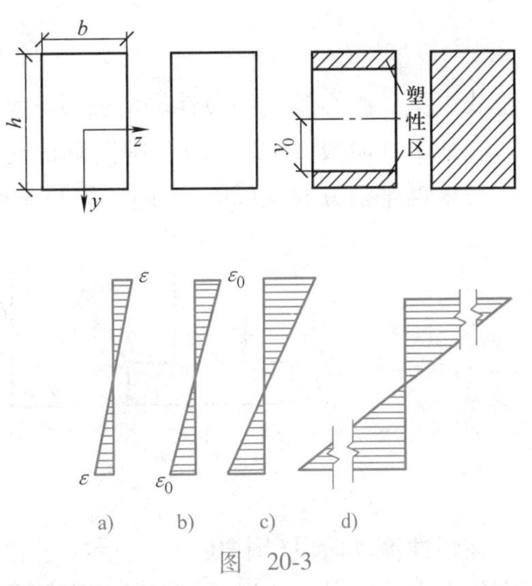

图　20-3

由式(20-5)和式(20-6)看出，矩形截面的极限弯矩是屈服弯矩的 1.5 倍。也就是说，对于纯弯曲，当考虑材料的塑性时，矩形截面梁最大承载能力比弹性计算的最大承载能力可提高 50%。

在极限弯矩保持不变的情况下，整个截面的应力都达到屈服极限 σ_s，纵向纤维可以自由伸长或缩短，于是在该截面所在的邻近微段内，梁将会产生一个有限的转角，这样的截面与可以自由转动的铰相似。因此，当截面弯矩达到极限弯矩时，这种截面便称为塑性铰。

以上讨论的是矩形截面，对于其他的截面形式也可得到类似的结果。

一般说来，极限弯矩 M_u 的 W_u 值可用比值 α 表示

$$\alpha=\frac{M_u}{M_s}=\frac{W_u}{W}$$

α 是由截面形式决定的，故称为截面的形式系数。

表 20-1 中对具有两个对称轴的几种截面形式给出了 M_s 和 M_u 的公式及 α 值的范围。

表　20-1

截面形式	b, h	b, h, h_2, t_1	D	D, d, t
M_s	$\sigma_s\cdot\dfrac{bh^2}{6}$	$\sigma_s h\left(bh_2+\dfrac{1}{6}ht_1\right)$	$\sigma_s\cdot\dfrac{\pi D^2}{32}$	$0.0982\sigma_s D^3\left(1-\dfrac{d^4}{D^4}\right)$
M_u	$\sigma_s\cdot\dfrac{bh^2}{4}$	$\sigma_s h\left(bh_2+\dfrac{1}{4}ht_1\right)$	$\sigma_s\cdot\dfrac{D^3}{6}$	$\sigma_s\dfrac{D^3}{6}\left[1-(1-\dfrac{2t}{D})^3\right]$
$\alpha=\dfrac{M_u}{M_s}$	1.5	约 1.1～1.17	1.70	约 1.27～1.40

对于只有一个对称轴的截面(图 20-4a)，也可以作类似的讨论。

在弹性阶段，应力成直线分布(图 20-4b)，$\sigma=\frac{My}{I}$ 代入平衡方程式(20-2)，得

$$\int_A ydA = 0$$

由上式可见，弹性阶段的中性轴应通过截面形心。

在弹塑性阶段(图 20-4c)，中性轴的位置将随弯矩的大小而变化。对于一个给定的 M 值，可根据平衡方程式(20-2)和式(2-3)来确定中性轴的位置和弹性核的高度。

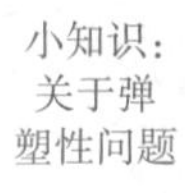

小知识：关于弹塑性问题

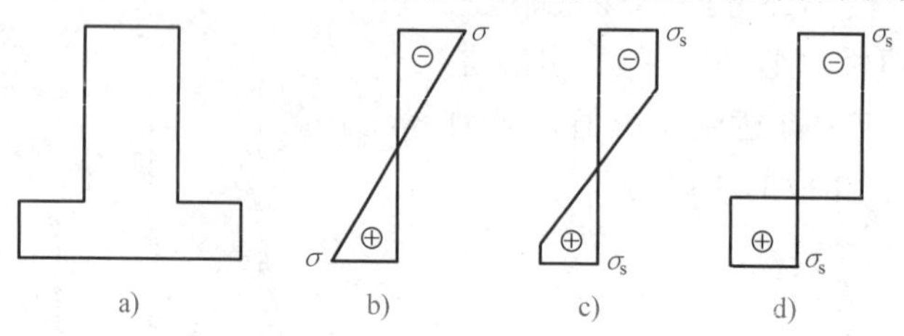

图　20-4

在塑性流动阶段(图 20-4d)，受拉区和受压区的应力都是常量($+\sigma_s$ 或$-\sigma_s$)。设 A_1 和 A_2 分别代表中性轴以上或以下部分的截面面积，A 为总平面积，由平衡方程式(20-2)可知，截面法向应力的合力为零，即 $A_1\sigma_s=A_2\sigma_s$。所以，截面上拉应力区域面积与压应力区域面积相等，于是有 $A_1=A_2=A/2$。也就是说，**塑性流动阶段的中性轴应平分截面面积**。

由平衡方程式(20-3)有

$$M_u=\int_{A_1}\sigma_s|y|dA+\int_{A_2}\sigma_s|y|dA=\sigma_s(S_1+S_2) \tag{20-7}$$

其中 S_1和 S_2分别代表面积 A_1和 A_2 对等截面积轴的静矩。截面的塑性抵抗矩为

$$W_u=S_1+S_2 \tag{20-8}$$

故极限弯矩也可写为

$$M_u=W_u\sigma_s \tag{20-9}$$

各种不同截面的极限弯矩都可由式(20-7)和式(20-9)求得。

应当指出，计算极限弯 M_u 的式(20-7)或式(20-9)，是由纯弯曲的情况下得到的。当截面同时承受弯矩和剪力作用时，截面达到极限状态时的弯矩比 M_u 要小一些。但在一般情况下，剪力对极限弯矩的影响很小，可以忽略不计。因此式(20-7)或式(20-9)，仍可以适用。

还应当注意到，虽然塑性铰的两侧截面可以发生相对转角，但塑性铰与普通铰之间有两点明显的区别：

(1) 普通铰不能承受弯矩，而塑性铰形成后截面弯矩保持为极限弯矩 M_u。

(2) 普通铰为双向铰，即相对转角可以沿两个方向中任一方向发生；而塑性铰是单向铰，只能沿一个方向弯曲时才自由发生相对转角。

塑性铰之所以是单向铰，是因为由图 20-1 所示的理想弹塑性材料的应力-应变关系符合图 20-1 中 AB 所示，故其塑性铰所承受的弯矩为极限弯矩 M_u。

三、比例加载时判定极限荷载的一般定理

以下两节将要具体地讨论梁和刚架在极限荷载作用下的计算方法，它要涉及比例加载时

判定极限荷载的一些定理，为了便于说明道理，本节集中进行阐述。

假设荷载成比例增加，并且一次加于结构，不出现卸载过程。为了使所介绍的定理便于理解、应用，在推证有关极限荷载定理时，将结合梁、刚架受弯构件进行讨论。先介绍下面三个假设：

（1）结构的变形比结构本身尺寸小得多，建立平衡方程时可以使用结构的原来尺寸。这是本节贯穿始终的基本假设。

（2）在极限状态时，由于弹性变形远小于塑性变形，可以忽略弹性变形而只考虑塑性变形。这就是说，假定结构为**刚塑性体系**。

（3）材料是理想弹塑性的，弯矩有极限值，且截面的正极限弯矩与负极限弯矩数值相等。同时，不考虑轴力、剪力对极限弯矩的影响。

在介绍定理前，先指出结构的极限受力状态应满足的一些条件：

（1）**平衡条件**。结构处于极限受力状态时，结构整体或局部上所有的力，在坐标轴上投影的代数和为零，并且对任一点的力矩代数和也等于零。

（2）**内力局限条件**。在极限受力状态中，结构上各截面的弯矩都不超过极限值，即

$$-M_{\mathrm{u}} \leqslant M \leqslant M_{\mathrm{u}}$$

（3）**单向机构条件**。在极限受力状态，一些截面的弯矩已达到极限弯矩值，结构出现了足够数量的塑性铰，使结构成为机构，能沿荷载方向（即荷载做功的方向）作单向运动。

然后，再引入两个定义：

（1）**可破坏荷载**。对于任一单向破坏机构，用平衡条件求得的荷载值，称为**可破坏荷载**，用F_{P}^{+}表示。

（2）**可接受荷载**。若有某个荷载值能与某一内力状态相平衡，且各截面的内力都不超过其极限值，则此荷载称为**可接受荷载**，用 F_{P}^{-} 表示。

由定义知，可破坏荷载 F_{P}^{+} 只满足上述条件中的(1)和(3)；可接受荷载 F_{P}^{-} 只满足上述条件中的(1)和(2)；而极限荷载则同时满足上述三个条件。

由此可见，**极限荷载既是可破坏荷载，又是可接受荷载**。

下面给出比例加载的四个定理及其证明。

设一给定结构，承受集中荷载 F_{P1}，F_{P2}，…。由于荷载成比例，可设 $F_{\mathrm{P1}}=\alpha_1 F_{\mathrm{P}}$，$F_{\mathrm{P2}}=\alpha_2 F_{\mathrm{P}}$，…；$q_1=\beta_1 F_{\mathrm{P}}$，$q_2=\beta_2 F_{\mathrm{P}}$，…。其中公因子 F_{P} 称为**荷载参数**。求极限荷载也就是求荷载参数的极限值 F_{Pu}

1. 基本定理

可破坏荷载 F_{P}^{+} 恒不小于可接受荷载 F_{P}^{-}，即

$$F_{\mathrm{P}}^{+} \geqslant F_{\mathrm{P}}^{-} \tag{20-10}$$

证明：取任一破坏荷载 F_{P}^{+}，对于相应的单向机构的虚位移，列出虚功方程，得

$$F_{\mathrm{P}}^{+}\Delta = \sum_{i=1}^{n} |M_{\mathrm{u}i}||\theta_i| \tag{a}$$

这里 n 为塑性铰的数目，$M_{\mathrm{u}i}$和 θ_i 分别是第 i 个塑性铰处的极限弯矩和相对转角。求和号内原应为 $M_{\mathrm{u}i}\theta_i$，因其恒为正，故可用绝对值来表示。

再取任一可接受荷载 F_{P}^{-}，相应的弯矩图叫做 M^{-}图。令此荷载及其内力状态经历上述机

构的虚位移，可列出虚功方程为

$$F_P^- \Delta = \sum_{i=1}^{n} M_i^- \theta_i \tag{b}$$

这里 M_i^- 是 M^-图中在第 i 个塑性铰处的弯矩值。

$$M_i^- \leqslant |M_{ui}|$$

可得

$$\sum_{i=1}^{n} M_i^- \theta_i \leqslant \sum_{i=1}^{n} |M_{ui}||\theta_i|$$

将式(a)、式(b)代入上式，得

$$F_P^+ \geqslant F_P^-$$

于是基本定理得证。

由基本定理可以导出下面三个定理。

2. 极小定理(或称上限定理)

取结构的各种破坏机构，用平衡条件求相应的可破坏荷载，其极小值就是极限荷载。或者说，可破坏荷载是极限荷载的上限。

说明：因为极限荷载 F_{Pu}是可破坏荷载，故由基本定理，得

$$F_{Pu} \leqslant F_P^- \text{ 或 } F_{Pu} = F_{P\min}^+ \tag{20-11}$$

3. 极大定理(或称下限定理)

取各种内力分布，在各截面弯矩不超过极限值的情况下，用平衡条件求相应的可接受荷载，其极大值就是极限荷载。或者说，可接受荷载是极限荷载的下限。

说明：因为极限荷载 F_{Pu}是可破坏荷载，故由基本定理，得

$$F_{Pu} \geqslant F_P^- \text{ 或 } F_{Pu} = F_{P\max}^- \tag{20-12}$$

4. 单值定理

如果荷载既是可破坏荷载，同时又是可接受荷载，则此荷载就是极限荷载。

证明：将式(20-11)和式(20-12)合在一起，可得

$$F_P^- \leqslant F_{Pu} \leqslant F_P^+ \tag{20-13}$$

因此，若有一荷载 F_P'即是 F_P^+，又是 F_P^-，即 $F_P^- = F_{Pu} = F_P^+$，则必定

$$F_P = F_{Pu} \tag{20-14}$$

这就证明了单值定理。

在以上证明中，我们曾设正的极限弯矩和负的极限弯矩等值；如果二者不同，上述证明方法仍然适用。

极小定理和极大定理，可以用来求得极限荷载的近似值，给出精确的上下限范围；同时也可以用来寻求极限荷载的近似值。例如，如果全部列出结构的各种可能的破坏机构，那么，从相应的各种破坏荷载中取其最小者，便得到极限荷载的精确解。

单值定理可以配合试算法来求极限荷载。每次选择一种破坏机构，并验算相应的可破坏荷载是否同时也是可接受荷载。经过几次试算后，如能找到一种情况，同时满足平衡条件、单向机构条件和内力局限条件，则根据单值定理便可得到极限荷载。具体事例在下面两节详示。

第二节　梁的极限荷载

一、单跨静定梁的极限荷载

有了极限荷载和塑性铰的概念，首先分析静定梁在横向荷载作用下的弯曲问题，确定静定梁的极限荷载，然后再分析超静定梁在横向荷载作用下的弯曲问题，确定超静定梁的极限荷载。

设矩形截面简支梁，在跨中承受集中荷载作用，如图 20-5a 所示。假设荷载 F_P 由零开始逐渐增加，起初，梁的全部截面都处于弹性状态。由于梁内弯矩是由两端向跨中增大，因此当荷载增加时，跨中截面的最外纤维首先达到屈服极限时的荷载，称为屈服荷载，用 F_{Ps}表示。显然，对图示简支梁有

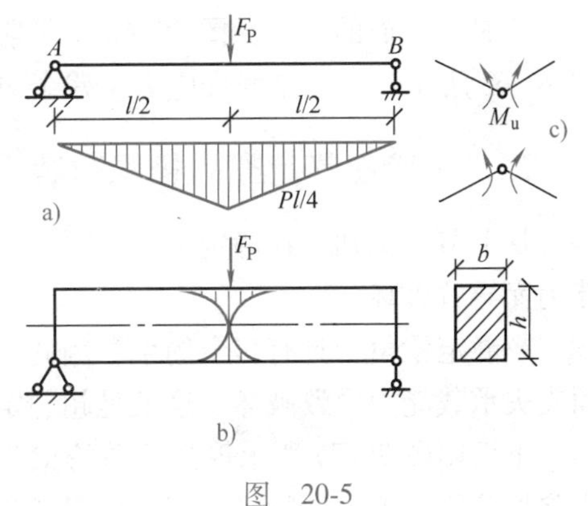

图　20-5

小知识：塑性力学

$$\frac{F_{Ps}l}{4}=M_s$$

因此屈服荷载为

$$F_{Ps}=\frac{4M_s}{l}$$

当荷载继续增加时，中间截面的塑性区范围向截面内部扩大，邻近截面的外侧也形成塑性区，如图 20-5b 中梁上有阴影部分所示。塑性区深度和长度随荷载增加而加大，最后在中间截面处弯矩首先达到极限值，形成塑性铰，上下两塑性区连成一片。这时，静定梁已成为机构，可以发生很大的位移，而承载能力再不能增加，这就是极限状态，此时的荷载称为极限荷载，以 F_{Pu}表示。梁的极限荷载可根据塑性铰截面的弯矩等于极限值的条件，利用平衡方程求得。由图 20-5a 知，当 $F_P=F_{Pu}$时有

$$\frac{F_{Pu}l}{4}=M_u$$

由此得极限荷载

$$F_{Pu}=\frac{4M_u}{l}$$

根据极限荷载和屈服荷载的比值为

$$\frac{F_{Pu}}{F_{Ps}}=\frac{M_u}{M_s}=\alpha \tag{20-15}$$

又称为截面的形式系数。矩形截面梁 $\alpha=1.5$，一般情况下 $\alpha>1$。由此计算具体证明，梁所承受的极限荷载大于按弹性计算所得的屈服荷载。

当加载到截面进入极限状态时(20-5b)，截面上拉应力区和压应力区的纤维都沿其应力方向发生塑性变形，如果这时开始卸载，则纤维又进入弹性状态，不能自由发生塑性变形。因此，对于静定梁来说，当荷载加到极限荷载 F_{Pu}时，梁的挠度迅速增加。如果荷载减小，

则位移的增大立刻停止，而且由于弹性变形的恢复，还会有微小的缩减。

当静定梁在卸载时，除残余变形之外，由于加载和卸载的应力-应变关系不同，截面还会有残余应力存在。图 20-6a 表示荷载略有减小，相应的应力减小服从弹性定律，如图 20-6b 中用直线分布和图形 Oab、$Oa'b'$表示。

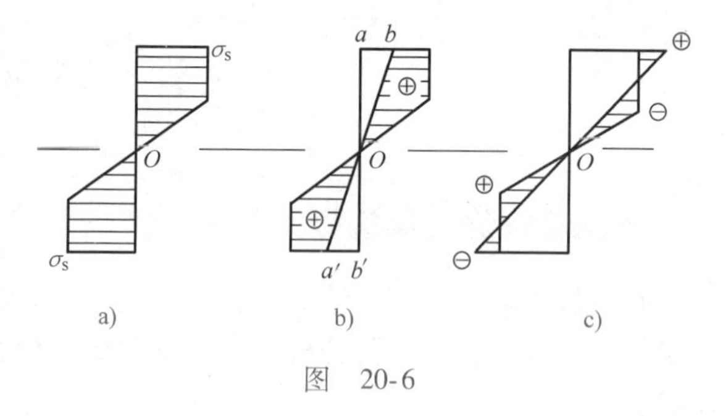

图 20-6

这时，截面的应力如图 20-6b 中带阴影的部分所示。荷载全部卸除后，截面上的应力如图 20-6c 所示，这就是残余应力。残余应力是一种自身平衡的自应力状态。

二、单跨超静定梁的极限荷载

从上节讨论知，在静定梁中只要有一个截面出现塑性铰，梁就成为机构，从而丧失承载能力而导致破坏。

超静定梁由于具有多余约束，因此必须有足够多的塑性铰出现，才能使其变为机构，从而丧失承载能力导致破坏，这就是超静定梁与静定梁不同的地方。

下面用图 20-7a 所示等截面单跨梁为例，说明超静定梁由弹性阶段到弹塑性阶段，直至极限状态的过程。

弹性阶段($F_P \leqslant F_{Ps}$)的弯矩图如图 20-7b 所示，在固定端处弯矩最大。

当荷载超过 F_{Ps}后，塑性区首先在固定端附近形成并扩大，然后在跨中截面也形成塑性区。此时随着荷载的增加，弯矩图不断的变化，不再与弹性 M 图成比例。随着塑性区的扩大，在固定端截面形成一个塑性铰，弯矩图如图 20-7c 所示。此时在加载的条件下，梁已转化为静定梁，但承载能力尚未达到极限值。

荷载再增加时，固定端的弯矩不再发生变化，荷载增量所引起的弯矩增量图，相应于简支梁的弯矩图。当荷载增加到使跨中截面的弯矩达到 M_u 时，而梁的承载能力即达到极值。此时的荷载称为极限荷载 F_{Pu}，相应的弯矩图如图 20-7d 所示。

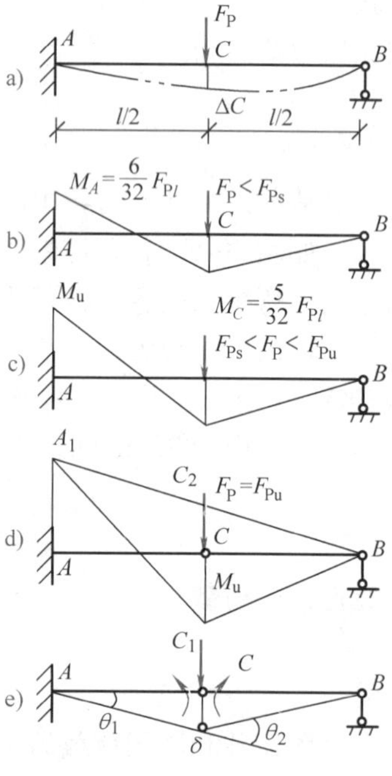

超静定法结构极限荷载的计算方法有两种，即静力法和机动法。

图 20-7

1. 静力法

极限荷载 F_{Pu}可根据平衡条件，由极限状态的弯矩图求出。在图 20-7d 中，我们连接 A_1，B 线，三角形 A_1C_1B 应是简支梁在荷载 F_{Pu}作用下的弯矩图，故跨中竖距 C_2C_1 应等于 $F_{Pu}l/4$；另一方面，$C_1C_2=CC_1+0.5AA_1=1.5M_u$，因此有

$$\frac{F_{Pu}l}{4}=1.5M_u$$

由此求得极限荷载

$$F_{Pu}=\frac{6M_u}{l}$$

2. 机动法

利用虚功原理求极限荷载的方法，称为**机动法**(或称**机构法**、**穷举法**)。图 20-7e 所示为破坏机构的一种可能位移，设跨中位移为 δ，则

$$\theta_1=\frac{2\delta}{l},\ \theta_2=\frac{4\delta}{l}$$

外力所作的功为

$$W=F_{Pu}\delta$$

内力所作的功为

$$W_i=-(M_u\theta_1+M_u\theta_2)=-M_u\frac{6\delta}{l}$$

由虚功方程

$$F_{Pu}\delta-\frac{6\delta}{l}M_u=0$$

得

$$F_{Pu}=\frac{6M_u}{l}$$

即同一题目虽然采用的计算方法不同，但其极限荷载 F_{Pu} 相同。

由此看出，超静定结构的极限荷载只需根据最后的破坏机构，应用平衡条件即可求出。据此，可概括出超静定结构极限荷载计算的一些特点：

(1)超静定结构的极限荷载的计算，无需考虑结构弹塑性变形的发展过程，只需考虑最后的破坏机构。

(2)超静定结构的极限荷载的计算，只需考虑静力平衡条件，而无需考虑变形协调条件，因而比弹性计算简单。

(3)超静定结构的极限荷载的计算，不受温度变化与支座移动等因素的影响，这些因素只影响结构变形的发展过程，而不影响极限荷载的数值。

下面，再对超静定结构残余应力作一点说明。图 20-8a 所示的超静定梁，加载时梁的 AC 段的弯矩超过了弹性极限弯矩 M_S，因而发生塑性变形。为了阐明减载后的残余应力，设想暂时将 B 支座移去。此时整个梁各截面的弯矩均等于零。但在弹性区 AC 段内，各截面将有自相平衡的残余应力。由于有残余变形，整个梁的轴线如图 20-8b 所示。其中 B 端已不符合原结构的变形协调条件，故支座应有反力，弯矩图如图 20-8c 所示。图中虚线表示减载后的弯曲变形曲线。

总之，在弹塑性阶段减载后，静定梁无残余内力，但各截面上有自相平衡的残余应力；超静定梁，除有这种残余应力外，还可能有残余内力。

最后，对超静定结构的内力重分布现象作一介绍。

如图 20-7a 所示的一次超静梁，当集中荷载 $F_P\leqslant F_{Ps}$ 时，其支座弯矩和跨中弯矩与荷载保持线性关系；当集中荷载 $F_P>F_{Ps}$ 时，由于支座 A 截面形成塑性铰(图 20-7c)，支座弯矩值

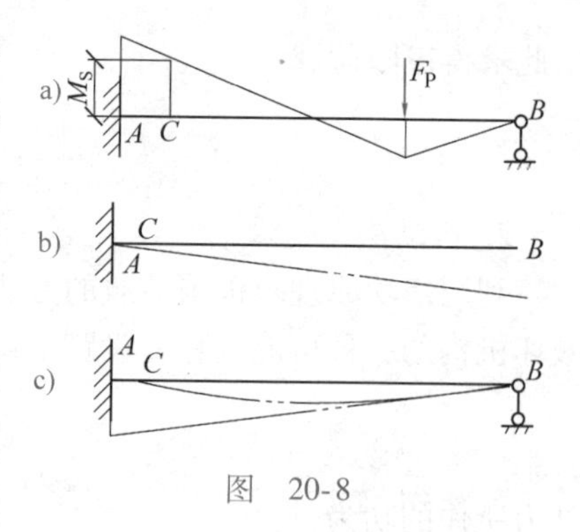

图　20-8

保持极限弯矩 M_u。这时支座 A 截面已经丧失继续抵抗外力的能力，新的荷载增加只能由尚有剩余抗弯能力的其他截面来承担。因此，跨中弯矩 M_c 得到更大的增长率，这一现象，称为超静定结构内力重分布，它表示达到屈服荷载后的内力重新调整分布的现象。

显然，内力重分布现象只存在于超静定结构之中，静定结构不会发生内力重分布现象。这是因为静定结构的内力完全可以利用静力平衡条件求出，而超静定结构的求解，除静力平衡条件外，还必须利用结构的变形协调条件，结构的变形直接取决于截面的刚度。因此在静定结构中，某一截面的屈服或塑性铰的形式，显然对它的内力变化产生一定影响，却不能改变其内力随荷载增长而变化的规律，也就是说，静定结构不会产生内力重分布现象；而在超静定结构中，在最大应力纤维屈服以前，其内力按线弹性规律分配，并由各截面之间的刚度比值来确定它与荷载的初始关系。当某一截面开始屈服或形成塑性铰后，原先的刚度比值发生变化，必然导致各截面内力之间的重新调整，也就是说，这时超静定结构必然会产生内力重分布现象。

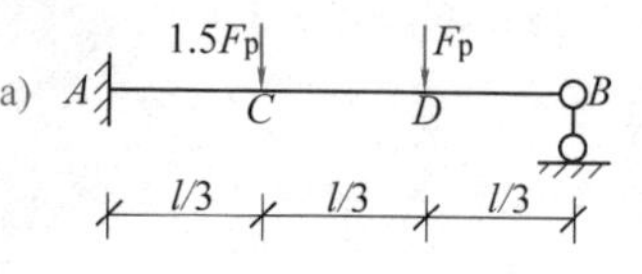

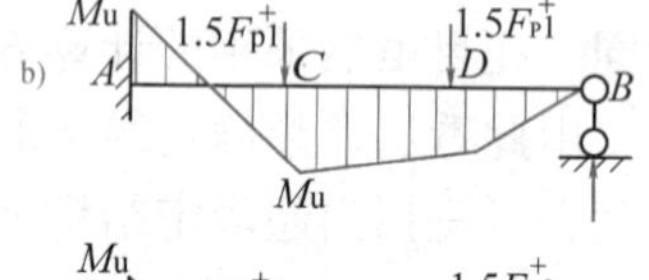

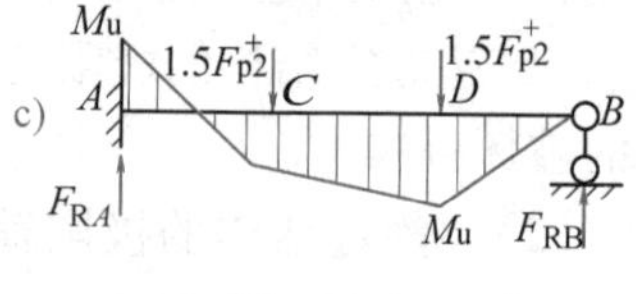

图　20-9

例 20-1　已知图 20-9a 所示等截面梁的极限弯矩 M_u。试用静力法和机动法求极限荷载。

解　1. 静力法解题思路：根据 M 图弯矩的大小，设定塑性铰，使之成为机构，根据平衡条件，求 F_{P1}^+，根据极限荷载既是可破坏荷载，又是可接受荷载的原则确定是否为极限荷载。

（1）设 A、C 两截面先出现塑性铰，使梁变成机构，其弯矩图如图 20-9b 所示。根据静力平衡条件 $\sum M_B=0$，得

$$F_{Ay}=\frac{1}{l}\left(M_u+1.5F_{P1}^+\times\frac{2l}{3}+F_{P1}^+\times\frac{l}{3}\right)=\frac{1}{l}\left(M_u+\frac{4}{3}F_{P1}^+l\right)$$

而 $M_C=M_u$，即

$$F_{Ay}\times\frac{l}{3}-M_u=M_u$$

将 F_{Ay} 代入上式得

$$\frac{4}{3}F_{P1}^+l=5M_u$$

故

$$F_{P1}^+=\frac{5M_u\times3}{4l}=3.75\,\frac{M_u}{l}$$

此时，由 AD 部分平衡得

$$M_D=F_{Ay}\times\frac{2l}{3}-M_u-1.5F_{P1}^+\times\frac{l}{3}=1.125M_u>M_u$$

不满足内力局限条件，可见不是可接受的荷载。

（2）设 A、D 两截面先出现塑性铰使梁成为机构，其弯矩图如图 20-9c 所示。由平衡条件 $\sum M_A=0$，得

$$F_{RB}=\frac{1}{l}\left(1.5F_{P2}^+\times\frac{l}{3}+F_{P2}^+\times\frac{2l}{3}-M_u\right)=\frac{1}{l}\left(\frac{3.5}{3}F_{P2}^+l-M_u\right)$$

又 $M_D=M_u$，即

$$F_{RB}\times\frac{l}{3}=M_u$$

将 F_{RB}代入得

$$\frac{3.5}{3}F_{P2}^{+}l=4M_u$$

$$F_{P2}^{+}=3.43\frac{M_u}{l}$$

此时，由 CB 部分平衡得

$$M_C=F_{RB}\frac{2l}{3}-F_{P2}^{+}\frac{l}{3}=0.857M_u<M_u$$

可见各截面的弯矩均不超过 M_u，满足内力局限条件，F_{P2}^{+}又是可接受荷载。因此极限荷载为

$$F_{Pu}=3.43\frac{M_u}{l}$$

2. 机动法解题思路：根据 M 图弯矩的大小，设定塑性铰，使之成为机构，使产生可能的虚位移，求出 F_{Pi}^{+}，取其小者，即为极限荷载。

（1）设 A、C 成为塑性铰，则机构的虚位移如图 20-10a 所示，其中

$$\Delta_1=\frac{2}{3}l\theta，\Delta_2=\frac{1}{3}l\theta$$

虚功方程为

$$1.5F_{P2}^{+}\times\frac{2}{3}l\theta+F_{P1}^{+}\times\frac{1}{3}l\theta-M_u\times2\theta-M_u(2\theta+\theta)=0$$

解得

$$F_{P1}^{+}=3.75\frac{M_u}{l}$$

（2）设 A、D 成为塑性铰，则机构的虚位移如图 20-10b 所示。
其中

$$\Delta_1'=\frac{1}{3}l\theta，\Delta_2'=\frac{2}{3}l\theta$$

虚功方程为

$$1.5F_{P2}^{+}\times\frac{1}{3}l\theta+F_{P2}^{+}\times\frac{2}{3}l\theta-M_u\theta-M_u(\theta+2\theta)=0$$

解得

$$F_{P2}^{+}=3.43\frac{M_u}{l}$$

比较 F_{P1}^{+}和 F_{P2}^{+}取其小者，故极限荷载为

$$F_{Pu}=3.43\frac{M_u}{l}$$

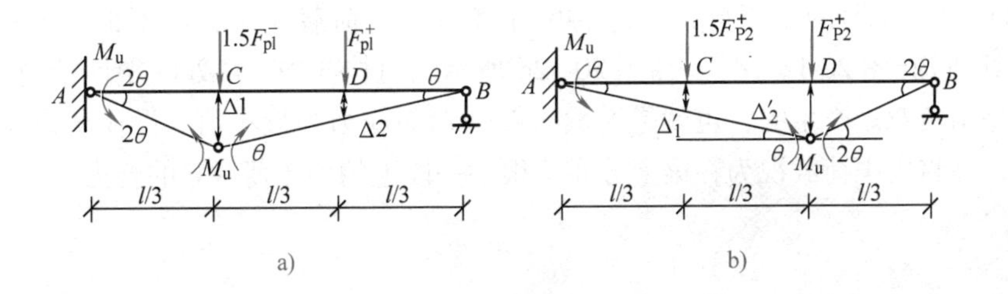

图　20-10

例 **20-2** 试求图 20-11a 所示单跨超静定梁，在均布荷载作用下的极限荷载值 q_u。

解 解题思路：根据题目的具体情况，确定塑性铰的位置及相应机构，列虚功方程，求出相应破坏荷载最小者为极限荷载。

当梁处于极限状态时，有一个塑性铰要在固定端 A 形成，另一个塑性铰 C 的位置则有待确定，可应用极小定理来求。

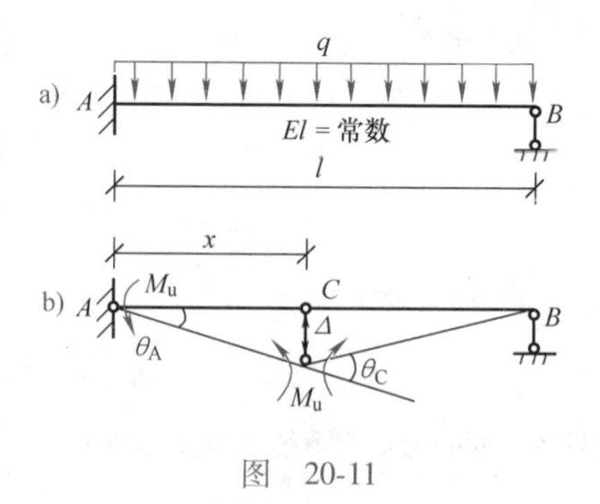

图 20-11

图 20-11b 所示为一破坏机构，其中塑性铰 C 的坐标为待定值 x。为了求出此破坏机构相应的可破坏荷载 q^+，可对图 20-11b 所示的可能位移列出虚功方程

$$q^+\frac{l\Delta}{2}=M_u(\theta_A+\theta_C)$$

由于

$$\theta_A=\frac{\Delta}{x}\quad \theta_c=\frac{l\Delta}{x(l-x)}$$

故得

$$q^+=\frac{2l-x}{x(1-x)}\cdot\frac{2M_u}{l}$$

为了求 q^+的极小值，令$\frac{dq^+}{dx}=0$，得

$$x^2-4lx+2l^2=0$$

解得

$$x_1=(2+\sqrt{2})l\quad x_2=(2-\sqrt{2})l$$

显然 $x_1>1$ 不合理，舍去，由 x_2 求得极限荷载为

$$q_u=\frac{2\sqrt{2}}{3\sqrt{2-4}}\cdot\frac{M_u}{l}=11.7\frac{M_u}{l^2}$$

三、多跨连续梁的极限荷载

对于 n 次超静定的连续梁，可能认为只有出现了 $n+1$ 个塑性铰以后，梁才变成机构而破坏，其实不然，而是当少数塑性铰出现后，连续梁的某一跨首先发生破坏，这时对应的荷载就是连续梁的极限荷载。

设连续梁在每一跨内为等截面，但各跨的截面可以彼此不同。又设各跨的荷载都是同方向的，并且按一定比例增加。在上述情况下可以证明：连续梁只可能在各跨独立形成破坏机构(图 20-12a、b)，每跨的破坏与其他跨的尺寸和所受的荷载无关；而不能由相邻几跨联合形成一个破坏机构(图 20-12c、d)。在图 20-12d 所示的机构 3 中，E 处的塑性铰向上移动，表明该塑性铰是由负弯矩产生的，也就是说截面 E 的弯矩应力为最小值。设荷载以向下为正，x 轴向右为正，并将集中荷载视为在梁上分布于很小一段上的均布荷载 q 的合力，由关系式

$$\frac{d^2M}{dx^2}=-q$$

可知，在此截面 $q>0$，于是$\frac{d^2M}{dx^2}<0$，因而弯矩为最大，而不可能是最小值。这与假定的破坏

形式是矛盾的，所以机构 3 不是可能的破坏机构。同样，机构 4 也是不可能存在的。实际上当荷载同为向下时，每跨内的负弯矩在支座截面处最大，不可能在跨中出现，所以塑性铰应如机构 1 或机构 2 所示的那样，在跨端出现。

由上分析可见，对于每跨内为等截面的连续梁的破坏，是由本跨内的跨端出现的塑性铰所造成的，也就是说，**连续梁只可能在每跨内独立形成破坏机构**。

根据这一特点，我们可先对每一个单跨破坏机构，分别求出相应的破坏荷载，然后取其中的最小值，就得到连续梁的极限荷载。

例 20-3　图 20-13a 所示为一等截面连续梁，设各跨的正极限弯矩为 M_u，各跨负极限弯矩为 $1.2M_u$，荷载按比值增加，试求极限荷载 F_{Pu}。

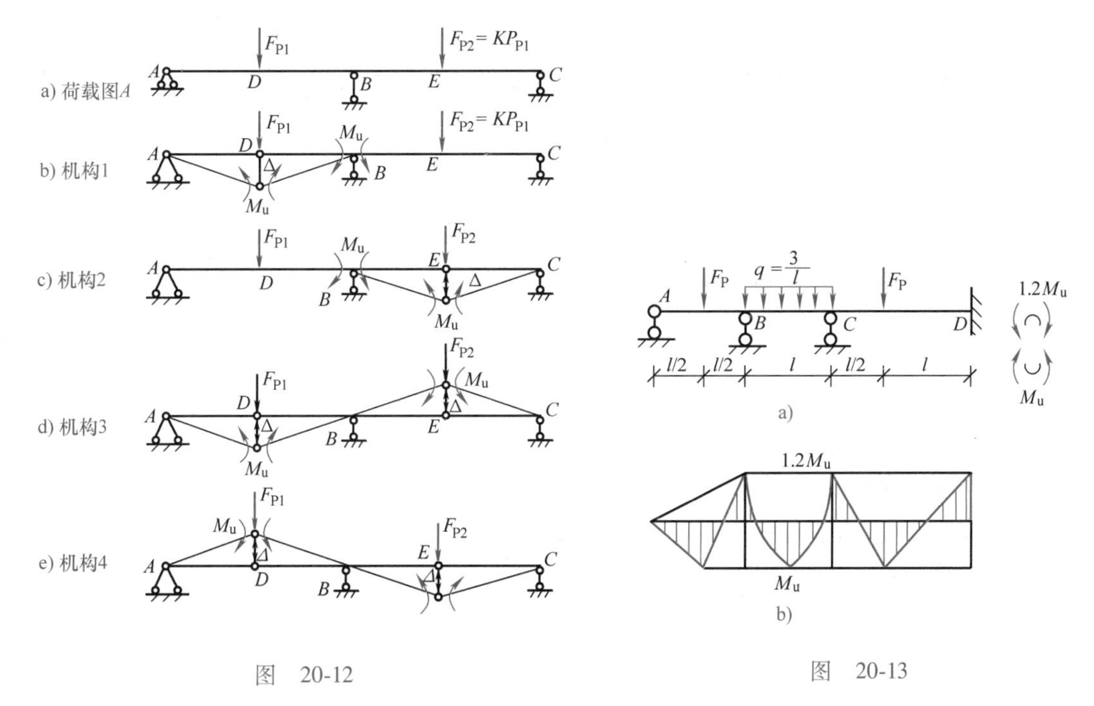

图　20-12　　　　图　20-13

解　(1)静力法　先作出每跨单独破坏时的弯矩图，如图 20-13b 所示，然后根据平衡条件求相应的破坏荷载。

当 AB 跨单独破坏时，得

$$\frac{F_{P1}^{+}l}{4}=M_u+\frac{1.2M_u}{2}=1.6M_u$$

故相应的破坏荷载为

$$F_{P1}^{+}=6.4\frac{M_u}{l}$$

当 BC 跨单独破坏时，得

$$\frac{q^{+}l^2}{8}=2.2M_u$$

故相应的破坏荷载为

$$q^{+}=17.6\frac{M_u}{l^2}$$

即

$$F_{P2}^{+}=\frac{q^{+}l}{3}=\frac{17.6\frac{M_u}{l^2}\cdot l}{3}=5.87\frac{M_u}{l}$$

当 CD 跨单独破坏时，得

$$\frac{1}{3}F_{P3}^{+}l=2.2M_u$$

故相应的破坏荷载为

$$F_{P3}^{+}=6.6\frac{M_u}{l}$$

比较各跨的破坏荷载，取最小者，可知 BC 跨首先破坏，因此该连续梁的极限荷载为

$$F_{Pu}=5.87\frac{M_u}{l}$$

（2）机动法　先画出各跨单独破坏时机构的虚位移图，由虚功方程求出相应的破坏荷载。

当 AB 跨单独破坏时（图 20-14a），虚功方程为

$$F_{P1}{}^{+}\Delta-M_u(\theta_A+\theta_B)-1.2M_u\theta_B=0$$

则

$$F_{P1}{}^{+}\Delta=M_u\left[\frac{\Delta}{\frac{l}{2}}+\frac{\Delta}{\frac{l}{2}}\right]+1.2M_u\frac{\Delta}{\frac{l}{2}}$$

解得

$$F_{P1}^{+}=6.4\frac{M_u}{l}$$

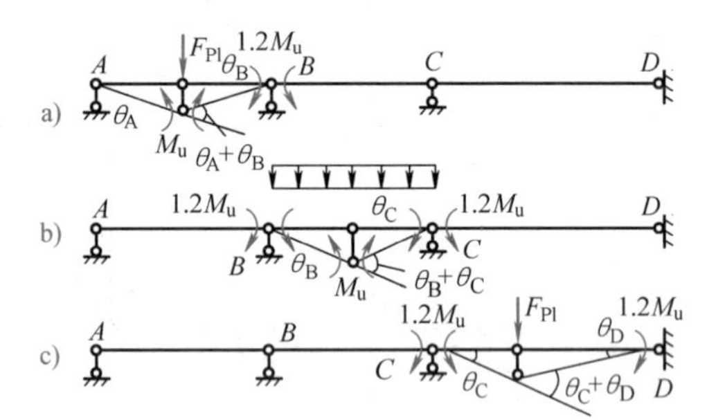

图　20-14

当 BC 跨单独破坏时（图 2-14b），虚功方程为

$$q_2^{+}\cdot\frac{1}{2}l\Delta-1.2M_u\theta_B-1.2M_u\theta_C-M_u(\theta_B+\theta_C)=0$$

则

$$q_2^{+}\frac{1}{2}l\Delta=8.8\frac{\Delta}{l}M_u$$

解得

$$q_2^{+}=17.6\frac{M_u}{l^2}\text{或 }F_{P2}^{+}=5.87\frac{M_u}{l}$$

当 CD 跨单独破坏时（图 20-14c），虚功方程为

$$F_{P3}{}^{+}\Delta-1.2M_u\theta_C-1.2M_u\theta_D-M_u(\theta_C+\theta_D)=0$$

则

$$F_{P3}{}^{+}\Delta=6.6M_u\frac{\Delta}{l}$$

解得

$$F_{P3}^{+}=6.6\frac{M_u}{l}$$

比较以上结果，取最小者，故极限荷载为

$$F_{Pu}=5.87\frac{M_u}{l}$$

即与静力法所得结果相同。

由上面的具体计算可以进一步归纳出，超静定结构极限荷载计算的一些特点：

（1）超静定结构的极限荷载比屈服荷载大。因此，按极限荷载设计比弹性设计更为经济。

（2）超静定结构极限荷载的计算，无需考虑结构弹塑性变形的发展过程，只需考虑最后的破坏机构。

（3）超静定结构的弹性计算必须考虑变形协调条件，因而比较复杂。但计算极限荷载时只需使用平衡条件，因此比弹性计算简单。

（4）超静定结构的极限荷载，不受支座移动和稳定变化等因素的影响。这些因素只影响变形的发展过程，而不影响荷载的数值。因为超静定结构在变为机构前，先成为静定结构，所以支座的移动和温度的变化对最后的内力没有影响。

（5）超静定结构极限荷载的计算不同于弹性计算，不能使用叠加原理。因而每种荷载组合都需要单独进行计算。

第三节　矩形门架的极限荷载

在刚架的截面上，除作用弯矩外，通常还有轴力和剪力。在这种组合受力的情况下，截面到达极限状态的屈服条件与纯弯曲的情况有所不同。但在一般情况下，剪力对极限荷载的影响很小，可忽略。轴力对极限弯矩的影响也只是在少数情况下比较显著。我们先暂不考虑轴力的影响，只考虑弯矩的影响，在这种情况下来介绍两种计算刚架的极限荷载的方法。

由连续梁求极限荷载的方法知，要求极限荷载，首先要确定它有哪些破坏机构，根据破坏机构分别求出相应的破坏荷载，取其最小者即为极限荷载。对于刚架极限荷载的求法大致相同，不同的是刚架的破坏机构比较复杂，它不像连续梁那样只能在各跨独立形成破坏机构，而不可能由相邻几跨联合形成一个破坏机构。为了便于计算刚架的极限荷载，先研究刚架基本破坏机构的确定方法及基本机构的组合原则。

一、基本机构数目的确定

在计算结构的极限荷载时，通常的方法是先确定一些基本破坏机构，简称基本机构或独立机构。常见的基本机构是指图 20-15 所示的梁式机构、侧移机构和结点机构等。

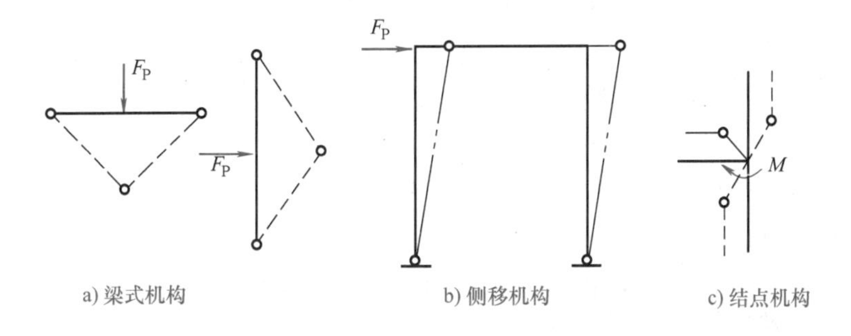

图　20-15

对于静定结构来说，出现一个塑性铰就成为一个机构，若出现 m 个塑性铰就有 m 个基本机构。对于超静定梁来说，则每增加一个多余联系相应的增加一个可以出现的塑性铰，若增加 n 个多余联系就相应增加 n 个可能出现的塑性铰。其结构成为破坏机构可能出现的塑性

铰总数为

$$h=m+n$$

则梁、刚架的基本机构数目 m 为

$$m=h-n$$

式中，n 为梁、刚架超静定次数。h 为梁、刚架可能出现的塑性铰总数，可以根据体系构造特点及承受荷载的情况进行判定。在集中荷载作用下，梁、刚架的弯矩图是由直线组成，塑性铰只能在 M 图的直线段的端点或集中荷载作用点出现，图 20-16 所示各结构中以短线标出的截面都是可能出现塑性铰的截面。对均布荷载塑性铰位置待定。

二、基本机构联合的原则

对于刚架来说，极限荷载不仅仅出现在基本破坏机构之中，而有可能出现在联合机构中。所谓联合机构系指两个或两个以上的基本机构迭加起来的机构。那么机构迭加应遵循什么原则呢？它所遵循的原则是：**在新的联合机构中，外荷载所作的外功尽可能大，而机构内所作内功则尽可能变小**。因为只有这样才能得到接近结构真正的极限荷载的上限，或是保证足够安全的截面塑性弯矩值。为了减少联合机构的内功，就要使联合基本结构中的某些塑性铰互相抵消，使虚功方程中塑性铰所作的功得到减少，从而找到最小的可破坏荷载值。下面通过介绍计算刚架极限荷载的两种基本方法——联合机构法和试算法，作进一步阐明。

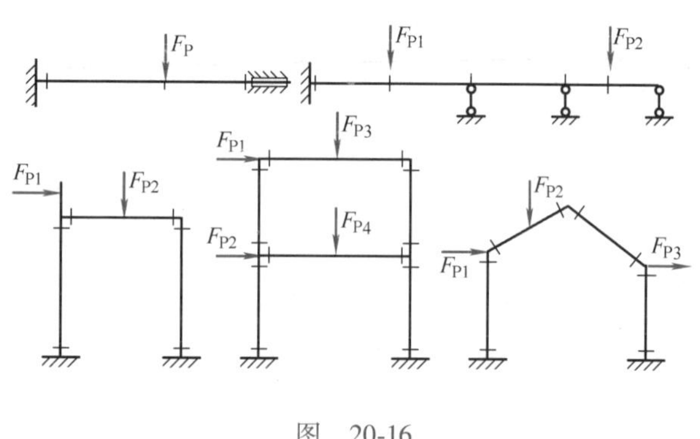

图　20-16

1. 联合机构法

这种方法就是利用极小值定理，在所有可破坏荷载中寻找最小值，从而确定极限荷载。具体作法是：先确定基本机构数目，画出相应的基本破坏机构，然后将各种基本机构加以联合，使荷载成为最小者，从而得到极限荷载。

现以图 20-17a 所示刚架为例加以说明。刚架各杆均为等截面杆，假定柱的极限弯矩为 M_u，梁的极限弯矩为 $1.5M_u$。在图示集中荷载作用下，刚架的弯矩图是由四段直线所组成。显然，塑性铰只可能在 M 图的直线段端点出现，即在 A、B、C、D、E 五点出现。塑性铰可能出现的总数 $h=5$，而多余联系数 $n=3$，故基本机构数为 $m=5-3=2$。这两个基本机构如同 20-17b、c 所示。

图 20-17b 所示机构为梁式机构。因为柱截面的极限弯矩小，所有塑性铰出现在柱顶。对此机构可写出相应虚功方程为

$$F_{P1}^{+}(l\theta)=M_u(\theta+\theta)+1.5M_u(2\theta)$$

由此得到相应的可破坏荷载为

$$F_{P1}^{+}=\frac{5M_u}{l}$$

图 20-17c 所示机构为侧移机构。对应的虚功方程为

$$F_{P2}^{+}(l\theta)=4M_u\theta$$

解得

$$F_{P2}^{+}=\frac{4M_u}{l}$$

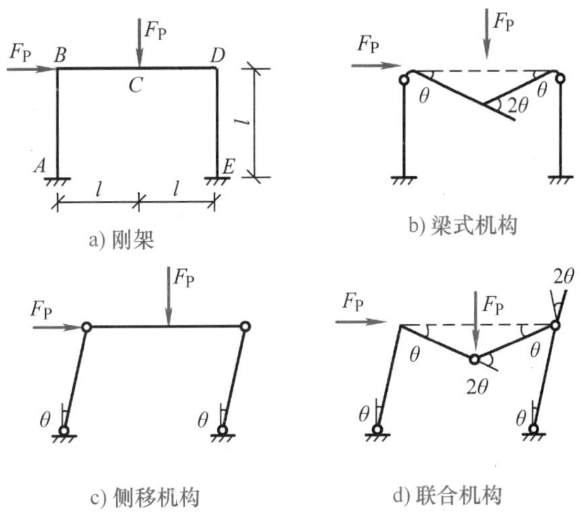

图　20-17

将两个基本机构加以联合，即得图20-17d所示的联合机构，为了符合可能的变形情况，在其中去掉了 B 点的塑性铰。对应的虚功方程为

$$2F_{P3}^{+}(l\theta)=2M_u\theta+M_u(2\theta)+1.5M_u(2\theta)$$

解得

$$F_{P3}^{+}=\frac{3.5M_u}{l}$$

比较 F_{P1}^{+}、F_{P2}^{+}、F_{P3}^{+}，可知与联合机构相应的可破坏荷载为最小。根据极小定理，可确定极限荷载为

$$F_{Pu}=\frac{3.5M_u}{l}$$

在此应该注意，将两种机构加以联合时，必须去掉一些塑性铰，即在虚功方程中将塑性铰处所作的功减小，才能使荷载最小。

联合机构法对计算简单刚架是方便的。对于复杂的刚架，由于基本机构数增多，可能破坏的机构形式有多种，容易遗漏一些破坏形式，因而得到的最小值不一定是极限荷载。

2. 试算法

这种方法是利用单值定理，检查某个可破坏荷载是否同时又是可接受荷载，据此求出极限荷载。具体作法是：任选一种破坏机构，根据平衡条件作出相应的弯矩图。如果各截面的弯矩不超过极限弯矩值，即满足上述条件，则根据单值定理，与此机构相应的荷载就是极限荷载。若不能满足上述条件，再另选一个破坏机构，重复上述内容，直到满足内力局限条件为止。

现仍以图20-17a所示刚架为例加以说明。假定我们选择图20-17b所示的梁机构，由虚功方程求出可破坏荷载 F_{P1}^{+}。再进一步画出刚架的 M 图，检验其是否同时满足内力局限条件。由于所选截面 B、C、D 的弯矩分别为 M_u、$1.5M_u$、M_u，故可画出横梁的弯矩图，如图20-18a所示，但两个立柱的弯矩仍是超静定的。可令 $M_E=xM_u$，则 M_A 可由平衡条件求得，其值为 $M_A=5M_u-M_E=(5-x)M_u$。由此式看出，无论 x 取什么值，M_A 和 M_B 两者中至少有一个超过 M_u，因此 F_{P1}^{+}不是可接受荷载，当然也不是极限荷载。

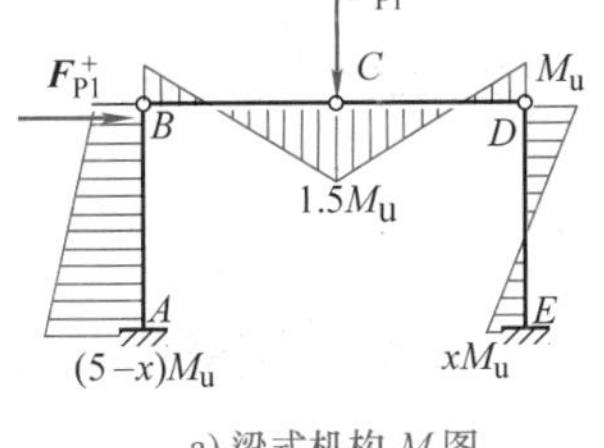

a) 梁式机构 M 图

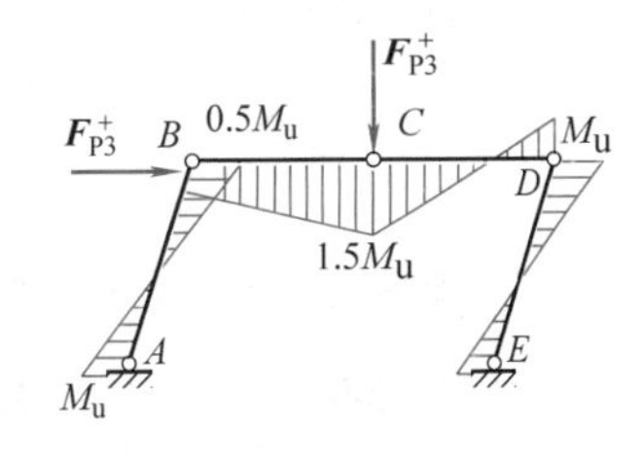

b) 联合机构 M 图

图　20-18

再考虑图20-17d所示的联合机构，由虚功方程求出可破坏荷载 $F_{P3}^{+}=\dfrac{3.5M_u}{l}$，弯矩图如图20-18b所示。截面 B 的弯矩 $M_B=0.5M_u$ 系由平衡条件求得。该弯矩图满足内力局限条

件，因此 F_{P3}^{+} 是可接受荷载。根据单值定理，它就是极限荷载，即

$$F_{P3}^{+}=\frac{3.5M_u}{l}$$

也就是说，由联合机构法、试算法所计算的极限荷载相同。

例 20-4　已知图 20-19a 所示刚架，极限弯矩 $M_u=50\text{kN}\cdot\text{m}$，求极限荷载。

解　解题思路：根据刚架与荷载情况判断出现塑性铰位置，确定破坏机构。然后分别求出相应荷载，其中较小者为极限荷载。

（1）判断机构　根据荷载及结构情况，可判定截面 C、D、E 是可能形成塑性铰的截面。其基本机构有 $m=3-1=2$，即有两种基本机构，如图 20-19b、c 所示，且再也组合不成别的可能破坏机构了。

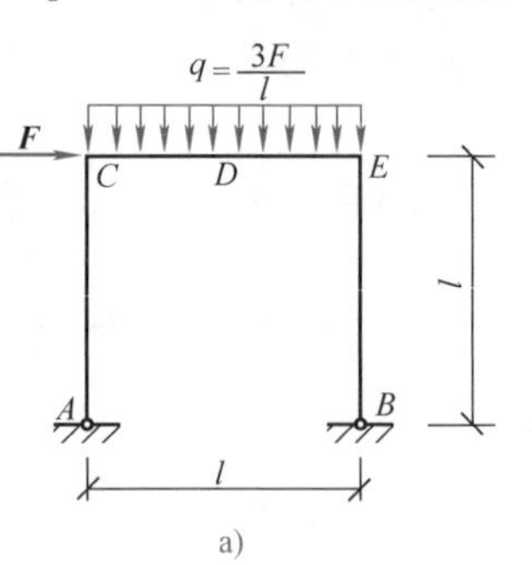

a)

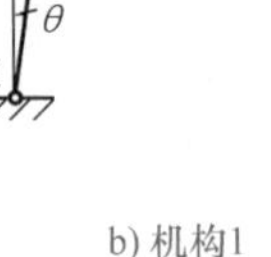

b) 机构1

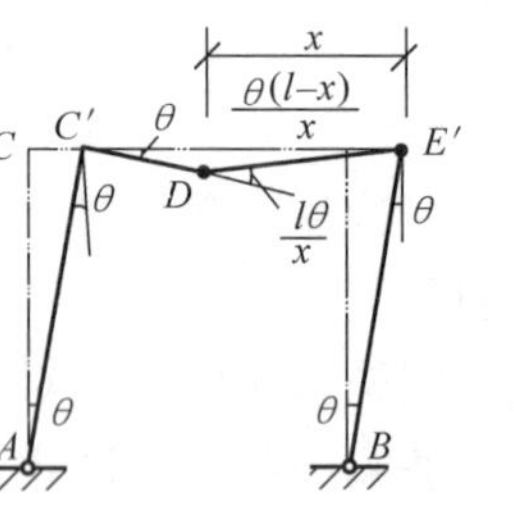

c) 机构2

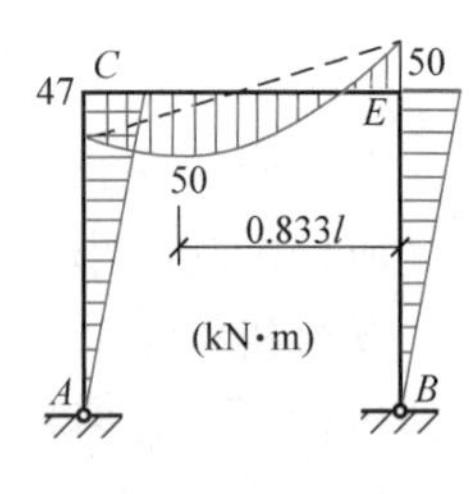

d) 极限状态弯矩图

图　20-19

（2）列虚功方程　对于机构 1（图 20-19b），$F\times l\times\theta=M_u\times2\theta$

解得　$$F=\frac{2}{l}M_u$$

对于机构 2（图 20-19c），$F\times l\times\theta+\frac{3F}{l}\times\frac{1}{2}\times l\times(l-x)\ \theta=M_u\times\left(\frac{l\theta}{x}+\frac{\theta\ (l-x)}{x}+\theta\right)$

解得　$$F=\frac{4l}{x(5l-3x)}M_u$$

由　$$\frac{dF}{dx}=0，得\ x=0.833l$$

代入上式得

$$F=\frac{1.92}{l}M_u$$

比较上述可破坏荷载，得到其下限值为 $F=\frac{1.92}{l}M_u$

即　$$F=\frac{1.92\times50}{l}=\frac{97}{l}\text{kN}$$

（3）验算屈服条件　根据可破坏荷载的下限值 $F=\frac{96}{l}\text{kN}$，作出极限状态的弯矩图（图 20-19d）。可见任一截面弯矩均没有超过极限值，满足屈服条件。所以，此梁的极限荷载值为

$$F_u=\frac{1.92}{l}M_u=\frac{96}{l}\text{kN}$$

思　考　题

20-1　何谓理想弹塑性材料？其主要性质有哪些？

20-2　何谓屈服弯矩？极限弯矩？何谓极限荷载？

20-3　何谓塑性铰？它与普通铰有什么异同？

20-4　什么叫内力重分布现象？它发生在什么结构中？

20-5　连续梁的破坏机构有什么特点？它的极限荷载如何求解？

20-6　何谓内力局部条件？何谓单机构条件？

20-7　单值定理、极小定理、极大定理的含义是什么？

20-8　什么是极限荷载的静力法与机动法？

20-9　求刚架极限荷载有哪几种方法？各种方法的步骤是什么？

20-10　求已知超静定梁、刚架极限弯矩 M_u 的思路与步骤是什么？

练　习　题

20-1　试求图 20-20 所示静定梁极限荷载 F_u。设 $\sigma_s = 24\text{kN/cm}^2$，$b \cdot h = 0.05 \times 0.20\text{m}^2$，$l = 4\text{m}$。

20-2　试求图 20-21 所示单跨超静定梁的极限荷载 q_u。

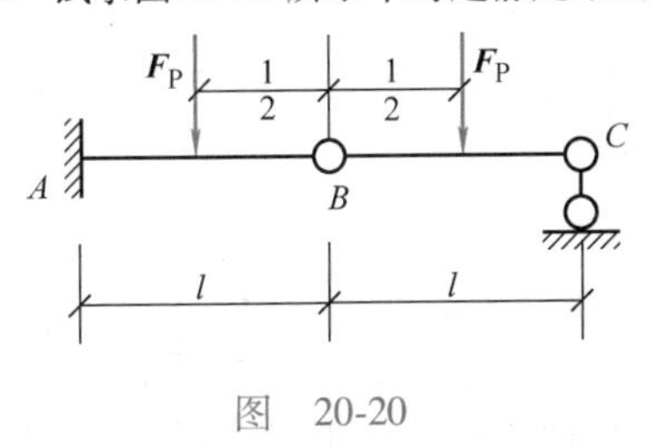

图　20-20

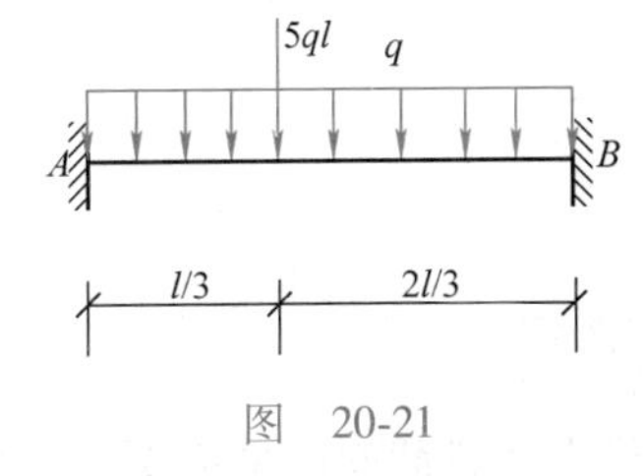

图　20-21

20-3　试求图 20-22 所示变截面梁的极限荷载。

20-4　已知图 20-23 所示梁 $M_u = 40\text{kN} \cdot \text{m}$，试求极限荷载。

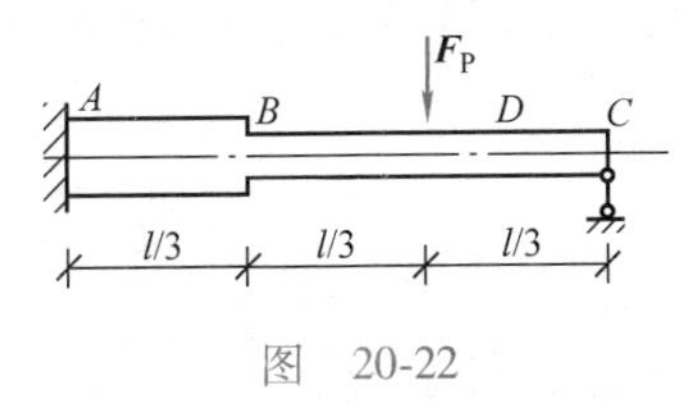

图　20-22

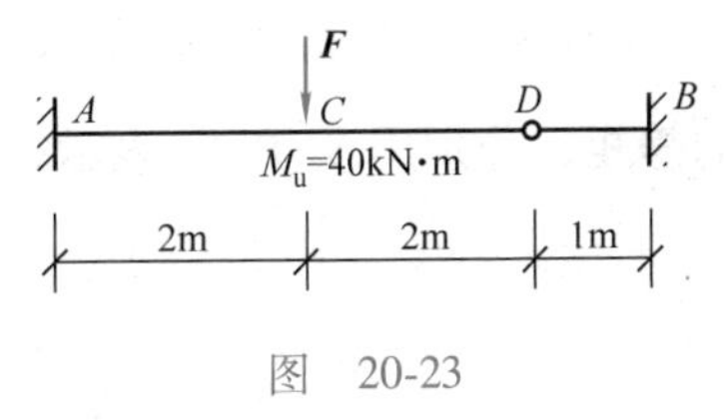

图　20-23

20-5　求图 20-24 所示连续梁的极限荷载。极限弯矩为 M_u。

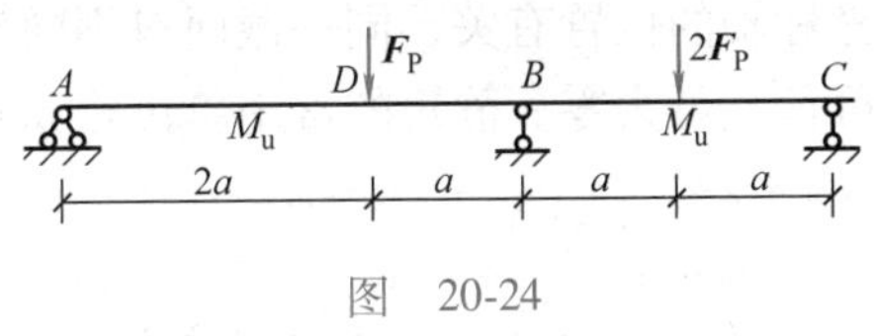

图　20-24

20-6　试求图 20-25 所示刚架的极限荷载。设 $\sigma_s = 24\text{kN/cm}^2$，各杆截面为 I_{20a}，$A = 35.5\text{cm}^2$，$w = 235\text{cm}^3$，$\alpha = 1.150$，$l = 6\text{m}$。

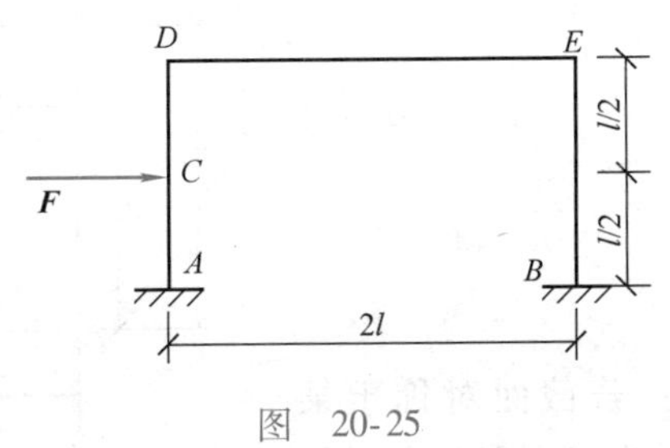

图　20-25

学习目标

附录 A 平面图形的几何性质

构件的横截面是具有一定形状和尺寸的平面图形，如圆形、矩形、工字形等。平面图形的几何性质或几何特性可以通过其面积、形心位置、静矩、极惯性矩、惯性积以及惯性矩等量描述。构件截面的这些几何性质与其强度、刚度和稳定性密切相关，在工程中常用改变构件截面几何性质的方法提高构件的强度、刚度和稳定性。本附录讨论构件截面几何性质的定义和计算方法。

第一节　静矩与形心

一、静矩

设一代表任意截面的平面图形，面积为 A，在图形平面内建立直角坐标系 oxy(图 A-1)。在该截面上任取一微面积 dA，设微面积 dA 的坐标为 x、y，则把乘积 ydA 和 xdA 分别称为微面积 dA 对 x 轴和 y 轴的静矩(或面积矩)。而把积分 $\int_A ydA$ 和 $\int_A xdA$ 分别定义为该截面对 x 轴和 y 轴的**静矩**，分别用 S_x 和 S_y 表示，即

$$\left.\begin{aligned} S_x &= \int_A y\mathrm{d}A \\ S_y &= \int_A x\mathrm{d}A \end{aligned}\right\} \tag{A-1}$$

由定义知，静矩与所选坐标轴的位置有关，同一截面对不同坐标轴有不同的静矩。静矩是一个代数量，其值可正、可负、可为零。静矩的常用单位是 mm^3 或 m^3。

二、形心

对于截面，如取图 A-1 所示 Oxy 坐标系，则截面的形心 C 的坐标为(证明从略)

$$\left.\begin{aligned} x_C &= \frac{\int_A x\mathrm{d}A}{A} \\ y_C &= \frac{\int_A y\mathrm{d}A}{A} \end{aligned}\right\} \tag{A-2}$$

式中，A——截面面积。

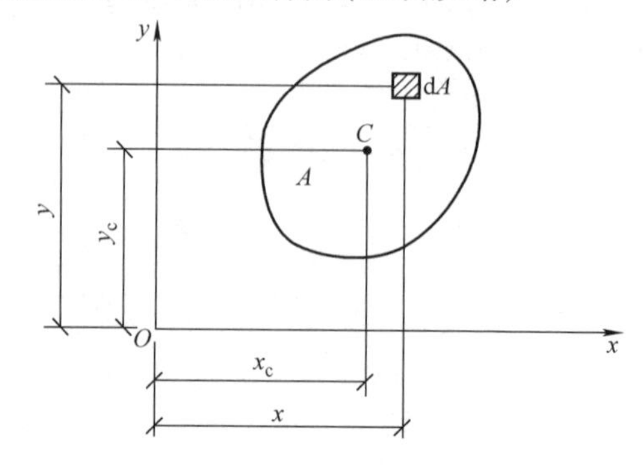

图 A-1　任意截面

利用式(A-2)容易证明：若截面对称于某轴，则形心必在该对称轴上；若截面有两个对称轴，则形心必为该两对称轴的交点。在确定形心

位置时，常常利用这个性质，以减少计算工作量。

将式(A-1)代入式(A-2)，可得到截面的形心坐标与静矩间的关系为

$$\left.\begin{aligned} S_x &= Ay_C \\ S_y &= Ax_C \end{aligned}\right\} \tag{A-3}$$

若已知截面的静矩，则可由式(A-3)确定截面形心的位置；反之，若已知截面形心位置，则可由式(A-3)求得截面的静矩。

由式(A-3)可以看出，若截面对某轴(例如 x 轴)的静矩为零($S_x=0$)，则该轴一定通过此截面的形心($y_C=0$)。通过截面形心的轴称为截面的形心轴。反之，截面对其形心轴的静矩一定为零。

例 A-1　如图 A-2 所示截面 OAB，是由顶点在坐标原点 O 的抛物线与 x 轴围成，设抛物线的方程为 $x=\frac{a}{b^2}y^2$，求其形心位置。

解　将截面分成许多宽为 $\mathrm{d}x$，高为 y 的微面积，如图 A-2 所示，$\mathrm{d}A=y\mathrm{d}x=\frac{b}{\sqrt{a}}\sqrt{x}\,\mathrm{d}x$。由式(A-2)，截面 OAB 的形心坐标为

$$x_C=\frac{\int_A x\mathrm{d}A}{\int_A \mathrm{d}A}=\frac{\int_0^a x\frac{b}{\sqrt{a}}\sqrt{x}\,\mathrm{d}x}{\int_0^a \frac{b}{\sqrt{a}}\sqrt{x}\,\mathrm{d}x}=\frac{3}{5}a$$

$$y_C=\frac{\int_A y\mathrm{d}A}{\int_A \mathrm{d}A}=\frac{\int_0^a \frac{1}{2}y\frac{b}{\sqrt{a}}\sqrt{x}\,\mathrm{d}x}{\int_0^a \frac{b}{\sqrt{a}}\sqrt{x}\,\mathrm{d}x}=\frac{\int_0^a \frac{1}{2}\frac{b^2}{a}\sqrt{x}\,\mathrm{d}x}{\int_0^a \frac{b}{\sqrt{a}}\sqrt{x}\,\mathrm{d}x}=\frac{3}{8}b$$

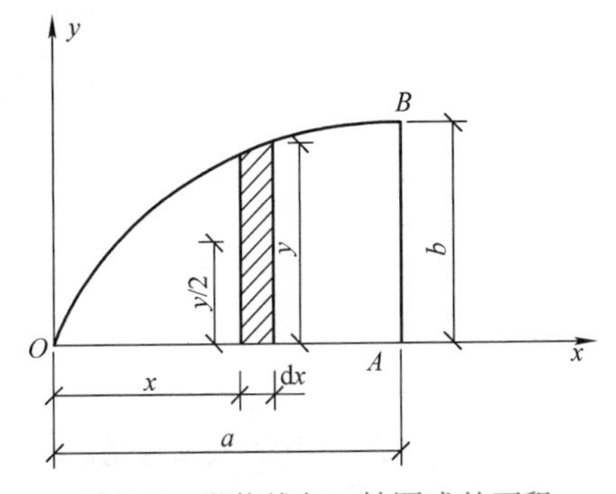

图 A-2　抛物线与 x 轴围成的面积

三、组合截面的静矩与形心

工程中，经常遇到这样的一些截面，它们是由若干简单截面(如矩形、三角形、半圆形等)所组成，称为组合截面。根据静矩的定义，组合截面对某轴的静矩应等于其各组成部分对该轴静矩之和，即

$$\left.\begin{aligned} S_x &= \sum S_{xi} = \sum A_i y_{Ci} \\ S_y &= \sum S_{yi} = \sum A_i x_{Ci} \end{aligned}\right\} \tag{A-4}$$

由式(A-3)，组合截面形心的计算公式为

$$\left.\begin{aligned} x_C &= \frac{S_y}{A} = \frac{\sum A_i x_{Ci}}{\sum A_i} \\ y_C &= \frac{S_x}{A} = \frac{\sum A_i y_{Ci}}{\sum A_i} \end{aligned}\right\} \tag{A-5}$$

上两式中，A_i、x_{Ci}、y_{Ci}分别为各个简单截面的面积及形心坐标。

例 A-2　试确定图 A-3 所示 L 截面的形心位置。

解法 1　将截面图形分为Ⅰ、Ⅱ两个矩形。取 y、z 轴分别与截面图形底边及右边的边缘线重合(图 A-3 注:工程中常取这种坐标系)。两个矩形的形心坐标及面积分别为

矩形Ⅰ

$$y_{1c}=-60\text{mm}$$

$$z_{1c}=5\text{mm}$$

$$A_1=10\times120=1200\text{mm}^2$$

矩形Ⅱ

$$y_{2c}=-5\text{mm}$$

$$z_{2c}=45\text{mm}$$

$$A_2=10\times70=700\text{mm}^2$$

形心 C 点的坐标(y_c, z_c)为

$$y_c=\frac{y_{1c}A_1+y_{2c}A_2}{A_1+A_2}=\frac{-60\times1200+(-5)\times700}{1200+700}=-39.7\text{mm}$$

$$z_c=\frac{z_{1c}A_1+z_{2c}A_2}{A_1+A_2}=\frac{5\times1200+45\times700}{1200+700}=19.7\text{mm}$$

形心 C 的位置，如图 A-3a 所示。

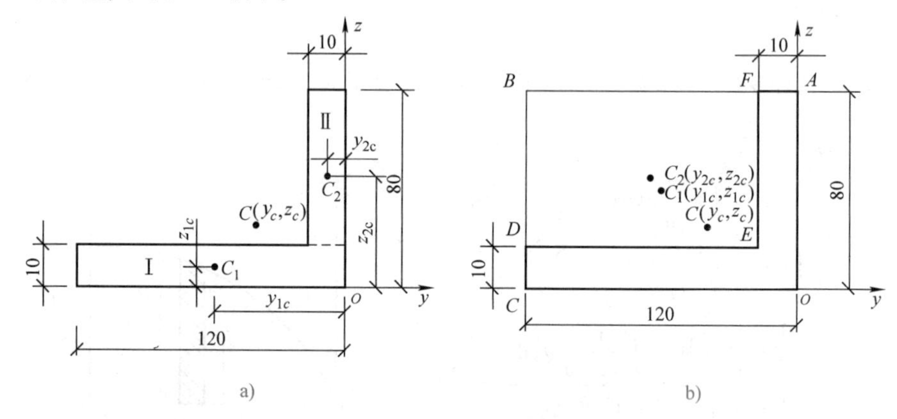

图 A-3　L 截面

解法 2　本例题的图形也可看作是从矩形 $OABC$ 中除去矩形 $BDEF$ 而成的(图 A-3b)。点 C_1 是矩形 $OABC$ 的形心，点 C_2 是矩形 $BDEF$ 的形心

$$y_{1c}=-60\text{mm},\quad z_{1c}=40\text{mm}$$

$$A_1=80\times120=9600\text{mm}^2$$

$$y_{2c}=-65\text{mm},\quad z_{2c}=45\text{mm}$$

$$A_1=70\times110=7700\text{mm}^2$$

$$y_c=\frac{S_z}{A}=\frac{y_{1c}A_1-y_{2c}A_2}{A_1-A_2}=\frac{-60\times9600-(-65)\times7700}{9600-7700}=-39.7\text{mm}$$

$$z_c=\frac{S_y}{A}=\frac{z_{1c}A_1-z_{2c}A_2}{A_1-A_2}=\frac{40\times9600-45\times7700}{9600-7700}=19.7\text{mm}$$

解法一称为求形心的分割法，解法二称为求形心的负面积法。

第二节　惯性矩与惯性积

小贴士：几何性质的由来

一、惯性矩

设一代表任意截面的平面图形，面积为 A，在图形平面内建立直角坐标系 Oxy(图 A-4)。在截面上任取一微面积 dA，设微面积 dA 的坐标分别为 x 和 y，则把乘积 y^2dA 和 x^2dA 分别

称为微面积 dA 对 x 轴和 y 轴的惯性矩。而把积分 $\int_A y^2 \mathrm{d}A$ 和 $\int_A x^2 \mathrm{d}A$ 分别定义为截面对 x 轴和 y 轴的惯性矩，分别用 I_x 与 I_y 表示，即

$$\left.\begin{aligned} I_x &= \int_A y^2 \mathrm{d}A \\ I_y &= \int_A x^2 \mathrm{d}A \end{aligned}\right\} \tag{A-6}$$

由定义可知，惯性矩恒为正值，其常用单位为 mm^4 或 m^4。

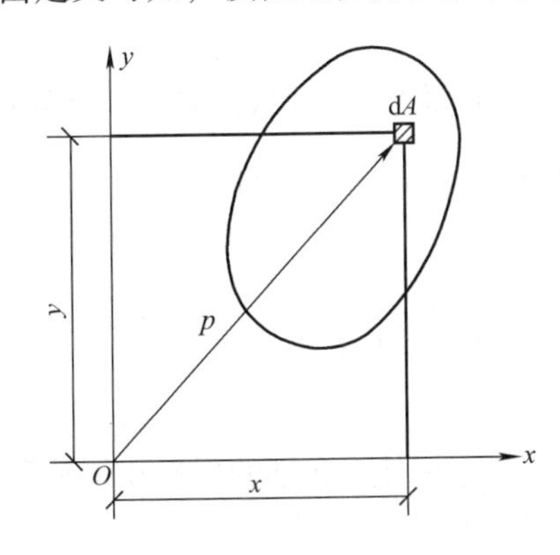

图 A-4　任意截面

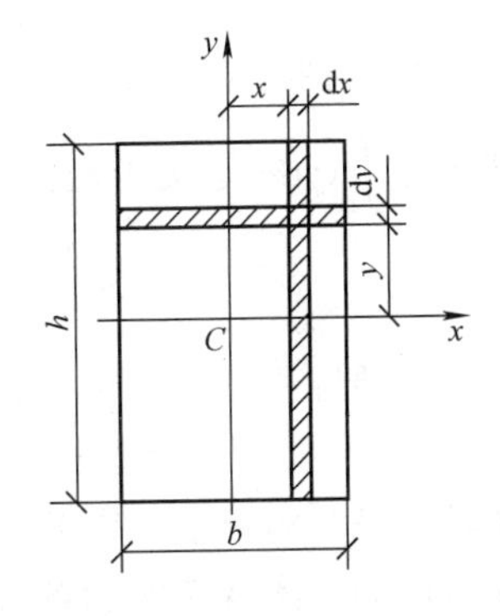

图 A-5　矩形截面

例 A-3　求图 A-5 所示矩形截面对其形心轴 x、y 的惯性矩 I_x 和 I_y。

解　取平行于 x 轴的狭长条（图中阴影部分）作为微面积 $\mathrm{d}A$，则有 $\mathrm{d}A = b\mathrm{d}y$。由式(A-6)，得

$$I_x = \int_A y^2 \mathrm{d}A = \int_{-\frac{h}{2}}^{\frac{h}{2}} by^2 \mathrm{d}y = \frac{bh^3}{12}$$

同理有

$$I_y = \int_A x^2 \mathrm{d}A = \int_{-\frac{b}{2}}^{\frac{b}{2}} hx^2 \mathrm{d}x = \frac{hb^3}{12}$$

二、极惯性矩

在图 A-4 中，若以 ρ 表示微面积 $\mathrm{d}A$ 到坐标原点 O 的距离，则把 $\rho^2 \mathrm{d}A$ 称为微面积 $\mathrm{d}A$ 对 O 点的极惯性矩。而把积分 $\int_A \rho^2 \mathrm{d}A$ 定义为截面对 O 点的极惯性矩，用 I_p 表示，即

$$I_p = \int_A \rho^2 \mathrm{d}A \tag{A-7}$$

由定义知，极惯性矩恒为正值，其常用单位是 mm^4 或 m^4。

由图 A-4 可知，$\rho^2 = x^2 + y^2$，代入上式，得

$$I_p = \int_A \rho^2 \mathrm{d}A = \int_A (x^2 + y^2)\mathrm{d}A = \int_A x^2 \mathrm{d}A + \int_A y^2 \mathrm{d}A$$

利用式(A-6)，即得惯性矩与极惯性矩的关系为

$$I_p = I_x + I_y \tag{A-8}$$

上式表明，截面对某点的极惯性矩等于截面对通过该点的两个正交轴的惯性矩之和。有时，利用式(A-8)计算截面的极惯性矩或惯性矩比较方便。

例 A-4　求图 A-6 所示圆形截面对圆心的极惯性矩。

解 建立直角坐标系 Oxy 如图 A-6 所示。选取图示环形微面积 $\mathrm{d}A$(图中阴影部分)，则 $\mathrm{d}A = 2\pi\rho \cdot \mathrm{d}\rho$。由式(A-7)，得

$$I_p = \int_A \rho^2 \mathrm{d}A = \int_0^{\frac{D}{2}} \rho^2 2\pi\rho \mathrm{d}\rho = \frac{\pi D^4}{32}$$

若利用式(A-8)，则同样可得

$$I_p = I_x + I_y = 2 \times \frac{\pi D^4}{64} = \frac{\pi D^4}{32}$$

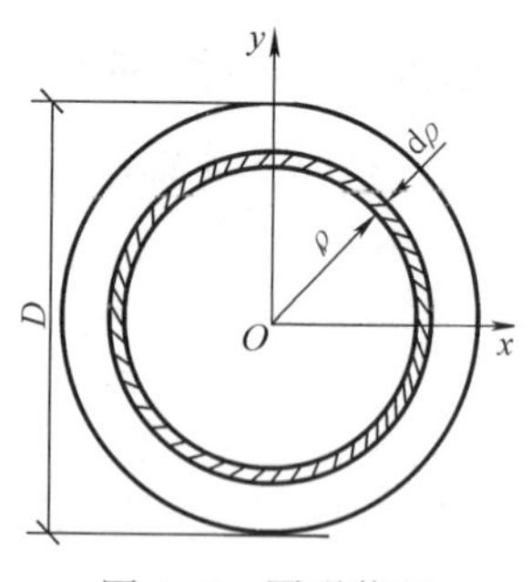

图 A-6 圆形截面

三、惯性积

在图 A-4 中，把微面积 $\mathrm{d}A$ 与其坐标 x、y 的乘积 $xy\mathrm{d}A$ 称为微面积 $\mathrm{d}A$ 对 x、y 两轴的惯性积。而把积分 $\int_A xy\mathrm{d}A$ 定义为截面对 x、y 两轴的惯性积，用 I_{xy} 表示，即

$$I_{xy} = \int_A xy\mathrm{d}A \tag{A-9}$$

由定义知，惯性积可正、可负、可为零，其常用单位是 mm^4 或 m^4。

由式(A-9)知，截面的惯性积有如下重要性质：

若截面具有一个对称轴，则截面对包括该对称轴在内的一对正交轴的惯性积恒等于零。

由此性质可知，图 A-7 所示各截面对坐标轴 x、y 的惯性积 I_{xy} 均等于零。

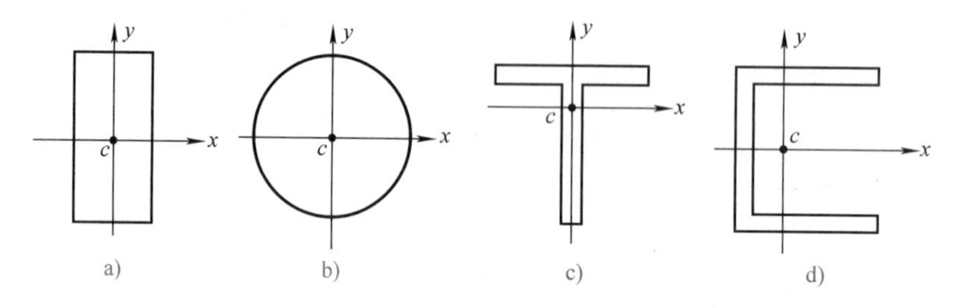

图 A-7 具有对称轴截面

四、惯性半径

在工程应用中，为方便起见，有时也将惯性矩表示成某一长度平方与截面面积 A 的乘积，即

$$\left.\begin{aligned} I_x &= i_x^2 A \\ I_y &= i_y^2 A \end{aligned}\right\} \tag{A-10a}$$

或

$$i_x = \sqrt{\frac{I_x}{A}}$$

$$i_y = \sqrt{\frac{I_y}{A}} \tag{A-10b}$$

式中 i_x、i_y——称截面对 x、y 轴的惯性半径，亦称回转半径。其常用单位为 mm 或 m。

第三节　平行移轴公式

一、惯性矩和惯性积的平行移轴公式

图 A-8 所示截面的面积为 A；x_C、y_C 轴为其形心轴，x、y 轴为一对与形心轴平行的正交坐标轴，两组坐标轴的间距分别为 a、b，微面积 dA 在两个坐标系 Cx_Cy_C 和 Oxy 中的坐标分别为 x_C、y_C 和 x、y。由式(A-6)，截面对 x 轴的惯性矩为

$$I_x = \int_A y^2 dA = \int_A (y_C + a)^2 dA$$

$$= \int_A y_C^2 dA + \int_A 2y_C a dA + \int_A a^2 dA = I_{x_C} + 2aS_{x_C} + a^2 A$$

式中　S_{x_C}——截面对形心轴 x_C 的静矩，其值为零。

因此有

$$\left.\begin{aligned} I_x &= I_{x_C} + a^2 A \\ I_y &= I_{y_C} + b^2 A \\ I_{xy} &= I_{x_Cy_C} + abA \end{aligned}\right\} \tag{A-11}$$

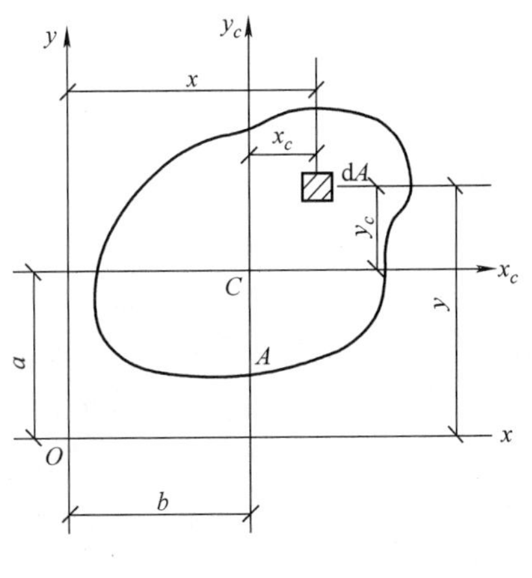

图 A-8　任意截面

式中　I_x、I_y、I_{xy}——截面对 x、y 轴的惯性矩和惯性积；

I_{x_C}、I_{y_C}、$I_{x_Cy_C}$——截面对形心轴 x_C、y_C 的惯性矩和惯性积。

式(A-11)称为惯性矩和惯性积的平行移轴公式。利用它可以计算截面对与形心轴平行的轴的惯性矩和惯性积。

二、组合截面的惯性矩和惯性积

设组合截面由 n 个简单截面组成，根据惯性矩和惯性积的定义，组合截面对 x、y 轴的惯性矩和惯性积为

$$\left.\begin{aligned} I_x &= \sum I_{xi} \\ I_y &= \sum I_{yi} \\ I_{xy} &= \sum I_{xyi} \end{aligned}\right\} \tag{A-12}$$

式中　I_{xi}、I_{yi}、I_{xyi}——为各个简单截面对 x、y 轴的惯性矩和惯性积。

例 A-5　求图 A-9 所示 T 形截面的惯性矩。

解　(1) 求形心的位置。建立如图 A-9 所示坐标系 Oxy，因截面对于 y 轴对称，所以 $x_C=0$，只需求形心 C 的纵坐标 y_C 的值。将 T 截面看作由两个矩形组成的组合截面，则有

矩形 I　　$A_1 = 120\times30 = 3600\text{mm}^2$，　$y_1 = 195\text{mm}$

矩形 II　　$A_2 = 180\times40 = 7200\text{mm}^2$，　$y_2 = 90\text{mm}$

形心 C 的坐标为

$$y_C = \frac{A_1 y_1 + A_2 y_2}{A_1 + A_2} = \frac{3600\times195 + 7200\times90}{3600+7200}\text{mm} = 125\text{mm}$$

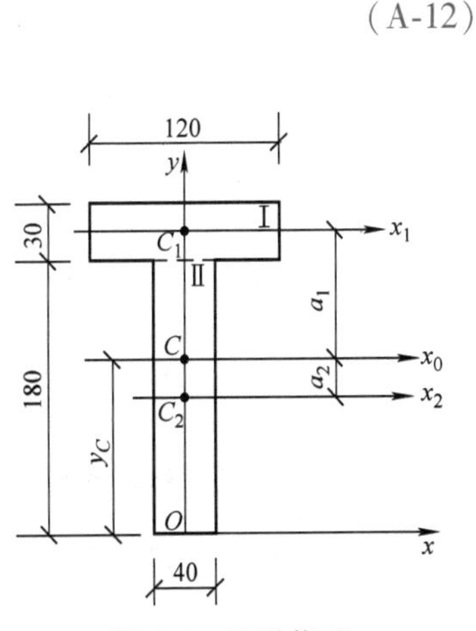

图 A-9　T 形截面

(2) 截面对 x_0、y 轴的惯性矩 I_{x_0}、I_y。由图 A-9 知，$a_1=70\text{mm}$，$a_2=35\text{mm}$，则惯性矩 I_{x_0}、I_y 为

$$I_{x_0}=I_{x_1}^{I}+a_1^2A_1+I_{x_2}^{II}+a_2^2A_2$$

$$=\left\{\frac{120\times30^3}{12}+70^2\times120\times30+\frac{40\times180^3}{12}+35^2\times180\times40\right\}\text{mm}^4=4617\times10^4\text{mm}^4$$

$$I_y=l_y^{\text{I}}+I_y^{\text{II}}=\left\{\frac{30\times120^3}{12}+\frac{180\times40^3}{12}\right\}\text{mm}^4=528\times10^4\text{mm}^4$$

三、组合截面的形心主轴和形心主惯性矩

通过截面任一点的直角坐标轴，若惯性积 I_{xy} 等于零，则此轴称为**主轴**；通过截面形心并且惯性积 I_{xy} 等于零的坐标轴，称为**形心主轴**。截面对形心主轴的惯性矩，称为**形心主惯性矩**。在确定组合截面的形心主轴和形心主惯性矩时，首先应确定形心的位置，然后视截面有一个或两个对称轴，而采取不同的方法确定形心主轴。若组合截面有一个对称轴，此对称轴就是其中一个形心主轴，另一个形心主轴就是通过形心而与对称轴垂直的轴，然后再按第二节中的方法计算形心主惯性矩；若组合截面有两个对称轴，其两个对称轴就是形心主轴，然后再按第二节中的方法计算形心主惯性矩。若组合截面没有对称轴，其形心主轴和形心主惯性矩的确定方法，已超出我们研究的范围了。

例 A-6　计算图 A-10 所示阴影部分面积，对其形心轴 z、y 的主惯性矩。

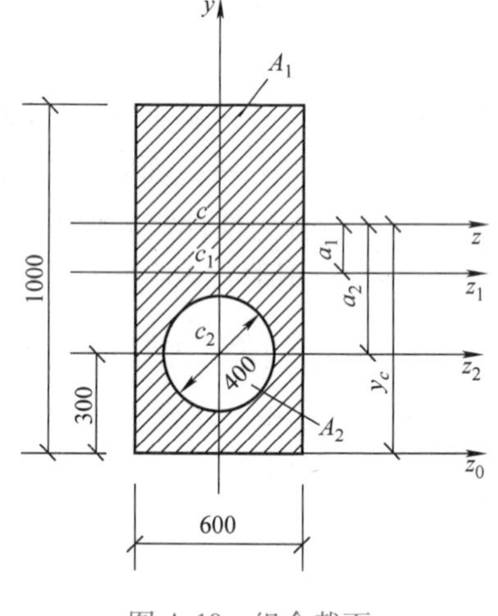

图 A-10　组合截面

解　(1) 求形心位置。由于 y 轴为图形的对称轴，故形心必在此轴上，即 $z_c=0$。

为求 y_c，现设 z_0 轴如图 A-10 所示，阴影部分图形可看成是矩形 A_1 减去圆形 A_2 得到，故其形心 y_c 的坐标为

$$y_c=\frac{\sum A_iy_i}{A}=\left(\frac{600\times10^3\times500-\dfrac{\pi}{4}\times400^2\times300}{600\times10^3-\dfrac{\pi}{4}\times400^2}\right)\text{mm}=553\text{mm}$$

(2) 求形心主惯性矩。因 y 轴为截面的对称轴，故截面对过形心 C 的 z、y 轴的惯性积等于零，即 z、y 轴为形心主轴，截面对 z、y 轴的惯性矩 I_z、I_y 即为所求形心主惯性矩。

阴影部分对 z、y 轴的主惯性矩，可看成是矩形截面与圆形截面对 z、y 轴的惯性矩之差。故

$$I_z=I_{1z}-I_{2z}=\left(\frac{bh^3}{12}+a_1^2A_1\right)-\left(\frac{\pi D^4}{64}+a_2^2A_2\right)$$

$$=\left[\left(\frac{600\times1000^3}{12}+53^2\times600\times1000\right)-\left(\frac{\pi\times400^4}{64}+253^2\times\frac{\pi\times400^2}{4}\right)\right]\text{mm}^4$$

$$=424\times10^8\text{mm}^4$$

$$I_y=I_{1y}-I_{2y}=\frac{hb^3}{12}-\frac{\pi D^4}{64}=\left(\frac{1000\times600^3}{12}-\frac{\pi\times400^4}{64}\right)\text{mm}^4$$

$$=167.44\times10^8\text{mm}^4$$

四、截面几何性质表

为了便于在学习中正确选用截面的几何性质，现将常见的截面几何性质列在表 A-1 中。

表 A-1　常用平面图形的几何性质（表中轴线 x_0-x_0 及 y_0-y_0 为形心轴）

序号	图形	面积(A)	轴线至图形边缘最远点的距离(y,x)	图形对 x_0 轴的惯性矩、抗弯截面模量和惯性半径
1	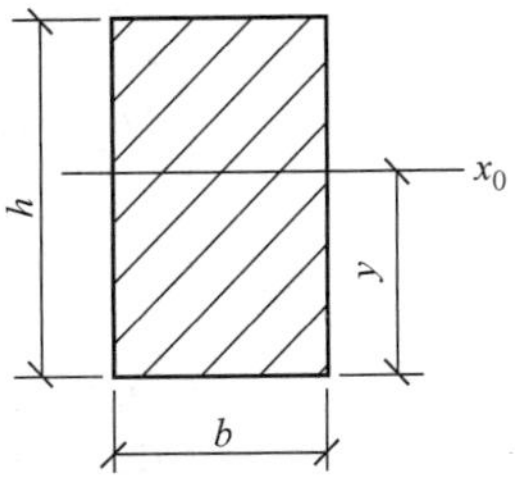	bh	$y=\frac{h}{2}$	$I_{x0}=\frac{bh^3}{12}$ $W_{x0}=\frac{1}{6}bh^2$ $i_{x0}=0.289h$
2	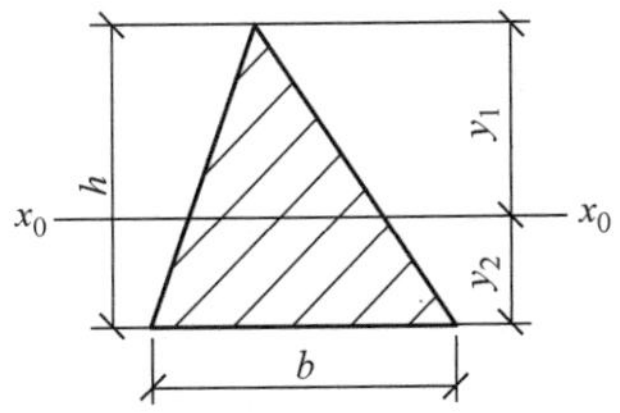	$\frac{bh}{2}$	$y_1=\frac{2}{3}h$ $y_2=\frac{1}{3}h$	$I_{x0}=\frac{bh^3}{36}$ $i_{x0}=\frac{h}{3\sqrt{2}}=0.236h$
3	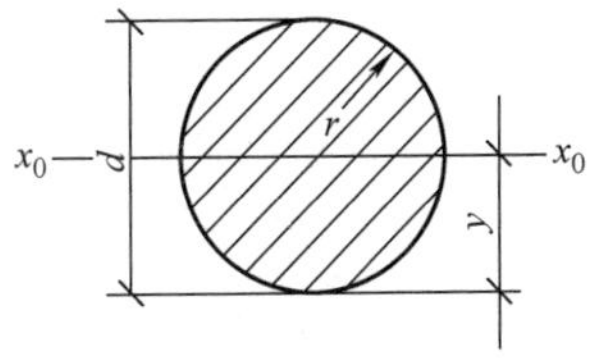	$\frac{\pi d^2}{4}=0.7854d^2$ $\pi r^2=3.1416r^2$	$y=r=\frac{d}{2}$	$I_{x0}=\frac{\pi d^4}{64}=0.0491d^4$ $=0.7854r^4$ $W_{x0}=\frac{\pi r^3}{4}=0.0982d^3$ $i_{x0}=\frac{d}{4}$
4	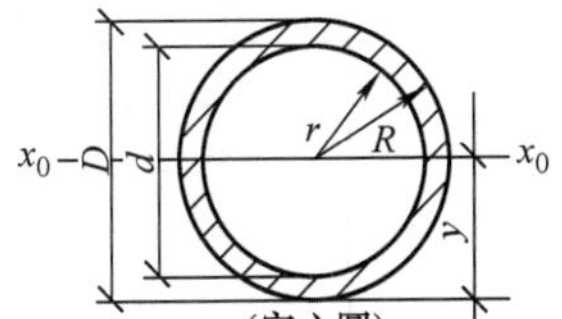 (空心圆)	$\frac{\pi(D^2-d^2)}{4}$ $=0.785(D^2-d^2)$ $=\pi(R^2-r^2)$	$y=\frac{D}{2}$	$I_{x0}=\frac{\pi(D^4-d^4)}{64}=0.0491$ $\times(D^4-d^4)=\frac{\pi}{4}(R^4-r^4)$ $W_{x0}=0.0982\frac{D^4-d^4}{D}$ $=\frac{\pi(R^4-r^4)}{4R}$ $i_{x0}=\frac{\sqrt{D^2+d^2}}{4}$
5	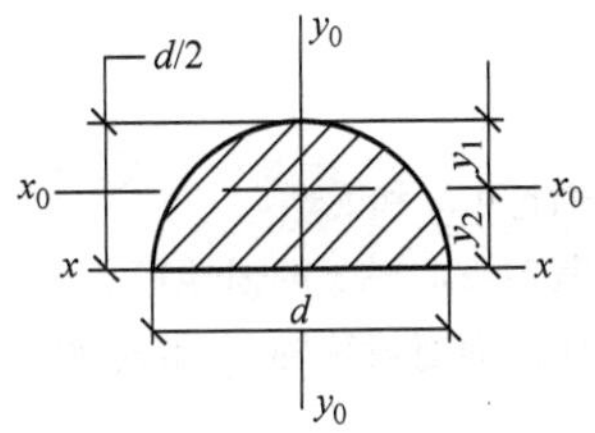	$\frac{\pi d^2}{8}=0.393d^2$	$y_1=\frac{d(3\pi-4)}{6\pi}$ $=0.288d$ $y_2=\frac{2d}{3\pi}=0.212d$ $x=0.50d$	$I_{x0}=\frac{d^4(9\pi^2-64)}{1152\pi}$ $=0.00686d^4$ $I_x=0.0245d^4$ $I_x=\frac{\pi d^4}{128}=0.0245d^4$

（续）

序号	图形	面积(A)	轴线至图形边缘最远点的距离(y,x)	图形对 x_0 轴的惯性矩、抗弯截面模量和惯性半径
6	x_0, H, h, y_1, b, B	$BH-bh$	$y_1=\dfrac{H}{2}$	$I_{x0}=\dfrac{BH^3-bh^3}{12}$ $W_{x0}=\dfrac{BH^3-bh^3}{12}\Big/\dfrac{H}{2}$ $i_{x0}=\sqrt{\dfrac{BH^3-bh^3}{12(BH-bh)}}$

小贴士：截面的几何性质为什么放在附录中讲

思　考　题

A-1　什么是截面的几何性质？它们是怎样产生的？

A-2　何谓形心、静矩？何谓惯性矩、极惯性矩、惯性积？

A-3　什么是惯性矩的平行移轴公式？它有什么用途？

A-4　何谓主轴？何谓形心主轴？何谓形心主惯性矩？

练　习　题

A-1　求图 A-11 直角梯形截面的形心位置。

A-2　试计算图 A-12T 形截面对形心轴 z、y 的惯性矩。

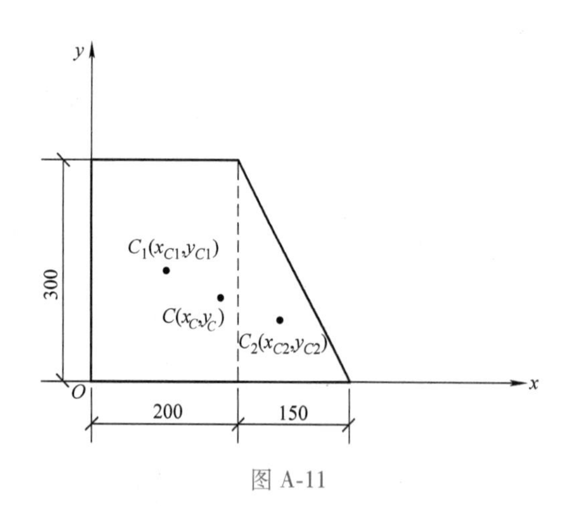

图 A-11

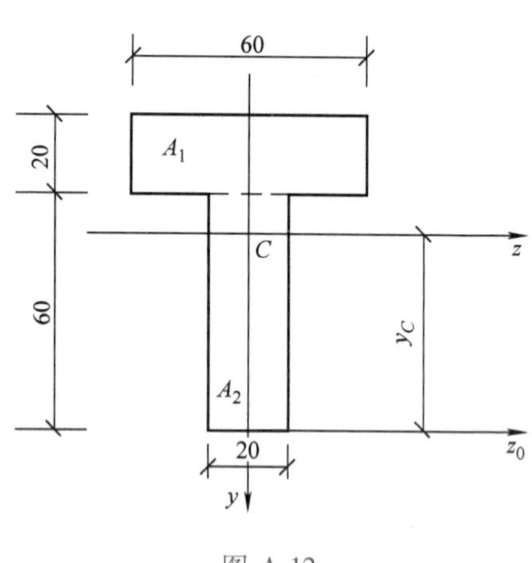

图 A-12

A-3　试求图 A-13 工字形截面图形分别对其形心轴 z_0 轴和 y_0 轴的惯性矩 I_{z0} 和 I_{y0}。

A-4　图 A-14 为 22a 号工字钢上下加焊两块钢板形成的梁截面，求其对形心轴 x 的惯性矩。

A-5　图 A-15 为两个 20b 号槽钢组成的组合柱子的横截面。试求此横截面对对称轴 y_0 和 z_0 的惯性矩。

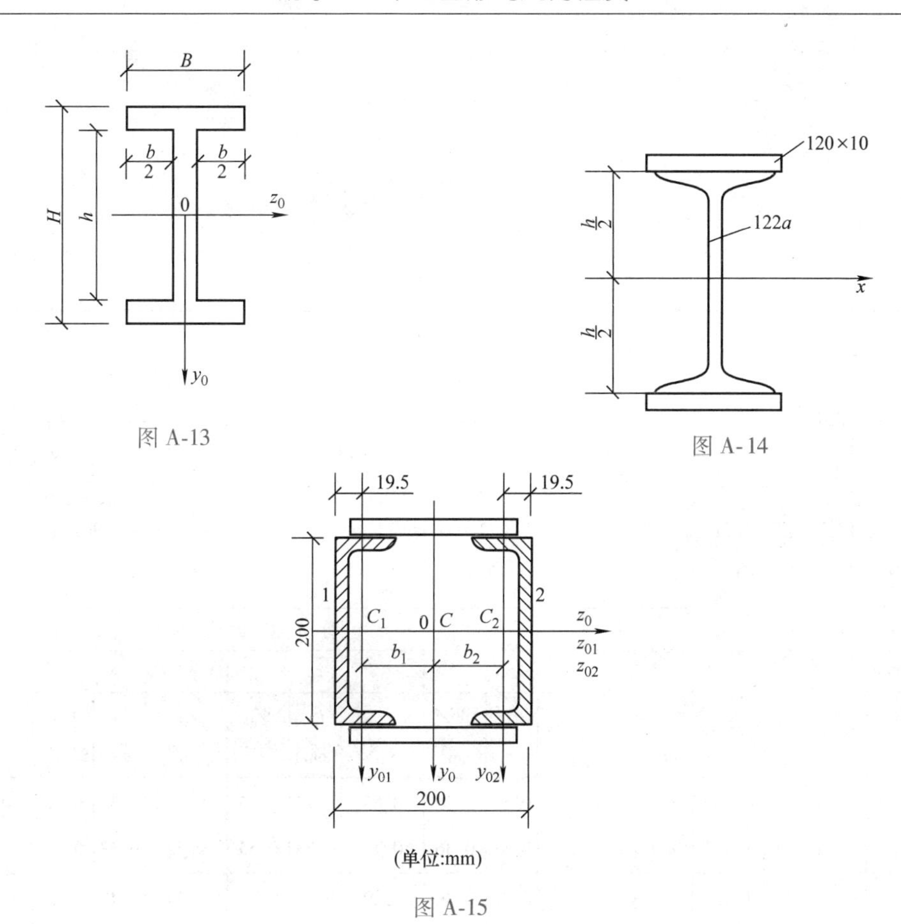

图 A-13

图 A-14

(单位:mm)

图 A-15

附录 B
型钢规格表[⊖]

表 B-1　热轧等边角钢(GB 9787—88)

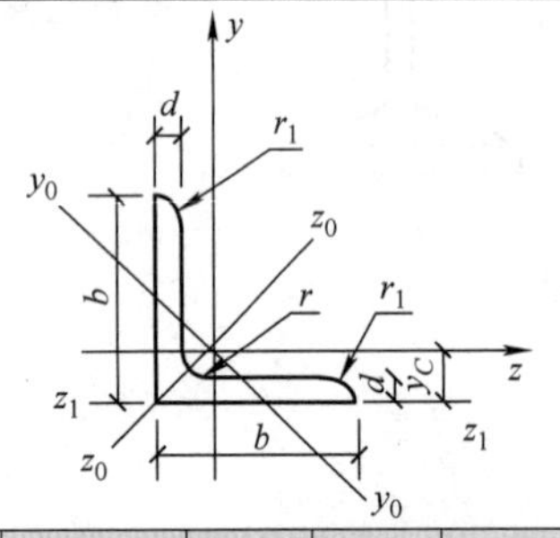

符号意义：

b——边宽度；　　d——边厚度；

r——内圆弧半径；　　r_1——边端内圆弧半径；

I——惯性矩；　　i——惯性半径；

W——截面系数；　　y_C——重心距离。

角钢号数	尺寸(mm)			截面面积(cm²)	理论质量(kg/m)	外表面积(m²/m)	参考数值										y_C(cm)
							z-z			z_0-z_0			y_0-y_0			z_1-z_1	
	b	d	r				I_z(cm⁴)	i_z(cm)	W_z(cm³)	I_{z0}(cm⁴)	i_{z0}(cm)	W_{z0}(cm³)	I_{y0}(cm⁴)	i_{y0}(cm)	W_{y0}(cm³)	I_{z1}(cm⁴)	
2	20	3	3.5	1.132	0.889	0.078	0.40	0.59	0.29	0.63	0.75	0.45	0.17	0.39	0.20	0.81	0.60
		4		1.459	1.145	0.077	0.50	0.58	0.36	0.78	0.73	0.55	0.22	0.38	0.24	1.09	0.64
2.5	25	3		1.432	1.124	0.098	0.82	0.76	0.46	1.29	0.95	0.73	0.34	0.49	0.33	1.57	0.73
		4		1.859	1.459	0.097	1.03	0.74	0.59	1.62	0.93	0.92	0.43	0.48	0.40	2.11	0.76
3.0	30	3	4.5	1.749	1.373	0.117	1.46	0.91	0.68	2.31	1.15	1.09	0.61	0.59	0.51	2.71	0.85
		4		2.276	1.786	0.117	1.84	0.90	0.87	2.92	1.13	1.37	0.77	0.58	0.62	3.63	0.89
3.6	36	3		2.109	1.656	0.141	2.58	1.11	0.99	4.09	1.39	1.61	1.07	0.71	0.76	4.68	1.00
		4		2.756	2.163	0.141	3.29	1.09	1.28	5.22	1.38	2.05	1.37	0.70	0.93	6.25	1.04
		5		3.382	2.654	0.141	3.95	1.08	1.56	6.24	1.36	2.45	1.65	0.70	1.09	7.84	1.07
4.0	40	3	5	2.359	1.852	0.157	3.59	1.23	1.23	5.69	1.55	2.01	1.49	0.79	0.96	6.41	1.09
		4		3.086	2.422	0.157	4.60	1.22	1.60	7.29	1.54	2.58	1.91	0.79	1.19	8.56	1.13
		5		3.791	2.976	0.156	5.53	1.21	1.96	8.76	1.52	3.01	2.30	0.78	1.39	10.74	1.17
4.5	45	3		2.659	2.088	0.177	5.17	1.40	1.58	8.20	1.76	2.58	2.14	0.89	1.24	9.12	1.22
		4		3.486	2.736	0.177	6.65	1.38	2.05	10.56	1.74	3.32	2.75	0.89	1.54	12.18	1.26
		5		4.292	3.369	0.176	8.04	1.37	2.51	12.74	1.72	4.00	3.33	0.88	1.81	15.25	1.30
		6		5.076	3.985	0.176	9.33	1.36	2.95	14.76	1.70	4.64	3.89	0.88	2.06	18.36	1.33

注：z–z 轴原为 x–x 轴，为了教学需要改为 z–z 轴。

⊖ 附录 B 的型钢规格表数值为 88 版，现行是 GB/T 706-2008，为与书中计算对应，作者仍保留旧版本数据——编辑注

（续）

角钢号数	尺寸(mm)			截面面积 (cm²)	理论质量 (kg/m)	外表面积 (m²/m)	参考数值										y_C (cm)
							z-z			z_0-z_0			y_0-y_0			z_1-z_1	
	b	d	r				I_z (cm⁴)	i_z (cm)	W_z (cm³)	I_{z0} (cm⁴)	i_{z0} (cm)	W_{z0} (cm³)	I_{y0} (cm⁴)	i_{y0} (cm)	W_{y0} (cm³)	I_{z1} (cm⁴)	
5	50	3	5.5	2.971	2.332	0.197	7.18	1.55	1.96	11.37	1.96	3.22	2.98	1.00	1.57	12.50	1.34
		4		3.897	3.059	0.197	9.26	1.54	2.56	14.70	1.94	4.16	3.82	0.99	1.96	16.69	1.38
		5		4.803	3.770	0.196	11.21	1.53	3.13	17.79	1.92	5.03	4.64	0.98	2.31	20.90	1.42
		6		5.688	4.465	0.196	13.05	1.52	3.68	20.68	1.91	5.85	5.42	0.98	2.63	25.14	1.46
5.6	56	3	6	3.343	2.624	0.221	10.19	1.75	2.48	16.14	2.20	4.08	4.24	1.13	2.02	17.56	1.48
		4		4.390	3.446	0.220	13.18	1.73	3.24	20.92	2.18	5.28	5.46	1.11	2.52	23.43	1.53
		5		5.415	4.251	0.220	16.02	1.72	3.97	25.42	2.17	6.42	6.61	1.10	2.98	29.33	1.57
		6		8.367	6.568	0.219	23.63	1.68	6.03	37.37	2.11	9.44	9.89	1.09	4.16	47.24	1.68
6.3	63	4	7	4.978	3.907	0.248	19.03	1.96	4.13	30.17	2.46	6.78	7.89	1.26	3.29	33.35	1.70
		5		6.143	4.822	0.248	23.17	1.94	5.08	36.77	2.45	8.25	9.57	1.25	3.90	41.73	1.74
		6		7.288	5.721	0.247	27.12	1.93	6.00	43.03	2.43	9.66	11.20	1.24	4.46	50.14	1.78
		8		9.515	7.469	0.247	34.46	1.90	7.75	54.56	2.40	12.25	14.33	1.23	5.47	67.11	1.85
		10		11.657	9.151	0.246	41.09	1.88	9.39	64.85	2.36	14.56	17.33	1.22	6.36	84.31	1.93
7	70	4	8	5.570	4.372	0.275	26.39	2.18	5.14	41.80	2.74	8.44	10.99	1.40	4.17	45.74	1.86
		5		6.875	5.397	0.275	32.21	2.16	6.32	51.08	2.73	10.32	13.34	1.39	4.95	57.21	1.91
		6		8.160	6.406	0.275	37.77	2.15	7.48	59.93	2.71	12.11	15.61	1.38	5.67	68.73	1.95
		7		9.424	7.398	0.275	43.09	2.14	8.59	68.35	2.69	13.81	17.82	1.38	6.34	80.29	1.99
		8		10.667	8.373	0.274	48.17	2.12	9.68	76.37	2.68	15.43	19.98	1.37	6.98	91.92	2.03
(7.5)	75	5	9	7.412	5.818	0.295	39.97	2.33	7.32	63.30	2.92	11.94	16.63	1.50	5.77	70.56	2.04
		6		8.797	6.905	0.294	46.95	2.31	8.64	74.38	2.90	14.02	19.51	1.49	6.67	84.55	2.07
		7		10.160	7.976	0.294	53.57	2.30	9.93	84.96	2.89	16.02	22.18	1.48	7.44	98.71	2.11
		8		11.503	9.030	0.294	59.96	2.28	11.20	95.07	2.88	17.93	24.86	1.47	8.19	112.97	2.15
		10		14.126	11.089	0.293	71.98	2.26	13.64	113.92	2.84	21.84	30.05	1.46	9.56	141.71	2.22
8	80	5	9	7.912	6.211	0.315	48.79	2.48	8.34	77.33	3.13	13.67	20.25	1.60	6.66	85.36	2.15
		6		9.397	7.376	0.314	57.35	2.47	9.87	90.98	3.11	16.08	23.72	1.59	7.65	102.50	2.19
		7		10.860	8.525	0.314	65.58	2.46	11.37	104.07	3.10	18.40	27.09	1.58	8.58	119.70	2.23
		8		12.303	9.658	0.314	73.49	2.44	12.83	116.60	3.08	20.61	30.39	1.57	9.46	136.97	2.27
		10		15.126	11.874	0.313	88.43	2.42	15.64	140.09	3.04	24.76	36.77	1.56	11.08	171.74	2.35
9	90	6	10	10.637	8.350	0.354	82.77	2.79	12.61	131.26	3.51	20.63	34.28	1.80	9.95	145.87	2.44
		7		12.301	9.656	0.354	94.83	2.78	14.54	150.47	3.50	23.64	39.18	1.78	11.19	170.30	2.48
		8		13.944	10.946	0.353	106.47	2.76	16.42	168.97	3.48	26.55	43.97	1.78	12.35	194.80	2.52
		10		17.167	13.476	0.353	128.58	2.74	20.07	203.90	3.45	32.04	53.26	1.76	14.52	244.07	2.59
		12		20.306	15.940	0.352	149.22	2.71	23.57	236.21	3.41	37.12	62.22	1.75	16.49	293.76	2.67

（续）

角钢号数	尺寸(mm)			截面面积	理论质量	外表面积	参考数值										y_C
							z-z			z_0-z_0			y_0-y_0			z_1-z_1	
	b	d	r	(cm^2)	(kg/m)	(m^2/m)	I_z (cm^4)	i_z (cm)	W_z (cm^3)	I_{z0} (cm^4)	i_{z0} (cm)	W_{z0} (cm^3)	I_{y0} (cm^4)	i_{y0} (cm)	W_{y0} (cm^3)	I_{z1} (cm^4)	(cm)
10	100	6	12	11.932	9.366	0.393	114.95	3.01	15.68	181.98	3.90	25.74	47.92	2.00	12.69	200.07	2.67
		7		13.796	10.830	0.393	131.86	3.09	18.10	208.97	3.89	29.55	54.74	1.99	14.26	233.54	2.71
		8		15.638	12.276	0.393	148.24	3.08	20.47	235.07	3.88	33.24	61.41	1.98	15.75	267.09	2.76
		10		19.261	15.120	0.392	179.51	3.05	25.06	284.68	3.84	40.26	74.35	1.96	18.54	334.48	2.84
		12		22.800	17.898	0.391	208.90	3.03	29.48	330.95	3.81	46.80	86.84	1.95	21.08	402.34	2.91
		14		26.256	20.611	0.391	236.53	3.00	33.73	374.06	3.77	52.90	99.00	1.94	23.44	470.75	2.99
		16		29.627	23.257	0.390	262.53	2.98	37.82	414.16	3.74	58.57	110.89	1.94	25.63	539.80	3.06
11	110	7	12	15.196	11.928	0.433	177.16	3.41	22.05	280.94	4.30	36.12	73.38	2.20	17.51	310.64	2.96
		8		17.238	13.532	0.433	199.46	3.40	24.95	316.49	4.28	40.69	82.42	2.19	19.39	355.20	3.01
		10		21.261	16.690	0.432	242.19	3.38	30.60	384.39	4.25	49.42	99.98	2.17	22.91	444.65	3.09
		12		25.200	19.782	0.431	282.55	3.35	36.05	448.17	4.22	57.62	116.93	2.15	26.15	534.60	3.16
		14		29.056	22.809	0.431	320.71	3.32	41.31	508.01	4.18	65.31	133.40	2.14	29.14	625.16	3.24
12.5	125	8	14	19.750	15.504	0.492	297.03	3.88	32.52	470.89	4.88	53.28	123.16	2.50	25.86	521.01	3.37
		10		24.373	19.133	0.491	361.67	3.85	39.97	573.89	4.85	64.93	149.46	2.48	30.62	651.93	3.45
		12		28.912	22.696	0.491	423.16	3.83	41.17	671.44	4.82	76.96	174.88	2.46	35.03	783.42	3.53
		14		33.367	26.193	0.490	481.65	3.80	54.16	763.73	4.78	86.41	199.57	2.45	39.13	915.61	3.61
14	140	10	14	27.373	21.488	0.551	514.65	4.34	50.58	817.27	5.46	82.56	212.04	2.78	39.20	915.11	3.82
		12		32.512	25.522	0.551	603.68	4.31	59.80	958.79	5.43	96.85	248.57	2.76	45.02	1099.28	3.90
		14		37.567	29.490	0.550	688.81	3.28	68.75	1093.56	5.40	110.47	284.06	2.75	50.45	1284.22	3.98
		16		42.539	33.393	0.549	770.24	4.26	77.46	1221.81	5.36	123.42	318.67	2.74	55.55	1470.07	4.06
16	160	10	16	31.502	24.729	0.630	779.53	4.98	66.70	1237.30	6.27	109.36	321.76	3.20	52.76	1365.33	4.31
		12		37.441	29.391	0.630	916.58	4.95	78.98	1455.68	6.24	128.67	377.49	3.18	60.74	1639.57	4.39
		14		43.296	33.987	0.629	1048.36	4.92	90.95	1665.02	6.20	147.17	431.70	3.16	68.24	1914.68	4.47
		16		49.067	38.518	0.629	1175.08	4.89	102.63	1865.57	6.17	164.89	484.59	3.14	75.31	2190.82	4.55
18	180	12	16	42.241	33.159	0.170	1321.35	5.59	100.82	2100.10	7.05	165.00	542.61	3.58	78.41	2332.80	4.89
		14		48.896	38.383	0.709	1514.48	5.56	116.25	2407.42	7.02	189.14	621.53	3.56	88.38	2723.48	4.97
		16		55.467	43.542	0.709	1700.99	5.54	131.13	2703.37	6.98	212.40	698.60	3.55	97.83	3115.29	5.05
		18		61.955	48.634	0.708	1875.12	5.50	145.64	2988.24	6.94	234.78	762.01	3.51	105.14	3502.43	5.13
20	200	14	18	54.642	42.894	0.788	2103.55	6.20	144.70	3343.26	7.82	236.40	863.83	3.98	111.82	3734.10	5.46
		16		62.013	48.680	0.788	2366.15	6.18	163.65	3760.89	7.79	265.93	971.41	3.96	123.96	4270.39	5.54
		18		69.301	54.401	0.787	2620.64	6.15	182.22	4164.54	7.75	294.48	1076.74	3.94	135.52	4808.13	5.62
		20		76.505	60.056	0.787	2867.30	6.12	200.42	4554.55	7.72	322.06	1180.04	3.93	146.55	5347.51	5.69
		24		90.661	71.168	0.785	3338.25	6.07	236.17	5294.97	7.64	374.41	1381.53	3.90	166.55	6457.16	5.87

注：$r_1=\frac{1}{3}d$。

表 B-2　热轧不等边角钢(GB 9788—88)

符号意义：

B——长边宽度；　b——短边宽度；

d——边厚度；　r——内圆弧半径；

r_1——边端内圆弧半径；　I——惯性矩；

i——惯性半径；　W——截面系数；

z_C——重心距离；　y_C——重心距离。

角钢号数	尺寸(mm)				截面面积(cm^2)	理论质量(kg/m)	外表面积(m^2/m)	参考数值													
								z-z			y-y			z_1-z_1		y_1-y_1		u-u			
	B	b	d	r				I_z (cm^4)	i_x (cm)	W_x (cm^3)	I_y (cm^4)	i_y (cm)	W_y (cm^3)	I_{z_1} (cm^4)	y_C (cm)	I_{y_1} (cm^4)	x_C (cm)	I_u (cm^4)	i_u (cm)	W_u (cm^3)	$\tan\alpha$
2.5/1.6	25	16	3	3.5	1.162	0.912	0.080	0.70	0.78	0.43	0.22	0.44	0.19	1.56	0.86	0.43	0.42	0.14	0.34	0.16	0.392
			4		1.499	1.176	0.076	0.88	0.77	0.55	0.27	0.43	0.24	2.09	0.90	0.59	0.46	0.17	0.34	0.20	0.381
3.2/2	32	20	3		1.492	1.171	0.102	1.53	1.01	0.72	0.46	0.55	0.30	3.27	1.08	0.82	0.49	0.28	0.43	0.25	0.382
			4		1.939	1.522	0.101	1.93	1.00	0.93	0.57	0.54	0.39	4.37	1.12	1.12	0.53	0.35	0.42	0.32	0.374
4/2.5	40	25	3	4	1.890	1.484	0.127	3.08	1.28	1.15	0.93	0.70	0.49	6.39	1.32	1.59	0.59	0.56	0.54	0.40	0.386
			4		2.467	1.936	0.127	3.93	1.26	1.49	1.18	0.69	0.63	8.53	1.37	2.14	0.63	0.71	0.54	0.52	0.381
4.5/2.8	45	28	3	5	2.149	1.687	0.143	4.45	1.44	1.47	1.34	0.79	0.62	9.10	1.47	2.23	0.64	0.80	0.61	0.51	0.383
			4		2.806	2.203	0.143	5.69	1.42	1.91	1.70	0.78	0.80	12.13	1.51	3.00	0.68	1.02	0.60	0.66	0.380
5/3.2	50	32	3	5.5	2.431	1.908	0.161	6.24	1.60	1.84	2.02	0.91	0.82	12.49	1.60	3.31	0.73	1.20	0.70	0.68	0.404
			4		3.177	2.494	0.160	8.02	1.59	2.39	2.58	0.90	1.06	16.65	1.65	4.45	0.77	1.53	0.69	0.87	0.402
5.6/3.6	56	36	3	6	2.743	2.153	0.181	8.88	1.80	2.32	2.92	1.03	1.05	17.54	1.78	4.70	0.80	1.73	0.79	0.87	0.408
			4		3.590	2.818	0.180	11.45	1.79	3.03	3.76	1.02	1.37	23.39	1.82	6.33	0.85	2.23	0.79	1.13	0.408
			5		4.415	3.466	0.180	13.86	1.77	3.71	4.49	1.01	1.65	29.25	1.87	7.94	0.88	2.67	0.78	1.36	0.404
6.3/4	63	40	4	7	4.058	3.185	0.202	16.49	2.02	3.87	5.23	1.14	1.70	33.30	2.04	8.63	0.92	3.12	0.88	1.40	0.398
			5		4.993	3.920	0.202	20.02	2.00	4.74	6.31	1.12	2.71	41.63	2.08	10.86	0.95	3.76	0.87	1.71	0.396
			6		5.908	4.638	0.201	23.36	1.96	5.59	7.29	1.11	2.43	49.98	2.12	13.12	0.99	4.34	0.86	1.99	0.393
			7		6.802	5.339	0.201	26.53	1.98	6.40	8.24	1.10	2.78	58.07	2.15	15.47	1.03	4.97	0.86	2.29	0.389

（续）

角钢号数	尺寸(mm)				截面面积	理论质量	外表面积	参考数值													
								z-z			y-y			z_1-z_1		y_1-y_1		u-u			
	B	b	d	r	(cm^2)	(kg/m)	(m^2/m)	I_z (cm^4)	i_x (cm)	W_x (cm^3)	I_y (cm^4)	i_y (cm)	W_y (cm^3)	I_{z_1} (cm^4)	y_C (cm)	I_{y_1} (cm^4)	x_C (cm)	I_u (cm^4)	i_u (cm)	W_u (cm^3)	tanα
7/4.5	70	45	4	7.5	4.547	3.570	0.226	23.17	2.26	4.86	7.55	1.29	2.17	45.92	2.24	12.26	1.02	4.40	0.98	1.77	0.410
			5		5.609	4.403	0.225	27.95	2.23	5.92	9.13	1.28	2.65	57.10	2.28	15.39	1.06	5.40	0.98	2.19	0.407
			6		6.647	5.218	0.225	32.54	2.21	6.95	10.62	1.26	3.12	68.35	2.32	18.58	1.09	6.35	0.98	2.59	0.404
			7		7.657	6.011	0.225	37.22	2.20	8.03	12.01	1.25	3.57	79.99	2.36	21.84	1.13	7.16	0.97	2.94	0.402
(7.5/5)	75	50	5	8	6.125	4.808	0.245	34.86	2.39	6.83	12.61	1.44	3.30	70.00	2.40	21.04	1.17	7.41	1.10	2.74	0.435
			6		7.260	5.699	0.245	41.12	2.38	8.12	14.70	1.42	3.88	84.30	2.44	25.37	1.21	8.54	1.08	3.19	0.435
			8		9.467	7.431	0.244	52.39	2.35	10.52	18.53	1.40	4.99	112.50	2.52	34.23	1.29	10.87	1.07	4.10	0.429
			10		11.590	9.098	0.244	62.71	2.33	12.79	21.96	1.38	6.04	140.80	2.60	43.43	1.36	13.10	1.06	4.99	0.423
8/5	80	50	5	8	6.375	5.005	0.255	41.96	2.56	7.78	12.82	1.42	3.32	85.21	2.60	21.06	1.14	7.66	1.10	2.74	0.388
			6		7.560	5.935	0.255	49.49	2.56	9.25	14.95	1.41	3.91	102.53	2.65	25.41	1.18	8.85	1.08	3.20	0.387
			7		8.724	6.848	0.255	56.16	2.54	10.58	16.96	1.39	4.48	119.33	2.69	29.82	1.21	10.18	1.08	3.70	0.384
			8		9.867	7.745	0.254	62.83	2.52	11.92	18.85	1.38	5.03	136.41	2.73	34.32	1.25	11.38	1.07	4.16	0.381
9/5.6	90	56	5	9	7.212	5.661	0.287	60.45	2.90	9.92	18.32	1.59	4.21	121.32	2.91	29.53	1.25	10.98	1.23	3.49	0.385
			6		8.557	6.717	0.286	71.03	2.88	11.74	21.42	1.58	4.96	145.59	2.95	35.58	1.29	12.90	1.23	4.18	0.384
			7		9.880	7.756	0.286	81.01	2.86	13.49	24.36	1.57	5.70	169.66	3.00	41.71	1.33	14.67	1.22	4.72	0.382
			8		11.183	8.779	0.286	91.03	2.85	15.27	27.15	1.56	6.41	194.17	3.04	47.93	1.36	16.34	1.21	5.29	0.380
10/6.3	100	63	6	10	9.617	7.550	0.320	99.06	3.21	14.64	30.94	1.79	6.35	199.71	3.24	50.50	1.43	18.42	1.38	5.25	0.394
			7		11.111	8.722	0.320	113.45	3.20	16.88	35.26	1.78	7.29	233.00	3.28	59.14	1.47	21.00	1.38	6.02	0.393
			8		12.584	9.878	0.319	127.37	3.18	19.08	39.39	1.77	8.21	266.32	3.32	67.88	1.50	23.50	1.37	6.78	0.391
			10		15.467	12.142	0.319	153.81	3.15	23.32	47.12	1.74	9.98	333.06	3.40	85.73	1.58	28.33	1.35	8.24	0.387
10/8	100	80	6	10	10.637	8.350	0.454	107.04	3.17	15.19	61.24	2.40	10.16	199.83	2.95	102.68	1.97	31.65	1.72	8.37	0.627
			7		12.301	9.656	0.354	122.73	3.16	17.52	70.08	2.39	11.71	233.20	3.00	119.98	2.01	36.17	1.72	9.60	0.626
			8		13.944	10.946	0.353	137.92	3.14	19.81	78.58	2.37	13.21	266.61	3.04	137.37	2.05	40.58	1.71	10.80	0.625
			10		17.167	13.476	0.353	166.87	3.12	24.24	94.65	2.35	16.12	333.63	3.12	172.48	2.13	49.10	1.69	13.12	0.622

11/7	110	70	6	10	10.637	8.350	0.354	133.57	3.54	17.85	42.92	2.01	7.90	265.78	3.53	69.08	1.57	25.36	1.54	6.53	0.403
			7		12.301	9.656	0.354	153.00	3.53	20.60	49.01	2.00	9.09	310.07	3.57	80.82	1.61	28.95	1.53	7.50	0.402
			8		13.944	10.946	0.353	172.04	3.51	23.30	54.87	1.98	10.25	354.39	3.62	92.70	1.65	32.45	1.53	8.45	0.401
			10		17.167	13.476	0.353	208.39	3.48	28.54	65.88	1.96	12.48	443.13	3.70	116.83	1.72	39.20	1.51	10.29	0.397
12.5/8	125	80	7	11	14.096	11.066	0.403	277.98	4.02	26.86	74.42	2.30	12.01	454.99	4.01	120.32	1.80	43.81	1.76	9.92	0.408
			8		15.989	12.551	0.403	256.77	4.01	30.41	83.49	2.28	13.56	519.99	4.06	137.85	1.84	49.15	1.75	11.18	0.407
			10		19.712	15.474	0.402	312.04	3.98	37.33	100.67	2.26	16.56	650.99	4.14	173.40	1.92	59.45	1.74	13.64	0.404
			12		23.351	18.330	0.402	364.41	3.95	44.01	116.67	2.24	19.43	780.39	4.22	209.67	2.00	69.35	1.72	16.01	0.400
14/9	140	90	8	12	18.038	14.160	0.453	365.64	4.50	38.48	120.69	2.59	17.34	730.53	4.50	195.79	2.04	70.83	1.98	14.31	0.411
			10		22.261	17.475	0.452	445.50	4.47	47.31	146.03	2.56	21.22	913.20	4.58	245.92	2.12	85.82	1.96	17.48	0.409
			12		26.400	20.724	0.451	521.59	4.44	55.87	169.79	2.54	24.95	1096.09	4.66	296.89	2.19	100.21	1.95	20.54	0.406
			14		30.456	23.908	0.451	594.10	4.42	64.18	192.10	2.51	28.54	1279.26	4.74	348.82	2.27	114.13	1.94	23.52	0.403
16/10	160	100	10	13	25.315	19.872	0.512	668.69	5.14	62.13	205.03	2.85	26.56	1362.89	5.24	336.59	2.28	121.74	2.19	21.92	0.390
			12		30.054	23.592	0.511	784.91	5.11	73.49	239.06	2.82	31.28	1635.56	5.32	405.94	2.36	142.33	2.17	25.79	0.388
			14		34.709	27.247	0.510	896.30	5.08	84.56	271.20	2.80	35.83	1908.50	5.40	476.42	2.43	162.23	2.16	29.56	0.385
			16		39.281	30.835	0.510	1003.04	5.05	95.33	301.60	2.77	40.24	2181.79	5.48	548.22	2.51	182.57	2.16	33.44	0.382
18/11	180	110	10	14	28.373	22.273	0.571	956.25	5.80	78.96	278.11	3.13	32.49	1940.40	5.89	447.22	2.44	166.50	2.42	26.88	0.376
			12		33.721	26.464	0.571	1124.72	5.78	93.53	325.03	3.10	34.32	2328.38	5.98	538.94	2.52	194.87	2.40	31.66	0.374
			14		38.967	30.589	0.570	1286.91	5.75	107.76	369.55	3.08	43.97	2716.60	6.06	631.95	2.59	222.30	2.39	36.32	0.372
			16		44.139	34.649	0.569	1443.06	5.72	121.64	411.85	3.06	49.44	3105.15	6.14	726.46	2.67	248.94	2.38	40.87	0.369
20/12.5	200	125	12		37.912	29.761	0.641	1570.90	6.44	116.73	483.16	3.57	49.99	3193.85	6.54	787.74	2.83	285.79	2.74	41.23	0.392
			14		42.867	34.436	0.640	1800.97	4.41	134.65	550.83	3.54	57.44	3726.17	6.02	922.47	2.91	326.58	2.73	47.34	0.390
			16		49.739	39.045	0.639	2023.35	6.38	152.18	615.44	3.52	64.69	4258.86	6.70	1058.86	2.99	366.21	2.71	53.32	0.388
			18		55.526	43.588	0.639	2238.30	6.35	169.33	677.19	3.49	71.74	4792.00	6.78	1197.13	3.06	404.83	2.70	59.18	0.385

注：1. $r_1=\frac{1}{3}d$；

2. 括号内型号不推荐使用。

表 B-3 热轧普通工字钢(GB 706—88)

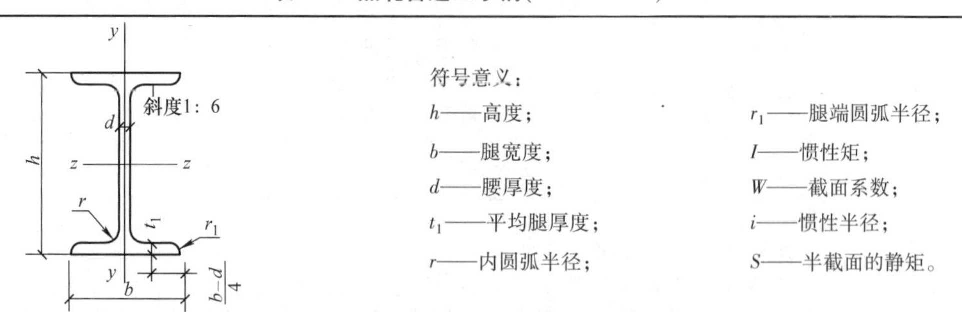

型号	尺寸						截面面积	理论质量	参考数值						
									z-z				y-y		
	h	b	d	t	r	r_1			I_z	W_z	i_z	I_z/S_z	I_y	W_y	i_y
	(mm)						(cm^2)	(kg/m)	(cm^4)	(cm^3)	(cm)	(cm)	(cm^4)	(cm^3)	(cm)
10	100	68	4.5	7.6	6.5	3.3	14.3	11.2	245	49	4.14	8.59	33	9.72	1.52
12.6	126	74	5	8.4	7	3.5	18.1	14.2	488.43	77.529	5.195	10.85	46.906	12.677	1.609
14	140	80	5.5	9.1	7.5	3.8	21.5	16.9	712	102	5.76	12	64.4	16.1	1.73
16	160	88	6	9.9	8	4	26.1	20.5	1130	141	6.58	13.8	93.1	21.2	1.89
18	180	94	6.5	10.7	8.5	4.3	30.6	24.1	1660	185	7.36	15.4	122	26	2
20a	220	100	7	11.4	9	4.5	35.5	27.9	2370	237	8.15	17.2	158	31.5	2.12
20b	200	102	9	11.4	9	4.5	39.5	31.1	2500	250	7.96	16.9	169	33.1	2.06
22a	220	110	7.5	12.3	9.5	4.8	42	33	3400	309	8.99	18.9	225	40.9	2.31
22b	220	112	9.5	12.3	9.5	4.8	46.4	36.4	3570	325	8.78	18.7	239	42.7	2.27
25a	250	116	8	13	10	5	48.5	38.1	5023.54	401.88	10.18	21.58	280.046	48.283	2.403
25b	250	118	10	13	10	5	53.5	42	5283.96	422.72	9.938	21.27	309.297	52.423	2.404
28a	280	122	8.5	13.7	10.5	5.3	55.45	43.4	7114.14	508.15	11.32	24.62	345.051	56.565	2.495
28b	280	124	10.5	13.7	10.5	5.3	61.05	47.9	7480	534.29	11.08	24.24	379.496	61.209	2.493
32a	320	130	9.5	15	11.5	5.8	67.05	52.7	11075.5	692.2	12.84	27.46	459.93	70.758	2.619
32b	320	132	11.5	15	11.5	5.8	73.45	57.7	11621.4	726.33	12.58	27.09	501.93	75.989	2.614
32c	320	134	13.5	15	11.5	5.8	79.95	62.8	12167.5	760.47	12.34	26.77	543.81	81.166	2.608
36a	360	136	10	15.8	12	6	76.3	59.9	15760	875	14.4	30.7	552	81.2	2.69
36b	360	138	12	15.8	12	6	83.5	65.6	16530	919	14.1	30.3	582	84.3	2.64
36c	360	140	14	15.8	12	6	90.7	71.2	17310	962	13.8	29.9	612	87.4	2.6
40a	400	142	10.5	16.5	12.5	6.3	86.1	67.6	21720	1090	15.9	34.1	660	93.2	2.77
40b	400	144	12.5	16.5	12.5	6.3	94.1	73.8	22780	1140	15.6	33.6	692	96.2	2.71
40c	400	146	14.5	16.5	12.5	6.3	102	80.1	23850	1190	15.2	33.2	727	99.6	2.65
45a	450	150	11.5	18	13.5	6.8	102	80.4	32240	1430	17.7	38.6	855	114	2.89
45b	450	152	13.5	18	13.5	6.8	111	87.4	33760	1500	17.4	38	894	118	2.84
45c	450	154	15.5	18	13.5	6.8	120	94.5	35280	1570	17.1	37.6	938	122	2.79
50a	500	158	12	20	14	7	119	93.6	46470	1860	19.7	42.8	1120	142	3.07
50b	500	160	14	20	14	7	129	101	48560	1940	19.4	42.4	1170	146	3.01
50c	500	162	16	20	14	7	139	109	50640	2080	19	41.8	1220	151	2.96
56a	560	166	12.5	21	14.5	7.3	135.25	106.2	65585.6	2342.31	22.02	47.73	1370.16	165.08	3.182
56b	560	168	14.5	21	14.5	7.3	146.45	115	68512.5	2446.69	21.63	47.17	1486.75	174.25	3.162
56c	560	170	16.5	21	14.5	7.3	157.85	123.9	71439.4	2551.41	21.27	46.66	1558.39	183.34	3.158
63a	630	176	13	22	15	7.5	154.9	121.6	93916.2	2981.47	24.62	54.17	1700.55	193.24	3.314
63b	630	178	15	22	15	7.5	167.5	131.5	98083.6	3163.38	24.2	53.51	1812.07	203.6	3.289
63c	630	180	17	22	15	7.5	180.1	141	102251.1	3298.42	23.82	52.92	1924.91	213.88	3.268

表 B-4　热轧普通槽钢(GB 707—88)

符号意义：

h——高度；

b——腿宽度；

d——腰厚度；

t——平均腿厚度；

r——内圆弧半径；

r_1——腿端圆弧半径；

I——惯性矩；

W——截面模量；

i——惯性半径；

z_C——y-y 轴与 y_1-y_1 轴线间距离。

型号	尺寸						截面面积	理论质量	参考数值							
									z-z			y-y			y_1-y_1	z_C
	h	b	d	t	r	r_1			W_z	I_z	i_z	W_y	I_y	i_y	I_{y_1}	
	(mm)						(cm^2)	(kg/m)	(cm^3)	(cm^4)	(cm)	(cm^3)	(cm^4)	(cm)	(cm^4)	(cm)
5	50	37	4.5	7	7	3.5	6.93	5.44	10.4	26	1.94	3.55	8.3	1.1	20.9	1.35
6.3	63	40	4.8	7.5	7.5	3.75	8.444	6.63	16.123	50.786	2.453	4.50	11.872	1.185	28.38	1.36
8	80	43	5	8	8	4	10.24	8.04	25.3	101.3	3.15	5.79	16.6	1.27	37.4	1.43
10	100	48	5.3	8.5	8.5	4.25	12.74	10	39.7	198.3	3.95	7.8	25.6	1.41	54.9	1.52
12.6	126	53	5.5	9	9	4.5	15.69	12.37	62.137	391.466	4.953	10.242	37.99	1.567	77.09	1.59
14a	140	58	6	9.5	9.5	4.75	18.51	14.53	80.5	563.7	5.52	13.01	53.2	1.7	107.1	1.71
14b	140	60	8	9.5	9.5	4.75	21.31	16.73	87.1	609.4	5.35	14.12	61.1	1.69	120.6	1.67
16a	160	63	6.5	10	10	5	21.95	17.23	108.3	866.2	6.28	16.3	73.3	1.83	144.1	1.8
16	160	63	8.5	10	10	5	25.15	19.74	116.8	934.5	6.1	17.55	83.4	1.82	160.8	1.75
18a	180	68	7	10.5	10.5	5.25	25.69	20.17	141.4	1272.7	7.04	20.03	98.6	1.96	189.7	1.88
18	180	70	9	10.5	10.5	5.25	29.29	22.99	152.2	1369.9	6.84	21.52	111	1.95	210.1	1.84
20a	200	73	7	11	11	5.5	28.83	22.63	178	1780.4	7.86	24.2	128	2.11	244	2.01
20	200	75	9	11	11	5.5	32.83	25.77	191.4	1913.7	7.64	25.88	143.6	2.09	268.4	1.95
22a	220	77	7	11.5	11.5	5.75	31.84	24.99	217.6	2393.9	8.67	28.17	157.8	2.23	298.2	2.1
22	220	79	9	11.5	11.5	5.75	36.24	28.45	233.8	2571.4	8.42	30.05	176.4	2.21	326.3	2.03
25a	250	78	7	12	12	6	34.91	27.47	269.597	3369.62	9.823	30.607	175.529	2.243	322.256	2.065
25b	250	80	9	12	12	6	39.91	31.39	282.402	3530.04	9.405	32.657	196.421	2.218	353.187	1.982
25c	250	82	11	12	12	6	44.91	35.32	295.236	3690.45	9.065	35.926	218.415	2.206	384.133	1.921
28a	280	82	7.5	12.5	12.5	6.25	40.02	31.42	340.328	4764.59	10.91	35.718	217.989	2.333	387.566	2.097
28b	280	84	9.5	12.5	12.5	6.25	45.62	35.81	366.46	5130.45	10.6	37.929	242.144	2.304	427.589	2.016
28c	280	86	11.5	12.5	12.5	6.25	51.22	40.21	392.594	5496.32	10.35	40.301	267.602	2.286	462.597	1.951
32a	320	88	8	14	14	7	48.7	38.22	474.879	7598.06	12.49	46.473	304.787	2.502	552.31	2.242
32b	320	90	10	14	14	7	55.1	43.25	509.012	8144.2	12.15	49.157	336.332	2.471	592.933	2.158
32c	320	92	12	14	14	7	61.5	48.28	543.145	8690.33	11.88	52.642	374.175	2.467	643.299	2.092
36a	360	96	9	16	16	8	60.89	47.8	659.7	11874.2	13.97	63.54	455	2.73	818.4	2.44
36b	360	98	11	16	16	8	68.09	53.45	702.9	12651.8	13.63	66.85	496.7	2.7	880.4	2.37
36c	360	100	13	16	16	8	75.29	50.1	746.1	13429.4	13.36	70.02	536.4	2.67	947.9	2.34
40a	400	100	10.5	18	18	9	75.05	58.91	878.9	17577.9	15.30	78.83	592	2.81	1067.7	2.49
40b	400	102	12.5	18	18	9	83.05	65.19	932.2	18644.5	14.98	82.52	640	2.78	1135.6	2.44
40c	400	104	14.5	18	18	9	91.05	71.47	985.6	19711.2	14.71	86.19	687.8	2.75	1220.7	2.42

附录 C
练习题部分参考答案

第 一 章

1-1 $M_A(\boldsymbol{F})=25.98\text{N}\cdot\text{m}$。

1-2 $M_O(\boldsymbol{F})=-240\text{kN}\cdot\text{m}$。

1-3 $M_A(\boldsymbol{F}_\text{R})=54.9\text{kN}\cdot\text{m}$。

1-4 $M_O(\boldsymbol{F})=35.35\text{kN}\cdot\text{m}$。

1-5 a) $F_A=F_B=1\text{kN}$(竖直); b) $F_A=F_B=30.8\text{kN}$(与水平成45°)。

1-6 $F_A=F_B=200\text{N}$(水平)。

第 三 章

3-1 $F_\text{R}=882.2\text{N}$, $\alpha=320.6°$, $M_O=2.23\text{N}\cdot\text{m}$。

3-2 $F_\text{R}=45.4\text{kN}$, $\alpha=262.4°$, $M_O=45.8\text{kN}\cdot\text{m}$。

3-3 a) $F_{AC}=-\dfrac{2}{\sqrt{3}}F$(压); $F_{AB}=\dfrac{1}{\sqrt{3}}F$(拉);

b) $F_{AC}=\dfrac{2}{\sqrt{3}}F$(拉); $F_{AB}=-\dfrac{1}{\sqrt{3}}F$(压);

c) $F_{AC}=-\dfrac{1}{2}F$(拉); $F_{AB}=-\dfrac{\sqrt{3}}{2}F$(压);

d) $F_{AC}=-\dfrac{1}{\sqrt{3}}F$(拉); $F_{AB}=\dfrac{1}{\sqrt{3}}F$(拉)。

3-4 a) $F_{AB}=-\dfrac{\sqrt{2}-1}{2}W$(压), $F_{AC}=-\dfrac{\sqrt{2}+\sqrt{3}}{2}W$(压);

b) $F_{AB}=-(1+\sqrt{3})W$(压), $F_{AC}=-\dfrac{2+\sqrt{3}}{\sqrt{2}}W$(压)。

3-5 a) $F_{Ax}=0$, $F_{Ay}=\dfrac{2}{3}F(\uparrow)$, $F_{By}=\dfrac{1}{3}F(\uparrow)$;

b) $F_{Bx}=0$, $F_{By}=2qa(\uparrow)$, $M_B=-4qa^2$(顺时针);

c) $F_{Bx}=0$, $F_{Ay}=qa(\uparrow)$, $F_{By}=qa(\uparrow)$;

d) $F_{Ax}=0$, $F_{Ay}=0$, $M_A=-2Fa$(顺时针)。

3-6 a) $F_{Ax}=0$, $F_{Ay}=\dfrac{7}{6}qa(\uparrow)$, $F_{By}=\dfrac{5}{6}qa(\uparrow)$;

b）$F_{Ax}=0$，$F_{Ay}=\frac{1}{4}qa$（↑），$F_{Dy}=\frac{3}{4}qa$（↑）；

c）$F_{Bx}=-\frac{\sqrt{2}}{2}qa$（←），$F_{By}=\frac{2+\sqrt{2}}{2}qa$（↑），$M_B=-\frac{5+\sqrt{2}}{2}qa^2$（顺时针）；

d）$F_{Ax}=qa$（→），$F_{Ay}=qa$（↑），$M_A=\frac{3}{2}qa^2$（顺时针）。

3-7　$W_3=\frac{W_2l-W_1b}{b}$，$d=\frac{W_1(e+b)b}{W_2l-W_1b}$。

3-8　a）$F_{Ax}=0$，$F_{Ay}=260\text{kN}$（↑），$M_A=720\text{kN}\cdot\text{m}$（逆时针），$F_{By}=100\text{kN}$（↑）；

b）$F_{Ax}=0$，$F_{Ay}=-18.75\text{kN}$（↓），$F_{By}=8.75$（↑），$F_{Dy}=40\text{kN}$（↑）。

3-9　$F_{\min}=W\sin\alpha-W\cos\alpha\tan\varphi$，$F_{\max}=W\sin\alpha+W\cos\alpha\tan\varphi$。

3-10　$s=0.579l$。

第　四　章

4-1　a）$F_{N1-1}=-4\text{kN}$，$F_{N2-2}=8\text{kN}$；b）$F_{N1-1}=8\text{kN}$，$F_{N2-2}=8\text{kN}$；

c）$F_{N1-1}=8\text{kN}$，$F_{N2-2}=-17\text{kN}$。

4-2　a）$F_{N1}=-20\text{kN}$，$F_{N2}=20\text{kN}$；b）$F_{N1}=-35\text{kN}$，$F_{N2}=15\text{kN}$。

第　五　章

5-1　a）$F_{Q1}=-2\text{kN}$，$F_{Q2}=2.5\text{kN}$，$F_{Q3}=2.5\text{kN}$，$F_{Q4}=-1.5\text{kN}$，

$M_1=M_2=-1\text{kN}\cdot\text{m}$，$M_3=M_4=1.5\text{kN}\cdot\text{m}$；

b）$F_{Q1}=2qa$，$F_{Q2}=qa$，$F_{Q3}=5qa$，$M_1=-1.5qa^2$，$M_2=-0.5qa^2$，$M_3=qa^2$；

c）$F_{Q1}=0$，$F_{Q2}=6\text{kN}$，$F_{Q3}=6\text{kN}$，$M_1=27\text{kN}\cdot\text{m}$，$M_2=24\text{kN}\cdot\text{m}$，$M_3=12\text{kN}\cdot\text{m}$；

d）$F_{Q1}=0$，$F_{Q2}=20\text{kN}$，$F_{Q3}=-10\text{kN}$，$M_1=20\text{kN}\cdot\text{m}$，$M_2=0$，$M_3=20\text{kN}\cdot\text{m}$。

5-2　a）$|F_Q|_{\max}=8.33\text{kN}$，$|M|_{\max}=8.33\text{kN}\cdot\text{m}$；b）$|F_Q|_{\max}=2F$，$|M|_{\max}=2Fa$；

c）$|F_Q|_{\max}=10\text{kN}$，$|M|_{\max}=10\text{kN}\cdot\text{m}$；d）$|F_Q|_{\max}=3\text{kN}$，$|M|_{\max}=4\text{kN}\cdot\text{m}$；

e）$|F_Q|_{\max}=30\text{kN}$，$|M|_{\max}=45\text{kN}\cdot\text{m}$；f）$|F_Q|_{\max}=F$，$|M|_{\max}=Fa$。

第　六　章

6-1　a）$\sigma_{AC}=-113.18\text{MPa}$，$\sigma_{CD}=0$，$\sigma_{DB}=141.47\text{MPa}$；

b）$\sigma_{AB}=-1000\text{MPa}$，$\sigma_{BC}=-2000\text{MPa}$，$\sigma_{CD}=1500\text{MPa}$。

6-2　$\sigma_{1-1}=47.75\text{MPa}$，$\sigma_{2-2}=64.06\text{MPa}$。

6-3　$\sigma=120\text{MPa}$，$F_N=9.425\text{kN}$。

6-4　$E=204.62\text{GPa}$，$\mu=0.317$。

6-5　$\sigma_{AE}=153.47\text{MPa}$，$\sigma_{CD}=-122.77\text{MPa}$。

6-6　$\sigma_{AB}=134.3\text{MPa}$，$\sigma_{BC}=-4.5\text{MPa}$。

6-7　$A_{AC}=200\text{mm}^2$，$A_{DB}=300\text{mm}^2$，$\Delta l_{AC}=0.8\text{mm}$，$\Delta l_{DB}=1.2\text{mm}$。

6-8　$F_{\max}=22\text{kN}$。

第 七 章

7-1 $F>36.2\text{kN}$。

7-2 $\tau=24.5\text{MPa}$，$\sigma_c=125\text{MPa}$。

7-3 $\delta=94\text{mm}$。

7-4 $d=19\text{mm}(20\text{mm})$。

第 八 章

8-2 2）$\tau_{\max}=46.3\text{MPa}$，3）$\tau_1=29.1\text{MPa}$。

8-3 $P=18.1\text{kW}$。

8-4 $d_1=45.6\text{mm}$；$D=54.3\text{mm}$，$d=43\text{mm}$，59.4%。

第 九 章

9-1 $\sigma_a=-6.56\text{MPa}$(压应力)，$\sigma_b=-4.69\text{MPa}$(压应力)，$\sigma_c=0$，$\sigma_d=4.69\text{MPa}$(拉应力)。

9-2 a）$\sigma_{\max}=8.75\text{MPa}$，发生在弯矩最大截面的上、下边缘各点处；b）$\sigma_{\max}=9.17\text{MPa}$，发生在弯矩最大截面的上、下边缘各点处；c）$\sigma_{\max}=5.33\text{MPa}$，发生在弯矩最大截面的上、下边缘各点处。

9-3 $\sigma_{\text{tmax}}=30.15\text{MPa}$($A$、$B$ 截面上边缘)，$\sigma_{\text{cmin}}=30.15\text{MPa}$($C$ 截面上边缘)。

9-4 （1）$d\geqslant108\text{mm}$，$A\geqslant9160\text{mm}^2$；（2）$b=57.2\text{mm}$，$h=114.4\text{mm}$，$A\geqslant6543\text{mm}^2$；（3）选10号工字钢，$A=2610\text{mm}^2$。工字型截面耗材量最小，其次是矩形截面，圆形截面耗材量最大。

9-5 49.86kN·m。

9-6 $[q]=15.68\text{kN/m}$，$d=17\text{mm}$。

9-7 $\sigma_{\text{tmax}}=60.4\text{MPa}>[\sigma_t]$，$\sigma_{\text{cmax}}=45.3\text{MPa}<[\sigma_c]$梁的强度不够。

9-8 $d\leqslant115\text{mm}$，$\sigma_{\max}=8.79\text{MPa}\leqslant[\sigma]$。

9-9 $\sigma_{\text{tmax}}=170.62\text{MPa}\approx[\sigma]$，$\tau_{\max}=38.5\text{MPa}<[\tau]$，安全。

9-10 选22b型工字钢。

9-11 $\sigma_{\max}=9.26\text{MPa}<[\sigma]$，$\tau_{\max}=0.52\text{MPa}<[\tau]$。

第 十 章

10-1 a）$\sigma_a=6.25\text{MPa}$，$\tau_a=21.6\text{MPa}$；b）$\sigma_a=-17.5\text{MPa}$，$\tau_a=56.2\text{MPa}$。

10-2 a）$\sigma_a=-100\text{MPa}$，$\tau_a=200\text{MPa}$；b）$\sigma_a=409.8\text{MPa}$，$\tau_a=236.6\text{MPa}$。

10-3 a）$\sigma_1=14\text{MPa}$，$\sigma_2=-114\text{MPa}$，$\alpha_0=19°20'$，$\tau_{\max}=64\text{MPa}$；b）$\sigma_1=68\text{MPa}$，$\sigma_2=-43\text{MPa}$，$\alpha_0=-27°5'$，$\tau_{\max}=55.5\text{MPa}$。

10-4 A 点：$\sigma_1=0.1\text{MPa}$，$\sigma_2=-24\text{MPa}$；B 点：$\sigma_1=24\text{MPa}$，$\sigma_2=-0.1\text{MPa}$。

10-5 $\sigma_1=15\text{MPa}$，$\sigma_2=-123\text{MPa}$，$\alpha_0=19°15'$。

10-6 a）$\sigma_1=60\text{MPa}$，$\sigma_2=30\text{MPa}$，$\sigma_3=-70\text{MPa}$，$\sigma_{\max}=60\text{MPa}$，$\tau_{\max}=65\text{MPa}$；b）$\sigma_1=50\text{MPa}$，$\sigma_2=30\text{MPa}$，$\sigma_3=-50\text{MPa}$，$\sigma_{\max}=50\text{MPa}$，$\tau_{\max}=50\text{MPa}$。

10-7 $\sigma_3^* = 110\text{MPa} < [\sigma]$，$\sigma_4^* = 101.5\text{MPa} < [\sigma]$，安全。

10-8 选用28a工字钢，$\sigma_4^* = 151.2\text{MPa} < [\sigma]$，安全。

10-9 第三强度理论 $\sigma_3^* = 121.6\text{MPa} < [\sigma]$，安全；第四强度理论 $\sigma_4^* = 115.6\text{MPa} < [\sigma]$，安全。

第十一章

11-1 $\sigma_A = 3.26\text{MPa}$(拉应力)。

11-2 $\sigma_{max} = 9.80\text{MPa} < [\sigma]$安全。

11-3 $\sigma_{max} = 10.16\text{MPa}$，虽然稍大于$[\sigma] = 10\text{MPa}$，但所超过的数值小于$[\sigma]$的5%，所以是满足强度要求的。

11-4 40c工字钢。

11-5 $[F] = 15.54\text{kN}$。

11-6 $x_{max} = 5.21\text{mm}$。

11-7 8倍。

11-8 $B = 19.36\text{m}$，$\sigma_{max} = 0.71\text{MPa}$。

11-9 $\sigma = 54\text{MPa} < [\sigma]$，安全。

第十二章

12-1 a）$\sigma_{cr} = 5.035\text{MPa}$，$F_{cr} = 39.5\text{kN}$；b）$\sigma_{cr} = 1.259\text{MPa}$，$F_{cr} = 9.8\text{kN}$。

12-2 $\lambda_s = 61.6 < \lambda = 85.71 < \lambda_c = 123$，为中长杆：$\sigma_{cr} = 304 - 1.12\lambda = 208.0\text{MPa}$，$F_{cr} = 400.0\text{kN}$。

12-3 $\lambda = 52.0$，$\varphi = 0.724$，稳定条件满足。

12-4 $\sigma_{cr} = 53.82\text{MPa}$，$\varphi = 0.301$，强度条件满足；稳定条件不满足。

12-5 $\lambda = 111.1$，$\varphi = 0.529$，$[F] = 86\text{kN}$。

12-6 截面尺寸110mm×110mm。

第十三章

13-3 M_C、F_{QC}的最不利荷载位置为C点，$M_{max} = 614.72\text{kN}\cdot\text{m}$，$F_{Qmax} = 108.43\text{kN}$。

13-4 绝对最大弯矩max为：414.61kN · m。

13-5 45.92kN · m。

13-6 $M_D = 6.67\text{kN}\cdot\text{m}$，$F_{QB}^{左} = -18.33\text{kN}$，$F_{QB}^{右} = 10\text{kN}$。

第十四章

14-1 a）几何不变体系；b）几何不变体系；c）几何常变体系；
d）几何不变体系；e）几何瞬变体系；f）几何不变体系。

14-2 a）几何不变体系；b）几何不变体系；c）几何不变体系；
d）几何不变体系；e）几何不变体系；f）几何不变体系；
g）几何不变体系；h）几何常变体系。

第十五章

15-2　$M_K=295\mathrm{kN\cdot m}$(下侧拉)，$F_{QK}=18.3\mathrm{kN}$，$F_{NK}=68.3\mathrm{kN}$(压)。

15-3　$M_D=125\mathrm{kN\cdot m}$(下侧拉)，$F_{QD}^{左}=46.4\mathrm{kN}$，$F_{ND}^{右}=-116.1\mathrm{kN}$。

15-5　a) $F_{N1}=1.25F$，$F_{N2}=3F$；b) $F_{N1}=1.414F$，$F_{N2}=3F$，$F_{N3}=0$；c) $F_{N1}=0$，$F_{N2}=0$，$F_{N3}=-83.3\mathrm{kN}$，$F_{N4}=-80.0\mathrm{kN}$；d) $F_{N1}=30.0\mathrm{kN}$，$F_{N2}=0$，$F_{N3}=-22.36\mathrm{kN}$，$F_{N4}=-11.18\mathrm{kN}$；e) $F_{N1}=-125.0\mathrm{kN}$，$F_{N2}=53.0\mathrm{kN}$，$F_{N3}=87.6\mathrm{kN}$；f) $F_{N1}=-3.75F$，$F_{N2}=3.33F$，$F_{N3}=-0.5F$，$F_{N4}=0.65F$。

15-6　a) $F_{NDE}=F_{NGH}=405\mathrm{kN}$，$M_{EC}=M_{GC}=435\mathrm{kN\cdot m}$(下侧拉)；b) $M_{AF}=2Fl$(上侧拉)，$F_{NCH}=-2F$；c) $M_{CA}=6Fa$(上侧拉)，$M_{EB}=4Fa$(下侧拉)，$F_{NDH}=4F$，$F_{NCE}=-8F$。

第十六章

16-1　a)$\Delta_{BV}=\dfrac{2a^3}{3EI}F(\downarrow)$，$\theta_B=\dfrac{2Fa^3}{EI}(\curvearrowleft)$；b)$\Delta_{BV}=\dfrac{2qa^4}{EI}(\downarrow)$，$\theta_B=\dfrac{4qa^3}{3EI}(\curvearrowleft)$；c)$\Delta_{BV}=\dfrac{2a^2M}{EI}(\downarrow)$，$\theta_B=\dfrac{2aM}{EI}(\curvearrowleft)$。

16-2　a)$\Delta_{CV}=\dfrac{Fa^3}{6EI}$，$\theta_B=\dfrac{Fa^2}{4EI}(\curvearrowright)$；b)$\Delta_{CV}=\dfrac{5qa^4}{24EI}(\downarrow)$，$\theta_B=\dfrac{qa^3}{3EI}(\curvearrowright)$。

16-3　$\Delta_{AV}=\dfrac{5qa^2}{6EI}(\downarrow)$。

16-4　$\Delta_{DV}=\dfrac{Fa}{EA}(\downarrow)$。

16-5　$\Delta_{AV}=\dfrac{21Fd}{AE}(\downarrow)$，$\Delta_{AH}=\dfrac{16Fd}{3AE}(\leftarrow)$。

16-6　$\Delta_{CV}=4.75\mathrm{cm}(\downarrow)$，$\Delta_{BH}=2.4\mathrm{cm}(\leftarrow)$。

16-7　$\Delta_{DH}=0.2\mathrm{mm}(\rightarrow)$。

16-8　a)$\Delta_{CV}=\dfrac{Ma^2}{4EI}(\downarrow)$，$\theta_B=\dfrac{Ma}{3EI}(\curvearrowright)$；b)$\Delta_{CV}=\dfrac{11}{6EI}Fa^3(\downarrow)$，$\theta_B=\dfrac{3Fa^2}{2EI}(\curvearrowright)$；c)$\Delta_{CV}=\dfrac{5}{8EI}qa^4(\downarrow)$，$\theta_B=\dfrac{1}{2EI}qa^3(\curvearrowleft)$。

16-9　$\Delta_{AV}=\dfrac{8Fl^3}{3EI}$。

16-10　$\theta_C=\dfrac{40}{EI}$。

16-11　$\Delta_{BH}=\dfrac{a^2}{EI}\left(\dfrac{ql^2}{4}+\dfrac{Fa}{3}\right)(\rightarrow)$，$\Delta_{BV}=\dfrac{l}{16EI}(ql^3+8ql^2a+8Fa^2)(\downarrow)$，$\theta_B=\dfrac{1}{12EI}(ql^3+6ql^2a+6Fa)(\curvearrowleft)$。

16-12 $\Delta_{CV}=\frac{qa^3}{48EI}(3a+4h)(\downarrow)$。

16-13 $\Delta_{CV}=a+\alpha l(\downarrow)$。

16-14 $\Delta_{BV}=a+\frac{lb}{2h}(\downarrow)$。

16-15 $\theta_B=\frac{a}{l}+\frac{b}{2h}$。

16-16 $\frac{1}{465}>\left[\frac{f}{l}\right]=\frac{1}{500}$，刚度不够，应根据刚度条件再选择工字钢。

16-17 $y_{max}\approx 12\text{mm}$，$\frac{y_{max}}{l}=\frac{12}{9000}=\frac{1}{750}<\left[\frac{f}{l}\right]=\frac{1}{500}$，刚度足够。

第十七章

17-1 各结构超静定次数依次为：3，2，7，10，2，3，3，4，6，1，2。

17-2 a）$M_{AB}=\frac{3}{16}Fl$(上侧拉)；b）$M_{AB}=\frac{1}{8}Fl$(上侧拉)；c）$M_{BC}=\frac{3Fl}{32}$(上侧拉)；

d）$M_{AB}=\frac{Fl}{6}$(下侧拉)；e）$M_{AB}=25.47\text{kN}\cdot\text{m}$(上侧拉)。

17-3 a）$M_{CD}=84\text{kN}\cdot\text{m}$(下侧拉)；b）$M_{BC}=2.14\text{kN}\cdot\text{m}$(下侧拉)，$M_{DC}=156\text{kN}\cdot\text{m}$(上侧拉)，$M_{CB}=210\text{kN}\cdot\text{m}$(上侧拉)；c）$M_{AC}=97.5\text{kN}\cdot\text{m}$(左侧拉)；d）$M_{CA}=M_{CD}=\frac{1}{28}ql^2$(外侧拉)。

17-4 a）$F_{NBC}=-(1+\sqrt{2})F$；b）$F_{NBE}=-0.828F$(压力)。

17-5 $F_{NCD}=125.2\text{kN}$。

17-6 $M_{BD}=\frac{3}{16}ql^2$(左侧拉)。

17-7 a）$M_{AB}=\frac{1}{36}ql^2$(外侧拉)；b）$M_{DB}=M_{DC}=\frac{3}{16}Fl$(上侧拉)；c）$M_{BA}=M_{BC}=\frac{1}{16}Fa$(外侧拉)。

17-8 (1) M图正确；(2) $\Delta_{Ey}=747/EI(\downarrow)$；(3) $\varphi_C=157/EI$(↷)。

17-9 $M_{AB}=\frac{6EI}{l^2}d$(下侧拉)；$M_{BA}=\frac{6EI}{l^2}d$(上侧拉)。

第十八章

18-1 基本未知量个数分别为：a）1；b）2；c）1；d）4；e）2(横梁及其两端刚结点不能转动)；f）11。

18-2 a）$\overline{M}_1$图：$M_{BA}=3i$(上侧拉)；M_P图：$M_{BA}=10\text{kN}\cdot\text{m}$(上侧拉)；b）$\overline{M}_1$图：$M_{BD}=4i$

（左侧拉）；M_P 图：$M_{BC}=\frac{3}{16}Fl$（上侧拉）；c）$\overline{M_1}$图：$M_{AC}=2i$（右侧拉），$\overline{M_2}$图：$M_{DC}=8i$（上侧拉），M_P 图：$M_{ED}=40kN \cdot m$（上侧拉），M_P 图：$M_{BE}=20kN \cdot m$（右侧拉）；d）$\overline{M_1}$图：$M_{DE}=6i$（下侧拉），$\overline{M_2}$图：$M_{BE}=\frac{3i}{l}$（左侧拉），M_P 图：$M_{BE}=20kN \cdot m$（右侧拉）；e）$\overline{M_1}$图：$M_{EB}=\frac{6i}{l}$（右侧拉），M_P 图：0。

18-3 a）$M_{BC}=40kN \cdot m$（上侧拉）；b）$M_{BA}=3.46kN \cdot m$（上侧拉）；c）$M_{BA}=1.56kN \cdot m$；d）$M_{DC}=14.29kN \cdot m$。

18-4 a）$M_{AB}=100kN \cdot m$（左侧拉）；b）$M_{BE}=42.1kN \cdot m$（右侧拉）；c）$M_{BG}=\frac{21}{111}Fl$，$M_{HE}=\frac{7}{74}Fl$。

18-5 a）$M_{AD}=\frac{1}{48}ql^2$（右侧拉），$M_{DE}=\frac{1}{24}ql^2$（上侧拉）；b）$M_{CB}=Fl$（上侧拉），$M_{DC}=\frac{1}{2}Fl$（下侧拉）；c）$M_{CB}=M_{CD}=28.70kN \cdot m$，$M_{AB}=M_{FE}=2.61kN \cdot m$（框外侧拉）。

18-6 同 18-3 题 d)结论。

18-7 同 18-5 题 c)结论。

第十九章

19-1 a）$M_{BA}=4.57kN \cdot m$；b）$M_{BA}=45.87kN \cdot m$；c）$M_{BA}=14.67kN \cdot m$；d）$M_{BA}=44.29kN \cdot m$。

19-2 a）$M_{BA}=5.5kN \cdot m$；b）$M_{BA}=28.2kN \cdot m$；c）$M_{EC}=72.8kN \cdot m$。

19-3 a）$M_{CD}=-68.3kN \cdot m$；b）$M_{BC}=-73.77kN \cdot m$；c）$M_{BA}=61.3kN \cdot m$。

19-4 a）$M_{BC}=4.29kN \cdot m$；b）$M_{BA}=27.03kN \cdot m$；c）$M_{BA}=38.77kN \cdot m$。

19-5 $M_{B\max}=-102.0kN \cdot m$（上边受拉），$M_{B\min}=-22.0kN \cdot m$（上边受拉），$F_{QBC\max}=127.5kN$，$F_{QBC\min}=27.5kN$。

第二十章

20-1 $F_u=30kN$

20-2 $q_u=\frac{18M_u}{7L^2}$

20-3 $F_{pu}=\frac{3}{2L}(M'_u+3M_u)$

20-4 $F_u=60kN$

20-5 $F_{pu}=\frac{3M_u}{2a}$

20-6 $F_u=64.84kN$

附　录　A

A-1　$x_C=140.9\text{mm}$　　$y_C=136.4\text{mm}$

A-2　$I_z=136\times10^4\text{mm}^4$　　$I_y=40\times10^4\text{mm}^4$

A-3　$I_{zo}=\dfrac{1}{12}=(BH^2-bh^2)$　　$I_{yo}=\dfrac{(H-h)B^3-h(B-b)^3}{12}$

A-4　$I_{xC}=6576\times10^4\text{mm}^4$

A-5　$I_{zC}=38.72\times10^6\text{mm}^4$　　$I_{yC}=45.472\times10^6\text{mm}^6$

参 考 文 献

[1] 沈养中. 建筑力学 [M]. 北京：高等教育出版社，2012.
[2] 王长连. 建筑力学学习与考核指导 [M]. 北京：高等教育出版社，2012.
[3] 卢光斌. 建筑力学练习册 [M]. 北京：高等教育出版社，2012.
[4] 于建华，王长连. 结构力学解题指南 [M]. 成都：成都科技大学出版社，1993.
[5] 王长连. 建筑力学辅导 [M]. 北京：清华大学出版社，2009.
[6] 王长连. 土木工程力学 [M]. 北京：机械工业出版社，2009.
[7] 薛正庭. 土木工程力学 [M]. 北京：机械工业出版社，2004.
[8] 乔志远. 建筑力学与结构学习指导 [M]. 北京：机械工业出版社，2006.
[9] 苏志平. 材料力学全程辅导(上、下) [M]. 北京：中国建材工业出版社，2004.
[10] 杜正国. 结构分析 [M]. 北京：高等教育出版社，2003.
[11] 黄靖，孙跃东. 结构力学复习及解题指导 [M]. 北京：人民交通出版社，2004.
[12] 曾又林，等. 结构力学题解 [M]. 武汉：华中科技大学出版社，2004.
[13] 王仁田，李怡. 土木工程力学基础 [M]. 北京：高等教育出版社，2011.
[14] 刘寿梅. 建筑力学 [M]. 北京：高等教育出版社，2008.
[15] 尤驭球，包世华. 结构力学 [M]. 北京：高等教育出版社，2008.